Hartmut Seeger
Design technischer Produkte, Produktprogramme und -systeme
Industrial Design Engineering

Hartmut Seeger

Design technischer Produkte, Produktprogramme und -systeme

Industrial Design Engineering

2., bearbeitete und erweiterte Auflage
mit 305 zum Teil farbigen Abbildungen

Springer

Professor a. D. Hartmut Seeger
Forschungs- und Lehrgebiet
Technisches Design
Institut für Maschinenkonstruktion und Getriebebau
Universität Stuttgart
Pfaffenwaldring 9
70569 Stuttgart
seeger@imk.uni-stuttgart.de

Umschlagbild in Anlehnung an das CNC-Dreh-Fräszentrum TNX 65 (2003) der TRAUB Drehmaschinen GmbH, Reichenbach

Bibliografische Information der Deutschen Bibliothek
Die Deutsche Bibliothek verzeichnet diese Publikation in der Deutschen Nationalbibliografie; detaillierte bibliografische Daten sind im Internet über http://dnb.ddb.de abrufbar.

ISBN 10   3-540-23653-8 Springer Berlin Heidelberg New York
ISBN 13   978-3-540-23653-5 Springer Berlin Heidelberg New York

Dieses Werk ist urheberrechtlich geschützt. Die dadurch begründeten Rechte, insbesondere die der Übersetzung, des Nachdrucks, des Vortrags, der Entnahme von Abbildungen und Tabellen, der Funksendung, der Mikroverfilmung oder Vervielfältigung auf anderen Wegen und der Speicherung in Datenverarbeitungsanlagen, bleiben, auch bei nur auszugsweiser Verwertung, vorbehalten. Eine Vervielfältigung dieses Werkes oder von Teilen dieses Werkes ist auch im Einzelfall nur in den Grenzen der gesetzlichen Bestimmungen des Urheberrechtsgesetzes der Bundesrepub-lik Deutschland vom 9. September 1965 in der jeweils geltenden Fassung zulässig. Sie ist grundsätzlich vergütungspflichtig. Zuwiderhandlungen unterliegen den Strafbestimmungen des Urheberrechtsgesetzes.

Springer ist ein Unternehmen von Springer Science+Business Media
springer.de

© Springer-Verlag Berlin Heidelberg 2005
Printed in Germany

Die Wiedergabe von Gebrauchsnamen, Handelsnamen, Warenbezeichnungen usw. in diesem Buch berechtigt auch ohne besondere Kennzeichnung nicht zu der Annahme, dass solche Namen im Sinne der Warenzeichen- und Markenschutz-Gesetzgebung als frei zu betrachten wären und daher von jedermann benutzt werden dürften. Sollte in diesem Werk direkt oder indirekt auf Gesetze, Vorschriften oder Richtlinien (z. B. din, vdi, vde) Bezug genommen oder aus ihnen zitiert worden sein, so kann der Verlag keine Gewähr für die Richtigkeit, Vollständigkeit oder Aktualität übernehmen. Es empfiehlt sich, gegebenenfalls für die eigenen Arbeiten die vollständigen Vorschriften oder Richtlinien in der jeweils gültigen Fassung hinzuzuziehen.

Einbandgestaltung: medionet AG, Berlin
Satz: Silke Bopp M. A., Bietigheim
Gedruckt auf säurefreiem Papier   68/3020/m - 5 4 3 2 1 0

Vorwort

> „Seeger, dessen Schwerpunkt das Industrial Design ist, integriert diesen Tätigkeitsbereich in den Ablauf des methodischen Konstruierens."

Dieser Satz aus der „Konstruktionslehre" von G. Pahl und W. Beitz (4. Auflage, 1997, S.21) beschreibt treffend die Zielsetzung dieses Werkes sowie die Arbeit des 1966 gegründeten Forschungs- und Lehrgebiets Technisches Design an der Universität Stuttgart, das 1980 bis 2003 unter der Leitung des Verfassers stand. Das Fachbuch selbst ist eine Neuauflage des 1992 zum 25. Jubiläum herausgegebenen, gleichnamigen Werkes mit HEXACT, der Internetversion der Vorlesung Technisches Design I-IV, als Zwischenstufe. Erstellt wurde HEXACT 2001 als Beitrag zu 100-online der Universität Stuttgart.

Das Design wird in allen seinen Versionen auf den Gebrauch technischer Produkte durch den Menschen bezogen und als eine Wertsteigerung der Gebrauchsfähigkeit (Usability) oder als ein Mehrwert über die Erfüllung der entsprechenden informationsästhetischen und ergonomischen Anforderungen behandelt.

Diese Zielsetzung wird mit folgenden Schwerpunkten dargelegt:

1. Design ist ein konstruktiver Teilprozess bzw. ein Teilprozess des methodischen Konstruierens.
2. Dieser Teilprozess reicht in einem geschlossenen Ablauf von der Ideenfindung über die Anforderungsdefinition und die konstruktive Lösungsentwicklung bis zur Bewertung und Überprüfung des Verbesserungsgrades oder die Wertsteigerung;
3. Das Design von Einzelprodukten wird erweitert zum Design von Produktprogrammen und -systemen durch Berücksichtigung kundenorientierter Varianten, allerdings in einem sinnvollen Umfang, nicht zuletzt aus Gründen der Ökologie und der Ressourcenschonung.

Der Wissensstand und die Forschung über diese umfangreiche Thematik werden nie abgeschlossen sein.

Dieses Fachbuch ist damit auch kein Lehrbuch für alle Designaufgaben des Maschinenbaus noch eine „Theorie" des Technischen Designs. Sondern es ist auf der Grundlage des 1992 erschienenen gleichnamigen Fachbuches [1] eine Erweiterung um neue Erkenntnisse aus der Fachliteratur sowie aus Überlegungen in Verbindung mit der Vorlesung an der Universität Karlsruhe und Ergebnissen aus den unter der Leitung des Verfassers bisher durchgeführten 6 Dissertationen der Herren T. Maier [2], D. Traub [3], S. Hess [4], J. Vogel [5], R. Balzer [6] und M. Schmid [7].

Mit diesen wissenschaftlichen Grundlagen ist das Werk ein Beitrag zu den internationalen Bemühungen um das Industrial Design Engineering und das Value-Engineering sowie zu einer modernen Gestaltungslehre des Mechanical Engineering Design.

Mit Rücksicht auf den Umfang wurde das Fahrzeugdesign in diesem Fachbuch weitgehend ausgeklammert.

Gegenüber dem Vorläuferband von 1992 enthält dieses Fachbuch folgende neue Inhalte und Kapitel:

Abschnitt 1:
   Mathematische Modellierung der Thematik

Abschnitt 2:
   Erweiterte Gestaltdefinition und Ähnlichkeiten

Abschnitt 4:
   Teilprozesse des Designens
   Lösungsräume des Designens und Lösungsstrategien

Abschnitt 6-11:
   Einzelprodukte erweitert um Interface-Design und ökologische Voraussetzungen
   Höhere Formgebung

Abschnitt 12:
   Interior-Design

Abschnitt 13:
   Design von Produktprogrammen

Abschnitt 14:
   Design von Produktsystemen; jeweils wichtigste Baukastentypen und Ähnlichkeitsvarianten

Abschnitt 15:
   15.2 Ermittlung des Neuheitsgrades eines Designs
   15.4 Wirtschaftliche Aspekte
   15.5 Ansatz zum Servicedesign einschließlich neuer Informations-Definition
   15.6 Multisensorisches Design

Bildteil:
Neue Arbeitsbeispiele und Bilder
   Literatur:
Neueste Fachliteratur!

Dieses Fachbuch möchte ein Verständnis für den Umfang und die Komplexität des technischen Designs wecken. Das Ziel kann in beiden Fällen nur die „Erstausbildung" sein und nicht die „Meisterschaft". Im Hinblick auf das Verständnis der Zielgruppe Ingenieure und Ingenieurstudenten wurde in vielen Fällen auf die Fachterminologie verzichtet und die Sprache des methodischen Konstruierens gewählt. Das Ergebnis dieser Information ist:

- auch das Technische Design ist keine funktionalistische und zeitlose Idylle mehr;
- Technisches Design ist das Gegenteil von DIN, nämlich die Suche nach kundentypischen Lösungen;
- das Entwickeln und Konstruieren unter Berücksichtigung der Designanforderungen wird nicht einfacher sondern schwieriger, allerdings auch vollständiger und in den meisten Fällen interessanter und schöner!

An alle Mitarbeiter des Vorgängerbandes und der Internetvorlesung soll hier der Dank wiederholt werden. Für die engagierte Mitarbeit an dem vorliegenden Werk gilt der Dank namentlich Frau S. Bopp M.A. Für wichtige Korrekturhinweise danke ich meinem Nachfolger Prof. Dr.-Ing. T. Maier und Herrn Dr.-Ing. M. Schmid. Unser Dank gilt gleichfalls den Damen und Herren des Verlages für die konstruktive Zusammenarbeit.

Der Verfasser und seine Kollegen und MitarbeiterInnen wünschen sich ein gutes Echo in Fachkreisen auf dieses Werk – auch im kritischen Sinne!

Stuttgart, März 2005

H. Seeger

Inhaltsverzeichnis

Liste der Abkürzungen, Stichworte und Sprechweisen		XII
1	**Einleitung**	**3**
	1.1 Aktuelles und zukunftsorientiertes Verständnis von Design	3
	1.2 Technisches Produkt, -Programm und -System und ihre Neuheit	4
	1.3 Gefallensurteil als erstes Indiz auf unterschiedliche Bewertungen und Bewerter	5
	1.4 Inhaltliche Erweiterung der Produkt-Definition	9
	1.5 Die Nutzwertanalyse als methodische Erweiterung	11
	1.6 Modellierung der Thematik	15
2	**Wertrelevante Parameter des Technischen Designs**	**19**
	2.1 Basisschema für Gebrauch und Mensch-Produkt- Beziehungen	19
	2.1.1 Entwicklung	19
	2.1.2 Elemente und Relationen	23
	2.2 Designorientierte Charakterisierung des Menschen	23
	2.2.1 Charakterisierende Merkmale und zugeordnete Produkt- und Designvarianten	23
	2.2.2 Demografische und geografische Merkmale und zugeordnete Designanforderungen	25
	2.2.3 Psychografische Merkmale und zugeordnete Designanforderungen	31
	2.2.4 Ganzheitliche Beschreibung und Wechselwirkungen	33
	2.2.5 Kennzeichnung von Unternehmungen nach ihrer Kundenorientierung	35
	2.2.6 Lifestyles und Lebenswelten	35
	2.3 Die Wahrnehmung von Produkten	36
	2.4 Die Erkennung von Produkten	37
	2.5 Das Verhalten des Menschen	43
	2.5.1 Beschreibung von Betätigungs- und Benutzungs-Bewegungen und -Abläufen	43
	2.5.2 Darstellung von Betätigungs- und Benutzungs-Bewegungen und -Abläufen	45
	2.6 Die Produktgestalt	47
	2.6.1 Definition und Gliederung einer Produktgestalt	47
	2.6.2 Gestaltkennzeichnung nach formalen Qualitäten	49
	2.6.3 Erweiterte Gestaltdefinition	51
	2.6.3.1 Einzelprodukt mit Außen- und Innengestalt	51
	2.6.3.2 Programm aus Produkten mit Außen- und Innengestalten	53
	2.6.3.3 System aus Produkten mit Außen- und Innengestalten	53
	2.6.4 Ansatz zur Ähnlichkeitsbestimmung	53
	2.6.4.1 Einfacher Ansatz und designorientierte Fragestellungen	53
	2.6.4.2 Differenzierter Ansatz zur Ähnlichkeitsbestimmung	57
3	**Rationale und differenzierte Beschreibung des Designs**	**65**

3.1		Präzisierung und Abgrenzung der Designanforderungen	65
3.2		Gewichtung der Designanforderungen	67
3.3		Erfüllungsgrad der Design-Anforderungen	67
3.4		Vollständige Beschreibung des Teilnutzwertes Design	67
3.5		Nutznießer des Designs	69
	3.5.1	Bedienpersonen	69
	3.5.2	Hersteller	69
	3.5.3	Endabnehmer	69
	3.5.4	Umwelt und Gesellschaft	69

4 Design als Bestandteil des methodischen Entwickelns und Konstruierens ... 71
- 4.1 Allgemeiner Ansatz ... 73
- 4.2 Grundlegende Konstruktions- und Entwicklungsmethodik ... 73
- 4.3 Eingliederung des Designs in den konstruktiven Entwicklungsprozess ... 77
- 4.4 Freiheitsgrade und Aufgabentypen ... 85
- 4.5 Teilprozesse des Designens ... 89
  - 4.5.1 Betätigungs- und benutzungsorientierte Gestaltung oder Interaktion-Design ... 89
  - 4.5.2 Sichtbarkeits- und erkennungsorientierte oder kennzeichnende Gestaltung ... 92
- 4.6 Lösungsräume und -kataloge des Designens ... 93

5 Design in der Planungsphase ... 95
- 5.1 Klärung der Aufgabenstellung ... 95
- 5.2 Entwicklung von Designideen ... 97
- 5.3 Designanforderungen für Einzelprodukte, Produktprogramme und -systeme ... 101

6-11 EXTERIOR-DESIGN VON EINZELPRODUKTEN

6 Gestaltaufbau in der Konzeptphase ... 103
- 6.1 Voraussetzung 1: Invariable Aufbauelemente und ökologische Aspekte ... 103
  - 6.1.1 Die Funktionsgestalt ... 103
  - 6.1.2 Das Interface ... 107
  - 6.1.3 Die Tragwerkgestalt einschließlich mit- und nichttragender Verkleidungen ... 107
  - 6.1.4 Ökologische Aspekte des Gestaltaufbaus ... 113
- 6.2 Voraussetzung 2: Formale Aufbautypen ... 113
- 6.3 Designorientierter Aufbau der Funktionsgestalt ... 125
  - 6.3.1 Antriebstechnik und menschlicher Antrieb ... 125
  - 6.3.2 Größe und Gewicht der Funktionsgestalt ... 127
  - 6.3.3 Anordnungen der Funktionsbaugruppen ... 131
- 6.4 Aufbau des Interfaces ... 133
  - 6.4.1 Zentrifugale Konzeption von Stellteilen und Anzeigen ... 133
  - 6.4.2 Zentripetale Konzeption von Anzeigen ... 137
  - 6.4.3 Lösungskataloge ... 143
  - 6.4.4 Konzeption neuer Stellteile unter besonderer Berücksichtigung der Sinnfälligkeit ... 143
  - 6.4.5 Anordnung von Stellteilen und Anzeigen ... 153
  - 6.4.6 Interface-Gestalt ... 153
  - 6.4.7 Erweitertes Interface ... 153
- 6.5 Aufbau der Tragwerkgestalt ... 157
  - 6.5.1 Betätigungs- und benutzungsorientierte Tragwerkkonzeption ... 157
  - 6.5.2 Konzeption der vollständigen Tragwerksgestalt ... 157
    - 6.5.2.1 Formale Konzeption ... 157
    - 6.5.2.2 Funktionale Konzeption ... 163
  - 6.5.3 Tragwerksbauweisen ... 163
- 6.6 Kennzeichnender und anmutungshafter Gestaltaufbau ... 169

	6.7	Formale Qualität und Ordnung des Gestaltaufbaus einschließlich der Ähnlichkeitsarten	175
	6.8	Designbewertung nach der Konzeptphase	179

7 Formgebung in der Entwurfsphase 203
   7.1 Voraussetzungen: Invariable Form-Elemente einschließlich ökologischer Aspekte 203
      7.1.1 Abgrenzung von Gestaltkonzeption und Entwurf 203
      7.1.2 Benennung und Systeme von Formen einschließlich Hilfsmittel der Formgebung ... 207
      7.1.3 Funktionsformen 207
      7.1.4 Fertigungsformen 213
      7.1.5 Wirtschaftlich bedingte Formen einschließlich Zulieferteile 213
   7.2 Betätigungs- und benutzungsorientierte Formgebung 213
      7.2.1 Antropomorphe Gegenformen und Koppelflächen 213
      7.2.2 Formgebung nach extremen Betätigungskräften 215
      7.2.3 Reinigungs- und stapelgerechte Formen 217
   7.3 Kennzeichnende Formgebung 217
      7.3.1 Bedienungskennzeichnende Formen 219
      7.3.2 Zweck-, prinzip-, leistungs-, fertigungs-, preis- und zeitkennzeichnende Formen 219
      7.3.3 Herkunftskennzeichnende Formgebung 223
   7.4 Formale Ordnung und Qualität der Formgebung 223
      7.4.1 Ähnlichkeit von Aufbau und Form 223
      7.4.2 Formale Qualitäten der Formelemente 225
      7.4.3 Formale Ordnungsprinzipien der Formgebung 229
      7.4.4 Höhere Formgebung 231
   7.5 Ablauf der Formgebung 231
      7.5.1 Formvarianten 231
      7.5.2 Formlinienplan 231
   7.6 Designbewertung nach der Entwurfsphase 231
      7.6.1 Standardbewertung einschließlich wirtschaftlicher Bewertung 231
      7.6.2 Bewertung nach Kriterien des gewerblichen Rechtsschutzes 233
      7.6.3 Neuheit und Imitation auf der Ähnlichkeitsskala 233

8 Oberflächendesign in der Ausarbeitungsphase 237
   8.1 Voraussetzungen: Invariable Oberflächen-Elemente einschließlich ökologischer Aspekte ... 237
   8.2 Betätigungs- und benutzungsorientiertes Oberflächendesign 241
   8.3 Kennzeichnendes Oberflächendesign 241
   8.4 Formale Qualität und Ordnung des Oberflächendesigns 243
   8.5 Bewertung des Oberflächendesigns 243

9 Produktgrafik in der Ausarbeitungsphase 245
   9.1 Voraussetzungen: Inhaltlicher Kennzeichnungsumfang
und fertigungstechnische Grundlagen 245
      9.1.1 Produktname 247
      9.1.2 Beschriftung von Anzeigen und Stellteilen einschließlich Bedienungsanleitung 249
      9.1.3 Weitere grafische Kennzeichnungen 249
      9.1.4 Fertigungstechnische Grundlagen 249
   9.2 Grafische Kennzeichnungsarten 251
      9.2.1 Bildzeichen 251
      9.2.2 Beschriftungen 251
      9.2.3 Weitere grafische Zeichen 253
   9.3 Formale Qualität und Ordnungen der Produktgrafik 253
      9.3.1 Bezüglich der Zeichengestalt 253
      9.3.2 Bezüglich der Zeichenrelationen 255
      9.3.3 Bezüglich Zeichen und Zeichenträger 255
      9.3.4 Bezüglich Zeichen und Produktgestalt 255

9.4	Bewertung der Produktgrafik	255

10 Farbdesign in der Ausarbeitungsphase 257
   10.1 Voraussetzungen: Grundlagen und Hilfsmittel 257
   10.2 Erkennungsinhalte von Farben und kundentypische Bedeutungsprofile 259
   10.3 Entwicklung eines Farbdesigns 263
   10.4 Kataloge an Kennzeichnungsfarben und Kennzeichnungsprinzipien 263
      10.4.1 Sichtbarkeit und Tarnung mit Farben 263
      10.4.2 Zweckkennzeichnende Farben 265
      10.4.3 Bedienungskennzeichnende Farben 266
      10.4.4 Prinzip- und leistungskennzeichnende Farben 267
      10.4.5 Material- und fertigungskennzeichnende Farben 268
      10.4.6 Kostenkennzeichnende Farben 268
      10.4.7 Zeitkennzeichnende Farben 268
      10.4.8 Herstellerkennzeichnende Farben 269
      10.4.9 Marken- und händlerkennzeichnende Farben 269
      10.4.10 Verwenderkennzeichnende Farben 269
   10.5 Formale Qualität und Ordnung des Farbdesigns 269
      10.5.1 Farb-Farb-Relation 269
      10.5.2 Farbe und Schrift 271
      10.5.3 Farbe und Oberfläche 272
      10.5.4 Farbe und Form 272
      10.5.5 Farbe und Gestaltaufbau 273
      10.5.6 Produktfarbe und Umwelt 273
   10.6 Bewertung des Farbdesigns 275

11 Designbewertung nach der Ausarbeitungsphase 277
   11.1 Bewertung nach der Ausarbeitungsphase als Endbewertung 277
   11.2 Abhängigkeit des Design-Wertzuwachses vom Umfang der kennzeichnenden Gestaltelemente 277
   11.3 Abhängigkeit der Bewertung von der Lösungsdarstellung 279
   11.4 Wertfunktionen des Designs 279

12 Interior-Design von Einzelprodukten 283
   12.1 Erweiterte Gestaltdefinition 283
   12.2 Aufgabentypen 283
   12.3 Ähnlichkeitsbeziehungen des Interior-Designs 285

13 Design von Produktprogrammen 289
   13.1 Voraussetzungen 289
   13.2 Programmbreite 289
   13.3 Lösungstiefe und allgemeine Lösungsprinzipien für Produktprogramme 291
      13.3.1 Allgemein 291
      13.3.2 Baureihen 291
      13.3.3 Baukästen 293
      13.3.4 Ähnlichkeiten bei Produktprogrammen 293
         13.3.4.1 Produktprogramme aus Außengestalten 293
         13.3.4.2 Produktprogramme aus Außen- und Innengestalten 294
   13.4 Lösungselemente und Anwendungsbeispiele des Produktprogramm-Designs 297
      13.4.1 Größenstufung von Baureihen nach Körpergrößen. Beispiel: Griffe für ein Elektrowerkzeug 297
      13.4.2 Funktionsgestalt-Programme 299
      13.4.3 Tragwerksgestalt-Programme 299
      13.4.4 Kundentypische Bedienungskonzepte und Interfacegestalt-Programme 299

Inhaltsverzeichnis   XI

      13.4.4.1 Betätigungs- und benutzungsorientierte Varianten und Programme 299
      13.4.4.2 Varianten und Programme nach der Art der Bedienungselemente 301
      13.4.4.3 Varianten und Programme nach der Anzahl der Bedienungselemente 301
  13.4.5 Formvarianten von Produktprogrammen 303
  13.4.6 Oberflächenvarianten von Programmen 303
  13.4.7 Farbvarianten von Produktprogrammen 303
  13.4.8 Grafische Varianten von Produktprogrammen 309
  13.4.9 Interior-Design-Programme 309
  13.4.10 Anwendungs-Beispiele für Produktprogramme 309
 13.5 Bewertung von Programm-Designs 323

14 Design von Produktsystemen 329
 14.1 Voraussetzungen 329
 14.2 Art und Umfang von Produktsystemen 329
 14.3 Lösungselemente und -prinzipien des Systemdesigns 329
 14.4 Beispiele von Systemdesigns 333
  14.4.1 Universalpresse und Presserei 333
  14.4.2 Neue Schreinerei 333
  14.4.3 Pommes-Frites-Automat mit Ausstattungssystem 333
  14.4.4 Neues Operations-System einschließlich Docking-Station 333
 14.5 Bewertung von Systemdesigns 333
 14.6 Erweiterung des Systemdesigns 345
  14.6.1 Corporate Design 345
  14.6.2 Erweiterte Ähnlichkeiten 345
  14.6.3 Exkurs: Luxus und Luxusprodukte 345

15 Ergebnisprüfung und Gebrauchswertoptimierung 353
 15.1 Feststellung eines Verbesserungsgrades des Teilnutzwertes Design 353
 15.2. Ermittlung eines Neuheitsgrades 353
 15.3 Vergleich des Teilnutzwerts Design mit dem Gefallensurteil 357
 15.4 Wirtschaftliche Aspekte des Designs und Ansätze zur Gebrauchswertoptimierung 357
  15.4.1 Kosten des Produktherstellers 361
  15.4.2 Kosten des Produktbenutzers 363
 15.5 Ansatz zum Service-Design 363
 15.6 Multisensorisches Design 365

Literaturverzeichnis 372

Bildverzeichnis 379

Index 381

Liste der Abkürzungen, Stichworte und Sprechweisen

Bemerkungen: Es gelten folgende Regeln bzgl. der nachfolgenden Bezeichnungen:

1. Falls nicht anders geschrieben heißt ein Anhängen einer Klammer, dass auf den Klammerinhalt Bezug genommen wird, z.B.

    N = Nutzwert $\to N(G)$ Nutzwert von G

2. Wenn Zahlen als Index angehängt werden, dann haben wir mehrere Objekte, die wir mit Hilfe der Zahlen durchnummerieren, z.B.

    Produktgestalten: $G_1,\ldots,G_7$

Bez.	Bedeutung
A	Aufbau
A^{var}	variable Elemente bzgl. Aufbau
$\mathcal{A}$	Anforderung bzw. Menge aller Anforderungen
$\mathcal{A}^A$	Anforderungen: Anmutungen
$\mathcal{A}'$	Anforderungen im engeren Sinne
ABS_{Fa}	Farbabstraktion
ABS_{Fo}	Formabstraktion
ABS_{Gr}	Grafikabstraktion
A^E	Ähnlichkeitsgrad der Gestalten G_1, G_2
$\ddot{A}_A$	Aufbau-Ähnlichkeit
$\ddot{A}_{Fa}$	Farb-Ähnlichkeit
$\ddot{A}_{Fo}$	Form-Ähnlichkeit
$\ddot{A}_{Gr}$	Grafik-Ähnlichkeit
$\ddot{A}_{Prag}$	Pragmatische Ähnlichkeit
$\ddot{A}_{Sem}$	Semantische Ähnlichkeit
$\mathcal{A}^{BB}$	Anforderungen: Betätigung und Benutzung
$\mathcal{A}^E$	Anforderungen: Eigenschafts- und Herkunftsbezeichnung
$\mathcal{A}^F$	Anforderungen: Fertigung
$\mathcal{A}^{FQ}$	Anforderungen: Formale Qualität
$\mathcal{A}^H$	Anforderungen: Haptik
$\mathcal{A}^h$	Anforderungen: Handlung
$\mathcal{A}^K$	Anforderungen: Kapazität und Kosten
$\mathcal{A}^M$	Anforderungen: Mensch-Produkt-Anforderungen

Liste der Abkürzungen, Stichworte und Sprechweisen

Bez.	Bedeutung	Bez.	Bedeutung
$\mathcal{A}^M(.)$	Mensch-Produkt-Anforderungen bzgl. der Merkmale in der Klammer	$\mathcal{A}_{SdB}$	Anforderungen: schwere dynamische Belastung
$\mathcal{A}^M_{demo}$	demografische Mensch-Produkt-Anforderungen	$\mathcal{A}_{II}$	Anforderungen bzgl. der Phase II
$\mathcal{A}^M_{Einstellungstyp}$	psychografische Mensch-Produkt-Anforderungen	$\mathcal{A}_{III}$	Anforderungen bzgl. der Phase III
		$\mathcal{A}_{IV}$	Anforderungen bzgl. der Phase IV
$\mathcal{A}^{Oeko}$	Anforderungen: Ökologie	$\mathbb{A}, \mathbb{F}o, \mathbb{F}a, \mathbb{G}r$	Lösungsraum(-teilgestalten)
$\mathcal{A}^P$	Anforderungen: physikalische/ technische	$\mathbb{A}^{fix}$	Lösungsraum: fixer Aufbau
$\mathcal{A}^R$	Anforderungen: rechtliche Fordrungen	$\mathbb{A}^{fix/BB}$	Lösungsraum: fixer Aufbau bzgl. Betätigungs- und Benutzungs-Anforderungen
$\mathcal{A}^S$	Anforderungen: Sichtbarkeit	$\mathbb{A}^{fix/FQ}$	Lösungsraum: fixer Aufbau bzgl. Formaler Qualität
$\mathcal{A}^{SE}$	Anforderungen: Sichtbarkeit und Erkennung	$\mathbb{A}^{fix/SE}$	Lösungsraum: fixer Aufbau bzgl. Sichtbarkeits und Erkennungs-Anforderungen
$\mathcal{A}^T$	Anforderungen: zeitliche		
$\mathcal{A}^W$	Anforderungen: wirtschaftliche	$\mathbb{A}^{FQ}$	Lösungsraum: Formale Qualität
$\mathcal{A}^Z$	Anforderungen: Ziele und Zwecke	$\mathbb{A}^{SE}$	Lösungsraum: Betätigungs- und Benutzungs-Anforderungen
$\mathcal{A}^\Delta$	Designanforderungen		
$\mathcal{A}^\Delta_{BB}$	allgemeine Designanforderungen: Benutzung und Betätigung	$\mathbb{A}^{var}$	Lösungsraum: variabler Aufbau
		$\mathbb{A}^{var/BB}$	Lösungsraum: variabler Aufbau bzgl. Betätigungs- und Benutzungs-Anforderungen
$\mathcal{A}^\Delta_{demo}$	demografische Designanforderungen		
$\mathcal{A}^\Delta_\varepsilon$	Designanforderungen: Erkennung	$\mathbb{A}^{var/FQ}$	Lösungsraum: variabler Aufbau bzgl. formaler Qualität
$\mathcal{A}^\Delta_{Einstellungstyp}$	psychografische Designanforderungen	$\mathbb{A}^{var/SE}$	Lösungsraum: variabler Aufbau bzgl. Sichtbarkeits- und Erkennungs-Anforderungen
$\mathcal{A}^\Delta_{EW}$	erweiterten Designanforderungen		
$\mathcal{A}^\Delta_G$	Designanforderungen: Gestalt	$\propto$	Formschräge
$\mathcal{A}^\Delta_\mathcal{H}$	Designanforderungen: Betätigung und Benutzung	B	Bewertungsfunktion für Bezeichnungen
$\mathcal{A}^\Delta_{SE}$	allgemeine Designanforderungen: Sichtbarkeit und Erkennung	B_{stat}	Statische Belastung
		B_{dyn}	Dynamische Belastung
$\mathcal{A}^\Delta_W$	Designanforderungen: Wahrnehmung	BT	Bedienungstechnik
$\mathcal{A}_{EdB}$	Anforderungen: einseitige dynamische Belastung	$\mathcal{B}$	Bezeichnungen
		$\mathcal{B}^A$	Bezeichnungen bzgl. Anmutungsqualität
$\mathcal{A}_F$	Festanforderungen	$\mathcal{B}^B$	Bezeichnungen bzgl. Bedienung
$\mathcal{A}_M$	Mindestanforderungen	$\mathcal{B}^F$	Bezeichnungen bzgl. Fertigung
$\mathcal{A}_{sB}$	Anforderungen: statische Belastung		

Bez.	Bedeutung	Bez.	Bedeutung
$\mathcal{B}^{fq}$	Bezeichnungen bzgl. formaler Gestaltqualität	Δ_Z	Designteilprozess: Zweck
$\mathcal{B}^H$	Bezeichnungen bzgl. Hersteller	$\mathcal{D}$	Planungsdaten
$\mathcal{B}^K$	Bezeichnungen bzgl. Kosten- und Preis	$E(.)$	Elemente bzgl. des Klammerinhalts
		E_{Prag}	Pragmatische Empfängerübertragungsfunktion
$\mathcal{B}^M$	Bezeichnungen bzgl. Marke und Händler	E_{Sem}	Semantische Empfängerübertragungsfunktion
$\mathcal{B}^P$	Bezeichnungen bzgl. Prinzip und Leistung	E_{Syn}	Syntaktische Empfängerübertragungsfunktion
$\mathcal{B}^S$	Bezeichnungen bzgl. Sichtbarkeit und Erkennung	E_i	Bedienungselement
		E_Π	Kennzeichnungselement
$\mathcal{B}^T$	Bezeichnungen bzgl. Zeit	E_A, E_{Fo}	Elemente bzgl. Aufbau, Form, Farbe und Grafik
$\mathcal{B}^V$	Bezeichnungen bzgl. Verwender	E_{Fa}, E_{Gr}	
		EB	Bezugsebene
$\mathcal{B}^Z$	Bezeichnungen bzgl. Zweck	$\mathcal{E}$	Menge aller menschlichen Erkennungen
D_{3D}	räumlicher Darstellungsgraph		
D_E	ebener Darstellungsgraph	ε	Erkennung
D_{EB}	ebener Darstellungsgraph mit Bezugsebene	$\mathbb{E}$	Lösungselemente
		$\mathbb{E}_A^{fix}$	Lösungsraum: Elemente des fixen Aufbaus
D_L	linienförmiger Darstellungsgraph	$\mathbb{E}_A^{fix/BB}$	Lösungsraum: Elemente des fixen Aufbaus bzgl. Betätigungs- und Benutzungs- Anforderungen
D_{LB}	linienförmiger Darstellungsgraph mit Bezugsebene		
Δ	Designprozess		
Δ_A	Designteilprozess: Anmutungsqualität	$\mathbb{E}_A^{fix/FQ}$	Lösungsraum: Elemente des fixen Aufbaus bzgl. Formaler Qualität
Δ_B	Designteilprozess: Bedienung	$\mathbb{E}_A^{fix/SE}$	Lösungsraum: Elemente des fixen Aufbaus bzgl. Sichtbarkeits- und Erkennungs- Anforderungen
Δ_F	Designteilprozess: Fertigung		
Δ_{fq}	Designteilprozess: formal Gestaltqualität	$\mathbb{E}_A^{var}$	Lösungsraum: Elemente des variablen Aufbaus
Δ_H	Designteilprozess: Hersteller	$\mathbb{E}_A^{var/BB}$	Lösungsraum: Elemente des variablen Aufbaus bzgl. Betätig.- und Benutzungs-Anforderungen
Δ_K	Designteilprozess: Kosten und Preis		
Δ_M	Designteilprozess: Marke und Händler	$\mathbb{E}_A^{var/FQ}$	Lösungsraum: Elemente des variablen Aufbaus bzgl. formaler Qualität
Δ_P	Designteilprozess: Prinzip und Leistung	$\mathbb{E}_A^{var/SE}$	Lösungsraum: Elemente des variablen Aufbaus bzgl. Sichtbar.- und Erkennungs-Anforderungen
Δ_S	Designteilprozess: Sichtbarkeit		
Δ_T	Designteilprozess: Zeit	Fa	Farbe
Δ_V	Designteilprozess: Verwender	Fa^{var}	variable Elemente bzgl. Farbe

Liste der Abkürzungen, Stichworte und Sprechweisen

Bez.	Bedeutung	Bez.	Bedeutung
Fo	Form	$\mathcal{G}_\Pi$	Menge aller Erkennungsgestalten
Fo^{var}	variable Elemente bzgl. Form	G_Π	Erkennungsgestalt
FQ	Formale Qualität	$\mathcal{G}_\Pi^A$	Erkennungsgestalten bzgl. Anmutungsqualität
Fu	Funktionsgestalt		
Φ	Wahrnehmungsprozess	$\mathcal{G}_\Pi^B$	Erkennungsgestalten bzgl. Bedienung
G	Produktgestalt		
$G(If)$	Interfacegestalt	$\mathcal{G}_\Pi^F$	Erkennungsgestalten bzgl. Fertigung
$G(Fu)$	Funktionsgestalt	G_Π^{fix}	fixe Erkennungsgestalt
$G(Tw)$	Tragwerksgestalt	$\mathcal{G}_\Pi^{fq}$	Erkennungsgestalten bzgl. formale Qualität
$G_{exterior}$	Außengestalt	$\mathcal{G}_\Pi^H$	Erkennungsgestalten bzgl. Hersteller
$G_{Innenraum}$	Innenraumgestalt	$\mathcal{G}_\Pi^K$	Erkennungsgestalten bzgl. Kosten und Preis
$G_{Interior}$	Innengestalt		
G_S	Wahrnehmungsgestalt	$\mathcal{G}_\Pi^M$	Erkennungsgestalten bzgl. Marke und Händler
$G_{Umgebung}$	Umgebungsgestalt	$\mathcal{G}_\Pi^P$	Erkennungsgestalten bzgl. Prinzip und Leistung
G_V	Sichtbarkeitsgrad		
G_{Welt}	Welt(-Gestalt)	$\mathcal{G}_\Pi^T$	Erkennungsgestalten bzgl. Zeit
G^{fix}	invariable Teilgestalt	$\mathcal{G}_\Pi^V$	Erkennungsgestalten bzgl. Verwender
G_i^{PP}	Produktgestalt/-variante aus PP		
G_i^{PS}	Produktgestalt aus PS	$\mathcal{G}_\Pi^{var}$	variable Erkennungsgestalt
G^{var}	variable Teilgestalt	$\mathcal{G}_\Pi^Z$	Erkennungsgestalten bzgl. Zweck
Gr	Grafik	$\mathbb{G}$	Lösungsgestalt
Gr^{var}	variable Elemente bzgl. Grafik	H	Handlungsablauf
GT	Gleichteilevektor	H_s	Höhe einer Schichtung
$g(A)$	Gewichtungsfaktor der Anforderung A	h_g	Höhe 1. Stapelelement
gBB	Gewichtung der Benutzungs- und Betätigungs-Anforderungen	h_i	Einzelhandlung
		h_L	Höhentoleranz
$g\max$	Maximum aller Gewichte der Anforderungen	h_s	Höhe ab dem 2. Stapelelement
		$\mathcal{H}$	Menge aller Betätigungs- und Benutzungsbewegungen
$g\min$	Minimum aller Gewichte der Anforderungen		
		If	Interface(-gestalt)
gSE	Gewichtung der Sichtbarkeits- und Erkennbarkeits-Anforderungen	I_S	Senderinformation
		I_E	Empfängerinformation
$g\Delta$	Gewichtung bzgl. der Designanforderungen	K	Kosten
		$K_A, K_{Fa}, K_{Fo}, K_{Gr}$	Kennziffern einer Gestalt G bzgl. Aufbau, Farbe, Form und Grafik
$\mathcal{G}$	Menge aller Gestalten		
$\mathcal{G}(.)$	Menge aller Gestalten bzgl. des Klammerinhaltes		

Bez.	Bedeutung	Bez.	Bedeutung
K_P^A	Kontrast: Gestalt/Arch./Hintergrund	N_{max}	maximaler Nutzwert
K_P^N	Kontrast: Gestalt/ natürlicher Hintergrund	N_{II}	Konzeptionsnutzwert
		N_{III}	Entwurfsnutzwert
Ka	Kantenmenge eines Darstellungsgraphen	N_{IV}	Ausarbeitungsnutzwert
		n	Teilnutzwert bzw. Anzahl der Stapelelemente
Kn	Knotenmenge eines Darstellungsgraphen		
		$n(A)$	Teilnutzwert der Anforderung A
Kon_A	Aufbaukonkretisierung	n_{BB}	Designteilnutzwert bzgl. Benutzung und Betätigung
Kon_{Fa}	Farbkonkretisierung		
Kon_{Fo}	Formkonkretisierung	$n_{BB}(G)$	Mensch-Produkt-Teilnutzwert der Gestalt G
Kon_{Gr}	Grafikkonkretisierung		
$\mathcal{K}$	Kollektiv	n_{SE}	Designteilnutzwert bzgl. Sichtbarkeit und Erkennung
$\mathbb{K}$	Komplexität		
ΛG	Bedeutungsprofil	$n_\Delta(G)$	Designteilnutzwert der Gestalt G
M	Mensch	$O(.)$	Ordnungen bzgl. des Klammerinhaltes
$M(G)$	Gestaltvektor einer Gestalt G		
$M_A, M_{Fo},$	Kennwerte einer Gestalt G	$O_A, O_{Fo},$ $O_{Fa}, O_{Gr},$	Ordnung bzgl. Aufbau, Form, Farbe und Grafik
M_{Fa}, M_{Gr}	bzgl. Aufbau, Form, Farbe und Grafik		
		OG	Ordnungsgrad
m^F	Mächtigkeit der Anforderungen: Fertigung	$OG_A, OG_{Fa},$ OG_{Fo}, OG_{Gr}	Ordnungsgrad bzgl. Aufbau, Farbe, Form und Grafik
m^K	Mächtigkeit der Anforderungen: Kapazität und Kosten	OG_Π	Kennzeichnungsordnung
		$\mathbb{O}$	Lösungsordnungen
m^M	Mächtigkeit der Anforderungen: Mensch-Produkt-Anforderungen	$\mathbb{O}_A^{fix}$	Lösungsraum: Ordnungen des fixen Aufbaus
m^{Oeko}	Mächtigkeit der Anforderungen: Ökologie	$\mathbb{O}_A^{fix/BB}$	Lösungsraum: Ordnungen des fixen Aufbaus bzgl. Betätigungs- und Benutzungs-Anforderungen
m^P	Mächtigkeit der Anforderungen: physikalische/technische	$\mathbb{O}_A^{fix/FQ}$	Lösungsraum: Ordnungen des fixen Aufbaus bzgl. formaler Qualität
m^R	Mächtigkeit der Anforderungen: rechtliche		
m^T	Mächtigkeit der Anforderungen: zeitliche	$\mathbb{O}_A^{fix/SE}$	Lösungsraum: Ordnungen des fixen Aufbaus bzgl. Sichtbarkeits- und Erkennungs-Anforderungen
m^W	Mächtigkeit der Anforderungen: wirtschaftliche	$\mathbb{O}_A^{var}$	Lösungsraum: Ordnungen des variablen Aufbaus
m^Z	Mächtigkeit der Anforderungen: Ziele und Zwecke	$\mathbb{O}_A^{var/BB}$	Lösungsraum: Ordnungen des variablen Aufbaus bzgl. Betätig.- und Benutz.-Anforderungen
$\mathcal{M}$	Menschheit (alle Menschen)		
N	Nutzwert	$\mathbb{O}_A^{var/FQ}$	Lösungsraum: Ordnungen des variablen Aufbaus bzgl. formaler Qualität

Liste der Abkürzungen, Stichworte und Sprechweisen

Bez.	Bedeutung	Bez.	Bedeutung
$\mathbb{O}_A^{var/SE}$	Lösungsraum: Ordnungen des variablen Aufbaus bzgl. Sichtbar.- und Erkenn.-Anforderungen	$\mathcal{W}_{BF}$	Wahrnehmung: Bewegung fühlen
		$\mathcal{W}_{BS}$	Wahrnehmung: Sehen in Bewegung
P	Produkt	$\mathcal{W}_{CF}$	Wahrnehmung: Chemisch fühlen
PP	Produktprogramm	$\mathcal{W}_{DF}$	Wahrnehmung: Druck fühlen
PS	Produktsystem	$\mathcal{W}_{EF}$	Wahrnehmung: Elektrisch fühlen
Π	menschlicher Erkennungsprozess	$\mathcal{W}_{FF}$	Wahrnehmung: Feuchtigkeit fühlen
$\mathcal{P}$	Menge aller Produkte		
$\mathcal{P}^M$	menschenbezogene Produkte bzw. Produktvarianten	$\mathcal{W}_{Gr}$	Wahrnehmung: Riechen
		$\mathcal{W}_{GS}$	Wahrnehmung: Schmecken
$\mathbb{P}$	Potenzmenge	$\mathcal{W}_H$	Wahrnehmung: Hören
$\mathbb{P}(\mathcal{G})$	Potenzmenge von	$\mathcal{W}_{LF}$	Wahrnehmung: Lage fühlen
S_{Prag}	Pragmatische Senderübertragungsfunktion	$\mathcal{W}_{RF}$	Wahrnehmung: Rauheit fühlen
		$\mathcal{W}_S$	Wahrnehmung: Sehen in Ruhe
S_{Sem}	Semantische Senderübertragungsfunktion	$\mathcal{W}_s$	Wahrnehmungssicherheit
		$\mathcal{W}_v$	Wahrnehmungsentfernung
S_{Syn}	Syntaktische Senderübertragungs-Funktion	$\mathcal{W}_{WF}$	Wahrnehmung: Wärme fühlen
S	Wandstärke der Stapelelemente	ψ	Verhaltensprozess
R_Π	Kennzeichnungsrate	z	Ziel
ρ	Schwerpunktabstand von der Kippkante	$\mathcal{Z}$	Ziele
Tw	Tragwerk(-sgestalt)		
t	Dauer		
UT	Ungleichteilevektor		
u_A	Wertfunktion der Anforderung A		
V	Varianten		
v_{zf}	zweckfreies Verhalten		
W	Gebrauchswert		
W_A	Wertbereich der Anforderung A		
WC	Worst-Case		
Wi	Winkelmenge eines Darstellungsgraphen		
$w(\phi)$	Gefallensurteil		
$w(A)$	Erfüllungsgrad der Anforderung A		
w_Δ	Erfüllungsgrad bzgl. der Designanforderungen		
$\mathcal{W}$	Menge aller Wahrnehmungen		

Sprechweisen

Die in diesem Buch benutzten Abkürzungen und verwendeten Buchstaben sollen nun in ihrer Sprechweise erklärt werden.

Als erstes haben wir die Schrifteigenschaft Script, $\mathcal{A}$ gesprochen als script A. Wir haben also als Alphabet:

$\mathcal{ABCDEFGHIJKLMNOPQRSTUVWXYZ}$

Weiter gibt es die Buchstaben Erweiterungen:

A^x	gesprochen als A hoch x
A_x	gesprochen als A unten x
$g(x)$	gesprochen als g von x

Weiter werden auch griechische Buchstaben verwendet:

Π	groß Pi
Φ	groß Phi
Ψ	groß Psi
Δ	groß Delta
w	klein Omega

Mathematische Zeichen

Zeichen	Bedeutung
$A \cap B$	Schnittmenge von A und B
$A \cup B$	Vereinigung von A und B
$A \subset B$	A Teilmenge von B
$A \supset B$	A enthalten B
$a \leq b$	a kleiner gleich b
$a \geq b$	a größer gleich b
$a > b$	a echt größer als b
$a < b$	a echt kleiner als b
$\neq$	ungleich
$\sum_{i=1}^{n} X_i$	Summe über alle mit Index $i = 1, \ldots, n$
ϕ	leere Menge

Zeichen	Bedeutung
$|L|$	Länge der Liste L
$x \in X$	x Element aus X
$|.|$	Betrag von.
$a \rightarrow b$	Abbildung/-svorschrift (a bildet sich ab auf b)
$\rightarrow$	entspricht/ Entsprechung
$a \rightarrow b$	Abhängigkeit (b ist abhängig von a)
$*$	Mal-Zeichen/Mathemat. Produkt

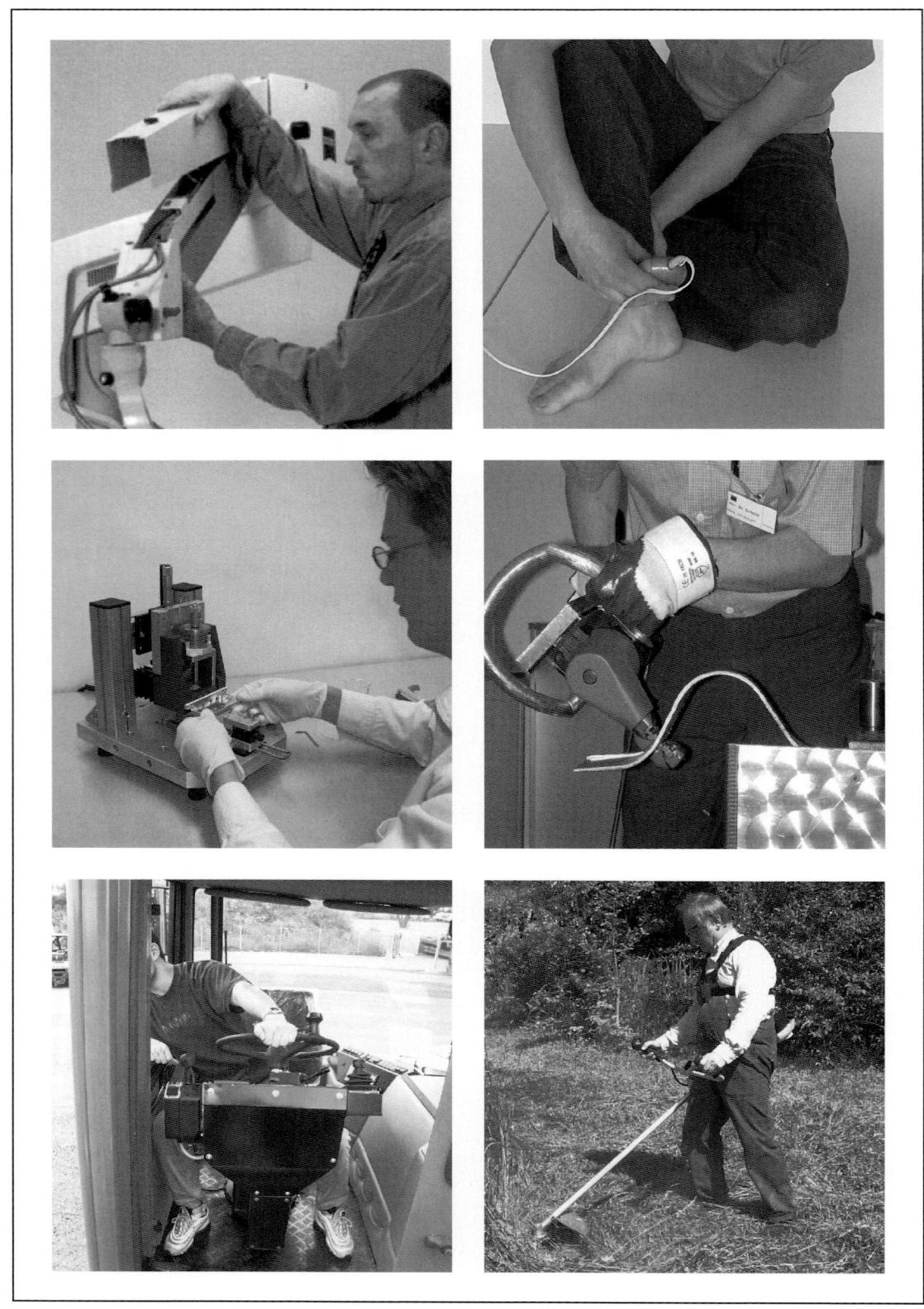

Bild 1 Gebrauchssituationen technischer Produkte als Ausgangspunkt und Ziel des Designs

1 Einleitung

1.1 Aktuelles und zukunftsorientiertes Verständnis von Design

Definition 1.1 *„Design" ist die eingedeutschte Kurzform der englischen Begriffe „Industrial Design" bzw. „Industrial Design Engineering".*

„Design" ist in der deutschen Sprache ein doppeldeutiger Begriff, der sowohl „das Designte" (von lateinisch designatum) oder die Designqualität (n_Δ) wie „das Designen" (von lateinisch designans) oder den Designprozess (Δ) beinhaltet.

Definition 1.2 *„Design" n_Δ im Sinne von „das Designte" ist derjenige Nutzwert oder diejenige Qualität einer Produktgestalt, die ihre Betätigbarkeit und Benutzbarkeit sowie ihre Sichtbarkeit und Erkennbarkeit durch den Menschen (Käufer, Benutzer u.a.) beinhaltet (Bild 1).*

Definition 1.3 *„Design" Δ im Sinne von „das Designen" ist die Entwicklung (Konzeption, Entwurf und Ausarbeitung) einer Produktgestalt im Rahmen einer systematischen und konstruktiven Produktentwicklung [8] nach den Anforderungen der Betätigbarkeit und Benutzbarkeit sowie der Sichtbarkeit und Erkennbarkeit (Pflichtenheft).*

Die folgende Darlegung konzentriert sich im ersten Teil ausschließlich auf das Design als Teilnutzwert, als Teil des „Gebrauchswertes", als „Mehrwert" eines Produktes.

Unter den veränderten Bedingungen für die Technik in Umwelt und Gesellschaft werden für die Produktwerte zwischen einem neuen Produkt (Index 2) und seinem Vorläuferprodukt (Index 1) für eine zukünftige Weiterentwicklung folgende Verbesserungen und Wertsteigerungen angesetzt:

Gebrauchswert $W_2 \geq W_1$
Nutzwert $N_2 \geq N_1$
Kosten $K_2 \leq K_1$
Teilnutzwert $n_2 \geq n_1$

Rein formal muss auch für das „Design" als Teilnutzwert eines Produkts gelten

$$n_{\Delta 2} \geq n_{\Delta 1}.$$

Die Ausgangssituation der aktuellen Designpraxis und damit auch der Designbewertung wird gebildet durch die unendliche Vielfältigkeit der industriell gefertigten und konkurrierenden Produkte, Produktprogramme und Produktsysteme. Diese bilden in ihrer Gesamtheit die postmodernen Kulturen [9, 10], der zivilisatorischen Menschen und der pluralistischen Gesellschaft.

Als Ist-Zustand einer langen geschichtlichen Entwicklung zählt hierzu [11, 12] das aktuelle Universum des Designs. Hieraus werden folgende Designversionen und -varianten behandelt (Tabelle 1 und Bild 21)

Tabelle 1 Designvarianten in den Abschnitten 1-3. (Fortsetzung in Tabelle 6)

Designvarianten	Beispiele
Demografisch und geografisch orientiert	Omnibus – Design oder Design for all Viriles Design Feminines Design Senioren-Design Infantiles Design Customization-Design Export-Design
Psychografisch orientiert	Minimal-Design Sicherheits-Design Traditions-Design Ästhetikorientiertes Design Neuheitsorientiertes Design Prestige-Design Leistungs-Design Sensitivitäts-Design Öko-Design
Wahrnehmbarkeit und Erkennbarkeit bzw. Betätigbarkeit	Tarnung Nachtdesign Schönheit Styling Maßkonzept Komfort Multisensorisches Design
Formal orientiert	Gestaltkomplexität Ordnungsgrad Kennwerte entsprechend dem Birkhoff'schen Quotient oder Ästhetischen Maß bezüglich Aufbau, Form, Farbe und Grafik 4-dimensionaler Gestaltvektor
„Stil" zweier und mehr Produktgestalten	Ähnlichkeitsgrad bzgl. Aufbau, Form, Farbe und Grafik Gleichteilanteil Anteil der Ungleichteile Neuer Katalog erweiterter Ähnlichkeitsarten

Dieser Katalog erhebt keinen Anspruch auf Vollständigkeit insbesondere bezüglich der Designgeschichte.

1.2 Technisches Produkt, -Programm und -System und ihre Neuheit

Definition 1.4 *Ein Produkt P wird definiert als das Paar $P = (G, W)$ bestehend (Bild 2) aus der Produktgestalt G und dem Gebrauchswert W (siehe Definitionen 1.8 und Kapitel 2.6). Produkte, die speziell für eine Zwecksetzung gefertigt werden und die es deshalb nur einmal in dieser Ausführung gibt, nennt man Einzelprodukt.*

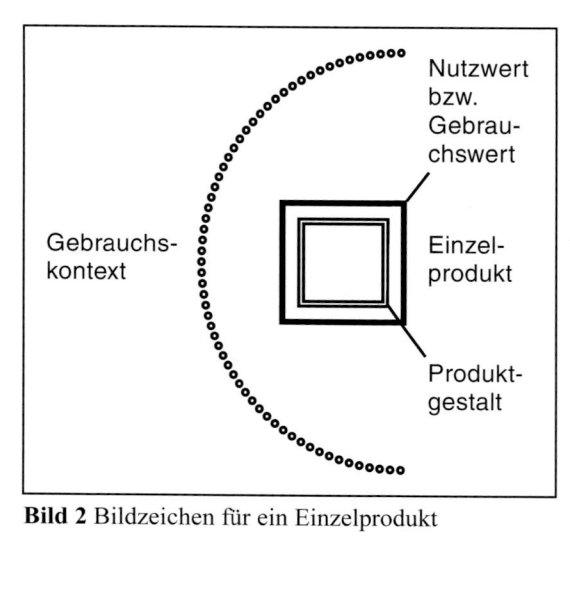

Bild 2 Bildzeichen für ein Einzelprodukt

Beispiel $P = $ *Motorschiff* GRAF ZEPPELIN (Farbbild 22).

Definition 1.5 *Ein Produktprogramm P P ist definiert als*

$$PP = \left(G_1^{PP}, ..., G_{nPP}^{PP}, W\right),$$

wobei $\left(G_1^{PP}, W\right)$ Produkte gleicher Zwecksetzung von einem Hersteller sind. Ein Produktprogramm besteht aus mindestens 2 Produkten gleicher Zwecksetzung.

$$n_{PP} \geq 2$$

Die Elemente eines Produktprogramms nennt man Produktvarianten oder Designvarianten.

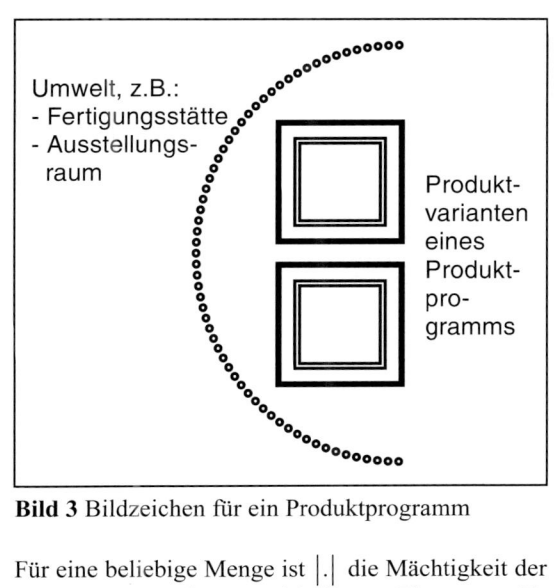

Bild 3 Bildzeichen für ein Produktprogramm

Für eine beliebige Menge ist $|.|$ die Mächtigkeit der Menge, d.h. die Anzahl ihrer Elemente. Es gilt: $|\phi| = 0, |\mathbb{N}| = \infty$

Weiter ist für jede beliebige Zwecksetzung die Mächtigkeit der Menge PP endlich, sie kann aber O sein (Nicht für jede Zwecksetzung existiert ein Produkt, für alle Zwecksetzungen gibt es aber nur endlich viele Produkte).

Beispiel Ein Programm aus Hydraulikwicklern mit 6 Produkt- und Designvarianten (Farbbild 13).

Definition 1.6 *Ein Produktsystem ist definiert durch*

$$PS = \left(G_1^{PS}, ..., W1, ..., G_{n_{PS}}^{PS}, W_{n_{PS}}\right),$$

wenn die Produkte $\left(G_i^{PS}, W_i\right)$ funktionell oder zumindest räumlich zusammenwirken und verschiedene Zwecksetzung haben (Bild 4).

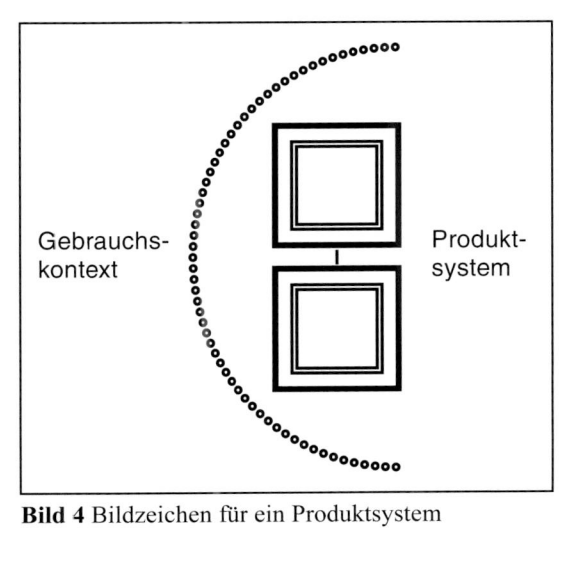

Bild 4 Bildzeichen für ein Produktsystem

Ein System kann sich ausschließlich aus Einzelprodukten, aus Einzelprodukten und Produktvarianten (also Elementen aus verschiedenen Programmen) oder nur aus Produktvarianten zusammensetzen. Ihre Anzahl ist mindestens 2, d.h.

$$n_{PS} \geq 2$$

Die Elemente eines Systems können vom selben Hersteller stammen. Dieser heißt dann System-Haus. Unabhängig vom Hersteller entstehen Produktsysteme immer auf der Anwenderseite.

Beispiel Eine Schreinerei mit allen Holzbearbeitungsmaschinen in einem Gebäude ist ein Produktsystem (Farbbild 21).

Der Gebrauchswert W sowohl von Einzelprodukten, von Produktvarianten und von Produktsystemen liegt darin, dass diese entweder ein Erzeugnis oder eine Dienstleistung für einen Kunden erzeugen (Bild 5).

Die zu designenden technischen Produkte, Programme und Systeme werden grundsätzlich als neu verstanden.

Die Neuheit der behandelten technischen Produkte, Programme und Systeme wird synonym verstanden zu Innovation, Originalität, Fortschritt, Erfindungshöhe, Eigenständigkeit u.a.

Ansätze zu Klärung und Definition dieser Produktqualität gibt es seit langem im gewerblichen Rechtsschutz [13] wie auch in der Konstruktionsmethodik [14].

Die Neuheit wird als relative Qualität verstanden, die bei technischen Produkten, Programmen und Systemen einmal bei der Weiterentwicklung wie auch in der Wettbewerbssituation einer Branche auftritt.

Sowohl die Gestalt G der betreffenden Produkte, Programme und Systeme wie auch ihr Nutz- und Gebrauchswert sind damit zeitabhängig. Dies gilt auch für die jeweilige Aufgabenstellung. Ansätze zu deren Innovationsbewertung werden später behandelt (s. Abschnitt 7.6.3 und 15.2).

1.3 Gefallensurteil als erstes Indiz auf unterschiedliche Bewertungen und Bewerter

Die erste und direkte Wechselwirkung zwischen Produkt und Mensch ist dessen unterschiedliches Gefallen (Bild 6). Ein Einzelprodukt wird von unterschiedlichen Menschen positiv beurteilt, es ge-

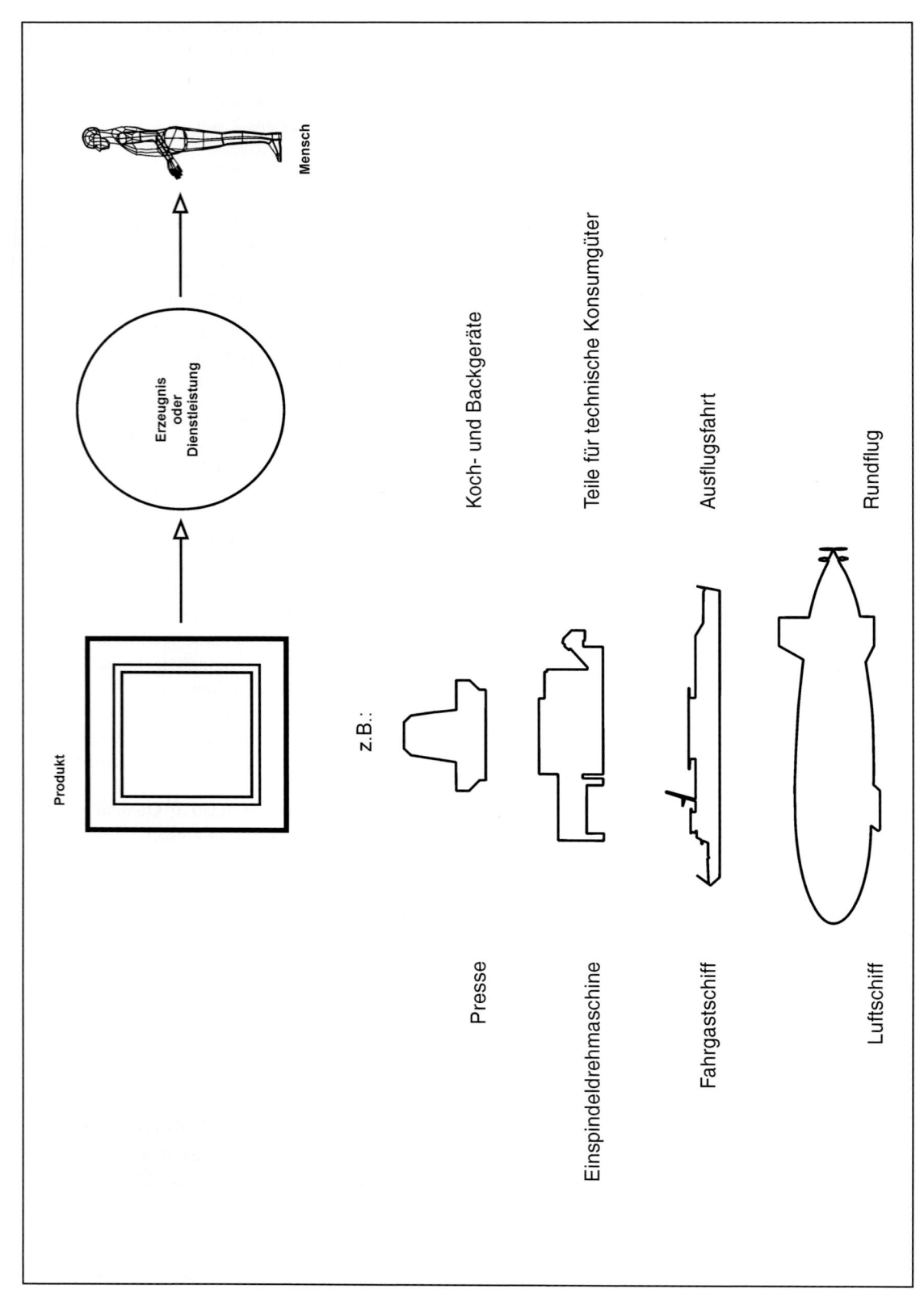

Bild 5 Beispiele für die Zwecksetzung von Produkten

1.3 Gefallensurteil als erstes Indiz auf unterschiedliche Bewertungen und Bewerter

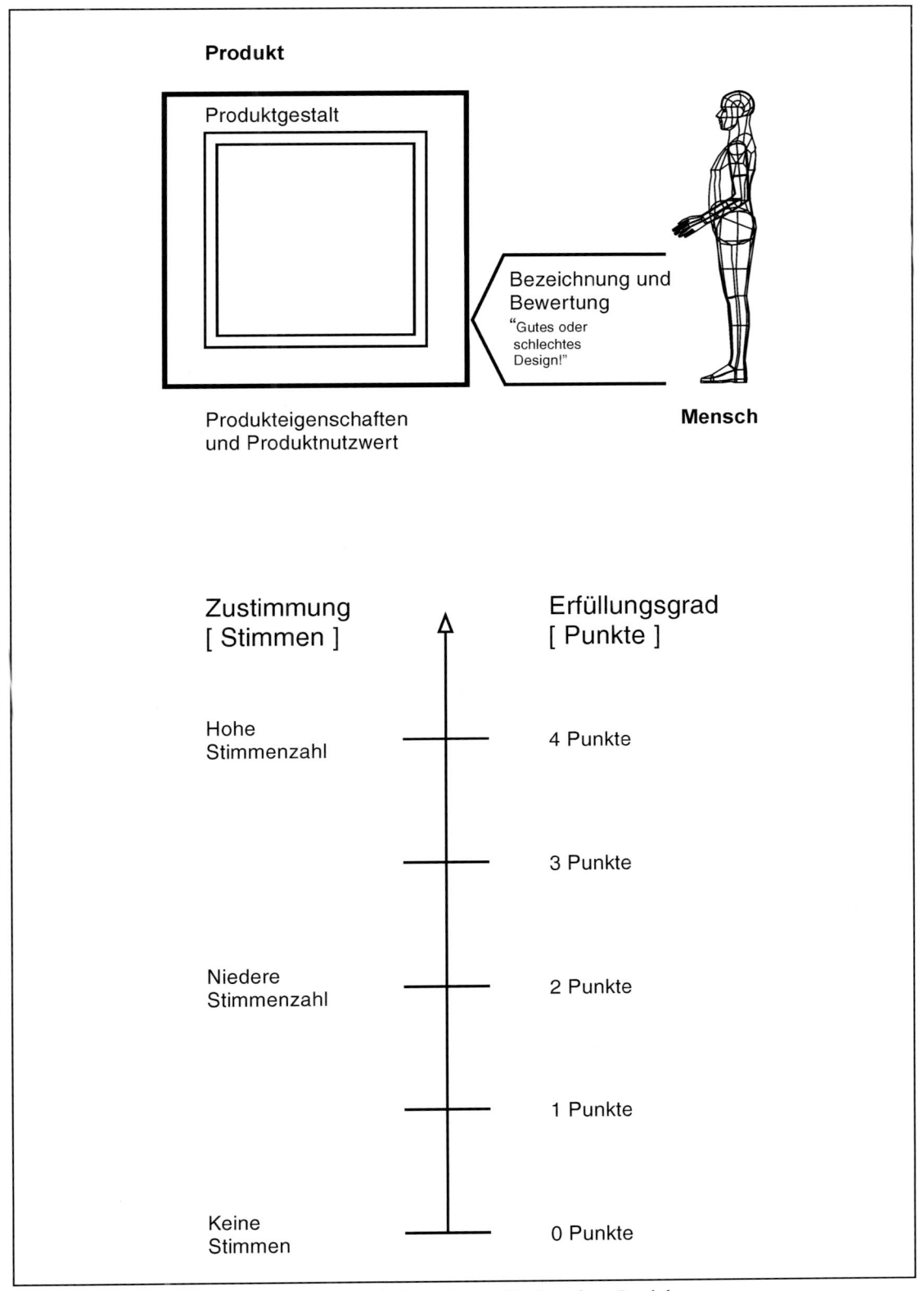

Bild 6 Gefallen (oben) und Gefallensskala (unten) zum Design eines Produktes

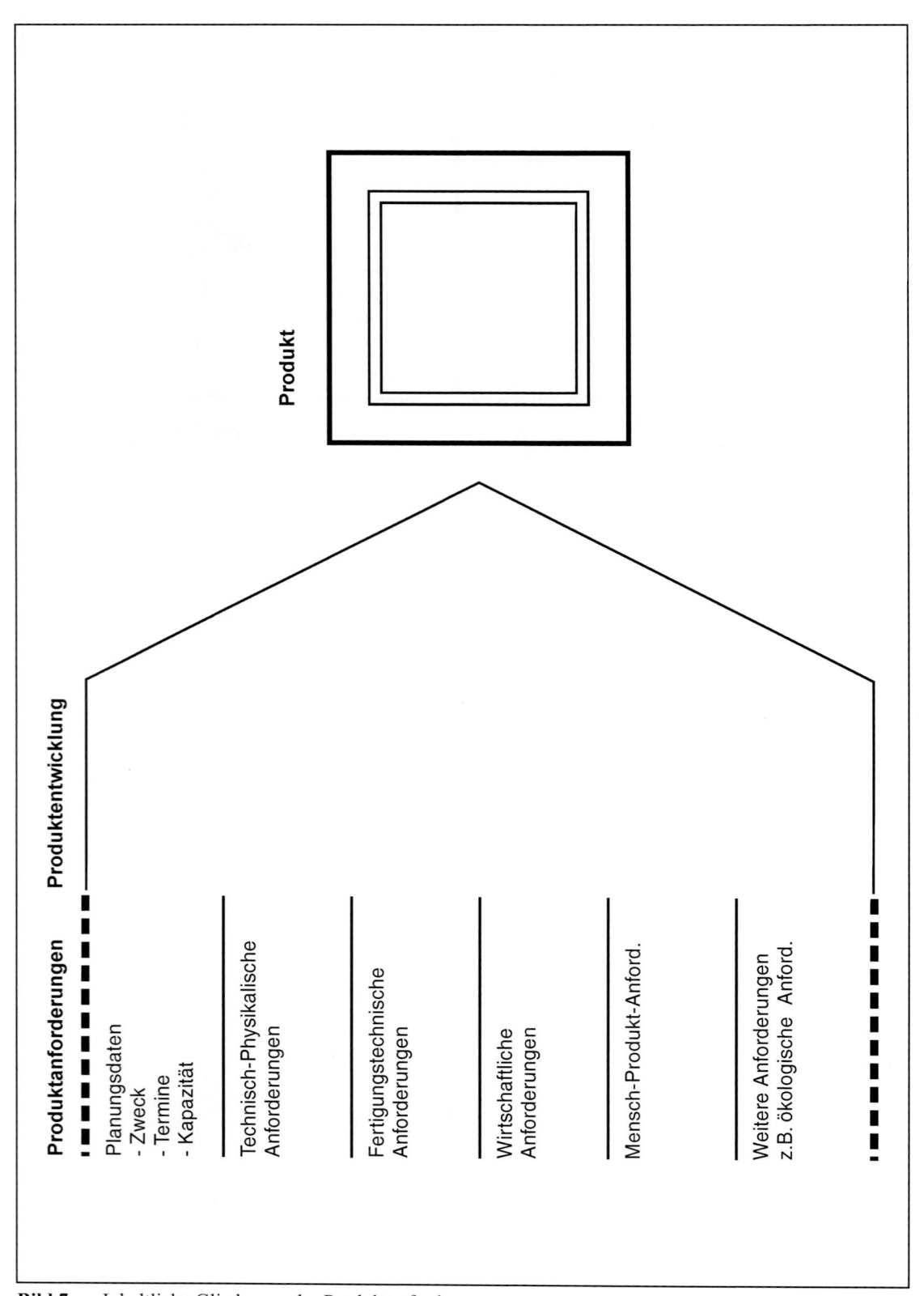

Bild 7 Inhaltliche Gliederung der Produktanforderungen

fällt, und negativ beurteilt, es missfällt. Insbesondere die Produktvarianten eines Produktprogramms sind durch die Gleichzeitigkeit von positiver und negativer Bewertung gekennzeichnet.

Grundsätzlich wird das Gefallensurteil $(\omega(\phi))$ als eine spontane Bezeichnung und Bewertung ohne Kriterien aufgrund einer ersten Wahrnehmung verstanden.

Dieses Gefallensurteil ist im einfachsten Fall ein positives oder negatives Vorurteil zu einer Kauf- oder Gebrauchsentscheidung. Im Extremfall kann es aber auch zu einer emotionalen Polarisierung z.B. im Sinne von Liebe oder Hass zu einem Produkt oder alternativen Produktvarianten werden (s.a. Abschnitt 2.4). In Branchen mit extremer Variantenzahl, wie z.B. bei Handys, wird heute auch das Phänomen der Kaufblockade beobachtet.

Gefallensurteile sind im Hinblick auf die in Abschnitt 2.4 unterschiedenen Erkennungsinhalte eine erste Begriffsstufe der Semantik aus diffusen, offenen, unbestimmten, rematischen Begriffen.

Eine Gefallensskala (nach R. Busse auch „Lustskala") kann als Ordinate eines Bewertungsdiagramms dargestellt werden, auf der die positive Zustimmung mit hohen Punkte-Werten und die negative Zustimmung mit niedrigen Punkte-Werten aufgetragen werden (Bild 6 unten).

Definition 1.7 *Im Sinne der modernen Wertethik wird das Gefallen als „Werterlebnis" oder „unmittelbare Werterfahrung" (nach Geiger [15]) verstanden.*

Das Gefallen eines Produktes wird in direkter Abhängigkeit von seinem Teilnutzwert „Design" verstanden.

$$n_\Delta \to \omega\,(\phi)$$

Die Stimmigkeit dieser Hypothese kann nur über die Designanforderungen $\mathcal{A}^\Delta$ sowie deren Erfüllungsgrad ω_Δ und Gewichtung g_Δ beantwortet werden $(\mathcal{A}^\Delta, \omega_\Delta, g_\Delta)$, welche in den weiteren Kapiteln behandelt werden.

1.4 Inhaltliche Erweiterung der Produkt-Definition

Am Beginn einer Produktentwicklung steht ein Bedarf auf der Seite eines Kunden oder eine Nutzenvorstellung für einen Kunden auf der Seite eines Herstellers. Dieser Bedarf wird durch meist nur qualitativ formulierbare, wenig detaillierte Definitionen ausgedrückt. Der Bedarf wird stufenweise systematisch in Anforderungen $\mathcal{A}$ überführt, in denen die Sollwerte aller Eigenschaften des Produkts vollständig und genau beschrieben werden.

Nach dem allgemeinen Verständnis realisiert und erfüllt ein technisches Produkt sowie die Varianten eines Produktprogramms und die Komponenten eines Produktsystems technische (synonym: technisch-physikalische, funktionale) Anforderungen. Hierzu kommen in der modernen Industrie fertigungstechnische Anforderungen und wirtschaftliche Anforderungen.

Das methodische Konstruieren zielt nicht zuletzt auf eine vollständige Erfassung aller Produkt-Anforderungen und ergibt deshalb die folgende Erweiterung.

Eine für die Integration des Designs hilfreiche Darstellung ist die Anforderungsgliederung nach Gerhard [16].

Eine erste grobe Unterteilung ist danach die Unterscheidung von Planungsdaten $\mathcal{D}$ und den Anforderungen im engeren Sinne $\mathcal{A}'$ (Bild 7):

$$\mathcal{A} := \mathcal{D} \cup \mathcal{A}'$$

Im Sinne dieser Unterteilung sind die wichtigsten Kriterien der Planungsdaten $\mathcal{D}$:

Ziele oder Zwecke: $\mathcal{A}^Z$ mit der Mächtigkeit m^Z
zeitliche Forderungen: $\mathcal{A}^T$ mit der Mächtigkeit m^T
Kapazität und Kosten: $\mathcal{A}^K$ mit der Mächtigkeit m^K
rechtl. Forderungen: $\mathcal{A}^R$ mit der Mächtigkeit m^R

Die wichtigsten Anforderungen im engeren Sinne $\mathcal{A}'$ sind:

Ökolog. Anf.: $\mathcal{A}^{Oeko}$ mit der Mächtigkeit m^{Oeko}
physikal./techn. Anf.: $\mathcal{A}^P$ mit der Mächtigkeit m^P
wirtschftl. Anf.: $\mathcal{A}^W$ mit der Mächtigkeit m^W
Fertigungsanf.: $\mathcal{A}^F$ mit der Mächtigkeit m^F
Mensch-Prod.-Anf.: $\mathcal{A}^M$ mit der Mächtigkeit m^M

Die oben vorgestellte systematische Unterteilung der Anforderungen ist nicht die einzig mögliche, sie ist weder vollständig noch sind alle vorgestellten Teillisten bei jeder Art von Produkt sicher nichtleer. Zumindest aber bei den Anforderungen im engeren Sinne, $\mathcal{A}^P$, $\mathcal{A}^W$, $\mathcal{A}^F$ und $\mathcal{A}^M$ ist sicher gestellt, dass diese Listen für jedes technische Produkt bei sinnvoller Wahl der Anforderungen nichtleer sind.

Es gelten die folgenden Aussagen:

- Alle obigen Teillisten von Anforderungen ($\mathcal{A}^T$,...) sind untereinander verschieden, d.h. eine Anforderung ist höchstens in einer dieser Teillisten vorhanden.

8.1 Festforderung

BEWERTUNGSPUNKT

8.2 Mindestforderung (Normalfall)

BEWERTUNGSBEREICH

Untere Begrenzung   Obere Begrenzung

8.3 Sonderfall (Nur obere Begrenzung)

BEWERTUNGSBEREICH

Keine untere Begrenzung   Nur obere Begrenzung

8.4 Sonderfall (Nur untere Begrenzung)

BEWERTUNGSBEREICH

Nur untere Begrenzung   Keine obere Begrenzung

8.5 Sonderfall (Wunschforderung)

BEWERTUNGSBEREICH

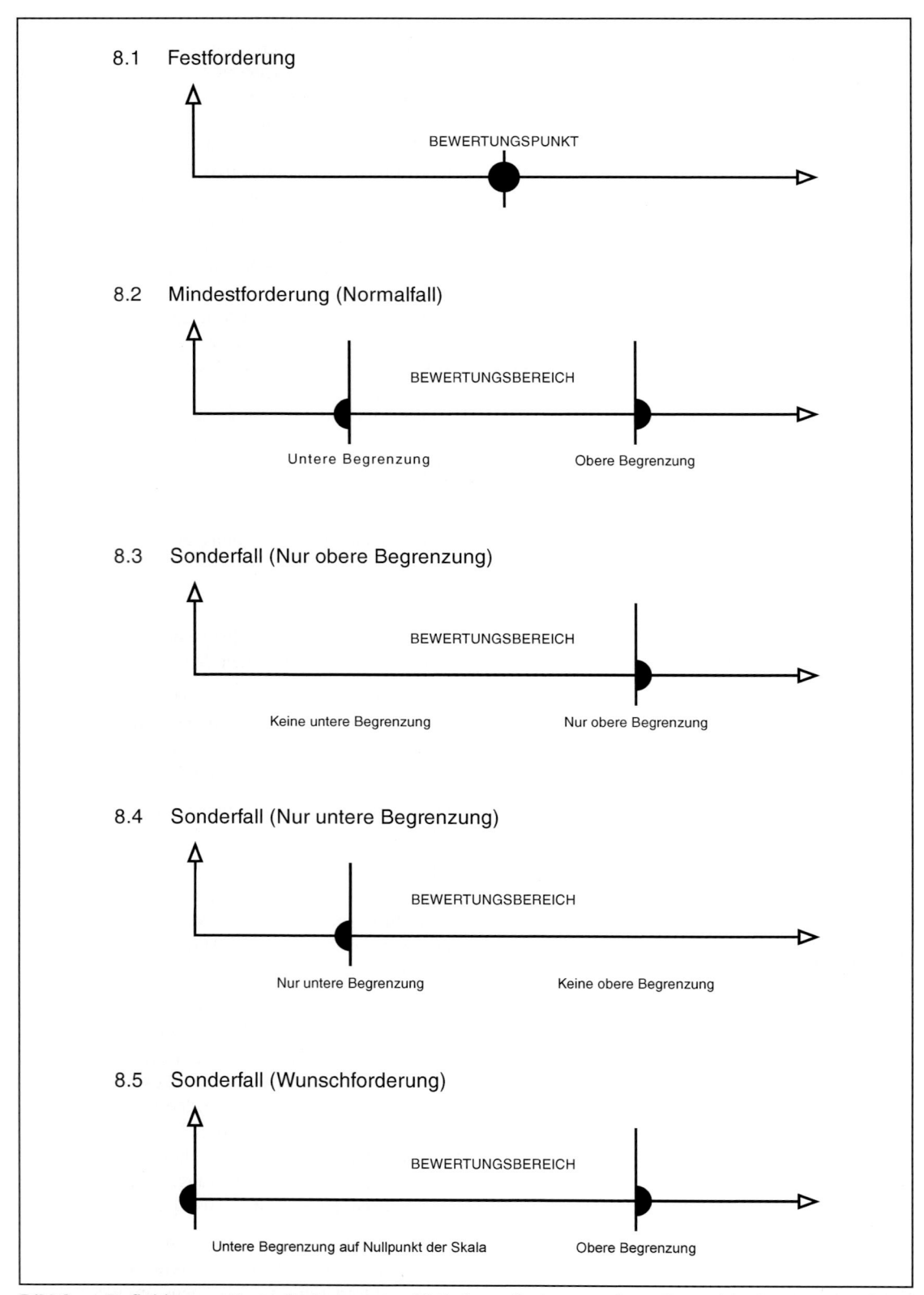

Untere Begrenzung auf Nullpunkt der Skala   Obere Begrenzung

Bild 8 Definition von Festanforderungen und Mindestanforderungen bzw. Wunschforderungen in einem Bewertungsdiagramm

- Jede Teilliste enthält nur endlich viele Anforderungen.

Definition 1.8 *Neu ist in dieser Gliederung, dass die Mensch-Produkt-Anforderungen $\mathcal{A}^M$ als eigenständige Anforderungsgruppe behandelt werden. Die Designanforderungen werden im folgenden als Teilmenge der Mensch-Produkt-Anforderungen behandelt und definiert.*

Definition 1.9 *Neu ist zudem, dass heute bei allen Entwicklungs- und Designaufgaben zentral ökologische Anforderungen $\mathcal{A}^{Oeko}$ zu berücksichtigen sind (Bild 7).*

Die Anzahl der (Gesamt-)Anforderungen $|\mathcal{A}|$, also die Mächtigkeit der Anforderungsmenge $\mathcal{A}$ ist:

$$|\mathcal{A}| = |\mathcal{A}^Z| + |\mathcal{A}^T| + ...,$$

Beispiele für die Anzahl an Anforderungen $|\mathcal{A}|$:
Eierbecher   10 Anforderungen
Bleistiftanspitzer   20 Anforderungen
Infusionsumschalter   50 Anforderungen
Feintaster   50 Anforderungen
Messsonde   70 Anforderungen
PKW   300 Anforderungen
Fahrgastschiff   1000 Anforderungen

1.5 Die Nutzwertanalyse als methodische Erweiterung

Die folgenden Ausführungen stützen sich neben der Nutzwertanalyse auf neuere Untersuchungen zur Konstruktionsmethodik [17].

Definition 1.10 *Der Gebrauchswert W der Gestalt G ist definiert als*

$$W = \frac{N}{K},$$

wobei N der Nutzwert der Gestalt G ist und K die Kosten (Bild 10) sind.

Der Nutzwert N wird gebildet aus der Summe aller Teilnutzwerte $n(A)$:

$$N = \sum_{A \in \mathcal{A}} n(A) = \sum_{A \in \mathcal{A}} \omega(A) * g(A)$$

Der Teilnutzwert $n(A)$ ist hier definiert als Produkt aus dem Erfüllungsgrad $\omega(A)$ der Anforderung A und dem Gewichtungsfaktor $g(A)$ der Anforderung A.

Definition 1.11 *Seien $G_1, \cdots, G_n$ verschiedene Produktgestalten (z.B. ein Produktprogramm) und $N_1, \ldots, N_n$ ihre Nutzwerte, dann können wir den maximalen Nutzwert aus allen Nutzwerten definieren durch*

$$N_{\max} = \max_{1 \leq i \leq n} N_i$$

Definition 1.12 *Eine Anforderung A ist ein Tripel $A := (W_A, u_A, g(A))$ aus dem Wertebereich W_A der Anforderung A, der Wertfunktion $u_A : W_A \to [1,4]$ und der Gewichtung $g(A)$.*

Im allgemeinen werden Anforderungen A als Text formuliert. Der Text ist allerdings (wenigstens in etwa) aus dem Tripel $W_A, u_A, g(A)$ wiederzugewinnen.

Der Wertebereich W_A einer Anforderung A ist die Menge aller denkbaren Werte, die eine Lösung annehmen darf. Die sind auf einer Kardinalskala abgetragen. Es können nun verschiedene Fälle bzgl. des Wertebereichs auftreten (Bild 8). Bei der Beschreibung des Wertebereichs sind folgende Größen zu beachten: 1. der Mindestwert, hierbei handelt es sich um die untere Begrenzung im Wertebereich (falls es eine solche gibt) und 2. der Höchstwert, der die obere Begrenzung markiert (falls es eine solche gibt). Der Normalfall ist gegeben, wenn beide Werte existieren.

Als Erstes werden die Festanforderungen betrachtet, weil diese die wichtigsten sind. Bei diesen Festanforderungen existiert der Mindestwert als auch der Höchstwert, die aber gleich sind.

Definition 1.13 *Unter Festanforderungen werden Anforderungen verstanden, die einen Wertebereich besitzen, der aus genau einem Punkt besteht (Bild 81). Festanforderungen sind bei Nichterfüllung Ausschlusskriterien für die Lösung. Alle Festanforderungen sind daher gleich wichtig.*

Definition 1.14 *Alle von Festanforderungen verschiedenen Anforderungen, d.h. alle Anforderungen deren Mindestwert von Höchstwert verschieden ist, heißen Mindestanforderungen (Bild 8.2). Bei Mindestforderungen gibt es Unterschiede in der Wichtigkeit bzw. Gewichtung [18].*

In einer neuen VDI-Richtlinie werden diese Anforderungen als „Bereichsanforderungen" bezeichnet.

Nun treten zwei weitere Fälle auf. Beim 1. Fall existiert die obere Begrenzung, aber die untere nicht (Bild 8.3). Beim 2. Fall existiert die untere Begrenzung, aber nicht die obere (Bild 8.4). Als 3. Fall treten die „Wunschanforderungen" auf. Diese Anforderungen sind Mindestanforderungen, welche als

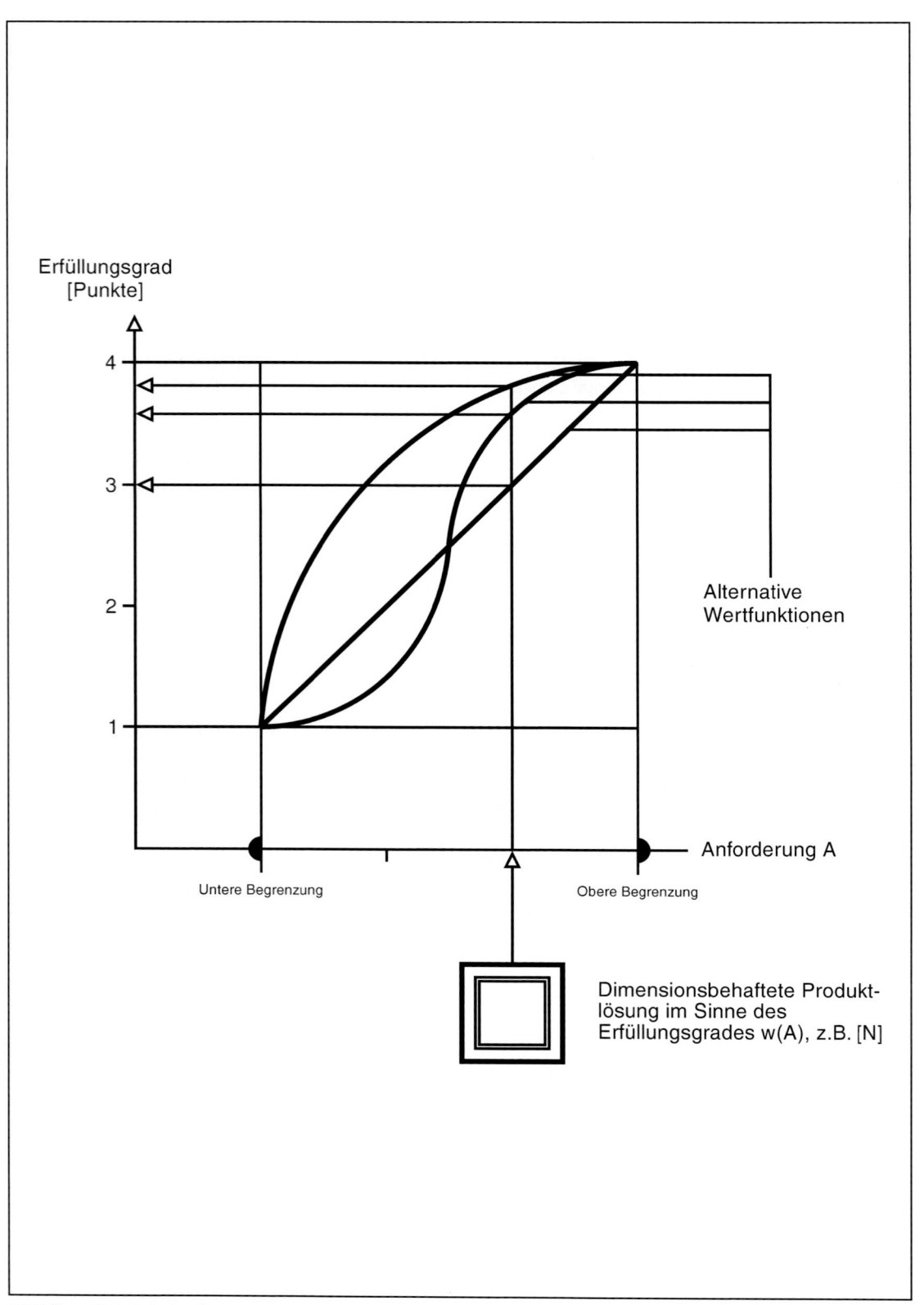

Bild 9 Bewertungsdiagramm

1.5 Die Nutzwertanalyse als methodische Erweiterung

Mindestwert den Nullpunkt der Skala besitzt.

Definition 1.15 *Mindestanforderungen, die als Mindestwert den Ursprung (Nullpunkt der Skala) haben, werden Wunschanforderungen genannt (Bild 8.5).*

Anforderungen beschreiben die Sollwerte von Eigenschaften des Produktes in verschiedenen Zuständen des Produktes. In unkritischen Zuständen ist der Wertebereich groß, ein nicht optimaler Wert des Kriteriums führt nicht zu einer erheblichen Wertminderung. In einem kritischen Zustand des Produktes muss dieselbe nicht optimale Qualität des Kriteriums aber zu einem schlechteren Erfüllungsgrad führen oder anders ausgedrückt, um zum selben Erfüllungsgrad zu kommen, muss die Qualität des Kriteriums näher beim Optimum liegen.

Eine Möglichkeit, diesen Sachverhalt auszudrücken und praktikabel handzuhaben ist eine Veränderung des Wertebereichs für die Qualität eines Kriteriums unter Worst-Case (WC) Bedingungen. Für die Wertefunktion gilt folgende Definition:

Definition 1.16 *Die Dimensionen von Produkteigenschaften sind verschieden. Den verschieden dimensionierten Istwerten werden durch eine Abbildungsvorschrift $u_A : W_A \to [1,4]$ vergleichbare Punkte-Zahlenwerte zugeordnet (Bild 9). Für eine Lösung ist der Erfüllungsgrad $\omega(A)$ dann der Werte, der von der Wertefunktion an dem Istwert angenommen wird. Die Abbildung kann exakt durch eine Wertefunktion beschrieben werden. Über Wertefunktionsscharen können die Einstellungstypen der Bewerter modelliert werden. Die Abbildung eines Istwertes auf einen Erfüllungsgrad kann auch mit Methoden der Fuzzy-Logic geschehen, insbesondere bei qualitativer Formulierung der Sollwerte.*

Die Multiplikation des Erfüllungsgrades $\omega(A)$ mit dem Gewichtungsfaktor $g(A)$ ergibt den Teilnutzwert $n(A)$ zu der Anforderung A.

Definition 1.17 *Der (Gesamt-) Nutzwert N der Produktgestalt G ist:*

$$N : \sum_{A \in \mathcal{A}} n(A)$$

Das in der Konstruktionswissenschaft verwendete Bewertungsdiagramm legt es nahe, für die Vereinigung der beiden möglichen Bewertungsarten verwendet zu werden

- die Ordinate für das Gefallensurteil,
- die Abszisse für die differenzierte Bewertung.

Das Vorliegen einer Produktbewertung ermöglicht die Identifizierung des Gefallens durch seine Zuordnung oder Korrespondenz

- zu einem Maximalwert eines Teilnutzwerts,
- zu einem maximalen Nutzwert,
- zu einem minimalen Wert der Kosten,
- zu einem maximalen Gebrauchswert.

In der Konstruktionswissenschaft wurde schon früh durch verschiedene Autoren (Kienzle [19], Rodenacker [20], u.a.) darauf hingewiesen, dass zwischen zwei Größen eine bestimmte Prägnanz oder „Empfindungsstärke" bestehen muss, damit ein Unterschied oder eine Verbesserung wahrnehmbar ist. Dieser Unterschied wird numerisch zwischen 1,06 und 1,25 angegeben. Es ist zu überprüfen, ob auch die Verbesserung von Nutzwerten oder Teilnutzwerten diesem Zusammenhang folgen:

Nutzwertverbesserung $\quad N_2 = \varphi_N N_1$
Teilnutzwertverbesserung $\quad n_2 = \varphi_n n_1$
Erfüllungsgradverbesserung $\quad \omega_2 = \varphi_\omega \omega_1$

mit $1,06 \leq \varphi \leq 1,25$. Hierbei bezeichnet der Index 1 den Bezug auf die 1. Produktgestalt (Vorläufer-Produkt) und der Index 2 den Bezug auf die 2. Produktgestalt (Nachfolger-Produkt).

Ein Wertzuwachs, eine Wertsteigerung oder ein Mehrwert dieser Art ergibt sich entweder aus neuen oder zusätzlichen Anforderungen an ein Produkt oder aus einem höheren Erfüllungsgrad einer vorhandenen Anforderungsmenge.

$$|\mathcal{A}_2| > |\mathcal{A}_1|$$
$$\omega_2(A) > \omega_1(A)$$

Beide Fälle gelten grundsätzlich auch für die im folgenden zu definierenden Designanforderungen.

Für eine erste Betrachtung der Gewichtung gilt:

Definition 1.18 *Festanforderungen sind bei Nichterfüllung Ausschlusskriterien für die Lösung. Alle Festanforderungen sind daher gleich wichtig. Bei Mindestanforderungen gibt es Unterschiede in der Wichtigkeit. Das Maß für die Wichtigkeit einer Mindestanforderung oder einer Gruppe von Mindestanforderungen im Hinblick auf die durchzuführende Bewertung wird durch die Gewichtung ausgedrückt. Der (quantitative) Gewichtungsfaktor (oder auch Gewicht) $g(A)$ einer Mindestanforderung A wird meist relativ zum Gewichtungsfaktor der anderen Mindestanforderungen definiert. Diese quantitative Definition impliziert eine multiplikative Verrechnung bei der Bestimmung des Nutzwertes.*

Die Ermittlung der Gewichtungsfaktoren $g(A)$ erfolgt z.B. durch die Matrixmethode (s. Gerhard a.a.O).

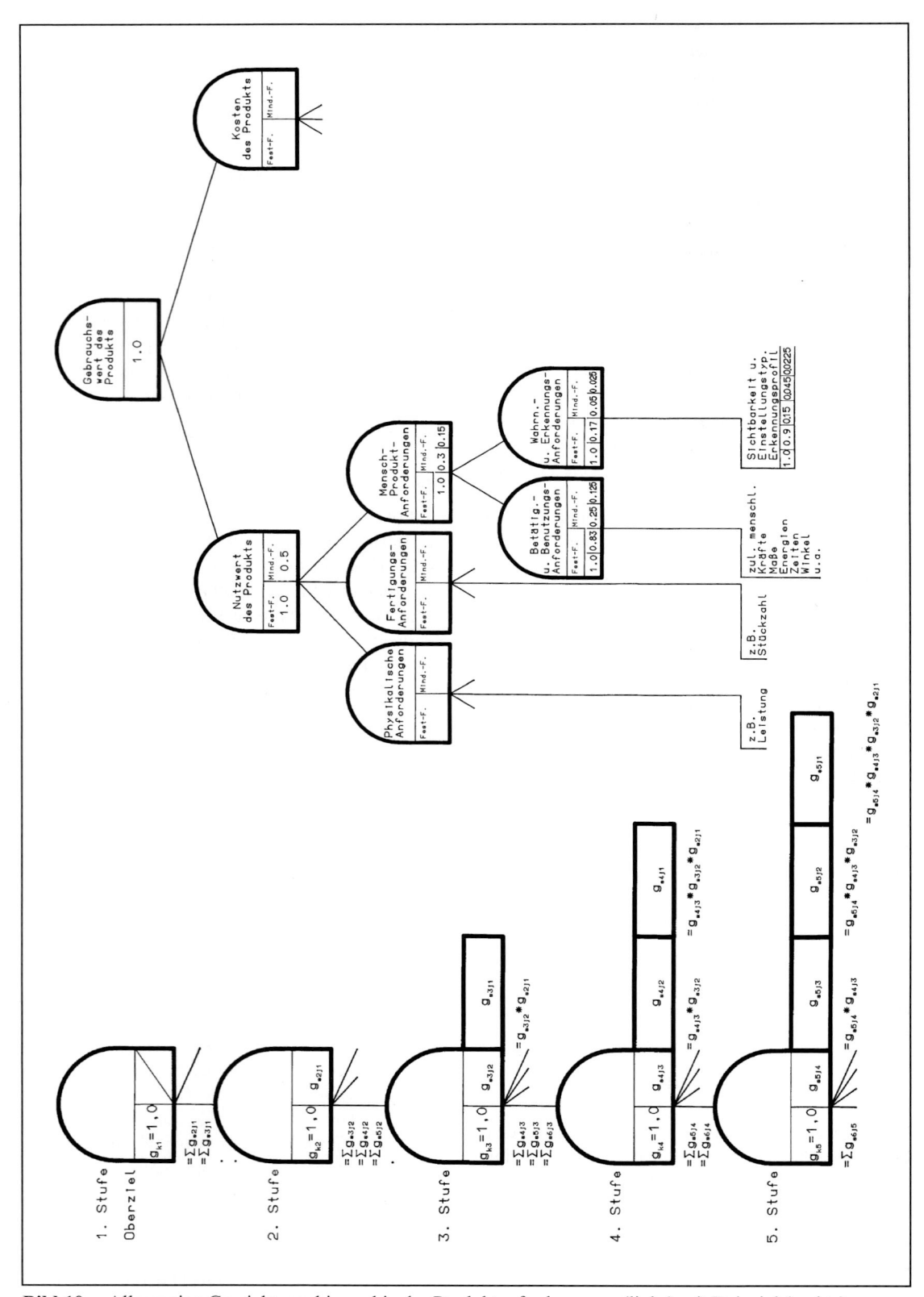

Bild 10 Allgemeine Gewichtungshierarchie der Produktanforderungen (links) mit Beispiel (rechts)

Die Abstufungen der Gewichtungen werden üblicherweise in einer Gewichtungshierarchie dargestellt (Bild 10). Nach den Regeln der Knoten- und Stufengewichte ergibt sich auf jeder Hierarchiestufe eine bestimmte Anzahl an Gewichtungsfaktoren. Üblicherweise werden die Gewichtungsfaktoren in einem „Baum" oder einer Gewichtungshierarchie dargestellt (Bild 10).

Ein Knoten auf der i-Stufe besteht aus der namentlichen Beschreibung der Anforderung und den Gewichten:

$$\left(g_{ki},\, g_{s_i J_{i-1}},\ldots, g_{s_i J_1}\right)$$

wobei das Knotengewicht g_{ki} immer gleich 1 ist und $g_{s_i J_m}$ mit $m \in \{1,\cdots, i-1\}$ den Gewichtungsanteil an der $(i-m)$-höheren Stufe ist, d.h. $g_{s_i J_m}$ mit $m \in \{1,\cdots, i-1\}$ ist der Gewichtsanteil an der '1.0' (Knotengewicht) des $(i-m)$-ten Vorgängers des Knotens.

Beispiel Ein Knoten auf der 4ten Stufe, hat 4 Einträge als Gewichtungsanteile:

$$1{,}0\; ;(1{,}0\; ;0{,}17\; ;0{,}05\; ;0{,}025)$$

d.h. das Knotengewicht 1,0 , den Gewichtsanteil an dem Knotengewicht des 1ten Vorgänger 0,17 (17 Prozent), den Gewichtsanteil an dem Knotengewicht des 2ten Vorgänger 0,05 (5 Prozent) und den Gewichtsanteil an dem Knotengewicht des 3ten Vorgänger 0,025 (2.5 Prozent).

Aus dem Aufbau des Gewichtsbaumes können nun folgende Aussagen abgeleitet werden:

i) Für einen Knoten auf der i-ten Stufe gilt für alle Nachfolger dieses Knotens, dass alle Gewichtsanteils $g_{s(i+1)Ji}$ zusammen addiert gleich das Knotengewicht 1,0 ergeben.

ii) Für einen Knoten auf der i-ten Stufe gilt für alle zweiten Nachfolger dieses Knotens, dass alle Gewichtsanteils $g_{s(i+2)Ji}$ zusammen addiert gleich das Knotengewicht 1,0 ergeben.

Aus der Definition 1.10 für den Gebrauchswert W eines Produktes folgt, dass sich die Gewichtungshierarchie auf der 2. Stufe in den Nutzwert N und den Kosten K spaltet (Bild 10 rechts).

Definition 1.19 *Es sei $g(A)$ die Gewichtung von $A \in \mathcal{A}$.*

Der Teilnutzwert $n(A)$ der Anforderung A errechnet sich als

$$n(A) = g(A) \cdot \omega(A)$$

Definition 1.20 *Unter einer (Produkt-) Qualität wird eine (Produkt-) Eigenschaft verstanden, die sich aus einem hohen Erfüllungsgrad einer wichtigen (= hoch gewichteten) Anforderung ergibt.*

1.6 Modellierung der Thematik

In der Technik war und ist der Übergang vom Handwerk zur Wissenschaft maßgeblich mit der Modellierung der betreffenden Phänomene verbunden [21]. Dieser Zusammenhang gilt auch für die Weiterentwicklung der Maschinenkostruktionslehre von der Maschinenelement-Berechnung über das Methodische Konstruieren zur Konstruktionswissenschaft [22, Abschnitt 1.2].

Die in diesem Werk vorgestellte Modellierung des Technischen Designs orientiert sich an folgender Entwicklungsreihe:

In der Diskussion um die Entwicklung der Konstruktionsmethodik und Maschinentheorie wird vielfach das Buch von Franz Reuleaux (1829-1905) über „Theoretische Kinematik" 1875 [23] mit dem Untertitel „Grundzüge einer Theorie des Maschinenwesens" als Anfangspunkt genannt. Die dort behandelte Systematisierung von Bewegungen und der betreffenden Mechanismen setzt sich fort z.B. bis zu Göbel [24] über „Bauformen der Sondermaschinen" (1956) und die Dissertation von Waldvogel [25] 1969 mit einer „Konstruktiven Mengenformel". Wichtige Anregungen erhielt der Verfasser durch die Vorlesungen von Horst Rittel an der HfG Ulm im Studienjahr 1960/61 über „Methodologie" und von Professor Max Bense an der damaligen TH Stuttgart ab 1962 über „Wissenschaftstheorie", „Ästhetik" und „Ontologie".

Erste Ansätze zu einer „Designtheorie" enthielten die Publikationen von A. Moles 1962 [26] über die funktionelle und strukturelle Komplexität von Produkten und von G. Bonsiepe 1964 [27] über die Produktanalyse.

Eine erste Formulierung allgemeiner Wirkungszusammenhänge als wechselseitige Abbildungen brachte F. Hansen 1966 in seiner „Konstruktionssystematik" [28] und 1974 in seinem Buch „Konstruktionswissenschaft" [29].

Eine wichtige, allgemeine Grundlage war die Publikation von S. Maser 1968 über „Systemtheorie – über die Darstellung wissenschaftlicher Erkenntnis" [30].

In diesem Kontext entstanden zwischen 1968 und 1973 erste Studien und Veröffentlichungen des Verfassers [31] zur Modellierung des Designs.

Ein Durchbruch in der mengenalgebraischen Formulierung konstruktiver Phänomene war die Habilitationsschrift von E. Gerhard 1976 an der Uni Stuttgart und die darauf aufbauende Publikation 1979 [32] mit einem Beitrag des Verfassers über „Design".

1996 veröffentlichte R. Frick [33] ein „Modell des gestalterischen Entwicklungsprozesses" (Abschnitt 3.3) aus

Eingangsinformation $\mathcal{I}_E$
Ausgangsinformation $\mathcal{I}_A$
+
notwendige Operationen O_p
+
Phasen- und Teilprozessbezug z.B. KEP

und entwickelte daraus ein Informations- Verflechtungsmodell für den Entwicklungsprozess.

Eine erste öffentliche Präsentation dieser Modellierung des Verfassers erfolgte 1977 im Rahmen des 100jährigen Jubiläums der FHG Pforzheim. Weitere Studien und Publikationen des Verfassers folgten zwischen 1978 und 1982.

In diesem Zusammenhang dürfen auch Arbeiten über Mengentheorie und deren Anwendung im Hause SEL, Stuttgart, nicht unerwähnt bleiben, insbesondere von P. Hermanutz 1979 [34] und E. Klause [35]. Am wichtigsten war der „Mengentheoretische Ansatz für Konstruktion und Design" [36] den Hermanutz 1985 auf der ICED in Hamburg vortrug und publizierte. Nicht unerwähnt darf auch die VDI-Richtlinie 2212 von 1981 über „Datenverarbeitung in der Konstruktion. Systematisches Suchen und Optimieren konstruktiver Lösungen" bleiben, weil sie auf den Rechnereinsatz als Ziel aller dieser Modellierungen verweist.

Die Hauptveröffentlichung dieser Modellierung des Design war bisher die Internet-Vorlesung HEXACT von 2001, die unter Mitwirkung der Diplom-Mathematiker Silke Heinisch (1994), Klaus Muth (1996/97) und Dr. Martin Steller (1999-2002) entstand. Das Hauptergebnis dieser Modellierung sind keineswegs Berechnungsformeln des Design! Die eingeführten Buchstaben sind deshalb auch keine Formelzeichen. Diese Modellierung stellt den Versuch dar, zu einer Definition und Abgrenzung der einzelnen Parameter des Design über eine verbale Bezeichnung und mittels eines Buchstabenkurzzeichens, aber ohne Einheiten.

Ziel ist das Ordnen und Verstehen der – von vielen Praktikern bestätigten – Komplexität des Designs. Das Ordnungsprinzip ist die Bildung von Mengen aus gleichartigen Größen, wie z.B. der Anforderungen, der Gestaltmerkmale und der Eigenschaften. Diese Mengen wurden hierarchisch aufgebaut als Vereinigungsmengen, Schnittmengen und Teilmengen. Die behandelten Parameter und Größen haben aber vielfach unterschiedliche Modi:

- unterschiedliche Genauigkeiten,
- unterschiedliche Abstraktions- bzw. Konkretisierungsgrade,
u.a.

Wie in dem vorausgegangenen Abschnitt dargelegt, sind die Anforderungen die Soll-Werte der realen Produkt-Eigenschaften. Letztere sind die Ist-Wert der virtuellen Anforderungen.

Wegen dieser unterschiedlichen Modi kann es keine direkte Generierungsfunktion zwischen den Anforderungen und ihrer Lösung(-sgestalt) geben, sondern nur eine Darstellung des Zusammenhangs als Abbildung.

Diese Modellierung bestätigt damit ähnliche Aussagen anderer Experten [37, u.a.].

Dieses Ergebnis ist sicher für viele Leser noch unbefriedigend. Insbesondere für diejenigen, die neue Produkte mit Rechnereinsatz entwickeln wollen. Es soll aber eine Diskussionsbasis sein für diesbezügliche Weiterentwicklungen.

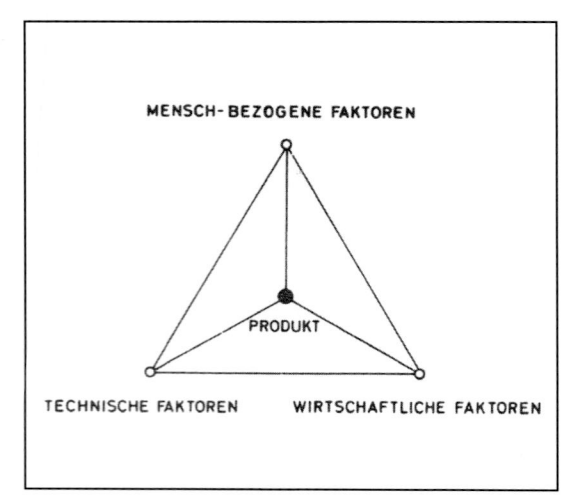

Bild 11 Erweiterung der Produktbestimmenden Faktoren (Schürer 1969)

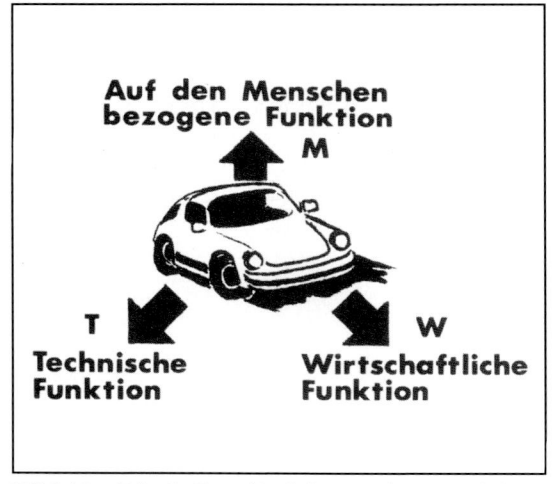

Bild 12 Die 3 Grundfunktionen eines Produktes: das TWM-System (Klöcker 1981)

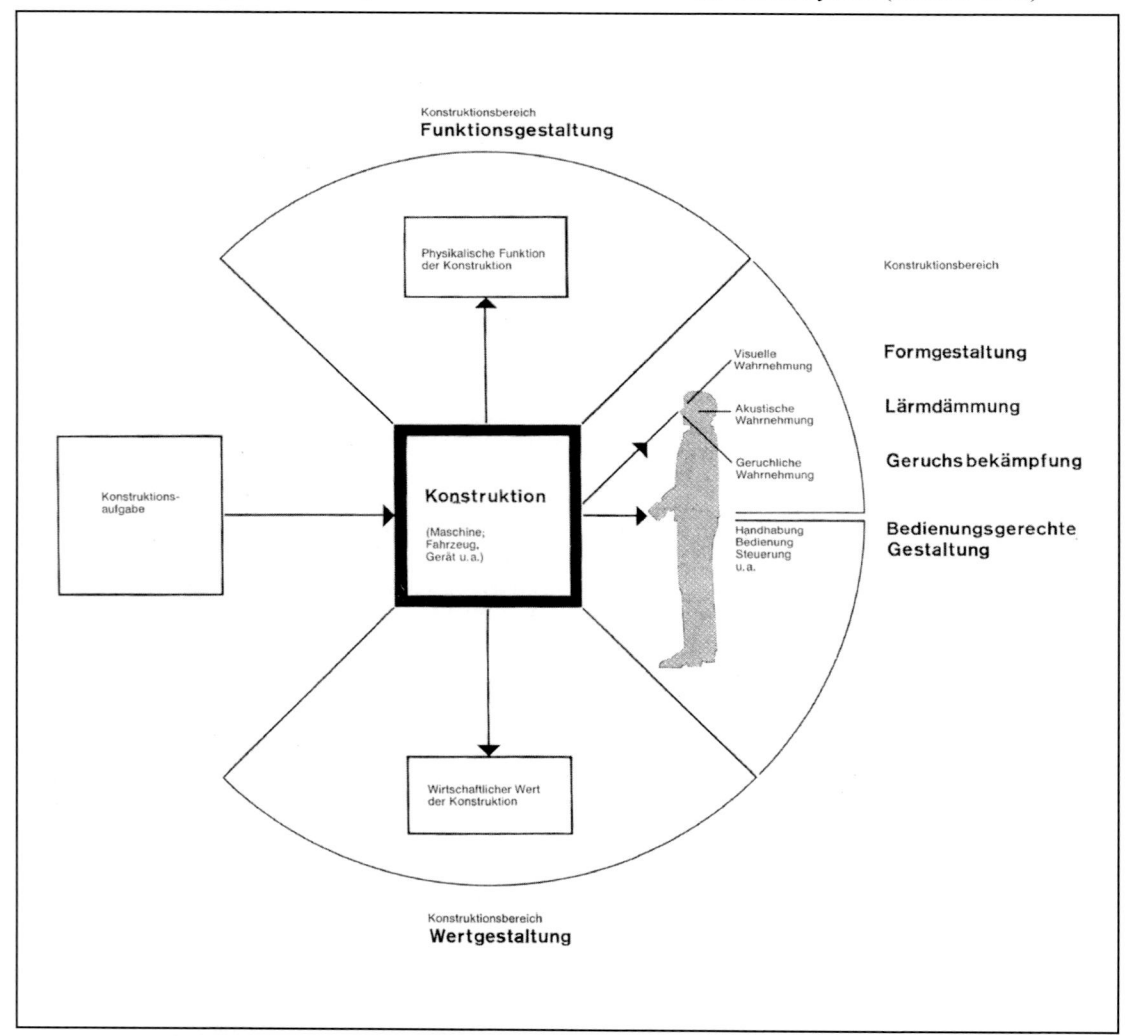

Bild 13 Erweiterung der klassischen Konstruktionsbereiche um die unmittelbaren und mittelbaren Mensch-Maschine-Beziehungen (Seeger 1969)

2 Wertrelevante Parameter des Technischen Designs

In den folgenden Abschnitten werden die wertrelevanten Parameter des Technischen Designs im einzelnen behandelt und im Hinblick auf die entsprechende Anforderungsdefinition diskutiert und definiert.

2.1 Basisschema für Gebrauch und Mensch-Produkt-Beziehungen

2.1.1 Entwicklung

Ziel des nachstehend erläuterten Basisschemas war und ist die möglichst vollständige Erfassung und Darstellung sowie die plausible Erklärung des Designs.

Das Basisschema des Technischen Designs für Gebrauch und Mensch-Produkt-Beziehungen geht in seinen einzelnen Komponenten auf eine sehr lange historische Entwicklung zurück. Ausgangspunkt war die Definition von Kesselring über das Konstruieren aus dem Jahr 1964:

„Konstruieren heißt, für eine gestellte Aufgabe eine

- technisch vollkommene,
- wirtschaftlich günstige,
- ästhetisch befriedigende

Lösung zu finden. [38]

Diese Definition von Kesselring drückt eine Auffassung aus dem 19. Jahrhundert aus, die durch Kollmann schon Ende der 20er Jahre in Richtung „Gebrauch" verändert und erweitert wurde [11, S.19].

Auf der Grundlage der modernen Konstruktionslehre und -methodik entstand die Produktdefinition 1.4 und Bild 1. In diese Gestaltdefinition gingen Gliederungen aus der Konstruktionslehre wie „Bauform", „Bauart", „Bauweise" u.a. ein, sowie das Gestaltverständnis der modernen Informationsästhetik, insbesondere mit der Erweiterung der Gestaltelemente um die Gestaltordnungen [6].

Vorläufer zu dem Verständnis eines Nutzwertes und Gebrauchswertes, der durch eine Gestalt realisiert wird, waren die „Faktoren" oder „Funktionen" [39, 40 u.a.], die ein Produkt erfüllt bzw. definiert. 1969 erweiterte A. Schürer [41] den Faktor des Ästhetischen von Kesselring auf den Menschen (Bild 11), wohl in Bezug auf die damals neuen Grundlagen der „Human Factors", untergliedert in

- ergonomische Faktoren,
- psychologische Faktoren
- soziologische Faktoren,
- ästhetische Faktoren.

Das Modell von Schürer findet sich noch 1981 in dem Buch von I. Klöcker über „Produktgestaltung" (Bild 12) [42], wobei der Aufgabenbereich des Designs auf den gesamten Funktionsbereich Mensch-Produkt bezogen wird.

Gleichfalls im Jahr 1969 veröffentlichte Seeger [31] das erste Basismodell des 1966 gegründeten Technischen Designs an der damaligen TH Stuttgart, in dem der Mensch erstmals dem Produkt gegenübergestellt erscheint (Bild 13).

Der Mensch als Kunde, Nutzer, Bediener des Produktes war damals noch nicht differenziert und genau beschrieben. Diese Beschreibung hat wieder eine eigene Fachgeschichte [43]. Ausgehend von den Typenlehren und menschlichen Proportionslehren führte diese zu den in diesen Grundlagen, seit 1992 [1] verwendeten demografischen und psychografischen Merkmalen des Menschen.

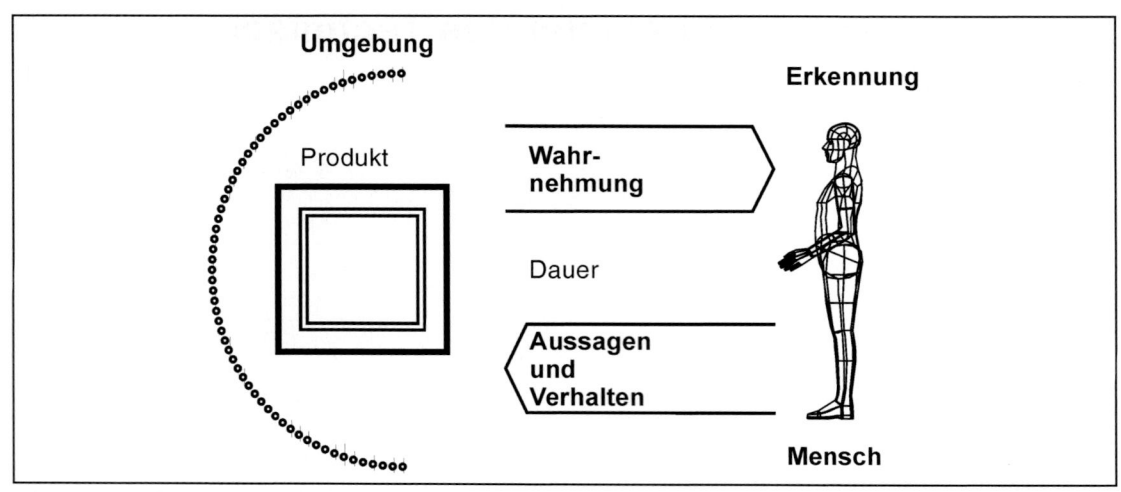

Bild 14   Basisschema für Gebrauch und Mensch-Produkt-Beziehungen (Seeger 1970/80)

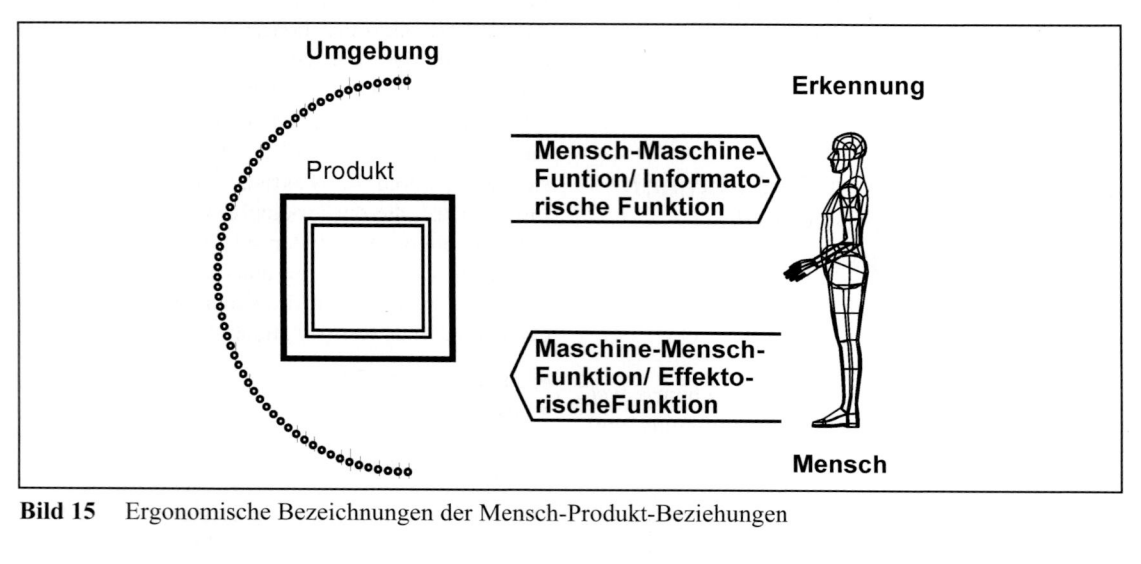

Bild 15   Ergonomische Bezeichnungen der Mensch-Produkt-Beziehungen

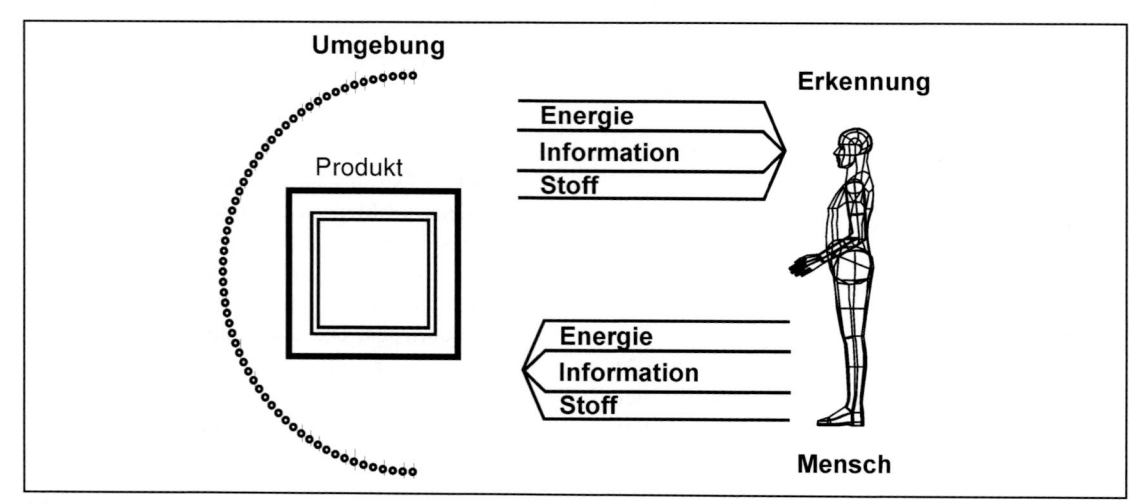

Bild 16   Konstruktionswissenschaftliche Bezeichnungen der Mensch-Produkt-Beziehungen

2.1 Basisschema für Gebrauch und Mensch-Produkt-Beziehungen

Die Differenzierung des Mensch-Produkt-Bereichs erfolgte in der Publikation von 1969

- in die visuelle, akustische und geruchliche Wahrnehmung
  sowie
- in die Handhabung, Bedienung, Steuerung des Produktes.

Die Pfeilrichtung kennzeichnet aber noch eine unilaterale Kommunikation vom Produkt zum Menschen. In der weiteren Bearbeitung erfolgte die Dynamisierung dieses Mensch-Produkt-Modells über die zwei Hauptpfeile vom Produkt zum Menschen und vom Menschen zum Produkt. Diese bilaterale Mensch-Produkt-Kommunikation stützt sich auf

- das Subjekt-Objekt-Schema der Philosophie,
- das Sender-Empfänger-Modell der Kommunikationstheorie,
- den Mensch-Produkt-Regelkreis der Regelungstechnik. Erste Literatur: Oppelt „Der Mensch als Regler" 1970 [44].
- die Mensch-Produkt-Relationen und die Produkt-Mensch-Relationen der Konstruktionsmethodik,
- die informatorischen Funktionen und die effektorischen Funktionen der Arbeitswissenschaft u.a. (Bild 15).

In den Untersuchungen und Publikationen des Verfassers ab 1970 erfolgte sehr früh die Unterscheidung von Wahrnehmung und Erkennung eines Produktes durch den Menschen. Der Pfeil vom Produkt zum Mensch wurde der sinnlichen Wahrnehmung zugeordnet und mittels der Sensorik differenziert. Die Erkennung wurde als Informations-verarbeitung oder Semantik dem Menschen zugeordnet. Es erwies sich als sinnvoll, den Pfeil vom Menschen zum Produkt zu teilen (Bild 14) und zwar

- in Aussagen
  und
- in Verhalten oder Handlungen,

beide als Folge des vorgeschalteten Wahrnehmungs- und Erkennungsprozesses.

In diese Gliederung gingen Vorstellungen ein aus

- der Informationsverarbeitung des Menschen
- der Zeichentheorie oder Semiotik
- der Ästhetik
  u.a.

Erweitertes Ergebnis war der 1970 veröffentlichte und bis heute verwendete Katalog konkreter, d.h. kauf- und gebrauchsbezogener Inhaltsklassen der Erkennung, allerdings damals noch ohne Anmutungen und formale Qualitäten.

1979 wurde in dem Beitrag von Seeger zu dem Fachbuch von E. Gerhard über „Entwickeln und Konstruieren mit System" [16] dieses Basisschema weiter differenziert:

- das Produkt wurde durch seine Umgebung ergänzt,
- Erkennung und Verhalten wurden in „zweckfrei" (= ästhetisch) und in „zweckorientiert" (= gebrauchsorientiert) differenziert,
- in die Mensch-Produkt-Beziehugen wurde die zeitliche Dauer eingeführt.

Das Fachbuch von Seeger 1980 über „Technisches Design" erweiterte das Basismodell von 1979 in verschiedenen Richtungen:

- Die Erkennungsinhalte enthielten nun auch die formalen Qualitäten,
- das Gebrauchs-Verhalten oder die Handlungen des Menschen wurden über Ablaufpläne, Blockschaltbilder und MTM-Analysen erfasst,
- mit den Grundgrößen der Konstruktionsmethodik „Energie", „Stoff" und „Information" entstand der umfangreichste Katalog der Mensch-Produkt-Beziehungen oder – modern ausgedrückt – des Interface-Designs (Bild 16).

In dem Manuskript des Statusseminars „Fahrzeug-Design I" wurde 1981 erstmals Design auf der Grundlage des Basismodells als Bestandteil des Gebrauchswertes eines Produktes beschrieben und als Teilnutzwert definiert bezüglich der Sichtbarkeit und Erkennbarkeit und der Betätigung und Benutzung. Das Manuskript des Statusseminars „Fahrzeugdesign II" von 1986 enthielt in dem Referat von K. Luik erstmals die drei überlagerten Regelkreise zwischen Fahrer, Fahrzeug (-Fahrerplatz) und Umwelt.

Einen vorläufigen Abschluss an diesem Basisschema des Designs enthält das Fachbuch von Seeger 1992 über „Design technischer Produkte, Programme und Systeme" (Bild 17) [1].

In dem darin enthaltenen Basisschema sind bei den Erkennungsinhalten die Anmutungen enthalten und bezüglich der Betätigungen ist, in Bezug auf Gerhard, auf deren Modellierung mit Petri-Netzen hingewiesen.

Ein spezielles Problem stellte die Gliederung der Anforderungen dar. Bezug nehmend auf Gerhard 1979 [16] wird mit vier Anforderungsgruppen operiert, wobei der Nutzwert aus den drei Anforderungsgruppen

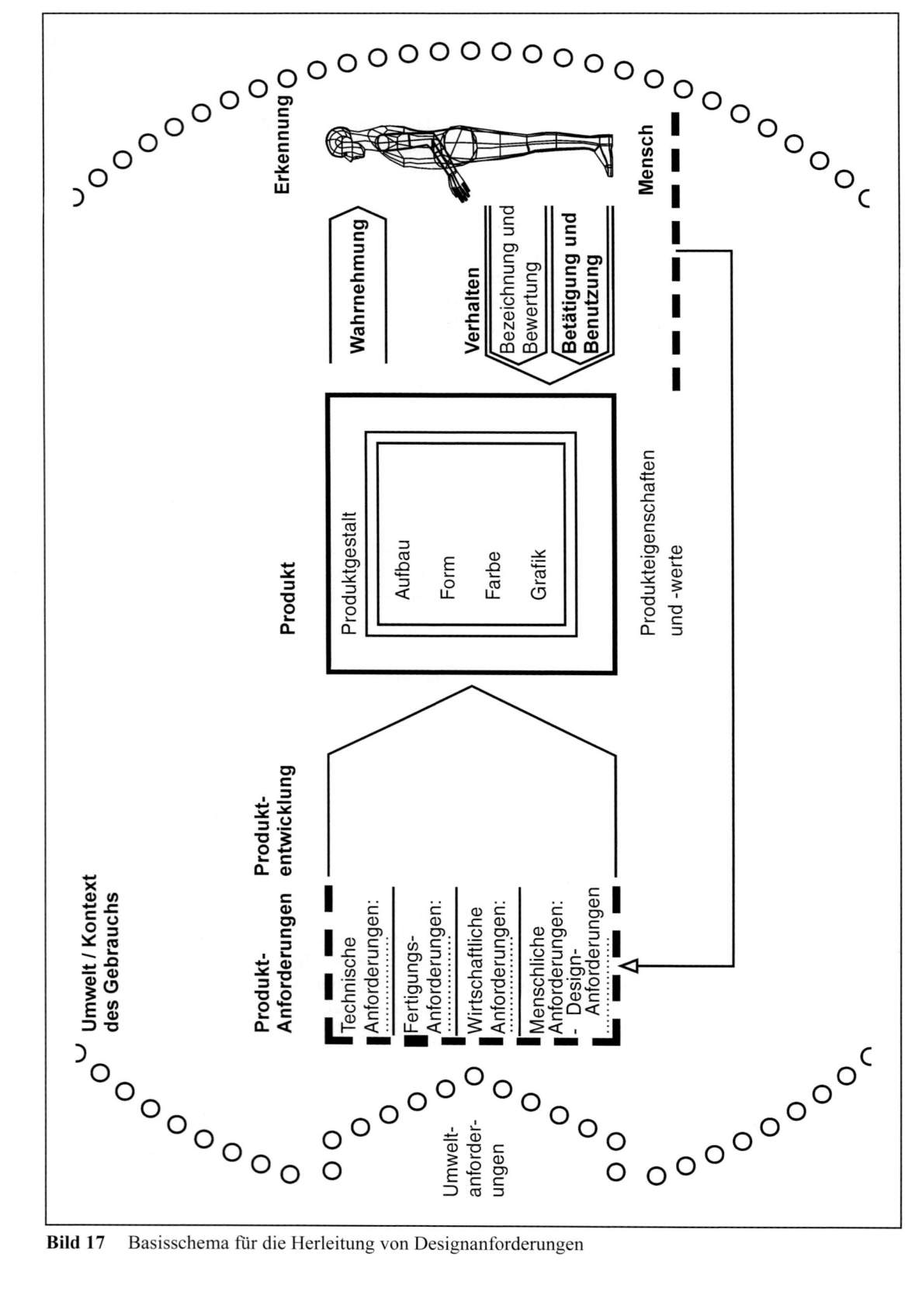

Bild 17 Basisschema für die Herleitung von Designanforderungen

- technische Anforderungen
- Fertigungs-Anforderungen
- menschliche Anforderungen

gebildet wird. Die wirtschaftlichen Anforderungen bzw. die Kosten (s. Abschnitt 15.4) bilden neben dem Nutzwert ein eigenes Oberziel (Bild 10). Aus dem Quotient dieser beiden Größen entsteht der Gebrauchswert (Def. 1.10).

In der Vereinigung des Designbuches von 1992 und der Internetvorlesung HEXACT von 2001 zu dem vorliegenden Werk enthält dieses das Basisschema in mehreren Regelkreisen (Bilder 104 und 105), speziell für Interfaces und ausgehend von der Dissertation J. Vogel [5]. Aus der Dissertation M. Schmid [7] übernommen wurde zudem ein neues Basisschema (Bild 151) für die Erweiterung von Interfaces.

2.1.2 Elemente und Relationen

Gebrauchs- und Nutzwert eines Produktes ergeben sich aus der Beurteilung des Erfüllungsgrades von Anforderungen nach dem Gebrauch einer Produktgestalt durch den Menschen.

Definition 2.1 *„Gebrauch" wird verstanden als die Ganzheit von Wahrnehmung, Erkennung und Verhalten des Menschen gegenüber einem Produkt (Bild 17). Die „Wahrnehmung" erfolgt über die menschlichen Sinne. Die „Erkennung" betrifft die sich aus der Wahrnehmung ergebenden Inhalte und Bedeutungen. Das „Verhalten" kann in einer ersten Gliederung unterteilt werden in die meist verbal geäußerten Bezeichnungen und Bewertungen sowie in die Betätigungs- und Benutzungsbewegungen nach den jeweiligen Erkennungen.*

Dieses Basisschema betrifft in vielen Fällen nicht nur ein Produkt, sondern wie z.B. bei den objects nomades, d.h. der elektronischen Ausstattung der Menschen bis zu 20 Produkte (Bild 20). Bezüglich der Mensch-Produkt-Beziehungen bestehen die beiden Grenzfälle

- entweder das Produkt bildet die Umwelt des Menschen, insbesondere im Fahrzeugbau (Bild 18)
- oder der Mensch bildet die Umwelt des Produktes, wie z.B. in der Medizintechnik oder bei der so genannten Mensch-Maschine-Kommunikation, d.h. der Integration eines Rechners in den Körper eines Menschen (Bild 19).

Definition 2.2 *Zwischen Betätigen, Erkennen und Wahrnehmen besteht folgender Zusammenhang: Das Verhalten ist abhängig vom Erkennen; das Erkennen ist abhängig vom Wahrnehmen.*

Unter dem Gebrauch eines Produktes wird dasjenige menschliche Verhalten gegenüber einer Produktgestalt verstanden, das sich aus deren Erkennung und ihrer Wahrnehmbarkeit ergibt. In diesem Zusammenhang bezeichnen wir mit

$$\Phi : \mathcal{P} \to \mathcal{W}$$

den Wahrnehmungsprozess von der Menge aller Produkte $\mathcal{P}$ zu der Menge aller Wahrnehmungen $\mathcal{W}$. Weiter bezeichnen wir mit

$$\Pi : \mathcal{W} \to \mathcal{E}$$

den menschlichen Erkennungsprozess von der Menge aller Wahrnehmungen $\mathcal{W}$ zu der Menge aller menschlichen Erkennungen $\mathcal{E}$ und

$$\Psi : \mathcal{E} \to \mathcal{H}$$

den Verhaltensprozess von der Menge aller menschlichen Erkennungen $\mathcal{E}$ zu der Menge aller Betätigungs- und Benutzungsbewegung $\mathcal{H}$.

Die Gebrauchsfähigkeit (eng. usability) eines Produktes muss damit diese drei Teilprozesse gewährleisten.

In der europäischen Norm EN ISO 9241-11 von 1998 wird die „Gebrauchstauglichkeit" in ähnlicher Weise definiert: „Das Ausmaß, in dem ein Produkt durch bestimmte Benutzer in einem bestimmten Nutzungskontext genutzt werden kann, um bestimmte Ziele effektiv, effizient und zufriedenstellend zu erreichen."

2.2 Designorientierte Charakterisierung des Menschen

2.2.1 Charakterisierende Merkmale und zugeordnete Produkt- und Designvarianten

Nach dem derzeitigen wissenschaftlichen Stand der Sozialpsychologie und des Marketing [45] muss eine vollständige designorientierte Beschreibungen des Menschen zwei Merkmalsbereiche umfassen (Bild 21 rechts):

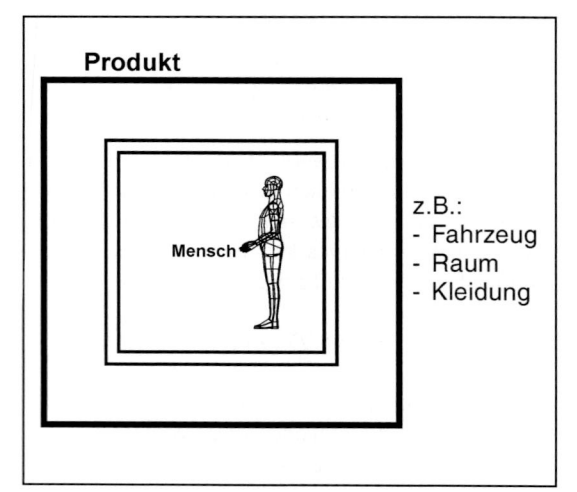

Bild 18 Grenzfall 1: Das Produkt als Umwelt des Menschen

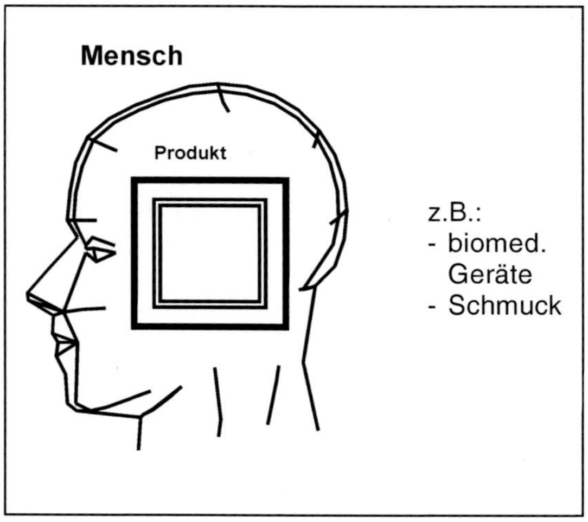

z.B.:
- Fahrzeug
- Raum
- Kleidung

Bild 19 Grenzfall 2: Der Mensch als Umwelt des Produktes

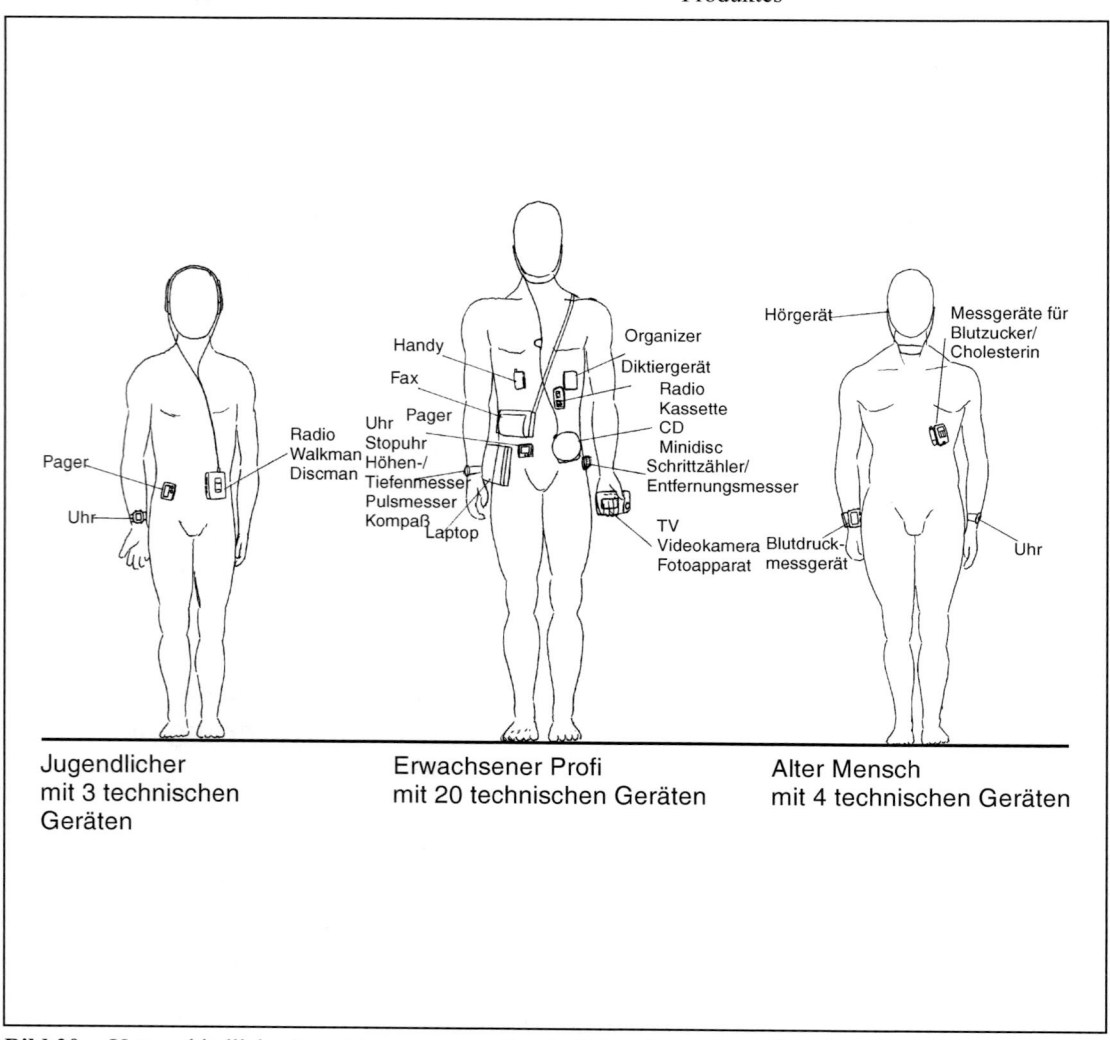

z.B.:
- biomed. Geräte
- Schmuck

Jugendlicher mit 3 technischen Geräten

Erwachsener Profi mit 20 technischen Geräten

Alter Mensch mit 4 technischen Geräten

Bild 20 Unterschiedliche Ausrüstungen des zivilisatorischen Menschen mit technischen Produkten

- die demografischen und geografischen Merkmale
- die psychografischen Merkmale.

Danach wird die Individualität des Menschen in den folgenden zwölf Merkmalsgruppen erfasst.

Interessanterweise lassen sich allen diesen unterschiedlichen Merkmalen des Menschen alternative Produkt- und Designvarianten zuordnen (Bild 21 links). Das heißt, die Merkmale der in Abschnitt 1.2 eingeführten Varianten von Produktprogrammen begründen sich aus dieser differenzierten Charakterisierung des Menschen.

Hieraus folgen die so genannten Mensch bezogenen Produkte (bzw. Produktvarianten) $\mathcal{P}^M$, für diese gilt:

$$\mathcal{P}^M \subseteq \mathcal{P}$$

Die weitere Fragestellung gilt den aus diesem Zusammenhang ableitbaren Mensch-Produkt- bzw. Designanforderungen.

Aus der designorientierten Charakterisierung des Menschen M und seinen Merkmalen folgt eine Differenzierung der Mensch-Produkt-Anforderungen. Diese werden bezeichnet mit

$$\mathcal{A}^M_{demo}$$

für die aus den demografischen und geografischen Merkmalen abgeleiteten Anforderungen und mit

$$\mathcal{A}^M_{Einstellungstyp}$$

für die aus den psychografischen Merkmalen abgeleiteten Anforderungen.

Alle demographisch orientierten Designversionen begründen sich maßgeblich aus der Maßkonzeption der jeweiligen Zielgruppe.

Definition 2.3 *Unter der Maßkonzeption werden die für den Gebrauch durch die jeweilige Zielgruppe erforderlichen antropometrischen Haupt-Maße z.B. bezüglich des Sitzens verstanden.*

Definition 2.4 *Unter einem Omnibus-Design werden die Maßkonzeption und weitere Gestaltqualitäten eines einzigen Produktes für alle, z.B. eines Dienstleistungsautomaten, verstanden.*

Definition 2.5 *Unter dem Customization-Design werden die Maßkonzeption und weitere Gestaltqualitäten eines speziellen Produktes für einen einzelnen Benutzer oder ein Individuum wie z.B. einen Rennfahrer oder den Papst verstanden.*

Definition 2.6 *Unter einem femininem Design werden die Maßkonzeption und weitere Gestaltqualitäten eines Produktes für die Zielgruppe Frauen, wie z.B. ein Epiliergerät, verstanden.*

Definition 2.7 *Unter einem maskulinen oder virilen Design werden die Maßkonzeption und weitere Gestaltqualitäten eines Produktes für die Zielgruppe Männer wie z.B. eines Elektrowerkzeugs verstanden.*

Definition 2.8 *Unter einem Seniorendesign werden die Maßkonzeption und weitere Gestaltqualitäten eines Produktes für die Zielgruppe ältere Menschen wie z.B. eines Handys verstanden.*

Definition 2.9 *Unter einem infantilen Design werden die Maßkonzeption und weitere Gestaltqualitäten eines Produktes für die Zielgruppe Kinder wie z.B. eines Musikinstrumentes verstanden.*

Definition 2.10 *Unter einem Export-Design werden die Maßkonzeption und weitere Gestaltqualitäten eines Produktes für die Zielgruppe Auslandskunden wie z.B. eines Omnibusses verstanden.*

Definition 2.11 *Die geografischen Merkmale des Gebrauches insbesondere die Gebrauchsumgebung begründen ggf. weitere Designversionen wie z.B. ein Design für Jäger.*

2.2.2 Demografische und geografische Merkmale und zugeordnete Designanforderungen

Praktische demografische Beschreibungs- und Unterscheidungsmerkmale sind

- bezüglich der Anzahl z.B. bekannter Einzelner oder namenlose Masse. Dazwischen liegen alle Größen sozialer Gruppen einschließlich der Fälle der Mehrpersonenbedienung z. B. einer Waage und der Mehrmaschinenbedienung durch einen Maschinenführer. Langfristig gehört in diese Rubrik in unserem Land auch der Rückgang der Deutschen. Ein Produkt mit einem Design für ein einzelnes Individuum heißt heute Customization-Design.
- bezüglich des Alters z.B. Erwachsene oder Kinder. Hierzu gehört auch die langfristige Überalterung und Vergreisung der Bevölkerung mit einer Verschiebung der Alterspyramide. Bei Exportprodukten gehört hierzu bis heute leider auch die Frage nach der Kinderarbeit z.B. an Wasserpumpen.

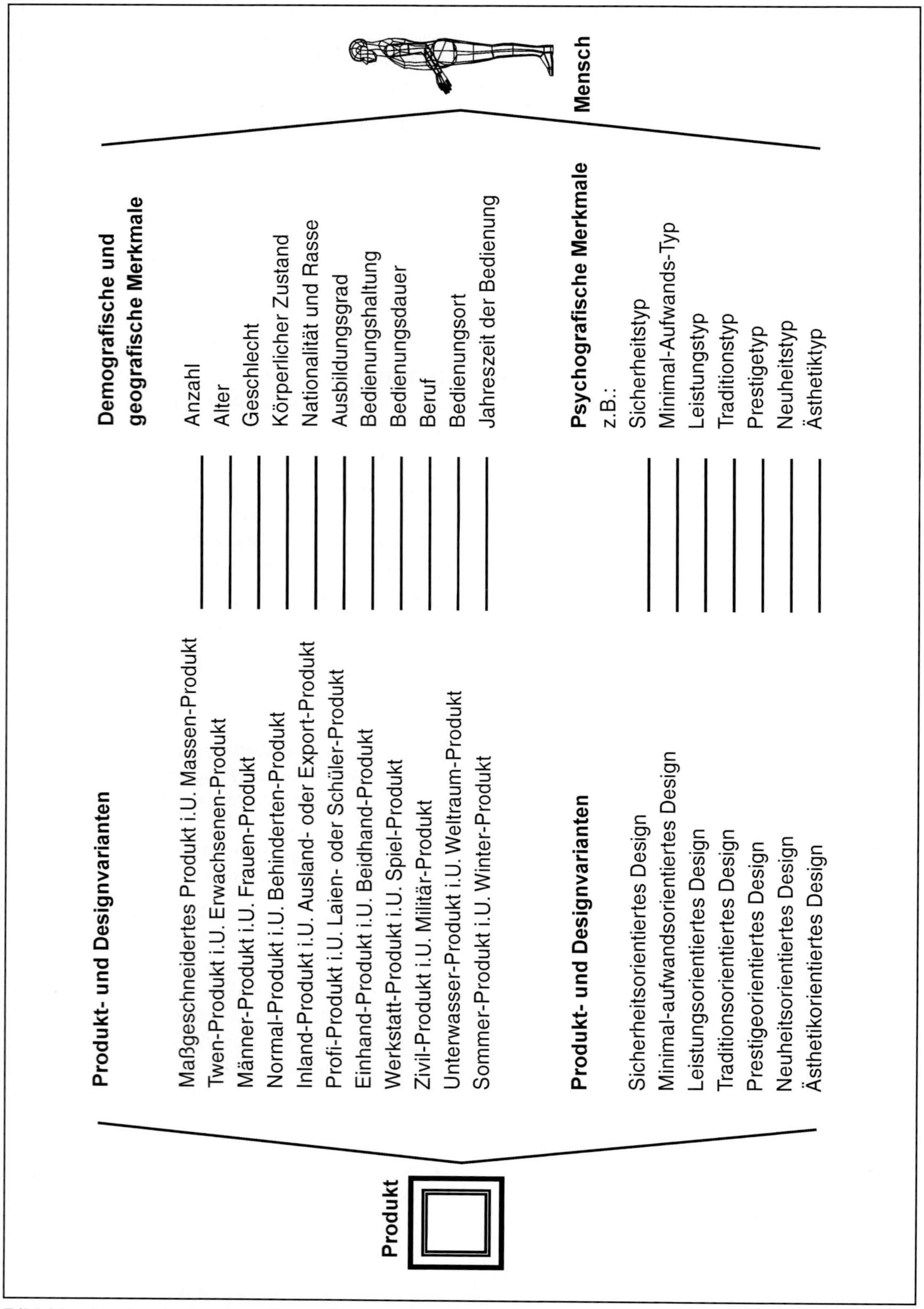

Produkt- und Designvarianten

Maßgeschneidertes Produkt i.U. Massen-Produkt
Twen-Produkt i.U. Erwachsenen-Produkt
Männer-Produkt i.U. Frauen-Produkt
Normal-Produkt i.U. Behinderten-Produkt
Inland-Produkt i.U. Ausland- oder Export-Produkt
Profi-Produkt i.U. Laien- oder Schüler-Produkt
Einhand-Produkt i.U. Beidhand-Produkt
Werkstatt-Produkt i.U. Spiel-Produkt
Zivil-Produkt i.U. Militär-Produkt
Unterwasser-Produkt i.U. Weltraum-Produkt
Sommer-Produkt i.U. Winter-Produkt

Demografische und geografische Merkmale

Anzahl
Alter
Geschlecht
Körperlicher Zustand
Nationalität und Rasse
Ausbildungsgrad
Bedienungshaltung
Bedienungsdauer
Beruf
Bedienungsort
Jahreszeit der Bedienung

Mensch

Produkt- und Designvarianten

Sicherheitsorientiertes Design
Minimal-aufwandsorientiertes Design
Leistungsorientiertes Design
Traditionsorientiertes Design
Prestigeorientiertes Design
Neuheitsorientiertes Design
Ästhetikorientiertes Design

Psychografische Merkmale

z.B.:
Sicherheitstyp
Minimal-Aufwands-Typ
Leistungstyp
Traditionstyp
Prestigetyp
Neuheitstyp
Ästhetiktyp

Produkt

Bild 21   Merkmale des Menschen und zugeordnete Produktvarianten

- bezüglich des Geschlechtes Frau oder Mann. Auch wenn es die Männer meist nicht gerne hören, so leben z.B. in der BRD mehr Frauen als Männer.

In den meisten praktischen Designaufgaben werden diese drei Merkmalsgruppen zu den Körpergrößengruppen mit dem Leitmaß Körpergröße zusammengefasst. Die vier Körpergrößen-Klassen werden aus den Summenhäufigkeitskurven [46] hergeleitet: (Bild 22):

- Gruppe der kleinen Frauen: 5 Perzentil Frau/ 1540 mm - 50 Perzentil Frau/ 1660 mm
- Gruppe der großen Frauen: 50 Perzentil Frau/ 1660 mm - 95 Perzentil Frau/ 1720 mm
- Gruppe der kleinen Männer: 5 Perzentil Mann/ 1660 mm - 50 Perzentil Mann/ 1760 mm
- Gruppe der großen Männer: 50 Perzentil Mann/ 1760mm - 95 Perzentil Mann/ 1870 mm

Diese vier Körpergrößengruppen für Frauen und Männer überdecken sich in der Mitte und bilden damit drei Körpergrößengruppen für kleine, mittlere und große Menschen.

Zudem decken diese Körpergrößengruppen im unteren Bereich die Jugendlichen mit ab (s. Abschnitt 13.4.1). Für Kleinkinder und Säuglinge sind andere Maßangaben gültig. Bezüglich der „seniorengerechten Alltagstechnik" (SENTA) wird auf die Veröffentlichung über den gleichnamigen Sonderforschungsbereich an der TU Berlin verwiesen. Zur Beurteilung oder zur Gestaltung eines konkreten Produktes ist somit zuerst die Körpergrößengruppe mit den kleinsten und mit den größten Benutzern zu bestimmen (Bild 23). Bei Fahrzeugen reicht diese von der 5 Perzentil Frau bis zum 95 Perzentil Mann. An diesen Grenzpersonen sind die jeweiligen Maße zu orientieren.

$\mathcal{A}^M$ (*Anzahl, Alter, Geschlecht*) Aus den Körpergrößen folgen nach DIN 33 402 56 Körpereinzelmaße von der „Reichweite nach vorn" bis zum „Pupillenabstand" als praktische Mensch-Produkt- bzw. Designanforderungen.

Merkmale und Beispiele bezüglich des körperlichen Zustandes sind

- bei Frauen schwanger oder nicht schwanger,
- Rechtshänder oder Linkshänder (10-15 Prozent der Bevölkerung),
- die sog. Somatypen (Bild 23),
- die Hüftigkeit, z.B. bei Frauen 34 Prozent schmal, 48 Prozent normal, 18 Prozent stark,
- Behinderungen. So ist z.B. jeder 14. in Baden-Württemberg amtlich anerkannter Behinderter,
- der Trainiertheitsgrad,
- Brillenträger sind z.B. 24 Millionen der Bundesbürger,
- Farbennormalsichtigkeit (DIN 5033) u.a.

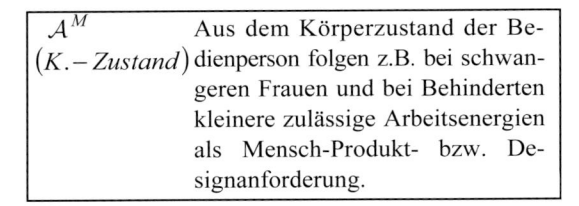

$\mathcal{A}^M$ (*K. – Zustand*) Aus dem Körperzustand der Bedienperson folgen z.B. bei schwangeren Frauen und bei Behinderten kleinere zulässige Arbeitsenergien als Mensch-Produkt- bzw. Designanforderung.

Die Merkmale bezüglich Nationalität und Rasse führen z.B. zu den Gastarbeitern. Dieses Merkmal ist insbesondere auch bei Exportprodukten sehr sorgfältig zu prüfen [47].

$\mathcal{A}^M$ (*Nation und Rasse*) Aus der Nationalität und der Rasse folgen bei Exportprodukten kleinere Reichweiten als bei der deutschen Frau und größere Durchgangsmaße als bei dem deutschen Mann als Mensch-Produkt- bzw. Designanforderung.

Das Merkmal Haltung betrifft immer die jeweiligen Positionen beim Bedienen, Arbeiten, Montieren, Reinigen u.a. eines Produktes (Bild 23 Mitte).

Ergonomisch richtige Körperhaltungen lassen sich durch Anwendung von zwei wesentlichen Grundprinzipien erreichen (nach [46]):

1. Haltungsarbeit klein halten:
   - durch Körperhaltung, bei denen möglichst wenige Gelenke versteift werden,
   - durch Verringerung der Auslenkungen von Rumpf und Gliedmaßen,
   - durch Handhaltungen unter Herzhöhe, da die Durchblutung mit zunehmender Hand-Arbeitshöhe über dem Herzen schlechter wird und sich gleichzeitig die Kreislaufbelastung erhöht.

2. Größtmögliche Bewegungsfreiheit anbieten.
   Jeder Wechsel der Körperhaltung bringt Entlastung. Eine bestimmte Körperhaltung, auch wenn sie kurzzeitig als bequem empfunden wird, wirkt sich auf Dauer immer als Zwangshaltung aus:
   - da ständig die gleichen Muskeln beansprucht werden und

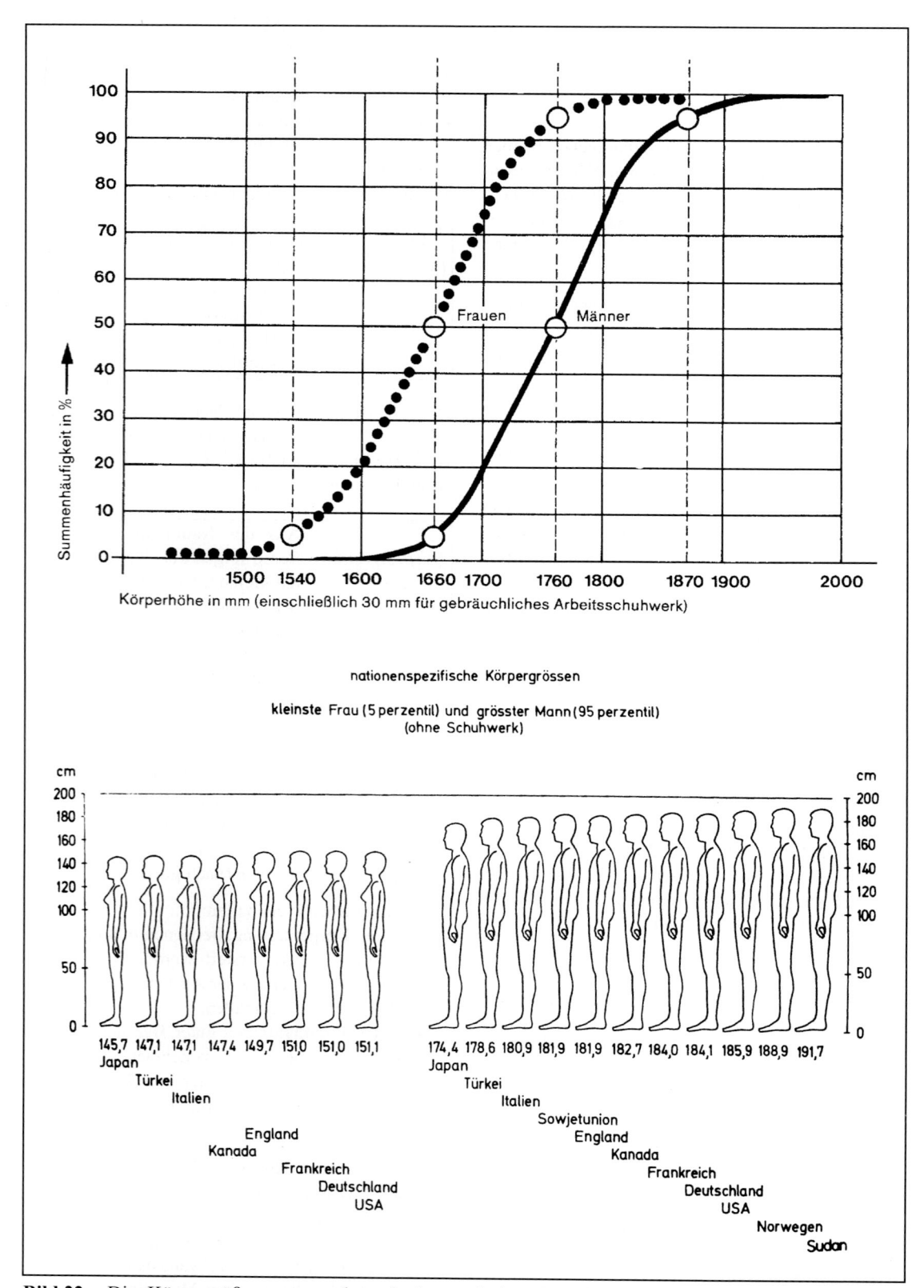

Bild 22 Die Körpergrößengruppen der mitteleuropäischen Bevölkerung (oben) und ihre Extrema im Ausland (unten)

- da durch Flächenpressung die Durchblutung immer an den gleichen Stellen gedrosselt wird.

Hieraus lassen sich das normale Sitzen und das normale Stehen als die im Wechsel anzustrebenden Idealhaltungen ableiten. Eine Differenzierung der Fahrerhaltung in Fahrzeugen kann sein in

- die sog. Fangio-Haltung, d.h. die entspannte, hintere Sitzhaltung mit ausgestreckten Armen,
- die normale Sitzhaltung mit den sog. Komfortwinkeln,
- die sog. Klammergriff-Haltung, d.h. die verkrampfte, vordere Sitzhaltung.

| $\mathcal{A}^M$ (Haltung) | Aus der Sitzhaltung gegeben sich z.B. für einen Bürodrehstuhl 13 Sitzmaße von „Sitzhöhe" bis zur größten „Ausladung der Rückenlehne" (nach DIN 4551) als Mensch-Produkt- bzw. Designanforderungen. |

| $\mathcal{A}^M$ (Dauer) | Zu dem Merkmal Bediendauer sind z.B. die Grenzwerte der Einschaltdauer von Elektrogeräten von wenigen Minuten pro Jahr bis zu mehreren Stunden pro Tag konkrete Mensch-Produkt- bzw. Designanforderungen. |

Das geografische Merkmal Bedienungsort und Jahreszeit ergibt Produktdifferenzierungen wie z.B.

- Büro oder Werkstatt,
- Sommer oder Winter u.a.

Bezogen auf den bedienenden Menschen ergeben sich daraus z.B. unterschiedliche Kleidungen und damit unterschiedliche Maße (Bild 23 unten).

| $\mathcal{A}^M$ (Jahreszeit) | Zu dem Merkmal Jahreszeit sind z.B. die durch Handschuhe vergrößerten Handmaße entsprechende Mensch-Produkt- bzw. Designanforderungen. |

Zum Schluss dieses Abschnitts soll auf zwei besonders schwierige, aber auch besonders aktuelle Unterscheidungsmerkmale eingegangen werden. Das Merkmal Ausbildungsgrad oder Qualifikation kann im einfachsten Fall auf die Fähigkeit zu Lesen und zu Schreiben oder auf die Unterscheidung von Alphabeten und Analphabeten (in der BRD rund 2 Mio.!) bezogen werden. Im erweiterten und aktuellen Sinne verbindet sich damit die Frage ob die Bedienungsperson

- ein Laie oder ein Fachmann,
- ein Amateur oder ein Profi, ein Experte,
- ein Hobbybediener oder ein Berufsbediener,
- ein Privatfahrer oder ein Berufsfahrer, oder gar ein Rennfahrer
u.a.

ist. Verbunden mit den Altersgruppen finden sich in Prädikaten, wie „kindersicher" und „alterstauglich" diese Merkmale. Qualifikation wird heute meist auf die beiden Parameter Ausbildung (Training u.a.) und Übung (Praxis u.a.) zurückgeführt.

| $\mathcal{A}^M$ (Ausbildungsgrad) | Das Merkmal Ausbildungsgrad führt z.B. bei Stellteilen zu Mensch-Produkt- bzw. Designanforderung wie „selbsterklärend" oder „sinnfällig". |

Bewusst soll hier zum Schluss auf ein erweitertes Phänomen, nämlich die Stellung des Entscheiders über ein Produkt eingegangen werden. Bei Schneider [48] wird dies als Entscheidungsprozess, Machtstruktur, Ebene des Kollektives behandelt. Diese Frage stellt sich bei den meisten technischen Gebrauchsgeräten einschließlich der Personenkraftwagen nicht, da dort der Benutzer und der Besitzer meist identisch sind.

Die Frage nach der Stellung der Entscheidungsperson über ein Produkt im Sinne von Vorgesetzter und Untergebener oder Nachgeordneter stellt sich aber bei den meisten Investitionsgütern, seien diese nun mobil oder immobil. Die Antwort auf diese Frage erweitert den Kreis der Menschen für die ein Produkt geplant ist von einem auf mehrere oder viele.

Beispiel 1 Infusionsumschaltgerät
Krankenhausdirektor = Käufer/Besteller
Chefarzt = Betreiber im weiteren Sinn
Pflegepersonal = Benutzer (Ausländer, Zivi) i. engeren Sinn
Patient = Betroffener

Beispiel 2 Schiff
Reederei = Käufer
Kapitäne = Betreiber
Fahrgäste = Benutzer
Journalisten = Bewerter

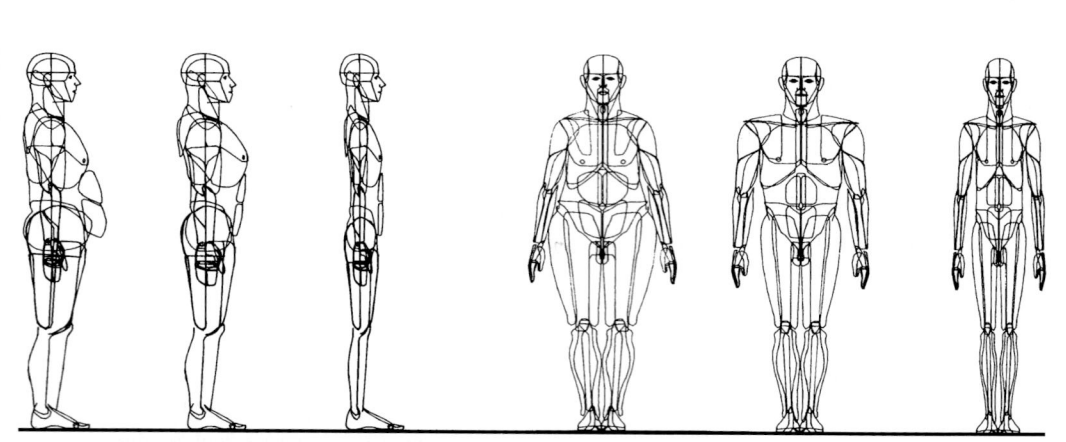

Beispiele für die sogenannten Somatotypen

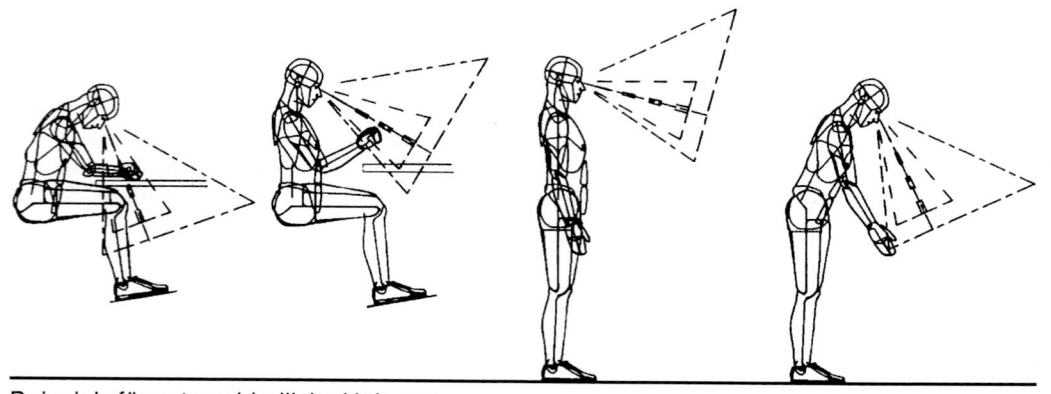

Beispiele für unterschiedliche Haltungen

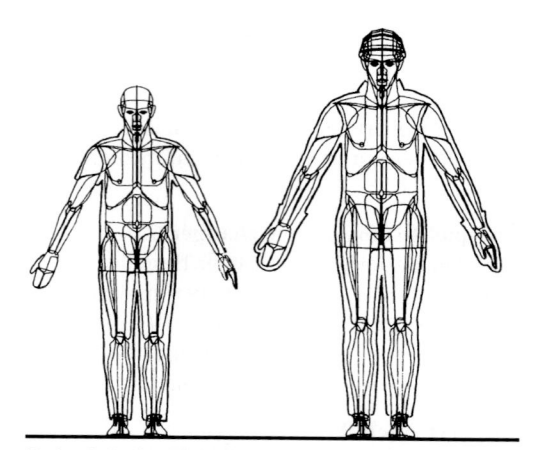

Beispiele für Extremwerte bezüglich Körpergrösse und Kleidung

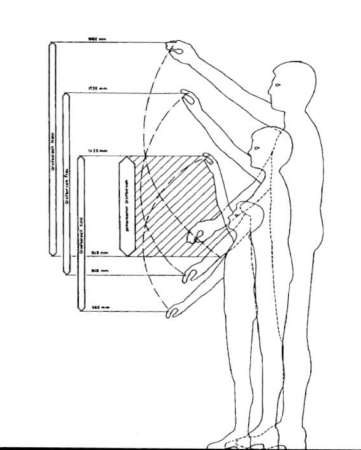

Beispiele für Extremwerte des Greifraumes

Bild 23 Beispiel für demografische Merkmale des Menschen

Eine einschlägige Untersuchung über den Entscheidungsprozess bei Investitionsgütern [49] belegt diesen Tatbestand, dass in Großbetrieben bis zu 34 Entscheider an diesem Prozess beteiligt sind, die sich mehr oder weniger mit dem entsprechenden Produkt identifizieren. Gerade diese letzten Beschreibungsmerkmale verweisen darauf, dass die Frage nach dem Menschen, für den ein Produkt geplant und gestaltet ist, nur im Sonderfall zu einem Solisten führt und im Normalfall immer eine Gruppe oder ein Kollektiv ergibt. Das führt zu folgender Definition:

Definition 2.12 *Eine Gruppe oder auch ein Kollektiv $\mathcal{K}$ an Produktbenutzern ist eine Teilmenge aller Menschen $(\mathcal{K} \subseteq \mathcal{M})$, die mehr als einen Menschen enthält, d.h.*

$$|\mathcal{K}| \geq 2$$

2.2.3 Psychografische Merkmale und zugeordnete Designanforderungen

Eine Erweiterung der demografischen und geografischen Beschreibung des Menschen ist die psychografische Beschreibung oder die Segmentierung nach Einstellungen, Werthaltungen, Lifestyles u.a. (Bild 21 rechts unten). Denn erst diese unterschiedlichen Typen, Orientierungen oder Werthaltungen erklären unterschiedliche Verhaltens- und Urteilsarten, nicht zuletzt in Bezug auf unterschiedliche Designs. Unter 'Typ' wird im folgenden die Vereinigung oder der Bestand an Merkmalen verstanden, die einer Anzahl von Individuen gemeinsam ist [50]. Das Typologieverfahren ist deshalb meist die sog. Clusteranalyse, d.h. die Typen bilden Gruppen aus möglichst homogenen Individuen, die sich wieder möglichst prägnant von anderen Gruppen unterscheiden. Die folgenden Typologien stützen sich maßgeblich auf die „Einstellungen". Diese werden als gegenstandsbezogene, erfahrungsbedingte und systemabhängige Verhaltensdeterminanten verstanden. Sie repräsentieren einen Sachverhalt, der in der älteren Literatur auch als Überzeugung, Meinung, Gesinnung, Vorurteil, Werte u.a. bezeichnet wurde. Die weiteren Darlegungen konzentrieren sich maßgeblich auf die Kundentypologie von Koppelmann [50] und Breuer [51].

$\mathcal{A}^M$ *(Einstellungstyp)* — Nach der Kölner Kundentypologie lassen sich 8 Einstellungstypen beschreiben und diesen als Mensch-Produkt bzw. Designanforderungen 8 Designs von „Minimalästhetik" bis „Prestigelook" zuordnen (Farbbild 13 und Bild 24 unten).

Definition 2.13 *Unter einem Minimal-Design (Synonym 08-15-Design) wird die Erfüllung und Kennzeichnung der Anforderungen einer minimalaufwandsorientierten Kundengruppe (Synonym: Sparer u.a.) an ein Produkt wie z.B. einen niederen Preis, oder einer Billigmarke verstanden.*

Definition 2.14 *Unter einem Sicherheits-Design (Synonym: Safety-Look u.a.) wird die Erfüllung und Kennzeichnung der Anforderungen einer sicherheitsorientierten Kundengruppe (Synonym: Timide) an ein Produkt wie z.B. einer sinnfälligen und eindeutigen Bedienung verstanden.*

Definition 2.15 *Unter einem Traditions-Design (Synonym: Nostalgie-Design, Retro-Look u.a.) wird die Erfüllung und Kennzeichnung der Anforderungen einer traditionsorientierten Kundengruppe (Synonym: Arriere-garde, Konservative, Fundamentalisten u.a.) an ein Produkt, wie z.B. ein bewährtes Wirkungsprinzip, verstanden.*

Definition 2.16 *Unter einem Ästhetik-Design (Synonym: Minimalistisches Design [52], Ordnungs-Design u.a.) wird die Erfüllung und Kennzeichnung der Anforderungen einer ästhetikorientierten Kundengruppe (Synonym: Kulturati, Künstler u.a.) an ein Produkt, wie z.B. eine hohe Gestaltreinheit, verstanden.*

Definition 2.17 *Unter einem Innovations-Design (Synonym: Future-Design, Progressives Design, Avantgarde-Design u.a.) wird die Erfüllung und Kennzeichnung der Anforderungen einer neuheitenorientierten Kundengruppe (Synonym: Progressive, Avantgarde, Modeorientierte, an ein Produkt, wie z.B. eine neue Zwecksetzung, verstanden.*

Definition 2.18 *Unter einem Prestige-Design (Synonym: Luxus-Design u.a.) wird die Erfüllung und Kennzeichnung der Anforderungen einer prestigeorientierten Kundengruppe an ein Produkt, wie z.B. dessen Einzelanfertigung oder Sonderausführung verstanden [53].*

Definition 2.19 *Unter einem Leistungs-Design (Synonym: High-Tech-Design [54]). Sport-Design, Renn-Design u.a.) wird die Erfüllung und Kenn-*

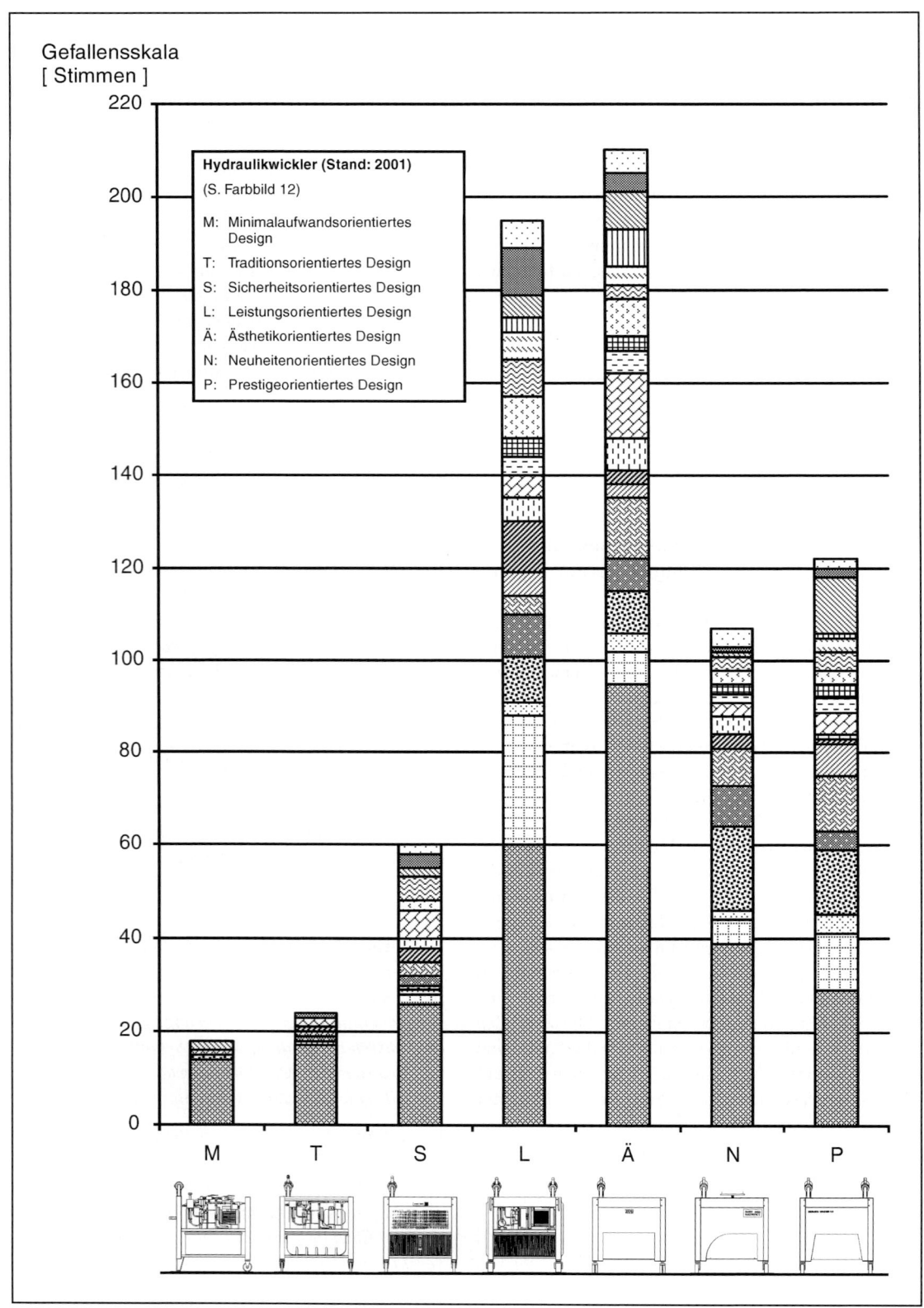

Bild 24 Gefallenstests als Indiz auf unterschiedliche psychografische Merkmale bzw. Einstellungstypen des Menschen

zeichnung der Anforderungen einer leistungsorientierten Kundengruppe (Synonym: Optimierer, Experten, Profis u.a.) an ein Produkt, wie z.B. dessen Stabilität, verstanden.

Definition 2.20 *Unter einem Sensitivitäts-Design (Synonym: Multisensorisches Design) wird die Erfüllung und Kennzeichnung der Anforderungen einer sensitivitätsorientierten Kundengruppe an ein Produkt, wie z.B. dessen Akustik, verstanden.*

Definition 2.21 *Ein Design für die kulturellen oder religiösen Anforderungen von bestimmten Auslandskunden wird vielfach Ethno-Design genannt.*

Diese neueren Kundentypologien sind gegenüber älteren Ansätzen alters- und geschlechtsneutral definiert und umfassen 6-8 Grundtypen. Die unterschiedliche Typisierung junger Leute findet sich schon in den so genannten Jugendkulturen.

Offen ist bis heute die psychografische Kennzeichnung des „Ingenieurs". Breuer beschreibt den Ingenieur in Anlehnung an Spranger als einen Mischtyp aus theoretischer und ökonomischer Einstellung. In seiner Typologie ordnet er ihn aber dann doch dem Leistungstyp zu (a.a.O., S. 165). Diese Unsicherheit verweist auf die bis heute offene Frage, ob Ingenieure nur einem Einstellungstyp zugehören oder mehreren. Eine Auswertung von langjährigen Gefallenstests (Bild 24) mit Ingenieuren und Ingenieurstudenten ergab einen höchsten Anteil bei der Ästhetikorientierung, gefolgt von der Leistungs- und Neuheitenorientierung. Demgegenüber war die Minimalaufwands- und Traditionsorientierung sehr gering vertreten.

Obwohl die in diesem Werk verwendeten Einstellungs- und Kundentypologien teilweise über 20 Jahre alt sind, haben sie ihre Gültigkeit nicht verloren. Dieses Faktum ist auch ein Beleg dafür, dass sich Einstellungen und Werthaltungen nur sehr langsam verändern.

Dort wo solche Einstellungstypen nicht vorliegen, kann Kundenorientierung auch heißen, dass über das Design eine Orientierung des Kunden erfolgt [55].

In Erweiterung zu den 8 Kundentypen von Breuer hat Koppelmann in seinen neueren Veröffentlichungen [56] einen neunten Typ, den Ökologietyp eingeführt.

Definition 2.22 *Unter einem Öko-Design wird die Erfüllung und Kennzeichnung der Anforderungen einer ökologieorientierten Kundengruppe an ein Produkt, wie z.B. – nach Koppelmann – die Orientierung an der Zukunft, an Sicherheit und Haltbarkeit sowie an Gesundheit, verstanden.*

Weitere ökologische Anforderungen und Aspekte werden in Bilder 75 und 76 sowie in Abschnitt 6.1.4 behandelt.

2.2.4 Ganzheitliche Beschreibung und Wechselwirkungen

Wichtig erscheint nach den beiden vorausgehenden Abschnitten, dass die Beschreibung des Menschen oder Kunden immer ganzheitlich erfolgen muss.

Die Vereinigung der demografischen und geografischen Merkmale mit den psychografischen Merkmalen führt zu einer Matrix, deren Kombinationen aus der dargelegten Parameterstreuung in der Größe der Bevölkerung der BRD liegen!

Auch viele Verhaltensphänomene lassen sich nur aus dieser ganzheitlichen Betrachtung erklären.

Beispiele

- die Haltung (sitzend, stehend, liegend u.a.),
- die Betätigungskräfte (hoch oder nieder),
- die Anzahl an Betätigungselementen (hoch oder nieder).

Allerdings entziehen sich diese Wechselwirkungen bis heute einer Quantifizierung.

Für das praktische Design ist entscheidend, dass aus der Produktplanung die Zielgruppendefinition und die Einstellungstypen und damit die Programmbreite bekannt sind.

Die Designaufgabe ist umso einfacher, je genauer die Marktsegmente bekannt sind und je größer die Variantenzahl oder Modellreihe ist. Die schwierigste Designaufgabe ist eine Gestalt für alle (Bundesbahn!). Dies drückt auch das Sprichwort aus

„Allen Menschen recht getan, ist eine Kunst, die niemand kann."

Das Gegenteil von einem Design für alle (lat. omnibus) ist ein Produkt und Design für einen einzelnen, das heute nach Definition 2.5 als Customization-Design bezeichnet wird. Bezogen auf demografische Merkmale des Kunden wurde das früher auch als „Einzelanfertigung", „Maßschneiderei" u.a. bezeichnet. Diese Designversion geht damit immer über die Norm, z.B. von Handmaßen (Bild 25), hinaus in Richtung Individualisierung [57]. Diese Zielsetzung gilt auch für psychografische Merkmale, wie z.B. das Rollenverständnis der Trucker [58]. Viele NKW-Besitzer und -Fahrer werden mit einer der vom NKW-Hersteller angebotenen Designvariante zufrieden sein. Eine spezielle Ausprägung ist aber das individuelle Truck-Design als Ausdruck

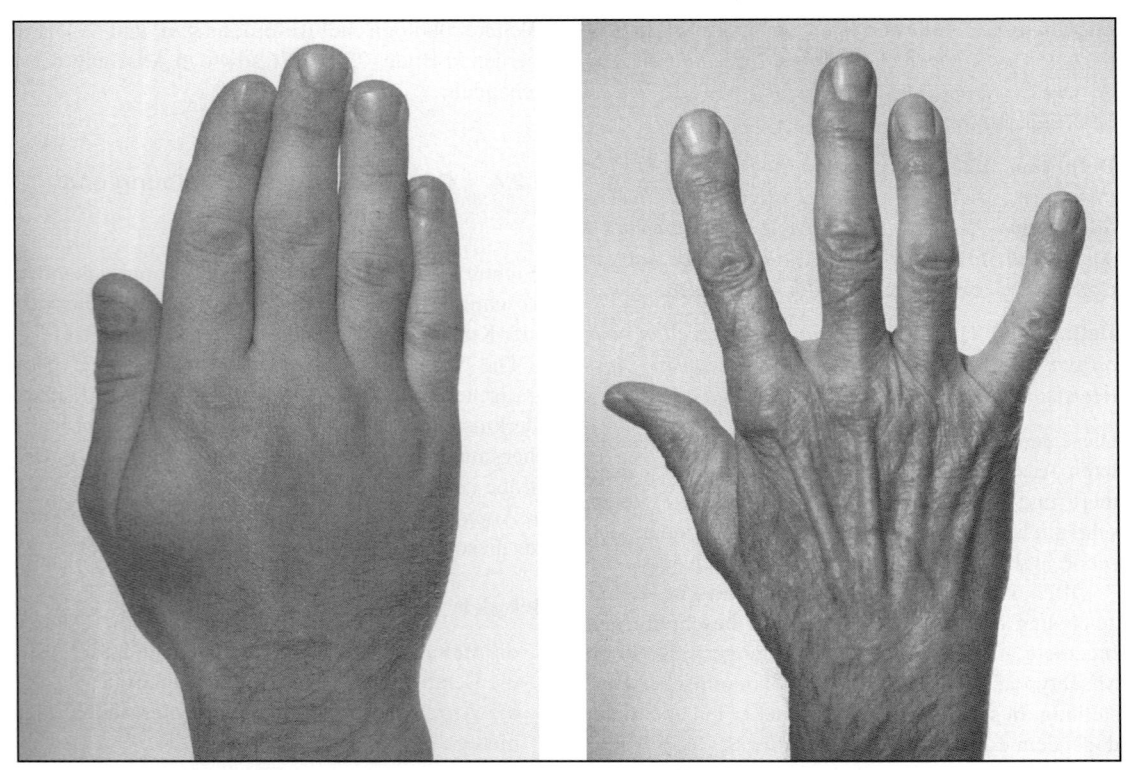

Bild 25 Extreme Handformen als Ausgangspunkt für das Customization-Design von Griffen

Bild 26 Beispiel für das Customization-Design eines Trucks

des Selbstverständnisses der Trucker.
Die Arbeit der Fuhrleute und Fernfahrer war schon seit Anbeginn dieses Berufes im Mittelalter schwer und gefährlich.

Das Selbstverständnis oder der Mythos der modernen Fernfahrer wird heute mit „Highway-Helden", „Asphalt-Cowboy" u.a. umschrieben.
Das individuelle Fahrerdesign reicht von

- dem Namensschild des Fahrers
- einem besonderen Fahrzeugnamen,
- einem speziellen Rammschutz,
- bis zu Bildergeschichten über Abenteuer, Freiheit, Sieg u.a. (Bild 26)

Das Herstellerdesign wird damit vielfach durch das individuelle Design des Besitzers oder Fahrers überlagert.

Dies gilt gleichfalls für das Interior-Design mit entsprechenden Ausstattungselementen bis hin zu speziellen Schalthebelknaufen.

2.2.5 Kennzeichnung von Unternehmungen nach ihrer Kundenorientierung

In Bezug auf ihre Programmbreite und damit auch die Anzahl ihrer Kundensegmente werden Unternehmen z.B. als Vollsortimenter oder als Teilsortimenter unterschieden. Ihr Selbstverständnis und damit auch ihre „Corporate Identity" finden sich in Begriffen und Bezeichnungen wie:
„Rolls-Royce-Bauer"/ „VW-Bauer", „Branchen-Prominenz"/ „Branchen-Proletariat", „Creme"/ „Fußvolk", „Maßschneider"/„Konfektionär", „Nobelfirma"/„Billig-Laden", „Erste Technologie-Klasse"/„ Grobschlosserei", „Progressives Unternehmen"/ „Traditionelles Unternehmen" u.a.

In der betriebswirtschaftlichen Fachliteratur [48] wird heute mit Unternehmenskennzeichnungen wie z.B. „Verteidiger", „Prospektor" oder „Innovator", „Risikoscheuer" und „Reagierer" operiert. Das Produktdesign ist im Rahmen des Corporate Design um eine Identität zwischen Unternehmen und Kundschaft bemüht. Nicht zuletzt bei High-Tech-Produkten die von einem High-Tech-Unternehmen entwickelt, hergestellt und vertrieben werden für eine High-Tech-Society mit einer High-Culture und einem High-Spirit! In dieses Aktionsfeld zwischen Unternehmen und Kundschaft gehört im erweiterten Sinne auch die Zielgruppen orientierte Konzeption von Prospekten und Bedienungsanleitungen.

Beispiel Unterschiedliche Prospekte für Vollzeit-Profis, Teilzeit-Profis und Bastler.

Die Variantenfülle in einzelnen Branchen begründet sich nicht zuletzt daher, dass dort viele Vollsortimenter Produkte für die gleichen Zielgruppen anbieten.

Beispiel Skibindungen

2.2.6 Lifestyles und Lebenswelten

Die Gesamtheit der Produkte sowie der architektonischen, urbanen und natürlichen Umwelt des zivilisatorischen Menschen bilden dessen Lifestyle oder Lebenswelt. Hierzu ist des weiteren seine Kleidung, Ernährung, Sport, Kultur u.v.a.m. zu rechnen.

Im Sinne der in Kapitel 1.2 eingeführten Postmoderne muss die Zukunft in einem Pluralismus der Zukünfte gesehen werden. Unter Berücksichtigung des in Kapitel 2 behandelten Wertepluralismus stehen dem Singularplural Zukunft unterschiedliche und alternative Zukünfte gegenüber, wie (s. Farbbilder 23 - 26)

- die Zukunft der Progressiven,
- die Zukunft der Traditionalisten,
- die Zukunft der Sparer,
- die Zukunft der Prestigeorientierten, u.a.

Natürlich ist dies nur ein Ansatz oder eine Hypothese, die zu einem Lifestyle noch wesentliche Erweiterungen erfordert:

- Essen und Trinken ... Shopping
- Musik, Sport, Entertainment
- Wohnen ... Urlaub
- Literatur ... politische Auffassung
- Glauben ... Tugenden ... Weltanschauung

Das Thema Systemdesign und Lebenswelt öffnet sich damit zu der gesamten Kultur des modernen Menschen und der Gesellschaft.

Für den Bereich der individuellen Produktionen und der Fabrikplanung kann analog zum Lifestyle auch von einem Work-Style oder einer entsprechenden „Erlebniswelt" gesprochen werden.

Dieser „Pluralismus der Zukünfte" (Hubrig) ist aber nicht mehr durch ein Konsensstreben zu einem Versöhnungstotalitarismus [59] oder zu einem stilistischen Einheitstraum gekennzeichnet (z.B. Gute Industrieform oder gar Deutsches Design), sondern im Gegenteil durch den Dissenz unterschiedlicher oder simultaner Systemdesigns und Lebenswelten.

2.3 Die Wahrnehmung von Produkten

Produkte werden wahrgenommen über die menschlichen Sinne oder die entsprechenden Rezeptoren. Gerade auch bei den Produkten der Feinwerktechnik müssen mindestens 12 Wahrnehmungsarten zwischen Mensch und Produkt berücksichtigt werden.

- Sehen in Ruhe (W_S)
- Sehen in Bewegung (W_{BS})
- Hören (W_H)
- Schmecken (W_{GS})
- Riechen (W_{GR})
- Druck fühlen (W_{DF}) [23]
- Rauheit fühlen (W_{RF}) [23]
- Lage fühlen (W_{LF})
- Bewegung fühlen (W_{BF})
- Wärme fühlen (W_{WF})
- Feuchtigkeit fühlen (W_{FF})
- Elektrisch fühlen (W_{EF})
- Chemisch fühlen (W_{CF})

Das hier vertretene und behandelte Verständnis von „Design" konzentriert sich auf die Wahrnehmung über die wichtigsten menschlichen Sinne, d.h. die visuelle Wahrnehmung und die haptische und taktile Wahrnehmung.

Bei allen Wahrnehmungsarten sind Grenzentfernungen und Positionen zu beachten:

- die Sehgrenze,
- die Hörgrenze,
- die Greifgrenze

u.a.

Die Wahrnehmungsvoraussetzung für das Sehen ist, dass der Wahrnehmungsgegenstand im Sichtfeld liegt und die optische Wahrnehmungsbedingung über die Leuchtdichte und den entsprechenden Kontrast zum Hintergrund oder Kontext gegeben ist.

Hierbei lassen sich verschiedene Kontraststufen angeben:

- Element/Produktgestalt (K_E^P)
- Produktgestalt/Architektonischer Hintergrund (K_P^A)
- Produktgestalt/Natürlicher Hintergrund (K_P^N)

Fasst man den Hintergrund als Menge aller seiner Teilgestalten auf, so kann man den Sichtbarkeitsgrad G_V als den Durchschnitt zwischen der Wahrnehmungsgestalt G_S und dem Hintergrund $G_{Umgebung}$ definieren:

$$G_V = G_S \cap G_{Umgebung}$$

Eine entfernungsbezogene Wahrnehmungsbedingung ist die so genannte Wahrnehmungssicherheit

$$Wahrnehmungssicherheit = \frac{Gefahrenabstand}{Anhalteweg} \geq 1$$

Die Wahrnehmung einer Gestalt oder - allgemein - eines Zeichens wie auch die nachfolgende Erkennung erfordern Zeit. Nach den neueren Erkenntnissen der Verkehrsrechtsprechung wird deshalb die frühere „Schrecksekunde" heute auf 2 Sekunden angesetzt.

> $A^M(W_v, W_S)$ Mensch-Produkt- bzw. Designanforderungen bezüglich der visuellen Wahrnehmung können danach über die Wahrnehmungsentfernung, die Wahrnehmungssicherheit oder den Sichtbarkeitsgrad zwischen den Grenzwerten Unsichtbarkeit/ Tarnung und Blendung formuliert werden.

Definition 2.23 *Unter der Designversion Tarnung (Synonym: Camouflage) wird das partielle oder totale Unsichtbarmachen einer Produktgestalt vor ihrem Hintergrund (Synonym: Umgebung, Kontext) verstanden.*

Definition 2.24 *Unter der Designversion Blendung wird das extreme Sichtbarmachen (Synonym: Visualisieren, Kontrastieren) einer Produktgestalt vor ihrem Hintergrund (Synonym: Umgebung, Kontext) verstanden.*

Definition 2.25 *Unter dem Nachtdesign wird die Sichtbarkeit und Erkennbarkeit einer Produkt(Teil-) Gestalt, wie z.B. eines Schiffes oder eines Autoradios, in einer dunklen Umgebung mittels beleuchteter Form, Farb- und Grafikelementen verstanden.*

Die Bedingung für die haptische und taktile Wahrnehmung ist, dass der Wahrnehmungsgegenstand im Kontaktfeld der Arme, der Beine u.a. Körperteile liegt.

> $A^M(W_{DF}, W_{RF})$ Weitere Mensch-Produkt- bzw. Designanforderungen bezüglich der haptischen Wahrnehmung sind z.B. eine Flächenpressung unterhalb der Schmerzgrenze und bezüglich der taktilen Wahrnehmung eine Rauheit unterhalb der Verletzungsgefahr.

Das so genannte Multisensorische Design (s. Abschnitt 15.6) berücksichtigt über diese wichtigen Wahrnehmungsarten des Menschen hinaus weitere, wie z.B. die akustische Wahrnehmung oder das Wärmefühlen.

2.4 Die Erkennung von Produkten

Definition 2.26 Unter der Erkennung ε einer Gestalt wird eine Zuordnung von Bezeichnungen $\mathcal{B}$ (synonym: Prädikate, Attribute u.a.) über deren Eigenschaften oder Qualitäten in dem jeweiligen Gebrauchskontext verstanden.

Es liegt also eine Abbildung

$$\varepsilon : \mathcal{G}_\Pi \to \mathbb{P}(\mathcal{B})$$

von der Menge aller Erkennungsgestalten $\mathcal{G}_\Pi$ des Produktes G in die Potenzmenge der Menge aller Bezeichnungen $\mathcal{B}$ vor. Hierbei bezeichnet $\mathbb{P}(\mathcal{B})$ die Potenzmenge von $\mathcal{B}$. In dieser Potenzmenge können sowohl wahre und falsche, also auch positive und negative Bezeichnungen enthalten sein (Bild 27).

Definition 2.27 Bezüglich der Bezeichnungen $\mathcal{B}$ liegt eine Bewertungsfunktion B zugrunde, die jeder der Bezeichnungen zwei Werte zuordnet, die Aussagen über den Wahrheitsgehalt dieser Bezeichnung und ob sie positiv oder negativ ist. Es gilt also:

$$B : \mathcal{B} \to \{(w,+),(w,-),(f,+),(f,-)\}$$

wobei w für wahr, f für falsch, + für positiv und - für negativ steht.

Fasst man eine Gestalt als Menge ihrer Teilgestalten auf, so gilt:

$$G \supset \widetilde{G} \quad \text{für alle} \quad \widetilde{G} \in \mathcal{G}_\Pi$$

Als Ergebnis des Erkennungsprozesses von Produktgestalten lassen sich aus den sprachlich feststellbaren Bezeichnungen folgende Gruppen an Erkennungsinhalten unterscheiden:

1. Eigenschaften oder Qualitäten eines Produktes
2. Herkunft eines Produktes
3. Anmutungsqualitäten
4. Formale Qualitäten

Zu 1. Die Erkennung der Eigenschaften oder Qualitäten eines Produktes wird präzisiert auf (Bilder 28 und 29)

Zweck-Erkennung $\quad \varepsilon : \mathcal{G}_\Pi^Z \to \mathbb{P}(\mathcal{B}^Z)$
Bsp.: Rasierapparat oder Blitzlichtgerät

Bedienungs-Erkennung $\quad \varepsilon : \mathcal{G}_\Pi^B \to \mathbb{P}(\mathcal{B}^B)$
Bsp.: Druckknopf oder Drehknopf

Prinzip- u. Leistungs-Erkennung
$\quad \varepsilon : \mathcal{G}_\Pi^P \to \mathbb{P}(\mathcal{B}^P)$
Bsp.: elektronisch oder mechanisch

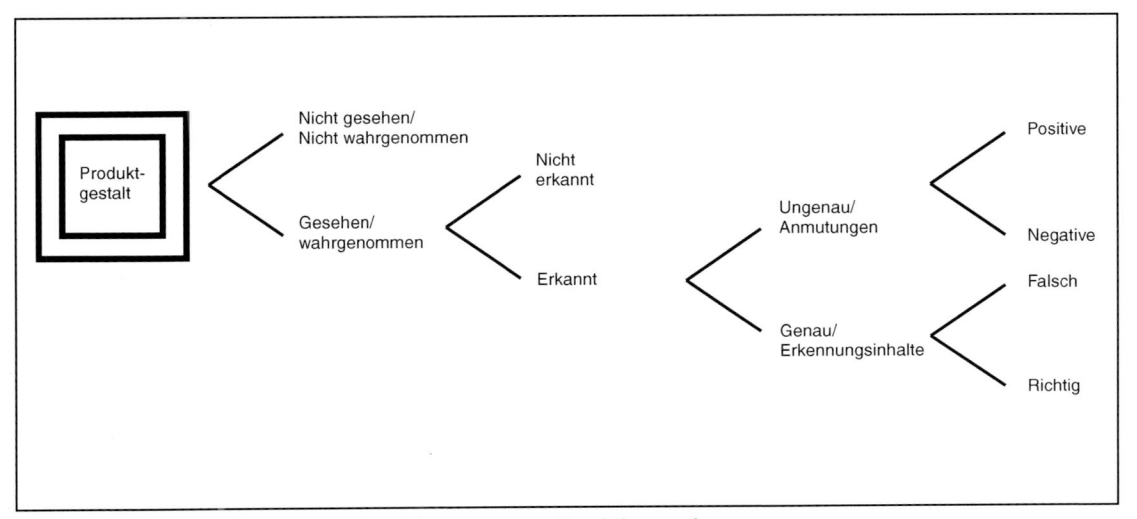

Bild 27 Inhaltliche Alternativen der Erkennung von Produktgestalten

Zweck-Erkennung

Schlag-
bohrmaschine
SBE 750

Bohrschrauber
USE 8

Bedienungs-Erkennung

Zweihandbedienung
SBE 750

Einhandbedienung
BE 250

Prinzip- und Leistungserkennung

Elektrische 2-Gang-
Maschine
Leistungsangabe:
660W

Elektronische 2-Gang-
Maschine
Leistungsangabe:
660W

Fertigungs-Erkennung:
Topfbauart
Axial montiert
SB 660

Schalenbauart
SBE 600 R+L

Preis-Erkennung

Elektronisch
Teueres Gerät
SBE 750

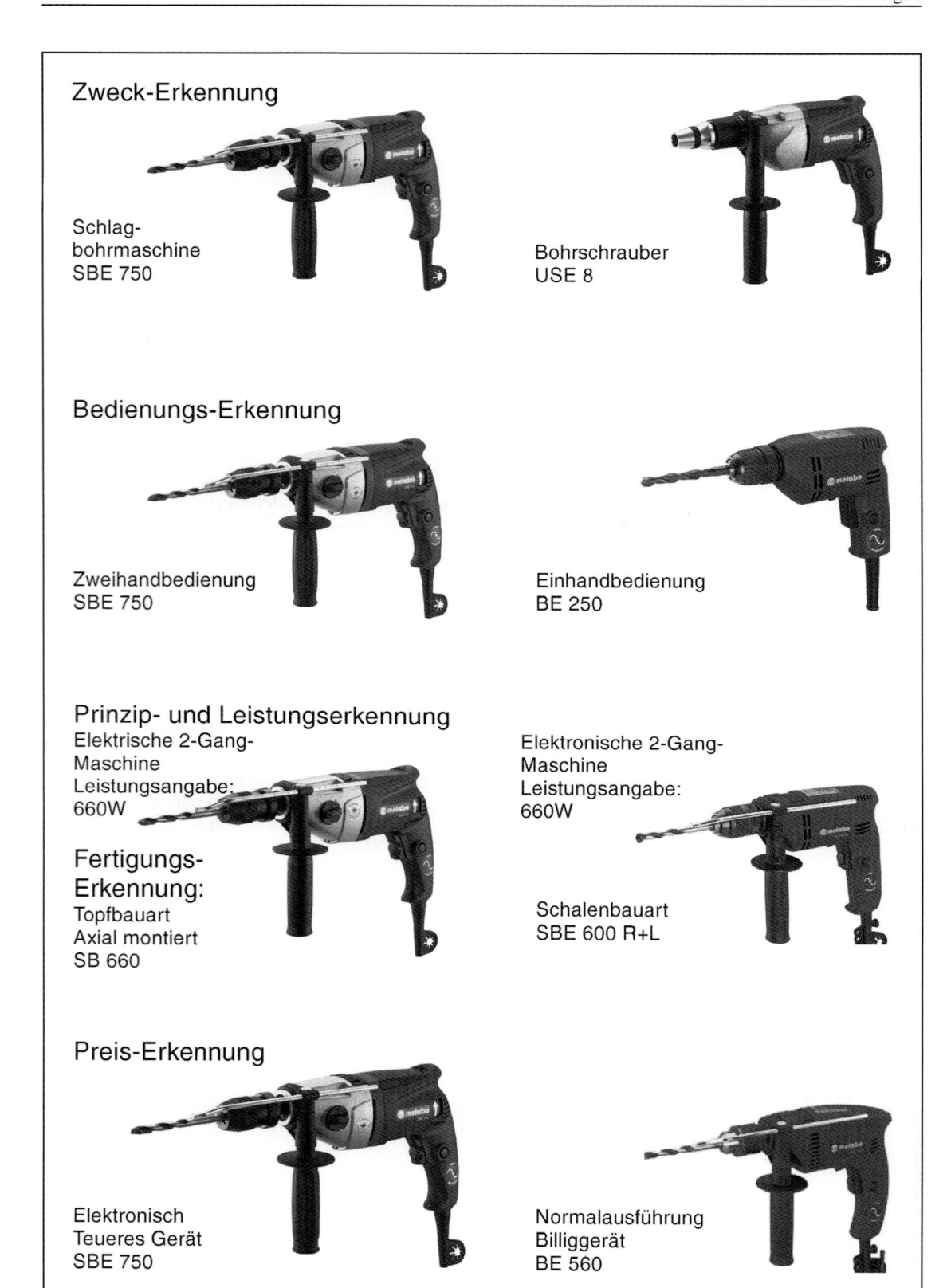

Normalausführung
Billiggerät
BE 560

Bild 28 Erkennungsinhalte von Produktgestalten am Beispiel von Elektrowerkzeugen (Teil 1)

2.4 Die Erkennung von Produkten

Zeit-Erkennung

Ausführung seit 2001
SBE 750

Vorgängermaschine
seit 1990
BE 622 S R+L

Hersteller-Erkennung

METABO
SBE 750

BOSCH
GSB 22-2 RE

Vertreiber- und Markenerkennung

METABO

"OEM-Gerät"

Verwendungs-Erkennung

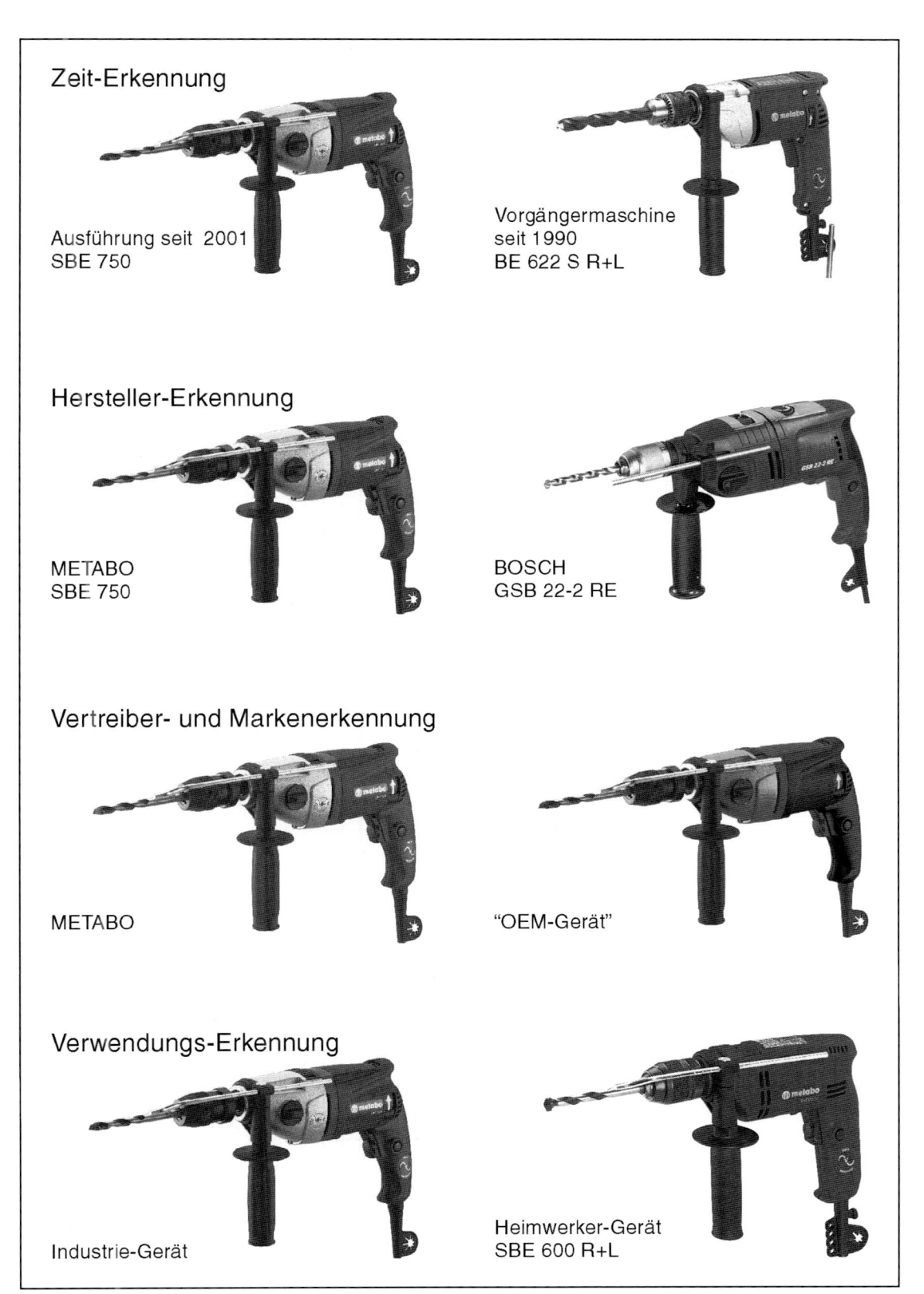

Industrie-Gerät

Heimwerker-Gerät
SBE 600 R+L

Bild 29 Erkennungsinhalte von Produktgestalten am Beispiel von Elektrowerkzeugen (Teil 2)

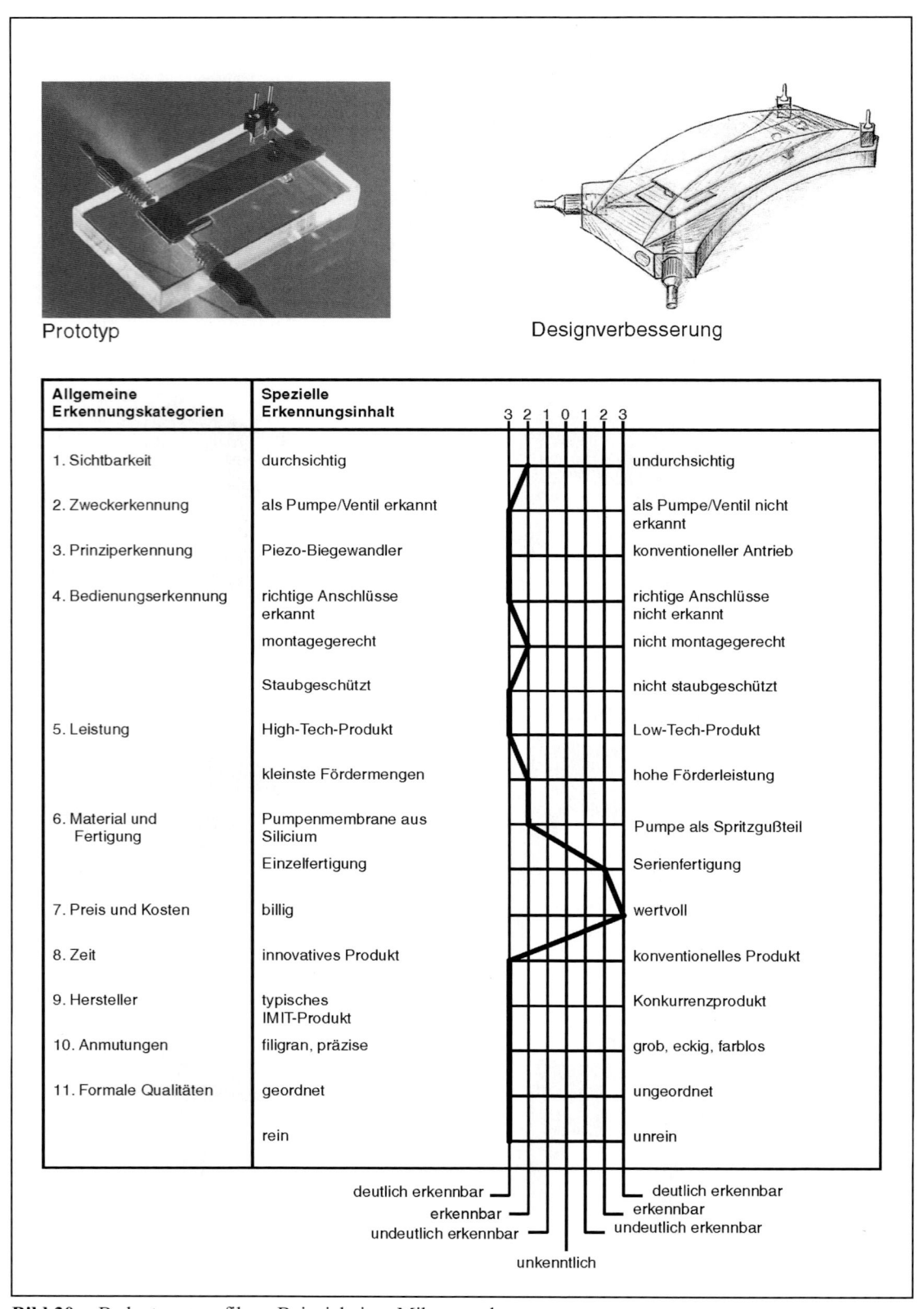

Allgemeine Erkennungskategorien	Spezielle Erkennungsinhalt	3 2 1 0 1 2 3	
1. Sichtbarkeit	durchsichtig		undurchsichtig
2. Zweckerkennung	als Pumpe/Ventil erkannt		als Pumpe/Ventil nicht erkannt
3. Prinziperkennung	Piezo-Biegewandler		konventioneller Antrieb
4. Bedienungserkennung	richtige Anschlüsse erkannt		richtige Anschlüsse nicht erkannt
	montagegerecht		nicht montagegerecht
	Staubgeschützt		nicht staubgeschützt
5. Leistung	High-Tech-Produkt		Low-Tech-Produkt
	kleinste Fördermengen		hohe Förderleistung
6. Material und Fertigung	Pumpenmembrane aus Silicium		Pumpe als Spritzgußteil
	Einzelfertigung		Serienfertigung
7. Preis und Kosten	billig		wertvoll
8. Zeit	innovatives Produkt		konventionelles Produkt
9. Hersteller	typisches IMIT-Produkt		Konkurrenzprodukt
10. Anmutungen	filigran, präzise		grob, eckig, farblos
11. Formale Qualitäten	geordnet		ungeordnet
	rein		unrein

deutlich erkennbar — deutlich erkennbar
erkennbar — erkennbar
undeutlich erkennbar — undeutlich erkennbar
unkenntlich

Bild 30   Bedeutungsprofil am Beispiel einer Mikromembranpumnpe

2.4 Die Erkennung von Produkten

Fertigungs-Erkennung $\varepsilon : \mathcal{G}_\Pi^F \to \mathbb{P}(\mathcal{B}^F)$
Bsp.: Einzelstück oder Serienerzeugnis

Kosten- und Preis-Erkennung $\varepsilon : \mathcal{G}_\Pi^K \to \mathbb{P}(\mathcal{B}^K)$
Bsp.: billig oder teuer

Zeit-Erkennung $\varepsilon : \mathcal{G}_\Pi^T \to \mathbb{P}(\mathcal{B}^T)$
Bsp.: modern oder antiquiert

Insbesondere die Eigenschaftenerkennung eines Produktes aus seiner Gestalt ist nicht unabhängig, sondern auf dessen Anforderungen und Eigenschaften wie auch auf den Gebrauchskontext bezogen (siehe Abschnitt 1.4).

Dieser Übergang lässt sich als semantische Zustandsänderung von objektiv, exakt, zu weich, verbal, rematisch u.a. beschreiben.

Beispiel Die Geschwindigkeit eines Fahrzeugs von 150 km/h wird als „schnell" erklärt und bezeichnet.

Inhaltlich repräsentieren alle diese Kategorien an Erkennungsinhalten vielschichtige Phänomene. So kann z.B. die Zeiterkennung eines technischen Produktes beinhalten, dessen

- Erfindungs-Datum
- Entwicklungs-Datum
- Fertigungs-Datum
- Einbau-Datum
- Gebrauchs-Datum
- Ausmusterungsdatum

Eine spezielle Zeiterkennung repräsentieren die sogenannten Anti-Aging-Produkte für Senioren.

Zu 2. Die Erkennung der Herkunft eines Produktes wird präzisiert auf: (Bild 29)

Hersteller-Erkennung $\varepsilon : \mathcal{G}_\Pi^H \to \mathbb{P}(\mathcal{B}^H)$
Bsp.: BOSCH oder METABO

Marken- und Händler-Erkennung $\varepsilon : \mathcal{G}_\Pi^M \to \mathbb{P}(\mathcal{B}^M)$
Bsp.: BOSCH oder NECKERMANN Marke BULLKRAFT

Verwender-Erkennung $\varepsilon : \mathcal{G}_\Pi^V \to \mathbb{P}(\mathcal{B}^V)$
Bsp.: Industriegerät oder Hobbygerät

In Fortführung der begrifflichen Kennzeichnung des Gefallensurteils in Abschnitt 1.3 bilden die Erkennungsinhalte der Produkteigenschaften und -herkunft die dritte Begriffsstufe der Semantik aus exakten, speziellen, differenzierten oder argumentatorischen Begriffen. Diese repräsentieren unter Berücksichtigung des in Abschnitt 2.2.2 behandelten Ausbildungsgrades die besondere Erkennung von Fachleuten, Experten oder Profis. Dieser Zusammenhang gilt auch für die unter Ziffer 4 behandelte Erkennung von formalen Gestaltqualitäten durch Ästheten, Culturati u.a.

Zu 3. Erkennung von Anmutungsqualitäten

$$\varepsilon : \mathcal{G}_\Pi^A \to \mathbb{P}(b^A)$$

Unter den Anmutungsqualitäten werden Erkennungsinhalte verstanden, die in assoziativen und ungenauen Bezeichnungen über die jeweilige Produktgestalt geäußert werden.

Beispiel

- warm oder kalt
- barock oder spartanisch
- knackig oder lasch
- fließend oder gebrochen
- weich oder hart
- ruhig oder unruhig u.v.a.m.

In Fortführung der begrifflichen Kennzeichnung des Gefallensurteils in Abschnitt 1.3 bilden die Anmutungen die zweite Begriffsstufe der Semantik aus analogen, assoziativen oder dizentischen Begriffen. Unter Berücksichtigung des in Abschnitt 2.2.2 behandelten Ausbildungsgrades sind Anmutungen die besonderen Erkennungsinhalte von Laien, die aus der Analogie oder der Ähnlichkeit zu vorbekannten, meist nichttechnischen Gestalten entstehen.

Beispiele von vorbekannten Bezugsgestalten oder Leitbildern:

- der Mensch
- Gebrauchsprodukte z.B. Interface als „Klavier", auf dem man „spielt".
- Tiere
- Pflanzen
- Gestirne
- u.a.

Diese Überlegungen werden in Abschnitt 4.3 fortgesetzt.

Zu 4. Erkennung von formalen Gestaltqualitäten

$$\varepsilon : \mathcal{G}_\Pi^{fq} \to \mathbb{P}(\mathcal{B}^{fq})$$

In dieser Gruppe an Erkennungsinhalten werden diejenigen Bezeichnungen zusammengefasst, die sich aus der zweckfreien, ästhetischen Erkennung ergeben.

Beispiel

- rein oder unrein
- geordnet oder ungeordnet

u.v.a.m.

Eine Vertiefung dieser formalen Gestaltsqualitäten erfolgt in Abschnitt 2.6., wobei $\mathcal{G}$ mit hochgestelltem Index die Menge aller Erkennungsgestalten bzgl. des Erkennungsinhaltes und $\mathcal{B}$ mit hochgestellten Index die Menge aller Bezeichnungen bzgl. des Erkennungsinhaltes ist. Die Erkennung ε beinhaltet alle oben genannten Erkennungen, diese sind nur Einschränkungen von ε.

$$\mathcal{G}_\Pi = \mathcal{G}_\Pi^Z \cup \mathcal{G}_\Pi^B \cup \ldots$$

Der Erkennungsumfang $|\varepsilon(\mathcal{G}_\Pi)|$ ist normalerweise vieldeutig (d.h. groß) oder meistdeutig (d.h. extrem hoch). Die Potenzmenge als Werteraum der Abbildung ist sinnvoll, da das Erkennen eine „mehrdeutige" Sache ist. Es ist klar, dass eine Erkennungsgestalt nicht nur auf eine Bezeichnung abgebildet werden darf, sondern auf eine Menge von Bezeichnungen.

Die wahren und positiven Bezeichnungen, die durch eine Gestalt über die Eigenschaften, die Herkunft, die Anmutung und die formale Qualität eines Produktes maßgeblich über die visuelle Wahrnehmung und die darauf basierende Erkennung übermittelt werden sollen, bilden die entsprechenden Mensch-Produkt- bzw. Designanforderungen. Ihre bewertungsgerechte Darstellung erfolgt sinnvollerweise in einem Bedeutungsprofil mit der entsprechenden Erkennungsskala (Bild 30).

Definition 2.28 *Das Bedeutungsprofil Λ_G ist eine einstellungsorientierte Kombination und Rangfolge von positiven und negativen Erkennungsinhalten einer Gestalt G (Bild 30). Es gilt also*

$$\Lambda_G = \varepsilon(\mathcal{G}_\Pi) \subset \mathbb{P}(\mathcal{B}^Z) \cup \mathbb{P}(\mathcal{B}^B) \cup \ldots$$

Das Bedeutungsprofil präzisiert damit die in Abschnitt 2.2.3 eingeführten einstellungstypischen Designs durch die Betonung kennzeichnender Erkennungsinhalte.

Beispiel Leistungs(-typ-)orientiertes Design, gekennzeichnet durch Kraft, Stärke, Geschwindigkeit, Stabilität u.a.

Auf der Grundlage eines Bedeutungsprofil lässt sich als Kenngröße eines Designs ein Erkennungsgrad oder eine Erkennungssicherheit bilden [60].

Analog lässt sich bezüglich unterschiedlicher Einstellungen auch die „Schönheit" einer Produktgestalt definieren.

Definition 2.29 *Die „Schönheit" einer Produktgestalt ist zweckfrei die Erkennbarkeit positiver Anmutungen und formaler Qualitäten, und zweck- oder gebrauchsorientiert die richtige Erkennbarkeit der Eigenschaften und der Herkunft eines Produktes.*

Die „Schönheit" einer Produktgestalt ist damit aber nur eine Komponente ihres Designs.

Die Abgrenzung der zweckfreien „Schönheit" mit der Erkennung von Anmutungen (Emotionales Design!) von der gebrauchsorientierten „Schönheit" mit der Erkennung eigenschafts- und herkunftsbezogener Informationen erfolgt in der Psychologie über die unterschiedlichen Gefühlsreaktionen auf Personen, Gegenstände und Ereignisse mit den alternativen oder reziproken Stufen eines zuständlichen oder eines gegenständlichen Bewusstseins [61].

Beispiele solcher Gefühle sind: Freude, Furcht, Angst, Liebe, Trauer, Hass, Ekel, Lust u.a. Die klassifikatorische Ordnung der Gefühle gilt aber in der Psychologie als eines der umstrittensten Kapitel! Die Behandlung solcher Emotionen wird in der japanischen Fachliteratur auch als „Engineering of impressions" bezeichnet.

Dem Design liegt im Normalfall immer eine gebrauchsorientierte Auffassung von „Schönheit" zugrunde, meist ergänzt um die zweckfreie Version.

Die gebrauchsorientierte Erkennung ist immer umfangreicher als die ästhetische. Letztere kann auch als Sonderfall der ersteren verstanden werden.

Definition 2.30 *Unter „Styling" wird die Erkennbarkeit falscher Inhalte mit einer positiven Bewertung aus einer Produktgestalt verstanden.*

Das Ergebnis der Erkennung sind natürlich „Informationen". Bei der Vieldeutigkeit dieses Begriffs wurde dieser hier nicht verwendet und deutsch durch „Inhalt" ersetzt.

Der Informationsgehalt von Objekten- und Produktgestalten im Unterschied zu Schriftzeichen wird z.B. in der Semiotik folgendermaßen beschrieben [62] „Die semiotische Information ist also im rhematisch-iconischen Qualizeichen (z.B. Kunstwerk oder Produktgestalt d. Verf.) am stärksten; es vermittelt am direktesten. Der Abstraktionsgrad des Zeichens ist am größten im argumentatorisch-symbolischen Legizeichen (z.B. Piktogramm oder

Schrift d. Verf.). D.h. vom Qualizeichen hin zum Argument handelt es sich um eine fallende semiotische Information; die Zeichen werden zunehmend abstrakter, oder, wie man auch sagen kann, seine Semiotizität (Zeichenhaftigkeit) steigt an. Man kann also sagen: die semiotische Information eines Zeichens ist umgekehrt proportional zu seiner Semiotizität!"

Auf der Grundlage der Kommunikationstheorie und Semiotik wird „Information" in Abschnitt 15.5 definiert und in Bezug auf Dienstleistungen (Services) diskutiert.

Einen neuen und erweiterten Ansatz zu „Information" enthält das Buch von Keith Devlin über „Infos und Infone. Die mathematische Struktur der Information" [63]. Auch er geht von der Abfolge von Wahrnehmung, Erkennung und Handlung aus. In diesem Zusammenhang definiert er „Infone" als „individuelle Pakete von (begrifflicher) Information als Ergebnis des Individualismusschemas eines kognitiven Akteurs im Rahmen einer Situationssemantik". Die Modellierung dieses Erkennungsvorgangs erfolgt gleichfalls mit Hilfe der Mengenlehre.

2.5 Das Verhalten des Menschen

2.5.1 Beschreibung von Betätigungs- und Benutzungsbewegungen und -Abläufen

Das menschliche Verhalten zu einem Produkt ist neben den in Abschnitt 1.3 und 2.4 behandelten Bezeichnungen und Bewertungen, das Betätigen und Benutzen. Dies ist im Normalfall immer eine zweckorientierte Bewegungsfolge, die sich in einer so genannten dynamischen Belastung des Menschen äußert.

Definition 2.31 *Unter Berücksichtigung der bisher behandelten Grundlagen wird maßgeblich das Betätigen gebildet aus (Bild 31):*

Bewegungen

- *die aufgrund bestimmter Wahrnehmungsarten und Erkennungsinhalte,*
- *von einer bestimmten Person,*
- *in einer bestimmten Haltung,*
- *in einer bestimmten Raumlage ausgeübt werden,*

um Kräfte

- *mittels bestimmter Gliedmaßen oder Körperteile,*
- *in einer bestimmten Kopplungsart,*
- *und in einem bestimmten Ablauf,*
- *auf ein oder mehrere Stellteile aufzubringen.*

Das Benutzen beinhaltet ergänzende Tätigkeiten wie z.B. das Halten, die Reinigung, das Reparieren u.a.

Definition 2.32 *Eine Einzelhandlung $h_i = (Art_i, t_i)$ besteht aus der Bewegungsart Art_i (s. oben) und der Dauer t_i. Wir können weiter einen Handlungsablauf H aus der Hintereinanderausführung einzelner Einzelhandlungen $h_o = (Art_o, t_o), ..., h_n = (Art_n, t_n) (n \in \mathbb{N})$ erhalten. Dieser Handlungsablauf H schreibt sich dann wie folgt*

$$H = h_0 ... h_n = (Art_0, t_0) ... (Art_n, t_n)$$

Die Gesamtdauer des Handlungsablauf H ist dann

$$\sum_{i=0}^{n} t_i$$

Beispiel Die Einzelhandlungen des Pianospielens mit der Zeiteinheit einer Sekunde:
h_0 =(drücke Taste C,1), h_1 =(drücke Taste D,1), h_2 =(drücke Taste E,1), h_3 =(drücke Taste F,1), h_4 =(drücke Taste G,1), h_5 =(drücke Taste A,1), h_6 =(drücke Taste H,1) und h_7 =(drücke Taste C',1)

Zum Spielen der Tonleiter werden die oben genannten Einzelhandlungen seriell hintereinander ausgeführt und ergeben den Handlungsablauf $H_{Tonleiter}$:

$$H_{Tonleiter} = h_0 h_1 h_2 h_3 h_4 h_5 h_6 h_7$$

Definition 2.33 *Die Gesamtheit der Gestaltelemente, insbesondere der Stellteile, an denen Betätigungs- und Benutzungshandlungen durchgeführt werden, bilden die Bedienungsgestalt oder das Interface eines Produktes.*

In der ergonomischen Normung ist es üblich geworden, die Betätigungs- und Benutzungsbewegungen des Menschen über 5 Bewegungsarten zu beschreiben (Bild 32).

- Drehen
- Drücken
- Schieben
- Schwenken
- Ziehen

Die Kopplungsarten werden üblicherweise in die Greifart (oder das Manipulieren) und in die Tretart (oder das Pedalieren) unterschieden.

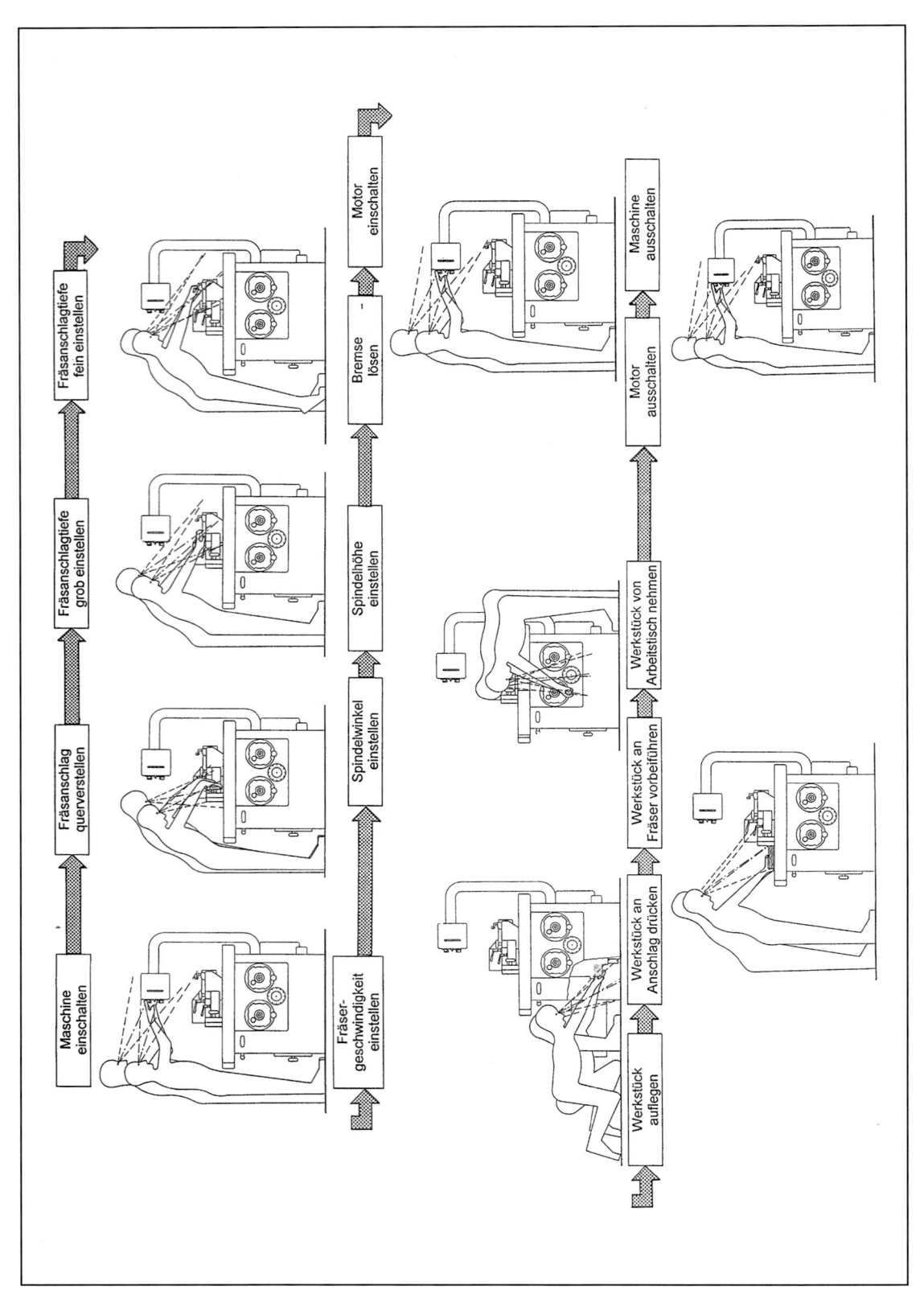

Bild 31 Betätigungs- und Benutzungsabfolge am Beispiel einer Holzbearbeitungsmaschine

2.5 Das Verhalten des Menschen

Die wichtigsten Greifarten sind:

"Kontaktgriff" Kraftschlüssiges Aufbringen einer Druckkraft
(Drücken mit Finger)

"Zufassungsgriff" Form- und kraftschlüssiges Aufbringen einer Zug oder Druckkraft (Schwenken mit Arm und Hand)

"Umfassungsgriff" Form- und kraftschlüssiges Aufbringen einer Zug- oder Druckkraft (Schieben/Ziehen) bzw. eines Drehmomentes (Drehen mit der Hand)

Wichtige Unterscheidungen im Bewegungsablauf sind insbesondere seriell und parallel, die auch wieder mit der Qualifikation der Benutzer in Verbindung stehen.

Zur Erfassung und Darstellung eines Ablaufes gehört nicht zuletzt auch seine Vollständigkeit. D.h., es ist neben dem Betätigen und Benutzen im engeren Sinne zuvor – in der REFA-Terminologie - das Aufrüsten und danach das Abrüsten eines Produktes bis hin zum Reinigen, Warten oder Reparieren zu beachten.

Zum Schluss soll darauf hingewiesen werden, dass bei der Auswahl des zu analysierenden Ablaufes immer der kritische Ablauf (Worst Case) und in Einzelfällen der Panikablauf ausschlaggebend ist.

Für die Belastung des Menschen durch das Betätigen und Benutzen eines Produktes gilt:

Statische Belastungen (entspricht Anforderung $\mathcal{A}_{sB}$):

$$B_{stat} = f(\text{Kraft } F * \text{Dauer } T)$$
$$= \int_{t_a}^{t_e} F(t) T dt$$

Schwere dynamische Belastung (entspricht Anforderung $\mathcal{A}_{SdB}$):

$$B_{dyn} = f(\text{Kraft } F * \text{Geschwindigkeit } V)$$
$$= \int_{t_a}^{t_e} F(t) V(t) dt$$

Einseitige dynamische Belastung (entspricht Anforderung $\mathcal{A}_{EdB}$):

$$B_{e.dyn} = f(\text{Kraft } F * \text{Dauer } T * \text{Häufigkeit } H)$$
$$= \int_{t_a}^{t_e} F(t) V(t) H(t) dt$$

Ein typischer Anwendungsfall für eine dynamische Belastung ist das manuelle Schalten eines Nkw-Getriebes durch den Fahrer bzw. die Fahrerin (Farbbild 5). Diese entsteht sowohl durch das Produkt Schaltkraft mal Schaltweg bzw. Schaltgeschwindigkeit wie auch durch die Schalthäufigkeit (s. Bild 60). Wie aus dem 1000 Punkte-Test für Nkw´s bekannt ist, muss der Fahrer bei Bergfahrten 50-80 mal schalten. Als guter Wert gelten 50-60 Schaltungen. Der Worst Case liegt allerdings bei 200 Schaltungen (umgangssprachlich das "zu Tode schalten"!). Bei allen Getriebeschaltungen ist das Schalten eine Bewegungsfolge von der Position des auszuschaltenden Ganges in die Position des einzuschaltenden Ganges über die sogenannte Schaltgasse und gegebenenfalls die Wählgasse. Hieraus ergibt sich ein Schaltkraft-Schaltweg-Diagramm. Im Vergleich von früheren und aktuellen Getriebeschaltungen ergibt sich aus diesem Diagramm der sogenannte Schaltkomfort. Das häufige Schalten am Berg führt zu einer starken Verringerung der Hand-Schaltkraft. Da die technische Schaltkraft aber gleich bleibt, kompensiert der Fahrer den fehlenden Anteil durch den "Schwung" seines Armes bzw. seines Rumpfes. Diese Arm- bzw. Körperbewegung beginnt früher und ist größer als die Schaltkraft am Knauf des Schalthebels! Diese einleitende Bewegung wird in der ergonomischen Fachliteratur als Kraftstoß, Ausholbewegung oder als Vorstoßbewegung ansatzweise beschrieben. In diesem zusätzlichen Arbeitsaufwand des Fahrers ist der niedere Schaltkomfort der früheren Getriebe und seine dynamische Belastung begründet. Die Konsequenz daraus war und ist die Entwicklung von automatischen Getrieben.

Interessante Ansätze über die Bewegungseinheit von Mensch und Produkt finden sich in dem neuen Fachbuch von Spiegel [64].

2.5.2 Darstellung von Betätigungs- und Benutzungs-Bewegungen und -Abläufen

In einer ersten zeichentheoretischen Gliederung können Bewegungen und Bewegungsabläufe dargestellt werden

- als Ikone oder Abbildungen (Photo, Film, Multimediale Medien u.a.) (s. Farbbild 10 und 11)
- als Indexe oder Hinweise (Kraft-Weg-Diagramm, Blockschaltbild, Flussdiagramm u.a.).

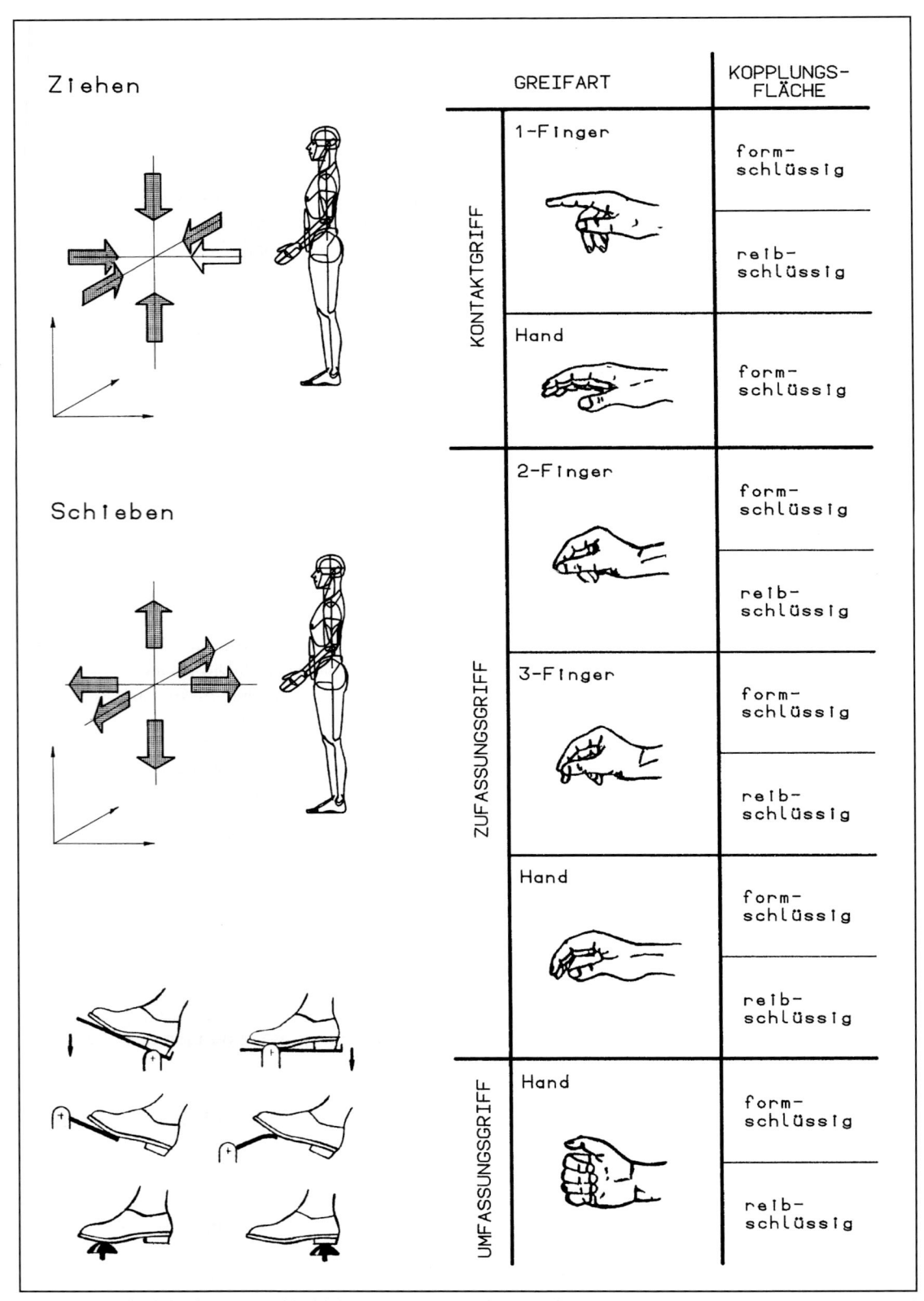

	GREIFART		KOPPLUNGS-FLÄCHE
KONTAKTGRIFF	1-Finger		form-schlüssig
			reib-schlüssig
	Hand		form-schlüssig
ZUFASSUNGSGRIFF	2-Finger		form-schlüssig
			reib-schlüssig
	3-Finger		form-schlüssig
			reib-schlüssig
	Hand		form-schlüssig
			reib-schlüssig
UMFASSUNGSGRIFF	Hand		form-schlüssig
			reib-schlüssig

Bild 32 Beispiele für unterschiedliche Bewegungen des Hand-Arm-Apparates, sowie von Tretarten und Greifarten

2.6 Die Produktgestalt

Eine neue Modellierung von Betätigungsabläufen ist die mittels Petrinetzen.
- als Symbole oder alpha-numerische Repräsentationen (Arbeitsanalysen, Berechnungsformeln u.a.)

Die entsprechenden Betätigungs- und Benutzungsanforderungen werden daraus durch das „Herunterbrechen" der diesbezüglichen Kraft-Bewegungen gewonnen.

| $\mathcal{A}^M$ (*Benutzen*) | Die für einen angenehmen und sicheren Gebrauch eines Produktes zulässigen Werte, wie z.B. Stellkraft, Trag- oder Hebegewichte, Bewegungen, Geschwindigkeiten, Belastungen u.a. bilden die diesbezüglichen Mensch- Produkt bzw. Designanforderungen. |

Wenn man davon ausgeht, dass insbesondere das Bedienen eines Produktes neben den Kraft-Stell-Bewegungen auch Informationsverarbeitung ist, nämlich die Bedienungserkennung (siehe 2.4) der Anzeigen und der Stellteile, dann muss als zulässige Belastung des Menschen auch dessen „Informationsbelastung" berücksichtigt werden [60].

2.6 Die Produktgestalt

2.6.1 Definition und Gliederung einer Produktgestalt

In den bisherigen Abschnitten wurden die Gestalt eines Produktes bzw. die Teilgestalten, Erkennungsgestalt (siehe 2.4) und Interface (2.5) pauschal behandelt.

| $\mathcal{A}^M(G)$ | Im folgenden soll die Gestalt differenziert definiert werden im Hinblick auf ihre Vollständigkeit sowie im Hinblick auf eine differenzierte Darlegung ihrer formalen Qualitäten (2.4) als Mensch-Produkt- bzw. Designanforderungen, insbesondere für ästhetikorientierte Kunden. |

Der Gestaltbegriff wird im Maschinenbauwesen auf folgenden unterschiedlichen Betrachtungsebenen verwendet:
- die Gestalt einer Maschinenanlage oder eines Produktsystems aus mindestens zwei Produkten,
- die Gestalt eines Produktes oder einer Produktvariante aus mindestens zwei Baugruppen,
- die Gestalt einer Baugruppe aus mindestens zwei Maschinenelementen,
- die Gestalt eines Maschinenelementes aus mindestens einer Fläche und Oberfläche,
- die Gestalt einer Oberfläche.

Die folgenden Ausführungen konzentrieren sich auf die „höheren" Gestalten von den Baugruppen bis hin zu einem Produktsystem.

Unter einer Produktgestalt (Abkürzung „Gestalt") wird im folgenden ein dreidimensionales und materiales Gebilde verstanden, das beschriftet, farbig, geformt und einen Aufbau besitzt (Farbbild 2).

In der Sprache der Gestaltpsychologie ist eine Gestalt eine Ganzheit oder Entität im dreifachen Sinn:
- Eine Gestalt ist die Ganzheit oder Vereinigung der Teilgestalten Grafik, Farbe, Form und Aufbau.
- Die Ganzheitlichkeit zwischen diesen vier Teilgestalten ist dadurch gewährleistet, dass der Aufbau - wie nachstehend gezeigt wird - in allen Teilgestalten auftritt.
- Eine Gestalt bzw. eine Teilgestalt ist des weiteren die Ganzheit oder Vereinigung von Gestaltelementen und Gestaltordnungen.

Definition 2.34 *a) Eine Produktgestalt G wird in Teilgestalten gegliedert (Bild 33):*

1. A : = Aufbau
2. Fo : = Form
3. Fa : = Farbe
4. Gr : = Grafik

Die vollständige Produktgestalt ist danach das Quadrupel

$$G = (Gr, Fa, Fo, A)$$

Die einzelnen Teilgestalten ergeben sich aus der Abstraktion des Wahrnehmungsgegenstandes Produktgestalt mit

ABS_{Gr} als Grafikabstraktion,
ABS_{Fa} als Farbabstraktion,
ABS_{Fo} als Formabstraktion.

Danach gilt für die 4 Teilgestalten:

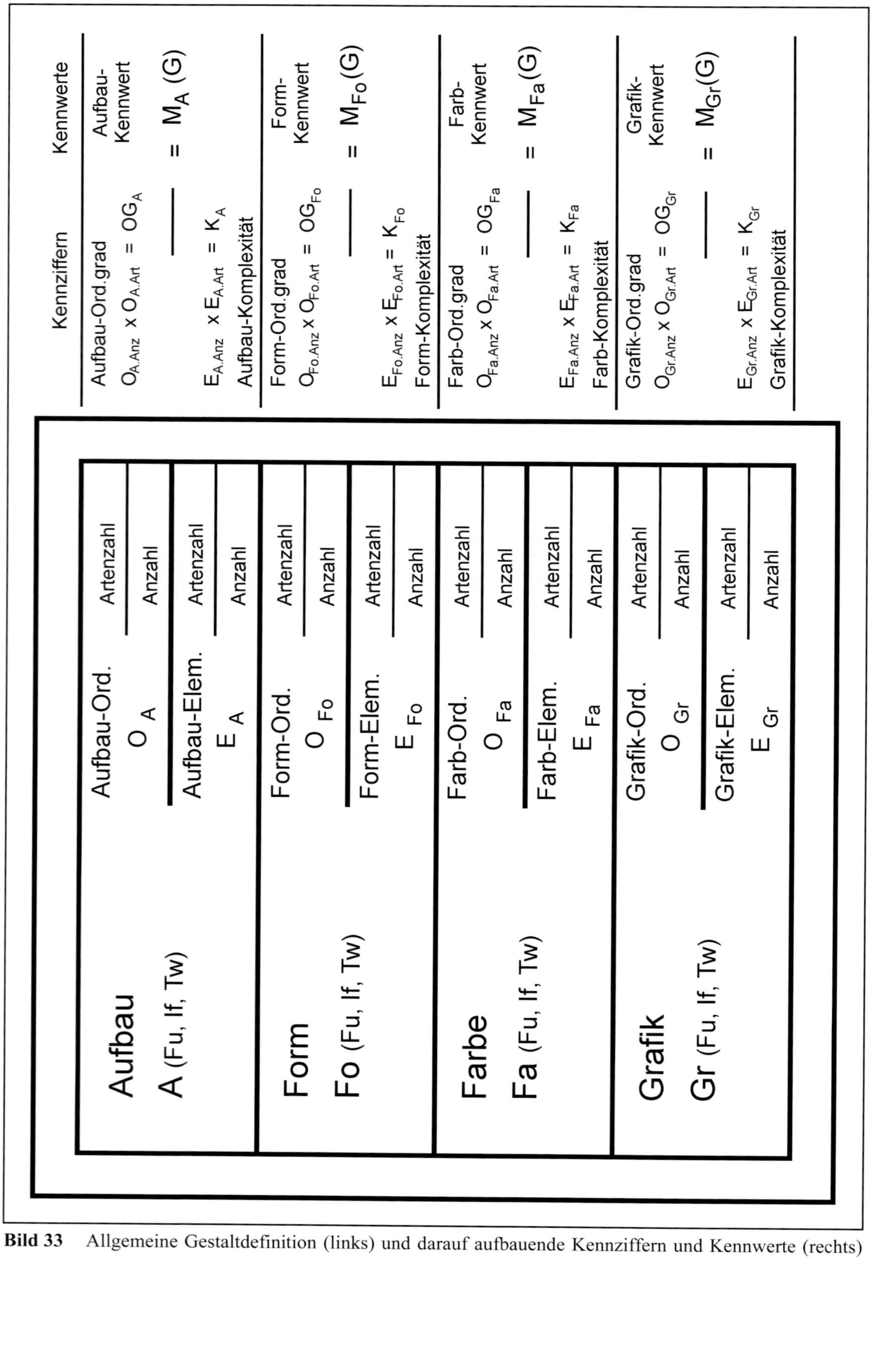

	Kennziffern		Kennwerte
Aufbau A (Fu, If, Tw)	Aufbau-Ord.grad $O_{A.Anz} \times O_{A.Art} = OG_A$	Aufbau-Kennwert	
	$E_{A.Anz} \times E_{A.Art} = K_A$ Aufbau-Komplexität	$\dfrac{OG_A}{K_A} = M_A(G)$	
Form Fo (Fu, If, Tw)	Form-Ord.grad $O_{Fo.Anz} \times O_{Fo.Art} = OG_{Fo}$	Form-Kennwert	
	$E_{Fo.Anz} \times E_{Fo.Art} = K_{Fo}$ Form-Komplexität	$\dfrac{OG_{Fo}}{K_{Fo}} = M_{Fo}(G)$	
Farbe Fa (Fu, If, Tw)	Farb-Ord.grad $O_{Fa.Anz} \times O_{Fa.Art} = OG_{Fa}$	Farb-Kennwert	
	$E_{Fa.Anz} \times E_{Fa.Art} = K_{Fa}$ Farb-Komplexität	$\dfrac{OG_{Fa}}{K_{Fa}} = M_{Fa}(G)$	
Grafik Gr (Fu, If, Tw)	Grafik-Ord.grad $O_{Gr.Anz} \times O_{Gr.Art} = OG_{Gr}$	Grafik-Kennwert	
	$E_{Gr.Anz} \times E_{Gr.Art} = K_{Gr}$ Grafik-Komplexität	$\dfrac{OG_{Gr}}{K_{Gr}} = M_{Gr}(G)$	

Allgemeine Gestaltdefinition (links): Aufbau-Ord. O_A (Artenzahl/Anzahl), Aufbau-Elem. E_A (Artenzahl/Anzahl); Form-Ord. O_{Fo}, Form-Elem. E_{Fo}; Farb-Ord. O_{Fa}, Farb-Elem. E_{Fa}; Grafik-Ord. O_{Gr}, Grafik-Elem. E_{Gr}.

Bild 33 Allgemeine Gestaltdefinition (links) und darauf aufbauende Kennziffern und Kennwerte (rechts)

i) Die Teilgestalt Grafik oder Gestaltgrafik (Abkürzung Gr) sind alle farbigen, grafischen Zeichen auf der farbigen , geformten und aufgebauten Gestalt $Gr = (E_{Gr}, O_{Gr})$.

Die Grafik Gr ist damit Bestandteil des oben genannten Quadrupels.

ii) Die Teilgestalt Farbe oder Gestaltfarbe (Abkürzung Fa) ist die erste Abstraktion der Gestalt ohne Grafik und damit die mit Farben (Ton, Helligkeit, Sättigungsgrad und Oberfläche) versehenen Formen der aufgebauten und unbeschrifteten Gestalt $Fa = (E_{Fa}, O_{Fa})$.

Die Farbe Fa ist damit Bestandteil des Tripels

$$ABS_{Gr}(G) = (Fa, Fo, A)$$

iii) Die Teilgestalt Form oder Gestaltform (Abkürzung Fo) ist die zweite Abstraktion der Gestalt ohne Grafik und Farbe und damit die Gesamtheit aller unfarbigen Formen der aufgebauten und unbeschrifteten Gestalt $Fo = (E_{Fo}, O_{Fo})$.

Die Form Fo ist damit Bestandteil des Tupels

$$ABS_{Gr,Fa}(G) = (Fo, A)$$

iv) Die Teilgestalt Aufbau oder Gestaltaufbau (Abkürzung A) ist die dritte Abstraktion der Gestalt ohne Grafik , Farbe und Form; d.h. ein Graph über die Aufbauanordnung oder Anordnung bestimmter Aufbauelemente $A = (E_A, O_A)$.

Der Aufbau ist damit Bestandteil (in diesem Fall auch gleich) des 1-Tupel

$$ABS_{Gr,Fo,Fa}(G) = (A)$$

Dreidimensionale Aufbauelemente einer Gestalt sind (Bilder 33 und 47)

- die Baugruppen oder Module des Funktionssystems wie z.B. Motor, Getriebe, Trommeln, u.a. in ihrer Gesamtheit die Funktionsgestalt $G(Fu)$,
- die Bedienungs- oder Betätigungselemente, wie z.B. Schalter, Kurbeln, Hebel, Pedale u.a., in ihrer Gesamtheit die Interfacegestalt $G(If)$,
- Tragwerk- und Gehäuseelemente, wie z.B. Rahmen, Säulen, Stützen, Türen u.a., in ihrer Gesamtheit die Tragwerksgestalt $G(Tw)$ einschließlich nichttragender Partien.

Neben den angegebenen Gestaltelementen ist die Ganzheit der Gestalt über ihre Ordnungen bestimmt.

In Erweiterung von Definition 1.3 wird ein Produkt aus einer Gestalt definiert mit den drei Aufbau-Teilgestalten Funktionsgestalt Fu, Interfacegestalt If und Tragwerksgestalt Tw.

Die Gestaltordnungen O_x sind Relationen zwischen den Elementen der vier Teilgestalten; d.h. für $X \in \{A, Fo, Fa, Gr\}$ gilt:

$$O_x \subseteq \{E_1 \leftrightarrow E_2 \mid E_1, E_2 \in E_x \text{ u. } \leftrightarrow \text{ Ordnungsrelation}\}$$

Die wichtigsten Ordnungen der einzelnen Teilgestalten zeigt Tabelle 2:

Tabelle 2 Ordnungen der einzelnen Teilgestalten

Teilgestalt	Ordnungen
Aufbau	Haupt-Symmetrien [65] Haupt-Proportionen [66] Anordnungen/Gestalttyp
Form	Teil-Symmetrien [65] Teil-Proportionen [66] Form-Zentrierung Form-Kontrast
Farbe	Farb- und Oberflächenkontraste
Grafik	Grafische Symmetrien Grafische Proportionen

2.6.2 Gestaltkennzeichnung nach formalen Qualitäten

In Abschnitt 2.6.1 wurden die Gestalt formal definiert mit ihrer Zerlegung in Teilgestalten bzw. Elemente und Ordnungen. Aus diesen Angaben können nun so genannte Kennziffern definiert werden (Bild 33). Diese Kennziffern heißen elementbezogen, Komplexität $\mathbb{K}$ und ordnungsbezogen, Ordnungsgrad OG bzgl. den Teilgestalten Aufbau, Form, Farbe und Grafik, die sich wie folgt bestimmen lassen (Bild 33 rechts). Mit Hilfe dieser Kennziffern lassen sich die unterschiedlichen formalen Qualitäten einer Gestalt im Kontrast von „guter" Gestalt und „chaotischer" Gestalt beschreiben (s. Tabelle 3).

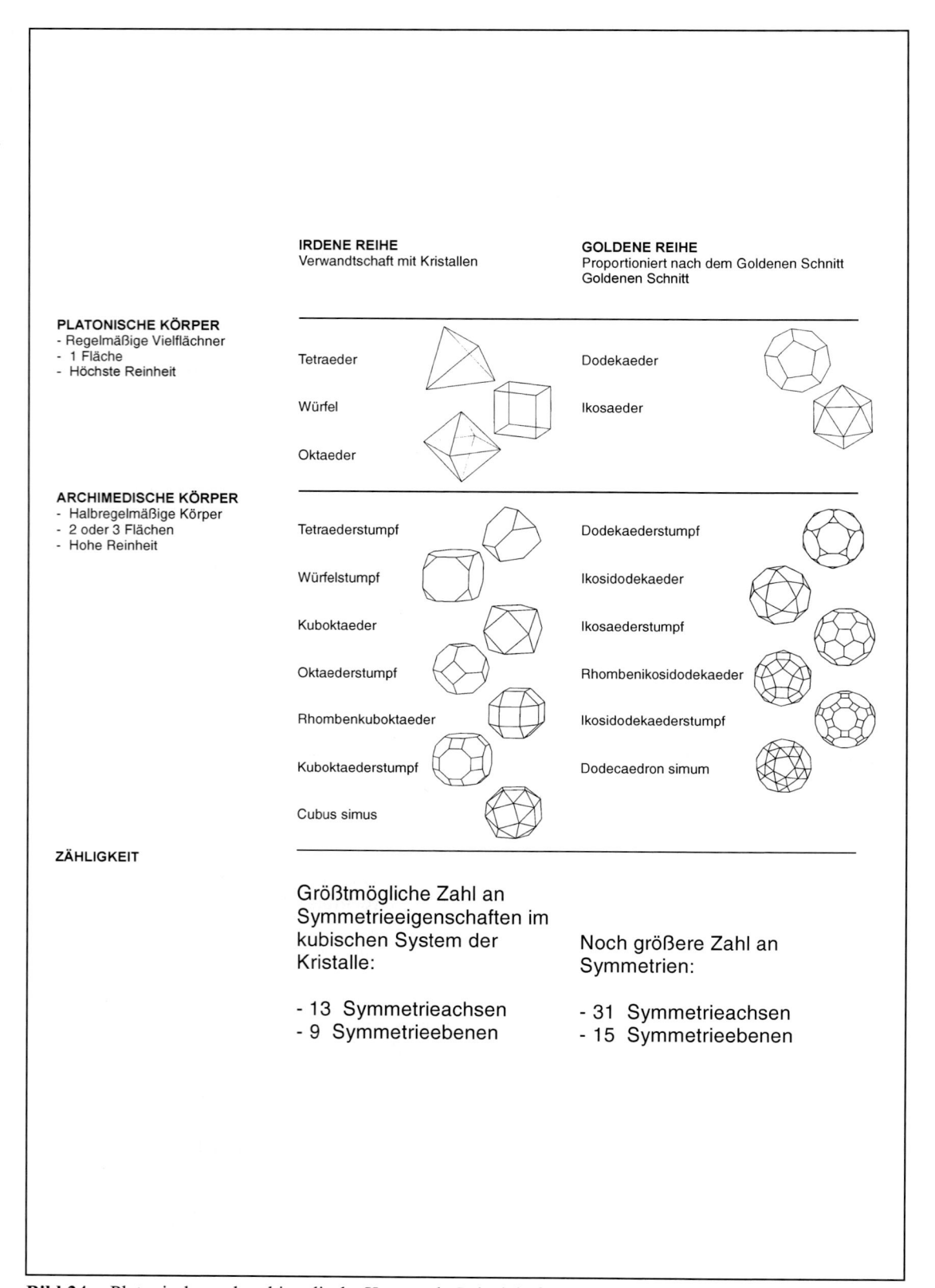

	IRDENE REIHE Verwandtschaft mit Kristallen	**GOLDENE REIHE** Proportioniert nach dem Goldenen Schnitt Goldenen Schnitt
PLATONISCHE KÖRPER - Regelmäßige Vielflächner - 1 Fläche - Höchste Reinheit	Tetraeder Würfel Oktaeder	Dodekaeder Ikosaeder
ARCHIMEDISCHE KÖRPER - Halbregelmäßige Körper - 2 oder 3 Flächen - Hohe Reinheit	Tetraederstumpf Würfelstumpf Kuboktaeder Oktaederstumpf Rhombenkuboktaeder Kuboktaederstumpf Cubus simus	Dodekaederstumpf Ikosidodekaeder Ikosaederstumpf Rhombenikosidodekaeder Ikosidodekaederstumpf Dodecaedron simum
ZÄHLIGKEIT	Größtmögliche Zahl an Symmetrieeigenschaften im kubischen System der Kristalle: - 13 Symmetrieachsen - 9 Symmetrieebenen	Noch größere Zahl an Symmetrien: - 31 Symmetrieachsen - 15 Symmetrieebenen

Bild 34 Platonische und archimedische Körper als Beispiele für reine und hoch geordnete Gestalten

2.6 Die Produktgestalt

Tabelle 3 Gegenüberstellung der formalen Qualitäten einer „guten" und einer „chaotischen" Gestalt

„Gute" Gestalt	„Chaotische" Gestalt
„Einfach" [67] niedere Komplexität = niedere Artenzahl x niedere Anzahl an Gestaltelementen	„Kompliziert" hohe Komplexität = hohe Artenzahl x hohe Anzahl an Gestaltelementen
„Rein" synonym: „Stilvoll", „Selbstähnlich" „Einheit in der Vielheit" niedere Artenzahl > 1	„Unrein" synonym: „Stillos", „Nicht selbstähnlich" hohe Artenzahl ≙ hohe Anzahl an Gestaltelementen
„Geordnet" hoher Ordnungsgrad bzw. hohe Anzahl an Gestaltordnungen i.S. v. Symmetrien, Proportionen, Kontrasten u.a.	„Ungeordnet" niederer Ordnungsgrad > 0 bzw. niedere Anzahl an Gestaltordnungen
Ästhetisches Maß hoch durch hohen Ordnungsgrad und niedere Gestalthöhe	Ästhetisches Maß klein bzw. null durch niederen Ordnungsgrad und hohe Gestalthöhe

Musterbeispiele für einmodulare, reine und geordnete Gestalten sind die geometrischen Grundkörper (Bild 34).

Weiterführend ergeben sich aus den Kennziffern die sogenannten Kennwerte $M_{\{A,Fo,Fa,Gr\}}$ entsprechend dem Ästhetischen Maß nach Birkhoff [68] als Quotient aus Ordnung und Komplexität

$$M = \frac{OG}{\mathbb{K}}$$

bzgl. den Teilgestalten Aufbau, Form, Farbe und Grafik und lassen sich wie folgt bestimmen:

$M_A(G)$ heißt der Aufbaukennwert
$M_{Fo}(G)$ heißt der Formkennwert
$M_{Fa}(G)$ heißt der Farbkennwert
$M_{Gr}(G)$ heißt der Grafikkennwert

Definition 2.34 *In Übereinstimmung mit 2.6.1 wird die Ganzheit einer Gestalt aus vier Kennwerten für Aufbau, Form, Farbe und Grafik in einen 4-dimensionalen Gestaltsvektor $M(G)$ gebildet. Dieser Gestaltvektor $M(G)$ wird wie folgt definiert:*

$$M(G) = \begin{pmatrix} M_A(G) \\ M_{Fo}(G) \\ M_{Fa}(G) \\ M_{Gr}(G) \end{pmatrix}$$

Ein Anwendungsbeispiel hierzu aus dem Fahrzeugdesign zeigt Bild 35.

2.6.3 Erweiterte Gestaltdefinition

2.6.3.1 Einzelprodukt mit Außen- und Innengestalt

Die bisherigen Darlegungen betrafen maßgeblich Einzelprodukte mit einer Außengestalt (Fall 1.1/ Bild 36).

In der folgenden Behandlung werden nun Produkte behandelt mit einer erweiterten Gestaltdefinition aus einer Außengestalt und einer Innengestalt (Fall 1.2/ Bild 37).

Beispiele für diesen Fall sind insbesondere Fahrzeuge, aber auch Maschinen mit Innenraum oder z.B. ein Backofen (Farbbild 12).

Fall 1:1 : $G = G_{exterior}$
Fall 1:2 : $G = G_{exterior} \cup G_{interior}$

Im einfachsten Fall ist die Innengestalt das Negativ der Außengestalt, z.B. bei einem Container.

Insbesondere bei Fahrzeugen differenziert sich die Innengestalt in die Innenraumgestalt und in die Gestalt der Einbauten, wie z.B. Sitze oder Bedienungselemente.

Die beiden Subgestalten $G_{exterior}$ und $G_{interior}$ besitzen nun auch wieder die Teilgestalten Aufbau, Form, Farbe und Grafik:

$$G_{exterior} = \left(G_{ext.\,A}, G_{ext.\,Fo}, G_{ext.\,Fa}, G_{ext.\,Gr} \right)$$

$$G_{interior} = \left(G_{int.\,A}, G_{int.\,Fo}, G_{int.\,Fa}, G_{int.\,Gr} \right)$$

Um eine vollständige Beschreibung im Hinblick auf die nachfolgende Ähnlichkeitsthematik zu gewährleisten wird die Umgebungsgestalt $G_{Umgebung}$ mitbetrachtet.

Die Vereinigung von Produktgestalt(-ten) und Umgebungsgestalt ergibt eine höhere Gestalt, die Welt(-Gestalt) bzw. Lebenswelt-Gestalt G_{Welt} genannt werden könnte.

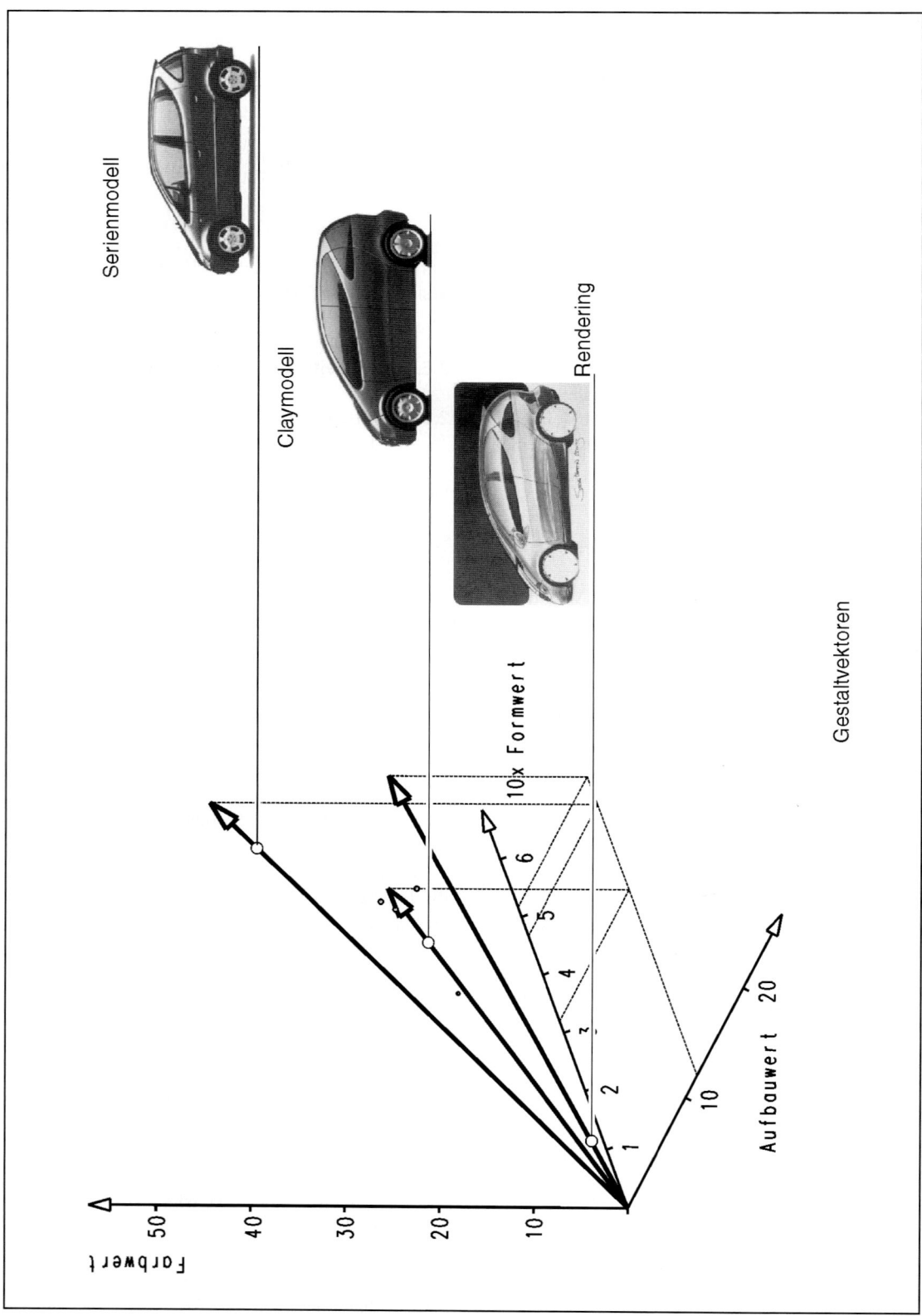

Bild 35 Vektorielle Gestaltdefinition am Beispiel eines Pkw

2.6.3.2 Programm aus Produkten mit Außen- und Innengestalten

Analog zu den in Abschnitt 2.6.3.1 betrachteten Fällen ergeben sich für Produktprogramme
Fall 2.1: Programm aus zwei und mehr Produkten mit Außengestalten (Bild 38).
Fall 2.2: Programm aus zwei und mehr Produkten mit Außen- und Innengestalten (Bild 39).

2.6.3.3 System aus Produkten mit Außen- und Innengestalten

Analog zu den in Abschnitt 2.6.3.1 und 2.6.3.2 behandelten Fällen ergeben sich für Produktsysteme
Fall 3.1: System aus zwei und mehr Produkten mit Außengestalten (Bild 38).
Fall 3.2: System aus zwei und mehr Produkten mit Außen- und Innengestalten (Bild 39).

2.6.4 Ansatz zur Ähnlichkeitsbestimmung

2.6.4.1 Einfacher Ansatz und designorientierte Fragestellungen

Die Ähnlichkeit ist ein sehr altes Konstruktionskriterium und wird bis heute als Grundlage der Baureihenentwicklung von Beitz-Pahl [22], Gerhard [69] u.a. behandelt. Allerdings ist damit die Anwendung der Ähnlichkeit in der Gestaltung und im Design nicht erschöpfend behandelt, wenn man eine „stilvolle" Gestaltung von Einzelprodukten, Produktprogrammen und -systemen als ein Ähnlichkeitsproblem versteht [70, 71].

Der einfachste Ansatz zur Ermittlung des Ähnlichkeitsgrades zwischen zwei Gestalten ist der Quotient

$$\ddot{A}g(G_1, G_2) = \frac{Anzahl\ gleicher\ Gestaltmerkmale}{Anzahl\ aller\ Gestaltmerkmale}$$

„Gestalt-Merkmale" wird dabei als Oberbegriff von Gestaltelementen und Gestaltordnungen verstanden.

Die Ähnlichkeit von zwei oder mehreren Gestalten liegt danach auf einer Skala, die von den Grenzwerten totale Unähnlichkeit oder Ähnlichkeitsgrad Null und totaler Ähnlichkeit oder Ähnlichkeitsgrad Eins begrenzt ist.

Ähnlichkeitsgrad Null/   Ähnlichkeitsgrad Eins/
totale Unähnlichkeit   totale Ähnlichkeit
totaler Kontrast   totale Harmonie

Allerdings lassen die Grundlagenwissenschaften, wie Ästhetik, Ähnlichkeitstheorie oder Kunstgeschichte sowohl die Merkmalsdefinition wie die Position von ähnlichen Gestalten bzw. deren Gleichteileanteil offen. Nicht zuletzt weil alle diese Gestaltungsfragen sehr schnell hoch komplex werden und immer mit Bedeutungen oder Erkennungsinhalten verbunden sind.

Den weitern Überlegungen werden folgende Fälle und designorientierte Fragestellungen zugrunde gelegt:

Fragestellung zu Fall 1.1 und 1.2:

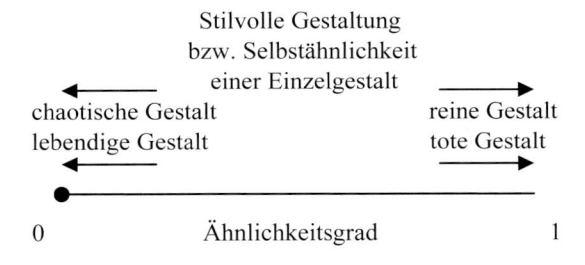

Stilvolle Gestaltung
bzw. Selbstähnlichkeit
einer Einzelgestalt
chaotische Gestalt   reine Gestalt
lebendige Gestalt   tote Gestalt

0   Ähnlichkeitsgrad   1

Fragestellung zu Fall 2.1 und 2.2:

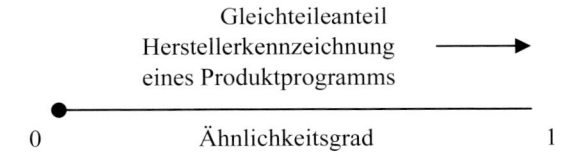

Gleichteileanteil
Herstellerkennzeichnung
eines Produktprogramms

0   Ähnlichkeitsgrad   1

Die Fälle 2.1 und 2.1 repräsentieren auch folgende Situation im Maschinenbau: Zwei und mehr Wettbewerbsprodukte einer Branche mit der Fragestellung aus dem gewerblichen Rechtsschutz:

Originalität
Eigenständigkeit

Nachahmung
Kopie, Markenpiraterie

0   Ähnlichkeitsgrad   1

G_{welt}

Umgebunggestalt $G_{Umgebung}$
$= (G_{Umgebung_A}, G_{Umgebung_{Fo}},$
$G_{Umgebung_{Fa}}, G_{Umgebung_{Gr}})$

Gestalt G
$= (G_A, G_{Fo}, G_{Fa}, G_{Gr})$

Außengestalt $G_{Exterior}$
$= (G_{Exterior_A}, G_{Exterior_{Fo}},$
$G_{Exterior_{Fa}}, G_{Exterior_{Gr}})$

Fall 1.1: Einzelprodukt mit Außengestalt

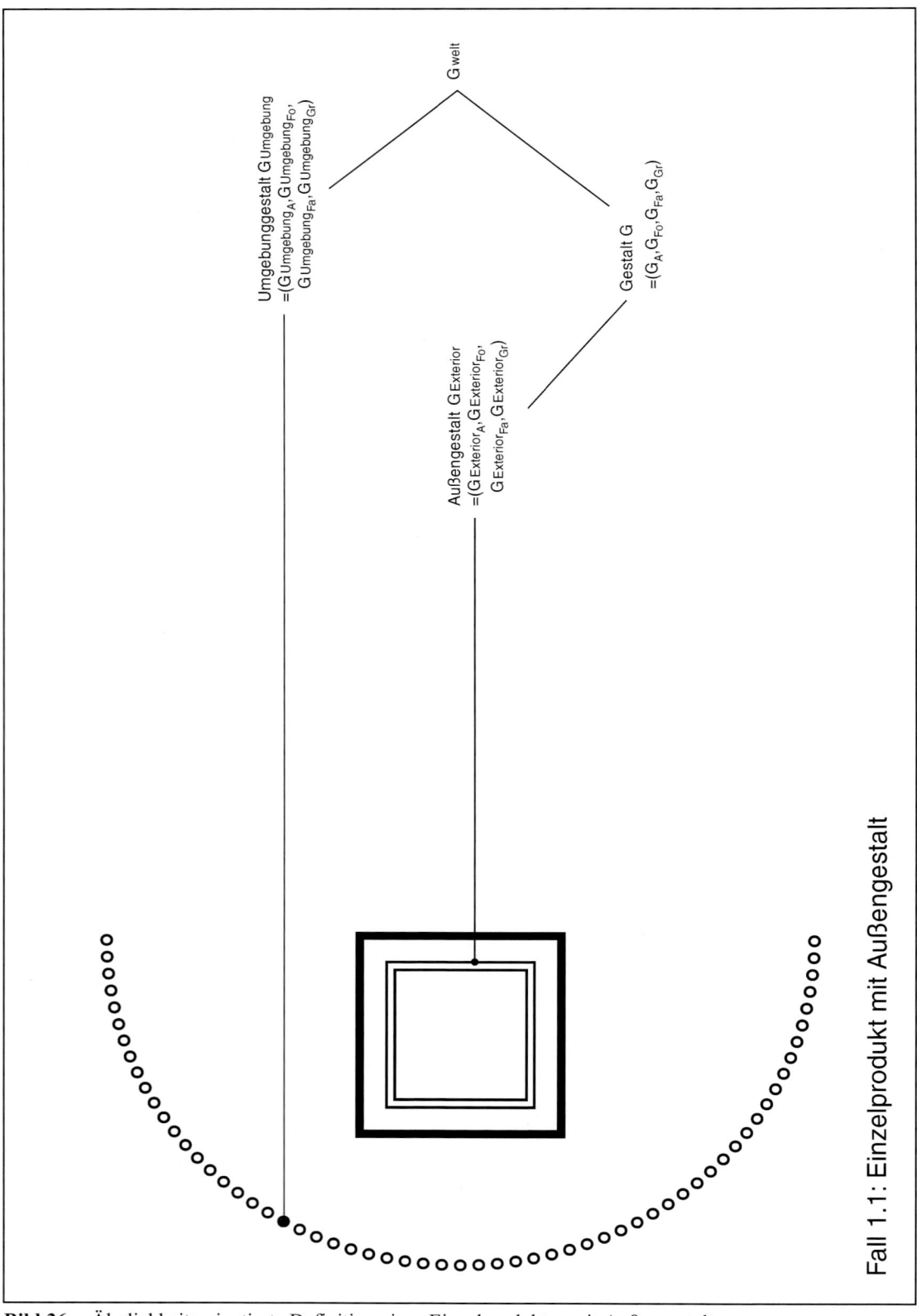

Bild 36 Ähnlichkeitsorientierte Definition eines Einzelproduktes mit Außengestalt

2.6 Die Produktgestalt

G_{welt}

Umgebungsgestalt $G_{Umgebung}$
$= (G_{Umgebung_A}, G_{Umgebung_{Fo}}, G_{Umgebung_{Fa}}, G_{Umgebung_{Gr}})$

Gestalt G
$= (G_A, G_{Fo}, G_{Fa}, G_{Gr})$

Außengestalt $G_{Exterior}$
$= (G_{Exterior_A}, G_{Exterior_{Fo}}, G_{Exterior_{Fa}}, G_{Exterior_{Gr}})$

Innengestalt $G_{Interior}$
$= (G_{Interior_A}, G_{Interior_{Fo}}, G_{Interior_{Fa}}, G_{Interior_{Gr}})$

Innenraumgestalt $G_{Innenraum}$
$= (G_{Innenraum_A}, G_{Innenraum_{Fo}}, G_{Innenraum_{Fa}}, G_{Innenraum_{Gr}})$

Einbautengestalt $G_{Einbauten}$
$= (G_{Einbauten_A}, G_{Einbauten_{Fo}}, G_{Einbauten_{Fa}}, G_{Einbauten_{Gr}})$

Fall 1.2: Einzelprodukt mit Außen- und Innengestalt

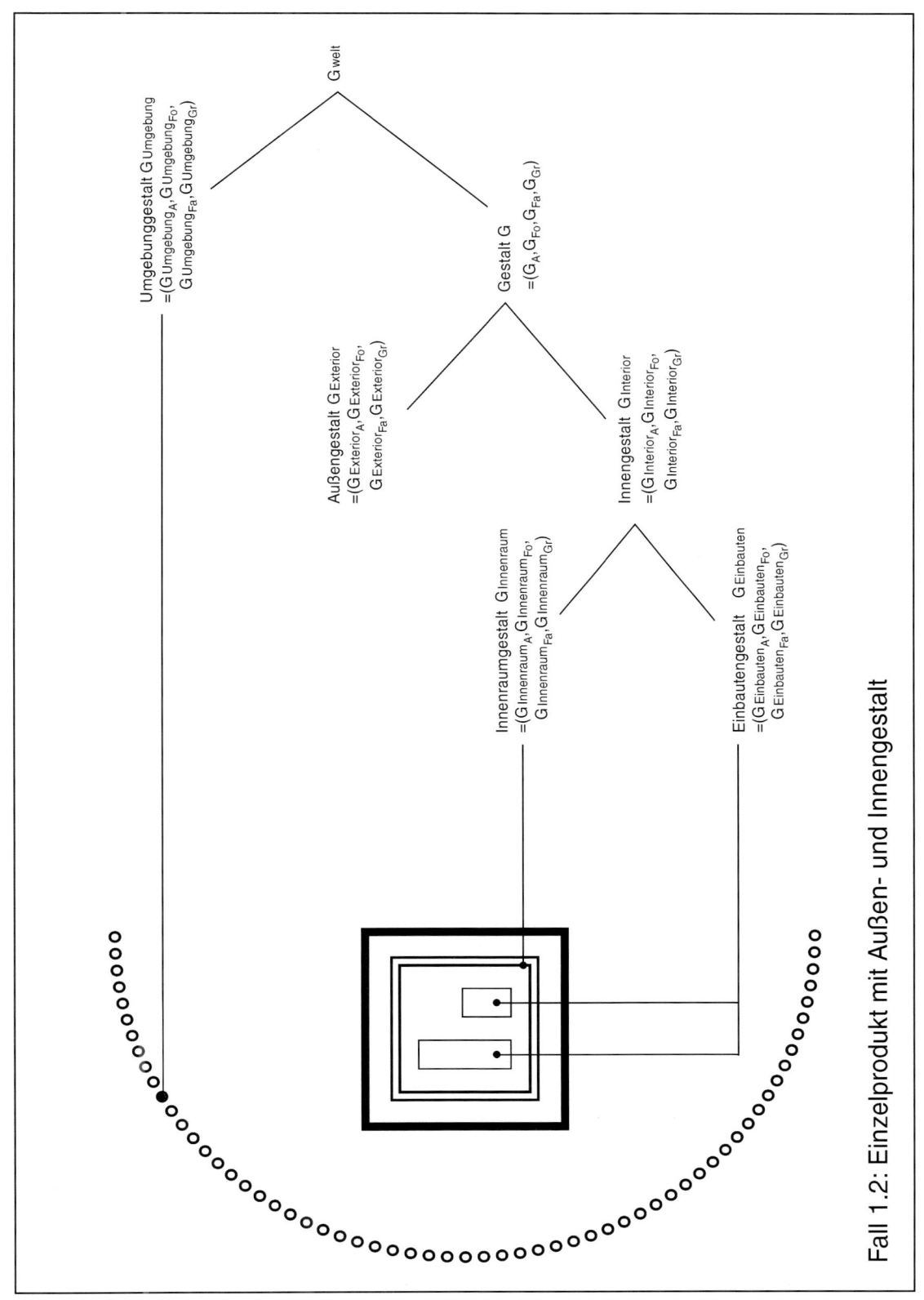

Bild 37 Ähnlichkeitsorientierte Definition eines Einzelproduktes mit Außen- und Innengestalt

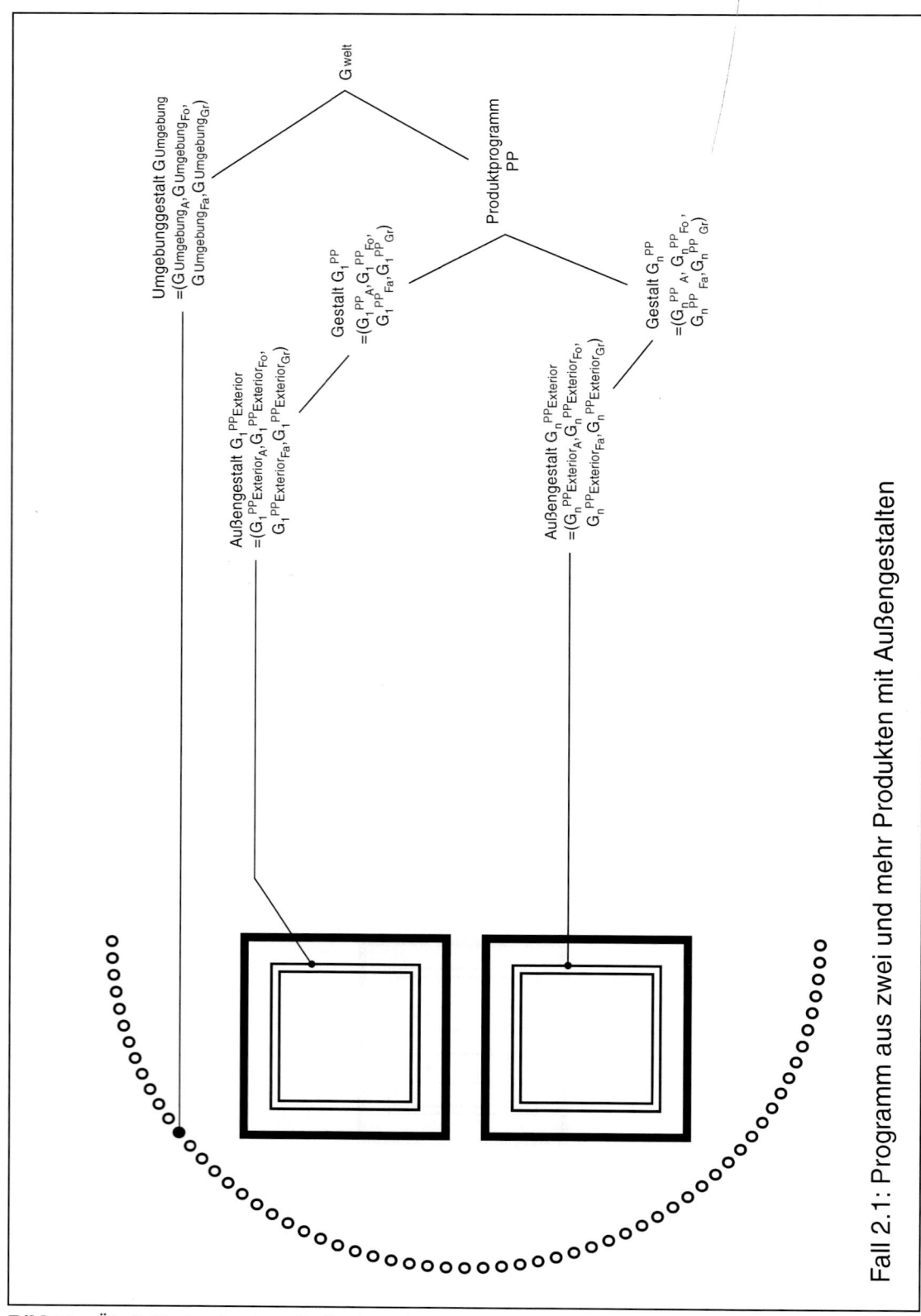

Bild 38 Ähnlichkeitsorientierte Definition eines Produktprogramms aus zwei und mehr Produkten mit Außengestalt

2.6 Die Produktgestalt

Vorgänger- und Nachfolgeprodukt eines Herstellers mit der Fragestellung:

```
◄──────── Weiterentwicklung
          Innovation

          Firmenstil               ────►
          Herstellerkennzeichnung
●─────────────────────────────────
0         Ähnlichkeitsgrad                1
```

Fragestellung zu 3.1 und 3.2:

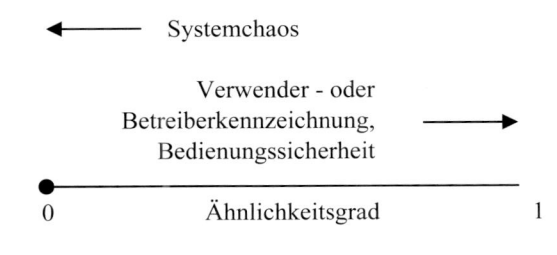

```
◄──────── Systemchaos

          Verwender - oder        ────►
          Betreiberkennzeichnung,
          Bedienungssicherheit
●─────────────────────────────────
0         Ähnlichkeitsgrad                1
```

Aus der Relation zu der Umgebungsgestalt folgt in allen Fällen die Fragestellung:

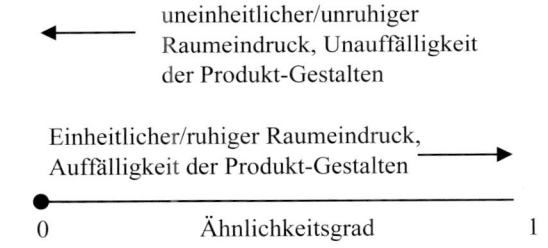

```
◄──────── uneinheitlicher/unruhiger
          Raumeindruck, Unauffälligkeit
          der Produkt-Gestalten

          Einheitlicher/ruhiger Raumeindruck,  ────►
          Auffälligkeit der Produkt-Gestalten
●─────────────────────────────────
0         Ähnlichkeitsgrad                1
```

Wie im folgenden noch zu zeigen sein wird ergeben sich aus einer Systematisierung noch weitere Ähnlichkeitsbeziehungen und Designphänomene.

2.6.4.2 Differenzierter Ansatz zur Ähnlichkeitsbestimmung

Definition 2.35 *Auf der Grundlage der in Kapitel 2.6.3 behandelten erweiterten Gestaltdefinition (Bilder 36 - 41) werden als Relationen zwischen den einzelnen Gestalten bzw. Teilgestalten folgende 21 Ähnlichkeitsarten unterschieden.*

Tabelle 4 Ähnlichkeitsarten zwischen Gestalten

Ähnlichkeitsnr.	Ähnlichkeitsart
Ä-Nr. 1	(Selbst-) Ähnlichkeit: Umgebungsgestalt
Ä-Nr. 2	(Selbst-) Ähnlichkeit: Außengestalt
Ä-Nr. 3	Ähnlichkeit: Umgebungsgestalt und Außengestalt
Ä-Nr. 4	(Selbst-) Ähnlichkeit: Gestalt
Ä-Nr. 5	Ähnlichkeit: Umgebungsgestalt und Gestalt
Ä-Nr. 6	(Selbst-) Ähnlichkeit: Innengestalt
Ä-Nr. 7	Ähnlichkeit: Einbautengestalt und Innenraumgestalt
Ä-Nr. 8	Ähnlichkeit: Umgebungsgestalt und Innengestalt
Ä-Nr. 9	Ähnlichkeit: Außen- und Innengestalt
Ä-Nr. 10	(Selbst-) Ähnlichkeit: Innenraumgestalt
Ä-Nr.11	(Selbst-) Ähnlichkeit: Einbautengestalt
Ä-Nr.12	Ähnlichkeit: Umgebung u. Innenraumgestalt
Ä-Nr.13	Ähnlichkeit: Innenraumgestalt und Außengestalt
Ä-Nr.14	Ähnlichkeit: Umgebung u. Einbautengestalt
Ä-Nr.15	Ähnlichkeit: Einbautengestalt und Außengestalt
Ä-Nr. 16	Ähnlichkeit: zwei verschiedener Einbauten
Ä-Nr. 17	Ähnlichkeit in PP/PS der Gestalten
Ä-Nr. 18	Ähnlichkeit in PP/PS der Außengestalt
Ä-Nr. 19	Ähnlichkeit in PP/PS der Innengestalt
Ä-Nr. 20	Ähnlichkeit in PP/PS der Innenraumgestalt
Ä-Nr. 21	Ähnlichkeit in PP/PS der Einbautengestalt

Wenn die Einbautengestalt aus 2 Einbauten als Produktsystem verstanden werden, also

Einbauten ~ Außengestalt im System
Innenraumgestalt ~ Umgebungsgestalt im System,

dann sind folgende Ähnlichkeiten vom selben Typ: 1,10,2,11,3,7 und die oben stehende Tabelle reduziert sich auf 18 Ähnlichkeitsarten. Diese treten - wie im folgenden behandelt wird - in den Fällen 1.1 - 3.2 in unterschiedlicher Anzahl und Komplexität auf.

Definition 2.36 *Zu zwei Gestalten bzw. Subgestalten G_1 und G_2 z.B. $G, G_{interior}$ usw., können*

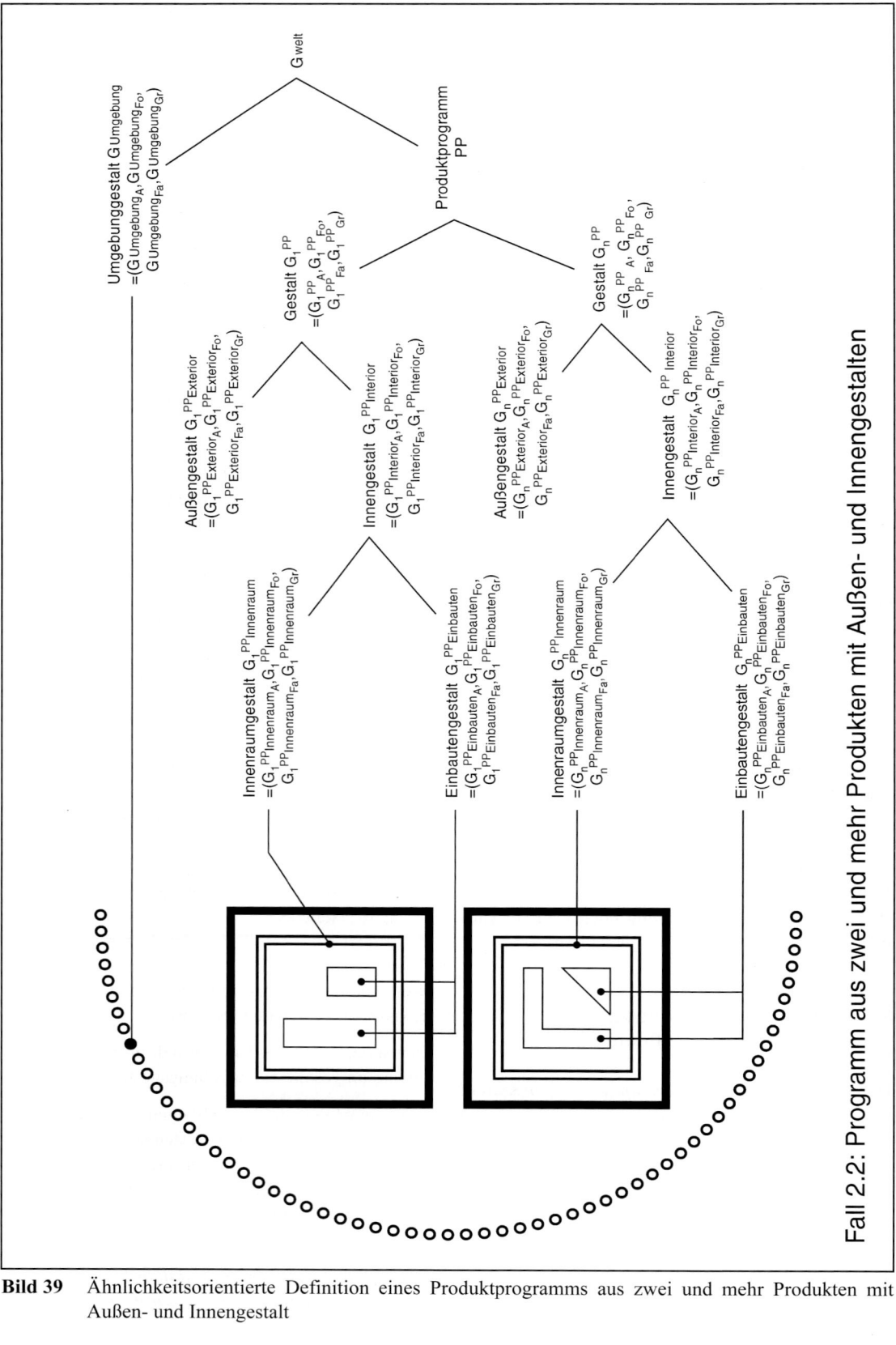

Bild 39 Ähnlichkeitsorientierte Definition eines Produktprogramms aus zwei und mehr Produkten mit Außen- und Innengestalt

2.6 Die Produktgestalt

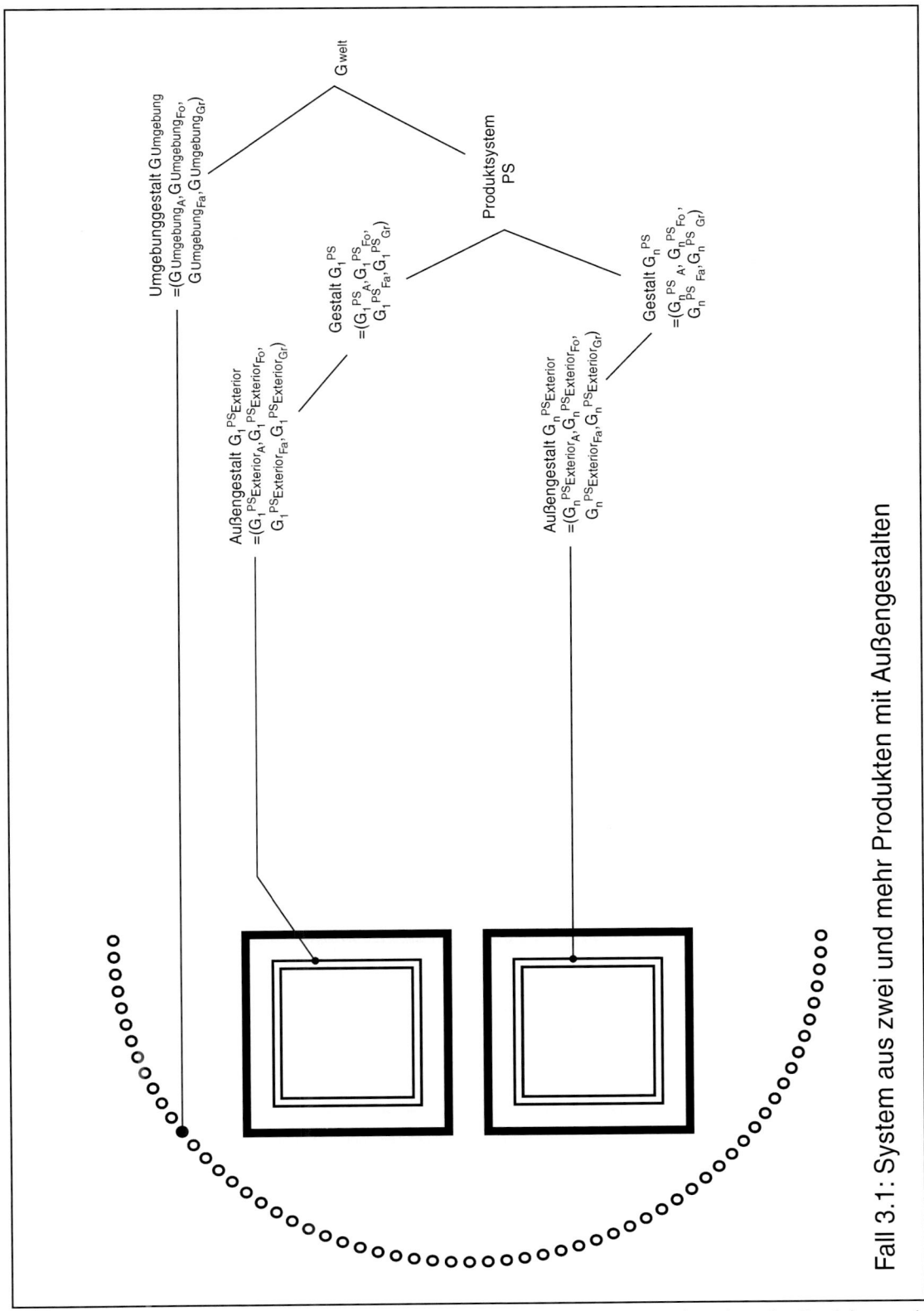

Bild 40 Ähnlichkeitsorientierte Definition eines Produktsystems aus zwei und mehr Produkten mit Außengestalten

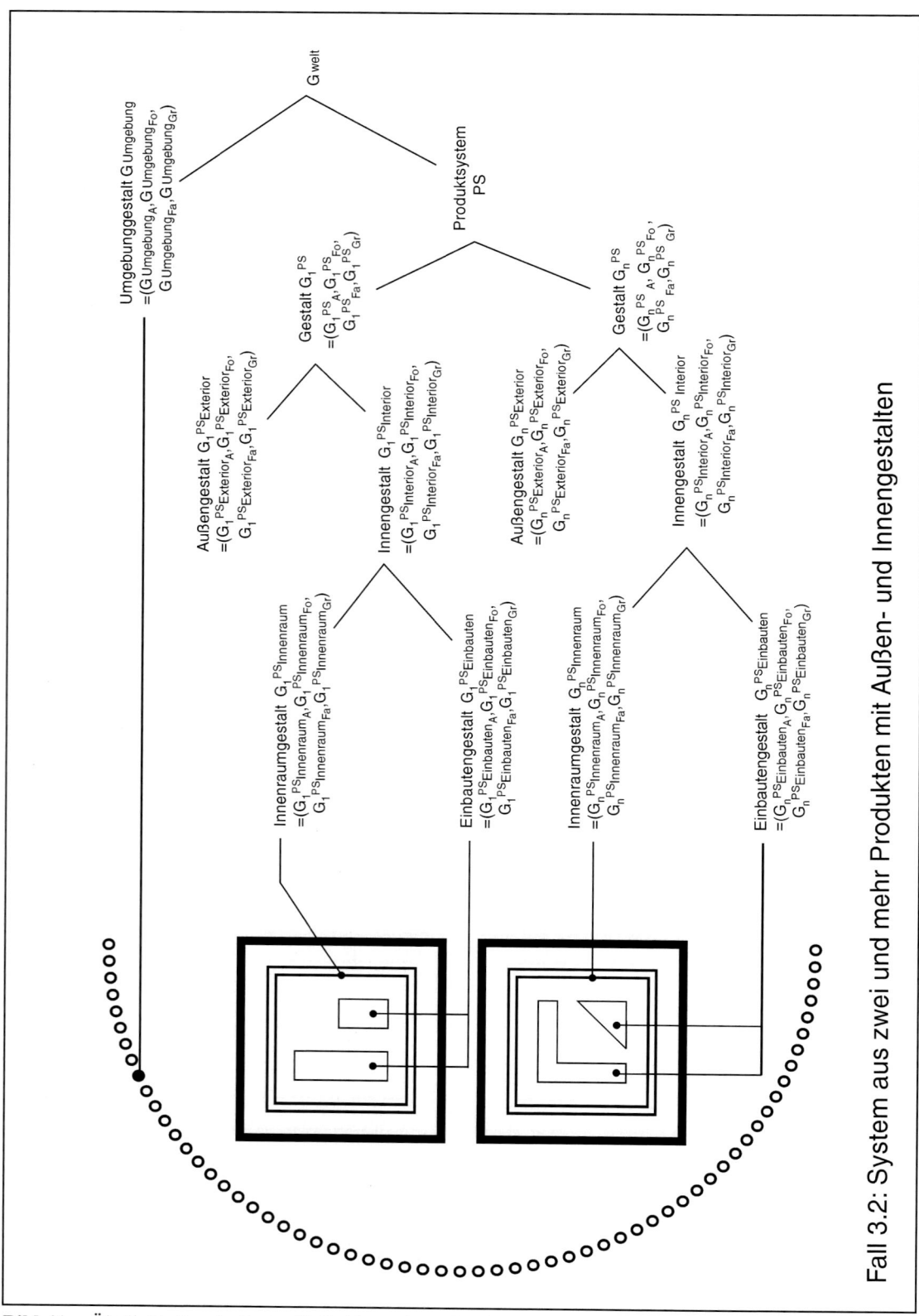

Bild 41 Ähnlichkeitsorientierte Definition eines Produktsystems aus zwei und mehr Produkten mit Außen- und Innengestalten

2.6 Die Produktgestalt

Gleichteile und Ungleichteile unterschieden werden (Bild 42). Die Gleichteile sind diejenigen Elemente und Ordnungen, die in beiden Gestalten vorkommen. Diese Gleichteile bilden den Gleichteilevektor $GT(G_1)$ bzw. $GT(G_2)$ (mit $GT(G_1) = GT(G_2)$). Die Ungleichteile von G_1 bzgl. G_2 (bzw. G_2 bzgl. G_1) sind diejenigen Elemente und Ordnungen von G_1 (bzw. G_2), die nur in G_1 (bzw. G_2) vorkommen und nicht in G_2 (bzw. G_1). Diese Ungleichteile von G_1 (bzw. G_2) bilden den Ungleichteilevektor $UT(G_1)$ (bzw. $UT(G_2)$) (mit $UT(G_1) \neq UT(G_2)$).

Definition 2.37 Damit kann ein Ähnlichkeitsgrad $Äg(G_1, G_2)$ definiert werden durch

$$Äg(G_1, G_2) = \frac{|GT(G_1)| + |GT(G_2)|}{|GT(G_1)| + |UT(G_1)| + |GT(G_2)| + |UT(G_2)|}$$

wobei $|.|$ die Mächtigkeit des Vektors (Anzahl der Einträge) ist. Hierbei ist die totale Unähnlichkeit gegeben durch $Äg = 0$ (d.h. alle Gleichteilevektoren sind leer) und die totale Ähnlichkeit ist gegeben durch den Ähnlichkeitsgrad = 1 (d.h. alle Ungleichteilevektoren sind leer).

Definition 2.38 *Nach der bisherigen Gestaltdefinition können in allen Teilgestalten aus mehr als zwei Elementen und /oder Ordnungen (Teil-) Ähnlichkeiten auftreten, d.h.*

- Aufbau-Ähnlichkeit ($Ä_A$)
- Form-Ähnlichkeit ($Ä_{Fo}$)
- Farb-Ähnlichkeit ($Ä_{Fa}$)
- Grafik-Ähnlichkeit ($Ä_{Gr}$)

Hieraus ergeben sich die folgenden 15 Typen an Gleichteilevektoren (Bild 43).

Jede der in Tabelle 4 auftretende Ähnlichkeitsart kann prinzipiell durch die 15 Gleichteilevektoren gelöst werden und ergibt damit die jeweiligen „Ähnlichkeitsvarianten".

Definition 2.39 *Ähnlichkeitsvarianten sind das Produkt aus den jeweiligen Ähnlichkeitsarten und der Zahl der eingesetzten Gleichteilsvektorentypen, maximal 15.*

Die Anzahl der Ähnlichkeitsvarianten variiert somit sowohl über die Ähnlichkeitsarten wie über die Anzahl der relevanten Gleichteilsvektortypen.

Diese Ansätze für die Ähnlichkeitsbeziehungen werden in den Kapiteln 6-14 vertieft zu den Anwendungsfällen:

- Ähnlichkeitsbeziehungen eines Einzelproduktes bzgl. Selbstähnlichkeit (Kapitel 6 - 10).
- Ähnlichkeitsbeziehungen eines Einzelproduktes mit Innengestalt und Außengestalt (Kapitel 12).
- Ähnlichkeitsbeziehungen von mehr als zwei Gestalten bzgl. Varianten eines Produktprogramms (Kapitel 13),
- Varianten eines Produktsystems (Kapitel 14), einschließlich Umgebungsgestalt.

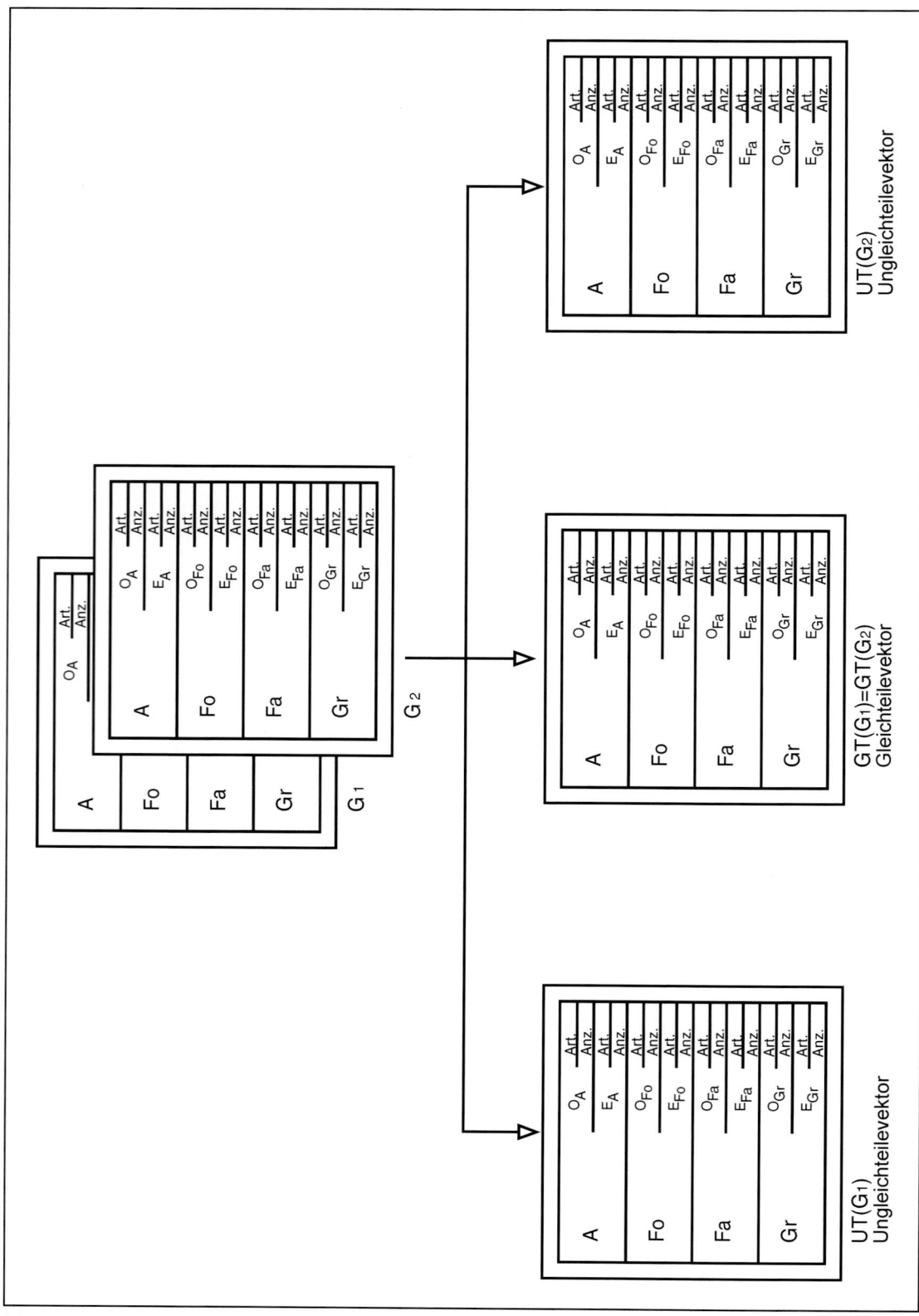

Bild 42 Gleichteile- und Ungleichteilevektoren zwischen zwei Gestalten

2.6 Die Produktgestalt

Bild 43 Typen an Gleichteilevektoren zwischen zwei Gestalten

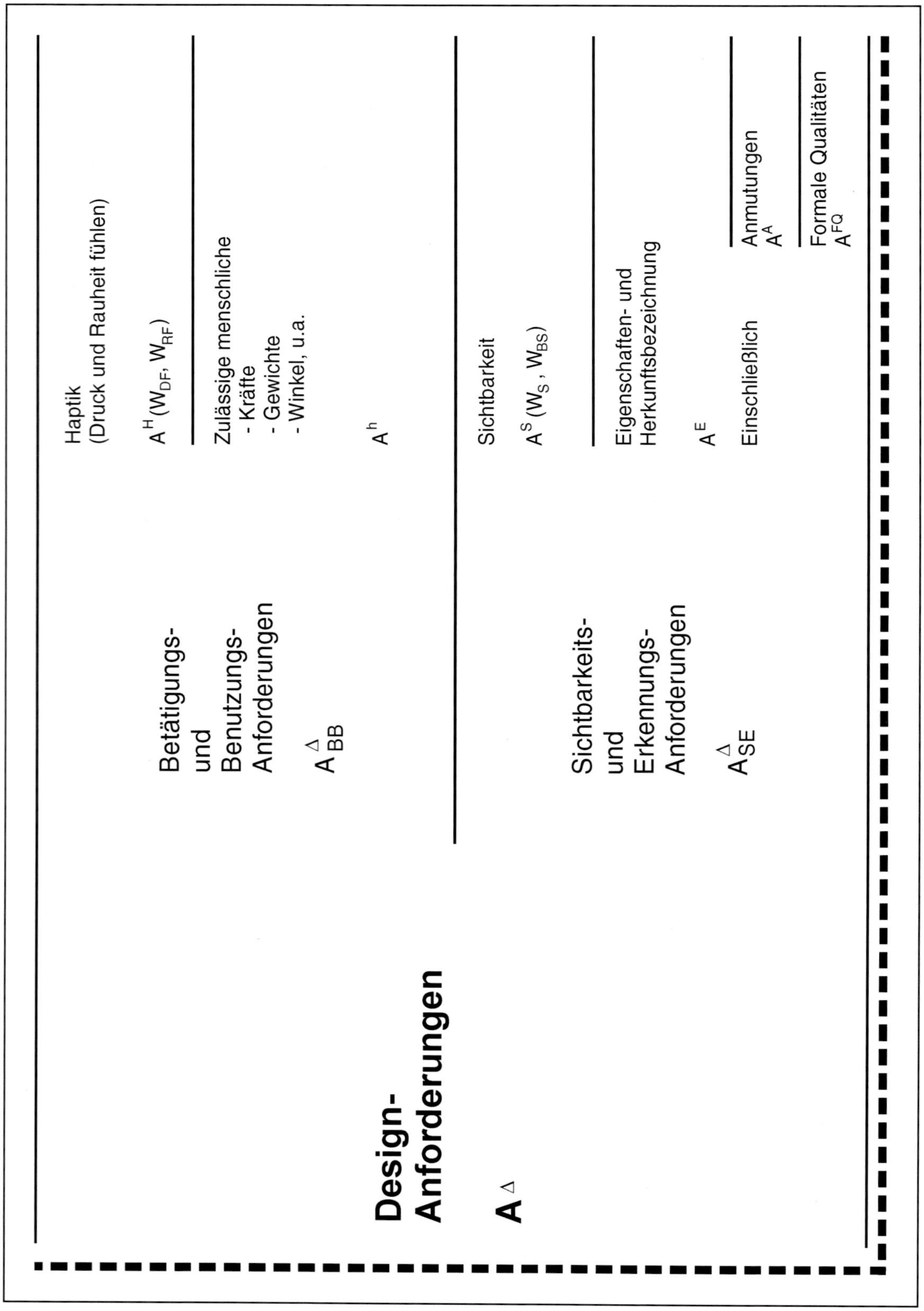

Design-Anforderungen

A^Δ

Betätigungs- und Benutzungs-Anforderungen

A^Δ_{BB}

- Haptik (Druck und Rauheit fühlen)
  $A^H(W_{DF}, W_{RF})$
- Zulässige menschliche
  - Kräfte
  - Gewichte
  - Winkel, u.a.

  A^h

Sichtbarkeits- und Erkennungs-Anforderungen

A^Δ_{SE}

- Sichtbarkeit
  $A^S(W_S, W_{BS})$
- Eigenschaften- und Herkunftsbezeichnung
  A^E
- Einschließlich
  - Anmutungen A^A
  - Formale Qualitäten A^{FQ}

Bild 44 Umfang und Gliederung der Designanforderungen (Vertiefung von Bild 11)

3 Rationale und differenzierte Beschreibung des Designs

3.1 Präzisierung und Abgrenzung der Designanforderungen

Voraussetzung: Nach den in Kapitel 1 und 2 angegebenen Vorraussetzungen werden ausschließlich die Mensch-Produkt-Anforderungen

$$\mathcal{A}^M$$

weiter betrachtet.

Definition 3.1 *Die Designanforderungen sind eine Teilmenge der Mensch-Produkt- Anforderungen $\mathcal{A}^M$, d.h. es gilt*

$$\mathcal{A}^\Delta \subseteq \mathcal{A}^M$$

Diese Designanforderungen $\mathcal{A}^\Delta$ leiten sich aus den in Kapitel 2 behandelten 6 wertrelevanten Parameterbereichen her:

- $\mathcal{A}^\Delta_{demo}$: Demografische Merkmale des Menschen (2.2.2) z.B. die 56 Einzelmaße nach DIN 33402 von „Reichweite der Arme" bis zum „Pupillenabstand".
- $\mathcal{A}^\Delta_{Einstellungstyp}$: Psychografische Merkmale des Menschen (2.2.3) z.B. Wert- oder Zeiterkennung.
- $\mathcal{A}^\Delta_W$: Wahrnehmung (2.3) z.B. Sichtbarkeitsgrad.
- $\mathcal{A}^\Delta_\varepsilon$: Erkennung (2.4) z.B. Bedienungserkennung oder Herstellererkennung.
- $\mathcal{A}^\Delta_\mathcal{H}$: Betätigung und Benutzung (2.5) z.B. zulässige Stellkraft oder zulässiger Stellweg.
- $\mathcal{A}^\Delta_G$: Gestalt (2.6), z.B. Einfachheit oder formale Ordnung.

Diese Mensch-Produkt-Anforderungsmengen werden zu zwei Design-Anforderungen-(Unter) Gruppen zusammengefasst (Bild 44 u. Farbbild 1)

1. Betätigungs- und Benutzungs-Anforderungen $\mathcal{A}^\Delta_{BB}$. Numerisch beschreibbar in den SI-Einheiten wie Kräfte, Maße, Gewichte, Winkel, Flächenpressung usw. Die haptische Wahrnehmung, d.h. das Druck- und Rauheitfühlen ist in dieser Anforderungsgruppe enthalten. Weitere Wahrnehmungsarten über die Hautsensoren, wie z.B. das Wärmefühlen, können hinzukommen. Diese Anforderungsgruppe kann deshalb auch als ergonomisch-sensorische Anforderungen bezeichnet werden.

2. Sichtbarkeits- und Erkennungs-Anforderungen $\mathcal{A}^\Delta_{SE}$. Verbal beschreibbar als „Informationen", „Bedeutungen", „Erkennungsinhalte" usw. In Würdigung der „Informations-Ästhetik" von M. Bense kann diese Anforderungsgruppe auch als informationsästhetische Anforderungsgruppe bezeichnet werden.

Es gilt mit den obigen Bezeichnungen:

$$\mathcal{A}^\Delta := \mathcal{A}^\Delta_{BB} \cup \mathcal{A}^\Delta_{SE}$$

Hiermit sind die unmittelbaren Design-Anforderungen oder die Kernkompetenz des Designs beschrieben.

Einzelbeispiele an Designanforderungen zeigt die folgende Tabelle 5:

Tabelle 5 Checkliste für Designanforderungen

genaue wörtliche Anforderungsdefinition	genaue zahlenmäßige Anforderungsdefinition	
formal befriedigend		
formal rein	z.B. Artenzahl an Gestaltelementen	
formal einfach	z.B. Anzahl an Gestaltelemente	
formal geordnet	z.B. Anzahl an Gestaltordnungen	
formal bezeichenbar	z.B. Gestaltaufbau	
formal koordiniert	z.B. Gestaltaufbau/Form/Farbe/Grafik	
formal angepasst	z.B. Gleiche Gestaltelemente zu Umgebung oder	
u.a.	Zuordnungssystem	
wahrnehmungsgerecht und erkennungsgerecht		
hörgerecht	z.B. Nasenwurzel - Werkstück-Abstand	cm
sehgerecht	z.B. Wahrnehmungsabstand	m
u.a.	z.B. Wahrnehmungssicherheit Inhalte	
zweckerkennungsgerecht	z.B. „Kaffeeautomat" i. U. „Stalllaterne"	
prinzip- und leistungserkennungsgerecht	z.B. „starkes Gerät" i. U. „schwaches Gerät" z.B. „mechanisch" i. U. „elektrisch"	
fertigungserkennungsgerecht	z.B. „Einzelstück" i. U. „Serienprodukt"	
zeiterkennungsgerecht	z.B. „modern" i. U. „vorgestrig"	
kostenerkennungsgerecht	z.B. „wertvoll" i. U. „billig"	
herstellererkennungsgerecht	z.B. „ H&B-Produkt" i. U. „anonym"	
händlererkennungsgerecht	z.B. „Bullkraft" i. U. „anonym"	
verwendererkennungsgerecht	z.B. „Männer-Gerät" i. U. „Frauen-Gerät"	
lerngerecht	z.B. Lernzeit, Erkennungszeit	min
leitbildgerecht	z.B. Art der Leitbilder	
u.a.	u.a.	
betätigungs- und benutzungsgerecht		
greifgerecht	z.B. Griffdurchmesser-Radius	cm
zugriffgerecht	z.B. Hand- und Fingerbreite	cm
haltegerecht	z.B. Dauer	min
schaltgerecht	z.B. Häufigkeit	min^{-1}
fußgerecht	z.B. Stellweg	cm
antriebsgerecht	z.B. Antriebsleistung	W
haltungsgerecht	z.B. Körpergrößengruppe	%
stehgerecht	z.B. Dauer	min
sitzgerecht	z.B. Sitzposition	°
begehgerecht	z.B. Durchgangsbreite	cm
transportgerecht	z.B. Tragegewicht	N
montagegerecht	z.B. Schraubmoment	Nm
instandhaltungsgerecht	z.B. Hand- und Fingerbreite	cm
reinigungsgerecht	z.B. Reinigungszeit	min
aufbewahrungsgerecht	z.B. Regalhöhe	cm
lagerungsgerecht	z.B. Füllungsgrad/Standsicherheit	
staplungsgerecht	z.B. Stapelhöhe	cm
behindertengerecht	z.B. Körpermaße	cm
kindergerecht	z.B. Körpergewicht	N
u.a	u.a.	

Aus der Erstellung und Analyse der Anforderungslisten vieler technischer Produkte, vom Stempel bis zum Fahrgastschiff, ergab sich ein Mittelwert des Anteils der Design- Anforderungen von 33 %:

$$|\mathcal{A}^\Delta| \approx \frac{|\mathcal{A}|}{3}$$

Beispiele für den Umfang der Designanforderungen sind

Fahrersitz	97 Designanforderungen
Bohrmaschine	161 Designanforderungen
Münzfernsprecher	181 Designanforderungen
Schlagbohrmaschine	275 Designanforderungen

Im gleichen Anteil ist damit die Wertsteigerung oder der Mehrwert eines Produktes durch das Design anzusetzen.

Eine Erweiterung der unmittelbaren Designanforderungen kann z.B. durch weitere Wahrnehmungsanforderungen erfolgen

$$\mathcal{A}^\Delta_{EW} = \mathcal{A}^\Delta_{BB} + \mathcal{A}^\Delta_{SE} + \mathcal{A}^\Delta_W + \ldots$$

Diese Erweiterungen führen dann zu einem so genannten Multisensorischen Design. (Abschnitt 15.6)

Als Bestandteil des gesamten Produktentwicklungsprozesses wird das Design durch alle Produktanforderungen unmittelbar beeinflusst. Die Restmenge der Produktanforderungen zu den Designanforderungen sind damit gleichzeitig mittelbare Designanforderungen. Hierzu gehören auch die ökologischen Anforderungen (Bild 51).

3.2 Gewichtung der Designanforderungen

In Anlehnung an die in Kapitel 1.5 behandelte Nutzwertanalyse können auch die Design-Anforderungen sowohl Festanforderungen als auch Mindestanforderungen sein. Design-Festanforderungen gekennzeichnet durch die Gewichtung $g = 1$ oder $g = 0$.

Beispiel für eine Designfestanforderung: Herstellererkennung eines Produktes. Design-Mindestanforderungen gekennzeichnet durch die Gewichtung zwischen 1 und 0.

Beispiel für eine Design-Mindestanforderung: Stellkraft zwischen dem Wertebereich „zu schwer" und „zu leicht".

Aus der Analyse von Anforderungslisten feinwerktechnischer Produkte ergab sich ein Gewichtsmittelwert von 27 Prozent für die Design-Anforderungen. Dieser Wert deckt sich mit einem Gewichtungsmittelwert von 23.5 Prozent der Designanforderungen von 22 Produkten aus der Stiftung Warentest.

Dabei waren in der Mehrzahl die Betätigungs- und Benutzungeanforderungen mit ca. 20 Prozent gewichtet und die Sichtbarkeits- und Erkennungsanforderungen mit ca. 5 Prozent. Die Betätigungs- und Benutzungsanforderungen repräsentieren damit sowohl anteilsmäßig, wie auch gewichtsmäßig die wichtigere Designkomponente.

$$g_{BB} > g_{SE}$$

Die Stufungen der Gewichtungen werden üblicherweise in einer Gewichtungshierarchie dargestellt (Bild 10). Daraus wird ersichtlich, dass die Betätigungs- und Benutzungeanforderungen auf der 4. Stufe ansetzen und die Sichtbarkeits- und Erkennungsanforderungen auf der 5. Stufe.

3.3 Erfüllungsgrad der Design-Anforderungen

Die Bestimmung des Erfüllungsgrades w_Δ der Design-Anforderungen erfolgt in Anlehnung an die in Kapitel 1.5 behandelte Nutzwertanalyse.

Die Definition eines Wertebereichs ist bei vielen Design-Anforderungen über die in Kapitel 2 beschriebenen Zusammenhänge möglich. Allerdings sind bis heute für die Design-Anforderungen fast keine Wertfunktionen bekannt, so dass die Bestimmung eines Erfüllungsgrades in Punkten meist nur abgeschätzt werden kann.

Unabhängig von dieser fachlichen Unsicherheit gilt die Definition

Definition 3.2 *Unter einer Designqualität wird analog zu Definition 1.20 ein hoher Erfüllungsgrad einer hochgewichteten Design-Anforderung verstanden.*

3.4 Vollständige Beschreibung des Teilnutzwertes Design

Der Design-Teilnutzwert $n_\Delta(G)$ einer Produktgestalt ist ein Teil des Mensch-Produkt- Teilnutzwerts $n_M(G)$, d.h.

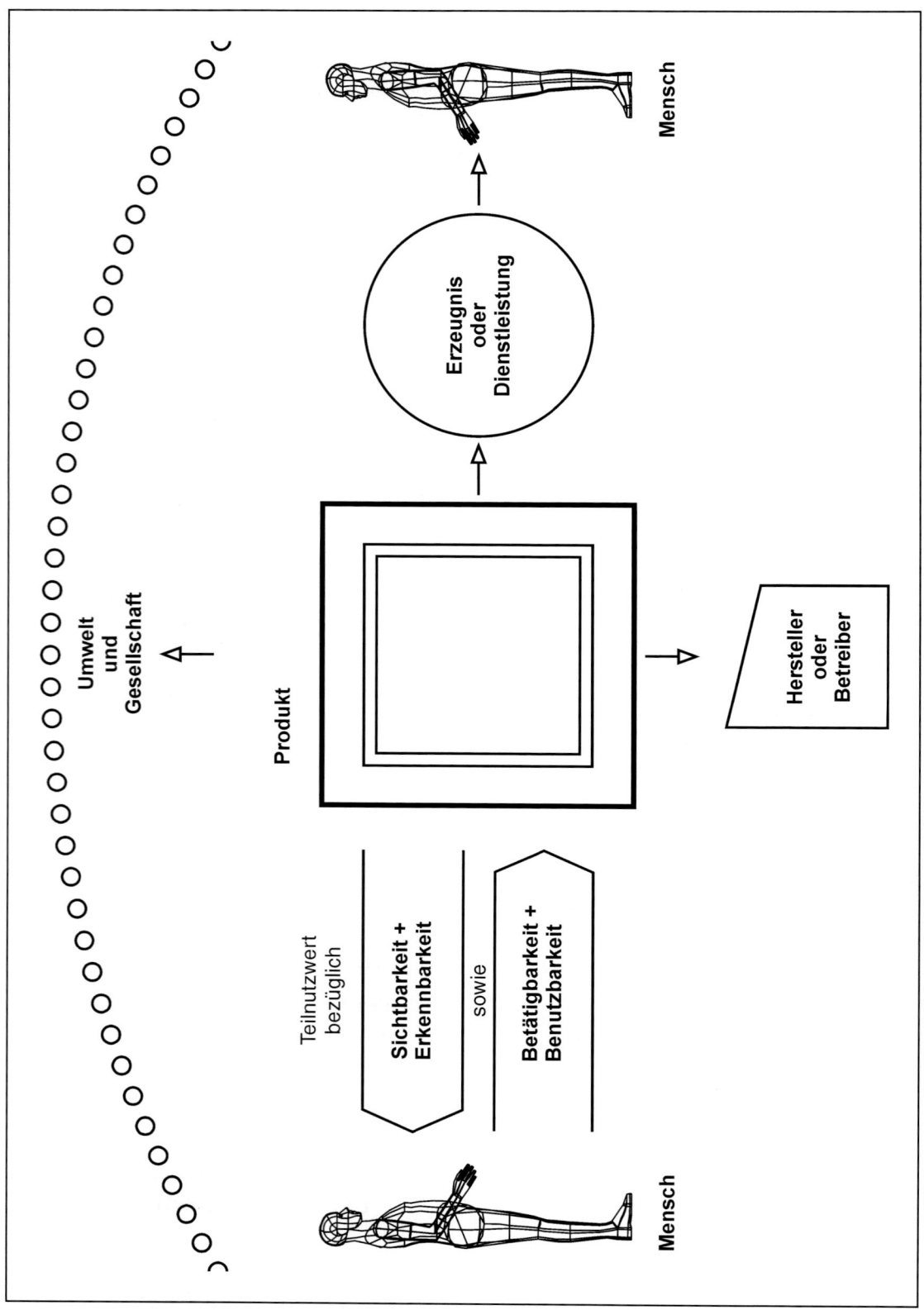

Bild 45 Nutznießer des Designs eines technischen Produktes

$$n_\Delta(G) \leq n_M(G)$$

Der Design-Teilnutzwert wird aus den beiden Teilnutzwert- Komponenten der Betätigungs- und Benutzungsanforderungen (BB) und der Sichtbarkeits- und Erkennungsanforderungen (SE) gebildet, d.h.

$$n_\Delta(G) = n_{BB} + n_{SE}$$

Definition 3.3 *Der aus den Betätigungs- und Benutzungsanforderungen entstehende Nutzwertanteil n_{BB} wird bis heute häufig als „Komfort" z.B. als Schaltkomfort bezeichnet.*

Beide Teilnutzwertkomponenten bilden sich aus Unterkomponenten aus den entsprechenden Festforderungen und Mindestforderungen.

$$n_{BB} = \sum_{A \in \mathcal{A}_{BB}^\Delta \cap \mathcal{A}_F} (g(A) * w(A))$$
$$+ \sum_{A \in \mathcal{A}_{BB}^\Delta \cap \mathcal{A}_M} (g(A) * w(A))$$
$$n_{SE} = \sum_{A \in \mathcal{A}_{SE}^\Delta \cap \mathcal{A}_F} (g(A) * w(A))$$
$$+ \sum_{A \in \mathcal{A}_{SE}^\Delta \cap \mathcal{A}_M} (g(A) * w(A))$$

wobei $\mathcal{A}_F$ die Einzelfestanforderungen und $\mathcal{A}_M$ die Einzelmindestanforderungen bezeichnen.

Damit wird der Design-Teilnutzwert durch vier Komponenten vollständig beschrieben.

$$n_\Delta(G) = \sum_{A \in \mathcal{A}_{BB}^\Delta \cap \mathcal{A}_F} (g(A) * w(A))$$
$$+ \sum_{A \in \mathcal{A}_{BB}^\Delta \cap \mathcal{A}_M} (g(A) * w(A))$$
$$+ \sum_{A \in \mathcal{A}_{SE}^\Delta \cap \mathcal{A}_F} (g(A) * w(A))$$
$$+ \sum_{A \in \mathcal{A}_{SE}^\Delta \cap \mathcal{A}_M} (g(A) * w(A))$$

Wichtig erscheint der Hinweis, dass dieser Teilnutzwert durch die gesamte Produktgestalt verwirklicht wird und nicht nur durch eine Teilgestalt oder gar durch wenige Gestaltelemente. Dieser Teilnutzwert ergibt sich aus einer Wirkungskomplexität zwischen einem Menschen und einer Produktgestalt, die über 100 Einzelanforderungen und über 100 Parametersorten umfassen kann.

Definition 3.3 *Das Design ist demnach ein multidimensionaler Teilnutzwert durch die Multidimensionalität der Designanforderungen. Durch den Hauptanteil aus Betätigungs- und Benutzungsanforderungen handelt es sich um einen nachhaltigen Teilnutzwert gegenüber einer nur spektakulären oder emotionalen „Optik".*

Eine Zusammenfassung der gesamten Parameter des Designs zeigt Farbbild 1.

3.5 Nutznießer des Design

Die einzelnen Nutznießer des Designs zeigt Bild 45.

3.5.1 Bedienpersonen

Das Design ergibt nach den angegebenen Anforderungen und Qualitäten einen unmittelbaren Nutzen für die Bedienpersonen des jeweiligen Produktes. Darüber hinaus ergibt sich ein mittelbarer Nutzen für

3.5.2 Hersteller

- für den Hersteller des entsprechenden Produktes durch die schnelle, weite und international verständliche Kennzeichnung dessen Qualitäten und dessen Herkunft (Corporate- Design)

3.5.3 Endabnehmer

- für den Endabnehmer in der Qualität des produzierten Gutes (z.B. fehlerfreie Produktion) oder der jeweiligen Dienstleistung (z.B. sichere Fahrt).

3.5.4 Umwelt und Gesellschaft

Im erweiterten Sinn bestehen zwischen dem Design und der Umweltverträglichkeit eines technischen Produktes direkte Wechselwirkungen, die damit einen gesellschaftlichen Nutzen konstituieren.

4 Design als Bestandteil des methodischen Entwickelns und Konstruierens

Tabelle 6 Übersicht /Einleitung in das Designen (Definition 1.3)

Produktbezogen:
- von Einzelprodukten
- deren Gestaltaufbau
- deren Gestaltentwurf oder deren Formgebung einschließlich einer „höheren" Formgebung
- deren Gestaltausarbeitung oder deren
- Oberflächendesign
- Grafikdesign
- Farbdesign.
- Das Exterior-Design von Einzelprodukten wird erweitert um deren Interiordesign
- Das Design von Einzelprodukten wird erweitert zum Programmdesign bzw. zum Produktprogramm aus Designvarianten mit der Klärung der wichtigsten Gleichteile und Ähnlichkeitsarten.
- Eine dritte Erweiterung betrifft das Design von Produktsystemen
- Eine abschließende Betrachtung betrifft
   - das Multisensorische Design
   - und das Servicedesign

Die Teilprozesse des Designens umfassen
- die betätigungs- und benutzungsorientierte Gestaltung bzw. das Interaction-Design
- und das Interface-Design

in denen neben den Teilaufgaben der Maßkonzeption und des Komfort
- die Sinnfälligkeit von Bedienelementen
- bzw. deren intuitives Design behandelt werden.

Der zweite Teilprozess betrifft
- das kennzeichnende Design

der oben stehenden Produktversionen. Dieser Teilprozess wird weiter untergliedert in
- die Zweck-Kennzeichnung
- die Bedienungs-Kennzeichnung

- die Prinzip- und Leistungskennzeichnung
- die Fertigungs-Kennzeichnung
- die Kosten- und Preiskennzeichnung
- die Zeit-Kennzeichnung
- die Hersteller-Kennzeichnung
- die Marken- und Händler-Kennzeichnung
- die Verwender-Kennzeichnung.

Für diese Gruppe an Teilprozessen des Designens wird neu der Begriff „konkretes Design" eingeführt. Ergänzend bzw. alternativ dazu wird als „analoges Design" das anmutungsorientierte oder emotionale Design behandelt.

Eine weitere Ergänzung und Vertiefung bildet die formale Gestaltung oder das Stylish Design.
   Grenzwerte und Sonderfälle sind

- die Vielfachkennzeichnung oder das Hyperdesign
- das anonyme, affektlose oder neutrale Design
- der Formalismus oder das formal hypertrophe Design
- das Allround-Design
- die Obsoleszenz
- die Innovation
- die Imitation bis hin zur Markenpiraterie u.a.

Abschließend werden
- der Normalfall
- der Minimalumfang

des Designens behandelt, sowie
- das Simoultaneous Design

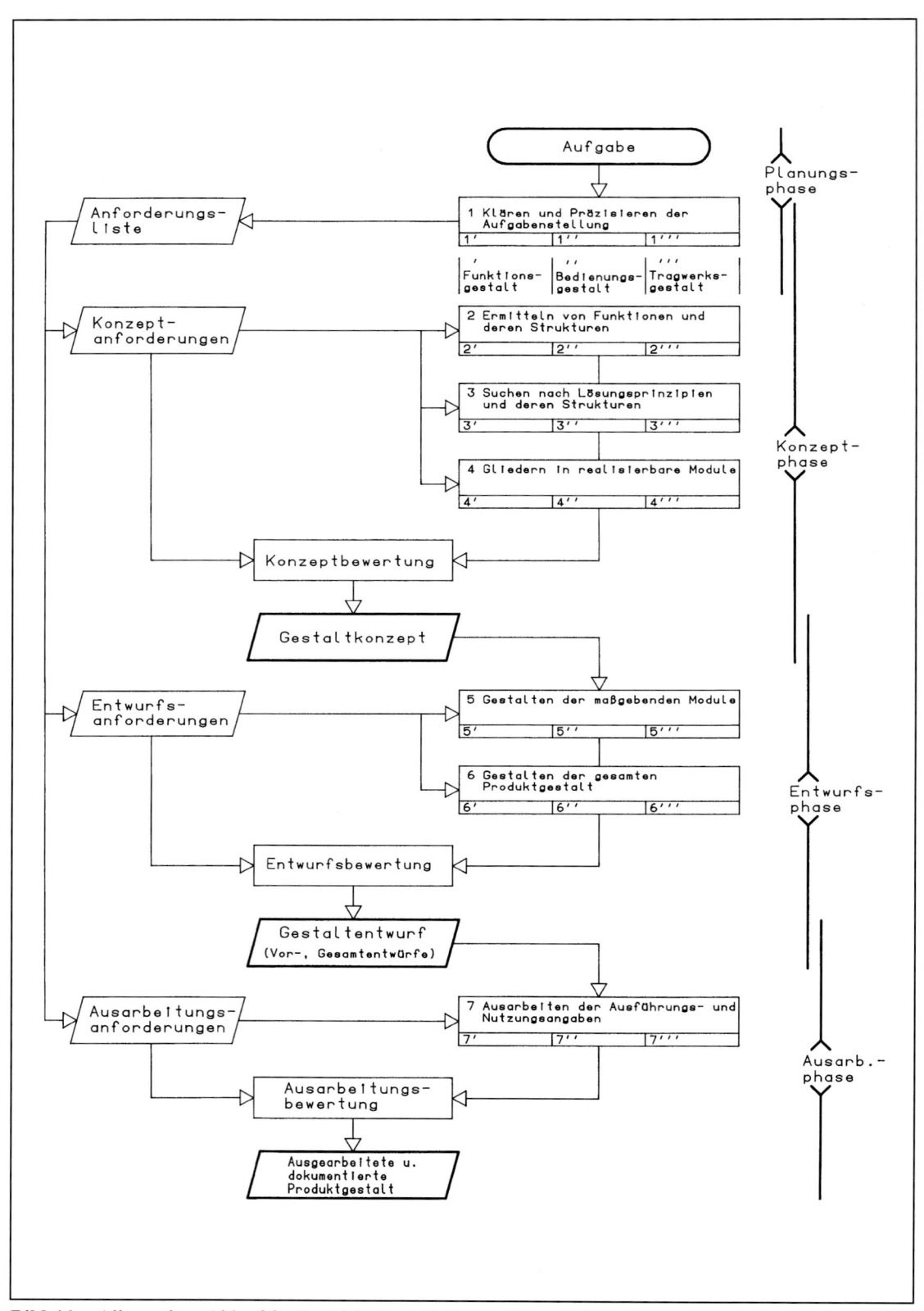

Bild 46 Allgemeiner Ablauf für Entwicklung und Konstruktion technischer Produkte

Dieser Katalog erhebt keinen Anspruch auf Vollständigkeit.

Zu den in den ersten 3 Kapiteln behandelten Designversionen und Designanforderungen werden ab Abschnitt 4 deren Lösungselemente oder – entsprechend Definition 1.3 – das Designen dargelegt. Im einzelnen umfasst dieses die folgenden Prinzipien und Aspekte.

4.1 Allgemeiner Ansatz

Für alle Gestaltungsprozesse in der Produkt-Entwicklung, Konstruktion und dem Design gilt weiterhin der allgemeine Ansatz des Funktionalismus „Form follows function" [72]. Übersetzt in die in diesem Kompendium verwendete Terminologie der Konstruktionswissenschaften heißt dies, die Gestalt eines Produktes ergibt sich aus allen seinen Anforderungen.

Der allgemeine Gestaltprozess

$$\mathcal{A} \rightarrow \mathbb{P}(\mathcal{G})$$

entsteht aus der Abbildung der Anforderungen $\mathcal{A}$ auf die Menge aller Produktgestalten $\mathcal{G}$ und $\mathbb{P}(\mathcal{G})$ als deren Potenzmenge.

Nach den Darlegungen in den Abschnitten 2 und 3 bilden sowohl die Anforderungen als auch die Gestalt eines Produktes einen komplexen Sachverhalt. Dieser wird dadurch vergrößert, dass es bis heute keine eindeutige Herleitung (Logik) der Gestalt aus ihren Anforderungen gibt [73]. Diesen komplexen Sachverhalt versucht man durch die nachfolgend beschriebene Methode zu beherrschen.

4.2 Grundlegende Konstruktions- und Entwicklungsmethodik

Grundlage der weiteren Ausführungen ist die allgemeine Konstruktions- und Entwicklungsmethodik für neue technische Produkte und Systeme nach der VDI-Richtlinie 2221 (Bild 46) [74].

Diese Methodik behandelt den Entwicklungsprozess von einer Problem- oder Aufgabenstellung bis zur kompletten Lösungsgestalt und deren Dokumentation.

Definition 4.1 *Der konstruktive Entwicklungsprozess ist ein Prozess der Konkretisierung, d.h. vom Abstrakten zum Konkreten und ist damit invers zu der Wahrnehmung und Erkennung (s. Abschnitt 2.3 und 2.4).*

Zusammenfassend lässt sich diese Methodik kennzeichnen durch einen „zweispurigen" Ablauf oder Vorgehensplan. Die erste, vertikale „Spur" umfasst die Aufgabenstellung, die Anforderungsliste bis hin zur Abschlussbewertung und zum Nachweis der Wertschöpfung bzw. der Wertsteigerung. In der Terminologie der EDV enthält und behandelt diese „Spur" insbesondere alphanumerische Entwicklungsdaten (Bild 46, linker Teil).

Die zweite und vertikalparallele „Spur" in dem Ablaufplan umfasst die Lösung von den ersten Ideen über alle Stufen der Gestaltentwicklung bis hin zur abschließenden Produktdokumentation. In der Terminologie der EDV enthält diese Spur grafische Daten und Abbildungen (Bild 46, rechter Teil).

Definition 4.2 *Der konstruktive Entwicklungsprozess ist in zwei parallele Teilprozesse der Informationsverarbeitung und der Gestaltung simultan gegliedert.*

Die beiden simultanen oder parallelen „Spuren" des allgemeinen Ablauf- oder Vorgehensplanes werden üblicherweise in horizontale Phasen oder Arbeitsabschnitte unterteilt. Üblich ist die Untergliederung in

- Planungsphase,
- Konzeptphase,
- Entwicklungsphase,
- Ausarbeitungsphase.

Diese Phasen sind Zeitabschnitte der Entwicklung eines Produktes.

Definition 4.3 *Die Dauer des Entwicklungsprozesses wird üblicherweise in Phasen untergliedert.*

Die Planungsphase ist gekennzeichnet durch die Klärung der Aufgabenstellung dahingehend, dass

1. *in einer Liste die Anforderungen geklärt und definiert werden, und*
2. *dass nicht zuletzt bei komplexen Aufgaben und Anforderungslisten die Anforderungen phasenrelevant gegliedert werden, und*
3. *dass die Lösungssuche in Teilaufgaben oder Teilgestalten unterteilt wird.*

Eine sinnvolle Gliederung eines Produktes kann in Fortsetzung von Abschnitt 2.6.1 sein in dessen (Bild 47)
- *Funktionselement und -baugruppen, d.h. die Funtionsgestalt $G(Fu)$*

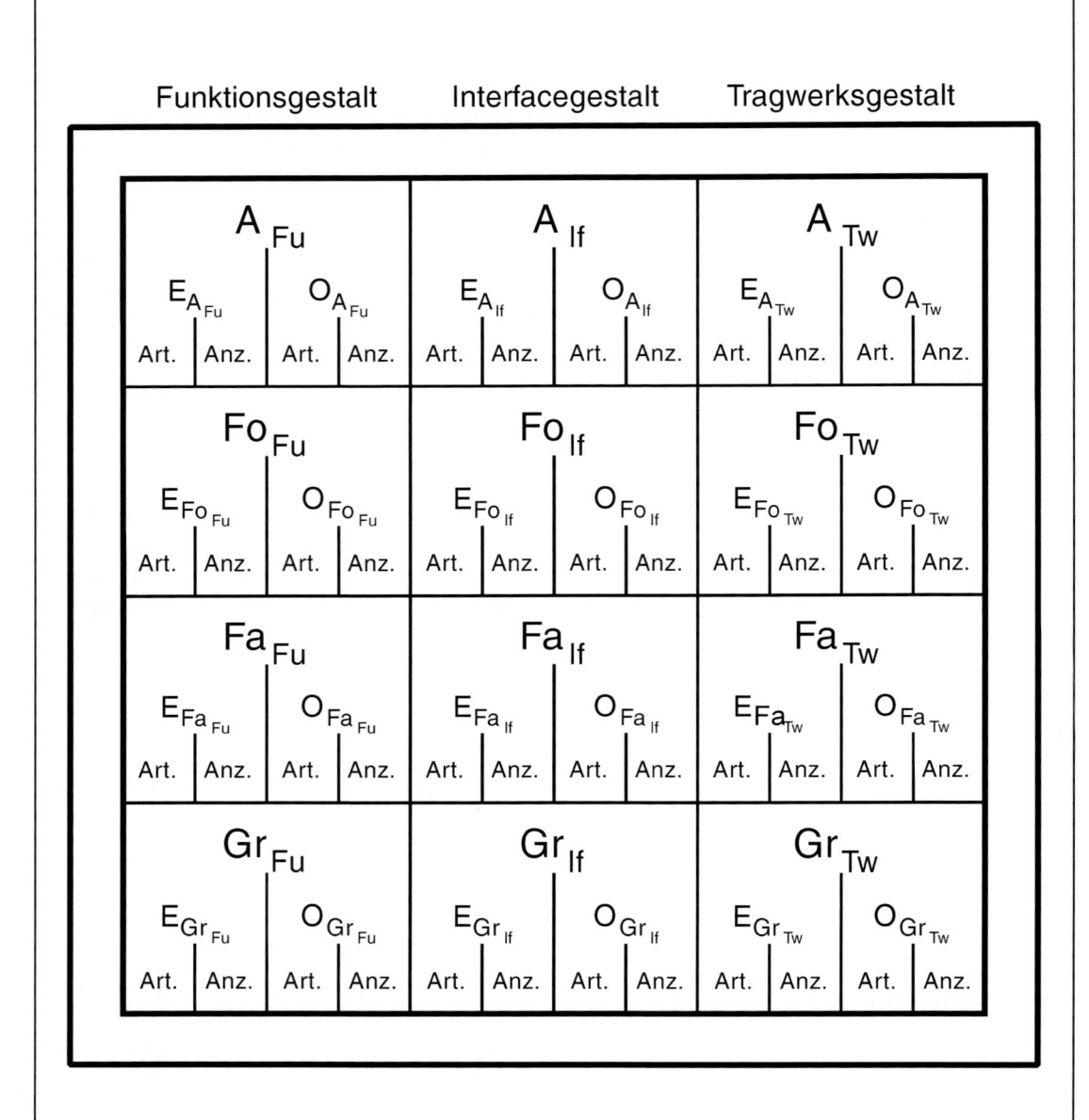

	Funktionsgestalt	Interfacegestalt	Tragwerksgestalt
A	A_{Fu} — $E_{A_{Fu}}$ / $O_{A_{Fu}}$ (Art. / Anz.)	A_{If} — $E_{A_{If}}$ / $O_{A_{If}}$ (Art. / Anz.)	A_{Tw} — $E_{A_{Tw}}$ / $O_{A_{Tw}}$ (Art. / Anz.)
Fo	Fo_{Fu} — $E_{Fo_{Fu}}$ / $O_{Fo_{Fu}}$ (Art. / Anz.)	Fo_{If} — $E_{Fo_{If}}$ / $O_{Fo_{If}}$ (Art. / Anz.)	Fo_{Tw} — $E_{Fo_{Tw}}$ / $O_{Fo_{Tw}}$ (Art. / Anz.)
Fa	Fa_{Fu} — $E_{Fa_{Fu}}$ / $O_{Fa_{Fu}}$ (Art. / Anz.)	Fa_{If} — $E_{Fa_{If}}$ / $O_{Fa_{If}}$ (Art. / Anz.)	Fa_{Tw} — $E_{Fa_{Tw}}$ / $O_{Fa_{Tw}}$ (Art. / Anz.)
Gr	Gr_{Fu} — $E_{Gr_{Fu}}$ / $O_{Gr_{Fu}}$ (Art. / Anz.)	Gr_{If} — $E_{Gr_{If}}$ / $O_{Gr_{If}}$ (Art. / Anz.)	Gr_{Tw} — $E_{Gr_{Tw}}$ / $O_{Gr_{Tw}}$ (Art. / Anz.)

Bild 47 Erweiterte Gliederung einer Produktgestalt (Erweiterung von Bild 27)

4.2 Grundlegende Konstruktions- und Entwicklungsmethodik

- *Steuerung und Bedienungselemente, d.h. die Interfacegestalt G(If)*
- *Tragwerk und Verkleidung, d.h. die Tragwerksgestalt G(Tw)*

Verbunden mit dieser Untergliederung ist die Festlegung der Schnitt- und Nahtstellen. Als mögliches Verteilungsschema für die phasenrelevanten Anforderungen auf die einzelnen Phasen soll das folgenden Schema vorgestellt werden:

Verteilungsschema:
Man bestimme das Maximum g_{max} und das Minimum g_{min} aller Gewichte der Anforderungen und teile wie folgt auf:

Gewicht g	zugeordnete Phase
$g_{max} > g > g_{max} - \dfrac{g_{max} - g_{min}}{3}$	II
$g_{max} - \dfrac{g_{max} - g_{min}}{3} > g > g_{min} + \dfrac{g_{max} - g_{min}}{3}$	III
$g_{min} + \dfrac{g_{max} - g_{min}}{3} > g > g_{min}$	IV

Definition 4.4 *Nach den einzelnen Phasen ergeben sich folgende Nutzwerte*

- *der Konzeptionsnutzwert N_{II} aus den Konzeptanforderungen A_{II}*
- *der Entwurfsnutzwert N_{III} aus den Entwurfsanforderungen A_{III}*
- *der Ausarbeitungsnutzwert N_{IV} aus den Ausarbeitungsanforderungen A_{IV}*

Jede der 3 Gestaltungsphasen Konzeption, Entwurf und Ausarbeitung enthält

- phasenrelevante Anforderungen,
- phasenbezogene Lösungen,
- eine phasenbeschließende Bewertung und Lösungsauswahl nach dem Nutzwert der entsprechenden Anforderungen.

Das Entwickeln von Lösungen für neue Produkte ist anforderungsbezogen nicht rein fachlich oder disziplinär zu verstehen, sondern fachübergreifend oder interdisziplinär. In einem rein fachlichen Verständnis wären in jeder Phase ausschließlich Anforderungen einer Gruppe zu berücksichtigen. Demgegenüber sind nach dem interdisziplinären Verständnis in jeder Phase gleichzeitig oder synchron Anforderungen aus allen Anforderungsgruppen zu berücksichtigen.

Definition 4.5 *Der konstruktive Entwicklungsprozess ist generell interdisziplinär.*

Der konstruktive Entwicklungsprozess ist in seiner Basis ein diziplinärer Prozess der Funktionsgestaltung

$$\mathcal{A}^P \rightarrow G$$

Dieser erweitert sich immer um die fertigungsgerechte Gestaltung interdisziplinär zu

$$\left(\mathcal{A}^P, \mathcal{A}^F\right) \rightarrow G$$

Der klassische ingenieurwissenschaftliche Entwicklungsprozess enthält zusätzlich die Wertgestaltung oder das kostenorientierte Konstruieren

$$\left(\mathcal{A}^P, \mathcal{A}^F, \mathcal{A}^W\right) \rightarrow G$$

In den diesbezüglichen Anforderungen bilden sich auch die so genannten Konstruktionsgerechtigkeiten ab, die die funktionsgerechte, fertigungsgerechte, kostengerechte und andere Gestaltungsarten begründen.

Die Entwicklung einer Lösung oder Lösungsgestalt kann grundsätzlich differenziert oder integral erfolgen.

Unter differenziert (synonym: elementar, additiv u.a.) wird eine Entwicklung verstanden, die für jede Anforderung zu einem Gestalelement führt, das dann einfunktional, einfach belegt oder einwertig ist. Die diesbezüglichen Lösungsgestalten heißen auch einfach oder simpel.

$$\begin{aligned}\mathcal{A}_1 &\rightarrow E_1\\ \mathcal{A}_2 &\rightarrow E_2\\ &\ldots\\ \mathcal{A}_n &\rightarrow E_n\end{aligned}$$

Unter integral (synonym: ganzheitlich, superierend, gestalthaft u.a.) wird eine Entwicklung verstanden, die für mehrere Anforderungen zu einer Teilgestalt bzw. für alle Anforderungen zu einer Gestalt führt, die dann multifunktional, vielfach belegt oder mehrwertig ist.

$$\begin{pmatrix}\mathcal{A}_1\\ \mathcal{A}_2\\ \cdot\\ \cdot\\ \mathcal{A}_n\end{pmatrix} \rightarrow G$$

Varitätserzeugung über Gestalt-Komplexionen

Rangordnung von Anforderungen als Permutationen

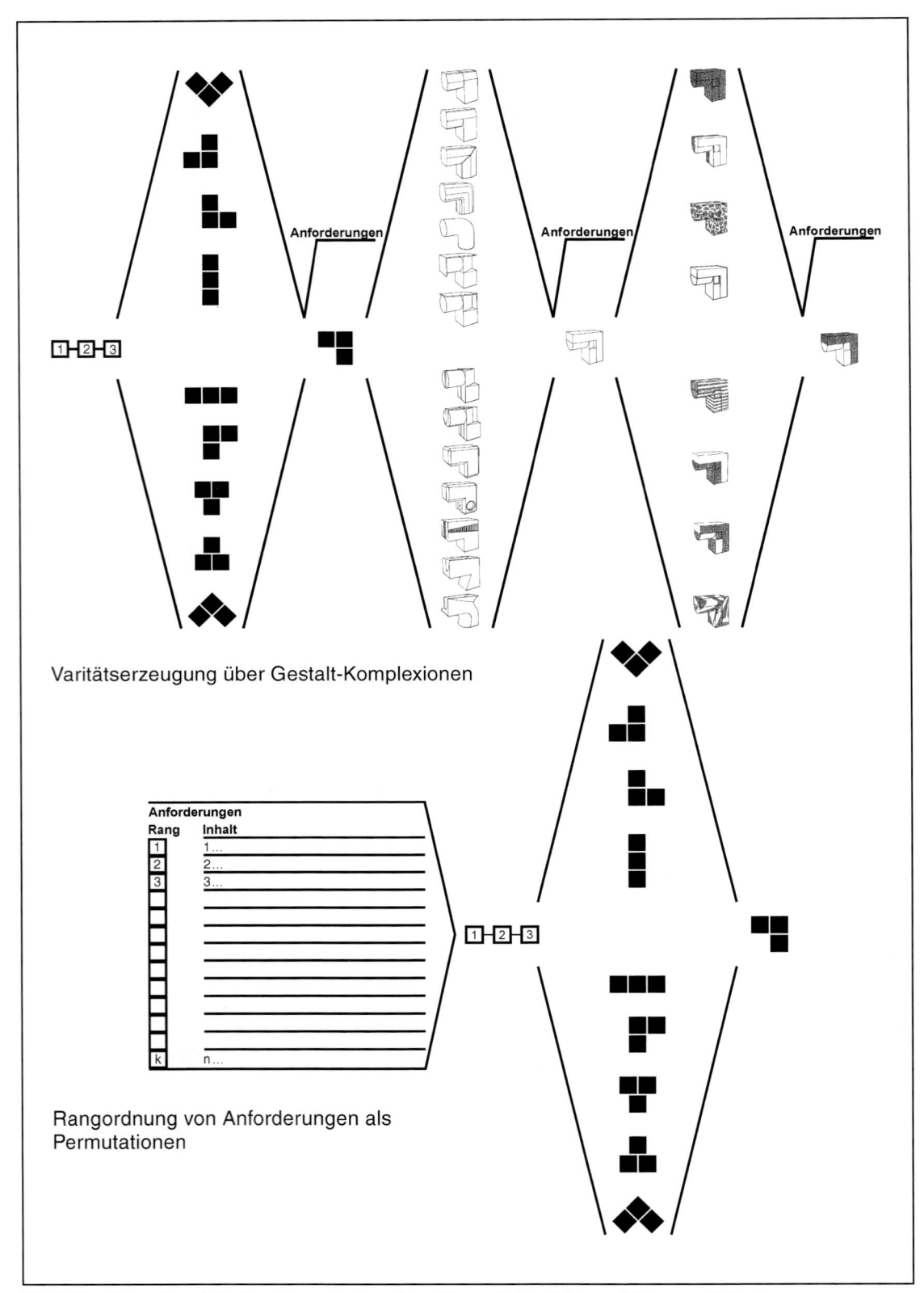

Bild 48 Hinweis auf die kombinatorischen Grundlagen in Produktentwicklung und Design

Die diesbezüglichen Lösungsgestalten heißen auch komplex oder kompliziert.

Definition 4.6 *Der konstruktive Entwicklungsprozess ist ein integraler Gestaltungsprozess.*

Aus der schon in Kapitel 4.1 beschriebenen Fragilität in der Abbildung von Anforderungen in einer Lösungsgestalt ergeben sich in jedem Entwicklungsprozess meist mehrere oder viele Lösungsgestalten.

$$\begin{pmatrix} \mathcal{A}_1 \\ \mathcal{A}_2 \\ . \\ . \\ \mathcal{A}_n \end{pmatrix} \to G_1, \ldots, G_m$$

Definition 4.7 *Der konstruktive Entwicklungsprozess ist nach Rittel [75] ein varietätserzeugender Gestaltungsprozess, dem eine varietätsreduzierende Bewertung folgen muss. Sowohl die Varietätserzeugung wie die Varietätsreduzierung enthalten kombinatorische Phänomene (Bild 48). Die Varietätserzeugung ist kombinatorisch die Erzeugung von Komplexionen an Gestaltvarianten. Zur Varietätsreduzierung sind Anforderungen als Bewertungskriterien notwendig. Zur Bewertung ist deren Rangordnung oder Hierarchie zu klären. In der Kombinatorik sind dies Permutationen über den (Listen-)Plätzen.*

Definition 4.8 *Der konstruktive Entwicklungsprozess ist – häufig – ein parzialer Gestaltungsprozess, weil er beim Entwurf einer Gestalt endet, (Rohkonstruktion, Rohkarosserie) und die Gestaltausarbeitung in Farbe, Oberfläche und Grafik vernachlässigt.*

Auswahl und Optimierung von Lösungen können über eine technische Bewertung und/oder eine wirtschaftliche Bewertung erfolgen. Die technische Bewertung ist nach der Nutzwertanalyse (Kapitel 1.5) gekennzeichnet durch

- die Bestimmung der Erfüllungsgrade der Einzelanforderungen,
- die Bildung von Teilnutzwerten (als Produkt aus Erfüllungsgrad mal Gewichtung),
- die Bildung des Nutzwertes einer Lösung.

Die wirtschaftliche Bewertung betrifft die Kosten von Lösungen. Ziel ist danach der maximale Nutzwert zu minimalen Kosten und – daraus als Quotient – der optimale Gebrauchswert. Das Ergebnis der methodischen Entwicklung und Konstruktion von neuen technischen Produkten oder Produktsystemen ist eine Gestalt, die Träger eines maximalen Nutzwertes oder eines optimalen Gebrauchwertes ist.

Definition 4.9 *Der konstruktive Entwicklungsprozess ist ein Wertschöpfungsprozess bzw. ein Optimierungsprozess aus einer interdisziplinären (multidimensionalen, multifunktionalen, multivalenten) Wertschöpfung zu minimalen Kosten.*

Zur Erzielung eines maximalen Nutzwertes und optimalen Gebrauchswertes ist der konstruktive Entwicklungsprozess nur in Sonderfällen linear, sondern im Normalfall iterativ, d.h. die einzelnen Entwicklungsphasen werden meist mehrfach durchlaufen.

4.3 Eingliederung des Designs in den konstruktiven Entwicklungsprozess

Grundsätzlich gelten die in Kapitel 4.1 und 4.2 dargelegten Bedingungen auch für den Designprozess in gleicher Weise (Bild 49):

Definition 4.10 *Der Designprozess Δ ist ein Prozess der Konkretisierung, d.h. von den abstrakten und lösungsunabhängigen Anforderungen zu einer oder mehrerer Lösungsgestalten:*

$$\Delta : \mathcal{A}^\Delta \to \mathbb{P}(\mathcal{G})$$

Der Designprozess ist damit gegenüber den in Abschnitt 2 dargelegten Prozessen des Gebrauchens, des Betätigens und Benutzens, des Wahrnehmens und Erkennens mehrfach invers oder multiinvers.

In Definition 2.11 wurde die Abstraktion eines Produktes definiert, indem ein vorhandenes Produkt durch Abstraktion auf eine abstraktere Ebene gebracht wurde. Die oberste Ebene war hierbei der Aufbau A. Bei einem Entwicklungsprozess und Designprozess haben wir einen, zur Abstraktion inversen, Konkretisierungsprozess.

Die abstrakteste Ebene ist die Ebene der Anforderungen $\mathcal{A}$, beim Designprozess die Anforderungen $\mathcal{A}^\Delta$ von der aus als 1. Konkretisierung die Aufbaukonkretisierung Kon_A entsteht:

$$Kon_A : \mathcal{A} \to A$$

Die 2. Konkretisierung ist die Formkonkretisierung Kon_{Fo}, die den Aufbau A um die Form konkretisiert:

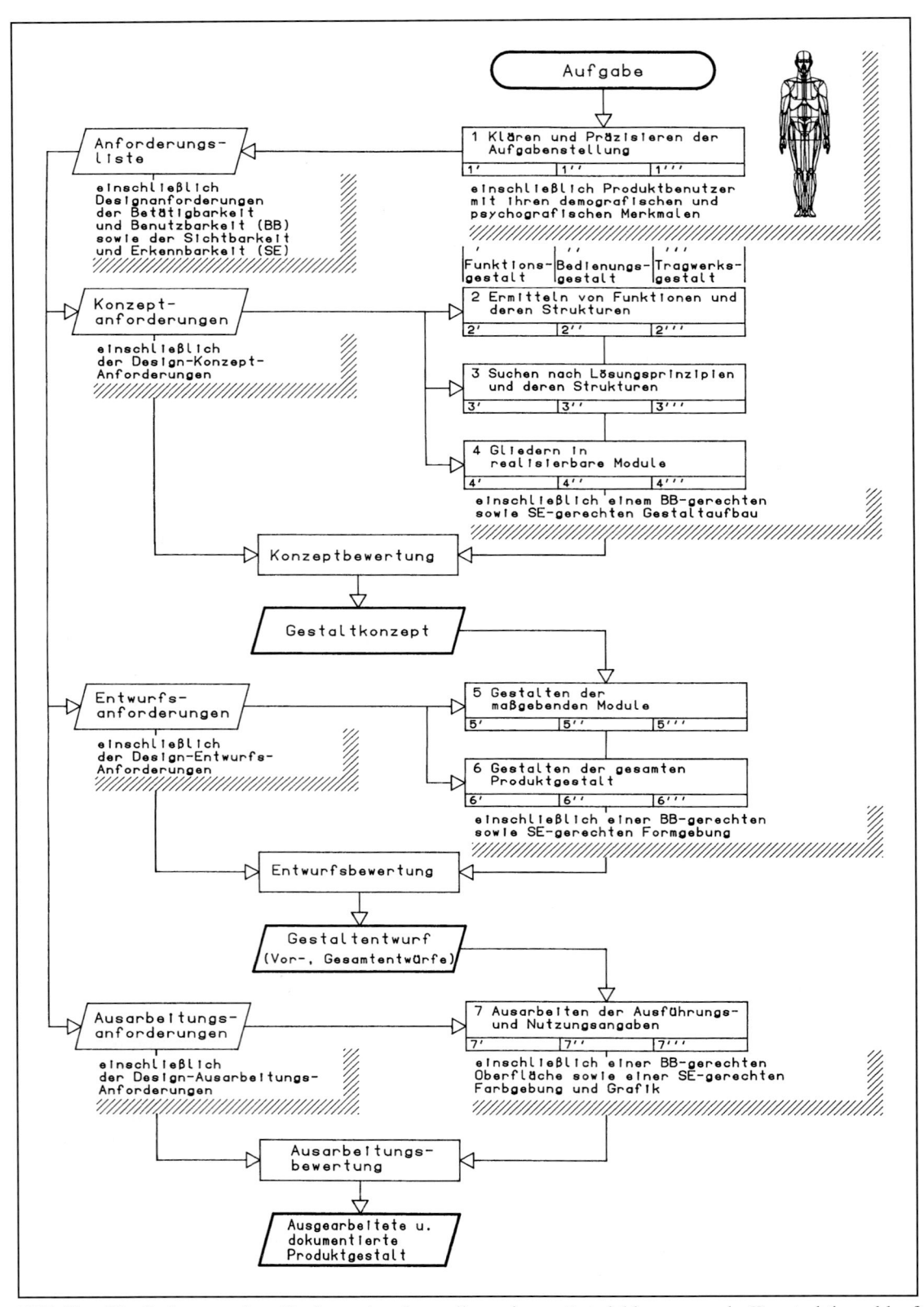

Bild 49 Eingliederung des Designs in den allgemeinen Entwicklungs- und Konstruktionsablauf (Erweiterung von Bild 40)

4.3 Eingliederung des Designs in den konstruktiven Entwicklungsprozess

$$Kon_{Fo}: A \rightarrow (A, Fo)$$

Die 3. Konkretisierung ist die Farbkonkretisierung Kon_{Fa}, die den Aufbau A und die Form Fo um die Farbe Fa konkretisiert:

$$Kon_{Fa}: (A, Fo) \rightarrow (A, Fo, Fa)$$

Die 4. und letzte Konkretisierung ist die Grafikkonkretisierung Kon_{Gr}, die den Aufbau A, die Form Fo und die Farbe Fa um die Grafik Gr konkretisiert:

$$Kon_{Gr}: (A, Fo, Fa) \rightarrow (A, Fo, Fa, Gr)$$

Nach der 4. und letzten Konkretisierung ergibt sich eine Gestalt im Sinne der Definition 2.7.

Definition 4.11 *Der Designprozess ist in zwei parallele Teilprozesse der anforderungsbezogen Informationsverarbeitung und der lösungsbezogenen Gestaltung simultan gegliedert.*

Definition 4.12 *Ablauf und Dauer des Designprozesses werden sinnvollerweise in die gleichen Phasen wie der konstruktive Entwicklungsprozess gegliedert.*

Dadurch, dass jede Produktgestalt durch alle Anforderungen an das Produkt bestimmt wird, d.h. durch

- technisch-physikalische Anforderungen,
- fertigungstechnische Anforderungen,
- wirtschaftliche Anforderungen sowie
- Umwelt-Anforderungen.

wird dadurch auch das Design mitbestimmt. Alle diese Anforderungen sind damit auch mittelbare Designanforderungen (Bild 51). Um das Entwicklungsziel „Design" als positiven, sichtbaren und spürbaren Teilnutzwert garantieren zu können, müssen deshalb der Produktbenutzer und die entsprechenden Designanforderungen schon in der Planungsphase einer Produktentwicklung in das Pflichtenheft integriert und festgeschrieben werden. Nur durch diese organisatorische Maßnahme kann ohne zusätzlichen Aufwand ein vernünftiger Kompromiss zwischen den Anforderungsgruppen und ein tragbarer Erfüllungsgrad für die Einzelanforderungen erzielt werden.

In ähnlicher Weise wie die Anforderungsdefinition ist das Entwickeln von Design-Lösungen für neue Produkte gestaltbezogen nicht rein additiv oder summativ zu verstehen, sondern ganzheitlich oder superierend. Nach dieser erstgenannten Auffassung würden sich aus den Designanforderungen zusätzliche Gestaltelemente, wie z.B. Zierleisten oder Farbdekore, ergeben. Demgegenüber ergeben sich in der ganzheitlichen Betrachtung in jeder Phase gemeinsame Teilgestalten und Gestaltelemente. Die designorientierte Entwicklung und Konstruktion beinhaltet lösungsbezogen (Bild 49):

- in der Konzeptphase den Gestaltaufbau A aus Funktionsbaugruppen, Tragwerks- und Bedienungselementen (Kon_A),
- in der Entwurfsphase die Formgebung Fo der vorgenannten 3-dimensionalen Gestaltelemente (Kon_{Fo}),
- in der Ausarbeitungsphase das Design von Oberfläche und Farbe Fa sowie die Grafik Gr der 3-dimensionalen und geformten Gestaltelemente (Kon_{Fa} und Kon_{Gr}).

Der Designprozess im Sinne der Lösungsentwicklung beginnt demnach in der Konzeptphase als Konzeption einer unvollständigen Gestalt und ist in allen nachfolgenden Phasen die Perfektionierung oder Komplettierung dieses „Torsos" zur vollständigen Gestalt.

Mit diesem Entwicklungs- und Gestaltungsablauf von innen nach außen (Zentrifugal!) ist zu Definition 4.10 die 2. Inversion skizziert. Alle oben genannten Gestaltelemente und -merkmale können zudem Bestandteil von Baureihen und Baukästen für die Entwicklung von Produktprogrammen und Produktsystemen mit den entsprechenden Designqualitäten sein (Kapitel 13 und 14).

Für die Matrix der Lösungsgestalt mit 4 Teilgestalt-Zeilen und 3 Teilgestalt-Spalten lassen sich verschiedene Lösungsstrategien angeben (Bild 50).

In Übereinstimmung mit den bisherigen Darlegung wird in diesem Werk von dem zeilenmäßigen Lösungsprozess ausgegangen:

- die Gestaltkonzeption beginnt („innen") mit dem Aufbau der Funktionsgestalt und erweitert diesen zuerst um den Aufbau des Interface und danach um den Aufbau des Tragwerks.
- Die Formgebung folgt auf dieser Grundlage der gleichen Richtung.
- Oberflächendesign, Farbdesign und Grafikdesign komplettieren die vollständige Gestalt in der gleichen Richtung in der 3. und 4. Zeile.

Definition 4.13 *Der Designprozess ist interdisziplinär aus der Superisation / Überlagerung mehrerer disziplinärer Teilprozesse (Bild 51):*

- *der betätigungs- und benutzungsorientierten Gestaltung*
  und

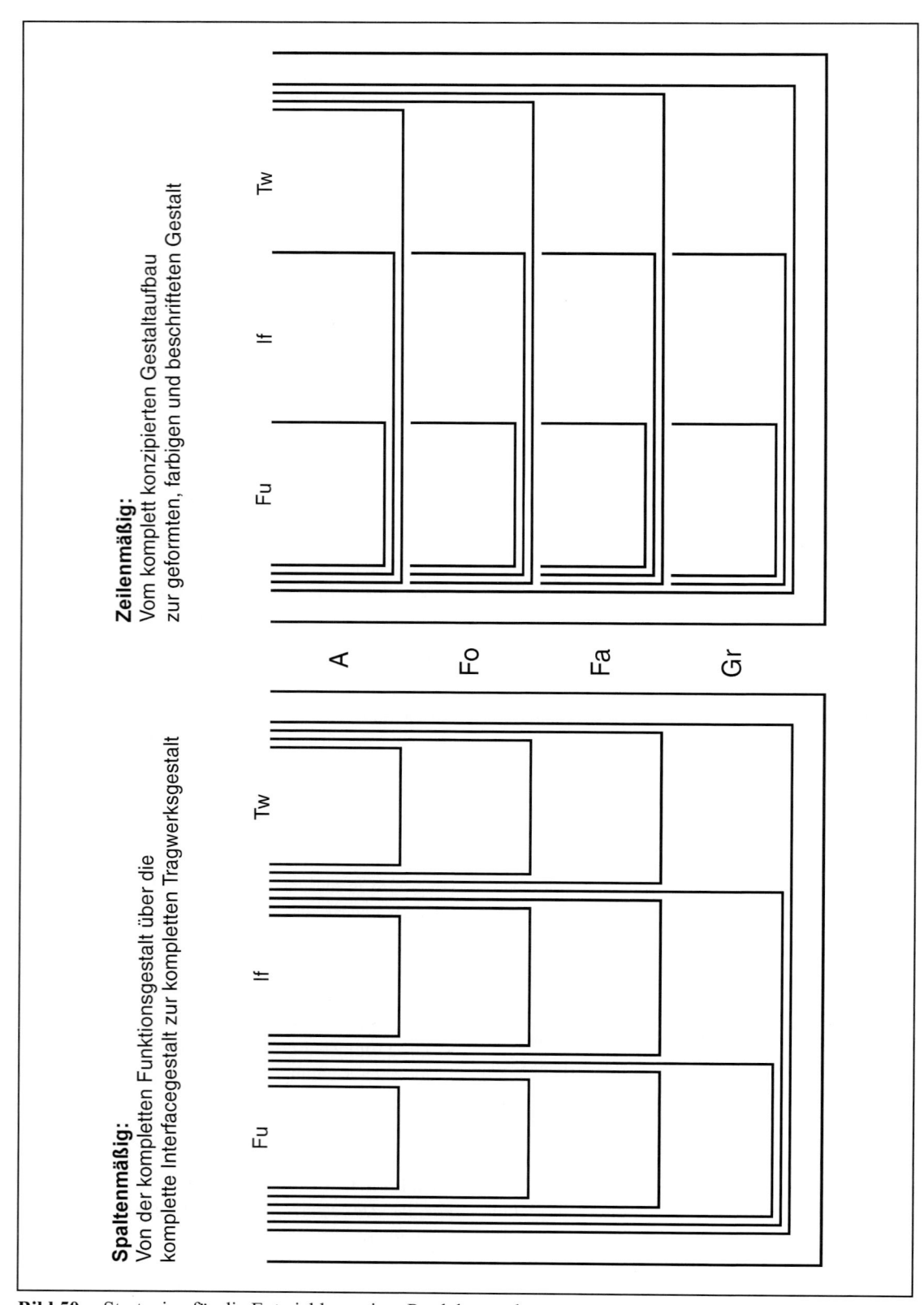

Bild 50 Strategien für die Entwicklung einer Produktgestalt

- der kennzeichnenden Gestaltung, einschließlich der formalen Gestaltung.

Definition 4.14 *Die betätigungs- und benutzungsorientierte Gestaltung wird definiert als die Umsetzung der Betätigungs- und Benutzungs- Anforderungen in die Benutzungsgestalt eines Produktes oder dessen Interface [76]*

$$\mathcal{A}_{BB}^{\Delta} \to \mathbb{P}(G(I\,f))$$

Im einfachsten Fall handelt es sich hierbei um die Umsetzung ergonomischer Maße in die so genannte Maßkonzeption eines Produktes oder Fahrzeugs.

Definition 4.15 *Dieser Designteilprozess erweitert sich im Normalfall um zweckorientierte Sichtbarkeits- und Erkennungsanforderungen zur Bedienung(-sgestaltung) des Interfaces.*

$$\left(\mathcal{A}_{BB}^{\Delta}, \mathcal{A}_{SE}^{\Delta}\right) \to \mathbb{P}(G(I\,f))$$

Eine neue Bezeichnung in diesem Zusammenhang ist Interactionsdesign bzgl. der Betätigungs-Bewegungen.
Versteht man das Ziel der Bedienungstechnik BT sicherheitsorientiert in einer eindeutigen Handlungsanweisung, so kann diese als Paarbildung zwischen einem und nur einem Bedienungselement E_1 mit einer und nur einer Bedienungsbewegung h_1 definiert werden.

$$(E_1, h_1) \in BT$$

Demgegenüber kann das zweckfreie oder spielerische Verhalten des Menschen in der Erzeugung mehrdeutiger Verhaltensweisen gegenüber der Produktgestalt definiert werden.

$$(G, v_{zf}) \notin BT$$

Diese Bedingung gilt auch für die Fehlbedienung!

Definition 4.16 *Der weitere Design-Teilprozess ist die kennzeichnende Gestaltung (synonym: semaphorisches Design u.a.) [77] definiert als die Umsetzung der Sichtbarkeits- und Erkennungs-Anforderungen in die kennzeichnende Produktgestalt*

$$\mathcal{A}_{\Delta}^{SE} \to \mathbb{P}(\mathcal{G}_{\Pi})$$

Ausgehend von dem in Kapitel 2.4 dargelegten Erkennungsvorgang lassen sich invers zu der entsprechenden Potenzmenge der diesbezüglichen Bezeichnungen weitere Designteilprozesse definieren:
Sichtbarkeitsgestaltung

$$\Delta_S : \mathcal{B}^S \to \mathbb{P}(\mathcal{G}_{\Pi}^S)$$

Eine besondere Bedeutung erhält die Sichtbarkeit im sogenannten Nachtdesign (S. Definition 2.25).

Zweck-Kennzeichnung
(Synonym: Funktionaler Code, Zweckform u.a.)

$$\Delta_Z : \mathcal{B}^Z \to \mathbb{P}(\mathcal{G}_{\Pi}^Z)$$

Bedienungs-Kennzeichnung

$$\Delta_B : \mathcal{B}^B \to \mathbb{P}(\mathcal{G}_{\Pi}^B)$$

Prinzip- und Leistungs-Kennzeichnung

$$\Delta_P : \mathcal{B}^P \to \mathbb{P}(\mathcal{G}_{\Pi}^P)$$

Fertigungs- Kennzeichnung

$$\Delta_F : \mathcal{B}^F \to \mathbb{P}(\mathcal{G}_{\Pi}^F)$$

Kosten- und Preis-Kennzeichnung

$$\Delta_K : \mathcal{B}^K \to \mathbb{P}(\mathcal{G}_{\Pi}^K)$$

Zeit-Kennzeichnung
(Synonym: Zeitgemäße, modische Gestaltung)

$$\Delta_T : \mathcal{B}^T \to \mathbb{P}(\mathcal{G}_{\Pi}^T)$$

Hersteller-Kennzeichnung
(Synonym: Corporate Design, Firmenstil u.a.)

$$\Delta_H : \mathcal{B}H \to \mathbb{P}(\mathcal{G}_{\Pi}^H)$$

Marken- und Händler-Kennzeichnung
(Synonym: Brand-Design)

$$\Delta_M : \mathcal{B}^M \to \mathbb{P}(\mathcal{G}_{\Pi}^M)$$

Verwender-Kennzeichnung
(Synonym: Status-Design)

$$\Delta_V : \mathcal{B}^V \to \mathbb{P}(\mathcal{G}_{\Pi}^V)$$

Versieht man das Ziel der Produktkennzeichnung gebrauchsorientiert in einer eindeutigen Erkennung, so kann diese als Paarbildung zwischen einer und nur einer Kennzeichnungsgestalt G_{Π} mit einer und nur einer Bezeichnung $\mathcal{B}_1$ definiert werden.

$$(G_{\Pi}, \mathcal{B}_1)$$

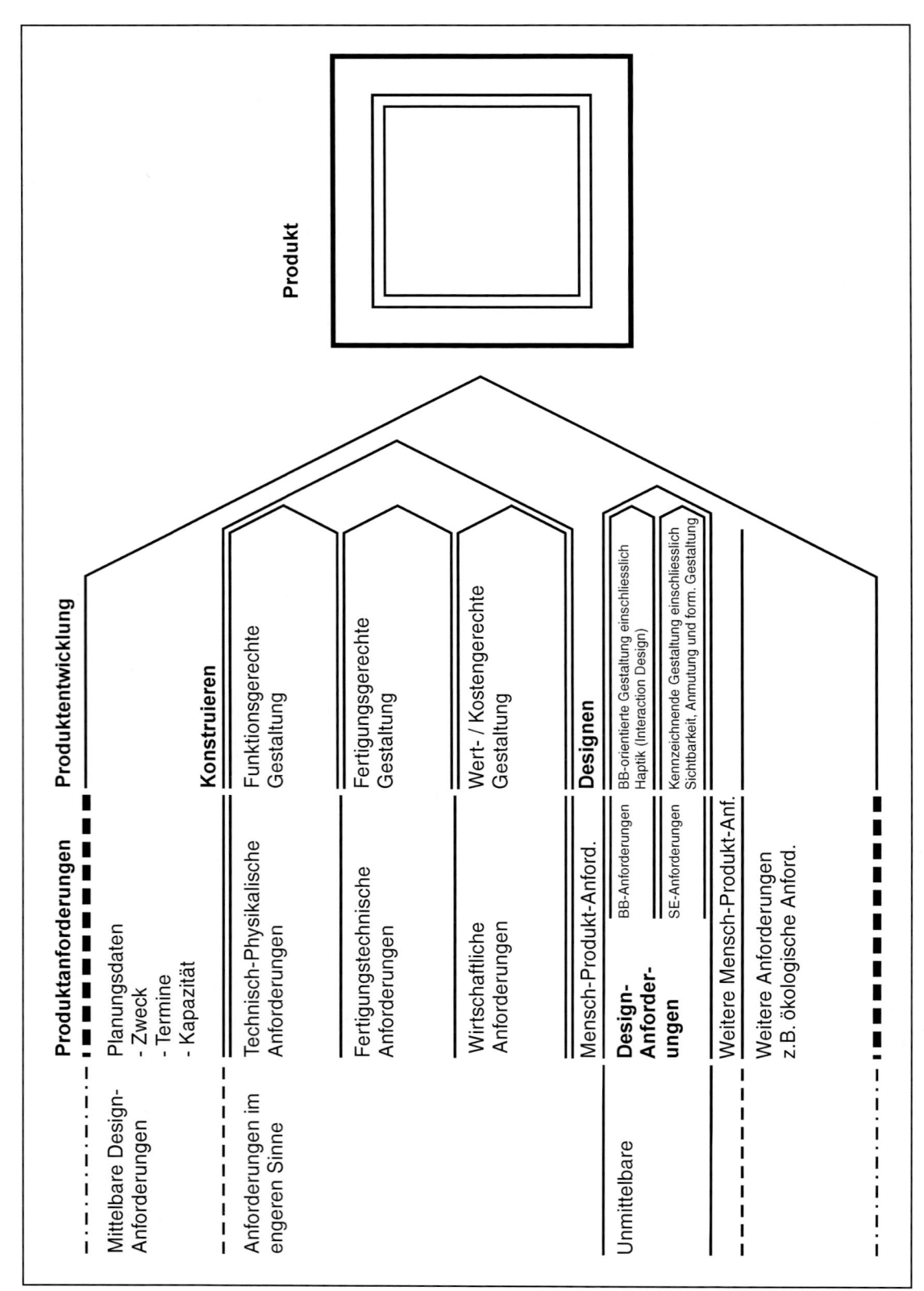

Bild 51 Teilprozesse der Produktentwicklung

Demgegenüber kann die zweckfreie oder künstlerische Gestaltung eines Produktes in der Erzeugung mehrdeutiger oder vieldeutiger Bezeichnungen $\mathcal{B}_2$ definiert werden.

$$(G_\Pi, \mathcal{B}_2)$$

Das ungelöste wissenschaftliche Problem der Produkt-Kennzeichnung ist die eindeutige Abbildungsfunktion f zwischen einer Erkennungsgestalt G_Π und ihren Bezeichnungen und umgekehrt.

$$f : G_\Pi \to \mathcal{B}$$

Diese Bedingung gilt insbesondere für einen weiteren Design-Teilprozess, nämlich die Anmutungsgestaltung

$$\Delta_A : \mathcal{B}^A \to \mathbb{P}\left(G_\Pi^A\right)$$

Das Operieren mit Anmutungen wurde in bestimmten Phasen der Designgeschichte auch als das Erzeugen von Kitsch [26] kritisiert.
Im neuesten Werk über Anmutungen sind diese folgendermaßen definiert [78]:

„Der Ausdruck *Anmutung* ist mit Bedacht gewählt. Das Pathische, um das es hier geht, ist nicht nach Ursache und Wirkung zu denken. Zwar *weht* oder *spricht* einen etwas an, zwar macht es einen betroffen, aber was das ist und wie man sich dabei befindet, hängt immer *auch* von einem selbst ab. Anmutungen sind etwas Leichtes und Flüchtiges, sie sind Quasi-Subjekte, doch keine Personen, sie sind unbestimmt und werden doch in charakteristischer Weise erfahren." (a.a.O. [78], Seite 8)

„Für eine systematische Darstellung des Atmosphärischen, d.h. des Phänomenbereichs der Atmosphären, ist es trotz dieser Vorarbeiten noch zu früh." (a.a.O. [78], Seite 9)

Die Anmutungen äußern sich meist in einem mitrealen Bedeutungsfeld oder gar in Bedeutungskaskaden, die immer subjektiv sind und sich deshalb einer objektiven Erfassung und Behandlung bis heute entziehen.

In der Berücksichtigung aktueller Entwicklungen kann die anmutungshafte Gestaltung auch esoterische Bedeutungen betreffen, wie z.B. solche aus dem Feng Shui [79].

In Abschnitt 2.4 wurden die Erkennungsinhalte aus einer Produktgestalt definiert in:

- 4 Erkennungsgruppen
  und
- 10 Erkennungsinhalte (ohne Sichtbarkeit)

Die Darstellung dieser Erkennungsinhalte erfolgte bewusst ohne Rangfolge und Gewichtung!

Im Rahmen des anmutungshaften oder assoziativen Designs (japanisch: Engineering of Impression [80]) stellt sich nun mit den Industrie- und Service-Robotern eine neue Gliederungsherausforderung.

Roboter werden vielfach analog zu Menschen oder Tieren (Hunden!) designt.

Definition 4.17 *Diese Designauffassung kann als analoges Design bezeichnet werden.*

Diese Gestaltungsart ist natürlich nicht auf Roboter beschränkt, sondern findet sich in vielen Beispielen der Designgeschichte, wobei die Analogie zu Pflanzen (Jugendstil), zur Architektur oder zu den Gestirnen (Analoganzeigen) hinzukommen.

In Anlehnung an die konkrete Kunst könnte die gegenteilige Auffassung als konkretes Design bezeichnet werden. So definierte Max Bill die konkrete Kunst schon 1949 folgendermaßen:

„Konkrete Kunst nennen wie jene Kunstwerke, die aufgrund ihrer ureigenen Mittel und Gesetzmäßigkeiten – ohne äußerliche Anlehnung an Naturerscheinungen oder deren Transformierung, also nicht durch Abstraktion entstanden sind [81].

Konkrete Malerei und Plastik ist die Gestaltung von optisch Wahrnehmbarem. Ihre Gestaltungsmittel sind Farben, der Raum, das Licht und die Bewegung. Durch die Formung dieser Elemente entstehen neue Realitäten. Vorher nur in der Vorstellung bestehende abstrakte Ideen werden in konkreter Form sichtbar gemacht."

Definition 4.18 *Ein konkretes Design liegt dann vor, wenn durch eine funktionale und konstruktive Gestalt deren Eigenschaften und Herkunft einschließlich der formalen Qualitäten sichtbar und erkennbar gemacht werden.*

Diese Designauffassung wird in diesem Werk schwerpunktmäßig behandelt.

Das interessante am aktuellen Roboter-Design ist, dass sich darin beide Designauffassungen darstellen Bild 52). Zu dem analogen Design können auch aktuelle Designs gezählt werden, die sich am Vorbild Natur orientieren:

- die Pneus (Frei Otto und Mitarbeiter, Institut für leichte Flächentragwerke, Uni Stuttgart [82]),
- die Airtecture (A. Thallemer, FESTO Esslingen [83]),
- sowie auch viele „biomorphe" Arbeiten von Colani [84] oder des spanischen Architekten Calatrava.

Bild 52 Gegenüberstellung von konkretem Design (links) und analogem Design (rechts)

- Dieser Zusammenhang von Natur und Technik bildet sich auch in vielen Spitznamen (Käfer, Delphin, Krokodil, Ei) oder Produktnamen (Wal, Libelle, Greif, Panther) ab.

Es ist allerdings die Frage, ob der Unterschied zwischen dem analogen und dem konkreten Design nicht nur in einer semantischen Aufladung von Grundgestalten liegt, z.B. dass eine Y-Gestalt von einer Libelle hergeleitet wird oder eine Tragwerks-T-Gestalt als Zeichen der Balance gilt [85].

In einer kritischen Betrachtung könnte man das analoge Design als Retro-Look werten, während es in einer positiven Wertung als Design mit „ewigen Formen" erscheint. Eine letzte Entwicklung ist das analoge Sound-Design von Robotern [86], die bei Gefahr zum Raubtier werden und wie ein Löwe grollen oder wie ein Jaguar fauchen.

Nach den Darlegungen in Abschnitt 2.4 ist das analoge Design dasjenige für Laien einschließlich Kindern und das konkrete Design dasjenige für Experten, Profis und auch bzw. in Anlehnung an Mittelstrass [87], das Design der Leonardo-Welt.

Das analoge Design eröffnet eine weitere Ähnlichkeitsthematik z.B. zum Menschen, die allerdings hier nicht behandelt wird.

Definition 4.19 *Der letzte Design-Teilprozess in dieser Aufgliederung ist die formale Gestaltung*

$$\Delta_{fq}: \mathcal{B}^{fq} \to \mathbb{P}\left(G_{\Pi}^{fq}\right)$$

mit den in Kapitel 2.6 definierten formalen Bezeichnungen oder Qualitäten.

Definition 4.20 *Wie der konstruktive Entwicklungsprozess ist auch der Designprozess integral, d.h. es gibt im modernen Sinne keine separaten Designelemente, wie Zierleisten, Rallystreifen, Attrapen u.a.*

In dem Design-Teilprozess Benutzungs- und Bedienungsgestaltung ergeben sich danach mehrfach- oder vielfach belegte Elemente der Interface-Gestalt.

In der Kennzeichnungstechnik folgt daraus eine integrale Kennzeichnung oder Kodierung, d.h. ein oder wenige Kennzeichnungselemente werden für mehrere oder viele Erkennungsinhalte eingesetzt.

Der Grenzwert ist die totale Kennzeichnung oder Kodierung, d.h. alle Teilgestalten bzw. Gestaltelemente werden zur Kennzeichnung oder Kodierung eingesetzt.

Definition 4.21 *Die „Fragilität" des Designs besteht darin, dass zu den gleichen Anforderungen, im gleichen Ablauf, durch den gleichen oder unterschiedliche Bearbeiter, alternative Lösungsgestalten mit dem gleichen Nutzwert allerdings aus unterschiedlichen Teilnutzwerten entstehen. D.h. eine Lösungsgestalt ist vielfach nur aus ihren Bearbeitungsschritten und -entscheidungen (Randbedingungen, Konstriktionen u. a.) verständlich. Diese varietätsbegründende Fragilität des Lösungsprozesses ist ein bekanntes Faktum der Konstruktionswissenschaften und der Ästhetik.*

Definition 4.22 *Erst durch das Design wird der konstruktive Entwicklungsprozess zu einem vollständigen Prozess, denn erst dadurch wird die häufig unvollständige Lösungsgestalt um Farbe, Oberfläche und Grafik komplettiert.*

Es ist aber falsch, daraus abzuleiten, dass nur diese Gestaltelemente damit die Lösungselemente des Designs wären.

Definition 4.23 *Das Design erweitert die Wertschöpfung oder -steigerung des konstruktiven Entwicklungsprozesses um die Wertanteile der Betätigung und Benutzung und um die Wertanteile der Sichtbarkeit und Erkennbarkeit. Das ursprüngliche Tupel des Designprozesses aus Anforderungen und Gestalt erweitert sich damit zu einem Quartupel um die oben genannten Wertanteile*

$$(\mathcal{A}, G) \to (\mathcal{A}, G, n_{BB}, n_{SE})$$

4.4 Freiheitsgrade und Aufgabentypen

Ausgehend von dem Tatbestand, dass schon in der Planungsphase bestimmte Gestaltelemente des neuen Produktes vorgegeben sind, muss die Produktgestalt für die Lösungsentwicklung weiter unterteilt werden (Bild 53)

- in eine invariable Teilgestalt G^{fix},
- und in eine variable Teilgestalt G^{var}.

Im Maschinenbau wird die für das Design vorgegebene und invariable Teilgestalt meist durch physikalische, fertigungstechnische und wirtschaftliche Anforderungen bestimmt.

$$G^{fix} = f\left(\mathcal{A}^P, \mathcal{A}^W, \mathcal{A}^F\right)$$

Jede dieser Teilgestalten kann sich wieder aus acht Teilmengen an Gestaltelementen und Gestaltordnungen zusammensetzen. Danach sind z.B. beim Außendesign eines Fahrzeuges 16 Teilmengen an

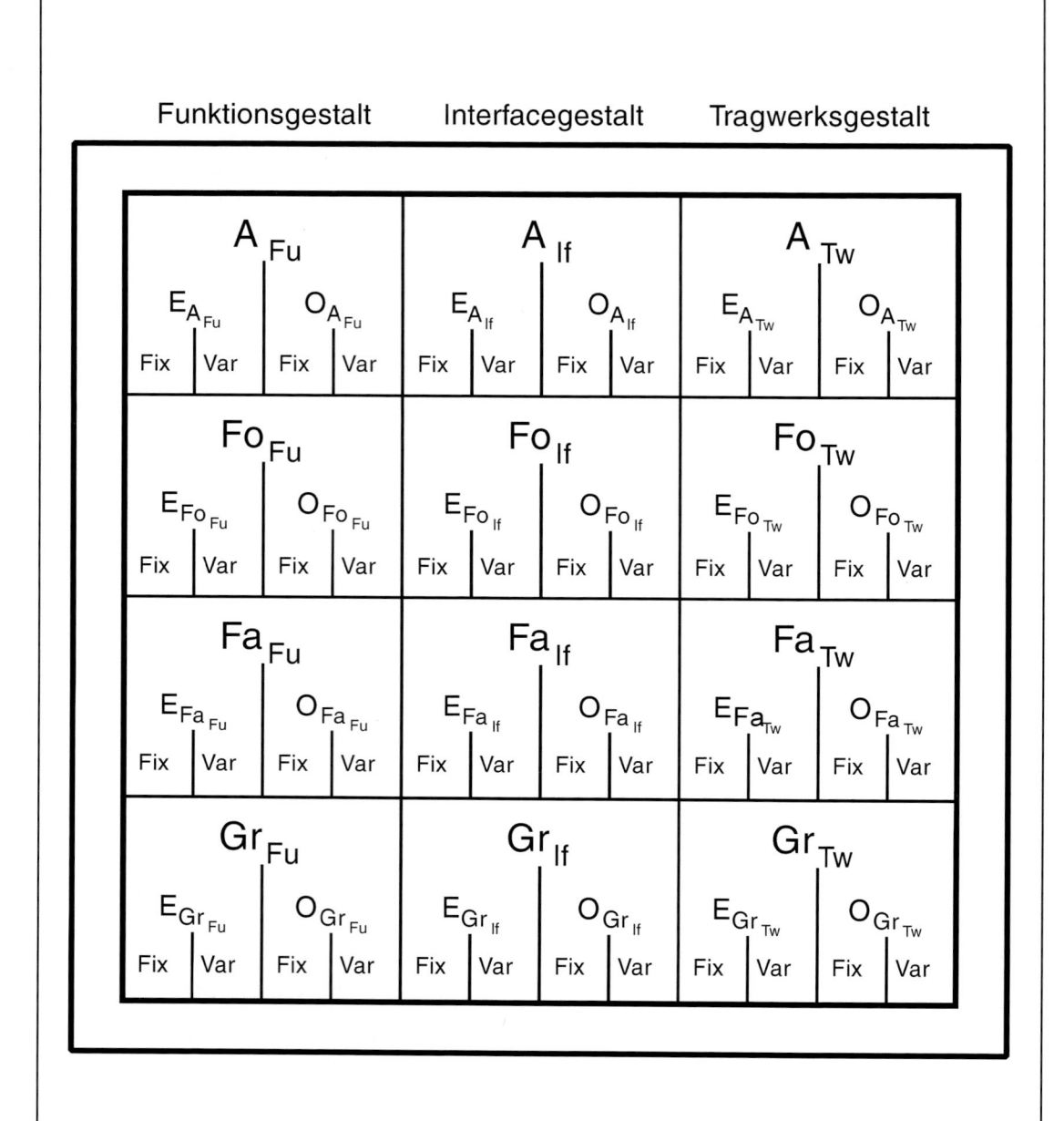

Bild 53 Erweiterte Gliederung einer Produktgestalt (Erweiterung von Bild 41)

Gestaltelementen und Gestaltordnungen zu berücksichtigen.

$$G = G^{var} \cup G^{fix}$$
$$= \{(E,O) \in G^{var}\} \cup \{(E,O) \in G^{fix}\}$$

Das Verhältnis der freien Teilgestalt zur Gesamtgestalt wird als konstruktiver Freiheitsgrad des Technischen Designs definiert.

$$\frac{|G^{var}|}{G} = \frac{|G| - |G^{fix}|}{|G|} = 1 - \frac{|G^{fix}|}{|G|}$$

Hieraus ergeben sich die beiden Grenzfälle
Großer konstruktiver Freiheitsgrad durch kleinen Anteil der invariablen Teilgestalten

$$G^{fix} < G^{var}$$

und

$$0 \leq \frac{|G^{fix}|}{G}$$

Kleiner konstruktiver Freiheitsgrad durch hohen Anteil der invariablen Teilgestalten

$$G^{var} < G^{fix}$$

und

$$\frac{|G^{fix}|}{G} \leq 1$$

Der konstruktive Freiheitsgrad bestimmt sowohl den Lösungsansatz wie die Lösungstiefe des Technischen Designs. Der konstruktive und kreative Lösungsansatz für alle Teilaufgaben des Technischen Designs liegt in der Konzeptphase mit der Gestaltkonzeption.
Unter der Lösungstiefe einer Entwicklung wird die zunehmende Vervollständigung der Produktgestalt verstanden. Der Freiheitsgrad wird umso kleiner und der Schwierigkeitsgrad der Lösungsfindung wird umso größer je „tiefer" eine Entwicklung von der Konzeption zur Ausarbeitung fortgeschritten ist. Die größte Lösungstiefe umfasst alle drei Entwicklungsphasen einer Gestalt, während die kleinste Lösungstiefe nur eine Phase umfasst. In den einzelnen Konstruktionstypen lassen sich folgende Anwendungsfälle unterscheiden.
Bei einer Neukonstruktion (Neuentwicklung u.a.) mit einem großen Freiheitsgrad umfasst das Technische Design die freien Elemente von

- Gestaltkonzeption oder -aufbau A^{var},
- Formgebung Fo^{var},
- Farbgebung Fa^{var},
- Grafik Gr^{var}

einschließlich entsprechender Varianten.
Bei einer Anpassungs- und Variantenkonstruktion (Weiterentwicklung, Verbesserungs-K. u.a.) mit einem unveränderlichen Gestaltaufbau umfasst das Technische Design dagegen nur die freien Elemente der

- Formgebung Fo^{var},
- Farbgebung Fa^{var},
- Grafik Gr^{var}

einschließlich entsprechender Varianten.
Bei einer Baukastenkonstruktion aus vorhandenen Bauelementen und Zulieferteilen mit einer fertigen Form- und Farbgebung umfasst das Technische Design die freien Elemente von

- Gestaltkonzeption oder -aufbau A^{var},
- ggf. Farbgebung Fa^{var},
- Grafik Gr^{var}

einschließlich entsprechender Varianten. Die minimalste Designaufgabe ist durch die Farbgebung und Grafik in der Ausarbeitungsphase gegeben.
Auf den Unterschieden im Umfang der Teilaufgaben und Anforderungen sowie im Freiheitsgrad und in der Lösungstiefe ergeben sich unterschiedliche Aufgabentypen und Schwierigkeitsgrade des Technischen Designs.
Einfache Designaufgabe, gekennzeichnet durch:

- niedere Zahl an Designanforderungen
- hohen konstruktiven Freiheitsgrad
- kleine Lösungstiefe.

Schwierige Designaufgabe, gekennzeichnet durch:

- hohe Zahl an Designanforderungen
- niederen konstruktiven Freiheitsgrad
- große Lösungstiefe.

Definition 4.24 *Die Behandlung der Produktkennzeichnung ist dabei der Normalfall des Technischen Design sowohl bei Groß- wie bei Klein- und Mittelunternehmen. Die Behandlung der Benutzung und Betätigung ist der erweiterte Aufgabentyp des Technischen Design, der insbesondere bei Klein- und Mittelunternehmen auftritt. Der minimalste Aufgabenumfang oder das Minimaldesign ist das formale Ordnen einer Konstruktion. Allgemein gilt das Fahrzeug-Design als die schwierigste Designaufgabe, bei dem alle Design-Teilaufgaben sowohl*

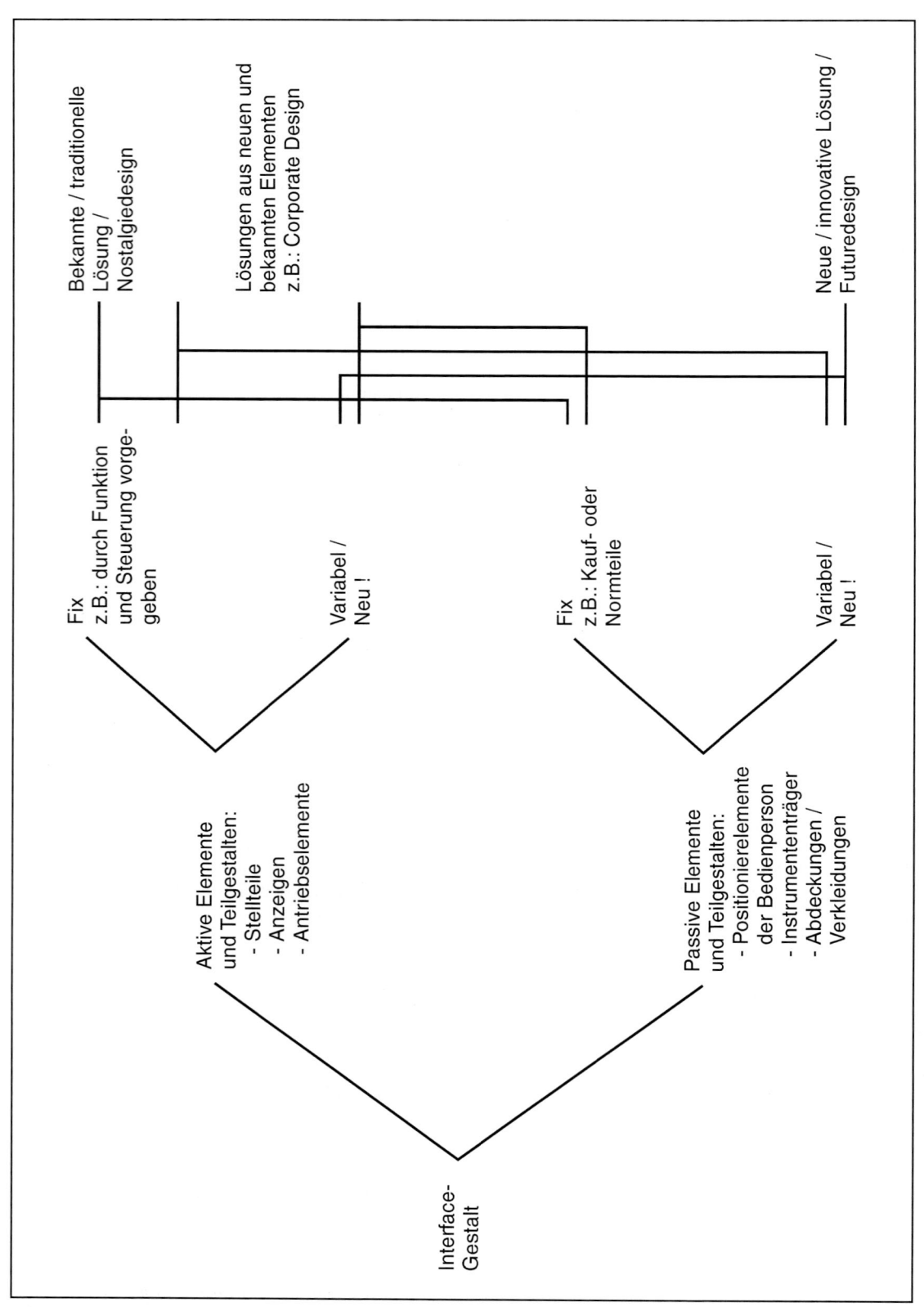

Bild 54 Alternativen des Interface-Designs

4.5 Teilprozesse des Designens

im Fahrzeug-Exterior wie im Fahrzeug-Interior auftreten. Praxisbezogen bedeuten die unterschiedlichen Aufgabentypen eine unterschiedliche Bearbeitungsdauer und unterschiedliche Bearbeitungskosten. Es ist zudem ein praktischer Erfahrungswert, dass der Aufgabenumfang des Technischen Designs umso größer ist, je kleiner das Unternehmen ist.

Der in Kapitel 3.4 definierte Designteilnutzwert n_Δ einer Produktgestalt G differenziert sich damit weiter in einen Teilnutzwert, der aus einer invariablen Teilgestalt G^{fix} und einer variablen Teilgestalt G^{var} gebildet wird.

$$n_\Delta(G) = n_\Delta\left(G^{fix}\right) + n_\Delta\left(G^{var}\right)$$

Für die weiteren Abschnitte stellt sich daraus die Frage nach entsprechenden Lösungselementen und nach der Ausarbeitung dieser beiden Teilgestalten in unterschiedlichen Designs.

4.5 Teilprozesse des Designens

Das Design ist auf den Menschen zentriert. Dieser bildet mit seinen demografischen und psychografischen Merkmalen und den daraus folgenden Anforderungen den Ausgangspunkt der Designprozesse (Farbbild 1).

4.5.1 Betätigungs- und benutzungsorientierte Gestaltung oder Interaktion-Design

Nach Definition 4.14 ist die Betätigungs- und Benutzungsorientierte Gestaltung definiert als die Umsetzung der Betätigungs- und Benutzungs-Anforderungen in die Benutzungsgestalt eines Produktes oder dessen Interface

$$\mathcal{A}^\Delta_{BB} \to \mathbb{P}(\mathcal{G}(I\,f))$$

Dieser Designteilprozess kann erweitert werden um Sichtbarkeits- und Erkennungsanforderungen, maßgeblich solchen der Bedienungserkennung

$$\left(\mathcal{A}^\Delta_{BB}, \mathcal{A}^\Delta_{SE}\right) \to \mathbb{P}(\mathcal{G}(I\,f))$$

Das Interface ist diejenige Gestaltpartie eines technischen Produktes, an der sich die Designanforderungen in besonderer Dichte konzentrieren.

In beiden Fällen ist das Interface eines Produktes kleiner gleich seiner Gestalt

$$G(I\,f) \le G$$

Das Interface eines Produktes ist im Extremfall identisch mit seiner Gestalt.

Das Interface kann unterteilt werden in seine aktiven Elemente, insbesondere Stellteile und Anzeigen, bzw. die entsprechende Teilgestalt /-en, nämlich Displays, Instrumentenbrett, Bedienfeld u.a. als Interface in engeren Sinne (Bild 54).

Daneben treten meist noch zusätzlich passive Elemente auf, wie Tragwerke, Verkleidungen, Positionierungselemente der Bedienperson u.a.

Unter Berücksichtigung der in Kapitel 4.4 eingeführten invariablen und variablen Teilgestalten ergeben sich für die Bedienungsgestalt oder das Interface die in Bild 54 dargestellten Gestaltungsalternativen von einer nostalgischen oder genormten Gestaltung bis hin zu einer futuristischen oder total neuen Gestaltung.

Im Normalfall bildet sich das Interface aus einer fixen und einer variablen Teilgestalt

$$G(I\,f) = G^{Fix}(I\,f) \cup G^{var}(I\,f)$$

Die fixe Teilgestalt ist meist identisch mit der in Kapitel 4.2 definierten Funktionsgestalt.

Der entsprechende Teilnutzwert entsteht gleichfalls aus diesen beiden Teilgestalten

$$n_{BB}\left(G^{fix}(I\,f), G^{var}(I\,f)\right)$$

Bezüglich der fixen Interfaceteilgestalt $G^{fix}(I\,f)$ richtet sich das Designen immer auf das Vermeiden eines negativen Teilnutzwertes bzw. einer Wertminderung.

Bezüglich der variablen Interfaceteilgestalt $G^{var}(I\,f)$ richtet sich das Designen demgegenüber auf das Erzielen eines positiven Teilnutzwertes bzw. einer entsprechenden Wertsteigerung.

Alle Teilgestalten der Bedienungsgestalt oder des Interface konstituieren sich aus den entsprechenden Elementen $E(I\,f)$ und Ordnungen $O(I\,f)$

$$G(I\,f) = (E(I\,f), O(I\,f))$$
$$= (E(I\,f), O(I\,f))^{fix} + (E(I\,f), O(I\,f))^{var}$$

Diese Elemente und Ordnungen bilden die nachfolgend behandelten Lösungskataloge des Interface-Designs des Produktes.

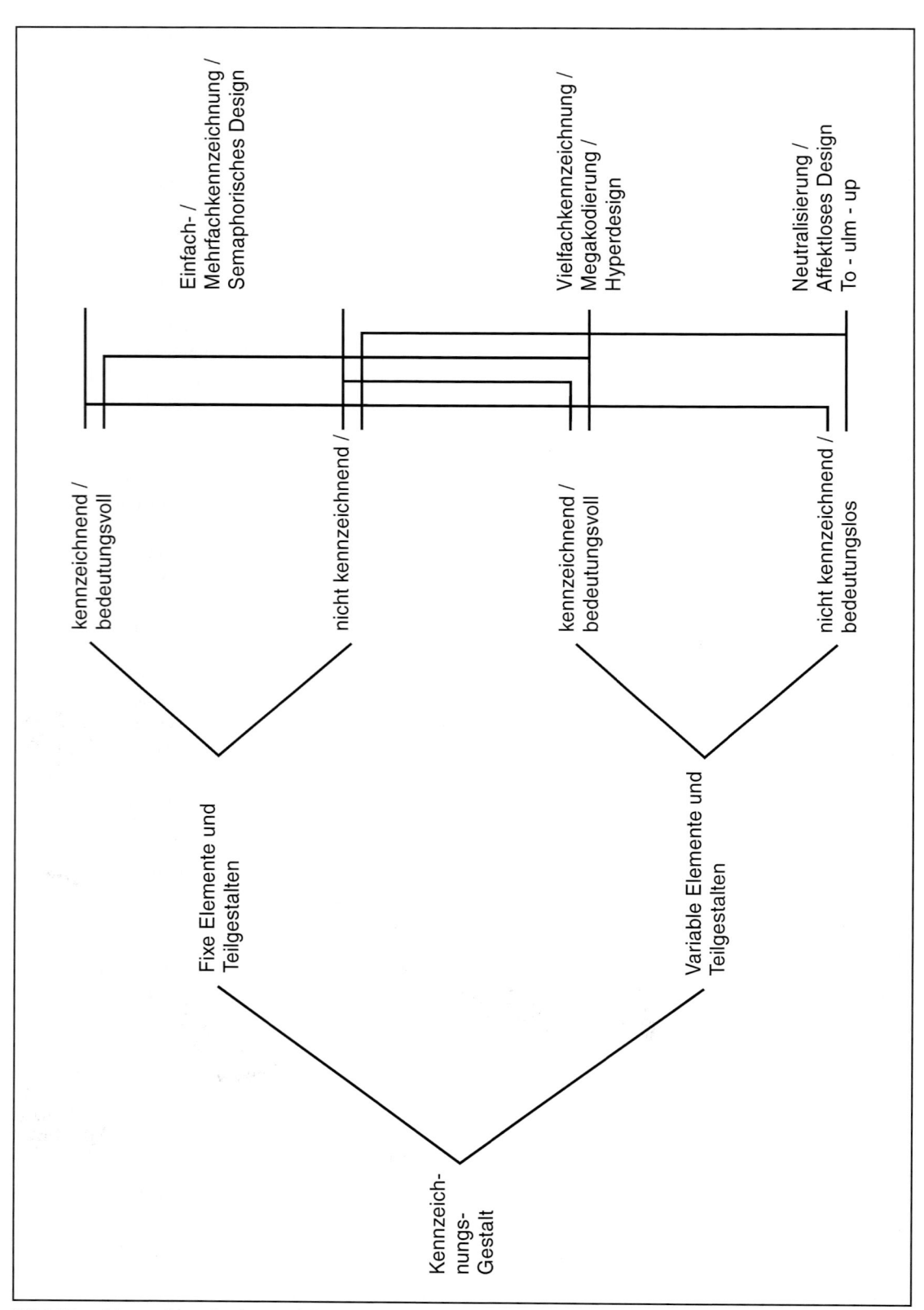

Bild 55 Alternativen der kennzeichnenden Gestaltung

4.5.2 Sichtbarkeits- und erkennbarkeitsorientierte oder kennzeichnende Gestaltung

Nach Definition 4.16 ist die Sichtbarkeits- und Erkennungsorientierte oder kennzeichnende Gestaltung definiert als die Umsetzung der Sichtbarkeits- und Erkennungs-Anforderungen in die Erkennungs- bzw. Kennzeichnungsgestalt eines Produktes

$$\mathcal{A}_{SE}^{\Delta} \to \mathbb{P}(\mathcal{G}_{\Pi})$$

Dieser Designteilprozess umfasst die in Abschnitt 4.3 behandelte Gliederung in weitere Teilprozesse.

In beiden Fällen ist die Kennzeichnungsgestalt eines Produktes kleiner gleich seiner Gestalt

$$G_{\Pi} \leq G$$

Die Kennzeichnungsgestalt eines Produktes ist im Extremfall identisch mit seiner Gestalt.

Unter Berücksichtigung der im Kapitel 4.4 eingeführten invariablen und variablen Teilgestalten ergeben sich für die Kennzeichnungsgestalten die im Bild 55 dargestellten Gestaltungsalternativen.

Definition 4.25 *Grenzfälle des kennzeichnenden Designs eines Produktes sind dessen Vielfachkennzeichnung (synonym: Meistdeutigkeit, Hyperdesign u.a.) und dessen Neutralisierung (synonym: Affektloses Design, Anonymes Design, To-ulm-up).*

Im Normalfall bildet sich die Kennzeichnungsgestalt ebenfalls aus einer fixen und einer variablen Teilgestalt

$$G_{\Pi} = \left(G_{\Pi}^{\text{fix}}, G_{\Pi}^{\text{var}}\right)$$

Die fixe Teilgestalt ist meist identisch mir der in Abschnitt 4.2 definierten Funktionsgestalt und mit dem in Abschnitt 4.5.1 beschriebenen Interface.

Bei der praktischen Designarbeit beginnt die Kennzeichnung mit der Analyse der invariablen Funktionsgestalt auf Kennzeichnungselemente für die vorgegebenen Kennzeichnungsinhalte. Diese Analyse ist als Vergleich der Funktionsgestalten mit Leitbildern zu verstehen.
Hieraus ergeben sich zwei Fälle:
Fall 1: die Funktionsgestalt enthält Kennzeichnungselemente und ist dadurch schon bedeutungsvoll.

$$G^{fix} \cap G_{\Pi} = G_{\Pi}^{\text{fix}}$$

$$G_{\Pi}^{fix} < G$$

Fall 2: die Funktionsgestalt enthält noch keine Kennzeichnungselemente und ist dadurch noch bedeutungslos.

$$G^{fix} \cap G_{\Pi} = \phi$$

$$G_{\Pi}^{fix} = 0$$

Für die Ergänzung der invariablen Funktionsgestalt durch variable Gestaltelemente zur gesamten Produktgestalt ergeben sich jeweils zwei weitere Fallunterscheidungen.

Fall 1.1: die invariable und kennzeichnende Teilgestalt wird ergänzt durch eine neutrale Teilgestalt.

$$G = \left\{G_{\Pi}^{fix}, G^{\text{var}}\right\}$$

Fall 2.1: die invariable und bedeutungslose Teilgestalt wird ergänzt durch eine kennzeichnende Teilgestalt.

$$G = \left\{G^{fix}, G_{\Pi}^{\text{var}}\right\}$$

Diese beiden Fälle sind die prinzipiellen Lösungen der bisher definierten Einfach- oder Mehrfachkennzeichnungen eines Produktes.

Fall 1.2: die invariable und die kennzeichnende Teilgestalt wird ergänzt durch kennzeichnende, variable Teilgestalt.

$$G = \left\{G_{\Pi}^{fix}, G_{\Pi}^{\text{var}}\right\}$$

Diese Produktgestalt ist die prinzipielle Lösung einer Mehrfachkennzeichnung.

Fall 2.2: die invariable und bedeutungslose Teilgestalt wird ergänzt durch die ebenfalls bedeutungslose, variable Teilgestalt.

$$G = \left\{G^{fix}, G^{\text{var}}\right\}$$

Diese Produktgestalt ohne Kennzeichnungselemente entspricht dem sog. neutralen oder affektlosen Design oder dem Gestaltungsvorgang des „to-ulm-up".

Der entsprechende Kennzeichnungs-Teilnutzwert entsteht gleichfalls aus diesen beiden Teilgestalten

$$n_{SE} = \left\{G_{\Pi}^{fix}, G_{\Pi}^{\text{var}}\right\}$$

Bezüglich der fixen Kennzeichnungsteilgestalt G_{Π}^{fix} richtet sich das Designen immer auf das Vermeiden eines negativen Teilnutzwertes bzw. einer Wertminderung.

Bezüglich der variablen Kennzeichnungsgestalt G_Π^{var} richtet sich das Designen demgegenüber auf das Erzielen einen positiven Teilnutzwertes bzw. einer entsprechenden Wertsteigerung.

Der Kennzeichnungsgrad einer Gestalt ergibt sich nach folgender Kennzeichnungsrate R_Π

$$R_\Pi = \frac{|G_\Pi|}{|G|}$$

Mit $G = G_\Pi + \overline{G}$ und somit $G_\Pi = G - \overline{G}$ erhält man

$$R_\Pi = \frac{|G - \overline{G}|}{|G|}$$

Definition 4.26 *Ein Allround-Design ergibt sich, wenn die neutralen Gestaltelemente $\overline{G}$ gegen Null gehen, d.h. alle Gestaltelemente zur Kennzeichnung herangezogen werden, bei Fahrzeugen auch die Unterseite!*

$$R_\Pi \to 1$$

Alle Teilgestalten der Kennzeichnungsgestalt konstruieren sich aus den entsprechenden Elementen E_Π und Ordnungen O_Π

$$G_\Pi = (E_\Pi, O_\Pi) = (E_\Pi, O_\Pi)^{fix} \cup (E_\Pi, O_\Pi)^{var}$$

Die Menge dieser Elemente und Ordnungen bildet die nachfolgend behandelten Lösungskataloge des Kennzeichnungsdesign bzw. der Kennzeichnungsgestalt eines Produktes einschließlich dessen formaler Gestaltung.

4.6 Lösungsräume und -kataloge des Designens

Auf der Grundlage von Bild 53 ergeben sich die Lösungsräume und -kataloge des Designens einer Produkteinzelgestalt. Hierzu bilden sich alle in den Kapiteln 4.4 und 4.5 behandelten Definitionen ab:

- die Funktions-, Interface- und Tragwerks-Teilgestalt,
- deren jeweiligen Elemente und Ordnungen,
- deren Untergliederung in Invariable (fix) und Variable (var),
- deren Orientierung an Betätigung und Benutzung (BB) sowie Sichtbarkeit und Erkennbarkeit (SE).

Unter Berücksichtigung der jeweiligen Konkretisierungsstufen vom Aufbau zur Form und zu Oberfläche, Farbe und Grafik enthält dieser Lösungsraum eine superierende, gestaltbildende Hierarchie, die auf der abstrakten Ebene beginnt und bei der Gesamtgestalt endet.

Das Prinzip der integralen Gestaltung (s. Definition 4.13) ist dadurch gegeben, dass invariable Elemente gleichzeitig BB-orientierte Elemente und auch SE-orientierte/ kennzeichnende Elemente sein können.

Nicht zuletzt die gleichzeitige Kennzeichnung oder Indexierung realisiert damit das ästhetische Prinzip der „Mitrealität" [88].

Der Lösungsraum einer Designaufgabe bildet sich aus der Menge der jeweiligen Lösungselemente $\mathbb{E}$ und Ordnungen $\mathbb{O}$ bzw. den daraus möglichen Gestalten $\mathbb{G}$ bzw. Teilgestalten Aufbau $\mathbb{A}$, Form $\mathbb{F}o$, Farbe $\mathbb{F}a$ und Grafik $\mathbb{G}r$ als Potenzmenge

$$\mathbb{G} = \{\mathbb{E}, \mathbb{O}\}$$

Den Überblick über alle möglichen Lösungsräume u. -kataloge gibt die Tabelle 7. In Erweiterung der bisher behandelten Gestaltungsprinzipien sind darin die Lösungskataloge bzgl. der formalen Gestaltung (Indexierung FQ) explizit dargestellt. Insgesamt ergeben sich 240 Lösungskataloge.

Aus Gründen der Verständlichkeit, der Darstellungsökonomie wie auch in Bezug auf das vorliegende Erfahrungswissen wird dieser hochkomplexe Lösungsraum in Abschnitt 6 auf ca. 100 praktische Lösungskataloge komprimiert.

4.5 Teilprozesse des Designens

Tabelle 7 Lösungsraum des Technischen Designs

Teilgestalt		Funktionsgestalt		Interfacegestalt		Tragwerksgestalt	
		$\mathbb{E}(Fu)$	$\mathbb{O}(Fu)$	$\mathbb{E}(If)$	$\mathbb{O}(If)$	$\mathbb{E}(Tw)$	$\mathbb{O}(Tw)$
Aufbau	$\mathbb{A}^{fix}$	$\mathbb{E}_A^{fix}(Fu)$	$\mathbb{O}_A^{fix}(Fu)$	$\mathbb{E}_A^{fix}(If)$	$\mathbb{O}_A^{fix}(If)$	$\mathbb{E}_A^{fix}(Tw)$	$\mathbb{O}_A^{fix}(Tw)$
$\mathbb{A}$	$\mathbb{A}^{var}$	$\mathbb{E}_A^{var}(Fu)$	$\mathbb{O}_A^{var}(Fu)$	$\mathbb{E}_A^{var}(If)$	$\mathbb{O}_A^{var}(If)$	$\mathbb{E}_A^{var}(Tw)$	$\mathbb{O}_A^{var}(Tw)$
Aufbau	$\mathbb{A}^{fix/BB}$	$\mathbb{E}_A^{fix/BB}(Fu)$	$\mathbb{O}_A^{fix/BB}(Fu)$	$\mathbb{E}_A^{fix/BB}(If)$	$\mathbb{O}_A^{fix/BB}(If)$	$\mathbb{E}_A^{fix/BB}(Tw)$	$\mathbb{O}_A^{fix/BB}(Tw)$
$\mathbb{A}^{BB}$	$\mathbb{A}^{var/BB}$	$\mathbb{E}_A^{var/BB}(Fu)$	$\mathbb{O}_A^{var/BB}(Fu)$	$\mathbb{E}_A^{var/BB}(If)$	$\mathbb{O}_A^{var/BB}(If)$	$\mathbb{E}_A^{var/BB}(Tw)$	$\mathbb{O}_A^{var/BB}(Tw)$
Aufbau	$\mathbb{A}^{fix/SE}$	$\mathbb{E}_A^{fix/SE}(Fu)$	$\mathbb{O}_A^{fix/SE}(Fu)$	$\mathbb{E}_A^{fix/SE}(If)$	$\mathbb{O}_A^{fix/SE}(If)$	$\mathbb{E}_A^{fix/SE}(Tw)$	$\mathbb{O}_A^{fix/SE}(Tw)$
$\mathbb{A}^{SE}$	$\mathbb{A}^{var/SE}$	$\mathbb{E}_A^{var/SE}(Fu)$	$\mathbb{O}_A^{var/SE}(Fu)$	$\mathbb{E}_A^{var/SE}(If)$	$\mathbb{O}_A^{var/SE}(If)$	$\mathbb{E}_A^{var/SE}(Tw)$	$\mathbb{O}_A^{var/SE}(Tw)$
Aufbau	$\mathbb{A}^{fix/FQ}$	$\mathbb{E}_A^{fix/FQ}(Fu)$	$\mathbb{O}_A^{fix/FQ}(Fu)$	$\mathbb{E}_A^{fix/FQ}(If)$	$\mathbb{O}_A^{fix/FQ}(If)$	$\mathbb{E}_A^{fix/FQ}(Tw)$	$\mathbb{O}_A^{fix/FQ}(Tw)$
$\mathbb{A}^{FQ}$	$\mathbb{A}^{var/FQ}$	$\mathbb{E}_A^{var/FQ}(Fu)$	$\mathbb{O}_A^{var/FQ}(Fu)$	$\mathbb{E}_A^{var/FQ}(If)$	$\mathbb{O}_A^{var/FQ}(If)$	$\mathbb{E}_A^{var/FQ}(Tw)$	$\mathbb{O}_A^{var/FQ}(Tw)$
Form	$\mathbb{F}o^{fix}$	$\mathbb{E}_{Fo}^{fix}(Fu)$	$\mathbb{O}_{Fo}^{fix}(Fu)$	$\mathbb{E}_{Fo}^{fix}(If)$	$\mathbb{O}_{Fo}^{fix}(If)$	$\mathbb{E}_{Fo}^{fix}(Tw)$	$\mathbb{O}_{Fo}^{fix}(Tw)$
$\mathbb{F}o$	$\mathbb{F}o^{var}$	$\mathbb{E}_{Fo}^{var}(Fu)$	$\mathbb{O}_{Fo}^{var}(Fu)$	$\mathbb{E}_{Fo}^{var}(If)$	$\mathbb{O}_{Fo}^{var}(If)$	$\mathbb{E}_{Fo}^{var}(Tw)$	$\mathbb{O}_{Fo}^{var}(Tw)$
Form	$\mathbb{F}o^{fix/BB}$	$\mathbb{E}_{Fo}^{fix/BB}(Fu)$	$\mathbb{O}_{Fo}^{fix/BB}(Fu)$	$\mathbb{E}_{Fo}^{fix/BB}(If)$	$\mathbb{O}_{Fo}^{fix/BB}(If)$	$\mathbb{E}_{Fo}^{fix/BB}(Tw)$	$\mathbb{O}_{Fo}^{fix/BB}(Tw)$
$\mathbb{F}o^{BB}$	$\mathbb{F}o^{var/BB}$	$\mathbb{E}_{Fo}^{var/BB}(Fu)$	$\mathbb{O}_{Fo}^{var/BB}(Fu)$	$\mathbb{E}_{Fo}^{var/BB}(If)$	$\mathbb{O}_{Fo}^{var/BB}(If)$	$\mathbb{E}_{Fo}^{var/BB}(Tw)$	$\mathbb{O}_{Fo}^{var/BB}(Tw)$
Form	$\mathbb{F}o^{fix/SE}$	$\mathbb{E}_{Fo}^{fix/SE}(Fu)$	$\mathbb{O}_{Fo}^{fix/SE}(Fu)$	$\mathbb{E}_{Fo}^{fix/SE}(If)$	$\mathbb{O}_{Fo}^{fix/SE}(If)$	$\mathbb{E}_{Fo}^{fix/SE}(Tw)$	$\mathbb{O}_{Fo}^{fix/SE}(Tw)$
$\mathbb{F}o^{SE}$	$\mathbb{F}o^{var/SE}$	$\mathbb{E}_{Fo}^{var/SE}(Fu)$	$\mathbb{O}_{Fo}^{var/SE}(Fu)$	$\mathbb{E}_{Fo}^{var/SE}(If)$	$\mathbb{O}_{Fo}^{var/SE}(If)$	$\mathbb{E}_{Fo}^{var/SE}(Tw)$	$\mathbb{O}_{Fo}^{var/SE}(Tw)$
Form	$\mathbb{F}o^{fix/FQ}$	$\mathbb{E}_{Fo}^{fix/FQ}(Fu)$	$\mathbb{O}_{Fo}^{fix/FQ}(Fu)$	$\mathbb{E}_{Fo}^{fix/FQ}(If)$	$\mathbb{O}_{Fo}^{fix/FQ}(If)$	$\mathbb{E}_{Fo}^{fix/FQ}(Tw)$	$\mathbb{O}_{Fo}^{fix/FQ}(Tw)$
$\mathbb{F}o^{FQ}$	$\mathbb{F}o^{var/FQ}$	$\mathbb{E}_{Fo}^{var/FQ}(Fu)$	$\mathbb{O}_{Fo}^{var/FQ}(Fu)$	$\mathbb{E}_{Fo}^{var/FQ}(If)$	$\mathbb{O}_{Fo}^{var/FQ}(If)$	$\mathbb{E}_{Fo}^{var/FQ}(Tw)$	$\mathbb{O}_{Fo}^{var/FQ}(Tw)$
Farbe	$\mathbb{F}a^{fix}$	$\mathbb{E}_{Fa}^{fix}(Fu)$	$\mathbb{O}_{Fa}^{fix}(Fu)$	$\mathbb{E}_{Fa}^{fix}(If)$	$\mathbb{O}_{Fa}^{fix}(If)$	$\mathbb{E}_{Fa}^{fix}(Tw)$	$\mathbb{O}_{Fa}^{fix}(Tw)$
$\mathbb{F}a$	$\mathbb{F}a^{var}$	$\mathbb{E}_{Fa}^{var}(Fu)$	$\mathbb{O}_{Fa}^{var}(Fu)$	$\mathbb{E}_{Fa}^{var}(If)$	$\mathbb{O}_{Fa}^{var}(If)$	$\mathbb{E}_{Fa}^{var}(Tw)$	$\mathbb{O}_{Fa}^{var}(Tw)$
Farbe	$\mathbb{F}a^{fix/BB}$	$\mathbb{E}_{Fa}^{fix/BB}(Fu)$	$\mathbb{O}_{Fa}^{fix/BB}(Fu)$	$\mathbb{E}_{Fa}^{fix/BB}(If)$	$\mathbb{O}_{Fa}^{fix/BB}(If)$	$\mathbb{E}_{Fa}^{fix/BB}(Tw)$	$\mathbb{O}_{Fa}^{fix/BB}(Tw)$
$\mathbb{F}a^{BB}$	$\mathbb{F}a^{var/BB}$	$\mathbb{E}_{Fa}^{var/BB}(Fu)$	$\mathbb{O}_{Fa}^{var/BB}(Fu)$	$\mathbb{E}_{Fa}^{var/BB}(If)$	$\mathbb{O}_{Fa}^{var/BB}(If)$	$\mathbb{E}_{Fa}^{var/BB}(Tw)$	$\mathbb{O}_{Fa}^{var/BB}(Tw)$
Farbe	$\mathbb{F}a^{fix/SE}$	$\mathbb{E}_{Fa}^{fix/SE}(Fu)$	$\mathbb{O}_{Fa}^{fix/SE}(Fu)$	$\mathbb{E}_{Fa}^{fix/SE}(If)$	$\mathbb{O}_{Fa}^{fix/SE}(If)$	$\mathbb{E}_{Fa}^{fix/SE}(Tw)$	$\mathbb{O}_{Fa}^{fix/SE}$
$\mathbb{F}a^{SE}$	$\mathbb{F}a^{var/SE}$	$\mathbb{E}_{Fa}^{var/SE}(Fu)$	$\mathbb{O}_{Fa}^{var/SE}(Fu)$	$\mathbb{E}_{Fa}^{var/SE}(If)$	$\mathbb{O}_{Fa}^{var/SE}(If)$	$\mathbb{E}_{Fa}^{var/SE}(Tw)$	$\mathbb{O}_{Fa}^{var/SE}(Tw)$
Farbe	$\mathbb{F}a^{fix/FQ}$	$\mathbb{E}_{Fa}^{fix/FQ}(Fu)$	$\mathbb{O}_{Fa}^{fix/FQ}(Fu)$	$\mathbb{E}_{Fa}^{fix/FQ}(If)$	$\mathbb{O}_{Fa}^{fix/FQ}(If)$	$\mathbb{E}_{Fa}^{fix/FQ}(Tw)$	$\mathbb{O}_{Fa}^{fix/FQ}(Tw)$
$\mathbb{F}a^{FQ}$	$\mathbb{F}a^{var/FQ}$	$\mathbb{E}_{Fa}^{var/FQ}(Fu)$	$\mathbb{O}_{Fa}^{var/FQ}(Fu)$	$\mathbb{E}_{Fa}^{var/FQ}(If)$	$\mathbb{O}_{Fa}^{var/FQ}(If)$	$\mathbb{E}_{Fa}^{var/FQ}(Tw)$	$\mathbb{O}_{Fa}^{var/FQ}(Tw)$
Oberfläche	$\mathbb{F}aO^{fix}$	$\mathbb{E}_{FaO}^{fix}(Fu)$	$\mathbb{O}_{FaO}^{fix}(Fu)$	$\mathbb{E}_{FaO}^{fix}(If)$	$\mathbb{O}_{FaO}^{fix}(If)$	$\mathbb{E}_{FaO}^{fix}(Tw)$	$\mathbb{O}_{FaO}^{fix}(Tw)$
$\mathbb{F}aO$	$\mathbb{F}aO^{var}$	$\mathbb{E}_{FaO}^{var}(Fu)$	$O_{FaO}^{var}(Fu)$	$\mathbb{E}_{FaO}^{var}(If)$	$\mathbb{O}_{FaO}^{var}(If)$	$\mathbb{E}_{FaO}^{var}(Tw)$	$\mathbb{O}_{FaO}^{var}(Tw)$
Oberfläche	$\mathbb{F}aO^{fix/BB}$	$\mathbb{E}_{FaO}^{fix/BB}(Fu)$	$\mathbb{O}_{FaO}^{fix/BB}(Fu)$	$\mathbb{E}_{FaO}^{fix/BB}(If)$	$\mathbb{O}_{FaO}^{fix/BB}(If)$	$\mathbb{E}_{FaO}^{fix/BB}(Tw)$	$\mathbb{O}_{FaO}^{fix/BB}(Tw)$
$\mathbb{F}aO^{BB}$	$\mathbb{F}aO^{var/BB}$	$\mathbb{E}_{FaO}^{var/BB}(Fu)$	$\mathbb{O}_{FaO}^{var/BB}(Fu)$	$\mathbb{E}_{FaO}^{var/BB}(If)$	$\mathbb{O}_{FaO}^{var/BB}(If)$	$\mathbb{E}_{FaO}^{var/BB}(Tw)$	$\mathbb{O}_{FaO}^{var/BB}(Tw)$
Oberfläche	$\mathbb{F}aO^{fix/SE}$	$\mathbb{E}_{FaO}^{fix/SE}(Fu)$	$\mathbb{O}_{FaO}^{fix/SE}(Fu)$	$\mathbb{E}_{FaO}^{fix/SE}(If)$	$\mathbb{O}_{FaO}^{fix/SE}(If)$	$\mathbb{E}_{FaO}^{fix/SE}(Tw)$	$\mathbb{O}_{FaO}^{fix/SE}(Tw)$
$\mathbb{F}aO^{SE}$	$\mathbb{F}aO^{var/SE}$	$\mathbb{E}_{FaO}^{var/SE}(Fu)$	$\mathbb{O}_{FaO}^{var/SE}(Fu)$	$\mathbb{E}_{FaO}^{var/SE}(If)$	$\mathbb{O}_{FaO}^{var/SE}(If)$	$\mathbb{E}_{FaO}^{var/SE}(Tw)$	$\mathbb{O}_{FaO}^{var/SE}(Tw)$
Oberfläche	$\mathbb{F}aO^{fix/FQ}$	$\mathbb{E}_{FaO}^{fix/FQ}(Fu)$	$\mathbb{O}_{FaO}^{fix/FQ}(Fu)$	$\mathbb{E}_{FaO}^{fix/FQ}(If)$	$\mathbb{O}_{FaO}^{fix/FQ}(If)$	$\mathbb{E}_{FaO}^{fix/FQ}(Tw)$	$\mathbb{O}_{FaO}^{fix/FQ}(Tw)$
$\mathbb{F}aO^{FQ}$	$\mathbb{F}aO^{var/FQ}$	$\mathbb{E}_{FaO}^{var/FQ}(Fu)$	$\mathbb{O}_{FaO}^{var/FQ}(Fu)$	$\mathbb{E}_{FaO}^{var/FQ}(If)$	$\mathbb{O}_{FaO}^{var/FQ}(If)$	$\mathbb{E}_{FaO}^{var/FQ}(Tw)$	$\mathbb{O}_{FaO}^{var/FQ}(Tw)$
Grafik	$\mathbb{G}r^{fix}$	$\mathbb{E}_{Gr}^{fix}(Fu)$	$\mathbb{O}_{Gr}^{fix}(Fu)$	$\mathbb{E}_{Gr}^{fix}(If)$	$\mathbb{O}_{Gr}^{fix}(If)$	$\mathbb{E}_{Gr}^{fix}(Tw)$	$\mathbb{O}_{Gr}^{fix}(Tw)$
$\mathbb{G}r$	$\mathbb{G}r^{var}$	$\mathbb{E}_{Gr}^{var}(Fu)$	$\mathbb{O}_{Gr}^{var}(Fu)$	$\mathbb{E}_{Gr}^{var}(If)$	$\mathbb{O}_{Gr}^{var}(If)$	$\mathbb{E}_{Gr}^{var}(Tw)$	$\mathbb{O}_{Gr}^{var}(Tw)$
Grafik	$\mathbb{G}r^{fix/BB}$	$\mathbb{E}_{Gr}^{fix/BB}(Fu)$	$\mathbb{O}_{Gr}^{fix/BB}(Fu)$	$\mathbb{E}_{Gr}^{fix/BB}(If)$	$\mathbb{O}_{Gr}^{fix/BB}(If)$	$\mathbb{E}_{Gr}^{fix/BB}(Tw)$	$\mathbb{O}_{Gr}^{fix/BB}(Tw)$
$\mathbb{G}r^{BB}$	$\mathbb{G}r^{var/BB}$	$\mathbb{E}_{Gr}^{var/BB}(Fu)$	$\mathbb{O}_{Gr}^{var/BB}(Fu)$	$\mathbb{E}_{Gr}^{var/BB}(If)$	$\mathbb{O}_{Gr}^{var/BB}(If)$	$\mathbb{E}_{Gr}^{var/BB}(Tw)$	$\mathbb{O}_{Gr}^{var/BB}(Tw)$
Grafik	$\mathbb{G}r^{fix/SE}$	$\mathbb{E}_{Gr}^{fix/SE}(Fu)$	$\mathbb{O}_{Gr}^{fix/SE}(Fu)$	$\mathbb{E}_{Gr}^{fix/SE}(If)$	$\mathbb{O}_{Gr}^{fix/SE}(If)$	$\mathbb{E}_{Gr}^{fix/SE}(Tw)$	$\mathbb{O}_{Gr}^{fix/SE}(Tw)$
$\mathbb{G}r^{Se}$	$\mathbb{G}r^{var/SE}$	$\mathbb{E}_{Gr}^{var/SE}(Fu)$	$\mathbb{O}_{Gr}^{var/SE}(Fu)$	$\mathbb{E}_{Gr}^{var/SE}(If)$	$\mathbb{O}_{Gr}^{var/SE}(If)$	$\mathbb{E}_{Gr}^{var/SE}(Tw)$	$\mathbb{O}_{Gr}^{var/SE}(Tw)$
Grafik	$\mathbb{G}r^{fix/FQ}$	$\mathbb{E}_{Gr}^{fix/FQ}(Fu)$	$\mathbb{O}_{Gr}^{fix/FQ}(Fu)$	$\mathbb{E}_{Gr}^{fix/FQ}(If)$	$\mathbb{O}_{Gr}^{fix/FQ}(If)$	$\mathbb{E}_{Gr}^{fix/FQ}(Tw)$	$\mathbb{O}_{Gr}^{fix/FQ}(Tw)$
$\mathbb{G}r^{FQ}$	$\mathbb{G}r^{var/FQ}$	$\mathbb{E}_{Gr}^{var/FQ}(Fu)$	$\mathbb{O}_{Gr}^{var/FQ}(Fu)$	$\mathbb{E}_{Gr}^{var/FQ}(If)$	$\mathbb{O}_{Gr}^{var/FQ}(If)$	$\mathbb{E}_{Gr}^{var/FQ}(Tw)$	$\mathbb{O}_{Gr}^{var/FQ}(Tw)$

5 Design in der Planungsphase

5.1 Klärung der Aufgabenstellung

Die Produktplanung beschäftigt sich immer mit den zukünftigen Produkten, Produktprogrammen und Produktsystemen.

Über die zukünftigen Lebenswelten gelten die Aussagen in Abschnitt 2.2.6, wobei als Zielgruppe für neue Produkte primär die Progressiven (synonym: Innovatoren, Avantgarde) am interessantesten sind. In der Produktplanung ist deshalb zu klären, ob es in der jeweiligen Kundschaft solche gibt und wer diese sind. Denn es ist in vielen Branchen Usus, diese zur Erprobung (Testmarkt) für neue Produkte heranzuziehen.

Parallel sind zukünftige Produkte nach ihrer Zwecksetzung zu differenzieren

- in Weiterentwicklungen, Verbesserungskonstruktionen u.a.
- in Innovationen, Erfindungen, Neuentwicklungen u.a.

Die Mehrzahl der Entwicklungs-, Konstruktions- und Designaufgaben in Maschinenbau betreffen den erstgenannten Bereich.
Beispiele: (Mehrspindel-) Drehmaschine.

Die interessantesten Entwicklungs-, Konstruktions- und Designaufgaben betreffen aber den zweitgenannten Bereich.
Beispiel Hexapod-Maschine.

Die zentrale Frage in der Planungsphase ist, ob das Ziel des zu startenden Entwicklungs- und Designprozesses

- ein Einzelprodukt
oder
- ein Produktprogramm
oder
- ein Produktsystem

ist. Nach den Definitionen 1.1- 1.4 wird sowohl ein Produktprogramm als auch ein Produktsystem minimal aus zwei Produkten bzw. Varianten gebildet.

Es ist eigentlich keine Kunst, ein Produktprogramm aus vielen Varianten zu konzipieren.

Diese Frage ist in Bezug auf eine kleine oder minimale Programmbreite - nach Definition 1.2 mit

$$n_{PP} \geq 2$$

viel schwieriger zu beantworten und zu entscheiden [89].

Die den in Kapitel 2.2 / Bild 21 den demografischen Merkmalen zugeordneten Produkt- und Designalternativen können diesbezügliche Produktvarianten sein.

Beispiel Männer- und Frauen- Ausführung. Diese können zu Kinder- (Jugendliche, Kleinkinder) und Senioren-Ausführungen erweitert werden (Kapitel 13).

Für den Export erfolgt vielfach eine Differenzierung in ein Produktprogramm mit der Breite 4 (Bild 56)

Beispiel Seilwinden
Eine schwierige Frage betrifft die Reduzierung der an den 8 Einstellungstypen (von Koppelmann und Breuer) orientierten idealtypischen Designs.

In Kapitel 13 werden hierzu einige Möglichkeiten zu 6er, 3er und 2er Programmen skizziert.

Beispiel 1 Ein bekannter Automobilhersteller mit 4 eigenen Designlinien (Classic, Sport, Elegance, Avantgarde) plus ein sportliches Sondermodell (AMG).

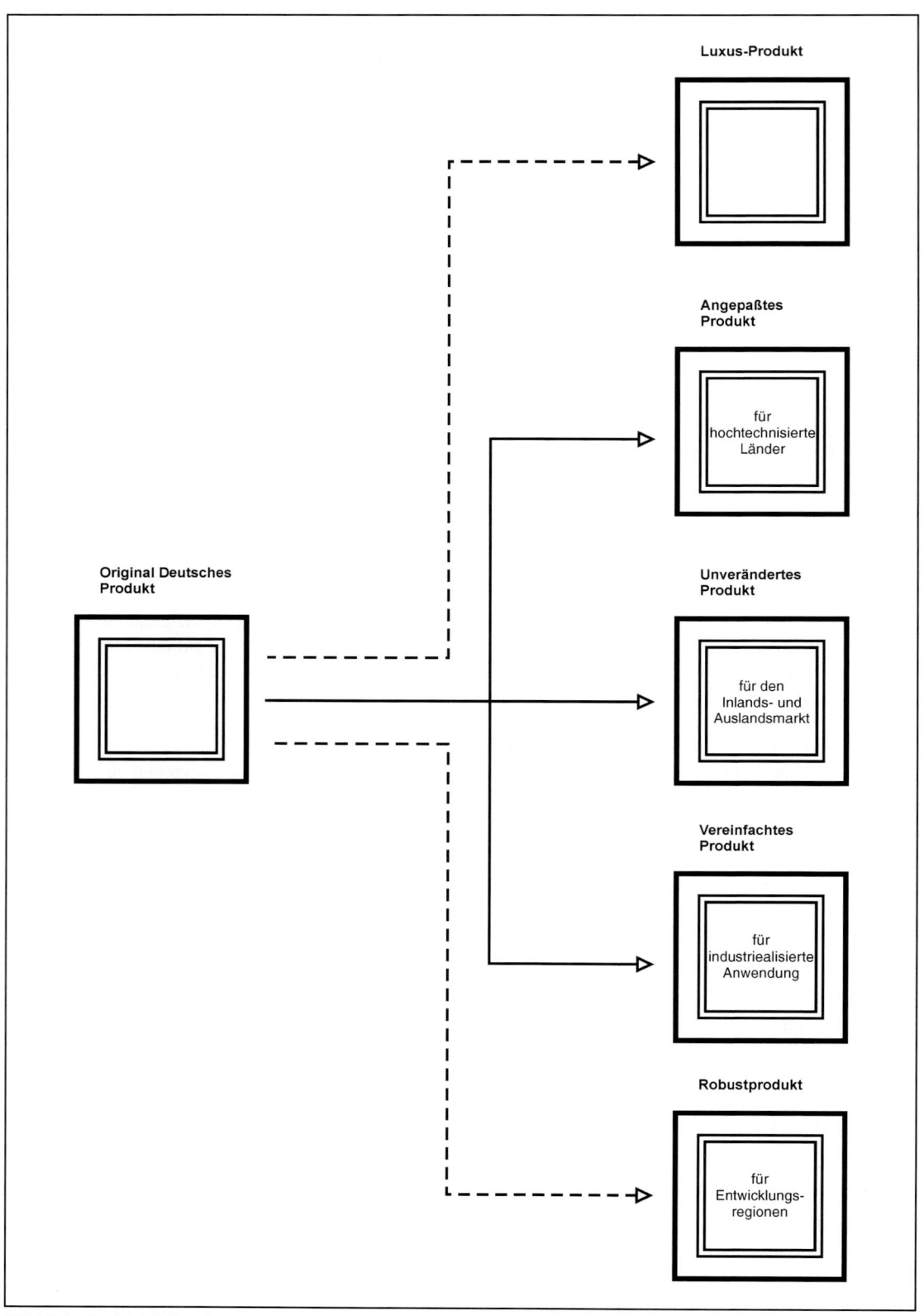

Bild 56 Beispiel für ein exportorientiertes Produktprogramm

Beispiel 2 Telefone
Je weniger Varianten umso untypischer wird naturgemäß das entsprechende Design.

5.2 Entwicklung von Designideen

Neben seiner Zweispurigkeit und Phasengliederung (Bild 48) ist der Entwicklungsablauf gekennzeichnet durch den Übergang

- von einem unvollständigen (synonym: ungenauen, relativen, unscharfen u.a.) Zustand,
- zu einem vollständigen (synonym: genauen, absoluten, scharfen u.a.) Zustand.

Der erstgenannte Zustand wird gebildet durch die „Ideen" am Beginn jeder Entwicklung. Im Sinne der beschriebenen Zweispurigkeit jedes Entwicklungsablaufes sind alle Ideen, die, auf eine Verbesserung des Gebrauchswertes abzielen, als „Verbesserungsideen" zu verstehen. Demgegenüber werden alle Ideen, die die Gestalt des neuen Produktes betreffen, als „Lösungsideen" verstanden.

Modern ausgedrückt kann dieser Zustand auch als virtuelles Produkt bezeichnet werden.

Verbesserungsideen und Lösungsideen werden im Normalfall gemeinsam entstehen. Diese Ganzheitlichkeit der Ideen ist als unvollständiges neues Produkt oder als „Produkt-Torso" zu verstehen. Dergestalt, dass sich eine Gebrauchswertverbesserung mit einer unvollständigen Lösungsgestalt verbindet.

Nicht zuletzt im Design entstehen Ideen häufig dadurch, dass sich der „Designer" für den exakten und vollständigen Gebrauch eines Produktes durch einen bestimmten Menschen Verbesserungen ausdenkt und vorstellt. Diese Methode kann alternativ zu den bekannten Ideenfindungsmethoden als angewandter Komparativ verstanden werden, im Sinne von

- besser,
- leichter,
- griffiger,
- sitzgerechter,
- typischer,
- erkennbarer,
- schöner
  u.a

Systematisch angewandt kann die schon im Kapitel 2 behandelte Gebrauchsanalyse auch als Ideenfindungsmethode eingesetzt werden.

Es handelt sich dabei um die Simulation des Gebrauchs mit einem virtuellen Produkt.

Eine Fokussierung dieser Ideenfindungsmethode kann auch über die Beachtung der multisensorischen Grenzwerte und die darauf basierenden Missfallensurteile sein. Diese Grenzwerte wurden in Abschnitt 2.3 behandelt mit Sehgrenze, Greifgrenze, Druckgrenze, Grenzlage u.a. Diese Analysenmethode ergibt bei einem bekannten deutschen Sportwagen (Audi TT) über 10 Verbesserungsideen, die von der Sitzverbesserung für den Gasfuß bis zur Idee einer Ampelkontrolle reichen.

Diese Methode versagt natürlich bei sensorisch nicht wahrnehmbaren Produkten.

Bei sensorisch wahrnehmbaren Produkten kann sie auf deren negative Erkennungsinhalte erweitert werden. Beispiel: Neues Klebstoffmischgerät nach dem Keilspaltprinzip mit den Proportionen und Formen einer Eierhandgranate und mit einem Bierflaschenverschluss!

Designideen können sich auch aus zu formalistischen oder hypertrophen Produktgestalten ergeben.

Definition 5.1 *Ein hypertrophes, d.h. überzogenes Design [90] liegt dann vor, wenn eine Produktqualität oder ein Erkennungsinhalt alle anderen dominiert. Bezüglich der formalen Qualität heißt dieser Grenzfall auch Formalismus.*

Diese Gefahr des zu schönen Produktes zu Lasten ergonomischer Qualitäten besteht heute insbesondere auch bei der Produktentwicklung mit Rechnereinsatz.

Die Darstellung diesbezüglicher Designideen wird heute auch als Vision (synonym: Provision, Avantgarde, Vorausschau) bezeichnet.

Nach jeder Ideenfindung ist es notwendig, den vorliegenden Ideenpool zu bewerten. Die einfachste Ideenbewertung ist meist die juristische d.h. die Überprüfung ob eine Idee, im Sinne des gewerblichen Rechtsschutzes schon geschützt oder noch schutzfähig ist.

Beispiel Neues Elektrowerkzeug (Bild 57). Weitere Beispiele in Abschnitt 7.6.2.

Es soll hier nicht unerwähnt bleiben, dass zur Durchsetzung von Produkt- und Designideen häufig auch deren Bezeichnung gehört. Die Ideen in Farbbild 3 entstanden mit den Bezeichnungen „Dreh-Cockpit" und „Dreh-Kompass".

Einzelideen

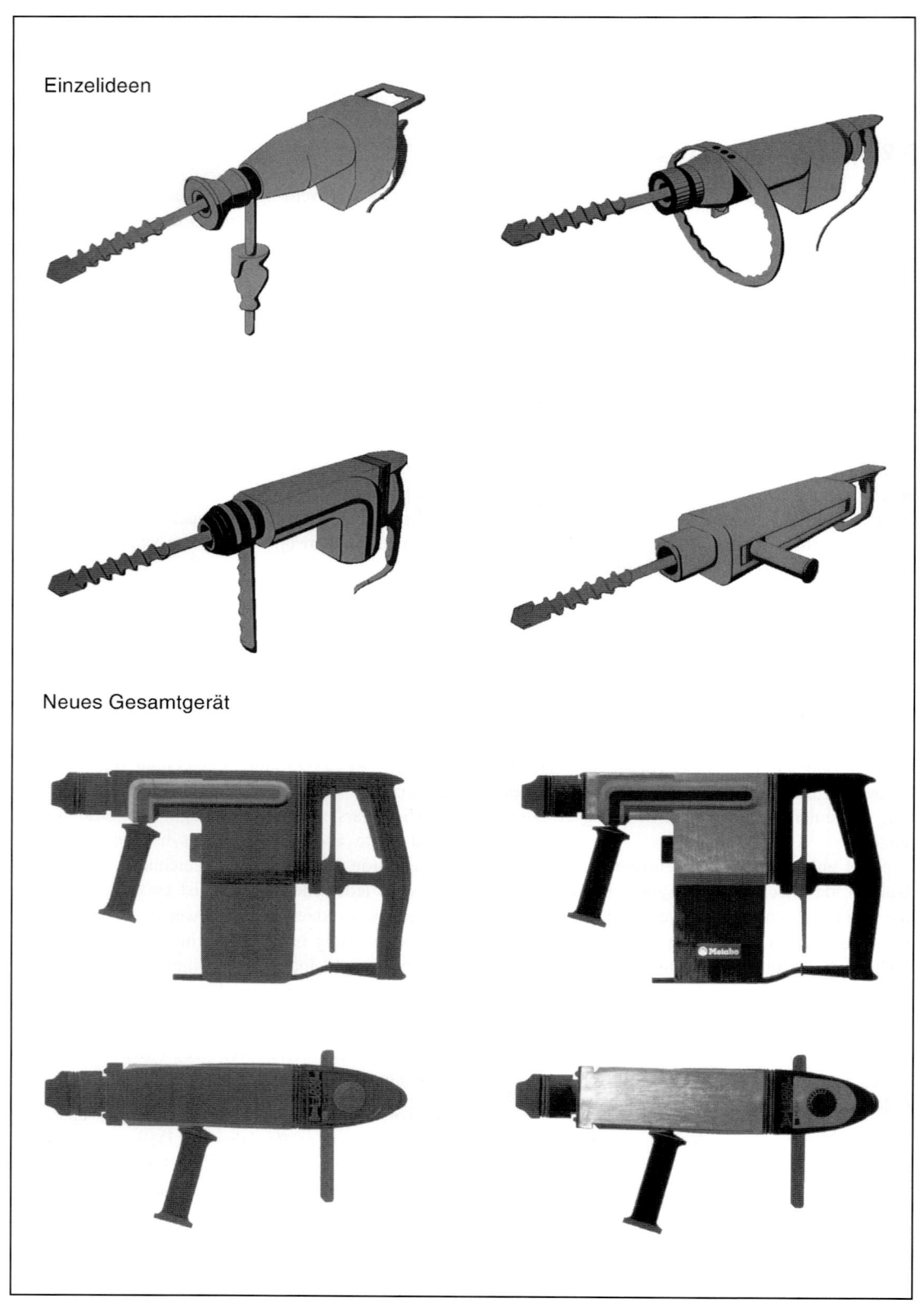

Neues Gesamtgerät

Bild 57 Beispiele für die Entwicklung von Designideen am Beispiel von Elektrowerkzeugen

5.2 Entwicklung von Designideen

Große Schnittmenge für Produktprogramm

Kleine Schnittmenge für Produktsystem

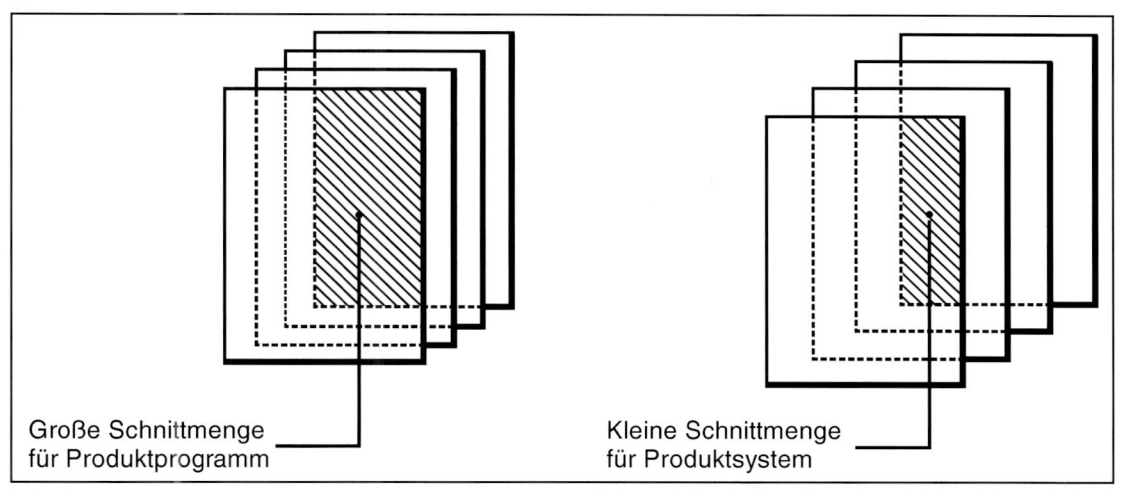

Bild 58 Prinzipielle Unterscheidung von Anforderungslisten für Produktprogramme und Produktsysteme

Anforderungs-Liste

eines.............(Produktes/Produktsystemes)

für.................(Mensch/Kundengruppe)

1. Technisch-Physikalische Anforderungen

   z.B. Leistung

2. Fertigungstechnische Anforderungen

   z.B. Stückzahl

3. Wirtschaftliche Anforderungen

   z.B. Preis

   s.a. Betriebskosten!

4. Mensch-Produkt- Anforderungen

   - Betätigungs- und Benutzungsanforderungen (Kundentyp. Masse, Kräfte, Winkel u.a.)
   - Sichtbarkeits- und Erkennungsanforderungen (Kundentyp. Bedeutungsprofil)
   - Anforderungen weiterer

   Design-Anforderungen

5. Erweiterte Produktanforderungen

   z.B. ökologische Anforderungen

Bild 59 Prinzipieller Aufbau einer Anforderungsliste einschließlich der Designanforderungen

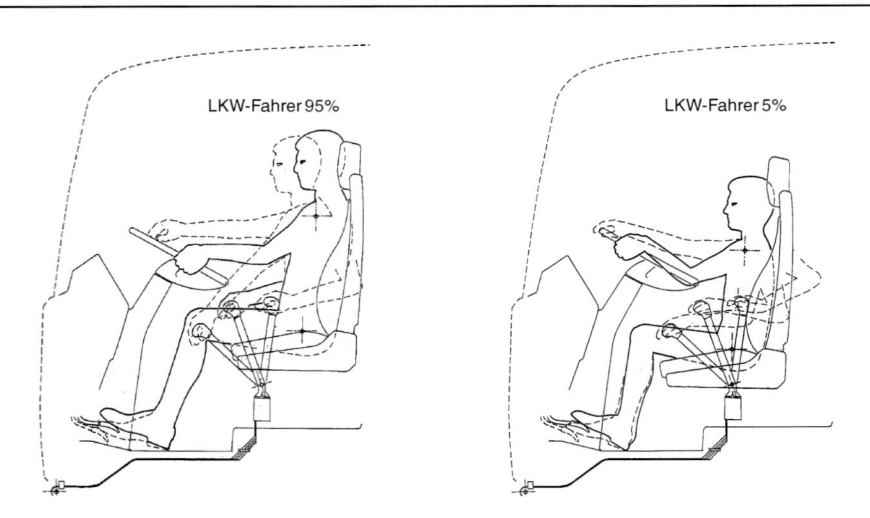

Anforderungen	Gewichtung
Vorrausetzungen im Fahrerhaus-Design	
1. Leichte und schnelle Erreichbarkeit des Schalthebels	
2. Übersicht der Instrumente mit Erkennbarkeit der Schaltposition	
3. Durchstieg	
4. Integration des Schalthebels in das typische Fahrerhaus-Interior-Design (z. B. MAN)	
Schalten in eigentlichen Sinne	
5. Haptik des Schaltgriffs u. -hebels	
6. Sinnfälligkeit der Schaltrichtung	
7. Schaltkraft	
8. Schaltweg	
9. Schaltzeit	
10. Schaltsicherheit	
11. „Schaltgefühl"	
12. Betätigung von Gas und Kupplung	
13. Schalthebelschwirren/ -kribbeln	
14. Schaltgeräusch	
15. Schaltanzeige (optional)	
16. Schalthäufigkeit	
Erweiterung	
17. Geräuscharmut des Getriebes	

Bild 60 Designanforderungen am Beispiel eines manuell geschalteten Lkw-Getriebes

5.3 Designanforderungen für Einzelprodukte, Produktprogramme und -systeme

Ausgangspunkt der bisherigen Überlegungen war, dass eine Produktverbesserung entweder aus neuen Anforderungen entsteht oder über eine qualitative Veränderung bekannter Anforderungen. Die inhaltliche Bestimmung der Designanforderungen wurde ausführlich in Kapitel 2 und 3 behandelt und wird deshalb hier vorausgesetzt.

Die weitere Aufgabenformulierung ist dadurch gekennzeichnet, dass die Anforderungen, die die Verbesserungsidee darstellen, durch die Standardanforderungen oder die vorbekannten Anforderungen des jeweiligen Produktes zur gesamten Aufgabe vervollständigt werden. Hilfsmittel hierzu sind

- frühere Aufgabenstellungen,
- Normen,
- Wettbewerbsausschreibungen
  u.a.

Die Anforderungsdefinition wird bei komplexen Produkten und Aufgaben über den gesamten Entwicklungsablauf bestehen. Ziel jeder systematisch Entwicklungsarbeit muss es aber sein, die Aufgabenformulierung in der Planungsphase weitgehend zu klären, und in einem allgemein verbindlichen Pflichtenheft allen Beteiligten zur Kenntnis zu geben. Dem Phasenaufbau einer Entwicklung entsprechend müssen die Anforderungen weiter untergliedert werden in

- Konzeptanforderungen oder gestaltkonzeptbestimmende Anforderungen,
- Entwurfsanforderungen oder gestaltentwurfsbestimmende Anforderungen,
- Ausarbeitungsanforderungen oder gestaltausarbeitungsbestimmende Anforderungen.

Die Phasenzuordnung der Anforderungen erfolgt nach ihrer Gewichtung. Die höchstgewichteten Anforderungen werden der Konzeptphase zugeordnet und die niedrigstgewichteten der Ausarbeitungsphase. Durch die Gewichtung ist gleichzeitig die Bearbeitungsrangfolge vorgegeben.

Eine bis heute in der Fachliteratur und -forschung ungeklärte Frage ist die Anforderungsdefinition für Variantenprogramme und Produktsysteme. Beide Arten an Anforderungslisten werden aber eine Schnittmenge an konstanten oder allgemeingültigen Anforderungen besitzen (Bild 58). Diese wohl größere Anforderungsmenge beinhaltet bei einem Produktprogramm dessen Fertigung und Teile der physikalischen Anforderungen. Bei einem Produktsystem wird diese wohl kleinere Anforderungsgruppe wahrscheinlich die Herstellerkennzeichnung und die Benutzung durch den oder die gleichen Benutzer beinhalten. Die restlichen Anforderungsgruppen stellen als Restmenge das Typische oder Spezielle sowohl eines Produktprogramms wie einem Produktsystems dar. Die Verwaltung solcher Anforderungslisten ist eine besonders geeignete Aufgabe für den Rechnereinsatz mit entsprechenden Textverarbeitungssystemen.

Bild 59 zeigt die grundsätzlichen Gliederungen einer Anforderungsliste und Bild 60 ein Anwendungsbeispiel für die Designanforderungen.

6-11 Exterior-Design von Einzelprodukten
6 Gestaltaufbau in der Konzeptphase

Ausgehend von dem in Kapitel 4 beschriebenen Gestaltungsprozess können nun die Anforderungsgruppen bzgl. ihres Einflusses auf die Lösungsräume aus Kapitel 4.6 (z.B. $\mathbb{A}$, usw.) eingeteilt werden. Somit wird der allgemeine Lösungsraum aus 4.6 in den folgenden Kapiteln konkretisiert.

6.1 Voraussetzung 1: Invariable Aufbauelemente und ökologische Aspekte

In die Betrachtung eingehende Anforderungen und ihr Einfluss auf die Produktgestalt:
$$\mathcal{A}^P, \mathcal{A}^F, \mathcal{A}^W, \mathcal{A}^{Oeko} \to \mathbb{A}^{fix}$$

Nach den bisherigen Darlegungen ergeben sich die invariablen Aufbauelemente und Aufbauordnungen einer Produktgestalt maßgeblich aus den technisch-physikalischen oder funktionalen, den fertigungstechnischen und wirtschaftlichen Anforderungen. Hierzu treten des weiteren die ökologischen Anforderungen.

Der Gestaltaufbau wird in Übereinstimmung mit den bisherigen Darlegungen aus folgenden drei Teilgestalten modelliert, in die die folgenden Unterkapitel gegliedert sind (Bild 62):

6.1.1 Die Funktionsgestalt

Betrachteter Lösungsraum mit den jeweiligen Elementen und Ordnungen:
$$\mathbb{A}^{fix}(Fu) = \left(\mathbb{E}_A^{fix}(Fu), \mathbb{O}_A^{fix}(Fu)\right)$$

Antrieb, Wandler und Wirkelement(-e) heißen auch Antriebsstrang oder Regelstrecke. Diese erste Teil(aufbau)gestalt, die Funktionsgestalt Fu eines technischen Produkts oder auch Fahrzeugs erfüllt die jeweiligen geforderten Grundfunktionen aus den Grundoperationen leiten, wandeln, speichern u.a. an den Grundgrößen Stoff, Energie und Information.

Aus einem Elektromotor als Antrieb, einem Getriebe als Wandler und einer Seiltrommel als Wirkelement entsteht die Funktionsgestalt Seilwinde (Bild 65). Wichtig ist, dass die technisch-physikalischen Anforderungen an ein Produkt, wie z.B. dessen Leistungsdaten, ganz wesentlich die Komplexität und die Größe der Funktionsgestalt bestimmen (siehe Holzbearbeitungsmaschine Bilder 63 und 64 und Seilwinde Bild 65).

Neben den Anforderungen bestimmt das in der Funktionsgestalt enthaltene Wirkprinzip des Antriebs, des Wandlers und der Wirkungselemente die Neuheit oder auch den Innovationsgrad eines Produkts.

Beispiele für neue Wirkungsprinzipien

- Lasertechnik
- Elektronik
- Radar
- Funkenerosion
- Voltaik
- Holographie
- Solartechnik
- Ultraschall
- Magnettechnik
- Elektroporation (Entsaften durch elektrische Pulse)

Anwendungsbeispiel neues Tauchboot Bilder 66 und 67.

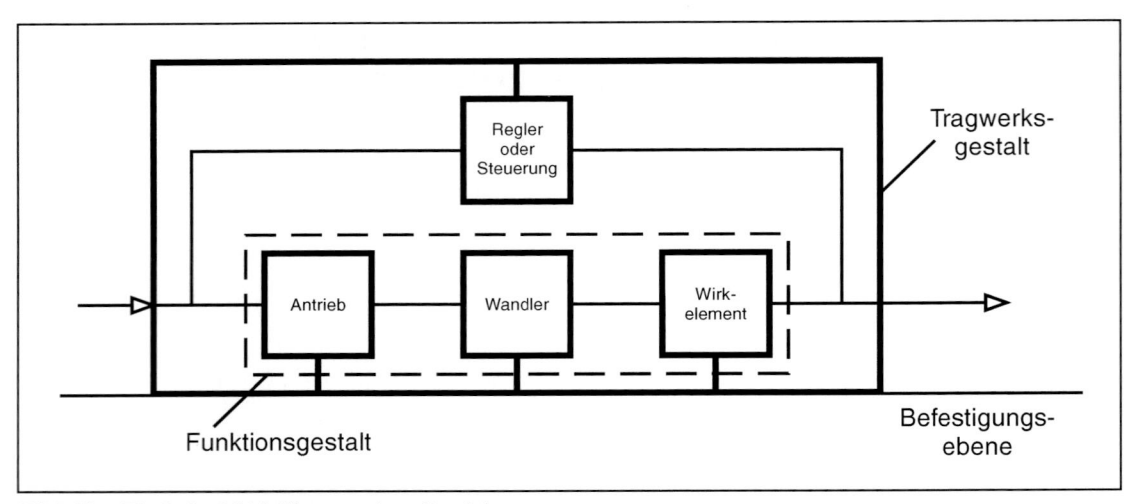

Bild 62　Einfache Modellierung eines Produktes

Bild 63　Funktionsgestalt einer Holzbearbeitungsmaschine

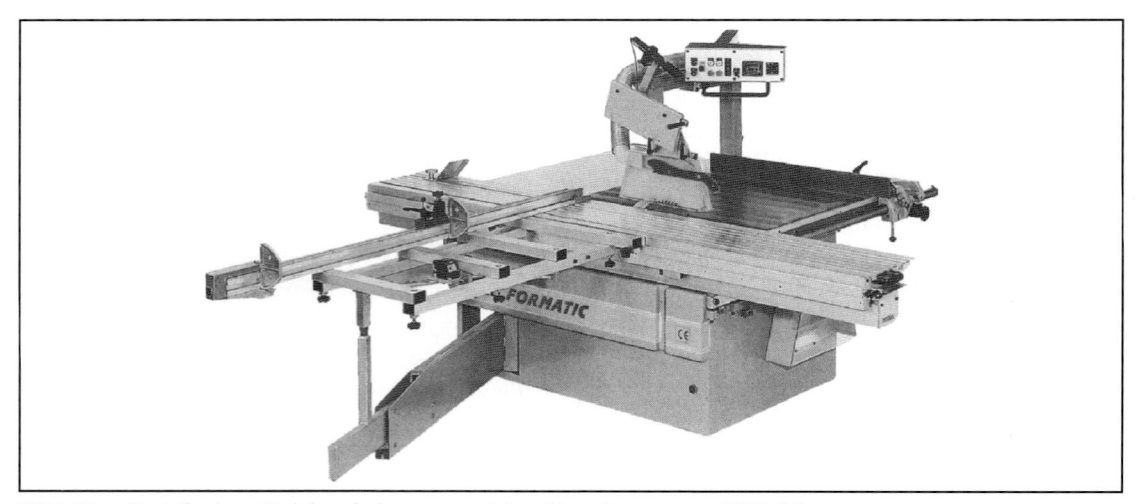

Bild 64　Gestalt einer Holzbearbeitungsmaschine (Erweiterung von Bild 63)

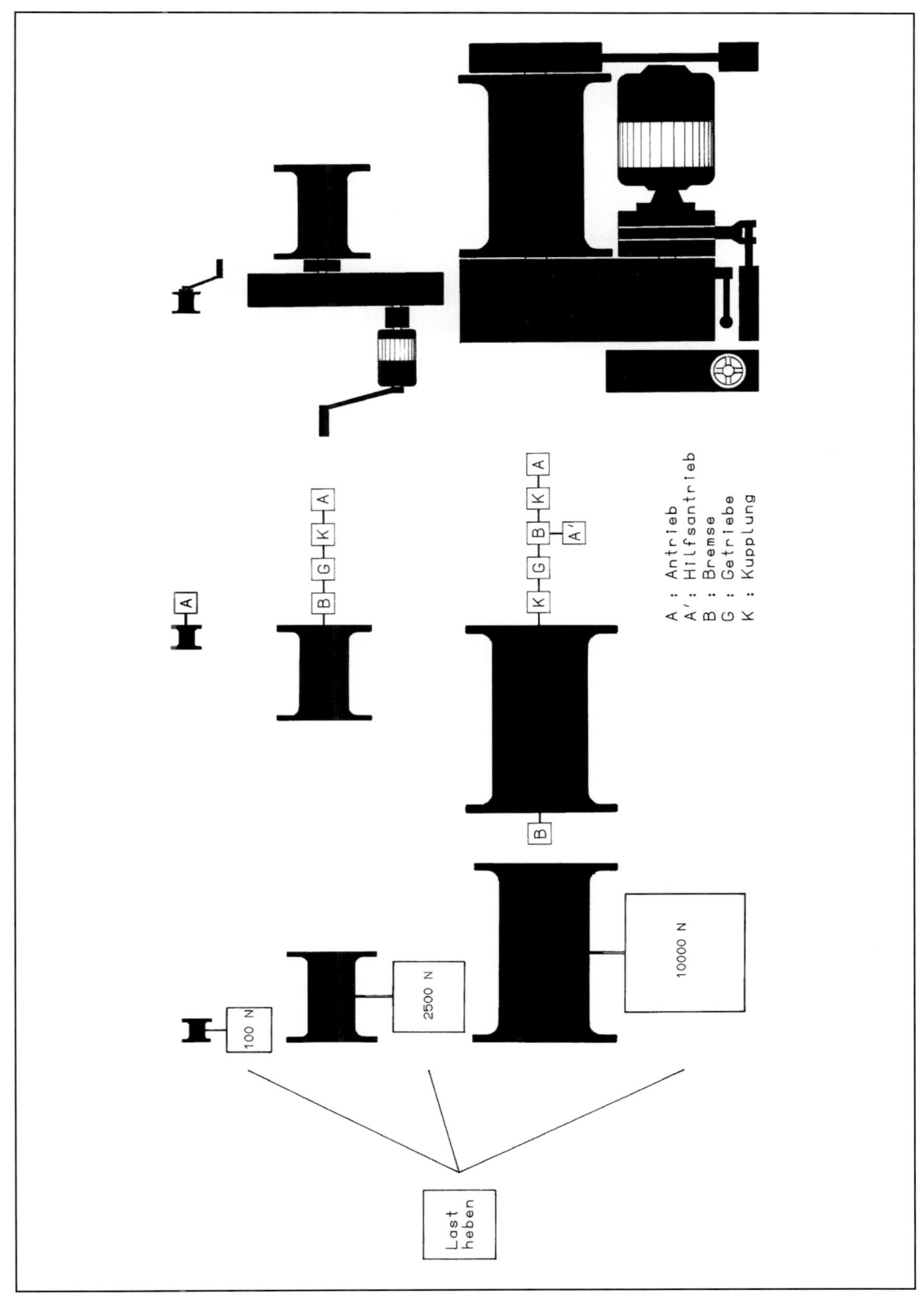

6.1 Voraussetzung 1: Invariable Aufbauelemente und ökologische Aspekte 105

Bild 65 Konzeptionsstufen der Funktionsgestalt von Seilwinden (von links nach rechts)

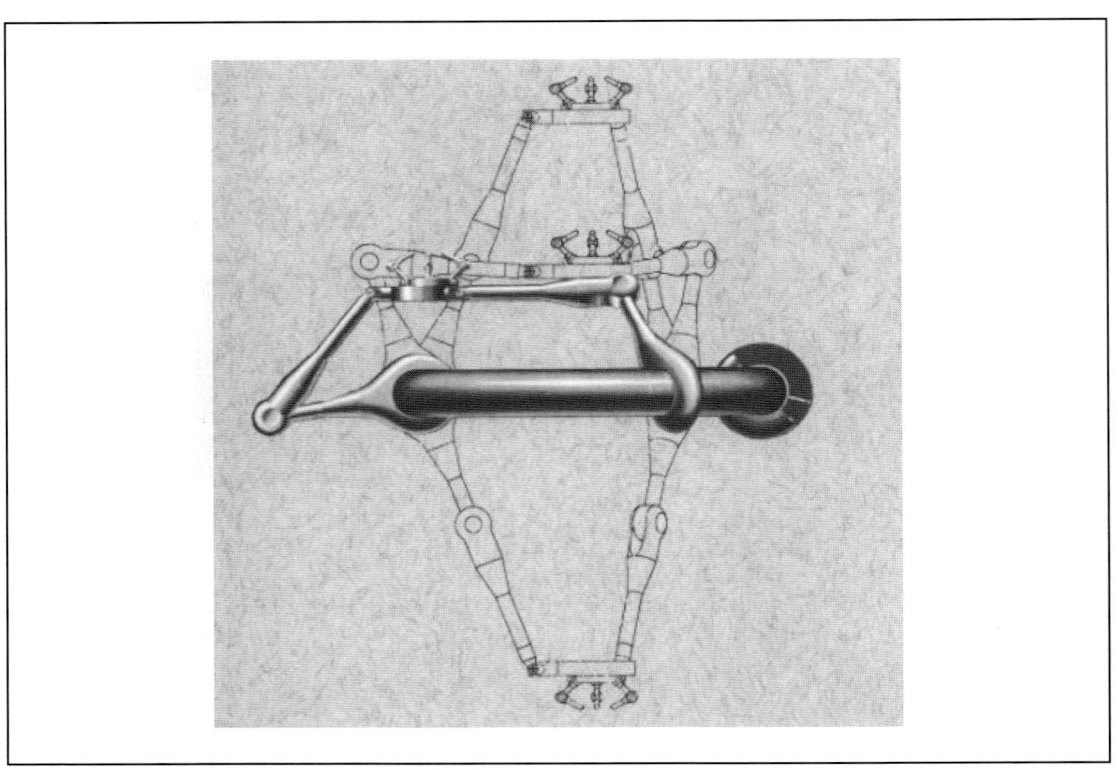

Bild 66 Ansicht eines neuen bemannten Tauchbootes mit pneumatischen Muskeln

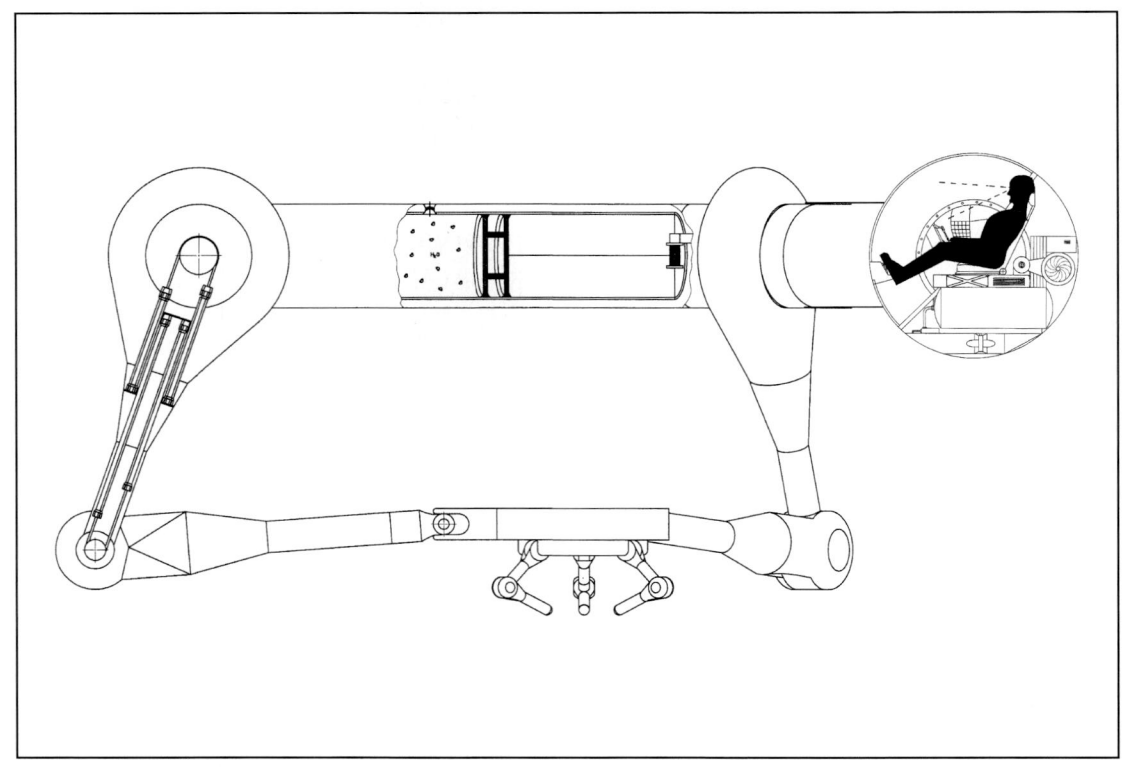

Bild 67 Schnittzeichnung des Tauchbootes (Bild 66)

Das diesen Darlegungen zugrunde gelegte Modell eines Produkts ist stark vereinfacht. In den meisten konkreten Beispielen wird von einer wesentlich komplexeren Funktionsgestalt auszugehen sein z.B. bei der Strukturierung von Holzbearbeitungsmaschinen.

Auf dieser Ebene entscheidet sich schon, ob ein neues Produkt Hightech, Middletech oder Lowtech wird.

6.1.2 Das Interface

$$\mathbb{A}^{fix}(I\ f) = \left(\mathbb{E}_A^{fix}(I\ f), \mathbb{O}_A^{fix}(I\ f)\right)$$

Betrachteter Lösungsraum mit den jeweiligen Elementen und Ordnungen:

Das Interface $I\ f$ ist die Benutzeroberfläche des Reglers, der sogenannten Steuerung oder des sogenannten mechatronischen Systems.

Die Steuerung eines technischen Produkts ergibt sich aus der Entscheidung über dessen Automatisierungsgrad zwischen einem Vollautomat oder einer manuellen Steuerung.

Beispiel Werkzeugmaschine (Bild 68).

Ausgangspunkt im technischen Design ist in vielen Fällen die manuelle Steuerung mit dem Menschen als Regler (Bild 69), der über die entsprechenden Anzeigen die Regelgröße, die Führungsgröße, die Störgröße und die Stellgröße abliest und über die entsprechenden Stellteile die Stellgröße eingibt.

Anzeigen und Stellteile sind die primären Bestandteile des Interfaces.

Diese ergeben sich in vielen Fällen „Zentrifugal" aus dem Wirkungsprinzip des Antriebsstrangs (Bild 70: Schiffantrieb).

Bei vielen technischen Produkten existiert über die Art und Anzahl der Stellteile und Anzeigen ein branchenübliches Basiskonzept oder ein Standard.

Dieser ist häufig auch Gegenstand der Normung.

Beispiele Nach DIN 15025 umfasst das Interface von Kranen 10 Elemente.

Bei der Unterscheidung von High-Tech-Lösungen und Low-Tech-Lösungen, z.B. für den Export von Produkten ist die Veränderung des Interfaces häufig der Vorgang des „Aufrüstens" und „Abrüstens" (nach Refa!).

Beispiel Die Binnenschifffahrts-Berufsgenossenschaft legt für Einpersonen-Schiffssteuerstände auf Binnenschiffen 34 Anzeigen und Stellteile fest. Die *MS Königin Katharina* (Bild 22) enthält demgegenüber 98 Anzeigen und Stellteile.

Insgesamt ist bei fast allen technischen Produkten davon auszugehen, dass die Anzahl der Bedienungselemente in einer bestimmten Bandbreite und nicht in einem singulären Wert vorliegen (Bild 71).

6.1.3 Die Tragwerkgestalt einschließlich mit- und nichttragender Verkleidungen

Betrachteter Lösungsraum mit den jeweiligen Elementen und Ordnungen:

$$\mathbb{A}^{fix}(Tw) = \left(\mathbb{E}_A^{fix}(Tw), \mathbb{O}_A^{fix}(Tw)\right)$$

Der Begriff Tragwerk Tw wird als Oberbegriff verwendet für Rahmen, Gehäuse, Gestell, Karosserie u.a. (Bild 72).

Grundfunktion aller Tragwerke ist die Gewährleistung der Positionen der Funktions- Baugruppen und -Gestalt unter Last, d.h. das Tragwerk muss unter der jeweiligen Belastung die notwendige Steifheit gewährleisten (Bilder 73 und 74).

Daneben übernehmen die Tragwerke die Kraftleitung von Gewichts- und Betriebskräften von Krafteinleitungsstelle (Flansche!) zu den Kraftausleitungsstellen (Füße, Lager, Rollen, Räder u.a.).

Die Tragwerke sind bei vielen Produkten auch kostenbestimmende Gestaltelemente (s. Tabelle 13).

Darauf hingewiesen werden soll, dass es sich bei den Tragwerken nicht nur um invariable Gestaltelemente, sondern auch um technisch-wirtschaftlich bedingte Ordnungen, insbesondere Symmetrien und Proportionen, handelt.

Beispiele

- $\mathbb{O}_A^{fix}(Fu)$: Funktionsgestalt nach dem Redundanzprinzip oder im Rapport,
- $\mathbb{O}_A^{fix}(I\ f)$: Aktionssymmetrie bzw. Aktionsasymmetrie,
- $\mathbb{O}_A^{fix}(Tw)$: Belastungs- und Berechnungssymmetrie, Gleichteilesymmetrie, Schlankheitsgrad z.B. von Türmen.

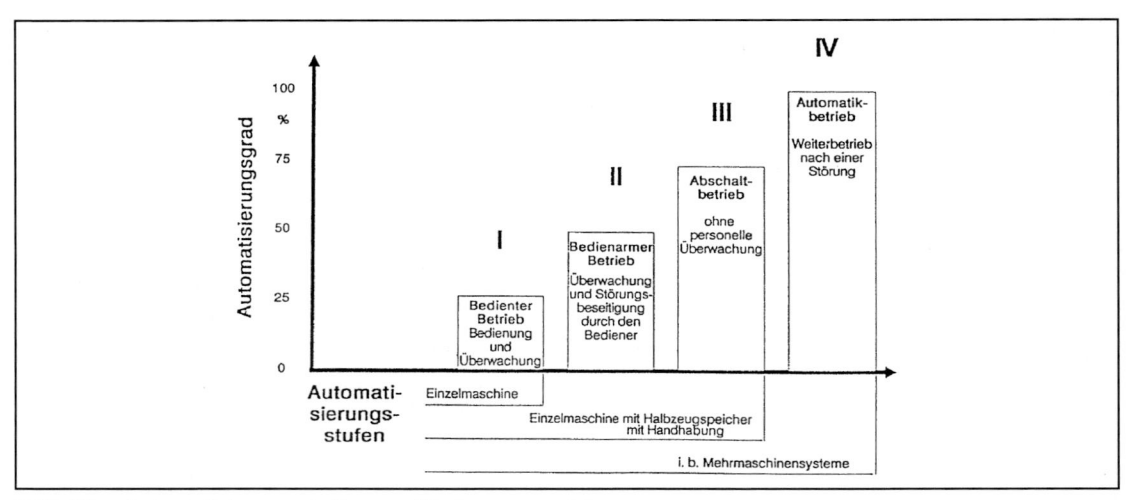

Bild 68 Automatisierungsstufen von Werkzeugmaschinen

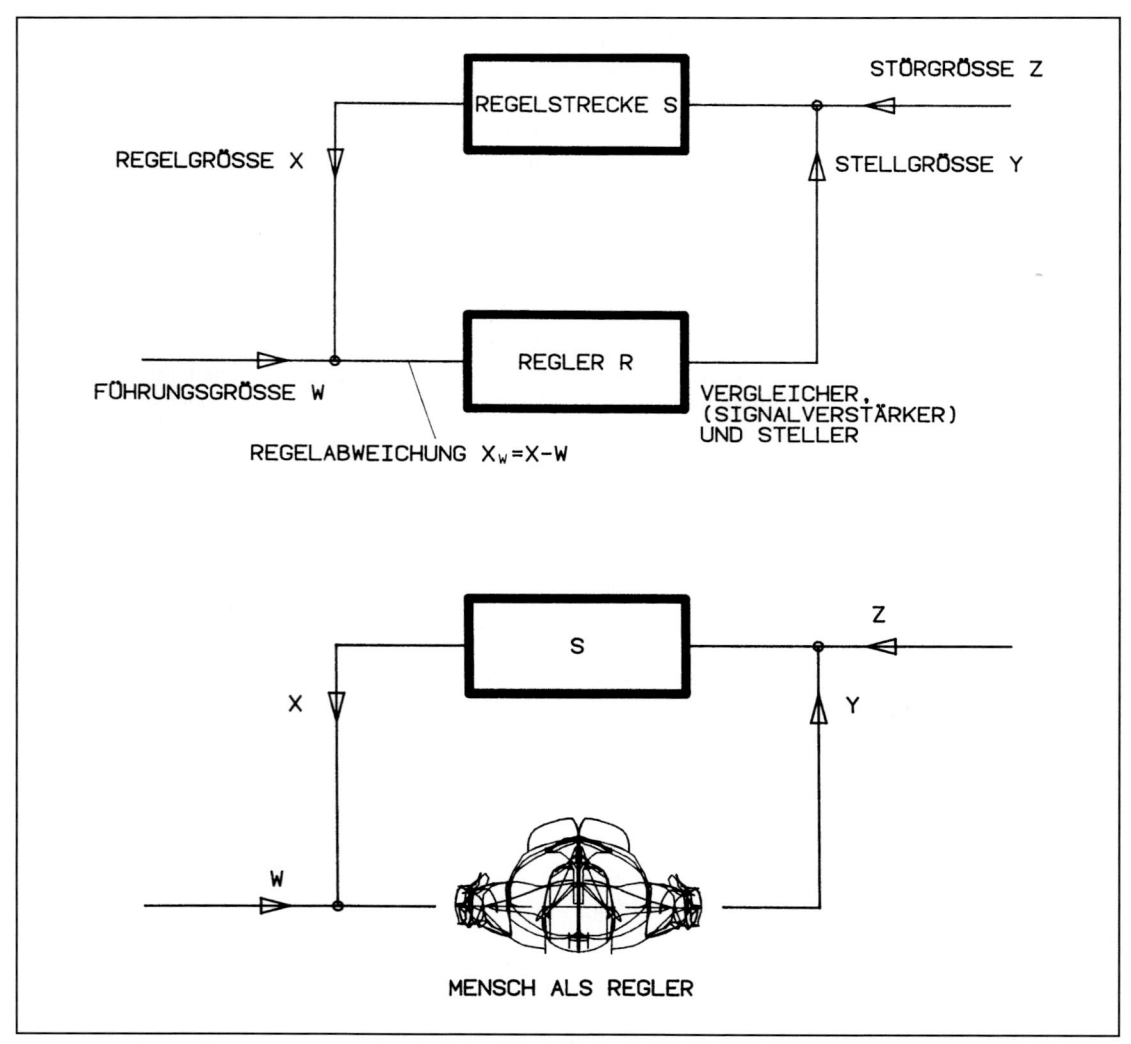

Bild 69 Blockschaltbild einer Regelung durch den Menschen (unten)

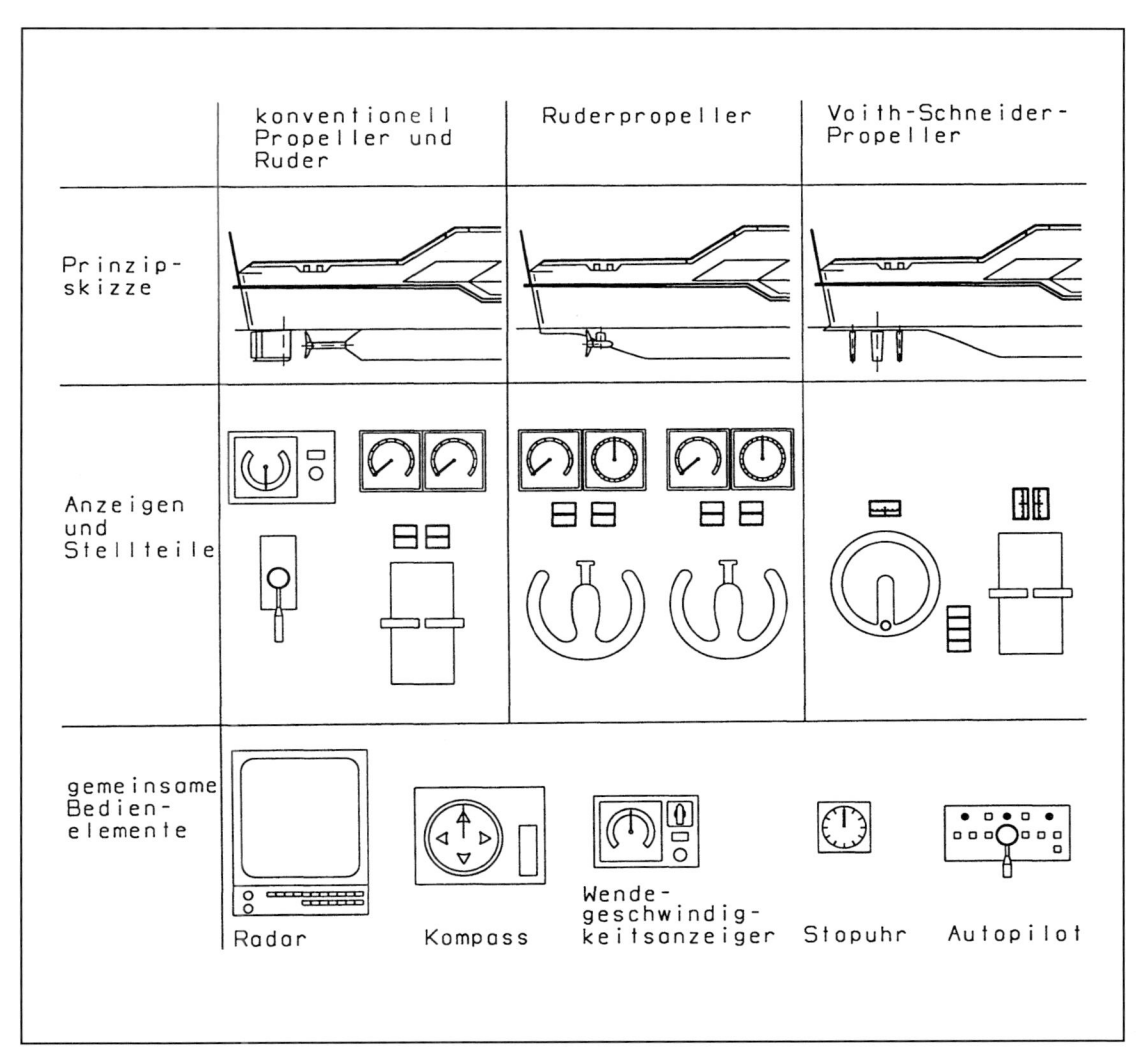

6.1 Voraussetzung 1: Invariable Aufbauelemente und ökologische Aspekte

Bild 70 Anzeigen und Stellteile aus unterschiedlichen Ruder- und Antriebskonzepten eines Binnenschiffes (Farbbild 22)

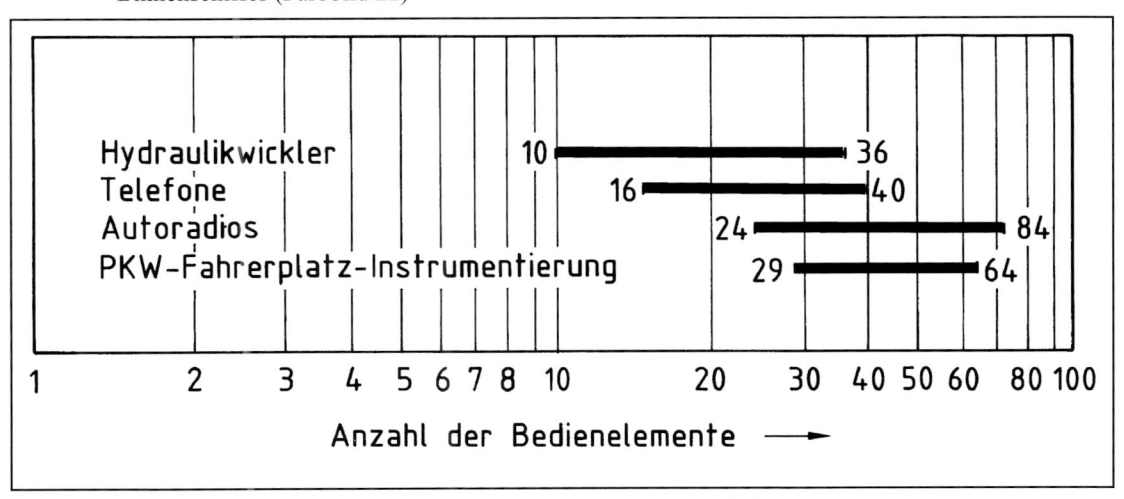

Bild 71 Stichprobe zur Bandbreite der Bedienungselemente von Produkten

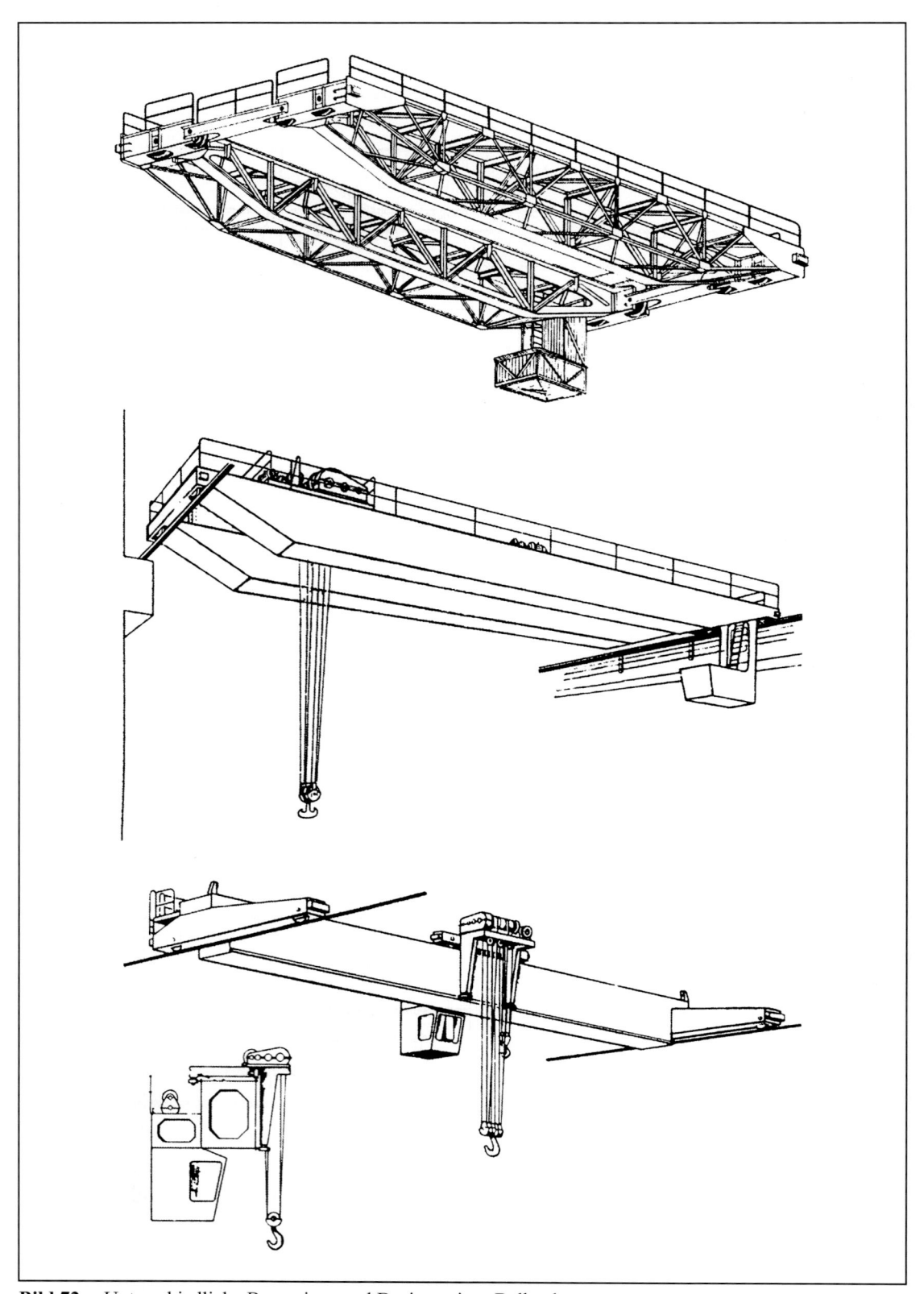

Bild 72 Unterschiedliche Bauweisen und Designs eines Balkenkranes

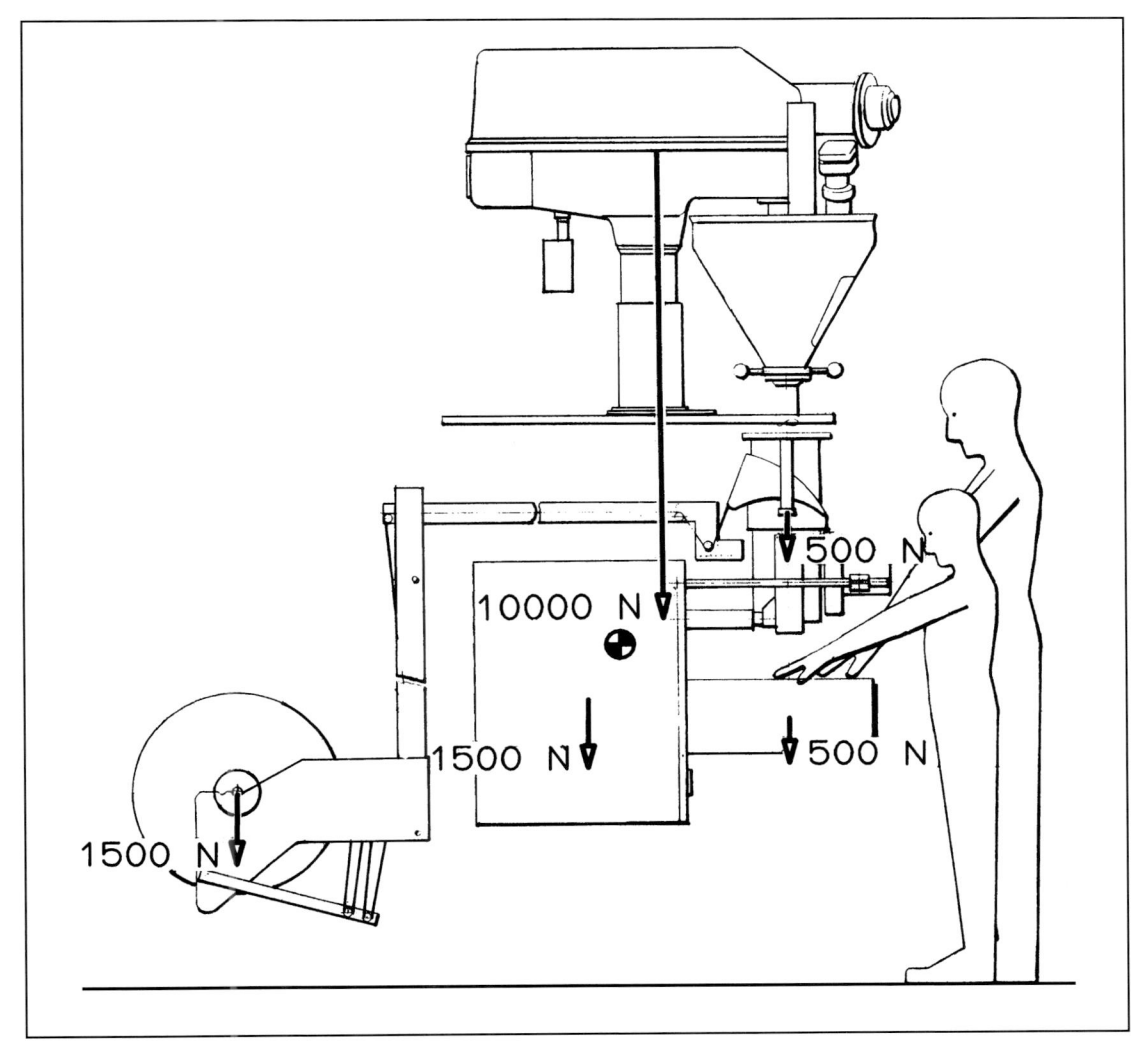

6.1 Voraussetzung 1: Invariable Aufbauelemente und ökologische Aspekte

Bild 73 Lasten einer Verpackungsmaschine auf ihr Tragwerk

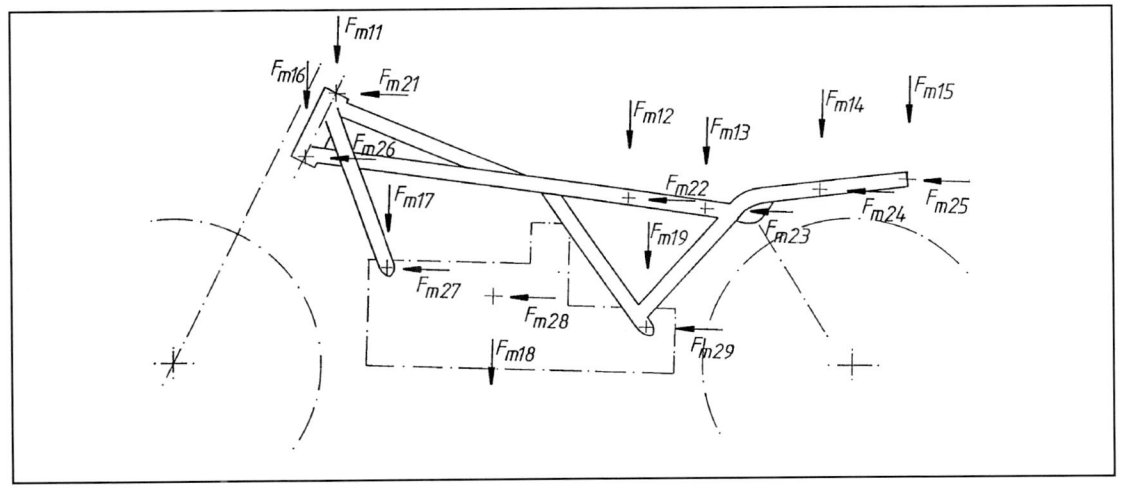

Bild 74 Lasten auf den Rahmen eines Motorrades

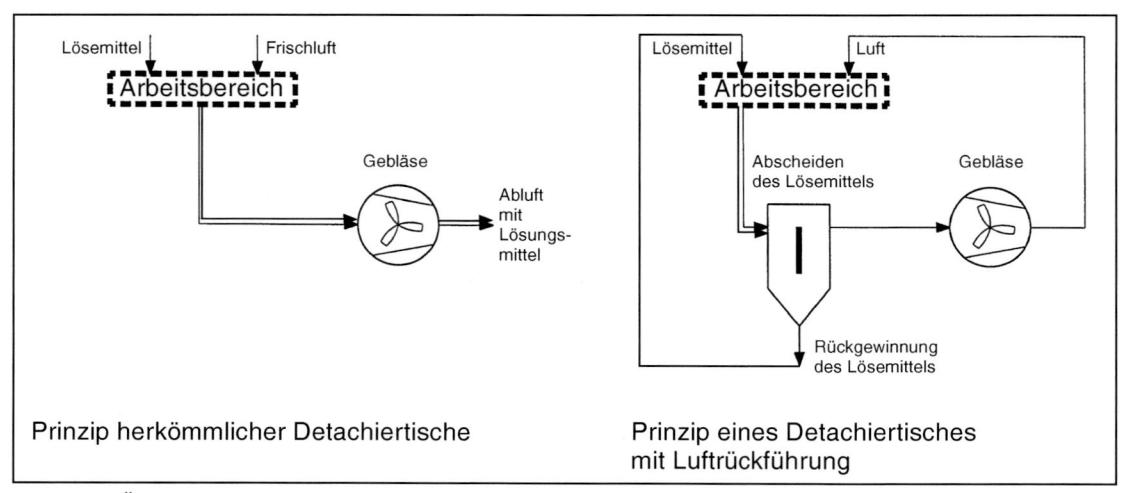

Bild 75 Ökologisches Wirkungsprinzip (rechts) eines Detachiertisches

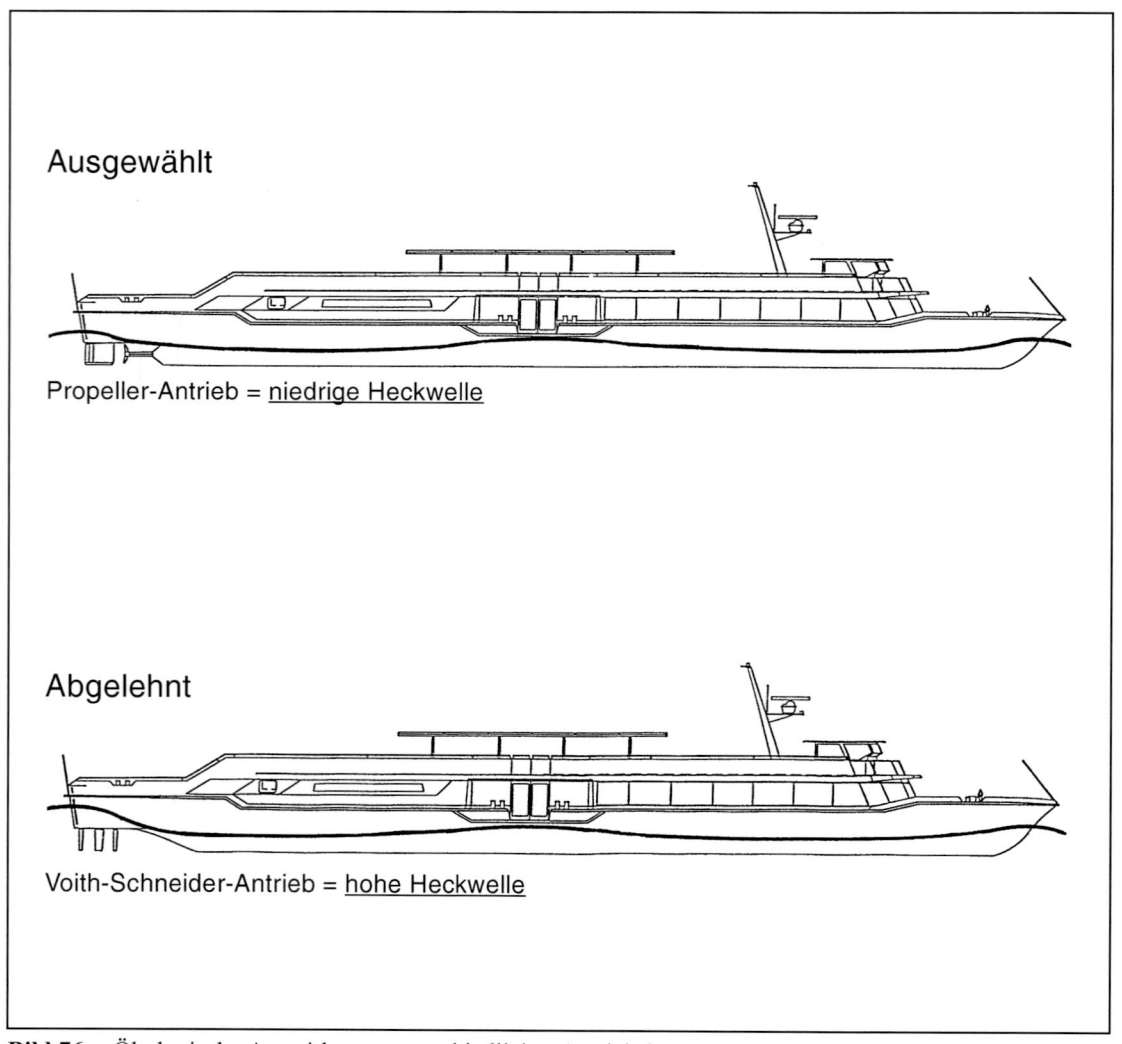

Bild 76 Ökologische Auswirkung unterschiedlicher Antriebskonzepte eines Binnenschiffes

6.1.4 Ökologische Aspekte des Gestaltaufbaus

In allen drei Teilgestalten des Aufbaus eines Produkts sind heute ökologische Anforderungen zu berücksichtigen.

Sie werden hier zu den Voraussetzungen des Designs gezählt.

Beispiele

- Funktionsgestalt eines Detachiertisches mit Lösungsmittelabscheidung und Luftrückführung (Bild 75),
- Entscheidung für den Propeller-Antrieb eines Fahrgastschiffs zur Erzeugung einer niedrigeren Heckwelle und damit geringeren Beanspruchung der Ufer des Fahrwassers (Bild 76).

6.2 Voraussetzung 2: Formale Aufbautypen

In die Betrachtung eingehende Anforderungen und ihr Einfluss auf die Produktgestalt:

$$\mathcal{A}^P, \mathcal{A}^F, \mathcal{A}^W, \mathcal{A}^{Oeko} \rightarrow \mathbb{A}^{var} = \begin{pmatrix} \mathbb{A}^{var}(Fu), \\ \mathbb{A}^{var}(I\ f), \mathbb{A}^{var}(Tw) \end{pmatrix}$$

Zerlegt in Elemente und Ordnungen:

$$\mathbb{A}^{var}(Fu) = \left(\mathbb{E}_A^{var}(Fu), \mathbb{O}_A^{var}(Fu)\right)$$

$$\mathbb{A}^{var}(I\ f) = \left(\mathbb{E}_A^{var}(I\ f), \mathbb{O}_A^{var} I\ f\right)$$

$$\mathbb{A}^{var}(Tw) = \left(\mathbb{E}_A^{var}(Tw), \mathbb{O}_A^{var}(Tw)\right)$$

Nach Definition 2.34 ist der Aufbau eine der 4 Teilgestalten einer Gestalt. Nach 4.3 ist der Aufbau die erste Konkretisierungsstufe einer Gestalt. Diese entsteht nicht durch Akkumulation von Gestaltelementen (Baugruppen!), sondern durch deren Anordnung nach einem formalen Aufbautyp. Künstlerisch ausgedrückt repräsentieren diese formalen Aufbautypen die „Skulptur" oder das „Skulpturale" einer Gestalt.

Der Aufbau ist damit mengenalgebraisch ein 1-Tupel und als Abbild ein Graph (oder Strichbild) aus Aufbauelementen E_A und Aufbauordnungen O_A.

In der oben genannten Abstraktion enthält ein Aufbau keine konkreten (Form-) Elemente, sondern repräsentiert nur eine oder mehrere Ordnungen.

In der Annahme, dass eine Entscheidung zu einem Aufbau(-typ) oder mehreren Aufbautypen im Bereich der variablen Gestaltelemente abläuft, betrachtet man

$$\mathbb{A}^{var} = \left(\mathbb{A}^{var}(Fu), \mathbb{A}^{var}(I\ f), \mathbb{A}^{var}(Tw)\right)$$

zerlegt in Elemente und Ordnungen:

$$\mathbb{A}^{var}(Fu) = \left(\mathbb{E}_A^{var}(Fu), \mathbb{O}_A^{var}(Fu)\right)$$

$$\mathbb{A}^{var}(I\ f) = \left(\mathbb{E}_A^{var}(I\ f), \mathbb{O}_A^{var} I\ f\right)$$

$$\mathbb{A}^{var}(Tw) = \left(\mathbb{E}_A^{var}(Tw), \mathbb{O}_A^{var}(Tw)\right)$$

Wie schon in Kapitel 2.6 erwähnt, wird der Aufbaugraph von dreidimensionalen Gestalten häufig mit alpha-numerischen Zeichen oder lateinischen Großbuchstaben (Versalien!) bezeichnet [91].

Dies ist zunächst eine 2-dimensionale Notation. Für die Belange einer 3-dimensionalen Gestaltung einschließlich dem Technischen Design muss der Schritt in die 3. Dimension erfolgen. Hierauf hat schon in den 20er Jahren W. Ostwald in seinen beiden Büchern „Harmonie der Formen" [92] und „Welt der Formen" [93] hingewiesen. Allerdings existiert die dort geforderte Systematik bis heute immer noch nicht!

Beispiele an formalen Aufbautypen, die mit Versalien bezeichnet werden, finden sich in vielen Bereichen der Kultur und der gestaltenden Disziplinen (Bilder 77 - 80):

- von einfachen Werkzeugen z.B. Hammer,
- über die Grafik, Bildhauerei und konkrete Kunst,
- bis zu chemischen Strukturen und geometrischen Mustern.

Neben den in Bild 78 dargestellten Plastiken der konkreten Kunst zählen hierzu auch die von K. Malewitsch unter der Bezeichnung ARCHITECTONA entwickelten Gestalten oder die „Variations of incomplete cube" von Sol LeWitt.

Auf der obigen Grundlage ist der Aufbau ein Strichbild oder Darstellungsgraph. Strichbilder plus Proportionsverhältnisse ergeben die sog. fraktalen Bäume [94]. Musterbeispiele für 3-dimensionale, reine und geordnete Gestalten sind, auf den in Abschnitt 2.6 behandelten geometrischen Grundkörpern aufbauend, die sog. Sterne (Bild 81) [95].

Der erste Schritt um diese Strichgraphen bzw. Darstellungsgraphen zu beschreiben, ist die Beschreibung zunächst in der Ebene.

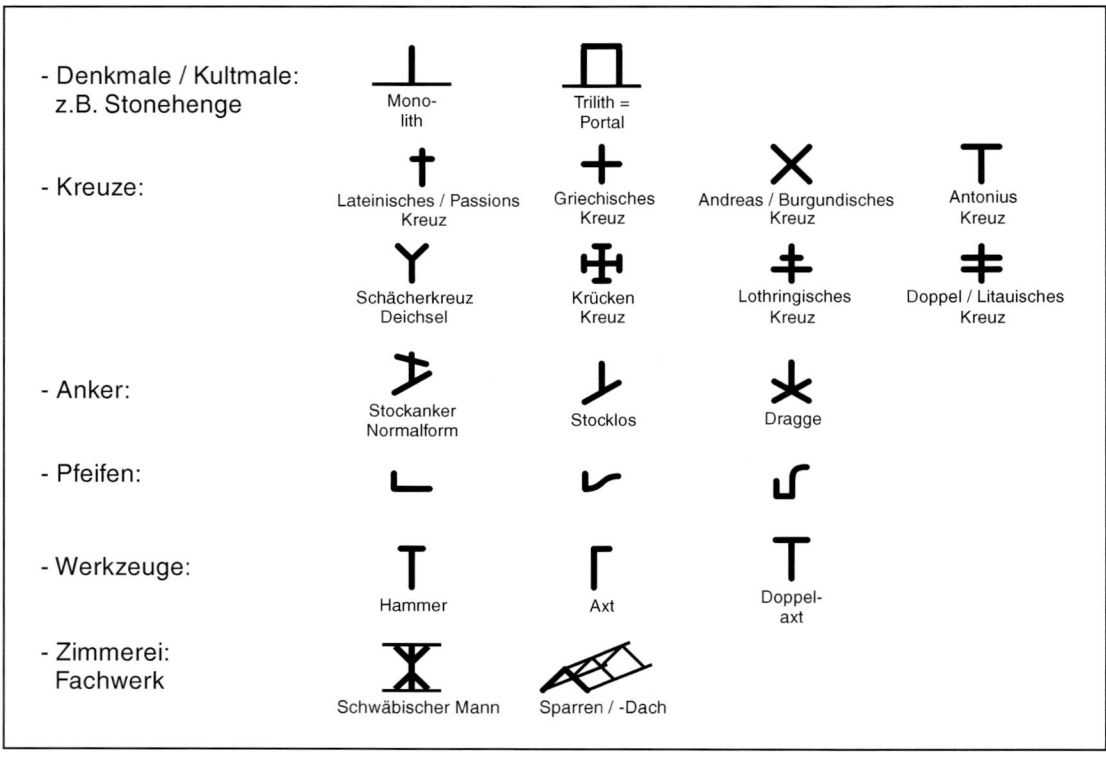

- Denkmale / Kultmale: z.B. Stonehenge	Mono-lith	Trilith = Portal		
- Kreuze:	Lateinisches / Passions Kreuz	Griechisches Kreuz	Andreas / Burgundisches Kreuz	Antonius Kreuz
	Schächerkreuz Deichsel	Krücken Kreuz	Lothringisches Kreuz	Doppel / Litauisches Kreuz
- Anker:	Stockanker Normalform	Stocklos	Dragge	
- Pfeifen:				
- Werkzeuge:	Hammer	Axt	Doppel-axt	
- Zimmerei: Fachwerk	Schwäbischer Mann	Sparren / -Dach		

Bild 77   Beispiele für formale Aufbautypen aus dem Handwerk

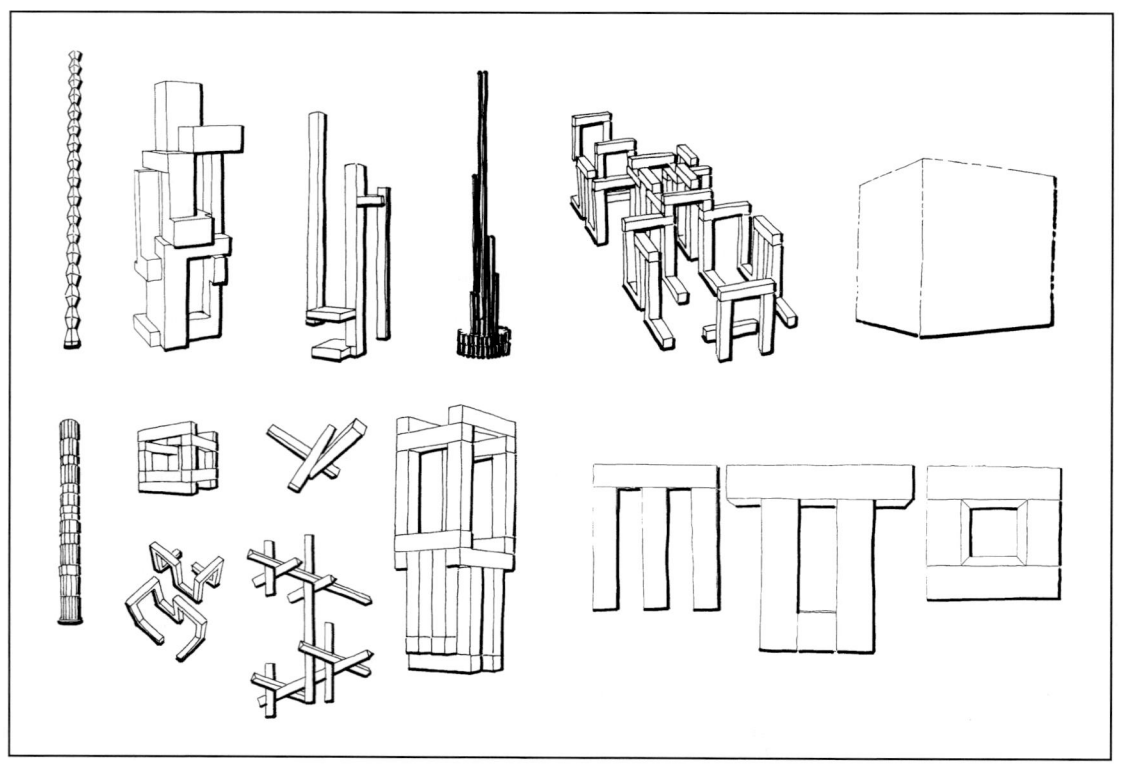

Bild 78   Beispiele für formale Aufbautypen aus der konkreten Kunst

6.2 Voraussetzung 2: Formale Aufbautypen

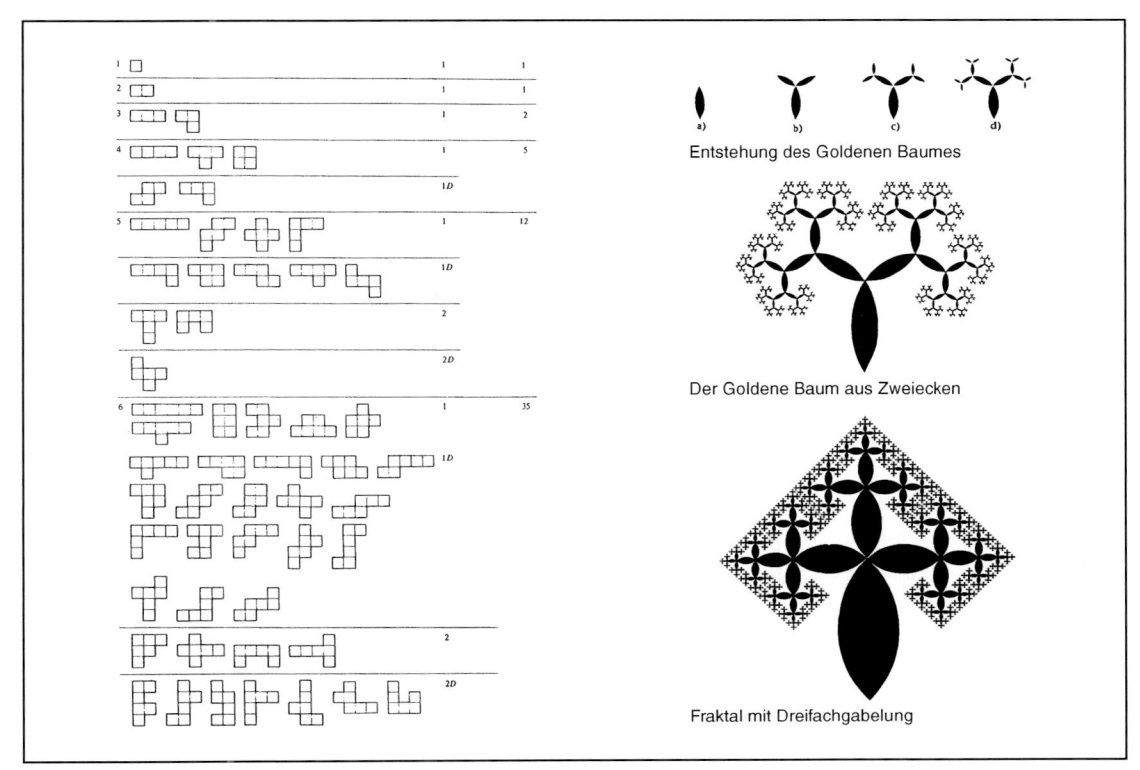

Bild 79 Beispiele für formale Aufbautypen aus der Mathematik

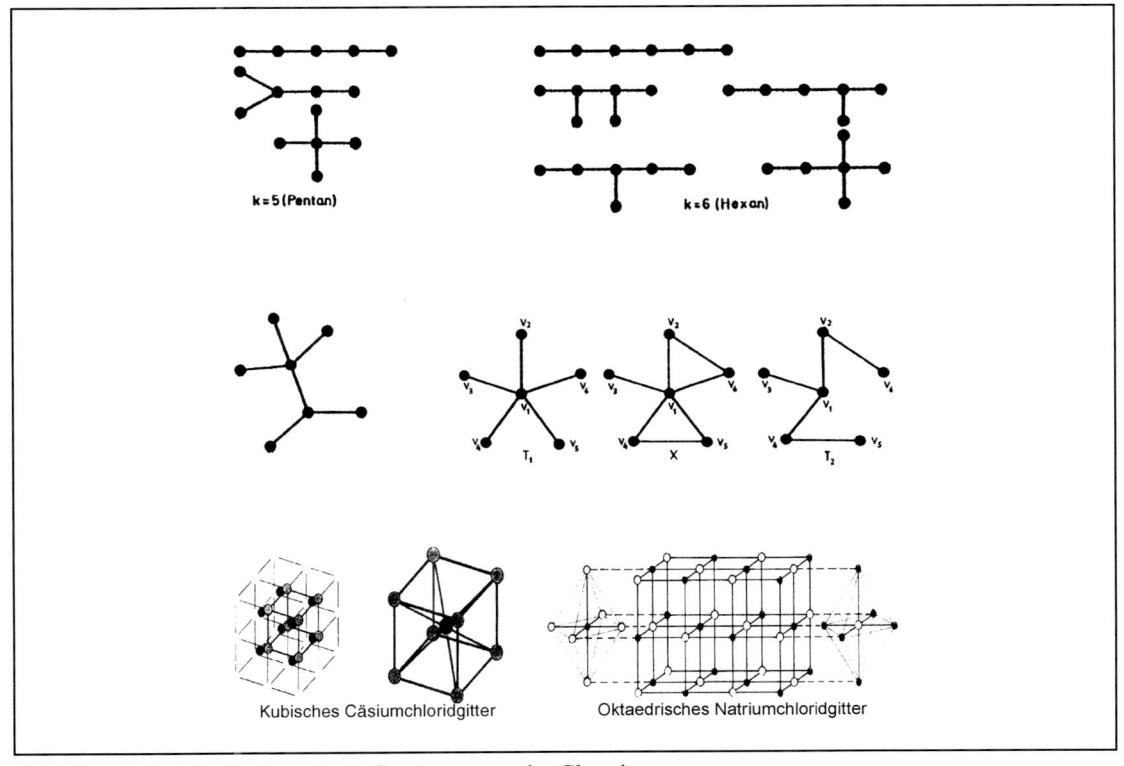

Bild 80 Beispiele für formale Aufbautypen aus der Chemie

	Dodekaederstern	Ikosaederstern	Bindelstern	Baravallestern
Grundkörper	Dodekaeder	Ikosaeder	Ikosaeder	Ikosaeder
Aufbau	12 5seitige Pyramiden	20 3seitige Pyramiden	20 3seitige Pyramiden	12 5seitige Pyramiden
	Erweiterung der Flächen oder Verlängerung der Kanten des Dodekaeders	Verlängerung der Kanten des Ikosaeders. Keine Erweiterung der Flächen	Erweiterung von je 3 Flächen des Ikosaeders. Keine Verlängerung der Kanten	Erweiterung von je 5 Flächen des Ikosaeders. Keine Verlängerung der Kanten
Verhältnis der Pyramidenkanten zu den Grundkanten	Major : Minor	Major : Minor	s = Seitenkante der Pyramiden k = Ikosaederkante $s = k\frac{\sqrt{10}}{5} = 0{,}632..k$ $k = s\frac{\sqrt{10}}{2} = 1{,}581..s$	$s = \frac{k}{2}\sqrt{2\,(2+\sqrt{5})}$ $s = 2{,}995..k = \sim 3k$
Flächen	60	60	60	60
Ecken	32 (20 + 12)	32 (12 + 20)	32 (12 + 20)	62 (12 + 30 + 20)
Kanten	90 (30 + 60)	90 (30 + 60)	90 (30 + 60)	120 (60 + 60)
Kern	Dodekaeder	Ikosaeder	Ikosaeder	*
Schale (Umhüllung)	Ikosaeder	Dodekaeder	Pentakisdodekaeder	Ikosaeder

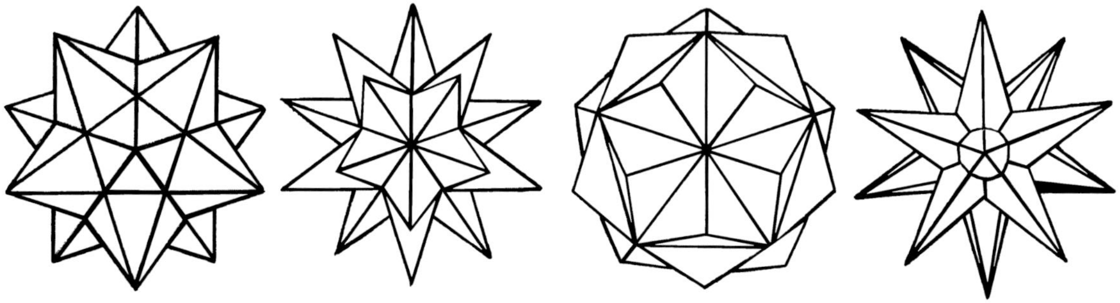

Bild 81 Vergleich der vier Sternkörper bezüglich Komplexität und Ordnung

6.2 Voraussetzung 2: Formale Aufbautypen

Definition 6.1 *Ein ebener Darstellungsgraph D_E besteht aus Knoten*

$$Kn := \{k_o, \ldots, k_m\}$$

und Kanten Ka die zwei Knoten oder Knoten ein Endstück verbinden.

$$Ka := \{ka_o = (k_4, k_2), \ldots, ka_m = (*, k_7)\}$$

wobei $(*,.)$ bedeutet, dass die Kante an einem Knoten hängt und das andere Ende ein Endstück (kein weiteres Anhängen möglich!) ist. Jede Kante muss mindestens an einem Knoten hängen. Weiter gibt es noch die Winkel Wi zwischen zwei Kanten, die an demselben Knoten hängen

$$Wi = \{w_{ij} \setminus w_{ij} \text{ ist Winkel zwischen den Kanten } ka_i \text{ und } ka_j\}$$

Ein ebener Darstellungsgraph besteht also aus $D_E = (Kn, Ka, Wi)$. Als Beispiel siehe Bild 84.

Da die Darstellungsgraphen eine Abstraktion von technischen Produkten darstellen, d.h.

Knoten ↔ Schnittstellen/Koppelstellen/Verbindungsstellen
Kanten ↔ Baugruppen/Teilgestalten/-elemente

bedeutet eine Kante (Element), die nur einen Knoten (Schnittstellen) hat, dass am Endstück kein weitere Kante (Element) angebracht werden kann, z.B. ein Motor mit einer Antriebswelle.

Ein interessantes Gestaltungsprinzip in der Grafik ist die Ligatur, d.h. die Vereinigung von zwei Versalien zu einem Zeichen.

Beispiel $TT \to \mathbb{T}$.

Analoge Aufbautypen finden sich im Geräte- und Maschinenbau, bis hin zu Großrechnern und Weltraumstationen (Bilder 82 und 83).

Die Frage nach dem jeweiligen Aufbautyp ergibt sich bei jeder Variantenkombination. Ein gerade klassisches Beispiel ist hierzu der Hansen'sche Hebel [28].

Neben der Ligatur ist die so genannte (Meta-)Morphose ein weiteres wichtiges Gestaltungsprinzip. Dabei werden aus vorhandenen Aufbaugestalten durch Änderung der Länge und der Ordnungen der Aufbauelemente neue Gestaltungstypen erzeugt. Spezielle Morphosen sind die folgenden

- Ordnungsmorphose: nur Ordnungen ändern sich (Bild 86, Winkel und Stellung),
- Elementmorphose: nur Elemente ändern sich (Bild 86, Längenänderung).

Bei der Betrachtung ebener Darstellungsgraphen im 3-dimensionalen Raum, muss die Definition erweitert werden auf

Definition 6.2 *Ein ebener Darstellungsgraph mit Bezugsebene D_{EB} ist ein ebener Darstellungsgraph $DE = (Kn, Ka, Wi)$ im 3-dimensionanlen Raum mit einer Bezugsebene EB, d.h. eine weitere Ebene im Raum, die auch parallel zur Ebene des ebenen Darstellungsgraphen sein darf.*

Ein ebener Darstellungsgraph mit Bezugsebene ist also

$$D_{EB} = (Kn, Ka, Wi, EB)$$

Als Beispiel siehe Bild 85.

Ein spezieller ebener Darstellungsgraph ist ein solcher, dessen Ebene mit einem Netz bzw. Gitter gerastert ist. Hierbei liegen die Knoten ausschließlich auf den Gitterpunkten und die Kanten ausschließlich entlang der Gitterlinien.

Es gibt verschiedene Gitter bzw. Netz (siehe [96; 97]). Das einfachste ist das quadratische Gitter. Ein anderes Netz (Gitter) erhält man, indem wir z.B. ein Dreieck als Grundfläche nehmen (Bild 61).

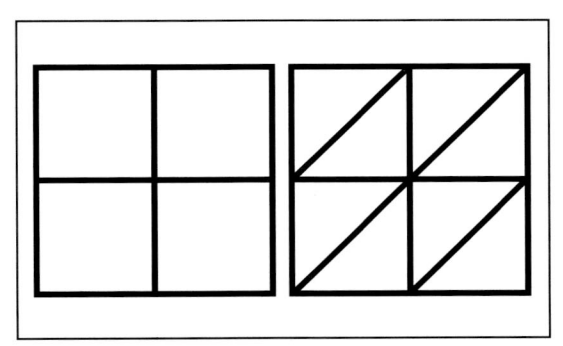

Bild 61 Beispiele für einfache Netze

Diese Gitter bzw. Netze lassen sich auch im 3-dimensionalen Raum einsetzen. In diesem Fall nimmt man als einfachste Grundfigur einen Würfel (s. Bild 87 unten).

Musterbeispiele für 3-dimensionale, reine und geordnete Gestalten sind, auf den in Kapitel 2.6 behandelten geometrischen Körpern aufbauend die sogenannten Sterne (s. Bild 81).

Es gibt aber nicht nur ebene Darstellungsgraphen im 3-dimensionalen Raum, sondern auch welche mit mehreren Ebenen. Dies führte zur folgenden

Definition 6.3 *Ein räumlicher Darstellungsgraph D_{3D} ist die Vereinigung (synonym: Überlagerung, Superposition) von mindestens 2 ebenen Darstellungsgraphen mit Bezugsebene, die parallele Be-*

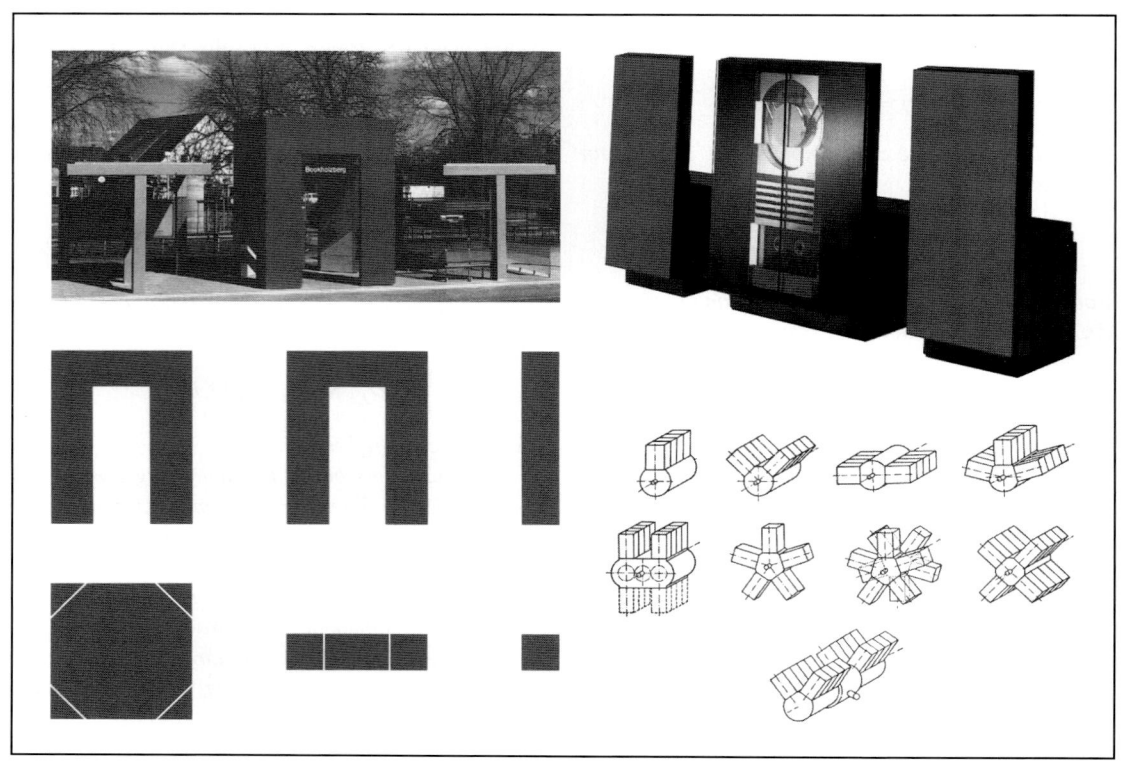

Bild 82 Formale Aufbautypen in Architektur und Maschinentechnik

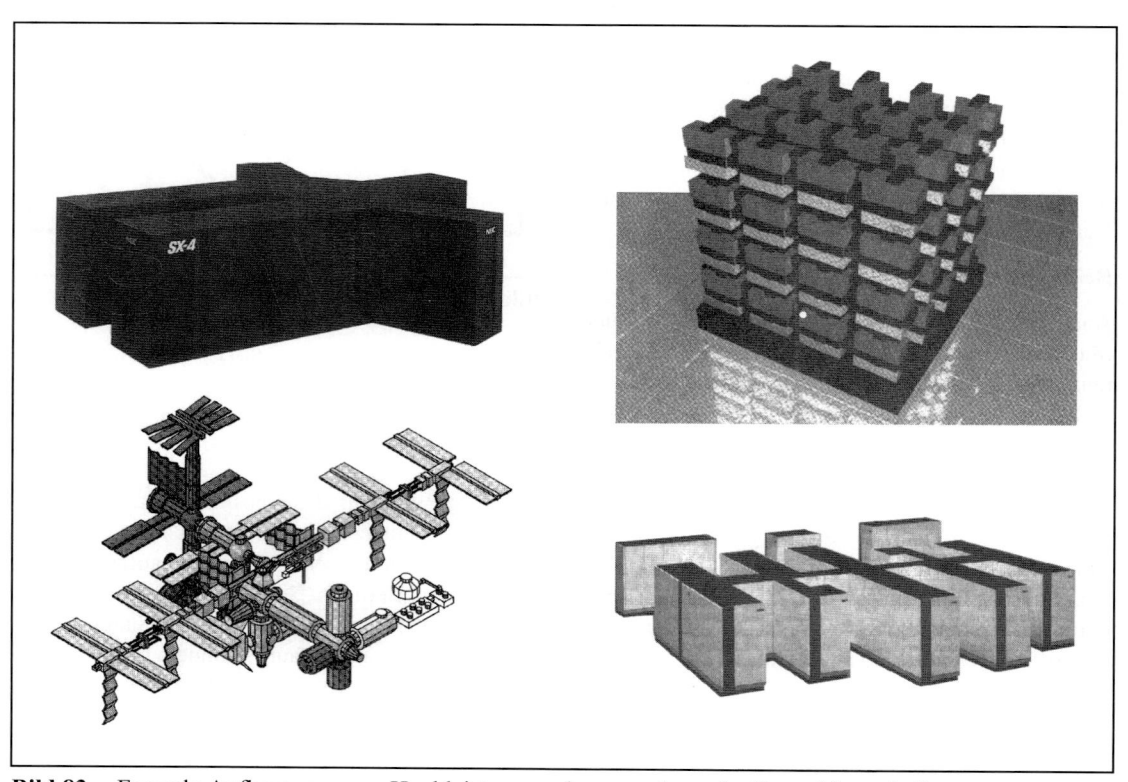

Bild 83 Formale Aufbautypen von Hochleistungsrechnern und aus der Raumfahrttechnik

6.2 Voraussetzung 2: Formale Aufbautypen

Bild 84   Ebener Graph

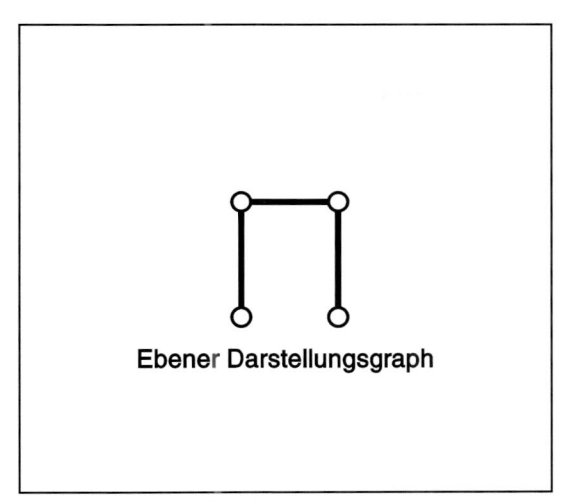

Bild 85   Ebener Graph mit Bezugsebene

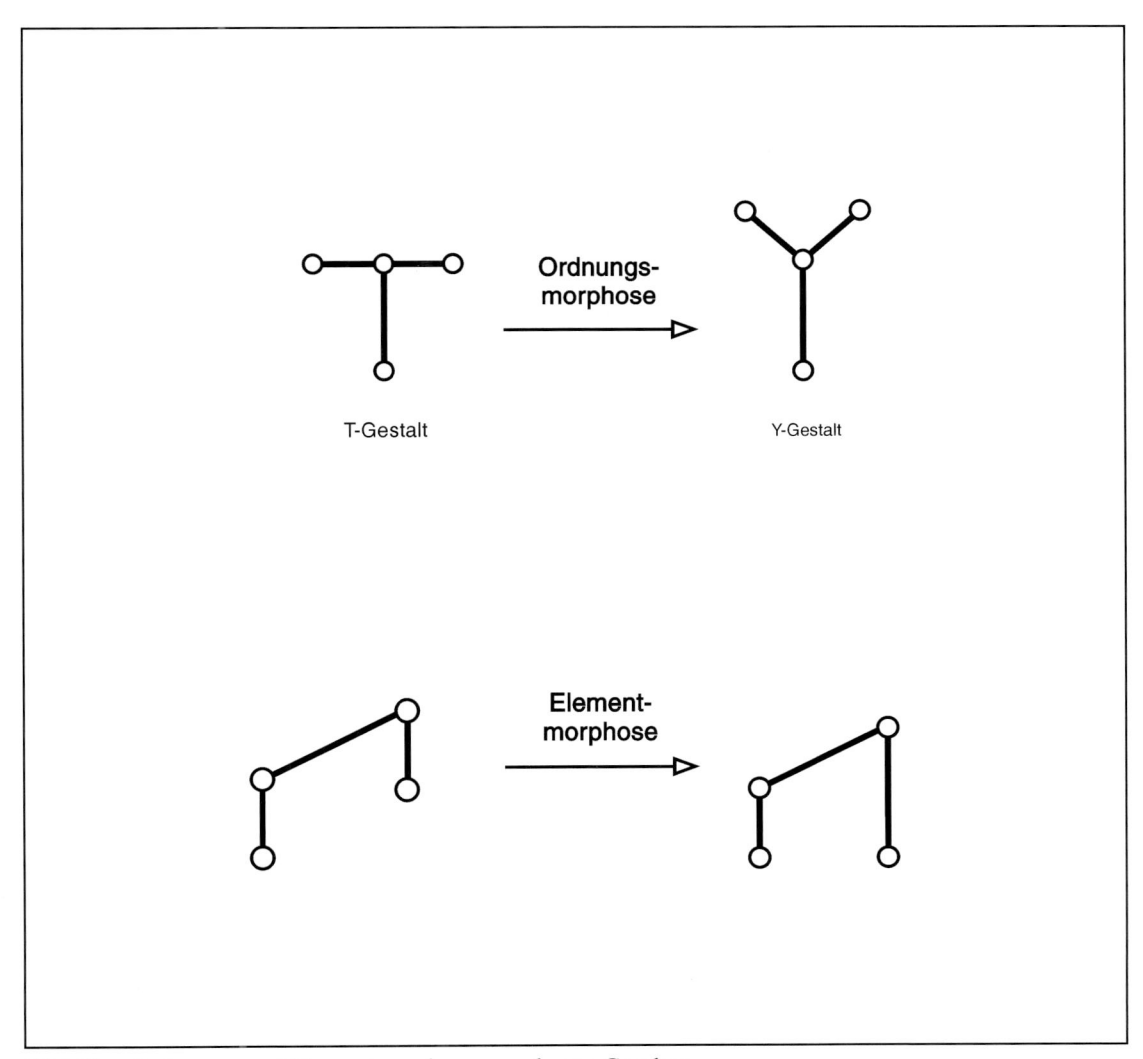

Bild 86   Ordnungs- und Elementmorphose von ebenen Graphen

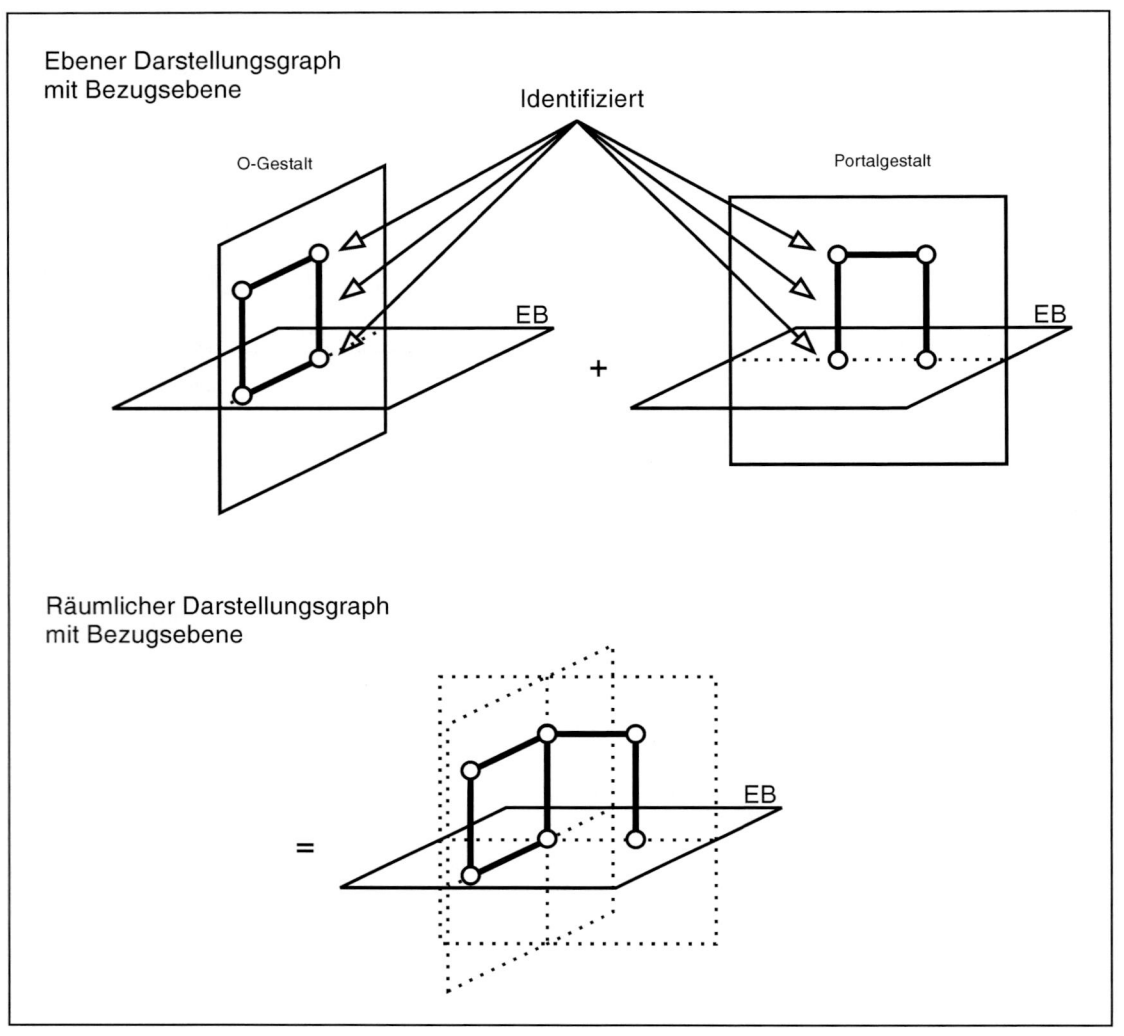

Bild 87 Vereinigung von zwei ebenen Graphen mit Bezugsebene

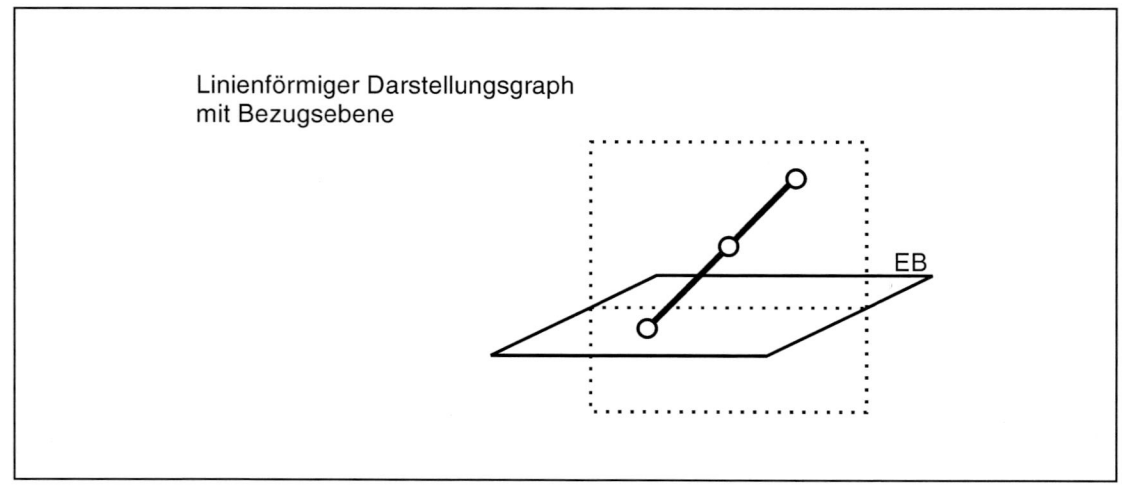

Bild 88 Stabförmiger Graph mit Bezugsebene

6.2 Voraussetzung 2: Formale Aufbautypen

zugsebenen haben. *Da parallele Bezugsebenen dieselbe Funktion erfüllen, haben wir nun auch nur eine Bezugsebene.*

Die Anwendung von Definition 6.3 erfolgt in Kapitel 6.7.

Bei der Kombination der ebenen Darstellungsgraphen mit Bezugsebene werden Knoten miteinander identifiziert, d.h. wollen wir zwei ebene Darstellungsgraphen zusammenfügen, dann nehmen wir jeweils ein Knoten dieser Graphen und identifizieren diese miteinander (Bild 87 oben).

Es können natürlich auch Kanten identifiziert werden, aber nur wenn die zwei zugehörigen Knoten miteinander identifiziert wurden.

Also ist ein räumlicher Darstellungsgraph mit Bezugsebene gleich

$$D_{3D} = (D_{1EB}, ..., D_{kEB})$$

wobei $D_{jEB} = (Kn_j, Ka_j, Wi_j, EB)$ ist. Zu bemerken ist hier, dass sowohl Knoten als auch Kanten in mehreren der Darstellungsgraphen liegen können. Als Beispiel siehe Bild 87 unten.

Als Spezialfall haben wir noch eine Besonderheit eines ebene Darstellungsgraphen.

Wenn wir von einem linienförmigen Strichgraph (Stabgestalt) sprechen, dann meinen wir, dass die Kanten fluchtend hintereinander liegen. Diese Besonderheit drückt sich für unseren Darstellungsgraph wie folgt aus.

Definition 6.4 *Ein linienförmiger Darstellungsgraph D_L ist ein ebener Darstellungsgraph bei dem die Winkel zwischen den Kanten alle $180°$ betragen und an jedem Knoten höchstens 2 Kanten liegen.*

Ein linienförmiger Darstellungsgraph besteht also aus $D_L = (Kn, Ka)$. Wir lassen also die Winkelmenge Wi weg, da wir immer 180 Grad haben.

Erweitern wir nun, wie oben schon, einen linienförmigen Darstellungsgraphen um eine Bezugebene, so erhalten wir:

Definition 6.5 *Ein linienförmiger Darstellungsgraph mit Bezugsebene D_{LB} ist ein linienförmiger Darstellungsgraph $D_L = (Kn, Ka)$ im 3-dimensionalen Raum mit einer Bezugsebene EB.*

Ein linienförmiger Darstellungsgraph mit Bezugsebene ist also

$$D_{LB} = (Kn, Ka, EB)$$

Als Beispiel siehe Bild 88.

Ein weiteres ungelöstes Gestaltungsproblem enthält die Frage, aus welchen „einfachen" „Aufbautypen" sich höhere durch Kombination bilden lassen.

Aus allen diesen Ansätzen lassen sich (Teil-) Kataloge formaler Aufbautypen mit „offenen Grenzen" bilden (Bild 89).

Die Kopfspalte solcher Kataloge kann durch die Anzahl der jeweiligen Aufbauelemente gebildet werden. Danach entstehen in Anlehnung an Quaisser [98] formale Aufbautypen

- ein-modular,
- zwei-modular,
- ...,
- zehn-modular,
- ...,
- hundert-modular u.s.w.

Die Kopfzeile enthält die jeweiligen Ordnungen und Anordnungen.

Beispiele für formale Aufbautypen sind dementsprechend

- ein zwei-modulares Gamma,
- ein drei-modulares Zett,
- ein vier-modulares O u.s.w.

In einer Untersuchung über neue lateinische Schriftzeichen [99] entstanden auf der Grundlage eines Neun-Punkte-Rasters 65.535 verschiedene Zeichen-Gestalt-Typen!

Den Übergang in die 3. Dimension bilden bekannte Grundgestalten, wie der Dreifuß, der Krähenfuß oder spanische Reiter, der Leonado-Würfel u.a. (Bild 90). Die mehrfache Abwicklung und räumliche Anordnung von Antriebssträngen und insbesondere Leitungen kann formal auch als einzügiges oder mehrzügiges Mäander oder Zinnenmuster verstanden werden. Ein weiterer komplexer und räumlicher Gestalttyp ist auch die Doppelhelix. Interessanterweise wird der Übergang von einer dreidimensionalen Gestalt zu einem zweckkenzeichnenden Zeichen z.B. zu einem Haustyp auch von anderen Autoren gesehen [100].

Ein Ansatz zur Notation 3-dimensionaler Gestalten ist deren Bezeichnung über die wichtigsten Ansichten (Bild 90).

Die Bedeutung des Aufbautyps liegt in der formalen Gestaltung darin, dass zwischen den Teilgestalten Aufbau, Form, Farbe und Grafik Wechselwirkungen bestehen, die eine „strenge" Lösung von einer „freien" Lösung wesentlich unterscheiden. Eine „strenge" (synonym: „logische", „ästhetische"), Lösung ist dadurch gekennzeichnet, dass Form, Farbe und Grafik den Aufbau(-typ) erhalten und betonen (Bilder 91 - 94). Demgegenüber verfremdet

Bild 89 Katalog an ebenen Aufbautypen

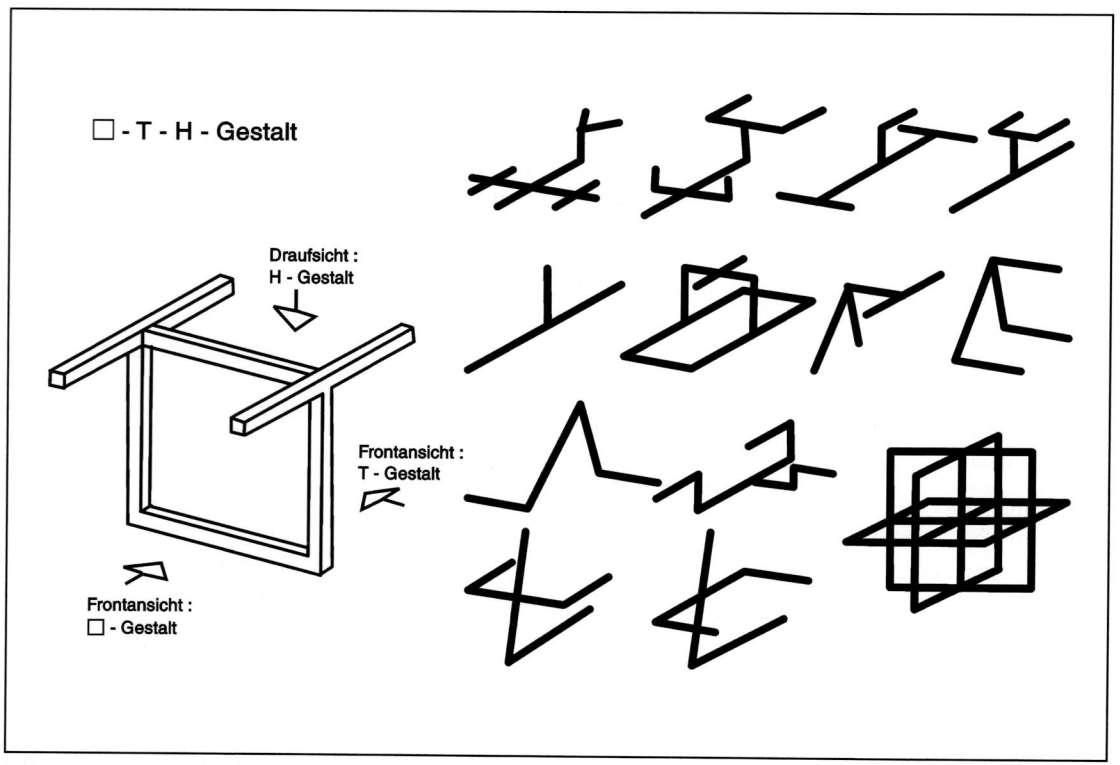

Bild 90 Räumliche Aufbautypen

6.2 Voraussetzung 2: Formale Aufbautypen

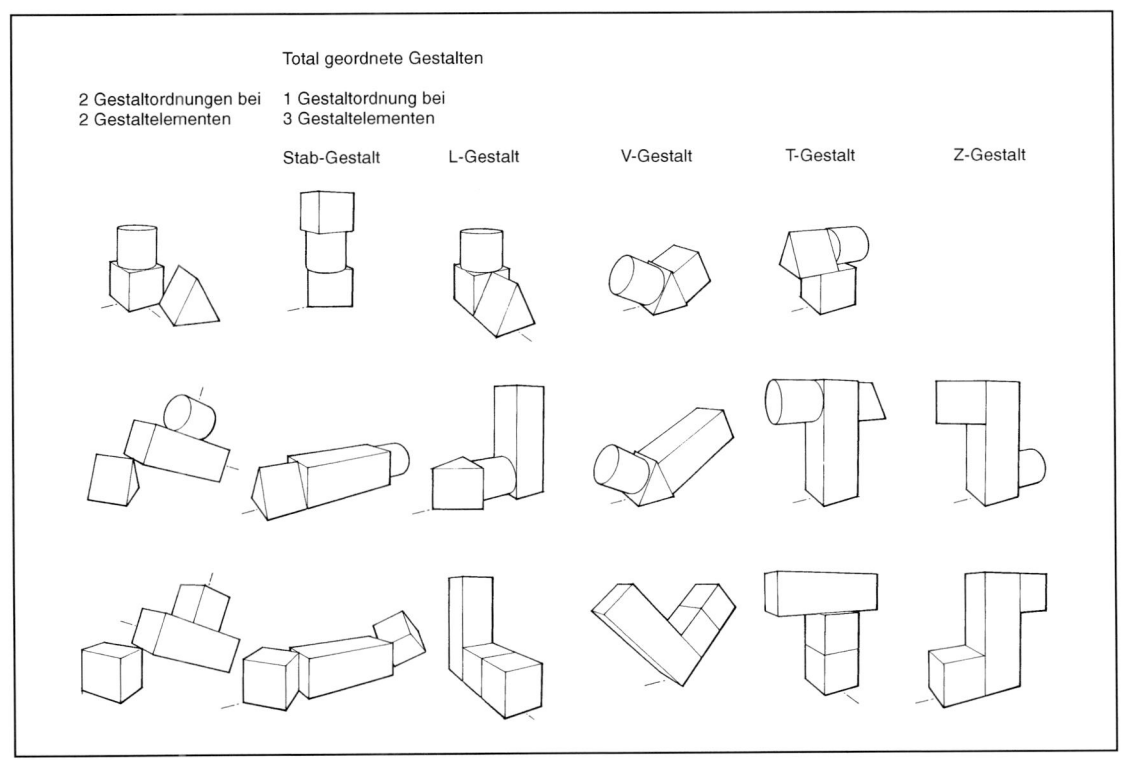

Bild 91 Lösungsfeld für räumliche Aufbautypen von drei unterschiedlichen Repertoirs

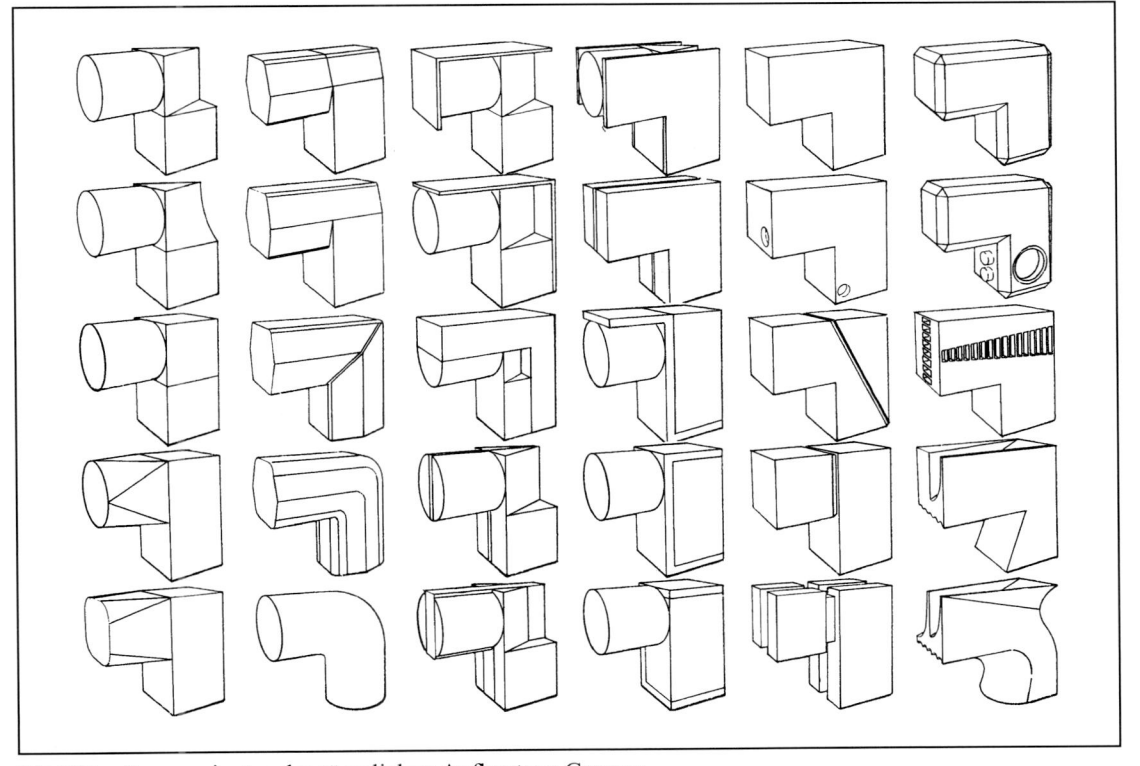

Bild 92 Formvarianten des räumlichen Aufbautyps Gamma

Bild 93 Farbvarianten eines räumlichen Aufbautyps

Bild 94 Graphische Varianten eines räumlichen Aufbautyps

Form, Farbe und Grafik bei einer „freien" (synonym: „künstlerischen" u.a.), Lösung den Aufbau(-typ) bzw. lösen diesen im Extrem auf.

6.3 Designorientierter Aufbau der Funktionsgestalt

In die Betrachtung eingehende Anforderungen und ihr Einfluss auf eine Produktgestalt:

$$\mathcal{A}^{BB} \rightarrow \mathbb{A}^{fix/BB}(Fu)$$

$$\mathcal{A}^{BB} \rightarrow \mathbb{A}^{var/BB}(Fu)$$

Zerlegt in Elemente und Ordnungen:

$$\mathbb{A}^{fix/BB}(Fu) = \left(\mathbb{E}_A^{fix/BB}(Fu), \mathbb{O}_A^{fix/BB}(Fu)\right)$$

$$\mathbb{A}^{var/BB}(Fu) = \left(\mathbb{E}_A^{var/BB}(Fu), \mathbb{O}_A^{var/BB}(Fu)\right)$$

In der Konzeptionsphase werden designorientiert maßgeblich Benutzungs- und Betätigungsanforderungen im Aufbau einer Produktgestalt verwirklicht:

$$\mathcal{A}^{BB} \rightarrow \mathbb{A}^{BB}(Fu)$$

Der Lösungsraum wird aus den jeweiligen invariablen und variablen Aufbauelementen und Aufbauordnungen gebildet:

$$\mathbb{A}^{fix/BB}(Fu) = \left(\mathbb{E}_A^{fix/BB}(Fu), \mathbb{O}_A^{fix/BB}(Fu)\right)$$

$$\mathbb{A}^{var/BB}(Fu) = \left(\mathbb{E}_A^{var/BB}(Fu), \mathbb{O}_A^{var/BB}(Fu)\right)$$

Die Betrachtungen dieses Kapitels konzentrieren sich auf die Wechselwirkungen zwischen den Betätigungs- und Benutzungsanforderungen und dem Aufbau der Funktionsgestalt bzw. den dadurch bedingten Teilnutzwertkomponenten des Designs.

Im einzelnen werden betrachtet:

- Antriebstechnik und menschlicher Antrieb,
- Größe und Gewicht der Funktionsgestalt,
- Anordnung der Funktionsbaugruppen zur Funktionsgestalt.

6.3.1 Antriebstechnik und menschlicher Antrieb

Der Antrieb ist nach den bisherigen Darlegungen die erste Baugruppe einer Funktionsgestalt. Zur Antriebstechnik werden normalerweise die Wandler und die Regler (mechatronisches System) zugerechnet.

Die Frage nach dem Antrieb geht üblicherweise von der notwendigen Antriebsleistung und -dauer aus und betrifft das moderne und zukünftige Angebot der Motoren.

Die Unterscheidung von Elektro- und Verbrennungsmotor ist sicher eine zu primitive Unterteilung. Die heute bekannten Druckluftmotoren werden z.B. unterteilt in:

- Kulissenmotor,
- Sternmotor,
- Lamellenmotor,
- Turbinenmotor.

Neben den klassisch motorisch betriebenen Erzeugnissen des Maschinenbaus gibt es aber viele Produkte, bei denen sich die Fragen nach einem menschlichen Antrieb stellt:

- Produktionsmaschinen in der 3. Welt,
- Fahrräder,
- Rollstühle,
- Rischkas,
- Mühlen (mit Fahrradantrieb),
- Krane und Seilwinden (Bild 95),
- Nähmaschinen,
- Wasserpumpen,
- Unterseeboot,
- Leichtflugzeug,
- Tretboot.

Die folgende Tabelle 8 weist unterschiedliche Werte der zulässigen menschlichen Leistung aus.

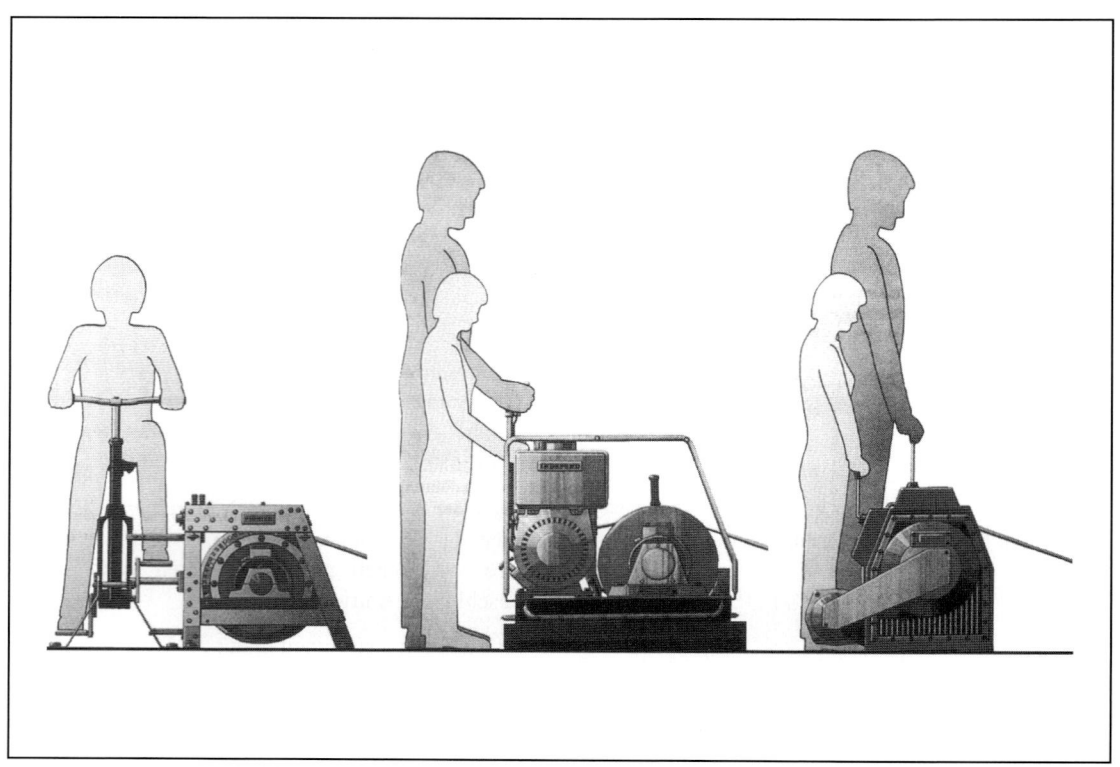

Bild 95 Unterschiedliche Antriebskonzepte einer Seilwinde

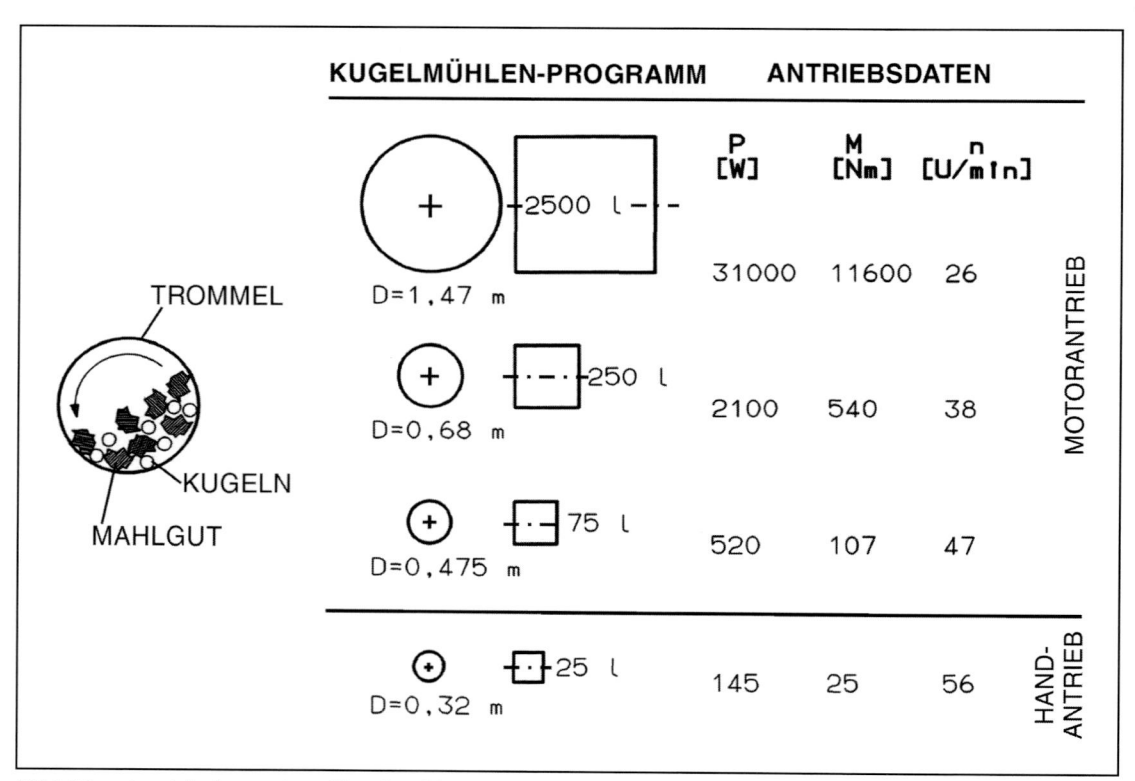

KUGELMÜHLEN-PROGRAMM		ANTRIEBSDATEN			
		P [W]	M [Nm]	n [U/min]	
⊕ —2500 l— D=1,47 m		31000	11600	26	MOTORANTRIEB
⊕ —250 l D=0,68 m		2100	540	38	MOTORANTRIEB
⊕ —75 l D=0,475 m		520	107	47	MOTORANTRIEB
⊕ —25 l D=0,32 m		145	25	56	HAND-ANTRIEB

TROMMEL
KUGELN
MAHLGUT

Bild 96 Antriebsdaten eines Kugelmühlen-Programms

Tabelle 8 Werte der zulässigen menschlichen Leistung

Quellen	Werte und Art der Arbeit
Bullinger VDI 2242	4,4 KW kurzzeitig!!! 4000W . . .
Uni Tü	600W Spitzenwert beim Radfahren
Sportmedizin	. . . 350W normales Radfahren
Lehmann	mittelschwere Arbeit 180W/3h / trainiert / gemäßigtes Klima 130W/3h / trainiert / tropisches Klima 100W/ 5min / untrainiert / tropisches Klima Leichte Arbeit
Kirchner-Rohmert Jenik	50 W - 75 W Männer
Müller-Limmroth Uni Tü	40 W Frauen 40 W gemütliches Radfahren
IAO/Stgt.	60 W - 20 W erwachsener Rollstuhlfahrer

Bild 96 zeigt darauf basierend die Entscheidung zum Hand- bzw. Motorantrieb von Kugelmühlen unterschiedlicher Größe.

In diese Entscheidung gehen demografische und geografische Faktoren ein, wie

- Dauer,
- Geschlecht,
- Trainiertheitsgrad,
- Umwelt, insbesondere Klima

die in Kapitel 2 behandelt wurden.

6.3.2 Größe und Gewicht der Funktionsgestalt

Größe und Gewicht einer Funktionsgestalt werden maßgeblich von ihren Leistungsdaten und ihrem Wirkungsprinzip bestimmt. Dies gilt nicht zuletzt für alle Arten von handgeführten Werkzeugen.

Tabelle 9 Gewicht und Leistungsgewicht von 2 Bohrmaschinen

Merkmal	Elektro-Bohrmaschinen	Druckluft-Bohrmaschine
Spindelleistung (W)	380 W	650 W
Gewicht (kp)	6,5 kp	4,3 kp
Leistungsgewicht (W/kp)	58 W/kp 0,058kW/kp	150 W/kp 0,150 kW/kp

Den Übergang von einem tragbaren zu einem fahrbaren Gerät zeigt das Beispiel Hochdruckreiniger (Bild 97).

Nach den entsprechenden Normen (DIN 57700 Teil 1, VDE 0700 Teil 1, IEC 335-1) liegt der Grenzwert bei 18 Kp. Leichtere sind tragbar, schwerere müssen fahrbar konzipiert werden.

Interessant an diesem Beispiel ist, dass die Funktionsgestalt ca. 90% des Gewichtes bestimmt, der restliche Anteil entfällt auf das Tragwerk d.h. das Gehäuse (Angaben von KÄRCHER).

Als Betätigungs- und Benutzungs-Anforderung sind bei diesen Entscheidungen allgemein die zulässigen Traglasten zu beachten, die damit auch den sog. Leichtbau begründen.

Über die Optimierung von Größe und Gewicht hinaus sind in der Konzeptphase weitere Handlingaspekte zu betrachten, wie z.B. ob ein Gerät geschoben (1. Konzept) oder gezogen (2. Konzept) wird (Bild 98).

Diesen Tatbestand zeigt auch die Entwicklung des Staubsaugers zu einem von Frauen tragbaren Gerät.

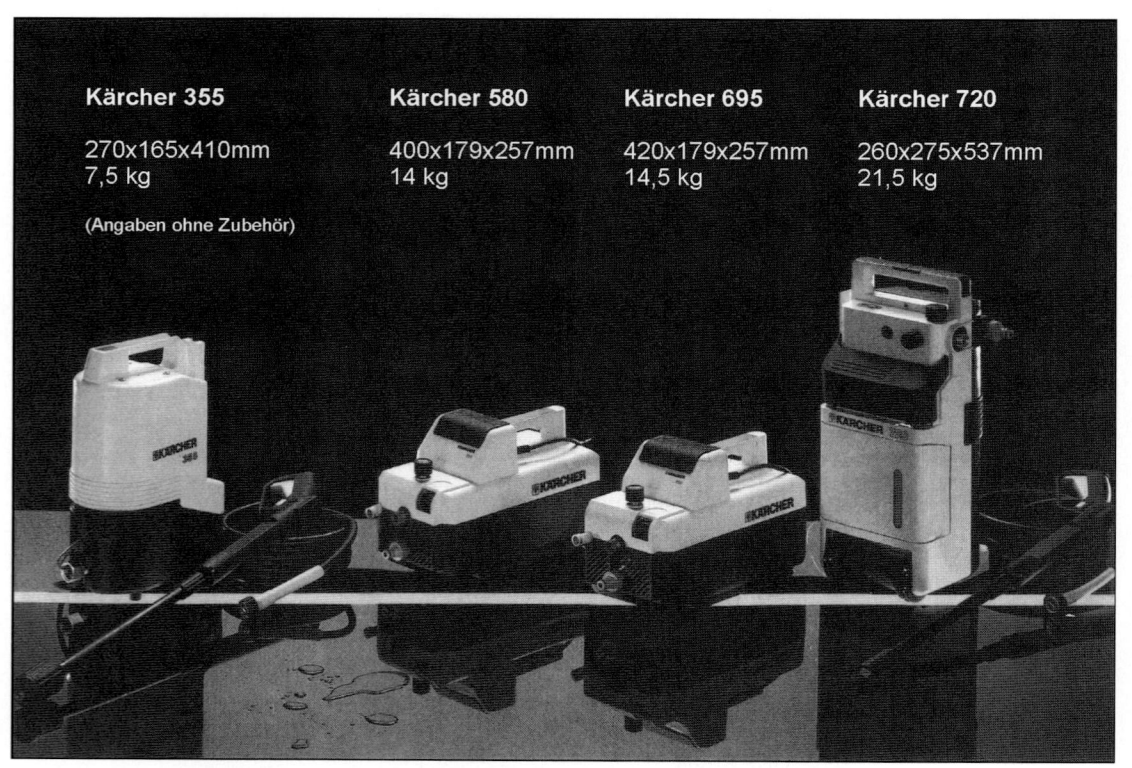

Bild 97 Unterschiedliche Größen und Gewichte von Hochdruckreinigern

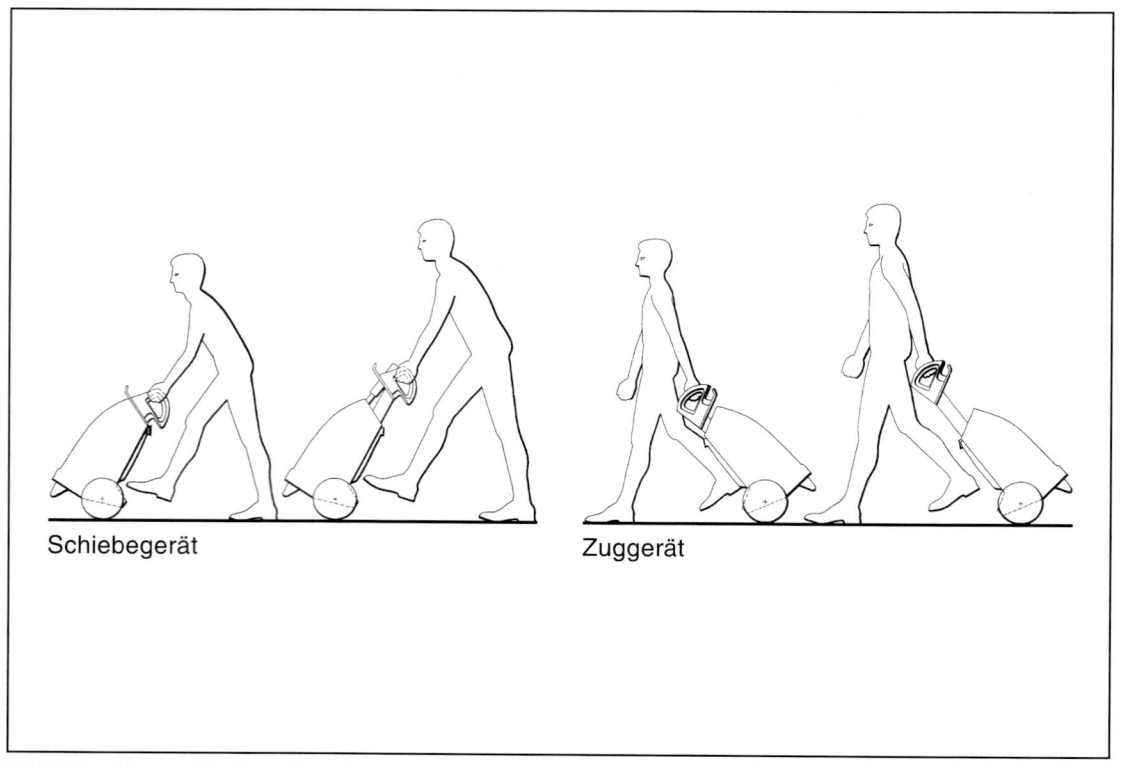

Bild 98 Unterschiedliche Betätigungskonzepte eines fahrbaren Hochdruckreinigers

6.3 Designorientierter Aufbau der Funktionsgestalt

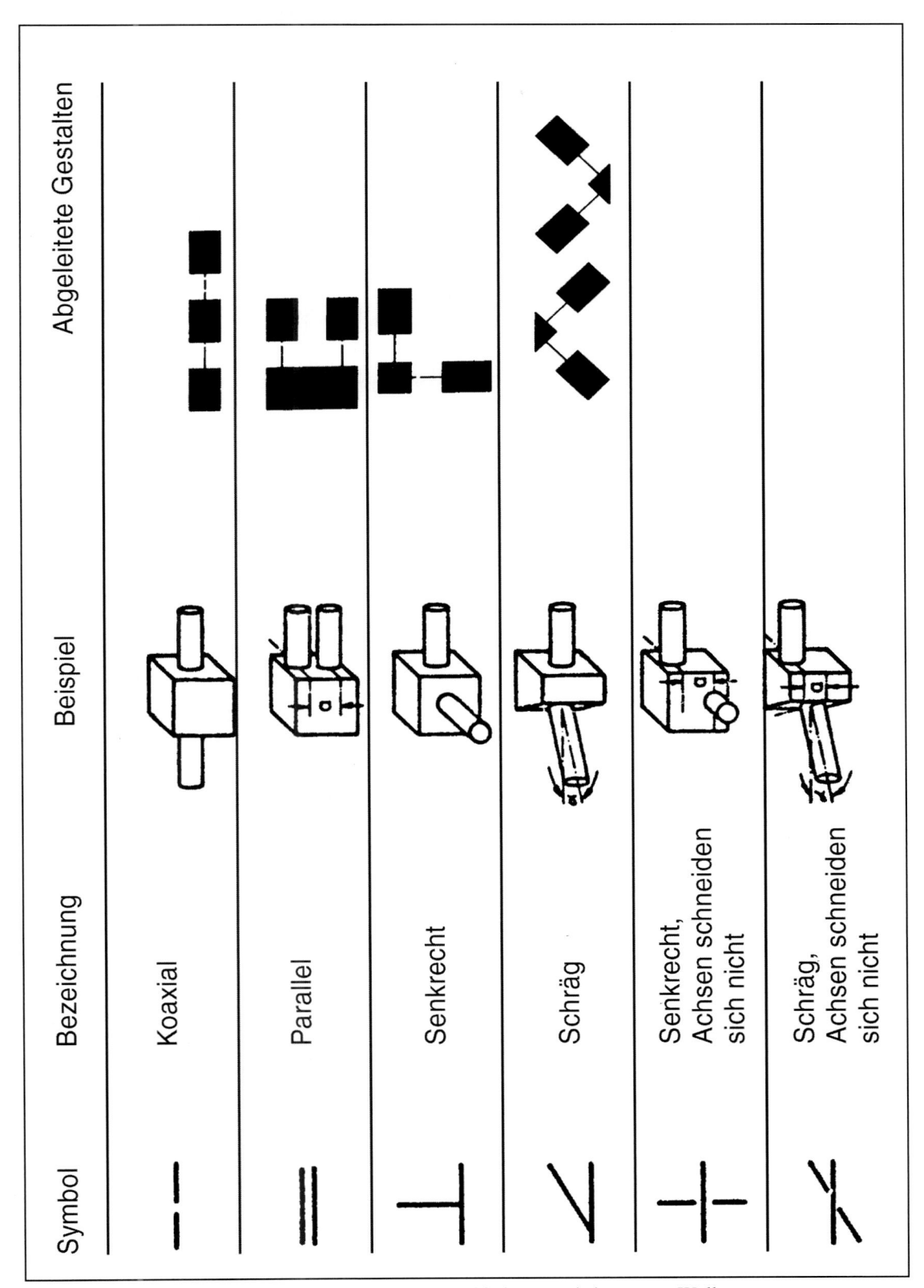

Symbol	Bezeichnung	Beispiel	Abgeleitete Gestalten
│	Koaxial		
‖	Parallel		
┬	Senkrecht		
⊻	Schräg		
┼	Senkrecht, Achsen schneiden sich nicht		
⨉	Schräg, Achsen schneiden sich nicht		

Bild 99 Unterschiedliche Aufbautypen aus den verschiedenen Achslagen von Wellen

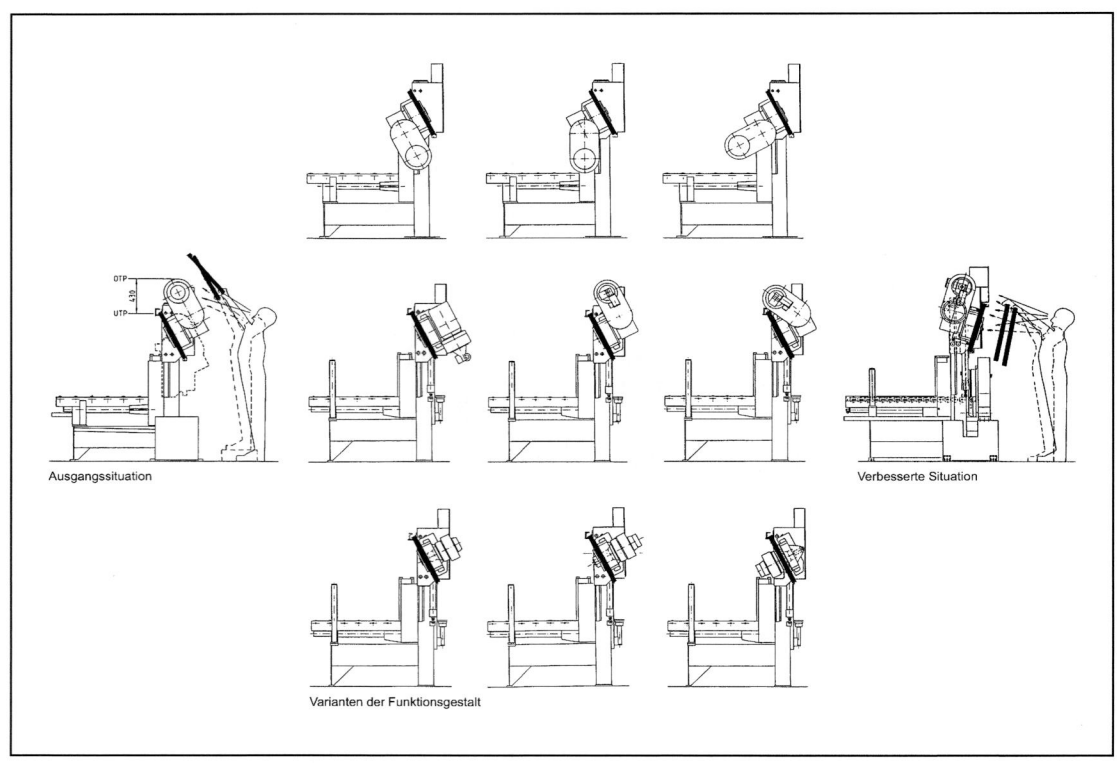

Bild 100 Verbesserung der Betätigung einer Bandsägemaschine durch neue Funktionsgestalten

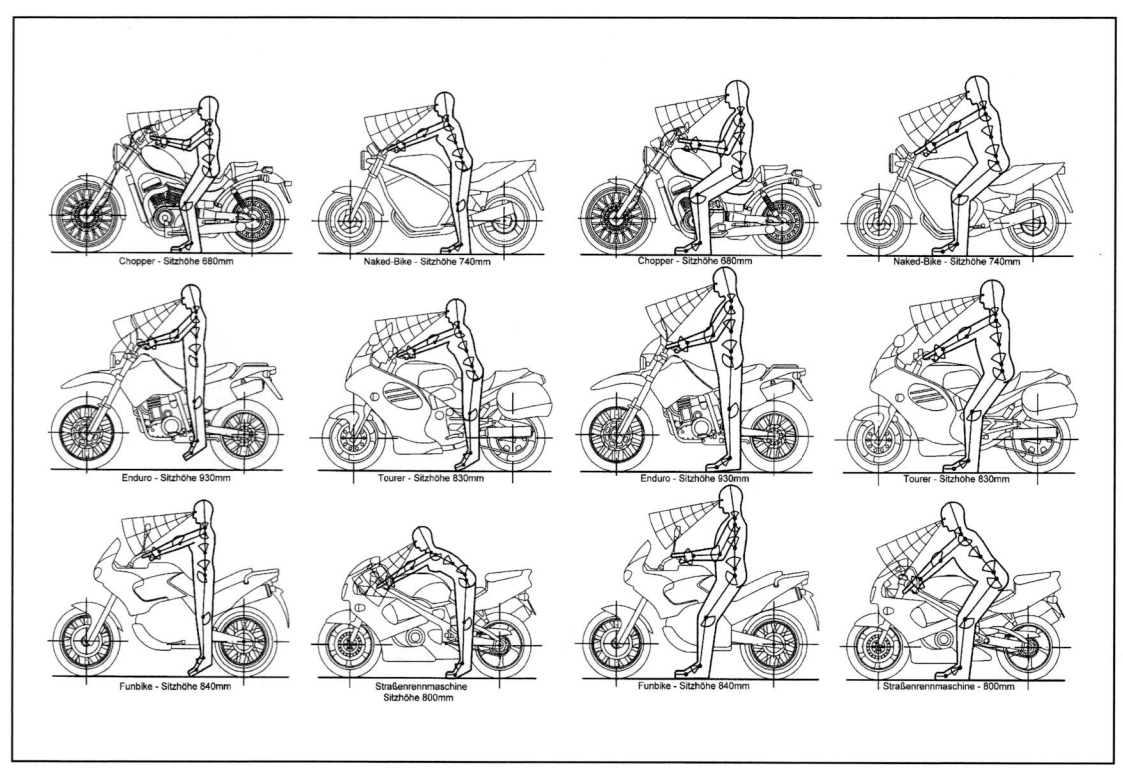

Bild 101 Unterschiedliche Benutzungsqualität der Funktionsgestalt von Motorrädern durch unterschiedliche FahrerInnen

6.3.3 Anordnungen der Funktionsbaugruppen

Die räumliche Anordnung von Funktionselementen und Baugruppen ist derjenige Teilbereich des systematischen Konstruierens der heute vielfach unter Begriffen wie „Grundgeometrie", oder „Topologie" mit Hilfe der Graphentheorie oder sog. Baustrukturen behandelt wird. Für die folgenden Überlegungen wird von einer Funktionskette oder einem Funktionssystem aus seriell geschalteten Baugruppen einschließlich den - vielfach vernachlässigten - Energieübertragungselementen ausgegangen. Letzteres sind:

- Wellen und Kupplungen,
- elektrische Leitungen (Kabel!),
- hydraulische und pneumatische Leitungen (Rohre, Schläuche!),
- Platinen,
- u.a.

Diese sind, auch wenn sie vielfach in der Gestaltkonzeption vernachlässigt werden, zu berücksichtigen, da sie maßgeblich in ihrem Platzbedarf die Gestalt eines Produktes bestimmen.

Diese Bedingung kann noch dahingehend verschärft werden, dass der Anordnung von Funktionsbaugruppen deren höchste Komplexität zugrunde gelegt werden muss, wenn nachträgliche Änderungen vermieden werden sollen. In diesen konstruktiven Zusammenhang ist der Gestaltaufbau eines Produkts auch keine freie oder ungebundene Anordnung, sondern immer eine eingeschränkte oder gebundene. Andererseits ist mit dem Gestaltaufbau immer die Frage nach einer herstellertypischen Anordnung und ggf. die Frage nach der Schutzfähigkeit als Anordnungserfindung verbunden. Die angesprochenen Anordnungsaspekte finden sich über die ganze Technikgeschichte

- bei Lokomotiven: englische mit innen liegenden Zylindern, die als „schöner" galten gegenüber deutschen mit außen liegenden Zylindern,
- bei Hebezeugen,
- bei Dampfhämmern und Pressen, z.B. mit Unterflur- oder Oberflur-Antrieb,
- bei Pkw's mit Front-, Mittel- oder Heckantrieb.

Am Beispiel eines einfachen Funktionssystems aus den 3 Modulen Antrieb, Wandler und Wirkelement ergeben sich aus den unterschiedlichen Achslagen prägnante Gestalttypen, wie die Stabgestalt, die C-Gestalt, die Winkel-Gestalt u.a. (Bild 99).

Die Varianten V einer freien Kombination von n Elementen auf k Plätzen ergeben sich nach der Formel

$$V = \frac{n!}{(n-k)!}$$

Demgegenüber ergeben sich die Varianten V einer Kombination von n Elementen auf vorgegebenen Plätzen k zu

$$V = n_1 \cdot n_2 \cdot \ldots$$

Unter Berücksichtigung der Anordnungsvarianten a zwischen den Elementen erweitert sich diese Formel

$$V = n_1 \cdot a_{12} \cdot n_2 \cdot a_{23} \ldots$$

Die Anordnungsvarianten a bei konstantem Elementrepertoire ergeben sich zu

$$V_a = a_{12} \cdot a_{23} \cdot a_{34} \cdot \ldots$$

Anordnungsvarianten eines Feinhobels zeigt Farbbild 2.

Konstruktionen für Anordnungsvarianten sind in der funktional und wirtschaftlich orientierten Konstruktionsbetrachtung

- Schwerpunktlage,
- Standsicherheit,
- momentenfreie Lagerung,
- Kompaktheit,
- Füllungsgrad u.a.

Diese wichtigen Aspekte werden im folgenden um die Designkriterien erweitert.

Betätigungs- und Benutzungsanforderungen an die Anordnung von Funktionbaugruppen sind:

- Anordnung außerhalb von Greifraum, Beinfreiraum, Sehfeld, Fluchtweg u.a.

Zur Darstellung der jeweiligen Körpergrößengruppen (siehe Kapitel 2) bzw. des jeweiligen Biglittles, sind Körperumrissschablonen, Men-models u.a. in der Konzeptphase unerlässlich. Hierzu gilt:

- „Äußere" Maße, z.B. Greifraum, orientiert an der kleinsten Person z.B. 5% F
- „Innere" Maße, z.B. Beinfreiraum, orientiert an der größten Person z.B. 95% M

Anwendungsbeispiele zu diesen Überlegungen zeigen die folgenden Beispiele:

Spiegelebene senkrecht zur Bildebene

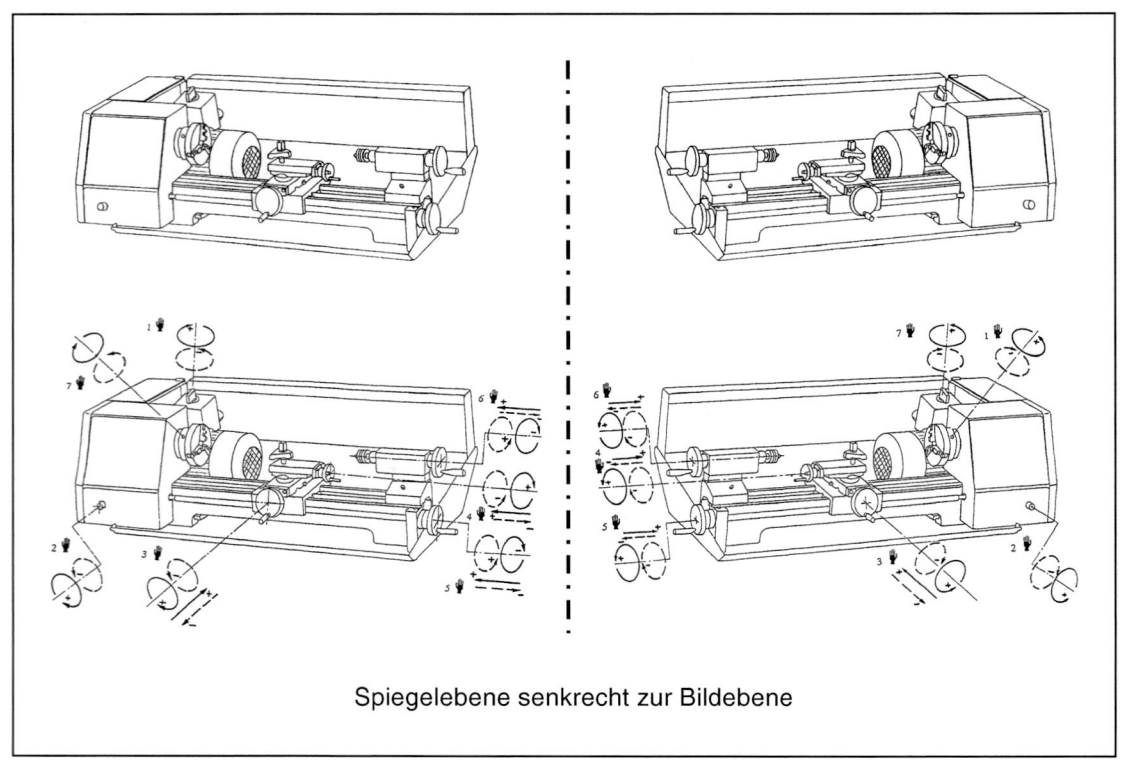

Bild 102 Konzeption einer Linkshänder-Ausführung einer Drehmaschine (rechts)

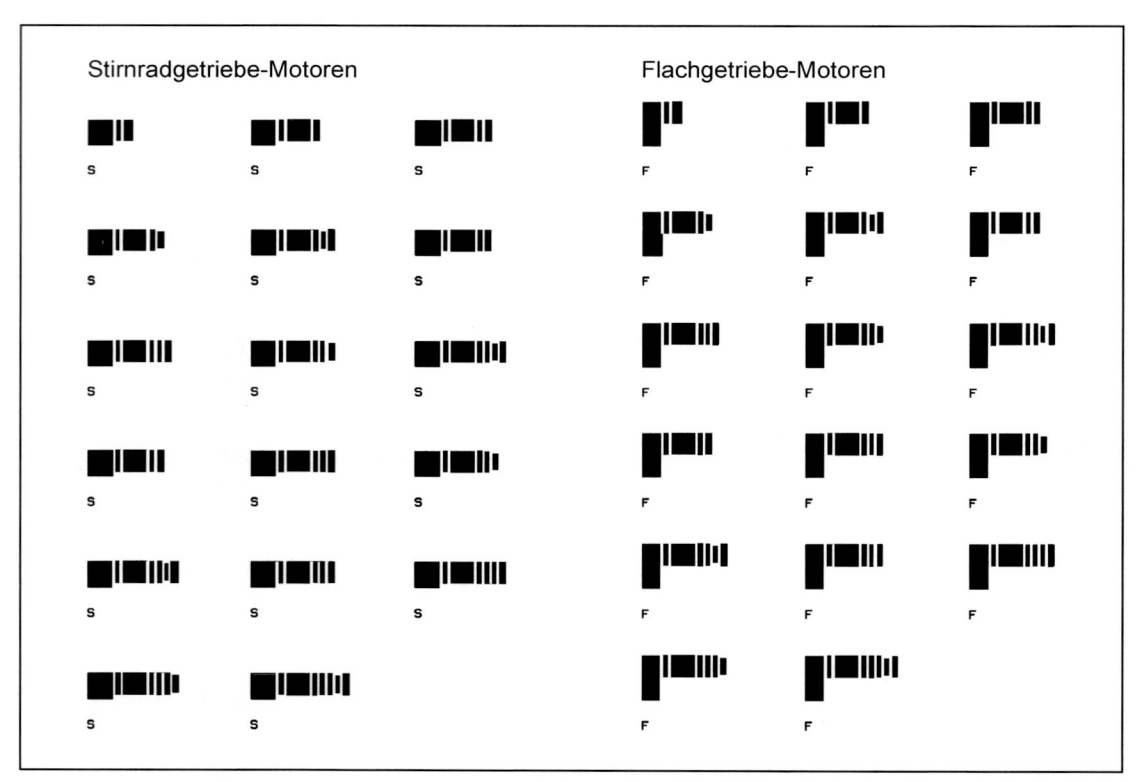

Stirnradgetriebe-Motoren   Flachgetriebe-Motoren

Bild 103 Beispiel für formale Aufbautypen von Getriebemotoren

Bild 100: Verbesserung des Wechselns eines Sägebandes durch Anordnungsänderung der Funktionsgestalt.

Bild 101: Aufstieg und Sitzposition bei Motorrädern.

Einen extremen Eingriff in die Anordnungen der Funktionsbaugruppen erfordert die Konzeption von Linkshänder-Ausführungen [101, 102].

Bild 102: Rechts- und Linkshänder-Ausführung einer Drehmaschine durch Spiegelung von Drehrichtungen und Gestalt.

Aus der Anordnung von Funktionsbaugruppen zur Funktionsgestalt ergeben sich gleichfalls die in Kapitel 6.2 behandelten, formalen Aufbautypen:

Bild 103: Winkel- oder Gammagestalt von Getriebemotoren (Auszug)

6.4 Aufbau des Interfaces

In die Betrachtung eingehende Anforderungen und ihr Einfluss auf eine Produktgestalt:

$$\mathcal{A}^{BB} \rightarrow \mathbb{A}^{fix/BB}(I\,f)$$
$$\mathcal{A}^{BB} \rightarrow \mathbb{A}^{var/BB}(I\,f)$$

Zerlegt in Elemente und Ordnungen:

$$\mathbb{A}^{fix/BB}(I\,f) = \left(\mathbb{E}_A^{fix/BB}(I\,f), \mathbb{O}_A^{fix/BB}(I\,f)\right)$$
$$\mathbb{A}^{var/BB}(I\,f) = \left(\mathbb{E}_A^{var/BB}(I\,f), \mathbb{O}_A^{var/BB}(I\,f)\right)$$

Unter dem Interface $I\,f$ wird in Übereinstimmung mit dem bisherigen Darlegungen

- die Art und Anzahl der Stellteile und Anzeigen
- sowie deren Anordnung auf einem Tragwerk

verstanden. Der entsprechende Lösungsraum $\mathbb{A}^{BB}(I\,f)$ wird aus den invariablen und variablen Interfaceelementen und Interfaceordnungen gebildet:

$$\mathbb{A}^{fix/BB}(I\,f) = \left(\mathbb{E}_A^{fix/BB}(I\,f), \mathbb{O}_A^{fix/BB}(I\,f)\right)$$
$$\mathbb{A}^{var/BB}(I\,f) = \left(\mathbb{E}_A^{var/BB}(I\,f), \mathbb{O}_A^{var/BB}(I\,f)\right)$$

Interfaces können sowohl „zentrifugal", d.h. von innen nach außen entstehen, wie in 6.1.2 schon dargestellt, als auch „zentripetal", d.h. von außen nach innen.

Bei vielen Konzepten werden beide Richtungen kombiniert zur Anwendung kommen. Die folgenden Ausführungen stützen sich auf die aktuelle Fachliteratur [103 - 115] sowie Forschungs- und Studienarbeiten unter der Leitung des Verfassers.

Der in Abschnitt 2 / Bild 17 eingeführte Wahrnehmungs- Erkennungs- u. Betätigungsvorgang überlagert sich bei den Interfaces mehrfach (Bild 104).

Das Interface-Design i.e.S. behandelt die beiden Regelkreise (Bild 105):
1: Anzeige-Mensch-Stellteil
2: Stellteil-Mensch-Stellteil
Das Interface-Design i.w.S. umfasst zusätzlich
3: Stellteil-Mensch-Prozess
4: Anzeige-Mensch-Prozess

d.h. die mittelbare Information und den unmittelbaren Eingriff in den Prozess, sowie

5: Prozess-Mensch-Stellteil

d.h. die unmittelbare Information durch den Prozess und den mittelbaren Eingriff, sowie

6: Prozess-Mensch-Prozess

d.h. die unmittelbare Information aus und den unmittelbaren Eingriff in den Prozess. Diese Komplexität der Bedienung z.B. an einer Produktionsmaschine ist auch der Grund dafür, dass es bis heute fast nur Bedienungs- „Philosophien" gibt und keine Interface-„Theorie"

6.4.1 Zentrifugale Konzeption von Stellteilen und Anzeigen

Die zentrifugale Konzeption erfolgt üblicherweise mit dem sogenannten Funktionsdiagramm, einem Weg-Zeit-Diagramm der einzelnen Funktionsbaugruppen eines Produktes z.B. einer Gehrungssäge (Bild 106). Aus der Veränderung der einzelnen Arbeitspositionen (Bild 107), dargestellt im sog. Funktionsdiagramm (Bild 108) ergibt sich die sog. Signallinie. Zu dem notwendigen „Signal" bzw. der einzelnen Zustandsänderung ergibt sich jeweils die Frage, ob diese

- „manuell" durch einen Menschen, oder
- „maschinell" durch eine Steuerung und/oder ein Hilfsaggregat (elektrisch, hydraulisch, pneumatisch)

erfolgen sollen.

Überall dort, wo die Entscheidung zugunsten einer „manuellen" Betätigung erfolgt, ergibt sich die Aufgabe, zur Konzeption eines entsprechenden Stellteils (Bild. 108 unten). Für jede Einzelfunktion gilt als Konzeptionsbedingung Stellkraft $\leq$ zulässige Handkraft bzw. zul. menschliche Betätigungskraft.

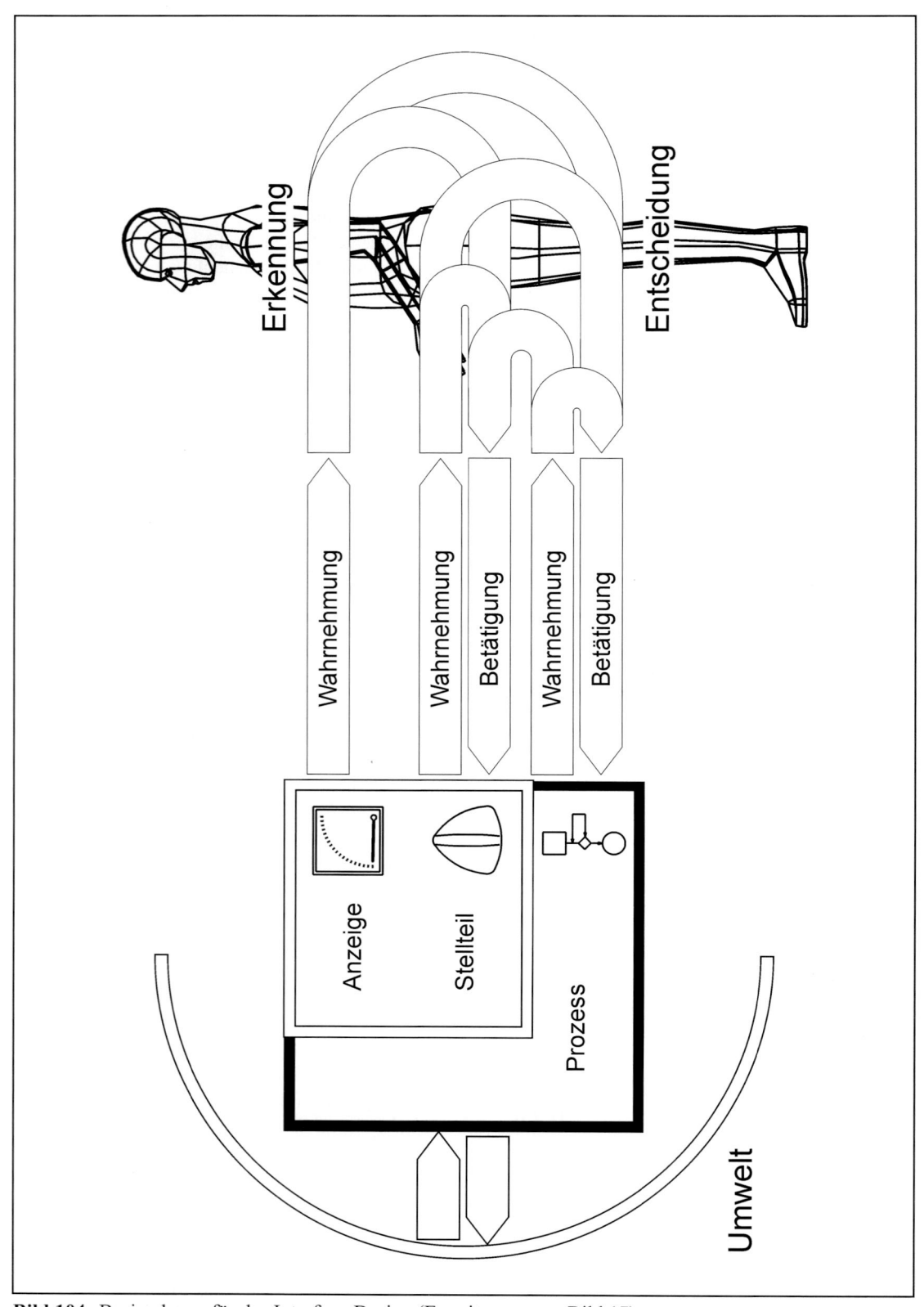

Bild 104 Basisschema für das Interface-Design (Erweiterung von Bild 17)

6.4 Aufbau des Interfaces

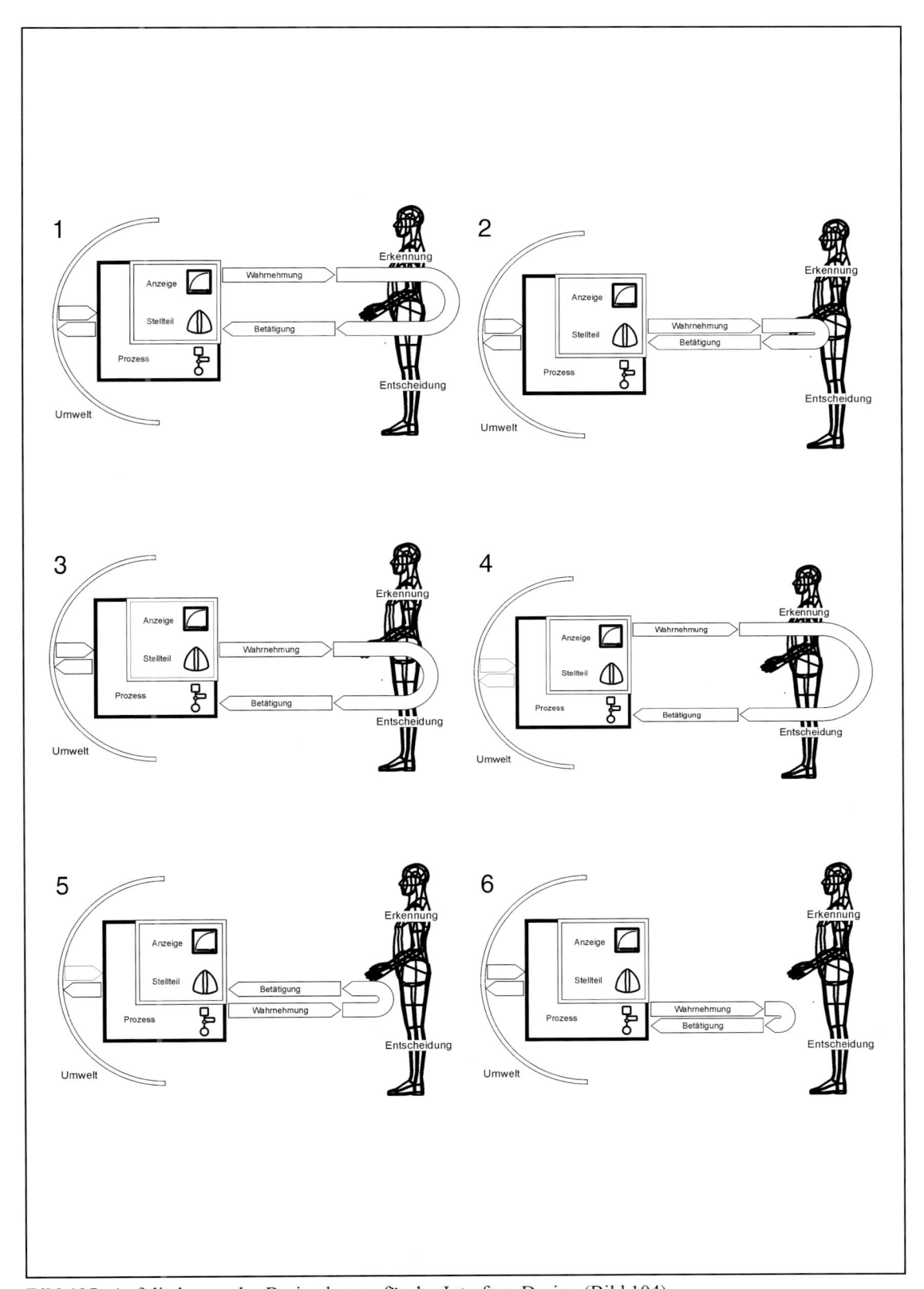

Bild 105 Aufgliederung des Basisschemas für das Interface-Design (Bild 104)

Bild 106 Gestalt- und Bedienkonzept einer Bandsägemaschine

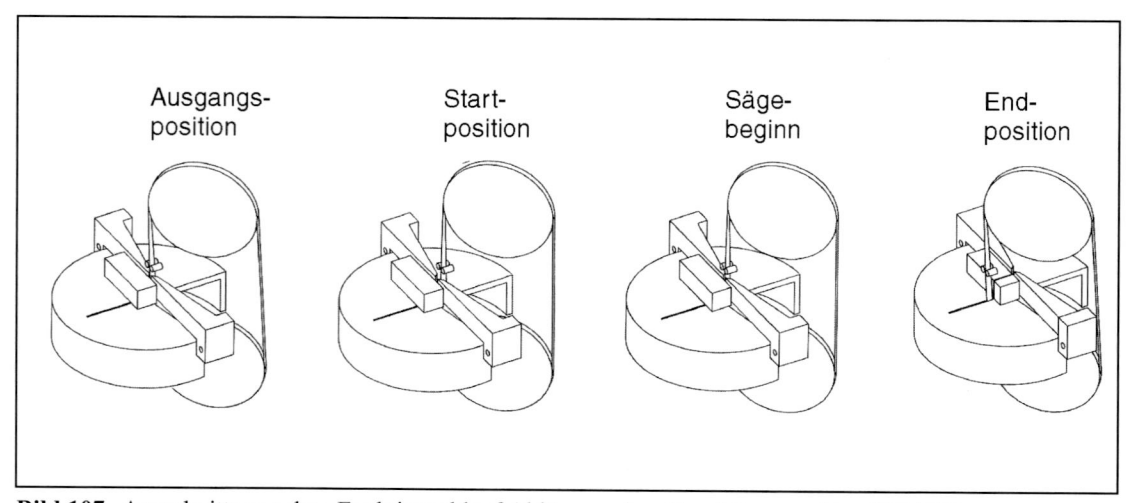

Bild 107 Ausschnitte aus dem Funktionsablauf Ablängen einer Bandsägemaschine (Bild 99)

In der ergonomischen Betrachtung sind diese zulässigen menschlichen Betätigungskräfte im jeweiligen Bewegungsraum z.B. der Arme, zu überprüfen.

Bei einem positiven Ergebnis dieser Überprüfung folgen daraus erste Ideen und Konzepte für die jeweiligen Stellteile (Bild 108 unten). Mit diesen kann ein erster Aufbau eines Interfaces erfolgen (Bild 109).

Eine Unterstützung zur Erreichung der oben genannten Bedingungen ist, dass viele Stellteile Wandler von Kräften sowie Bewegungen nach Größe und Richtung sind (Bild 110).

Dies heißt, eine kleine Handkraft kann zu einer großen Stellkraft oder eine begrenzte Handbewegung zu einer schnellen Stellbewegung übersetzt werden.

Ein bekannter Richtungwandler ist eine Spindel.

Prinzipiell wird das Funktionsdiagramm auch zur Konzeption von Anzeigen eingesetzt (Bild 111).

Für Ihre Konzeption sind letztlich zwei Fragen entscheidend:

1. Welche Messwerte, Größen oder Parameter für die richtige Steuerung, Überwachung und Diagnose eines Funktionssystems wichtig und entscheidend sind.
2. Welche dieser Werte der Mensch nicht unmittelbar oder direkt wahrnehmen und steuern kann und sie deshalb in einer bestimmten Kodierung angezeigt werden müssen [7].

Die Beantwortung der ersten Fragen setzt ein Experten- oder Erfahrungswissen über die entsprechenden Variablen oder Inputs und der Outputs der einzelnen Funktionsgruppen voraus, denen dann Messfühler oder Sensoren und Anzeigeinstrumente zugeordnet werden.

Der Verlauf und die Zustände der jeweiligen Überwachungsparameter oder Messgrößen, wie z.B. Schnittkraft, Hydraulikdruck, Temperatur, können analog zum Funktionsdiagramm über den Arbeitsschritt oder über die Zeit aufgetragen werden.

Diese Werte repräsentieren den Sollzustand eines Funktionssystems, das bei der Überwachung mit dem Ist-Zustand bzw. mit zulässigen Grenzwerten verglichen wird. Hinzu kommen die Entscheidungen nach dem Überwachungszeitpunkt, der Überwachungshäufigkeit und der Überwachungsdauer sowie die Festlegung der Reaktion bei Eintritt eines Fehlers.

Die zweite Frage nach der Wahrnehmung und Erkennung des Menschen von Steuerdaten oder Regelgrößen muss dahingehend beantwortet werden, dass er wie in Kapitel 2.3 behandelt, für die qualitativen und ganzheitlichen Aspekte ein virtuoses Verarbeitungssystem besitzt, das aber zu einer quantitativen und exakten Erkennung selten fähig ist. Aus diesem Grund existieren heute für fast alle technischen Messgrößen Anzeigen, nämlich für

- Spannung,
- Druck,
- Temperatur,
- Geschwindigkeit,
- Flüssigkeitsstand,
- Richtung,
- Zeit u.a.

Solche Messgrößen können auch einen neuen Informationsbedarf repräsentieren z.B. die Verbrauchsinformationen oder den Schalthinweis in Fahrzeugen [116].

Für alle notwendigen physikalischen Messwerte sind letztlich Anzeigen notwendig. Dies gilt insbesondere auch für die Werte von Hochleistungsprodukten.

Beispiele

- Foulard-Arbeitsgeschwindigkeit 180 m/min,
- Turbolofter-Arbeitsgeschwindigkeit 600 m/min,
- Hochgeschwindigkeits-Fräsmaschine, Winkelbeschleunigung max. 600 rad/sec^2.

Unter allen diesen konzeptionellen Entscheidungen steht letztlich die Frage nach dem jeweiligen Informationsgehalt für die Bedienperson (User). Diese Frage stellt sich noch verschärft bei der zentripetalen Konzeption von Anzeigen.

6.4.2 Zentripetale Konzeption von Anzeigen

Zentripetale Konzeption heißt von außen nach innen, d.h. es werden vom User her die erforderlichen Anzeigen (oder ihr Informationsgehalt) festgelegt und dazu das Werk einer Uhr oder das Funktionssystem eines signalverarbeitenden Gerätes konzipiert. Die Anforderungen von außen können praktischer Natur sein (Bild 112 links), oder aber Prestigeanforderungen sein z.B. Taschenuhr Calibre 89 von Patek Philippe, Genf, als komplizierteste Uhr der Welt mit 33 Anzeigen und 12 Stellteilen (Bild 112 rechts). Unter „Information" wird nach Gitt [117] ein Wissen verstanden, das ein „Sender" einem „Empfänger" vermittelt und das die vier Bedingungen erfüllt:

1. es liegt kodiert vor (Syntaktischer und statistischer Aspekt),

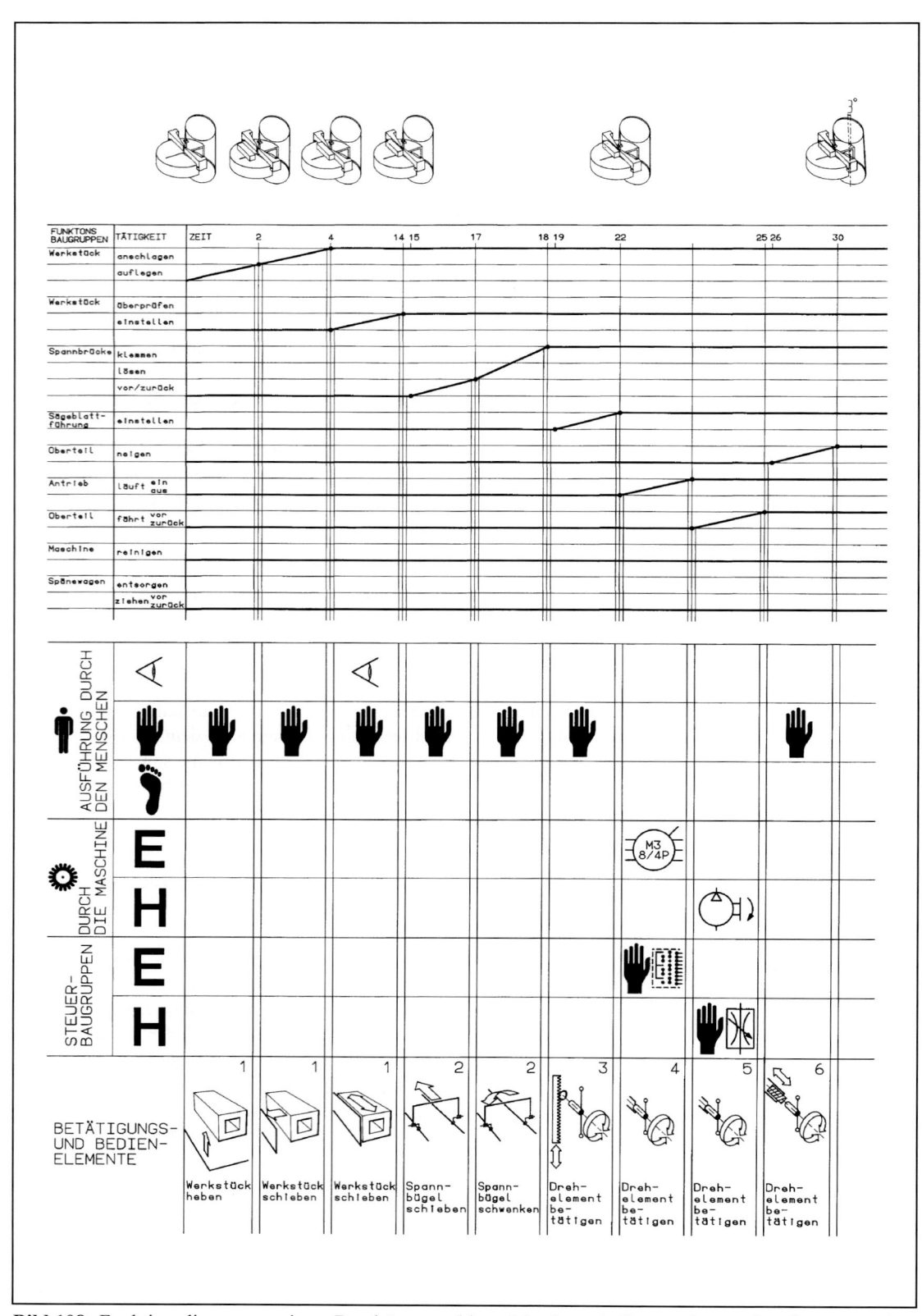

Bild 108 Funktionsdiagramm einer Bandsägemaschine (oben) und Konzeptionsstufen ihres Interface (unten)

6.4 Aufbau des Interfaces

Maschinen-elemente	Qualitative Kraftwandlung (Art und Richtung)	Quantitative Kraftwandlung und Bewegungswandlung	
Dreh-Rad	Moment in gleich- großes, gleich- gerichtetes Moment	$D > d$	Kraftverstärkung/ Bewegungsuntersetzung
		$D = d$ $F_1 = F_2 \cdot \dfrac{D}{d}$	unveränderte Kraft- und Bewegungsleitung
		$D < d$	Kraftminderung/ Bewegungsübersetzung
Dreh-Schraube	Moment in koaxiale Längskraft (Druck- kraft bei Rechtsgew.)	$D > d \cdot \tan \alpha$	Kraftverstärkung/ Bewegungsuntersetzung
		$D = d \cdot \tan \alpha$ $L = \dfrac{F \cdot D}{d \cdot \tan \alpha}$ $\alpha = \text{Steigungswinkel}$	unveränderte Kraft- und Bewegungswandlung
		$D < d \cdot \tan \alpha$	Kraftverminderung/ Bewegungsübersetzung
Dreh-Kurbel	Längskraft in recht- winklig versetztes Moment	$l > r$	Kraftverstärkung/ Bewegungsuntersetzung
		$l = r$ $M = F \cdot l$	unveränderte Kraft- und Bewegungsumwandlung
		$l < r$	Kraftverminderung/ Bewegungsübersetzung
Dreh-Griff	Moment in recht- winklig versetzte Längskraft	$l > r$	Kraftverminderung/ Bewegungsübersetzung
		$l = r$ $F = \dfrac{M}{l}$	unveränderte Kraft- und Bewegungsumwandlung
		$l < r$	Kraftverstärkung/ Bewegungsuntersetzung

Bild 110 Beispiel für die Kraft- und Bewegungswandlung von Stellteilen

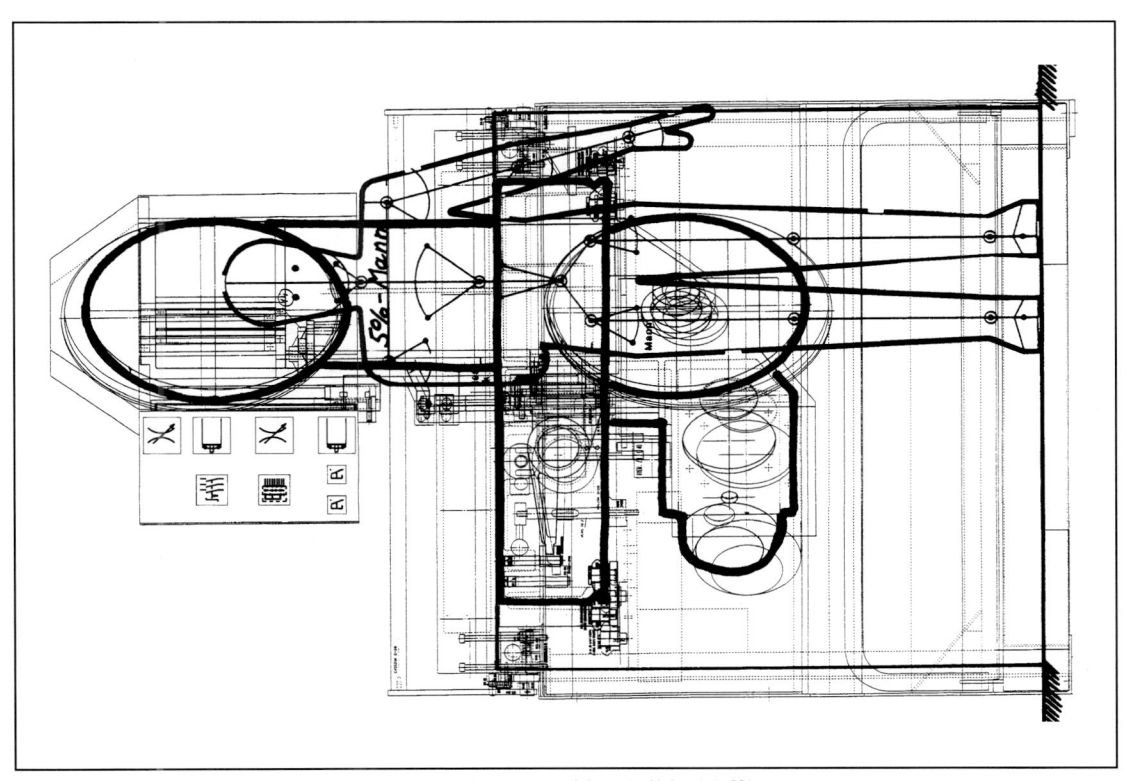

Bild 109 Erstes Interfacekonzept einer Bandsägemaschine (Bild 106 ff.)

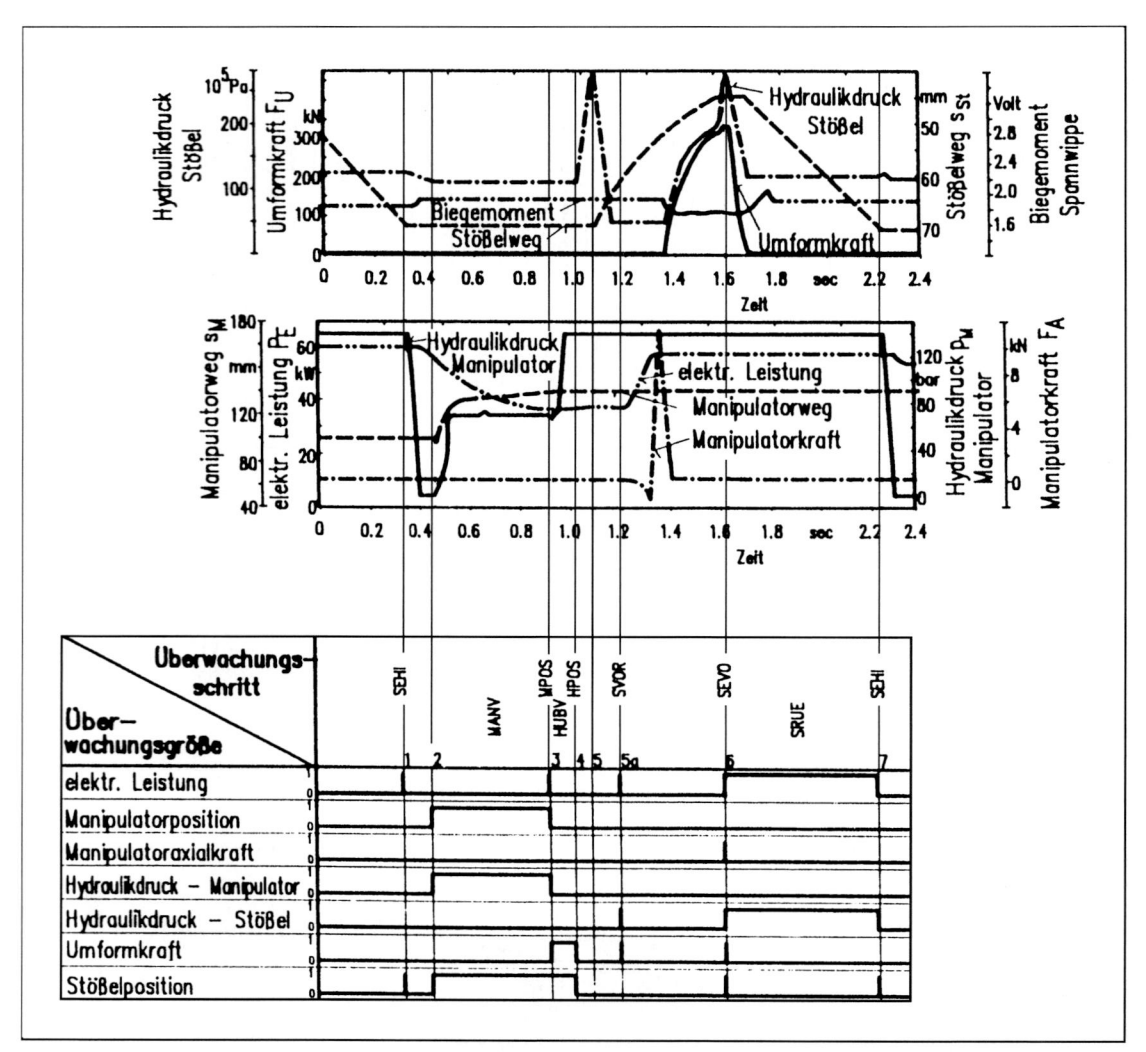

Bild 111 Beispiel für die zentrifugale Konzeption von Anzeigen aus dem Funktionsdiagramm einer Presse

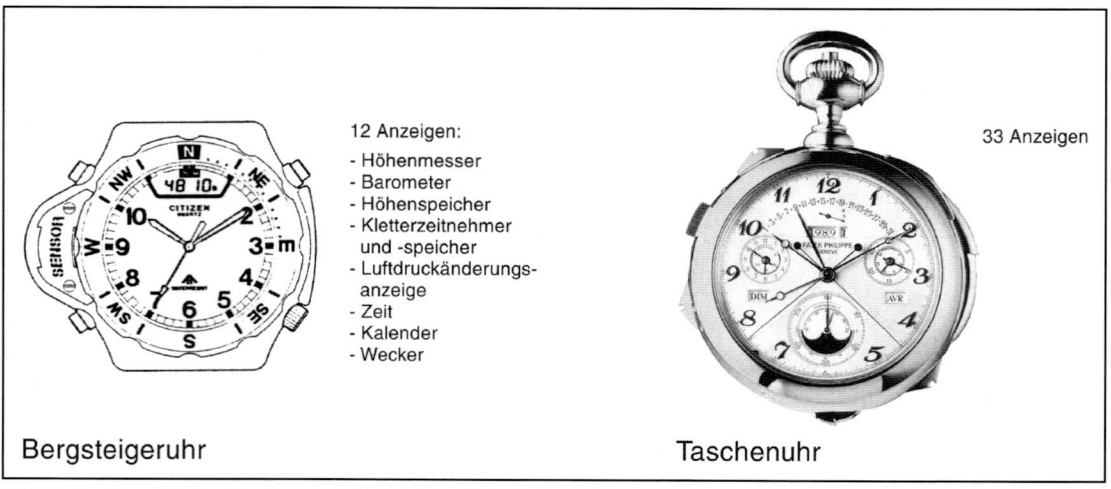

Bild 112 Zwei Beispiele für zentripetal konzipierte Anzeigen

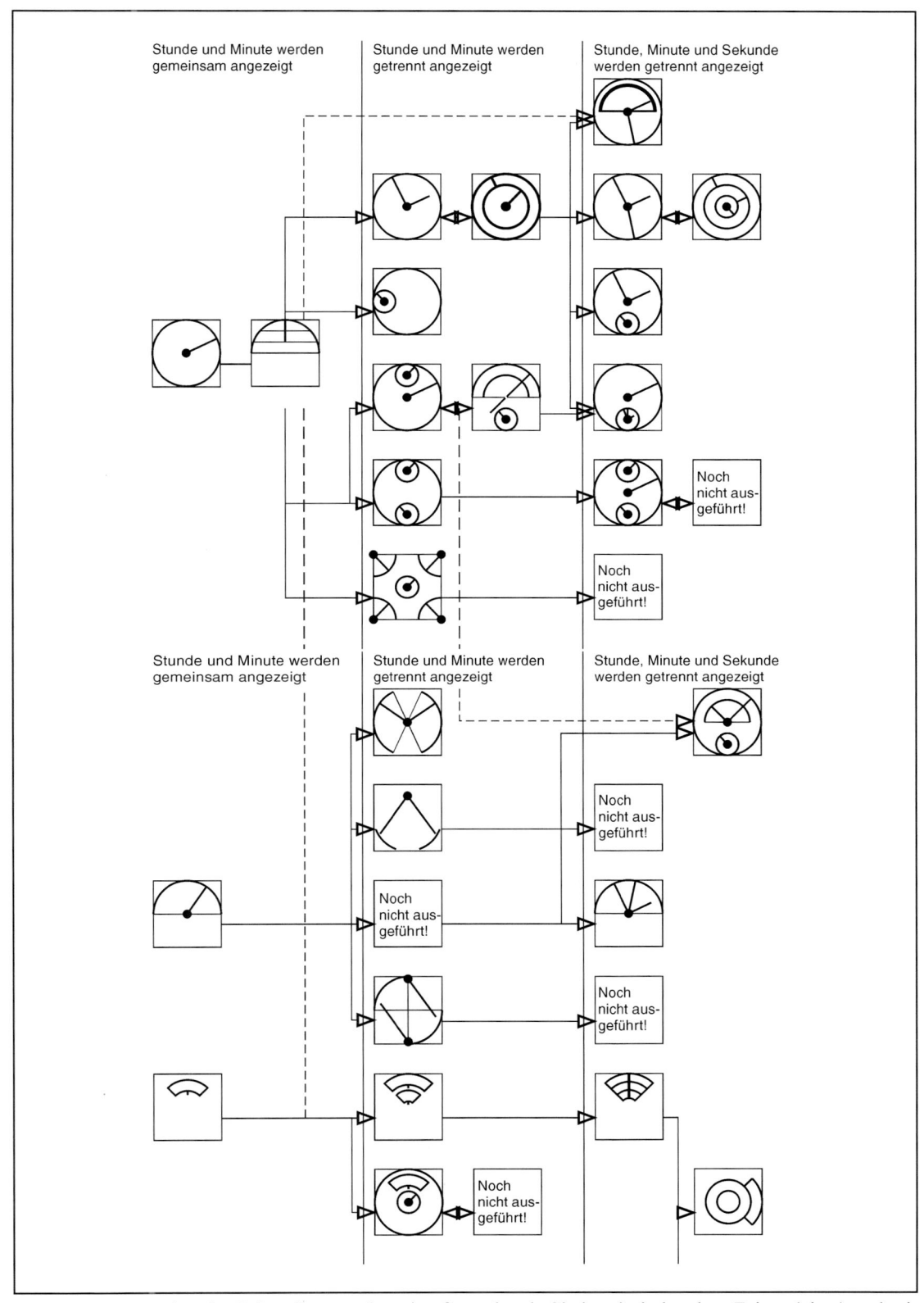

Bild 113 Konzeption der Zeitcodierung über eine feststehende Skala mit drehendem Zeiger (oben) und mit retrogradem bzw. feststehendem Zeiger (unten). Ausschnitt

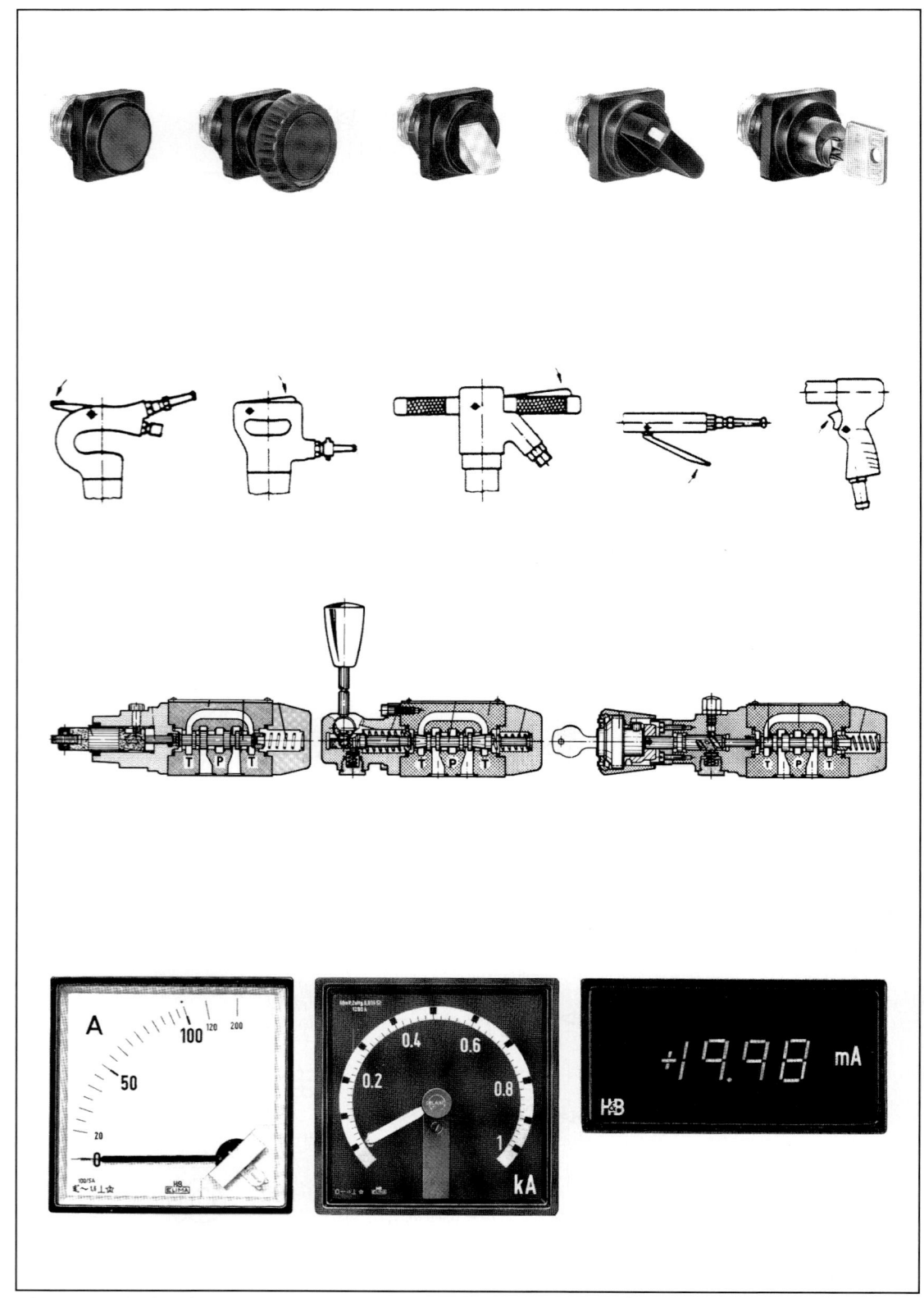

Bild 114 Beispiele für Lösungskataloge von Stellteilen und Anzeigen

2. es teilt einen bezeichenbaren Inhalt mit (Sematischer Aspekt),
3. zur Ausführung einer Handlung (Pragmatischer Aspekt),
4. und zur Erreichung eines Zieles (Apobetischer Aspekt).

(s.a. Abschnitt 15)
Eine neue Systematik der Zeitkodierung mit neuen Kodierungsprinzipien zeigt Bild 113.

Das Bildschirm-Design oder die sog. Software-Ergonomie entwickelt sich derzeit mit inverser Semiotizität (s. Abschnitt 2.4) und zunehmender Information, d.h. weg von den abstrakten Zeichen und hin zu den Abbildern (Icons) von Werkzeug und Werkstück (Bild 119) [118].

6.4.3 Lösungskataloge

Aus wirtschaftlichen Gründen wird in vielen Fällen bei der Auswahl von Stellteilen und Anzeigen auf Lösungskataloge zurückgegriffen werden.

Diese liegen vor:

- als Normblatt z.B. DIN 33401 oder VDI-Richtlinien z.B. 2258,
- als Fachliteratur z.B. Neudörfer [119] (Bild 115),
- als Katalog von Zulieferern (Bilder 114 und 116), z.B. Ganter-Griffe oder Master-Platten von Schiffssteuerständen (Bild 120),
- als CD-Manual z.B. von Siemens [120].

In guten Katalogen sind neben den Lösungselementen auch Auswahlkriterien enthalten z.B. DIN 33401.

Diese entheben aber den Bearbeiter nicht, sich mit der Eignung eines Stellteils oder einer Anzeige auseinanderzusetzen.

Dies gilt z.B. auch für mehrfach belegte Stellteile. Im Automobilbau sind Lenkstockschalter mit bis zu 24 Funktionen bekannt!

Demgegenüber wird in der Ergonomie darauf hingewiesen, dass schon Hebel mit „nur" 8 Funktionen schon häufig zu Fehlbedienungen führen (nach Schmidtke [121]).

Bedienungskonzept und erste Konkretisierung der Bedienungselemente können auch der Ausgangspunkt sein für eine erste Fassung der Bedienungsanleitung.

6.4.4 Konzeption neuer Stellteile unter besonderer Berücksichtigung der Sinnfälligkeit

Ansätze für die Konzeption neuer Stellteile sind:
- Konzeption als flexibles Element
- Konzeption als Linkshändervariante (Bild 102)
- Konzeption als Erwachsenen- oder Kinder-Element
- Konzeption als situationsabhängiges Element
- Konzeption als Ikon
- Konzeption nach der Sinnfälligkeit [122] (Bild 117)

Dieses neue und wichtige Kriterium, das auch intuitive Betätigung genannt wird, soll hier weiter vertieft werden.

Die Sinnfälligkeit von Stellteilen ist ein uraltes Faktum und Problem bei der Lenkung und Steuerung von Fahrzeugen. Maschinen und Geräten.

Definition 6.6 *Unter der Sinnfälligkeit von Stellteilen wird im folgenden deren Richtungs-Sinnfälligkeit verstanden, das heißt die Übereinstimmung von Stellrichtung und Wirkrichtung an dem betreffenden Produkt oder Fahrzeug (synonym: Intuitives Design).*

Bis in die Gegenwart gibt es sinnfällige und nicht sinnfällige Stellteile.

Die Frage nach sinnfälligen Stellteilen wird aktuell durch die EG-Maschinenrichtlinie gefordert und durch neue technische Lösungen. wie zum Beispiel die sogenannten elektrischen Handräder, provoziert. Dieses Gestaltungsziel ist eine Teilaufgabe des Interface-Designs.

Die Ruderpinne von Schiffen (Bild 117 oben) ist nicht sinnfällig. weil die Schiffsbewegung nach Steuerbord (rechts) durch eine Steuerbewegung der Pinne nach Backbord (links) entsteht. Die Deichsellenkung von Wagen (Bild 117 oben) ist sinnfällig, weil die Deichselbewegung nach rechts auch eine Wagenbewegung in eine Rechtskurve ergibt.

Die Frage nach der Sinnfälligkeit von Stellteilen stellte sich verschärft bei der Blind-Steuerung oder -Betätigung. Ein interessantes Beispiel hierzu ist die Betätigung der preußischen optischen Telegrafen. die seit 1831 zwischen Königsberg und Koblenz eingerichtet wurden: „Die Telegrafenstationen waren so eingerichtet, dass die Hebel im Beobachtungszimmer analog zur Position der Flügel auf dem Turm eingerichtet waren" [123].

Die mechanische Lenkung von Fahrrädern und Autos sind ebenfalls sinnfällig. Wissenschaftliche Ansätze zur Sinnfälligkeit der Stellteile von Dreh-

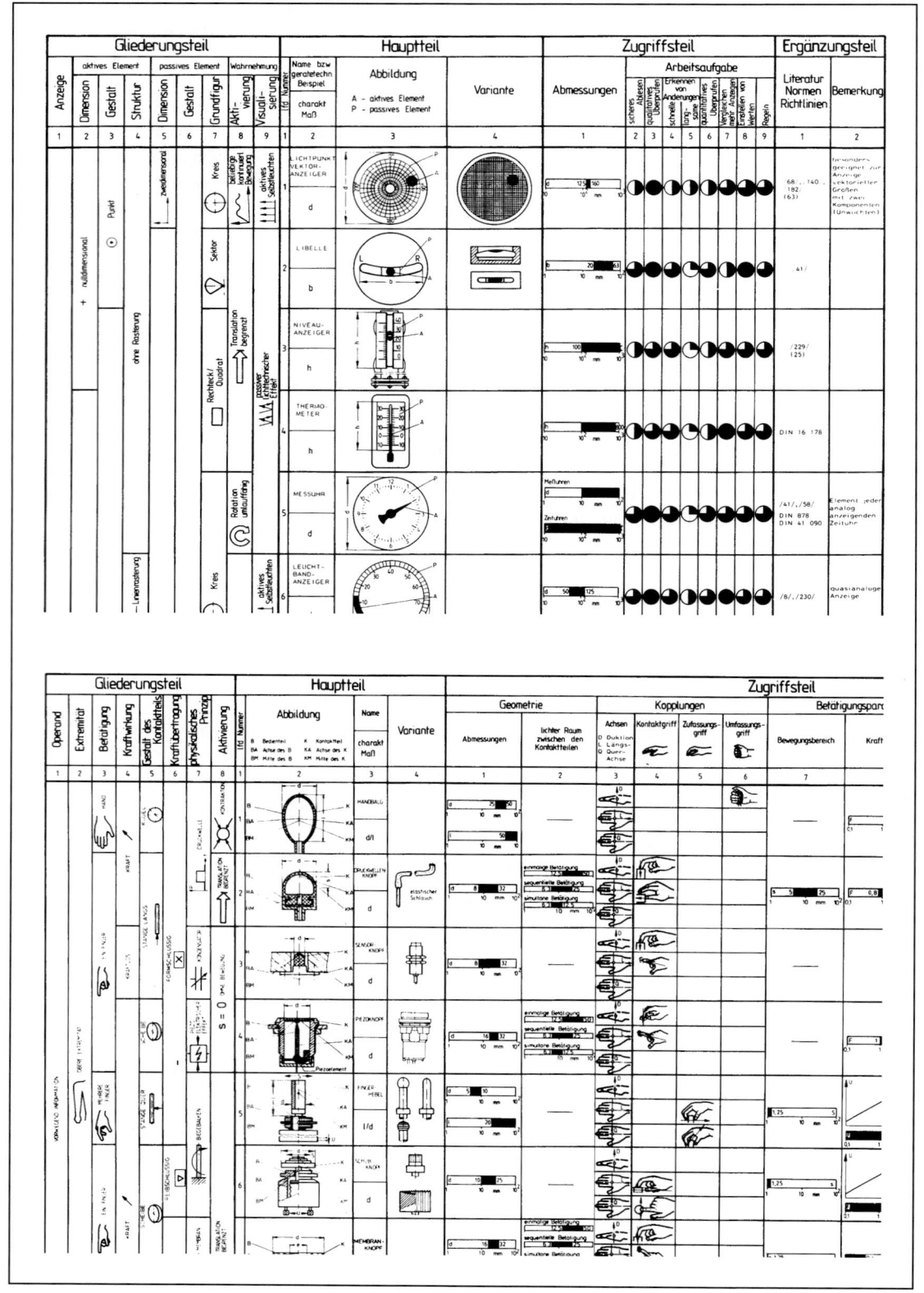

Bild 115 Beispiele für Lösungskataloge mit Auswahlkriterien für Anzeigen (oben) und für Stellteile (unten)

maschinen und Kranen finden sich in der sogenannten Psychotechnik seit 1920. So schreibt Schlesinger [124]: „Besonders interessant sind die Bestrebungen der letzten Zeit, die Steuerungen auf allen möglichen Gebieten des gewerblichen Lebens so einzurichten, dass sie die Aufmerksamkeit des Steuermanns von allem Nebenwerk entlasten und ihm gestatten, sich voll der ihm aufgebürdeten geistigen Verantwortung zu widmen. Man richtet daher diese Steuerbewegungen so ein, dass sie gewissermaßen selbstverständlich erfolgen, sich auf natürliche Weise dem Bewegungsvorgang anpassen. Man macht sie „sinnfällig". Sinnfälligkeit der Bewegung bedeutet also Festlegung des natürlichen „gefühlsmäßigen" Zusammenhangs zwischen Bewegung eines Maschinenteils durch die Menschenhand und hervorgerufener Wirkung. Rechtsverschiebung beziehungsweise Rechtsdrehung soll nach rechts führen, schließen, vergrößern, Linksverschiebung beziehungsweise Drehung soll nach links führen, öffnen, verkleinern". Diese Grundsätze wurden bis in die Gegenwart in vielen Einzeluntersuchungen, Fachbüchern und Normen fortgesetzt [125 - 132]. Umgangssprachlich ausgedrückt ist die Sinnfälligkeit ein Teilaspekt der Bedienung. Gegen diesen, den Menschen abqualifizierenden Begriff gibt es aber bis heute Vorbehalte, nicht zuletzt auch von Seiten der Gewerkschaften. Ausgehend von den vorgenannten optischen Telegrafen ließe sich hierzu auch der Begriff Regieren alternativ verwenden:

Traditionelle Bezeichnung	Alternative Bezeichnung
Bedienen	Regieren
Bedienung	Regierung
Bedien/ungs/person/	Regier/ungs/person
Bediener/-in	Regierer/-in
Bedien-Elernente	Regier-Elernente/ Regulatoren (insbesondere Stellteile/ Anzeigen = Indikatoren)
Bedien-Bewegung	Regier-Bewegung
Bedien-Abfolge	Regier-Abfolge
Fehl-Bedienung	Fehl-Regierung
Maschinen-Bedienung	Maschinen-Regierung
Fahrzeug-Bedienung	Fahrzeug-Regierung
Geräte-Bedienung	Geräte-Regierung
u.a.	u.a.

Unter der Sinnfälligkeit von Stellteilen wird im folgenden deren Richtungs-Sinnfälligkeit verstanden, das heißt die Übereinstimmung von Stellrichtung und Wirkrichtung an dem betreffenden Produkt oder Fahrzeug. Dass dieses Gestaltungskriterium bei vielen Produkten und Fahrzeugen nicht erfüllt wird, weiß jeder Benutzer oder Fahrer aus eigener Erfahrung. Hierauf verweisen auch die Vorschriften der seit 1995 gültigen EG-Maschinenrichtlinie [113] Ein weiterer Grund, sich mit der Sinnfälligkeit zu beschäftigen, sind die neuen elektrischen oder elektronischen Stellteile von Werkzeugmaschinen („Elektronisches Handrad") und Fahrzeugen („Drive-by-wire").

Am 1. Januar 1993 ist die EG-Maschinenrichtlinie in Kraft getreten und die Übergangsfrist am 31. Dezember 1994 abgelaufen. Das bedeutet, in der Bundesrepublik Deutschland und allen anderen Ländern der Europäischen Union darf seit dem 1.Januar 1995 keine Maschine mehr in Verkehr gebracht oder in Betrieb genommen werden, die nicht dieser Richtlinie entspricht und die nicht das CE-Zeichen trägt. Im Kapitel 1.2 des Anhangs I der Richtlinie werden zu Stellteilen unter anderem folgende Anforderungen genannt: Stellteile müssen

- so konzipiert sein, dass das Betätigen des Stellteils mit der jeweiligen Steuerwirkung kohärent ist.
- so angebracht sein, dass ein sicheres unbedenkliches, schnelles und eindeutiges Betätigen möglich ist. Bei der Verwendung von Tastaturen muss die jeweilige Steuerwirkung unmissverständlich angezeigt und erforderlichenfalls bestätigt werden.
- so gestaltet sein, dass unter Berücksichtigung der ergonomischen Prinzipien, ihrer Anordnung, ihre Bewegungsrichtung und ihr Widerstand mit der Steuerwirkung kompatibel sind.

Neben dem Begriff der Sinnfälligkeit werden hier die Begriffe Kompatibilität und Kohärenz synonym verwendet. Unabhängig vom Begriff ist dieses Kriterium Bestandteil eines komplexen Betätigungs- oder Benutzungsvorgangs. Darin präzisiert sich kommunikationstechnisch die Sinnfälligkeit auf die Wahrnehmung der Betätigungsrichtung eines Stellteils und gleichzeitig oder synchron der Wahrnehmung der Wirkrichtung des betreffenden Prozesses, wie zum Beispiel einer Fahrrichtung oder der Transportrichtung eines Werkstücks. Natürlich ist damit nicht der ganze Betätigungs- und Benutzungsvorgang beschrieben. Bild 104 stellt diesen als einen mehrfach überlagerten und rückgekoppelten Wahrnehmungs-, Erkennungs- und Betätigungsvorgang dar. Die hier betrachtete Stellteil-Sinnfälligkeit ist selbst wieder Teil einer Kraft-Bewegung, das

Bedienungsgriffe, Knöpfe	Bügelgriffe, Rohrgriffe, Griffleisten	Handkurbeln
Handräder	Verstellbare Klemmhebel, Verstellbare Spannhebel	Starre Spannhebel, Schaltnaben
Sterngriffe, Kreuzgriffe, Rändelschrauben, Flügelschrauben	Skalenringe, Drehknöpfe, Einstellelemente	Stellungsanzeiger
ERGOSTYLE Die neue ELESA-Produktlinie	Rastbolzen, Federnde Druckstücke, Kugelsperrbolzen	Schrauben, Muttern, Scheiben, Positionierelemente

Bild 116 Beispiele für handelsübliche Stellteile und Anzeigen

heißt, es gibt neben der Richtungs-Sinnfälligkeit auch eine solche zwischen der Stellkraft und der Rückstellkraft. Über diese Phänomene ist aber bis heute noch weniger bekannt als über die Richtungssinnfälligkeit. Ein Stellteil wird bezüglich seiner Richtungs-Sinnfälligkeit nicht nur als Krafteinleiter und/oder Kraftwandler betrachtet, sondern auch als Informationsträger oder Anzeiger.

Regelungstechnisch interpretiert: Stellteile sind Bestandteil des Regelkreises aus dem Funktionssystem eines Produktes als Regelungsstrecke und dem Menschen als Regler. Über die Stellteile gibt der Mensch die Stellgröße in den Regelkreis ein. Die Stellgröße ist eine Information. die zum Beispiel über einen Weg kodiert ist. Die unterschiedlichen Zustände dieser Stellgröße werden bei den klassischen mechanischen Stellelementen über eine Kraftbewegung erzeugt. In der Ergonomie sind solche Kraftbewegungen, Drehen, Drücken, Schieben, Schwenken, Ziehen und die aus diesen translatorischen und rotatorischen Bewegungen erzeugbaren Kombinationen/Superpositionen.

Ein anderer Sachverhalt liegt bei neuen Stellteilen, wie beispielsweise Touch-Screen oder Cyber-Handschuh. vor. Diese funktionieren zum Teil über Grenzwerte der oben genannten Bewegungen wie etwa dem Berühren eines Bildschirms als Grenzwert des Drückens. Zudem ist die Information anders kodiert, unter anderem elektrisch, optisch, laser-optisch. Im gesamten Zusammenhang der Steuerung und Regelung eines technischen Produktes umfasst die Sinnfälligkeit weitere, über die Kohärenz von Stellrichtung und Prozess-Wirkrichtung hinausgehende Relationen. Zwischen diesen Komponenten können Wechselwirkungen bestehen, die auch gegenläufig sind und die Sinnfälligkeit wieder aufheben. Aus diesem Grund wird in der Praxis häufig auch von Bedienungs-„Philosophie" gesprochen. Zur Erfassung all dieser Wechselwirkungen ist eine Zustandsmatrix oder eine ähnliche Darstellung unerlässlich.

In diesem funktionalen Zusammenhang ist die Sinnfälligkeit in einer Design-Anforderungsliste und Gewichtungshierarchie ein Teilkriterium der Bedienungserkennung. Dieses wird heute vielfach auch mit „selbsterklärende Stellteile" umschrieben und kann damit fachgeschichtlich bis auf die sogenannte Architecture parlante [43] zurückgeführt werden. Die Gewichtung dieses Kriteriums ist keinesfalls vernachlässigbar, sondern seit Inkrafttreten der EG-Maschinenrichtlinie wird sich dieses Kriterium in vielen Fällen zur Gewährleistung der Bedienungssicherheit als Festforderung einführen.

Die Gewichtung der Sinnfälligkeit stellt sich dort verschärft, wo eine Person an mehreren Bedienfeldern seriell arbeitet.

Diesbezügliche Beispiele sind:

- ein Schiff mit einem Hauptsteuerstand und zwei Nock-Steuerständen (Bild 215);
- eine Schreinerei mit vielen unterschiedlichen Holzbearbeitungsmaschinen und je einem eigenen Bedienfeld (Farbbild 21);
- eine Werkzeugmaschine mit mehreren Bedienfeldern.

Als neuer Oberbegriff für Armaturentafeln, Instrumententräger, Bedienfeld, Steuerstand und anderes entwickelt sich der Begriff Interface [120]. Im folgenden soll dargestellt werden, wie die Sinnfälligkeit zwischen Stellbewegung und Wirkbewegung ein arbeitsmethodischer Ansatz sein kann für neues Interface-Design, das heißt die Verbesserung bestehender und die Entwicklung neuer Interfaces. Zu den von den Verfassern bekannten und veröffentlichten Arbeiten [1] werden hier einige neue Arbeitsergebnisse dargestellt. Im Rahmen dieses Artikels können natürlich nur die Ergebnisse und nicht der meist umfangreiche und langwierige Lösungsweg beschrieben werden.

Beispiel Fernbedienung für einen neuen Hallenkran (Bild 117 unten): Ausgangspunkt der vorliegenden Studie war ein neuer Hallenkran nach einer Idee von Prof. Dr.-Ing. Horst J. Roos vom Institut für Fördertechnik. Getriebetechnik und Baumaschinen [133], der in einer zweiten Studienarbeit um die Laufkatze ergänzt wurde [134]. Zu diesem Basissystem wurde in einer dritten Studienarbeit [135] eine neue Fernbedienung konzipiert.

In der Regel handelt es sich dabei um sogenannte Pendelsteuertafeln, die über eine Schleppleitung direkt mit der Kransteuerung verbunden sind. Die sechs Hauptfunktionen Kranfahrt vor, Kranfahrt zurück, Katzfahrt links, Katzfahrt rechts, Hubwerk auf und Hubwerk ab sind dabei als untereinander angeordnete Drucktaster ausgeführt. Diese Bedienelemente entsprechen bei keiner Funktion den zugeordneten Wirkbedingungen des Krans. Erschwerend kommt noch hinzu, dass der Bediener seinen Standpunkt relativ zum Kran ändern kann. Die Richtungszuordnung eines Drucktasters für Kran- und Laufkatzfahrt wechselt also je nach Standpunkt. Grundlage war dabei der oben genannte Einträgerlaufkran. Dieser Kran hat aufgrund seiner Auslegung eine ganz charakteristische Gestalt. Die Kranbrücke befindet sich systembedingt asymmetrisch zwischen den Kopfträgern und ist als Rohrkonstruktion ausgeführt. Mit der neuen Fernbedie-

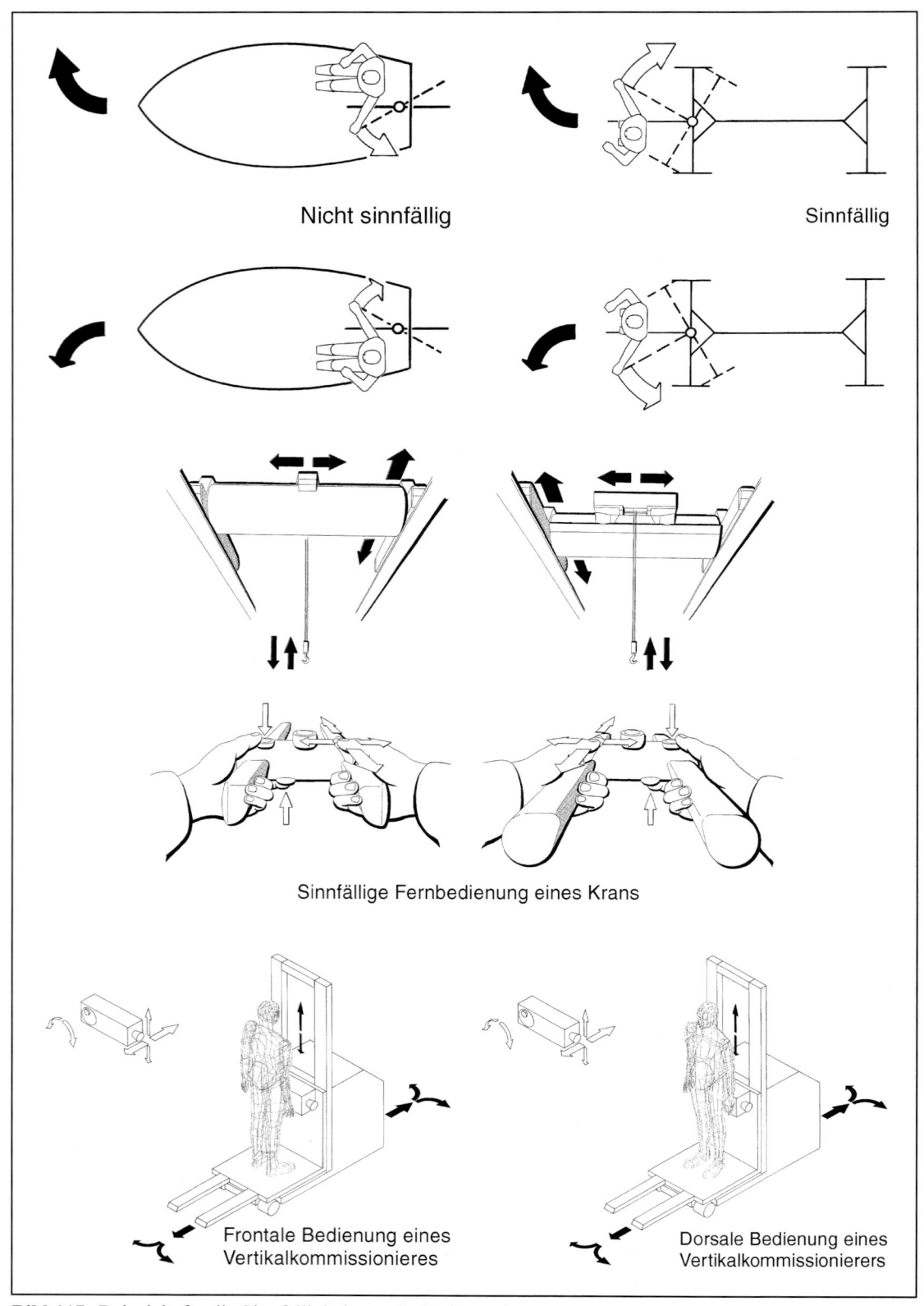

Bild 117 Beispiele für die Sinnfälligkeit von Stellteilen (oben) und Anwendungsbeispiele (unten)

nung wurde ein neuer Weg beschritten, da die bisher vier Drucktaster für die Kran- und Laufkatzbewegung zu einem Kreuzschalter zusammengefasst wurden. Die Betätigungsrichtungen wurden dabei so festgelegt, dass sie den Wirkbedingungen des Krans entsprechen. Für die Hubwerkbedienung wurden wie schon in den alten Pendelsteuertafeln zwei Drucktaster eingesetzt. Diese sind jedoch einmal auf der Oberseite sowie einmal auf der Unterseite der Fernbedienung angebracht.

Auch hier ist eine sinnfällige Betätigung gegeben: Durch Nach-Unten-Drücken des Tasters an der Oberseite bewirkt man ein Absenken des Kranhakens, Nach-Oben-Drücken des Tasters an der Unterseite bewirkt ein Anheben des Kranhakens. Der Not-Aus befindet sich in der Mitte der Kranbrücke, und zwar im nachgebildeten Teil der Fernbedienung. Die Fernbedienung ist als Funkfernsteuerung ausgelegt. Die Bedienperson muss jetzt nur noch die Fernbedienung mit dem Bild des Krans zur Deckung bringen. Die Betätigung der Schalter wird so automatisch sinnfällig. Die Griffe der Fernbedienung, welche die Kopfträger darstellen, sind dabei so gestaltet, dass ein ergonomisch richtiges und bequemes Bedienen ermöglicht wird.

Beispiel Neuer Fahrerstand für einen Vertikalkommissionierer (Bild 117 unten): Vertikalkommissionierer sind manuell gesteuerte Fahrzeuge, die in Hochregallagern zum Kommissionieren eingesetzt werden. Unter dem Begriff Kommissionieren wird das Zusammenstellen von einzelnen Waren aus den unterschiedlichsten Bereichen des Hochregallagers, zum Beispiel für einen Versandauftrag, verstanden. Die Länge der einzelnen Lagergänge kann über 100 Meter betragen. und die Vertikalkommissionierer besitzen bis zu sieben Meter Hubhöhe. Dabei bewegt sich der Fahrerstand im Unterschied zum Gabelstabler mit den Hubgabeln mit. Da der Zeitaufwand für den einzelnen Kommissioniervorgang aus Kostengründen so gering wie möglich sein soll. muss der Vertikalkommissionierer in beide Fahrtrichtungen gleich gut und sicher zu betätigen sein. Aus Platzgründen kann aber nur ein Bedienelementeträger für die Steueraufgaben eingesetzt werden. Dies hat zur Folge, dass zwei unterschiedliche Fahrerhaltungen eingenommen werden müssen: Einmal die frontale Haltung, bei der der Fahrer mit der Körperfront zu der Bedieneinheit steht. Dann die dorsale Haltung, der Fahrer steht mit dem Rücken zur Bedieneinheit und kann diese in der Regel nicht einsehen. In beiden Fällen muss eine sinnfällige Betätigung der Bedienelemente gewährleistet sein. Zur Lösung dieses Problems wurden im Rahmen eines Industrieauftrags unterschiedliche Bedienkonzepte unter dem Gesichtspunkt einer verbesserten Sinnfälligkeit entwickelt und bewertet.

Die Lösung zeichnet sich durch eine höhenverstellbare, an der Mastseite angeordnete Bedieneinheit aus. Links auf dieser ist ein senkrecht stehendes Lenkrad mit horizontaler Drehachse angeordnet: Durch diese horizontale Drehachse stimmt die Stellbewegung mit der Wirkrichtung bei frontaler und dorsaler Betätigung überein. Auf der rechten Seite befindet sich ein waagerecht angeordnetes kombiniertes Stellelement (Joystick) für die Horizontal- und Vertikalbewegung des Fahrzeugs. Die Stellbewegung in der Horizontalebene stimmt mit der Wirkrichtung in der Horizontalebene überein. Bei dorsaler Betätigung befinden sich die Bedienelemente im Rücken des Benutzers und sind nicht einsehbar. Diese Variante hat bezüglich der Sinnfälligkeit den höchsten Beurteilungswert.

Beispiel Neue Stellteile für eine Drehmaschine (Farbbild 3): Die Haupttätigkeit bei der Benutzung einer konventionellen Drehmaschine ist das Bewegen eines eingespannten Werkzeugs – meistens ein Drehmeißel – relativ zum rotierenden Werkstück. Als Stellteile werden dabei. von der Anfangszeit der Drehbank bis heute, Handräder eingesetzt.

Ursprünglich wurde mit diesen Handrädern vorwiegend Energie eingeleitet – die Schnittkräfte und Verfahrbewegungen mussten manuell aufgebracht werden. Unter diesen Randbedingungen war die Wahl der Stellteile gut und richtig. Die Anordnung der Handräder an der Maschinenfront mit Achsen senkrecht zur Drehachse des Werkstücks ergab sich konstruktiv aus der dahinter liegenden Mechanik, aus ergonomischen Überlegungen und aus Platzgründen - die Kraftübersetzung erforderte zum Teil große Durchmesser. Diese Anordnung findet sich bis heute, obwohl die Randbedingungen sich geändert haben: heute werden vorwiegend elektronische Handräder - also ohne mechanische Verbindung zum Schlitten - eingesetzt.

Mit dem Übergang zu elektronischen Handrädern hat sich auch die Arbeitsaufgabe geändert. Es muss nun keine Kraft mehr eingeleitet werden, dies wird von den elektrischen Antrieben übernommen. Die Stellteile dienen also ausschließlich zur Eingabe und Rückkoppelung von Information. Weiterhin ist der konstruktive Freiheitsgrad hoch und der Platzbedarf gering. Unter diesen neuen Randbedingungen ergibt sich eine Vielzahl neuer Lösungsmöglichkeiten für die Bedienaufgabe. Im folgenden wird bewusst auf die Verwendung des Begriffs Wirkrich-

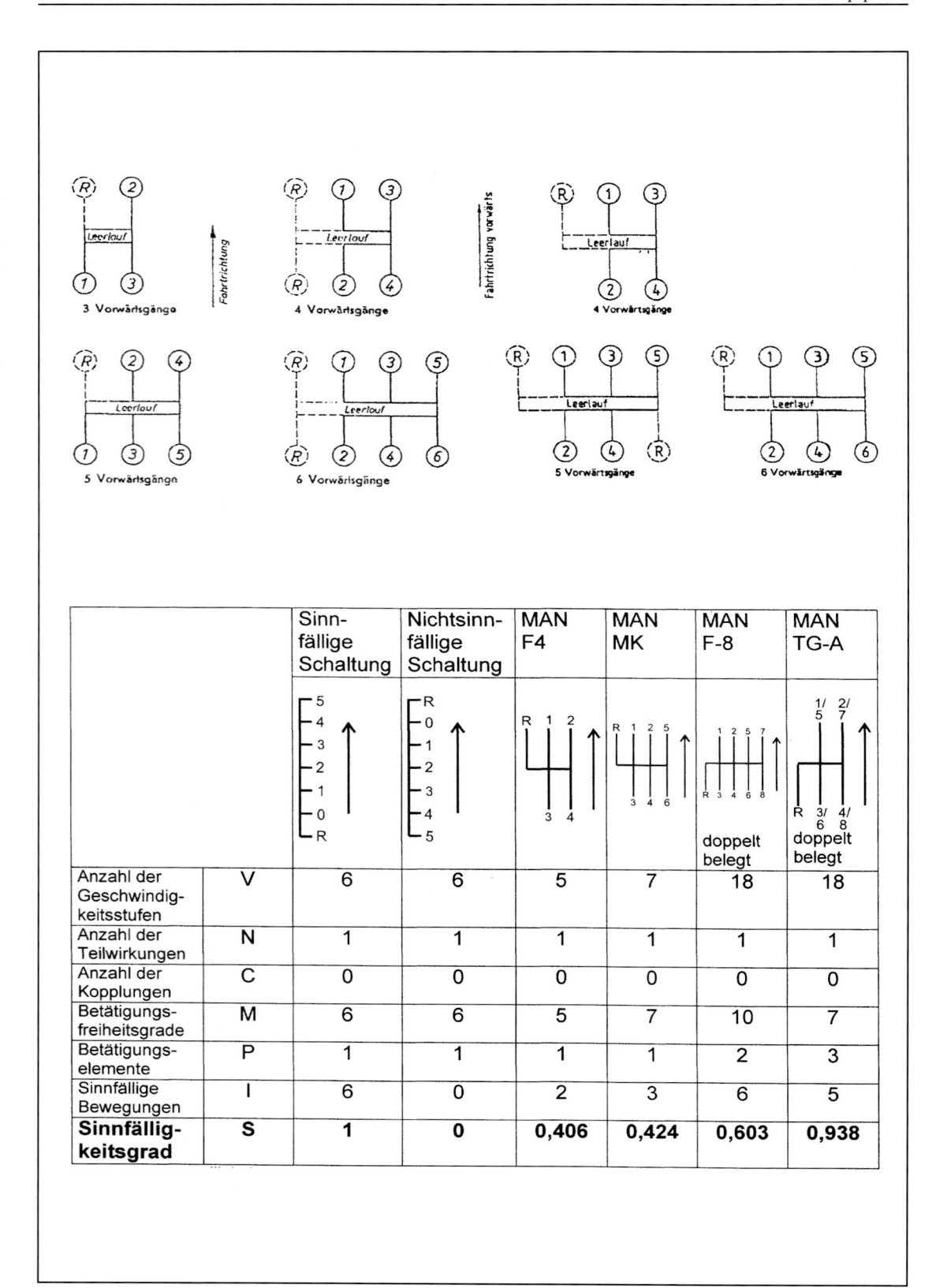

		Sinn-fällige Schaltung	Nichtsinn-fällige Schaltung	MAN F4	MAN MK	MAN F-8	MAN TG-A
		5 4 3 2 1 0 R	R 0 1 2 3 4 5	R 1 2 3 4	R 1 2 5 3 4 6	1 2 5 7 R 3 4 6 8 doppelt belegt	1/ 2/ 5 7 R 3/ 4/ 6 8 doppelt belegt
Anzahl der Geschwindig-keitsstufen	V	6	6	5	7	18	18
Anzahl der Teilwirkungen	N	1	1	1	1	1	1
Anzahl der Kopplungen	C	0	0	0	0	0	0
Betätigungs-freiheitsgrade	M	6	6	5	7	10	7
Betätigungs-elemente	P	1	1	1	1	2	3
Sinnfällige Bewegungen	I	6	0	2	3	6	5
Sinnfällig-keitsgrad	S	**1**	**0**	**0,406**	**0,424**	**0,603**	**0,938**

Bild 118 Schaltbilder von Getrieben (oben) und Ermittlung ihres Sinnfälligkeitsgrades (unten)

tung verzichtet, da er in der Zerspanungstechnik anders definiert ist. Stattdessen wird der Begriff Wirkung oder bewirkte Bewegung benutzt.

Bewertung des IST-Zustands: Die Entwicklung der Drehmaschine wurde von ständigen ergonomischen Optimierungen in Bezug auf Maße und Kräfte des Menschen begleitet. Die prinzipielle Konzeption der Maschinenbedienung wurde jedoch selten hinterfragt Betrachtet man das bisherige Bedienkonzept unter dem Gesichtspunkt der Sinnfälligkeit von Stellteilen und ihrer Anordnung. So zeigen sich gravierende Mängel.

Zwei zueinander senkrechte translatorische Bewegungen – auf der x- und der z-Achse – werden durch zwei Drehbewegungen um parallele Achsen kontrolliert. Das heißt. die Zuordnung von zwei gleichen Stellbewegungen zu zwei, nur der Art – aber nicht der Richtung – nach gleichen, bewirkten Bewegungen der Schlitten erfordert zwei verschiedene -widersprüchliche -innere Modelle des Maschinenbenutzers. Die Drehbewegung des Handrades für die z-Achse kann über die Vorstellung eines Rollvorganges in die entsprechende translatorische Bewegung übersetzt werden. Bei der x-Achse hingegen muss man sich eine Schraubbewegung vorstellen. Ein zusätzliches Problem stellt dabei die Zuordnung von Drehrichtung des Stellteils zu Bewegungsrichtung des Werkzeugs dar. Heute wird eine Drehbewegung nach rechts als Vorwärtsbewegung des Schlittens vom Benutzer wegdefiniert. Das bedeutet aber auch: eine Rechtsdrehung, die üblicherweise mit einer Wertzunahme gleichgesetzt wird, bewirkt eine Durchmesserabnahme am Werkstück. Auch eine Argumentation über die Höhe des abgenommenen Spans scheitert, da sich die Verhältnisse umdrehen, je nachdem ob die Außen- oder die Innenseite des Werkstücks bearbeitet wird.

Verbesserung der Sinnfälligkeit und neue Stellteilkonzepte: Die Sinnfälligkeit der Bedienung der x-Achse ist also nicht gegeben. Die Bedienung der z-Achse ist einzeln betrachtet sehr sinnfällig, steht aber im Widerspruch zur x-Achse. Aufbauend auf dieser Erkenntnis wurden verschiedene, in ihrer Sinnfälligkeit verbesserte, alternative Konzepte (Farbbild 3 Mitte) entwickelt. Die elektronische Umsetzung der Stellbewegung in ihre Wirkung eröffnet dabei vielfältige Möglichkeiten.

Ein Joystick (Konzept a) - ein weit verbreitetes Stellteil im Bereich der Robotersteuerung und bei Computeranwendungen - garantiert die eindeutige Zuordnung der Stellteilbewegung zur bewirkten Bewegung. Das Werkzeug bewegt sich in die Richtung, in die der Joystick gedrückt wird. Allerdings ist eine Übersetzung des Wegs als Eingabegröße in eine Vorgabe der Geschwindigkeit -proportional zur Stellteilauslenkung - erforderlich.

Auch die aus der mechanischen Umsetzung übernommene Unterscheidung in zwei zueinander senkrecht stehende Bewegungsrichtungen des Werkzeuges muss in Frage gestellt werden, da sie nicht der natürlichen Wahrnehmung entspricht. Die Bewegung eines Objekts wird durch seine Position, seine Geschwindigkeit und seine Bewegungsrichtung definiert. Dies kann in einem Stellteil abgebildet werden (Konzept b): ein einziges Handrad/Drehknopf/Reibscheibe zur Eingabe von Position und Geschwindigkeit im Sinne eines Rollvorgangs wird in die gewünschte Bewegungsrichtung ausgerichtet. Ein solcher Ansatz gewinnt zusätzlich an Bedeutung, wenn man aktuelle Entwicklungen im Werkzeugmaschinenbereich betrachtet: bei modernen Maschinen mit Gelenkstabkinematiken treten die kartesischen Koordinaten auch in der mechanischen Umsetzung nicht mehr auf. Ein weiterer, nicht zu vernachlässigender Gesichtspunkt ist neben der Sinnfälligkeit auch die Gewohnheit der Maschinenbenutzer – sowohl in Bezug auf die Arbeitssicherheit als auch die Akzeptanz neuer Bedienoberflächen. Deshalb wurden auch Ansätze untersucht, die bestehende Situation weiterzuentwickeln und zu verbessern. Durch eine Klappung des Handrades für die x-Achse lassen sich sämtliche Widersprüche auflösen (Konzepte c und d). Konzept c stellt eine Zwischenlösung zwischen der heutigen Lösung und dem Joystick-Konzept dar. Der Joystick wird in zwei zueinander senkrecht stehende Schwenkelemente aufgelöst, mit denen Geschwindigkeitsvorgaben für die beiden Achsen gemacht werden. Konzept d behält das Konzept der kombinierten Positions- und Geschwindigkeitseingabe bei und bietet zwei zueinander senkrecht stehende Stellräder an. Bei beiden Stellteilen ist bei geeigneter Gestaltung der Stellteile der eindeutige sinnfällige Zusammenhang zwischen Stellbewegung und Wirkung durch die Vorstellung einer Rollbewegung oder - von oben gesehen - einer Schiebebewegung gegeben.

Diese Konzepte stellen viel versprechende Ansätze für eine Verbesserung der Sinnfälligkeit bei der Bedienung von Drehmaschinen dar. Nach einer anthropometrischen Überprüfung und Gestaltung wurden sie als Prototypen getestet und ihre Eignung als Benutzeroberfläche für Drehmaschinen der Zukunft bewertet. Farbbild 3 unten zeigt abschließend Studien, wie ein solches neues Bedienpult zusammen mit der Maschinensteuerung zu einem benutzerfreundlichen Cockpit zusammengefasst werden kann. Dieses Beispiel zeigt damit auch sehr „hand-

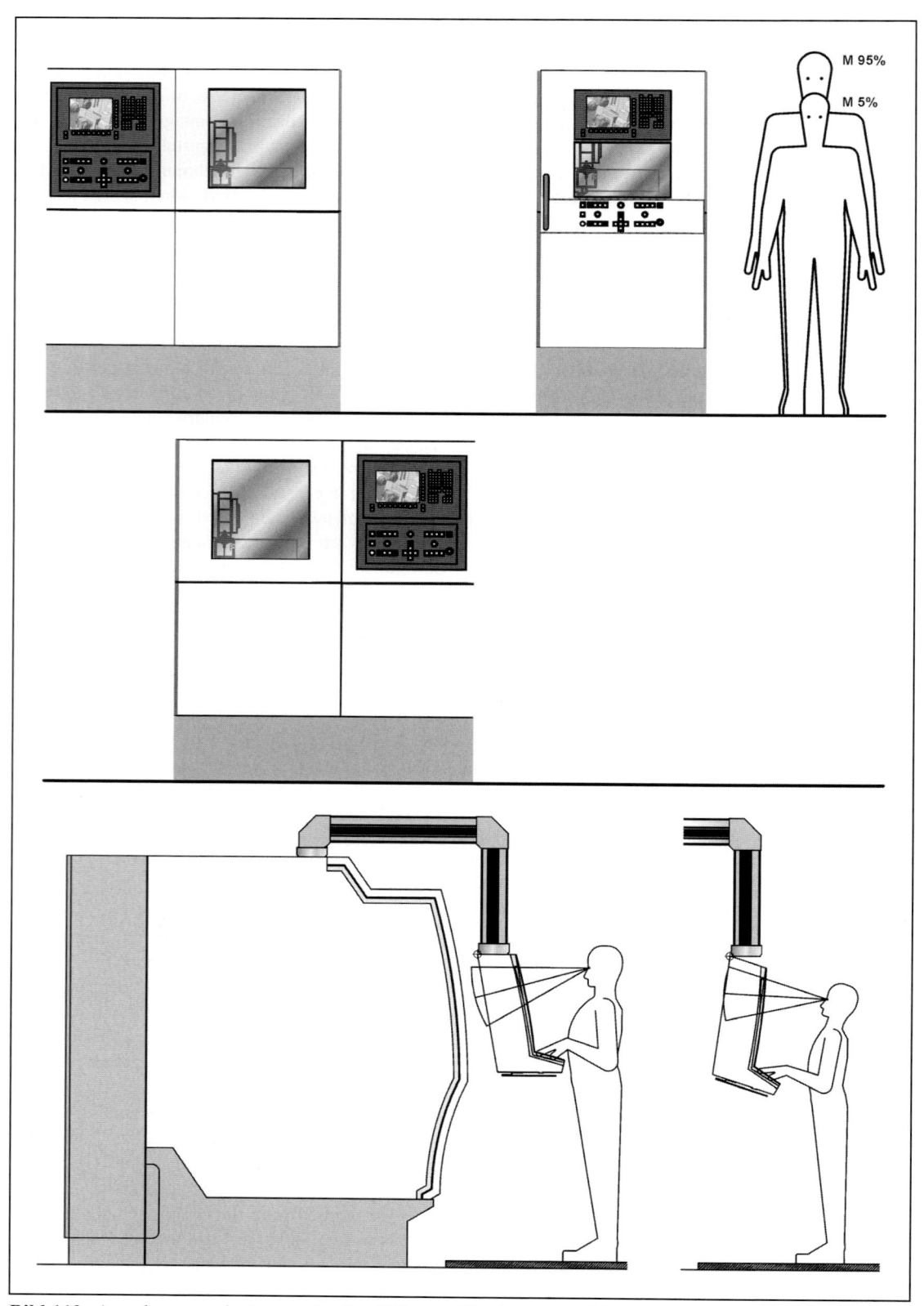

Bild 119 Anordnungsvarianten von Bedienfeldern an Werkzeugmaschinen

6.4 Aufbau des Interfaces

greiflich", wie sich aus einer wissenschaftlichen Fragestellung eine innovative Lösung ergeben kann. Diese ist gleichzeitig ein Beispiel für den Technologietransfer von der Universität zur Industrie. Zur Absicherung vor Nachahmern wurde der Musterschutz angemeldet und erteilt.

Weitere Anwendungsbeispiele der hier dargelegten Konzeptionsansätze sind

- ein neuer Panel-Cutter (Farbild 10)
- ein Manipulator für die minimalinvasive Chirurgie (Farbbild 11)

Die Frage nach der Sinnfälligkeit der Stellbewegung entsteht, weil in beiden Fällen das Werkzeug für die Bedienperson unsichtbar ist. Ein weiterer Anwendungsfall der Sinnfälligkeit ist das Shift-byware wodurch eine Aufgabe der traditionellen H-Schaltungen zugunsten einer einzigen Schaltgasse mit dem Sinnfälligkeitsgrad 1 möglich ist (Bild 118) [136].

6.4.5 Anordnung von Stellteilen und Anzeigen

Die wichtigsten Anordnungsprinzipien sind (Bild 120):

- Zentralisierung der Anzeigen und Stellteile auf die Position der Bedienperson im Unterschied zu einer dezentralisierten Anordnung.
- Anordnung der Anzeigen im Sehfeld ausgehend vom Augpunkt oder der so genannten Augenellipse der Körpergrößengruppe sowie senkrecht zum Sehstrahl.
- Anordnung der Stellteile unter den Anzeigen im gemeinsamen Greifraum und Sehfeld, da die Stellteile gleichzeitig auch Anzeiger sind.
- Gruppierung nach Funktionen und Ablauf. Die Berücksichtigung eines Ablaufs z.B. entsprechend der Leserichtung gilt nicht zuletzt auch für Anzeigen (Farbbild 21).
- Symmetrische Anordnung bei Aktions-Symmetrie oder Links-Rechts-Händigkeit und umgekehrt (Bild 119 oben).
- Einstellbare Stellteile und Anzeigen insbesondere bei Körpergrößengruppen mit großer Differenz bzw. bei wechselnden Haltungen (Bild 119 unten).

6.4.6 Interface-Gestalt

Die Interface-Gestalt wird neben der Anordnung der Stellteile und Anzeigen maßgeblich durch das Interface-Tragwerk gebildet (synonym: Instrumenten-Brett, Tableau, Platte, Tafel, Borde, Displays u.a.).

Diese müssen sich zuerst an den schon angesprochenen ergonomischen Kriterien wie Greifraum, Sehfeld, Beinfreiraum, Druchstieg u.a. orientieren.

Daneben treten wieder die in Kapitel 6.2 behandelten formalen Gestalttypen, wie die Stab-(oder Band-)Gestalt, die Winkel-Gestalt, die T-Gestalt, die U-Gestalt u.a. auf (Bild 121).

Die Interface-Gestalt erweitert damit die Funktionsgestalt in Richtung der Gesamtgestalt.

Die Konzeption des Interfaces ist damit nur für Einzelprodukte abgeschlossen. Sie wird für Produktprogramme in Kapitel 13 und für Produktsysteme in Kapitel 14 fortgesetzt.

6.4.7 Erweitertes Interface

Gegenüber den in der Einleitung dieses Abschnitts behandelten Interfaces i.e.S. und i.w.S. ist eine dritte Erweiterung denkbar. Diese wurde schon in Abschnitt 2.1 angedeutet. Sie ergibt sich, wenn man der Mensch-Produkt-Relation den Energie-, Informations- und Stoffaustausch in diesem dritten Bereich zugrunde legt (Bild 16). Wenn man „Stoff" als

- Wasser
- Feuchtigkeit
- Nahrung
- Medikamente
- Schmutz
- Fäkalien
  u.a.

definiert, dann ergibt sich hieraus eine neue Kategorie an Interface-Elementen. Diese sind häufig mit dem in Abschnitt 15.6 behandelten multisensorischen Design verbunden.

Im Bereich der akustischen Informationsübermittlung erhält auch das bisherige Bezeichnen und Bewerten als imperative Spracheingabe eine neue Bedeutung.

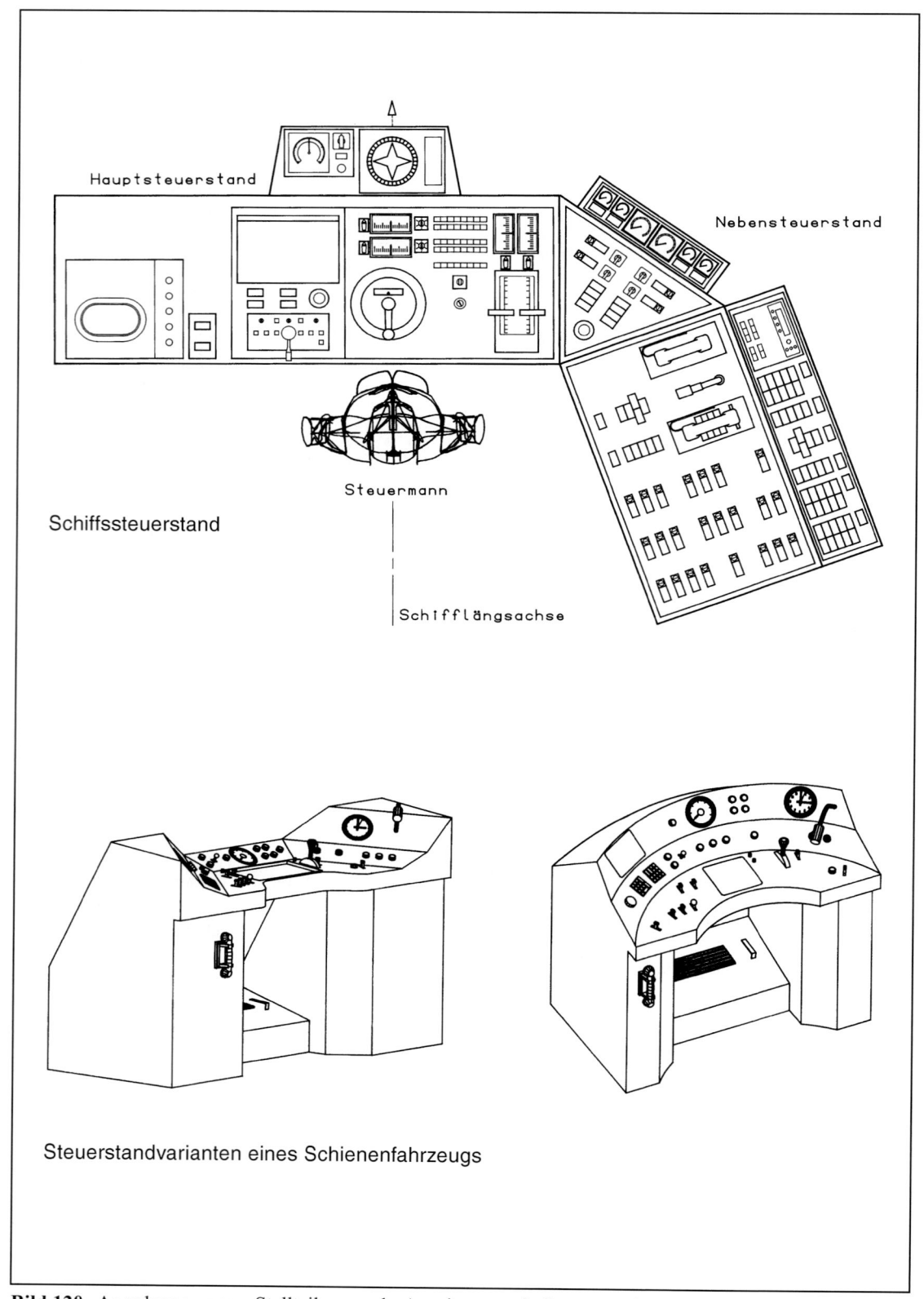

Bild 120 Anordnung von Stellteilen und Anzeigen auf Steuerständen von Schiffen (oben) und Schienenfahrzeugen (unten)

6.4 Aufbau des Interfaces

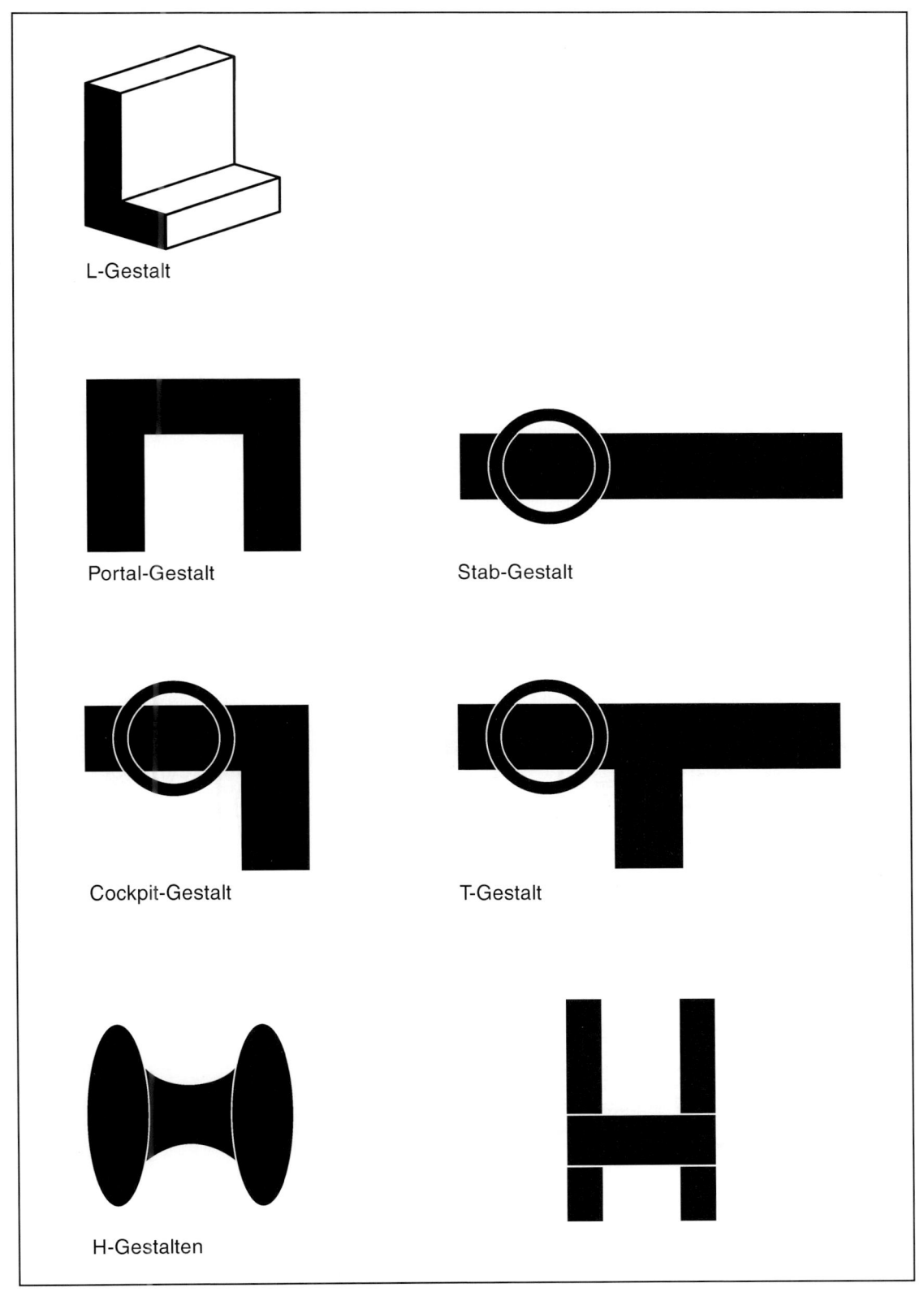

L-Gestalt

Portal-Gestalt

Stab-Gestalt

Cockpit-Gestalt

T-Gestalt

H-Gestalten

Bild 121 Beispiele für formale Aufbautypen von Interfacegestalten

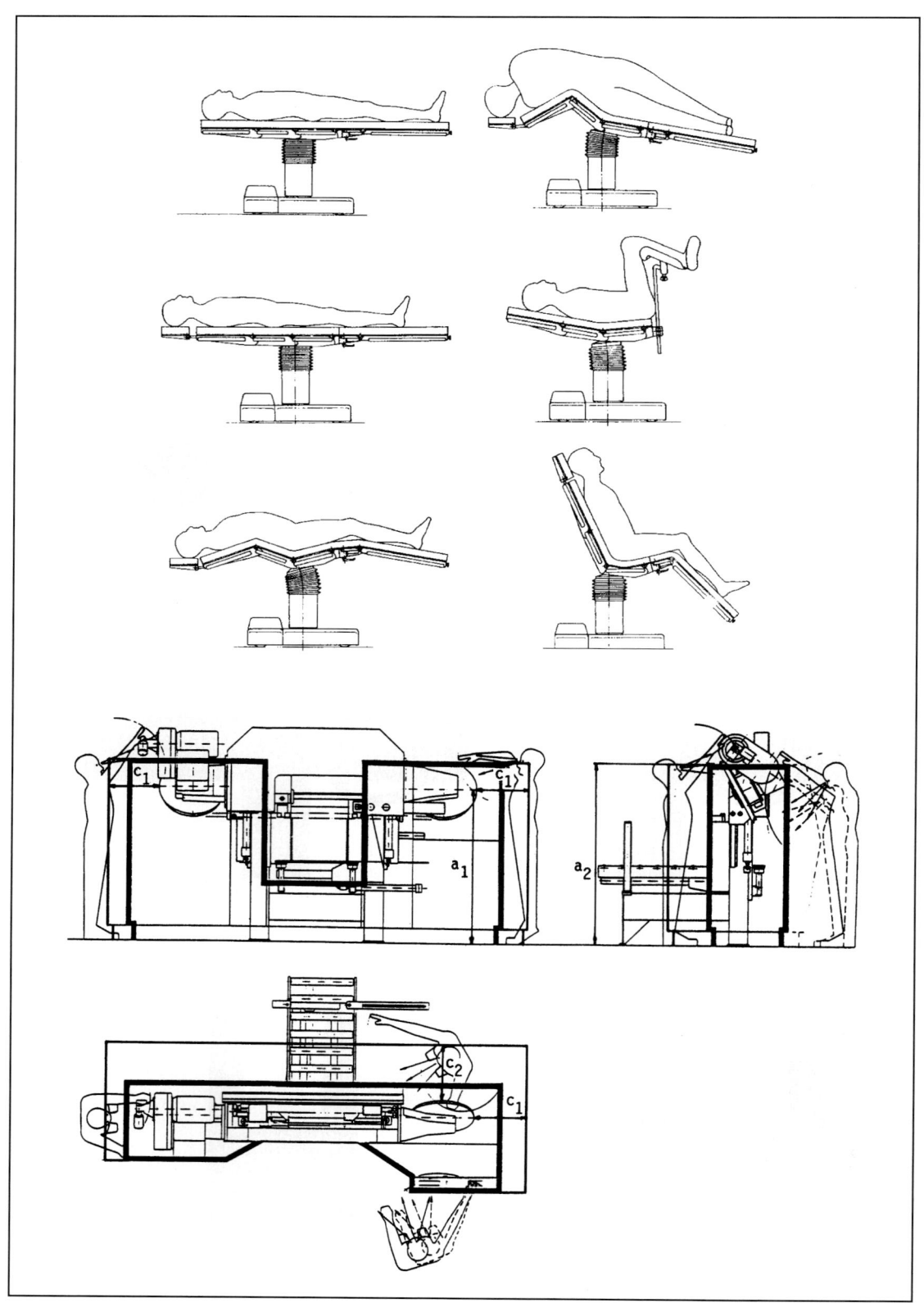

Bild 122 Beispiele für die betätigungsorientierte Konzeption von zwei Tragwerksgestalten. Behandlungsstuhl (oben), Sägemaschine (unten)

6.5 Aufbau der Tragwerkgestalt

In die Betrachtung eingehende Anforderungen und ihr Einfluss auf eine Produktgestalt:

$$\mathcal{A}^{BB} \rightarrow \mathbb{A}^{fix/BB}(Tw)$$
$$\mathcal{A}^{BB} \rightarrow \mathbb{A}^{var/BB}(Tw)$$

Zerlegt in Elemente und Ordnungen:

$$\mathbb{A}^{fix/BB}(Tw) = \left(\mathbb{E}_A^{fix/BB}(Tw), \mathbb{O}_A^{fix/BB}(Tw)\right)$$

$$\mathbb{A}^{var/BB}(Tw) = \left(\mathbb{E}_A^{var/BB}Tw, \mathbb{O}_A^{var/BB}Tw\right)$$

Den bisherigen Darlegungen entsprechend wird in diesem Kapitel der Aufbau der Tragwerksgestalt als dritte Teilgestalt einer Produktgestalt behandelt.

Deren Grundfunktionen wurden in Kapitel 6.1.3 dargelegt. Auf dieser Grundlage bildet sich der Lösungsraum für den designorientierten Aufbau der Tragwerksgestalt über die jeweiligen invariablen und variablen Aufbauelemente und Aufbauordnungen.

$$\mathbb{A}^{fix/BB}(Tw) = \left(\mathbb{E}_A^{fix/BB}(Tw), \mathbb{O}_A^{fix/BB}(Tw)\right)$$

$$\mathbb{A}^{var/BB}(Tw) = \left(\mathbb{E}_A^{var/BB}Tw, \mathbb{O}_A^{var/BB}Tw\right)$$

In Ergänzung zu den Ausführungen zur Tragwerkskonzeption in Abschnitt 6.1.3 berücksichtigen die folgenden Ausführungen neuere Fachliteratur [137 - 142].

6.5.1 Betätigungs- und benutzungsorientierte Tragwerkkonzeption

Wichtige Betätigungs- und Benutzungsanforderungen an die Tragwerke oder technischer Produkte (Bild 122) sind

- die Standsicherheit (Bild 122 oben) und
- die Festigkeit

gegenüber menschlichen Betätigungskräften als dynamische und extreme (Panik- oder Vandalismus-) Belastung.

Beispiele

- Belastung von Stühlen 5 KN,
- Einbruchsicherheit von Türen 10 KN,
- Belastung von Stufen und Treppen 5 KN.

In ihrer Schutzfunktion müssen Tragwerke viele Sicherheitsvorschriften z.B. bezüglich Sicherheitsabständen (Bild 122 unten) erfüllen. Dies gilt auch für Geländer und Treppen.

Für komfortable und sichere Treppen gilt die so genannte Treppenformel:

$$2S + A = 63 cm$$

mit Aufstandsbreite $A = 29 cm$ und Stufenhöhe $S = 17 cm$.

6.5.2 Konzeption der vollständigen Tragwerksgestalt

Hierzu werden im folgenden zwei Verfahren behandelt:

1. Die formale Konzeption der vollständigen Tragwerksgestalt.
2. Die funktionale Konzeption der vollständigen Tragwerksgestalt.

Beide Verfahren behandeln zwei entscheidende Aspekte der gleichen Konzeptionsaufgabe, allerdings in unterschiedlicher Reihenfolge. Sie führen auch, wie zu zeigen sein wird, zu dem gleichem Ergebnis, d.h. zu gleichen Aufbautypen von Tragwerksgestalten.

Die aus Abschnitt 6.1.3 folgende Ausgangssituation zeigt Bild 123.

6.5.2.1 Formale Konzeption

Nach diesem Verfahren werden rein formal die Krafteinleitungsstellen und die Kraftableitungsstellen mit Grundgestalten nach Kapitel 6.2 verbunden.

Dies kann auch mit handelsüblichen Tragwerken erfolgen.

Im einfachsten allgemeinen Fall werden die in Kapitel 6.2 entwickelten Gestalttypen als Tragwerke interpretiert (Bild 124).

Im speziellen Fall einzelner Branchen, wie z.B. den Pressenbau oder dem Kranbau, wird auf die dort bekannten Gestalttypen zurückgegriffen bzw. diese entsprechend verändert (Bild. 125).

Die formale Konzeption kann auch Gegenstand einer gezielten Gestaltvariation sein (Beispiel Bockkran, Bild 126) mit dem Ziel, neue und originelle Gestalttypen zu finden.

Wie schon in Kapitel 6.2 angesprochen und wie auch das oben genannte Beispiel zeigt, muss die

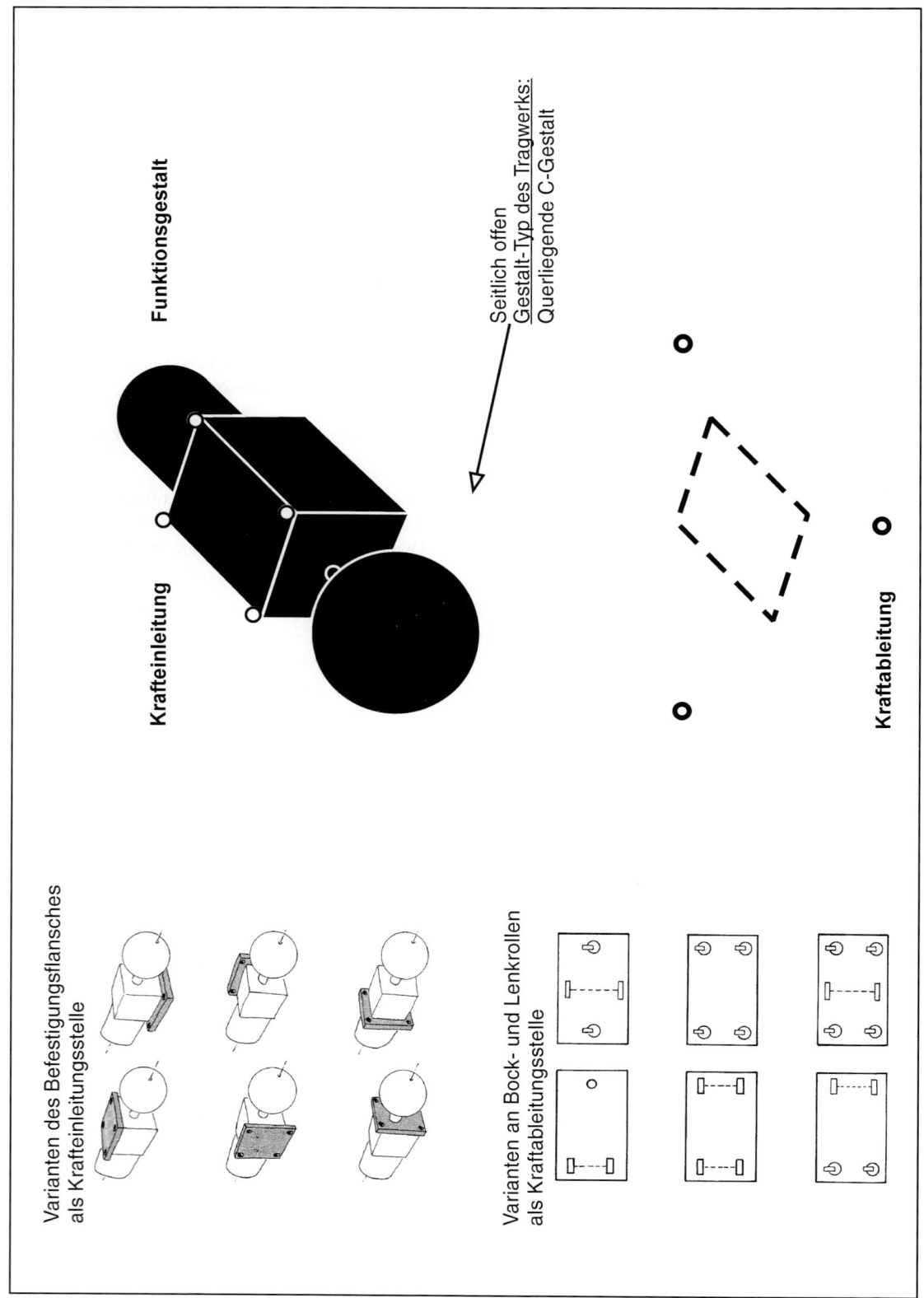

Bild 123 Ausgangssituation für die Konzeption einer Tragwerksgestalt

6.5 Aufbau der Tragwerkgestalt

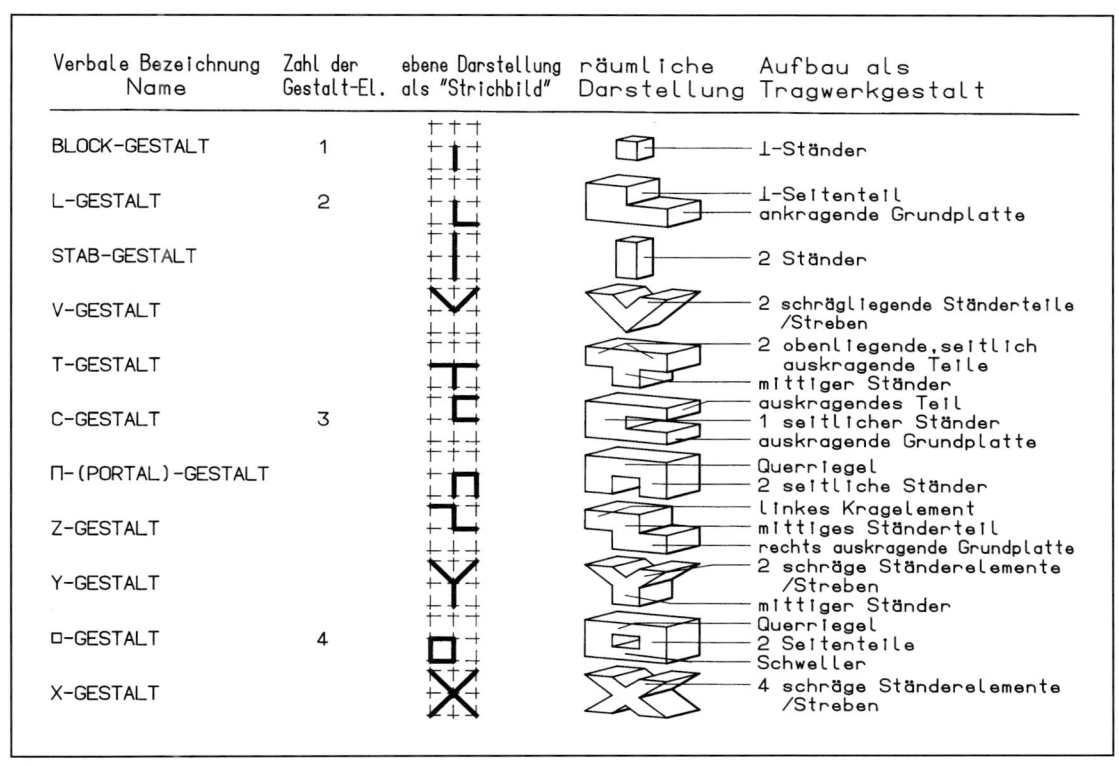

Verbale Bezeichnung Name	Zahl der Gestalt-El.	ebene Darstellung als "Strichbild"	räumliche Darstellung	Aufbau als Tragwerkgestalt
BLOCK-GESTALT	1	I	▫	⊥-Ständer
L-GESTALT	2	L		⊥-Seitenteil / ankragende Grundplatte
STAB-GESTALT		I		2 Ständer
V-GESTALT		V		2 schrägliegende Ständerteile /Streben
T-GESTALT		T		2 obenliegende, seitlich auskragende Teile / mittiger Ständer
C-GESTALT	3	C		auskragendes Teil / 1 seitlicher Ständer / auskragende Grundplatte
Π-(PORTAL)-GESTALT		Π		Querriegel / 2 seitliche Ständer
Z-GESTALT		Z		linkes Kragelement / mittiges Ständerteil / rechts auskragende Grundplatte
Y-GESTALT		Y		2 schräge Ständerelemente /Streben / mittiger Ständer
□-GESTALT	4	□		Querriegel / 2 Seitenteile / Schweller
X-GESTALT		X		4 schräge Ständerelemente /Streben

Bild 124 Katalog an formalen Aufbautypen von Tragwerksgestalten

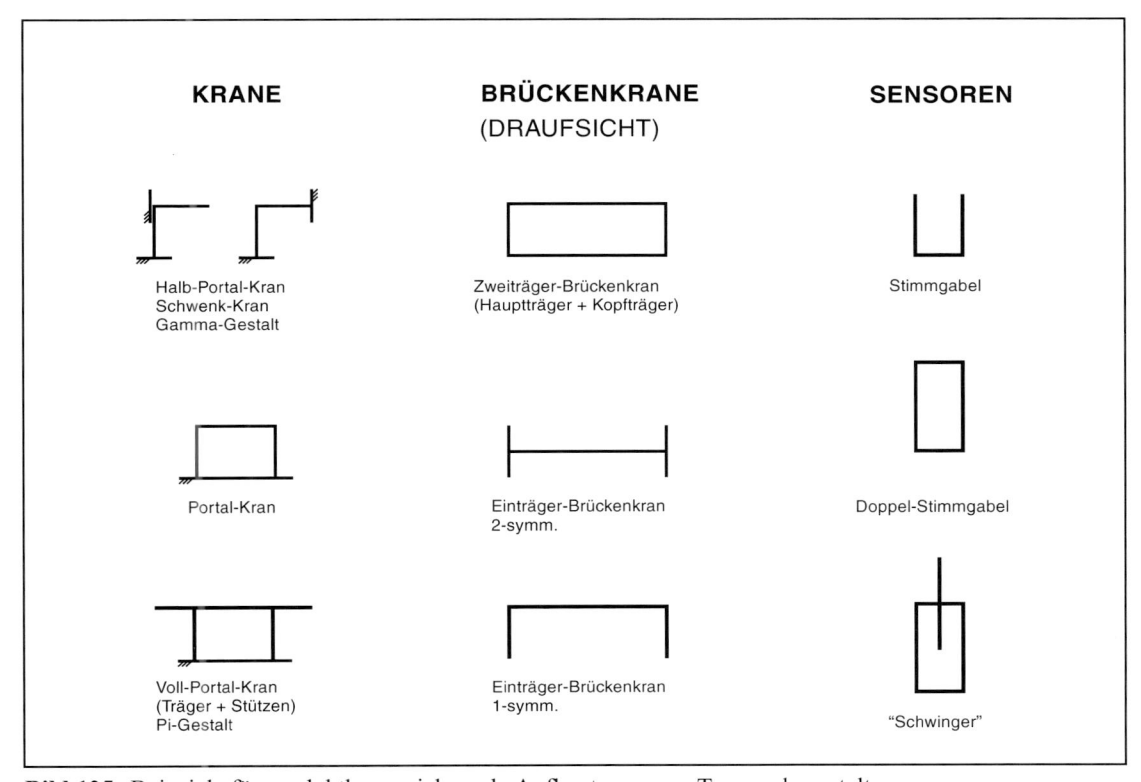

KRANE

- Halb-Portal-Kran / Schwenk-Kran / Gamma-Gestalt
- Portal-Kran
- Voll-Portal-Kran (Träger + Stützen) / Pi-Gestalt

BRÜCKENKRANE (DRAUFSICHT)

- Zweiträger-Brückenkran (Hauptträger + Kopfträger)
- Einträger-Brückenkran 2-symm.
- Einträger-Brückenkran 1-symm.

SENSOREN

- Stimmgabel
- Doppel-Stimmgabel
- "Schwinger"

Bild 125 Beispiele für produktkennzeichnende Aufbautypen von Tragwerksgestalten

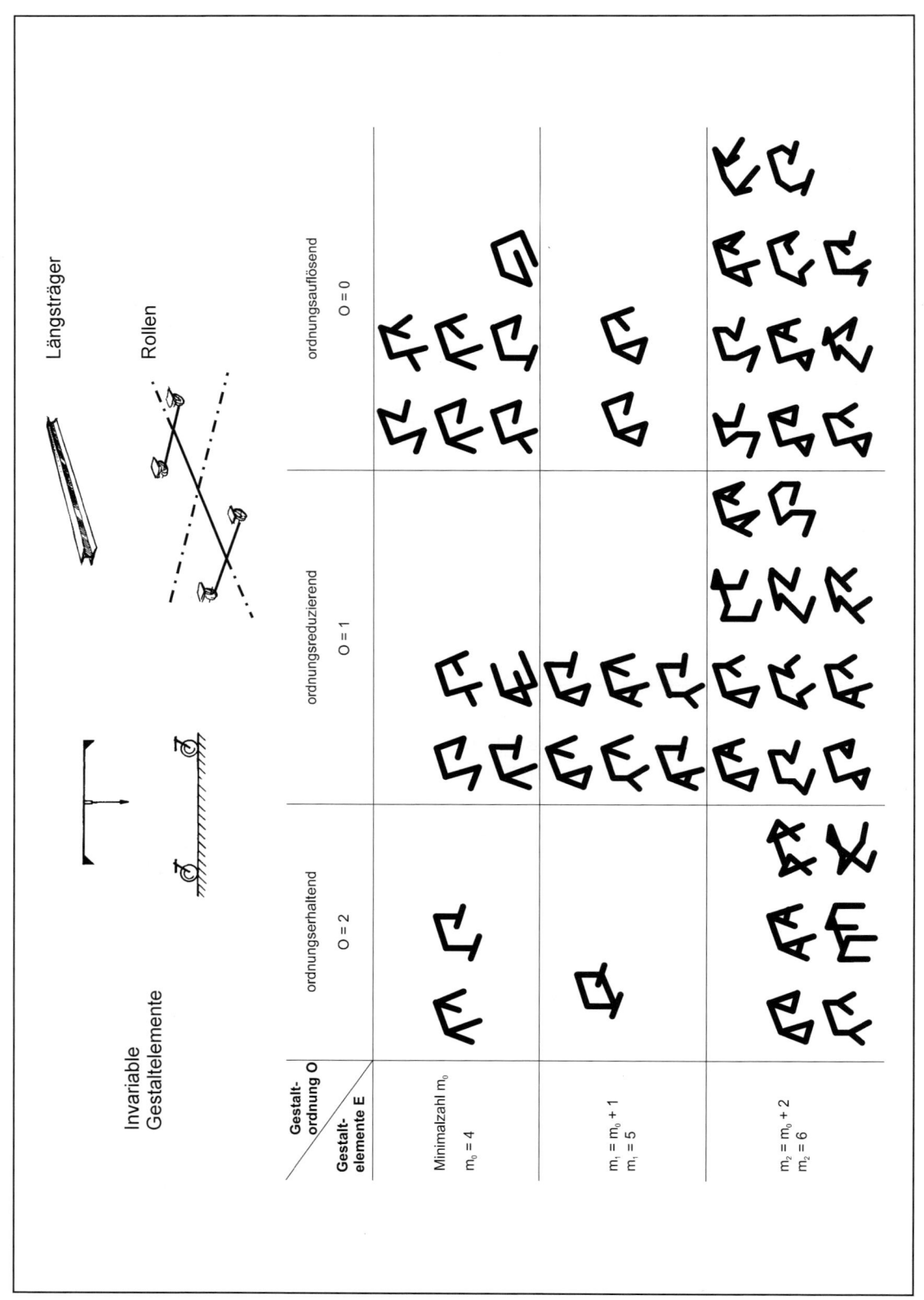

Bild 126 Konzeption eines Lösungsfeldes für die Tragwerksgestalt eines Bockkranes

6.5 Aufbau der Tragwerkgestalt

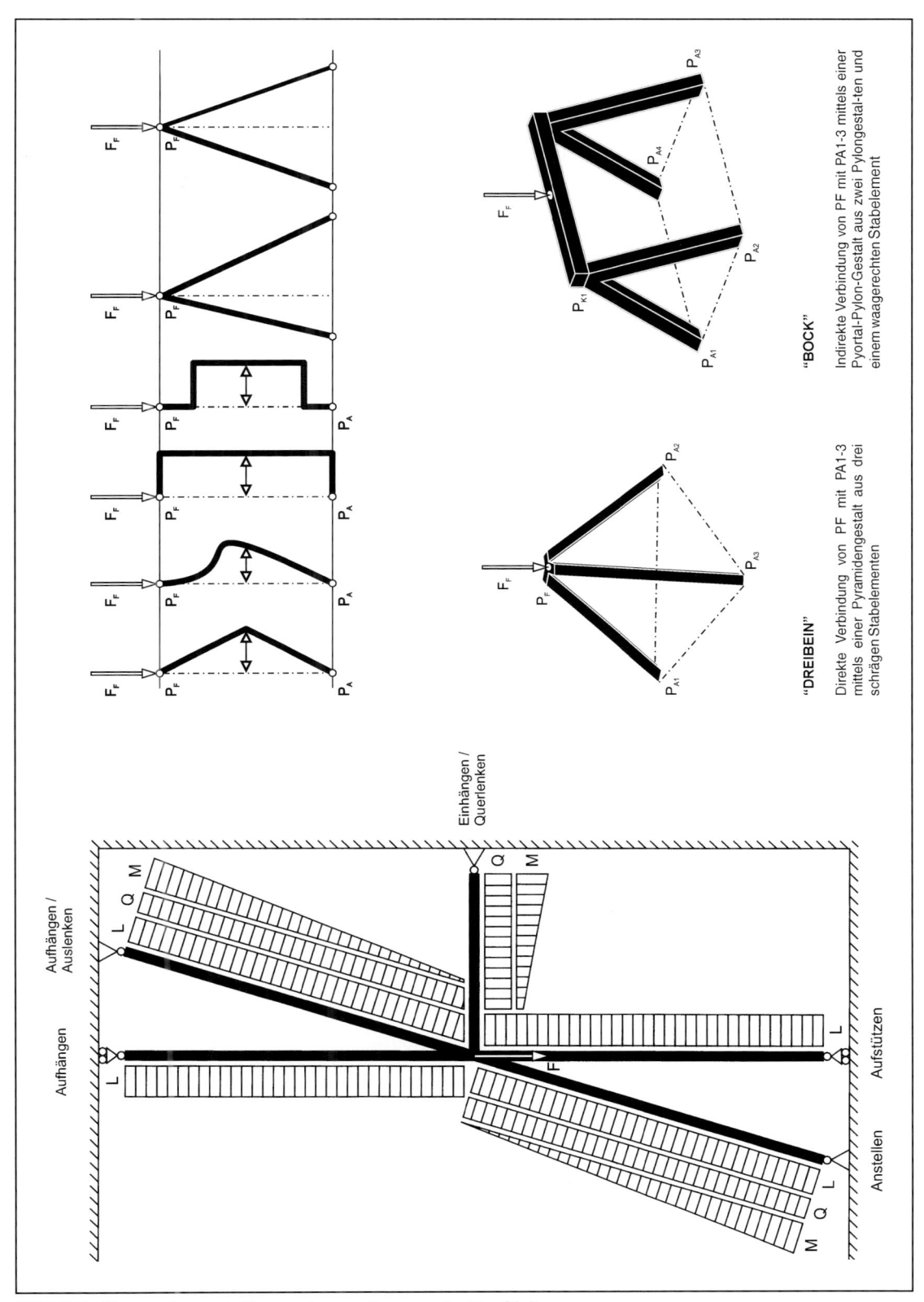

Bild 127 Konzeption von Tragwerksgestalten aus der Kraftleitung

"BOCK"
Indirekte Verbindung von PF mit PA1-3 mittels einer Pyortal-Pylon-Gestalt aus zwei Pylongestal-ten und einem waagerechten Stabelement

"DREIBEIN"
Direkte Verbindung von PF mit PA1-3 mittels einer Pyramidengestalt aus drei schrägen Stabelementen

Tabelle 10 Tragwerksbauweisen und ihre designorientierten Schwerpunkte

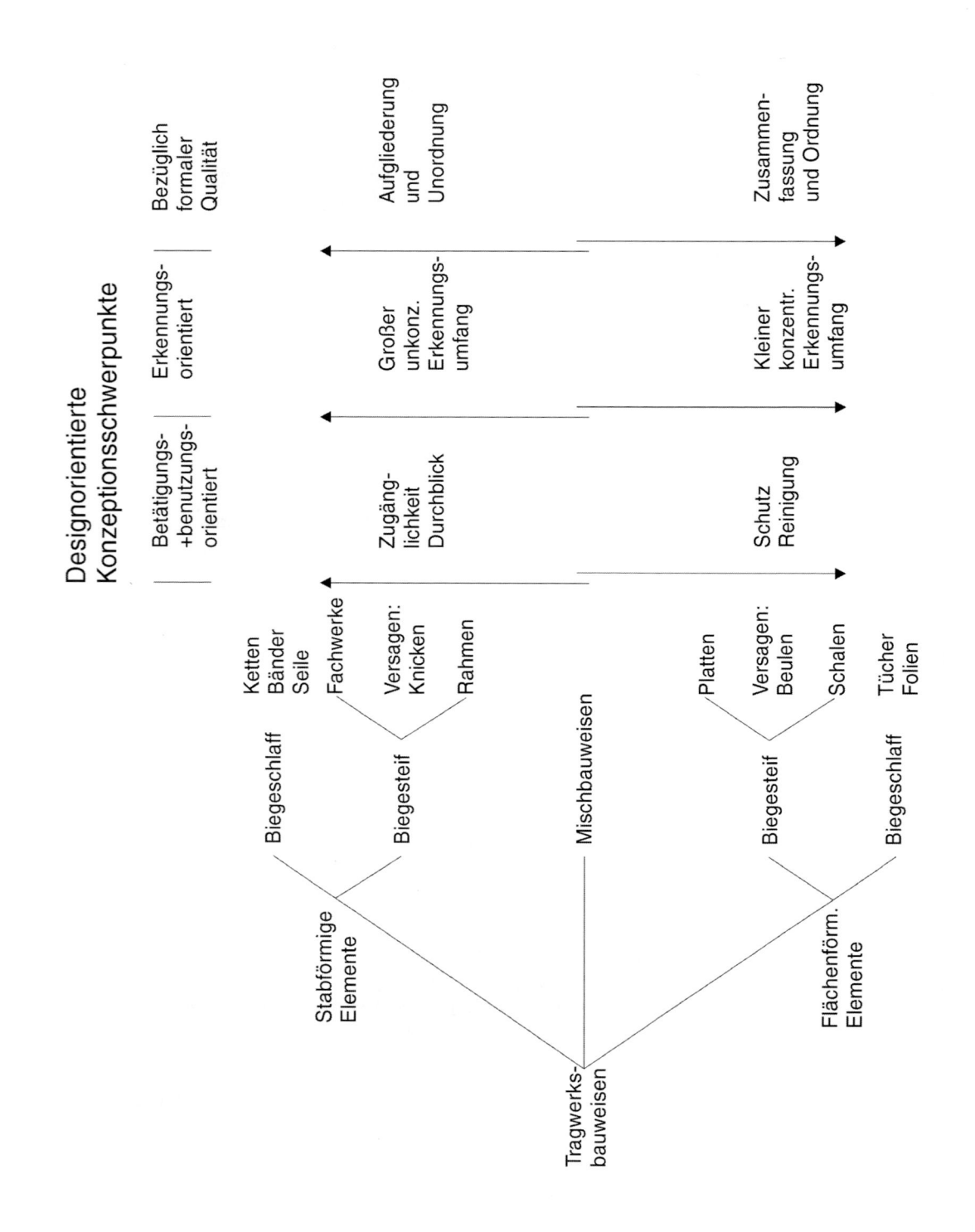

Designorientierte Konzeptionsschwerpunkte

Betätigungs- +benutzungs- orientiert	Erkennungs- orientiert	Bezüglich formaler Qualität
Zugänglichkeit / Durchblick ←——→ Schutz / Reinigung	Großer unkonz. Erkennungsumfang ←——→ Kleiner konzentr. Erkennungsumfang	Aufgliederung und Unordnung ←——→ Zusammenfassung und Ordnung

Tragwerksbauweisen

- **Stabförmige Elemente**
  - Biegeschlaff: Ketten, Bänder, Seile
  - Biegesteif: Fachwerke, Versagen: Knicken, Rahmen
- **Mischbauweisen**
- **Flächenförm. Elemente**
  - Biegesteif: Platten, Versagen: Beulen, Schalen
  - Biegeschlaff: Tücher, Folien

formale Konzeption von Tragwerksgestalten 3-dimensional verstanden und behandelt werden.

Beispiel Doppelschleifenrahmen eines modernen Motorrades.

Bei abgeschlossener formaler Konzeption einer Tragwerksgestalt muss natürlich ausgehend von ihrer Belastung die Analyse und Optimierung der Kraftleitung und der Beanspruchung erfolgen.

6.5.2.2 Funktionale Konzeption

Nach diesem Verfahren wird zuerst der Kraftfluss oder - moderner- die Kraftleitungsgestalt zwischen den Krafteinleitungsstellen und den Kraftableitungsstellen konzipiert und anschließend in einer Tragwerksgestalt materialisiert.

Für den idealen „Kraftfluss" gilt, dass er

- kurz,
- direkt,
- und mit gleicher Spannungsverteilung

erfolgen soll. Damit ist aber nur ein Ideal beschrieben und keineswegs die möglichen Kraftleitungsprinzipien behandelt.

Die diesbezüglichen Möglichkeiten einer Einzelkraft ungeteilt zu leiten zeigt Bild 127 links.

Neben der ungeteilten Kraftleitung bestehen natürlich viele Möglichkeiten der geteilten Kraftleitung:

- die Kraftzweiteilung,
- die Kraftdreiteilung u.a.

mit den Varianten der gleichen und symmetrischen bzw. der ungleichen und asymmetrischen Kraftleitung (Bild 127 rechts).

Aus der Kombination dieser Kraftleitungsprinzipien entstehen interessanterweise wieder die in Kapitel 6.2 behandelten formalen Aufbautypen von Tragwerksgestalten, wie z.B. die Pylon-Gestalt oder als erst räumliche Gestalt das sogenannte Dreibein (Bild 127 rechts unten).

Aus der Kenntnis der Kraftleitung und der daraus folgenden Beanspruchung durch Längs-, Quer-, Biege-, und ggf. Torsionskräfte lassen sich die einzelnen Gestaltelemente als

- einfunktional z.B. mit Druck- oder Zugbeanspruchung,
- zweifunktional z.B. mit Druck- und Biegebeanspruchung,
- dreifunktional z.B. mit Druck-, Biege- und Querbeanspruchung u.a.

konstruktiv konzipieren.

Diese Kenntnisse sind auch eine erste Grundlage für das so genannte qualitative Dimensionieren.

Die aus der Kraftleitung gefundenen Tragwerksgestalten sind - wie im folgenden noch zu zeigen sein wird - auf ihre formalen Gestaltqualitäten, wie z.B. die Ordnung und die Reinheit, zu überprüfen und zu optimieren.

6.5.3 Tragwerksbauweisen

Das bisher behandelte Verfahren zur Konzeption einer Tragwerksgestalt, d.h. der Konzeption des Aufbautyps und nachfolgend der jeweiligen Bauweise, entspricht auch den modernen, rechnergestützten Verfahren, wie z.B. der Computer Aided Optimization. Die Tragwerksbauweise ist die Konzeption eines Tragwerksaufbaus entweder durch stabförmige Elemente oder durch flächenförmige Elemente (Tabelle 10), z.B. als Gitterrohrrahmen oder in Monocoque-Bauweise (Bild 131).

Der einfachste Übergang vom Stabwerk zum Flächentragwerk ist, dass die Stabfiguren in Flächen umgewandelt werden (Bild 130).

Die wichtigsten designrelevanten Aspekte der Tragwerksbauweise zeigt Tabelle 10 rechts.

Die wichtigsten Grundlagen für die Konzeption von Stabwerken, d.h. von Fachwerken zeigt Bild 128.

Fachwerks- und Rahmenlösungen für die Funktions-Stab-Gestalt mit einer quer stehenden Tragwerks-Gestalt (Bild 123) schließt sich an (Bild 129).

Die wichtigsten Grundlagen für die Konzeption von Flächentragwerken mit Anwendungsbeispielen zeigen die folgenden Bilder.

Bild 132 zeigt eine Verpackungsmaschine mit einer auf absolute Steifigkeit ausgelegten Zentralwand.

In Bild 133 ist das prinzipielle Wirkungsprinzip oder Tragverhalten eines Flächentragwerks aus kraftleitender Fläche oder Gurt und einer beulbehindernden Fläche oder Steg dargelegt.

Aus der Kombination dieser beiden Flächenarten entstehen die bekannten Grundgestalten oder Profile von Flächentragwerken, die in der Konstruktions- bzw. Tragwerkslehre auf ihr unterschiedliches Tragverhalten berechnet werden. Ein spezielles Problem ist dabei die Eckverbindung bzw. -versteifung.

Eine allgemeine Systematik der kraftleitenden Flächen entsteht aus dem Übergang von Krafteinleitenden Punkten und Linien zu kraftableitenden Punkten und Linien (Bild 134).

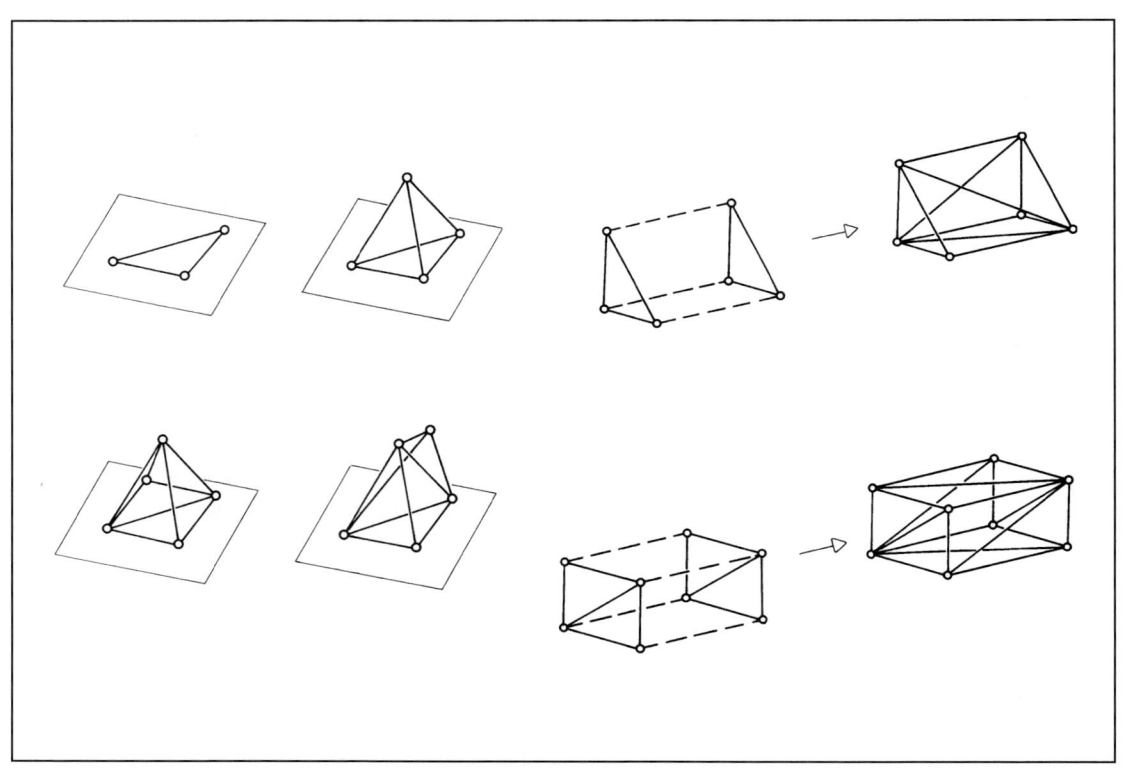

Bild 128 Konzeptionsgrundlagen von Stabwerken

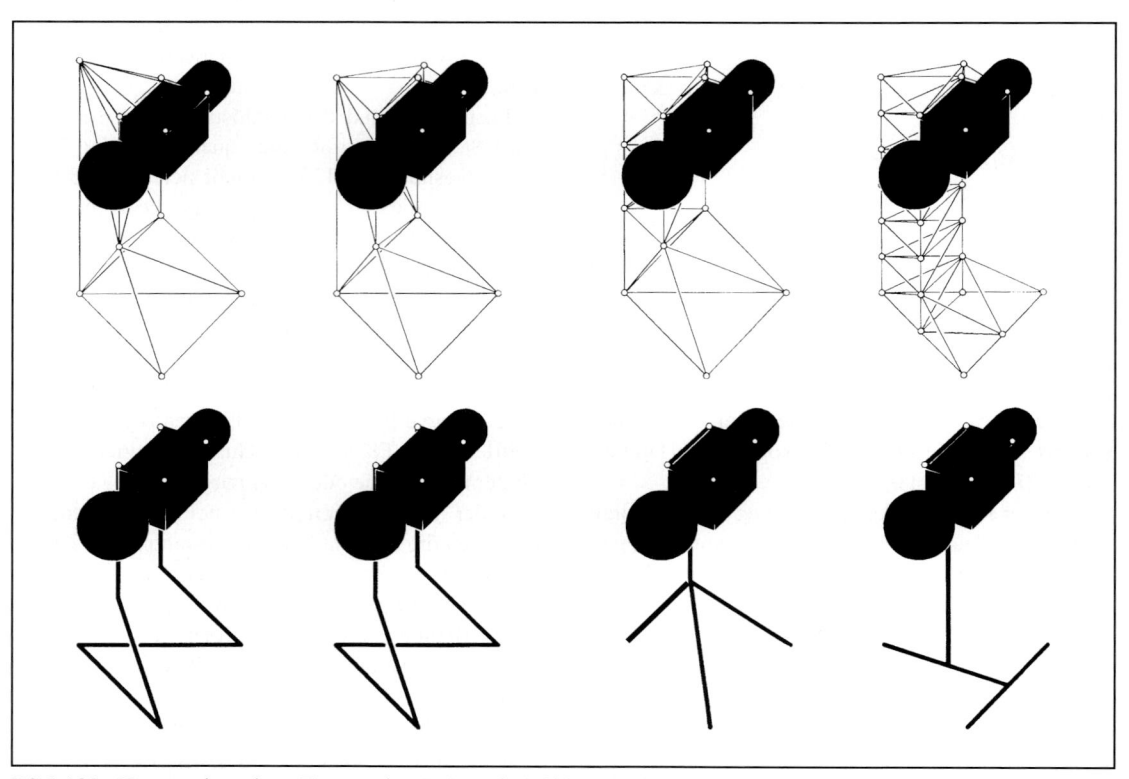

Bild 129 Konzeption einer Tragwerks-C-Gestalt (Bild 123) als Fachwerk (oben) und als Rahmen (unten)

6.5 Aufbau der Tragwerkgestalt

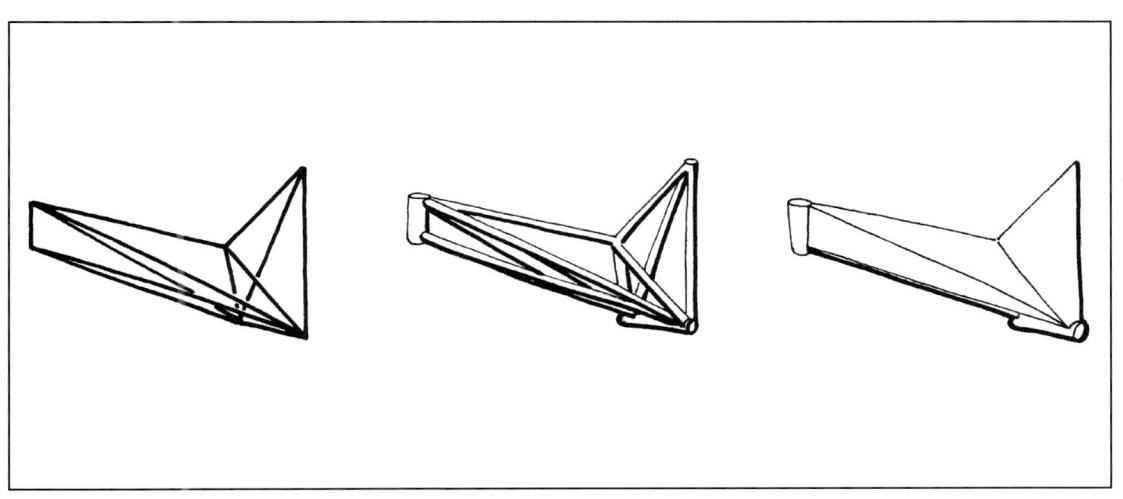

Bild 130 Tragwerkskonzeption eines Flächentragwerks aus einem Fachwerk

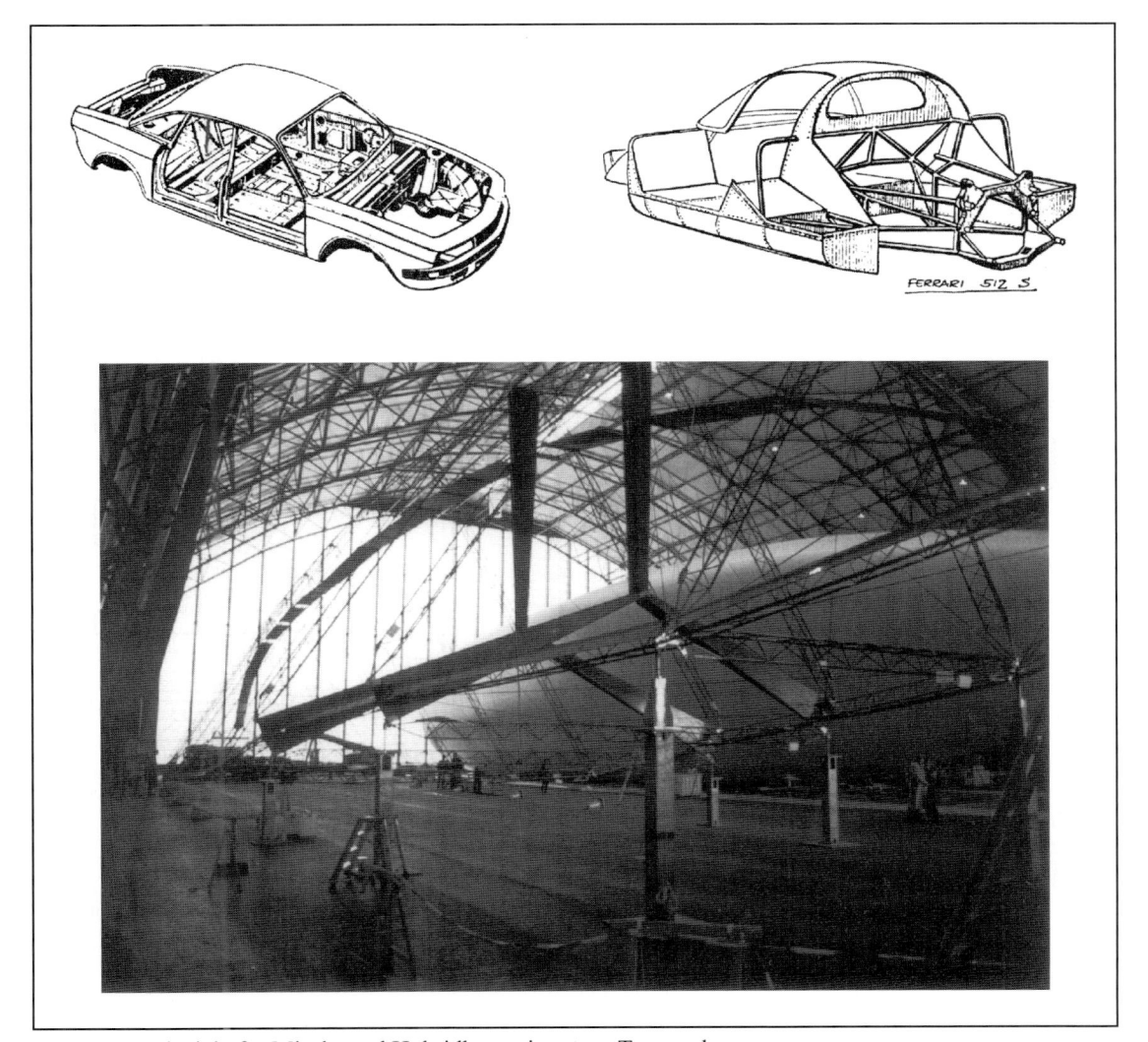

Bild 131 Beispiele für Misch- und Hybridbauweisen von Tragwerken

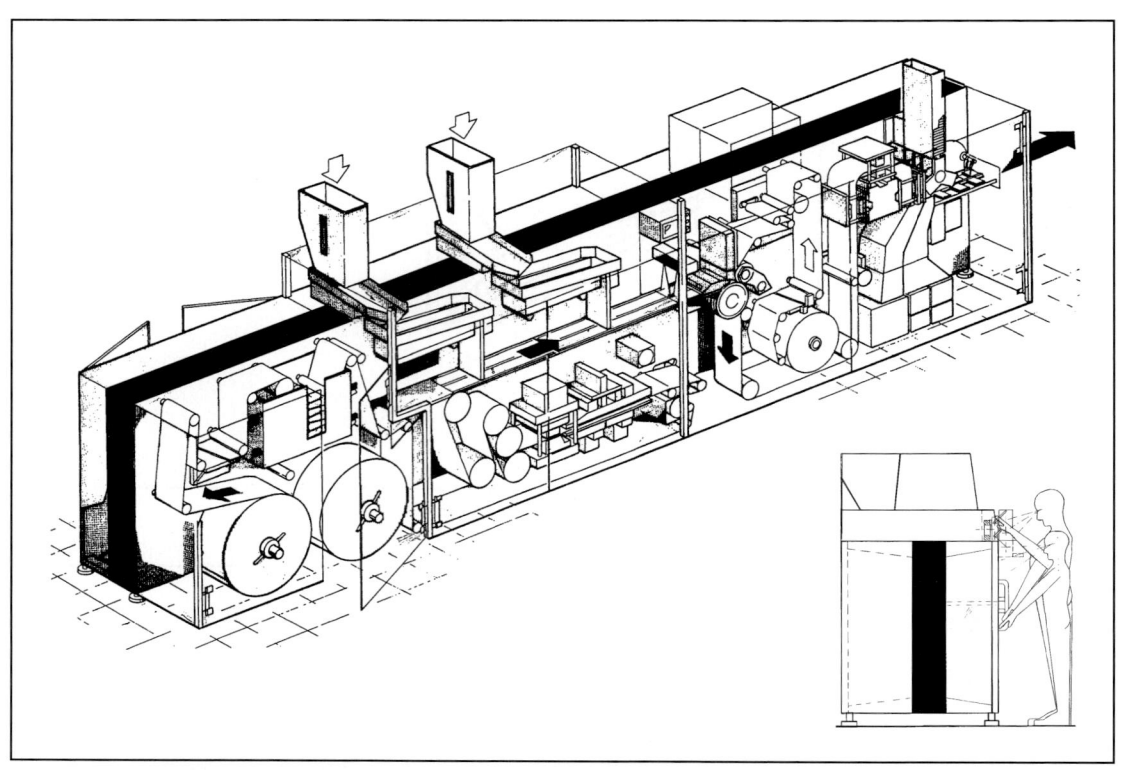

Bild 132 Tragwerksgestalt als zentrales Flächentragwerk am Beispiel einer Verpackungsmaschine

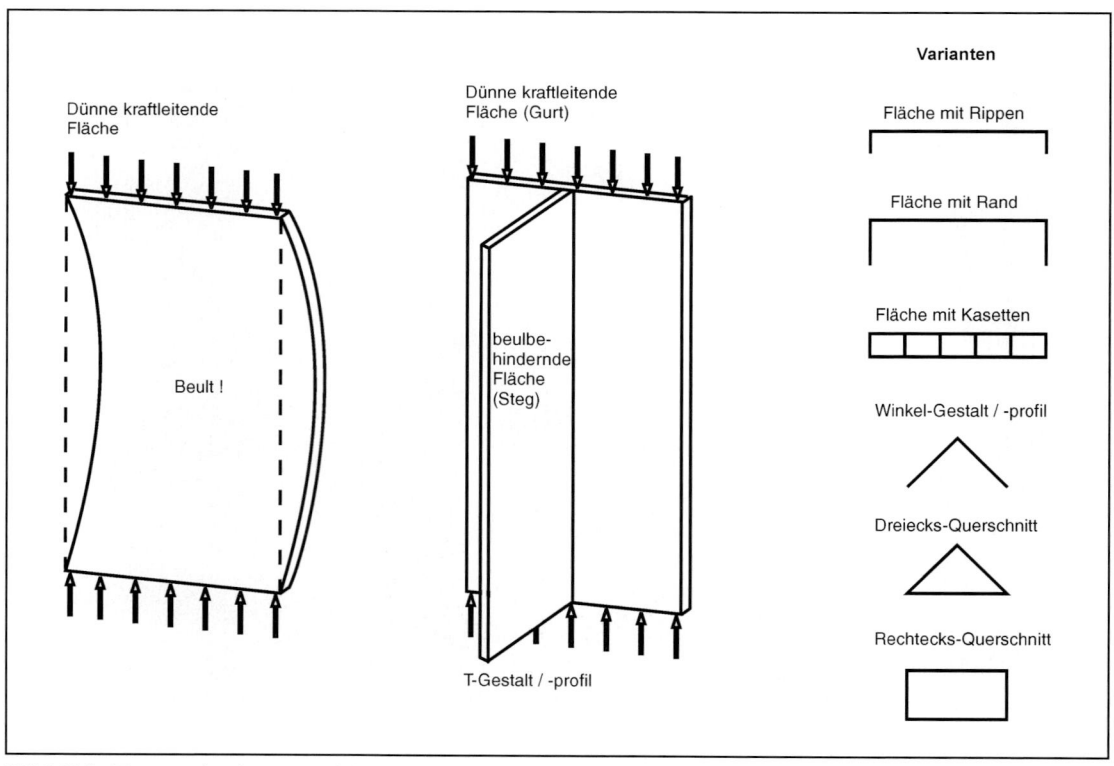

Bild 133 Tragmechanismus und Gestaltvarianten eines Flächentragwerks

6.5 Aufbau der Tragwerkgestalt

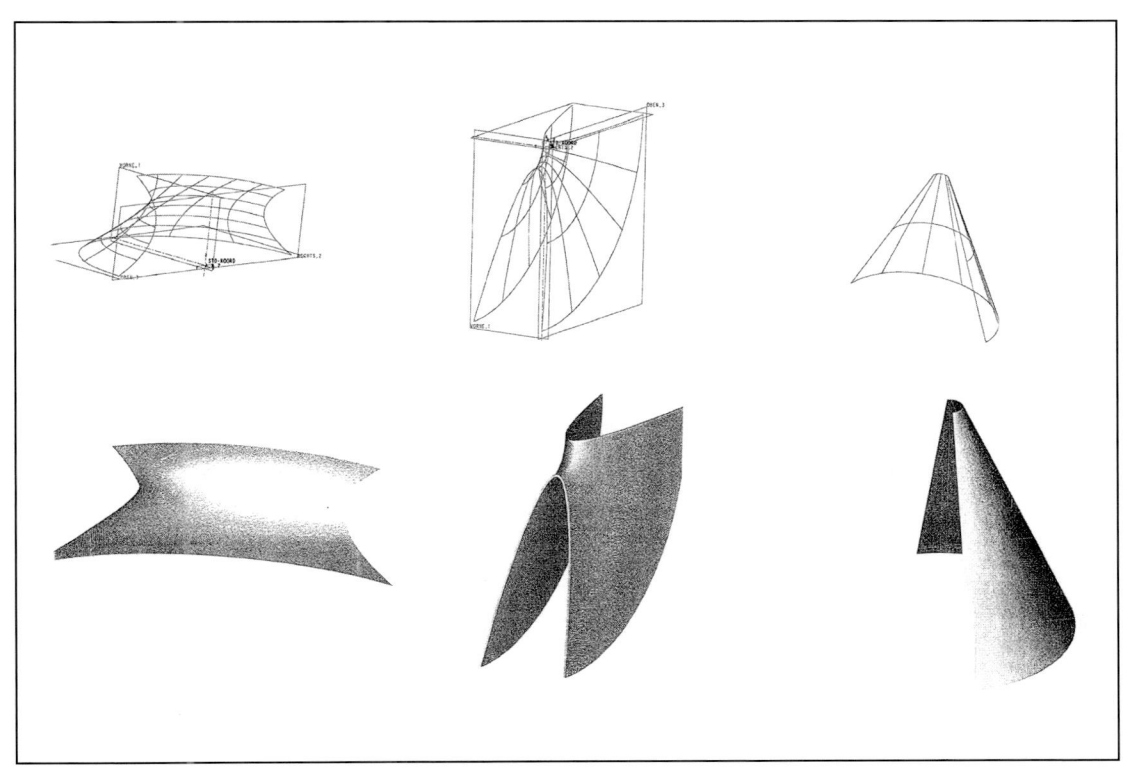

Bild 134 Konzeption einfacher Flächentragwerke als kraftleitende Flächen zwischen Krafteinleitung und Kraftableitung

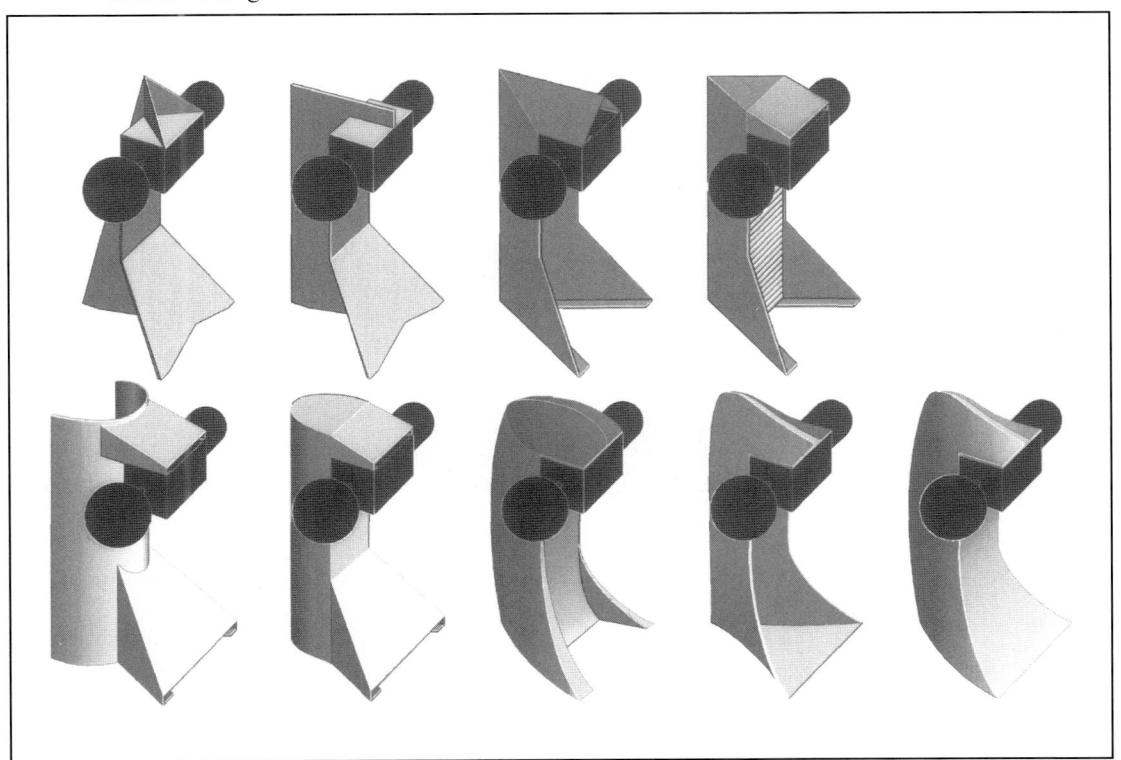

Bild 135 Konzeption einer Tragwerks-C-Gestalt als Flächentragwerk (Bild 123)

Bild 136 Beispiele für kennzeichnende Funktionselemente

Die Gegenüberstellung des Anwendungsbeispiels in Fachwerk-, Rahmen- und Flächen-Bauweise (Bild 135) zeigt deutlich, wie das formale Kriterium der Gestalthaftigkeit prägnant nur durch die Flächentragwerke verwirklicht wird.

Es wäre aber falsch, dem Design nur diese Bauweise zu zuordnen, denn es gibt, wie Tabelle 10 zeigt, auch betätigungs- und benutzungsorientierte Argumente für die Stabwerke. Zu den Flächentragwerken gehören alle Arten von Gehäusen. Farbbild 6 zeigt hierzu einige Anwendungsbeispiele.

Zwischen den offenen Stabwerken und den geschlossenen Gehäusen liegt die auch im Design z.B. im Profi-Look häufig angewandte Platinenbauweise.

Zu den Flächentragwerken gehören auch die nicht- oder mittragenden Verkleidungen z.B. aus Lochblech oder aus Strukturblech.

Zu der innovativen Tragwerkskonzeption gehört, dass auch Glas als tragendes Material eingesetzt wird.

Neben den bisherigen behandelten Aspekten gehören zum sog. Transparentlook (siehe Kapitel 1)

- partiell offene Tragwerke
- mit Fenstern, Scheiben u.a.
- bis hin zu transparenten Gehäusen.

Über das Tragwerk wird in den meisten Fällen auch die Variabilität eines Produktes [143] realisiert (Bilder 146 und 224)

6.6 Kennzeichnender und anmutungshafter Gestaltaufbau

In die Betrachtung eingehende Anforderungen und ihr Einfluss auf eine Produktgestalt:

$$\mathcal{A}^{SE} \to \mathbb{A}^{fix/SE}(Fu)$$
$$\mathcal{A}^{SE} \to \mathbb{A}^{var/SE}(Fu)$$
$$\mathcal{A}^{SE} \to \mathbb{A}^{fix/SE}(I\,f)$$
$$\mathcal{A}^{SE} \to \mathbb{A}^{var/SE}(I\,f)$$
$$\mathcal{A}^{SE} \to \mathbb{A}^{fix/SE}(Tw)$$
$$\mathcal{A}^{SE} \to \mathbb{A}^{var/SE}(Tw)$$

Zerlegt in Elemente und Ordnungen:

$$\mathbb{A}^{fix/SE}(Fu) = \left(\mathbb{E}_A^{fix/SE}(Fu), \mathbb{O}_A^{fix/SE}(Fu)\right)$$
$$\mathbb{A}^{var/SE}(Fu) = \left(\mathbb{E}_A^{var/SE}(Fu), \mathbb{O}_A^{var/SE}(Fu)\right)$$
$$\mathbb{A}^{fix/SE}(I\,f) = \left(\mathbb{E}_A^{fix/SE}(I\,f), \mathbb{O}_A^{fix/SE}(I\,f)\right)$$
$$\mathbb{A}^{var/SE}(I\,f) = \left(\mathbb{E}_A^{var/SE}(I\,f), \mathbb{O}_A^{var/SE}(I\,f)\right)$$
$$\mathbb{A}^{fix/SE}(Tw) = \left(\mathbb{E}_A^{fix/SE}(Tw), \mathbb{O}_A^{fix/SE}(Tw)\right)$$
$$\mathbb{A}^{var/SE}(Tw) = \left(\mathbb{E}_A^{var/SE}(Tw), \mathbb{O}_A^{var/SE}(Tw)\right)$$

Der gesamte Lösungsraum $\mathbb{A}$ des Gestaltsaufbaus begründet sich nach den bisherigen Darlegungen neben den physikalischen, fertigungstechnischen, wirtschaftlichen und ökologischen Anforderungen - in Erweiterung zu Kapitel 6.1 - maßgeblich um die Betätigungs- und Benutzungsanforderungen

$$\mathcal{A}^{\mathcal{P}}, \mathcal{A}^{\mathcal{F}}, \mathcal{A}^{\mathcal{W}}, \mathcal{A}^{Oeko}, \mathcal{A}^{BB} \to \mathbb{A}$$

Alle Elemente und Ordnungen in diesem Lösungsraum können neben ihrer Begründung aus den oben genannten Anforderungen gleichzeitig für die in Kapitel 2.4 definierten Erkennungsinhalte (Indexierung Π) kennzeichnend sein, d.h.

$$\mathcal{A}^{SE} \to \left(\mathbb{A}^{SE}(Fu), \mathbb{A}^{SE}(I\,f), \mathbb{A}^{SE}(Tw)\right)$$

Das wichtigste Prinzip der Zweckkennzeichnung ist das Freistellen oder Exponieren der primären Funktionselemente eines Produktes (Bild 136). Erkennungsmerkmal einer echten Innovation ist danach deren Zweck. Bei einer Weiterentwicklung kann auch das deren Wirkungsprinzip und/oder Tragwerk sein.

Dieses Kennzeichnungsprinzip muss insbesondere bei der Überlagerung der Funktionsgestalten und der Tragwerksgestalten beachtet wird. Der negative Fall ist eine anonyme oder falsch gekennzeichnete Produktgestalt (Styling!).

Die in Kapitel 4.5.2 behandelte Mehrfach- oder Vielfachkennzeichnung eines Produktes präzisiert sich in diesem Zusammenhang auf Produktgestalten mit einem hohen Anteil an Gleichteilen und sichtbaren primären Funktionselementen. Beispiele hierfür sind Großmotoren, Textilmaschinen, Schwerlastfahrzeuge u.a.

Analog gilt für die Bedienungskennzeichnung das Freistellen, Exponieren oder auch Kontrastieren der Bedienelemente. Insbesondere weil die Stellteile auch gleichzeitig als Anzeiger wirken. Dieses Kennzeichnungsprinzip ist insbesondere bei der Überlagerung von Interfacegestalt und Tragwerksgestalt zu beachten. Danach muss das Interface immer außen orientiert zum Menschen liegen. Funktionsgestalt und Tragwerksgestalt können wechselseitig innen oder außen angeordnet sein.

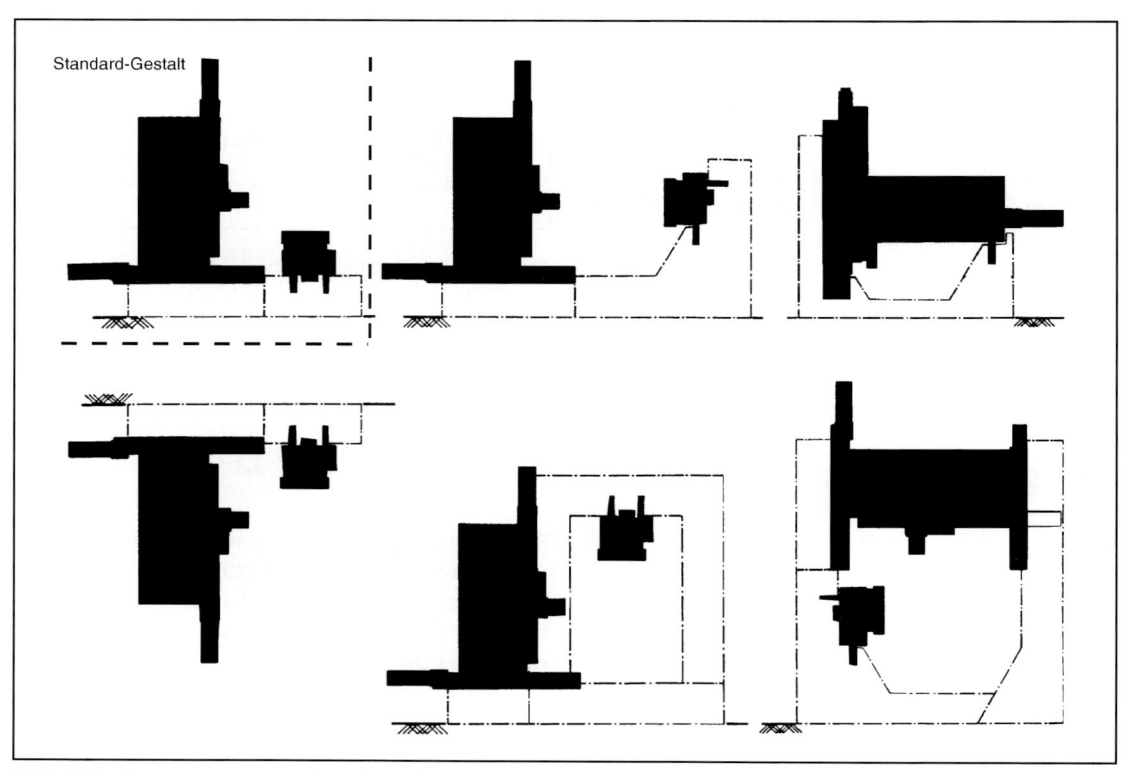

Bild 137 Konzeption neuer Gestalten eines Bearbeitungszentrums durch räumliche Anordnung

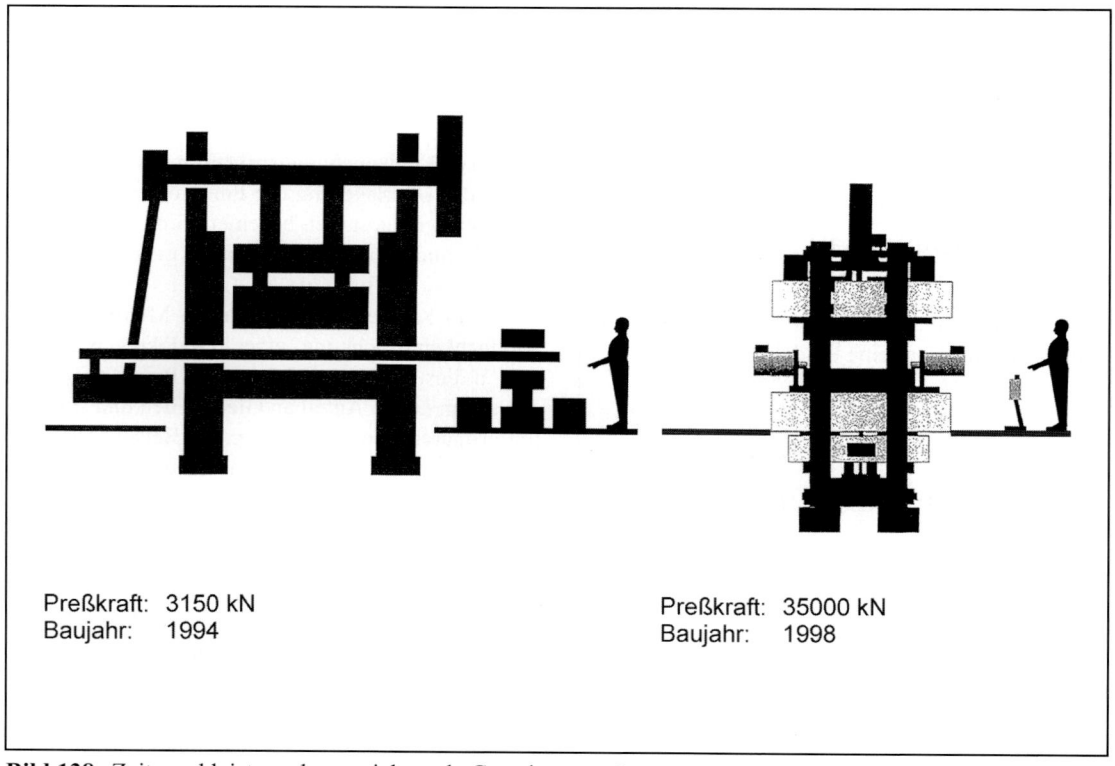

Preßkraft: 3150 kN
Baujahr: 1994

Preßkraft: 35000 kN
Baujahr: 1998

Bild 138 Zeit- und leistungskennzeichnende Gestalten von Pressen

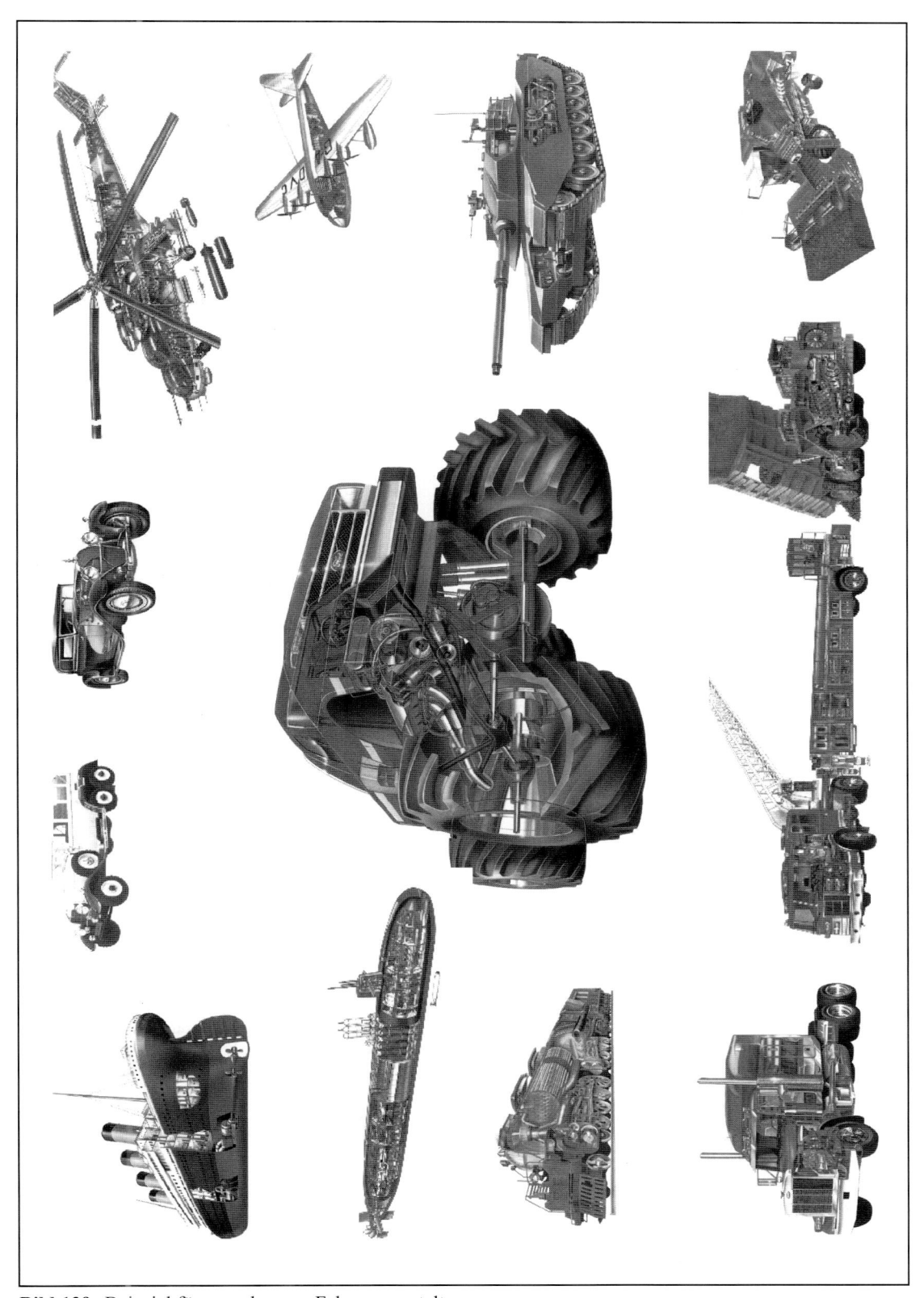

6.6 Kennzeichnender und anmutungshafter Gestaltaufbau

Bild 139 Beispiel für megalomane Fahrzeuggestalten

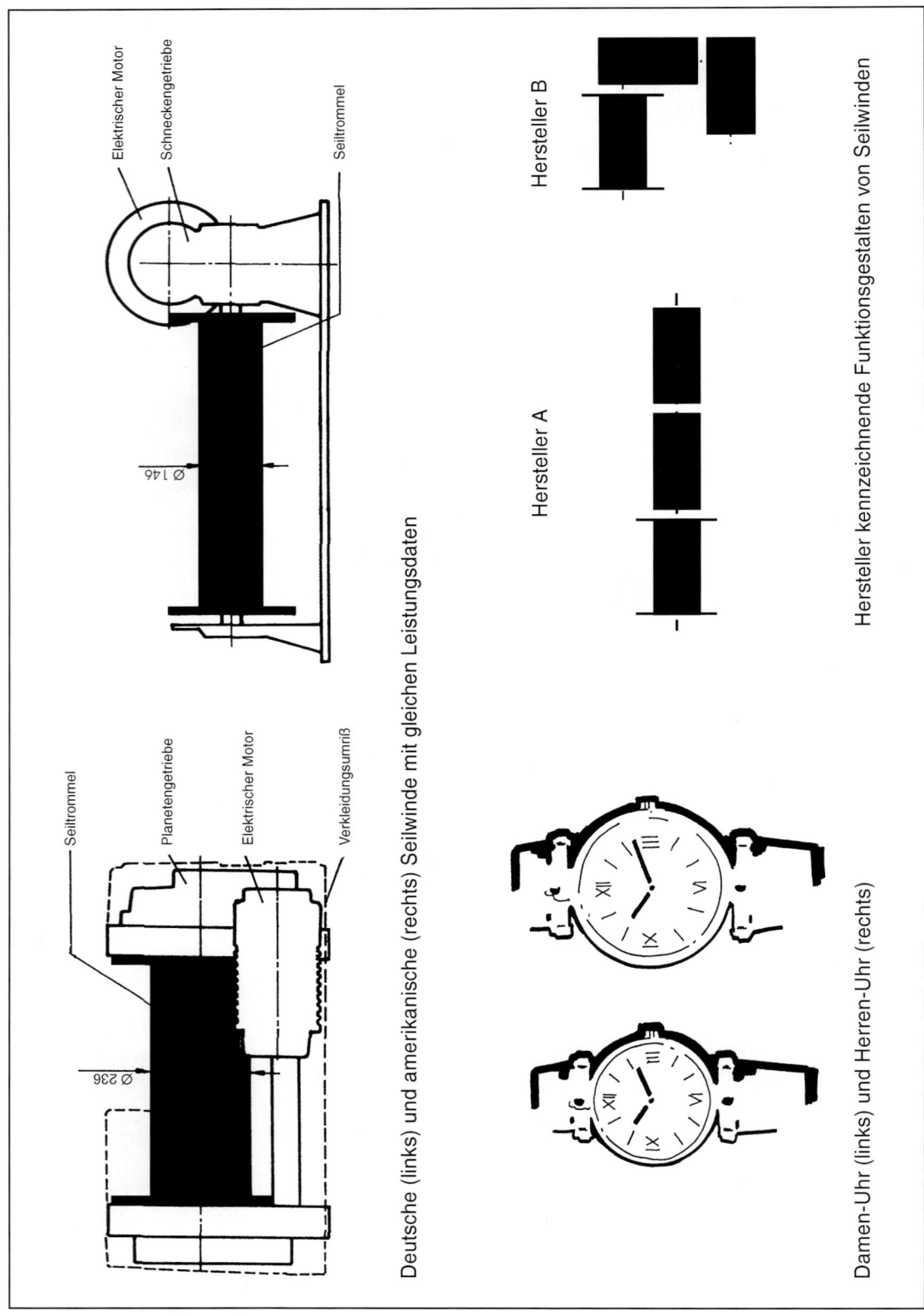

Bild 140 Beispiele für herkunfts- und verwenderkennzeichnende Gestalten

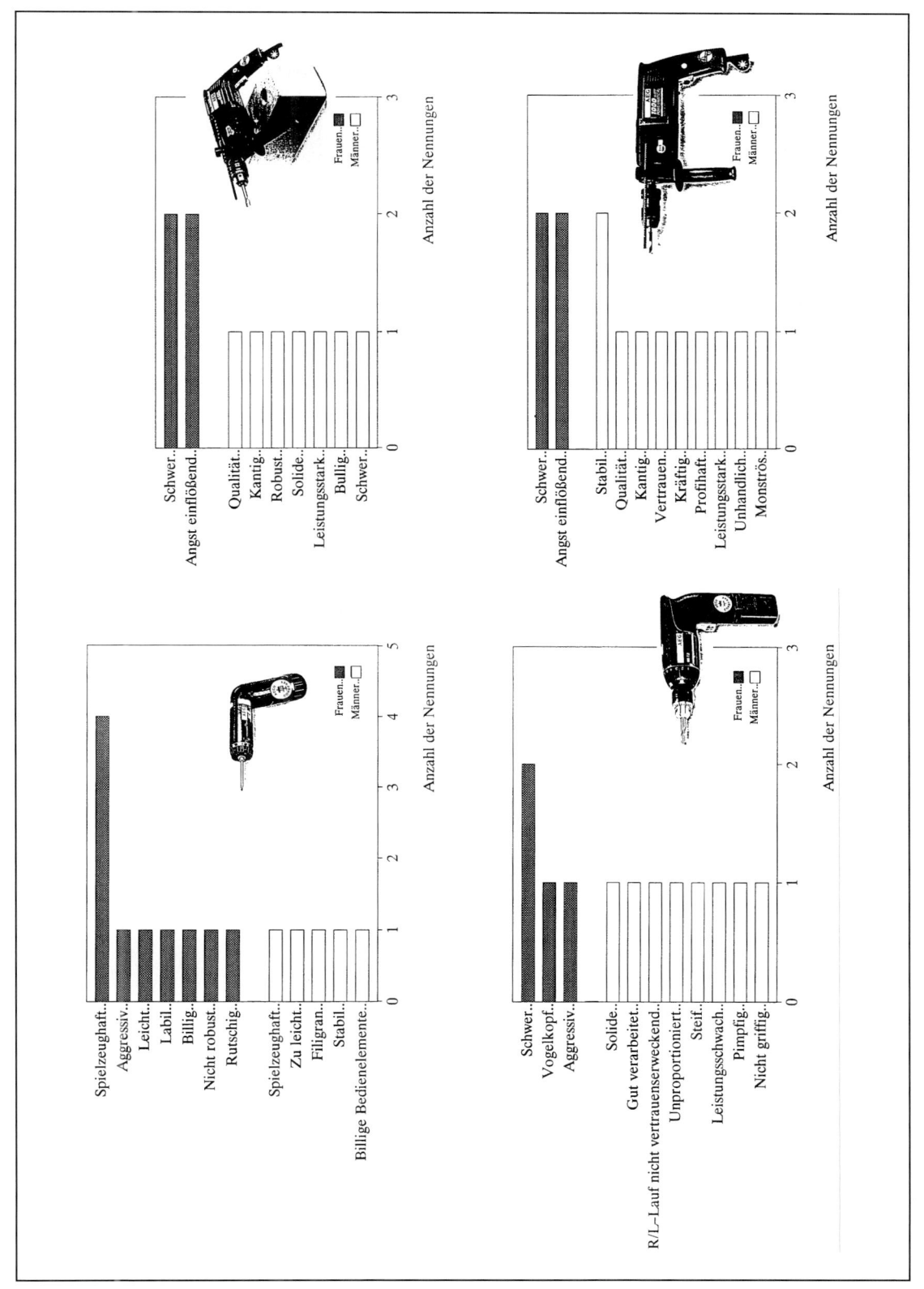

6.6 Kennzeichnender und anmutungshafter Gestaltaufbau

Bild 141 Negative Anmutungen aus der unterschiedlichen Größe von Gestalten am Beispiel von Elektrowerkzeugen

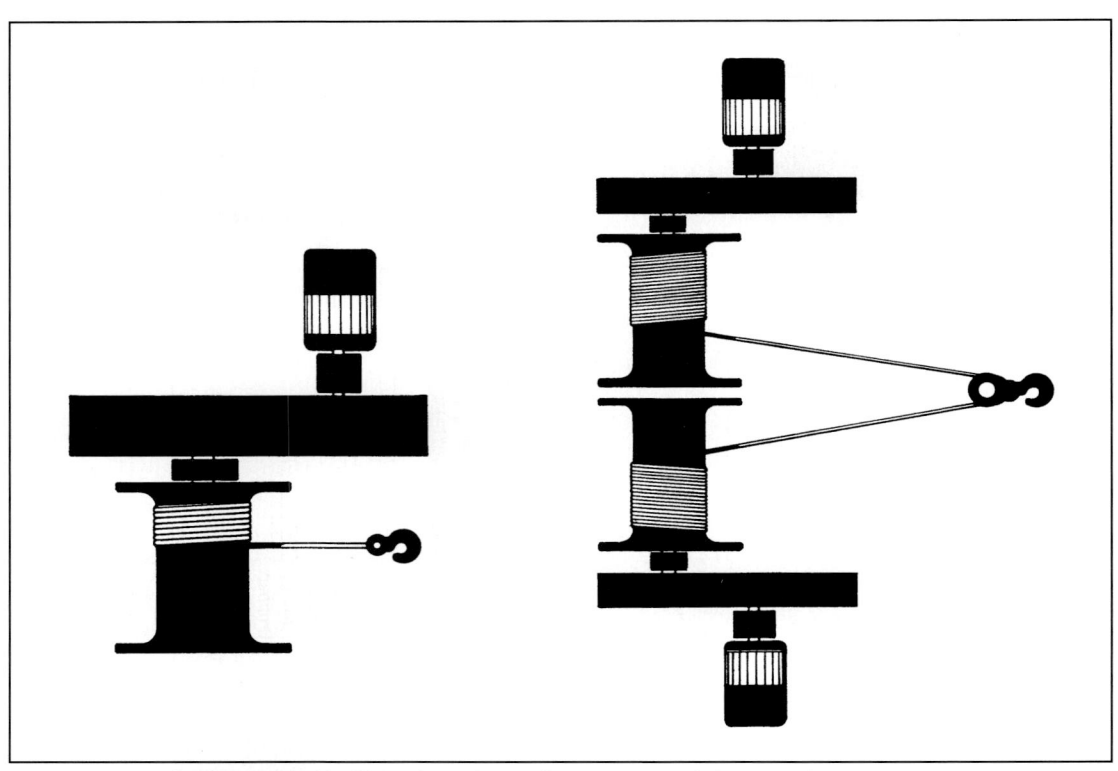

Bild 142 Beispiel für unterschiedliche formale Qualitäten von Funktionsgestalten

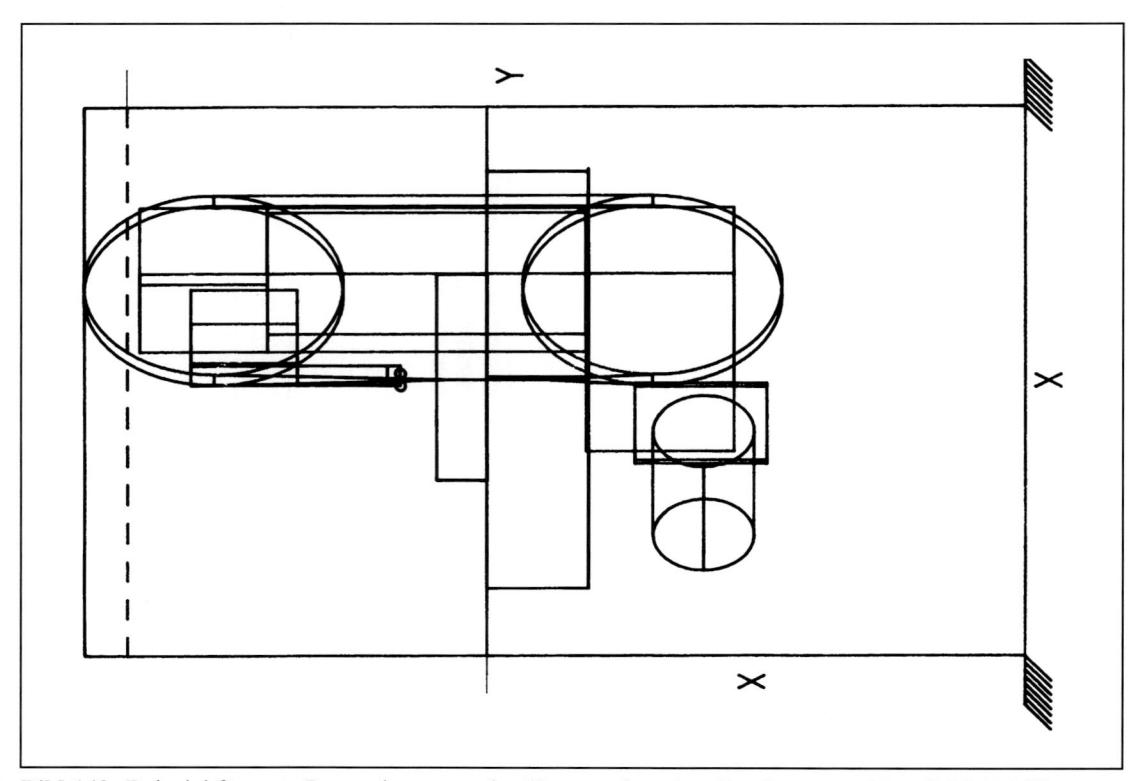

Bild 143 Beispiel für erste Proportionen aus den Hauptmaßen einer Bandsägemaschine (Bild 106 ff.)

Ein wichtiges Kennzeichnungsmerkmal eines Produktes ist seine Größe. Diese kann wirken als:

- leistungskennzeichnend (Bilder 138 und 139),
- zeitkennzeichnend (Bilder 137 und 140),
- herkunftskennzeichnend (Bild 140),
- verwenderkennzeichnend (Bild 140).

Bei vielen High-Tech-Geräten ist das kleinere das jüngere oder neuere und leistungsstärkere Gerät (Bild 138).

Ein leistungskennzeichnender Kontrast kann zwischen einer großen, statischen oder ruhenden Teilgestalt und einer kleinen (dünnen, fragilen) dynamischen oder bewegten Teilgestalt konzipiert werden (Bsp.: Wickelmaschine).

Im Bereich der Herstellerkennzeichnung sind auch herstellerkennzeichnende Proportionen bekannt [6].

Starke Lösungen für neue Geräte sind häufig nur durch eine Änderung des Gestaltsaufbaus oder der Raumlage der Funktionsgestalt zu erzielen (Bild 137).

Extreme Größenveränderungen durch Miniaturisierung bzw. Monumentalisierung oder Megalomanie (Bild 139) führen zu negativen Anmutungen, wie kindisch und babyhaft bzw. zu Angst und Furcht (Bild 141). Die untere Grenze der Miniaturisierung ist im Design meist durch die Ablesbarkeit oder die Fingerzufassung gegeben.

Das derzeit megalomanste Projekt ist das „Freiheitsschiff" mit Wohnungen für 50000 Menschen und den Maßen 1,3km Länge, 220m Breite und 110m Höhe.

6.7 Formale Qualität und Ordnung des Gestaltaufbaus einschließlich der Ähnlichkeitsarten

In die Betrachtung eingehende Anforderungen und ihr Einfluss auf eine Produktgestalt:

$$\mathcal{A}^{FQ} \to \mathbb{A}^{fix/FQ}(Fu)$$
$$\mathcal{A}^{FQ} \to \mathbb{A}^{var/FQ}(Fu)$$
$$\mathcal{A}^{FQ} \to \mathbb{A}^{fix/FQ}(If)$$
$$\mathcal{A}^{FQ} \to \mathbb{A}^{var/FQ}(If)$$
$$\mathcal{A}^{FQ} \to \mathbb{A}^{fix/FQ}(Tw)$$
$$\mathcal{A}^{FQ} \to \mathbb{A}^{var/FQ}(Tw)$$

Zerlegt in Elemente und Ordnungen:

$$\mathbb{A}^{fix/FQ}(Fu) = \left(\mathbb{E}_A^{fix/FQ}(Fu), \mathbb{O}_A^{fix/FQ}(Fu)\right)$$
$$\mathbb{A}^{var/FQ}(Fu) = \left(\mathbb{E}_A^{var/FQ}(Fu), \mathbb{O}_A^{var/FQ}(Fu)\right)$$
$$\mathbb{A}^{fix/FQ}(If) = \left(\mathbb{E}_A^{fix/FQ}(If), \mathbb{O}_A^{fix/FQ}(If)\right)$$
$$\mathbb{A}^{var/FQ}(If) = \left(\mathbb{E}_A^{var/FQ}(If), \mathbb{O}_A^{var/FQ}(If)\right)$$
$$\mathbb{A}^{fix/FQ}(Tw) = \left(\mathbb{E}_A^{fix/FQ}(Tw), \mathbb{O}_A^{fix/FQ}(Tw)\right)$$
$$\mathbb{A}^{var/FQ}(Tw) = \left(\mathbb{E}_A^{var/FQ}(Tw), \mathbb{O}_A^{var/FQ}(Tw)\right)$$

In allen drei Teilgestalten des Aufbaus können neben den primären Eigenschaften formale Qualitäten (FQ) auftreten

$$\mathcal{A}^{FQ} \to \left(\mathbb{A}^{FQ}(Fu), \mathbb{A}^{FQ}(If), \mathbb{A}^{FQ}(Tw)\right)$$

Ein einfacher Aufbau einer Funktionsgestalt entsteht z.B. durch einen so genannten Verschwindmotor (Bügelmaschine) oder durch Stellmotoren ohne Getriebe (Werkzeugmaschinen). Ein symmetrisch geordneter Aufbau einer Funktionsgestalt entsteht z.B. durch das Redundanzprinzip oder den Rapport (Bild 142). Aus den Hauptmaßen können schon Proportionen, wie der Goldene Schnitt entstehen (Gehrungskreissäge, Bild 143).

Grundsätzlich wird die Gesamtgestalt eines Produkts aus der Vereinigung, Überlagerung oder Superposition der drei Teilgestalten Funktionsgestalt, Interfacegestalt und Tragwerksgestalt gebildet. Bezüglich des Ordnungsgrades der Gesamtgestalt gelten die drei Fälle (Bild 144).

- ordnungserhaltender Fall,
- ordnungserniedrigender bzw. -auflösender Fall,
- ordnungserhöhender Fall bis hin zum Formalismus

Der 1. und der 3. Fall sind gute Fälle einer diesbezüglichen Überlagerung.

Grenzwert des ordnungserhöhenden Falles ist allerdings der sogenannte Formalismus, d.h. eine Gestalt mit einem hohen Ordnungsgrad zu lasten wichtigerer Eigenschaften und Qualitäten.

Der ordnungserniedrigende Fall wird häufig durch ein außen liegendes Tragwerk vermieden, dass sich eine partielle Ordnung oder eine Quasi-Symmetrie der Gesamtgestalt ergibt (Bild 144 unten).

Eine Systematisierung des Aufbaus einer Gestalt aus drei und mehr Gestalten kann mit den in Kapitel 6.2 eingeführten Graphen erfolgen (Bild 145).

Die Gestalten werden durch ebene Darstellungsgraphen mit gleicher Bezugsebene dargestellt (s.

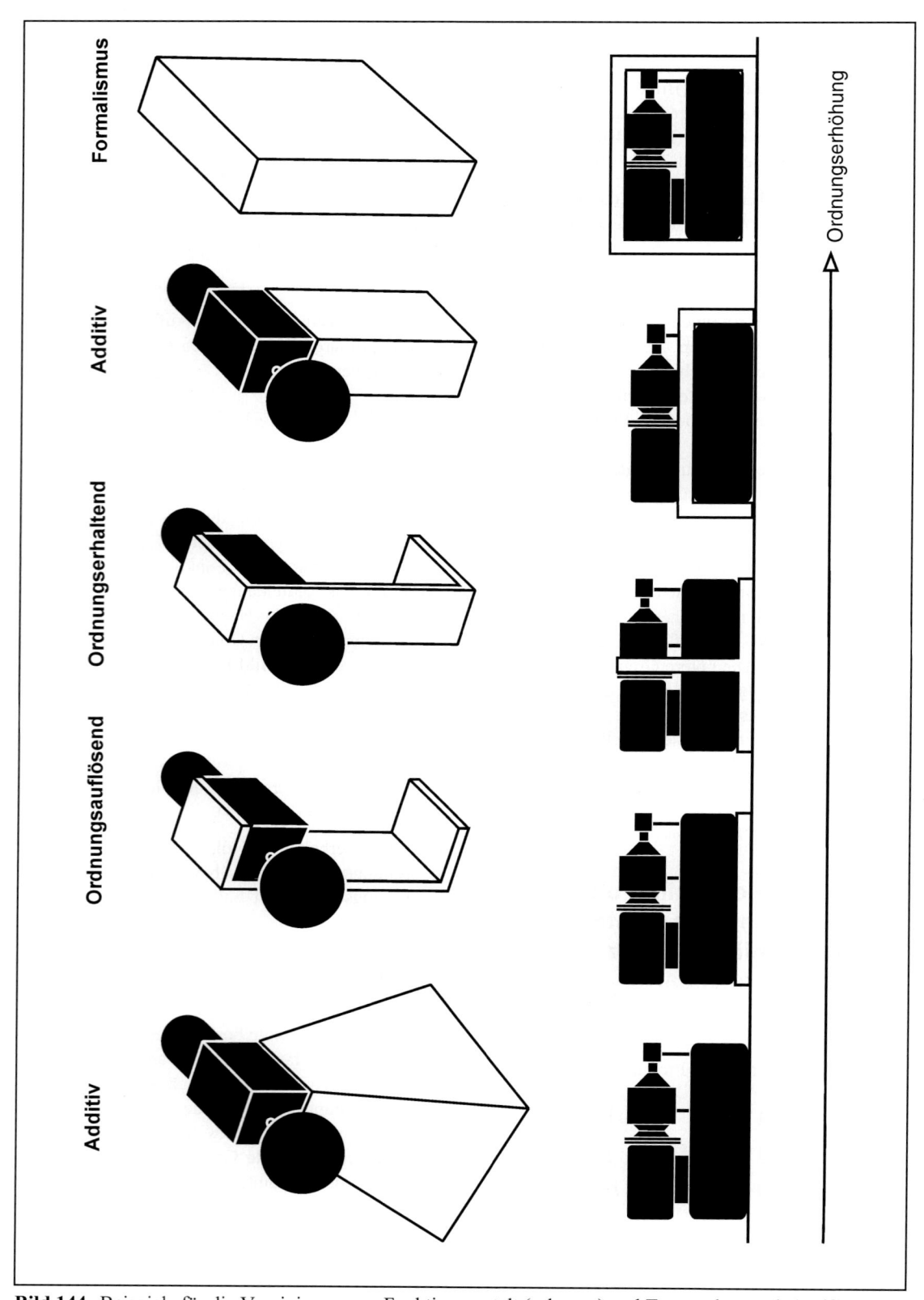

Bild 144 Beispiele für die Vereinigung von Funktionsgestalt (schwarz) und Tragwerksgestalt (weiß)

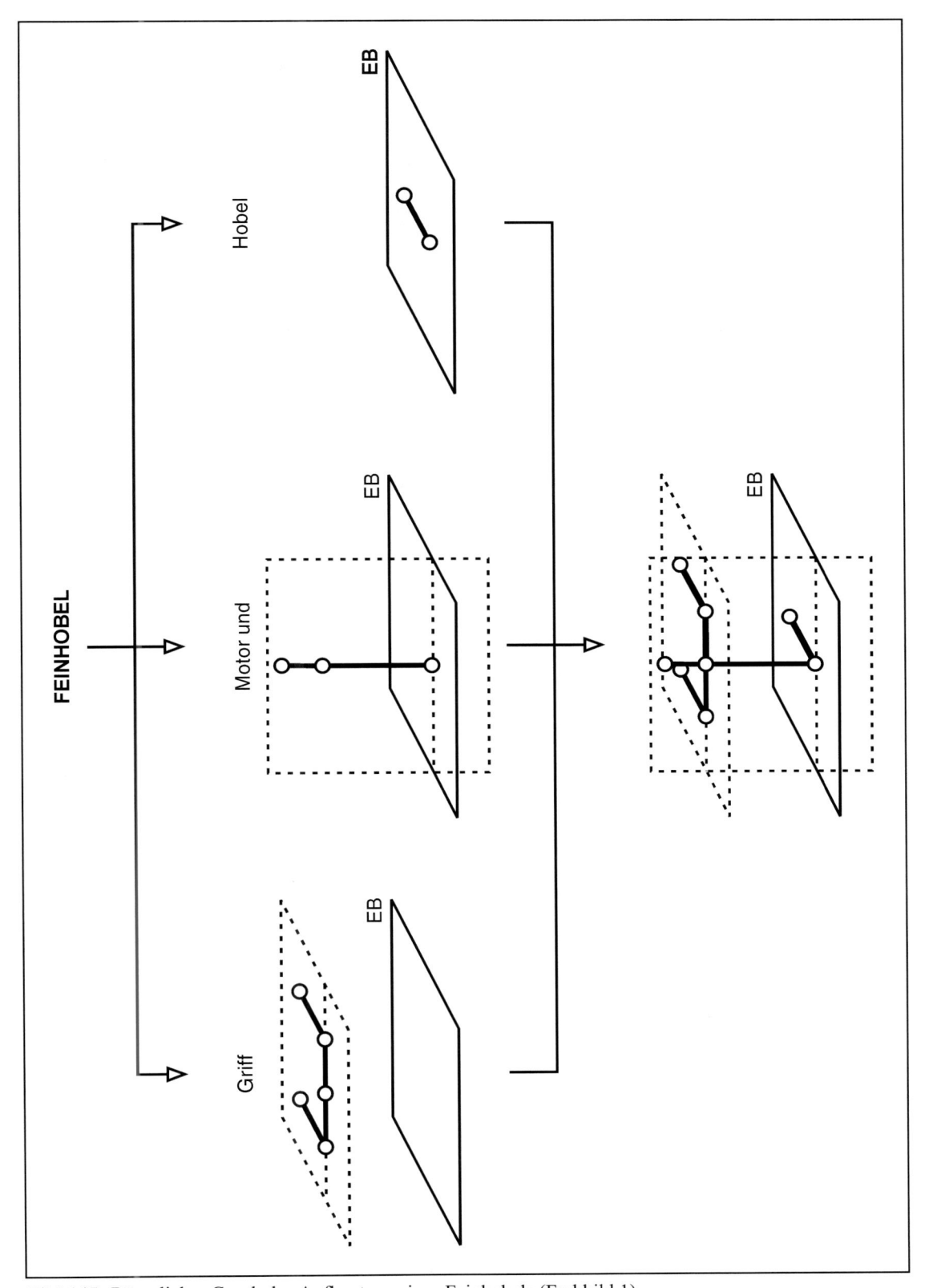

6.7 Formale Qualität und Ordnung des Gestaltaufbaus einschließlich der Ähnlichkeitsarten   177

Bild 145 Räumlicher Graph des Aufbautyps eines Feinhobels (Farbbild 1)

Bild 146 Produktbeispiele mit prägnantem formalem Aufbau

Kapitel 6.2). Durch Kombination dieser Darstellungsgraphen gemäß Definition 6.1 erhält man einen räumlichen Darstellungsgraphen. Die Identifizierung der Knoten geschieht dann nach dem Aufbauabhängigkeit des Produktes (Aufbauordnung u.s.w.). Ein Beispiel zeigt Bild 145, indem aus drei Teilgestalten in Form von ebenen Darstellungsgraphen zu dem räumlichen Darstellungsgraph Aufbau vereinigt werden.

Nach Kapitel 2.6.4 Tabelle 4 kann eine Einzelgestalt als weitere formale Qualitäten drei Ähnlichkeitsarten haben (Bild 36):

Matrix und Tabelle 11 der Ähnlichkeitsarten einer Einzelgestalt (Fall 1.1):

	$G_{Umgebung}$	$G_{Exterior} = G$
$G_{Umgebung}$	1	
$G_{Exterior} = G$	3	2

Tabelle 11 Ähnlichkeitsarten einer Einzelgestalt

Ähnlichkeitsnr.	Ähnlichkeitsart	Anzahl
Ä-Nr. 1	(Selbst-) Ähnlichkeit: Umgebungsgestalt	1
Ä-Nr. 2	(Selbst-) Ähnlichkeit: Außengestaltgestalt	1
Ä-Nr. 3	Ähnlichkeit: Umgebungsgestalt und Außengestalt	1

Mit den in Kapitel 2.6.4.2 behandelten 15 Gleichteilevektortypen ergeben sich daraus (3x15=) 45 Ähnlichkeitsvarianten.

Einen Sonderfall der Selbstähnlichkeit einer Einzelgestalt bildet deren Aufbau-Selbstähnlichkeit. Beispiele dafür sind z.B. Textilmaschinen mit dem Rapport vieler Funktionsbaugruppen oder - wie schon in Kapitel 6.2 erwähnt - Parallelrechner.

Die einfachste Ermittlung der Aufbau-Selbstähnlichkeit kann nach dem in Kapitel 2.6.4.1 behandelten Quotienten erfolgen:

$$\ddot{A}_g = \frac{\text{Gleiche Aufbau} - \text{Elemente}}{\text{Alle Aufbau} - \text{Elemente}}$$

Beispiel Propeller

Nabe	1	1	1	1
Flügel	2	3	4	5
Ähnlichkeitsgrad	0,6	0,75	0,8	0,83

Die Selbstähnlichkeit ist auch relevant zwischen Maschinenverkleidung und freigestelltem Bediengerät (Bild 119 unten).

6.8 Designbewertung nach der Konzeptphase

Lösungs- und Gestaltkonzepte liegen am Ende der Konzeptphase vor als

- Strichbild,
- Scribble,
- Schemazeichnung,
- Schaltplan,
- Projektzeichnung,
- Patentzeichnung,
- Vormodell [142],
- Prototyp,
- Funktionsmuster u.a.

Für Ihre Bewertung gelten die in Abschnitt 1-3 behandelten Methoden, insbesondere das Standardbewertungsverfahren analog zur Nutzwertanalyse. Unter Berücksichtigung einer Gewichtung der Anforderungen in Festforderungen und Mindestforderungen müssen nach der Konzeptphase insbesondere die Festforderungen erfüllt sein. Die Erfüllung der Festforderungen bildet die Hauptwertschöpfung oder die Haupt- Nutzwertkonstituierung eines Produktes nach der Konzeptphase, d.h. in der ersten Lösungsbewertung (Bild 147). Aus dem Arbeits- und Erfahrungsbereich des Verfassers liegen Beispiele vor, bei denen der Konzept-Nutzwert einen Anteil bis zu 95% des gesamten Nutzwertes eines Produktes besitzt.

Ein spezielles Problem ist die Bewertung von Interface-Konzepten.

Natürlich gilt auch hierbei das Standardbewertungsverfahren aus der Nutzwertanalyse. Tabelle 12 zeigt standardisierte Anforderungen für Anzeigen und Stellteile, jeweils in der Größenordnung von 20 Anforderungen pro Stellteil und Anzeiger.

Bei einem Interface wie z.B. einem Schiffsteuerstand mit 100 Anzeigen und Stellteilen ergibt sich hieraus aber eine komplexe Bewertung aus ca. 2000 Entscheidungen über den jeweiligen Erfüllungsgrad

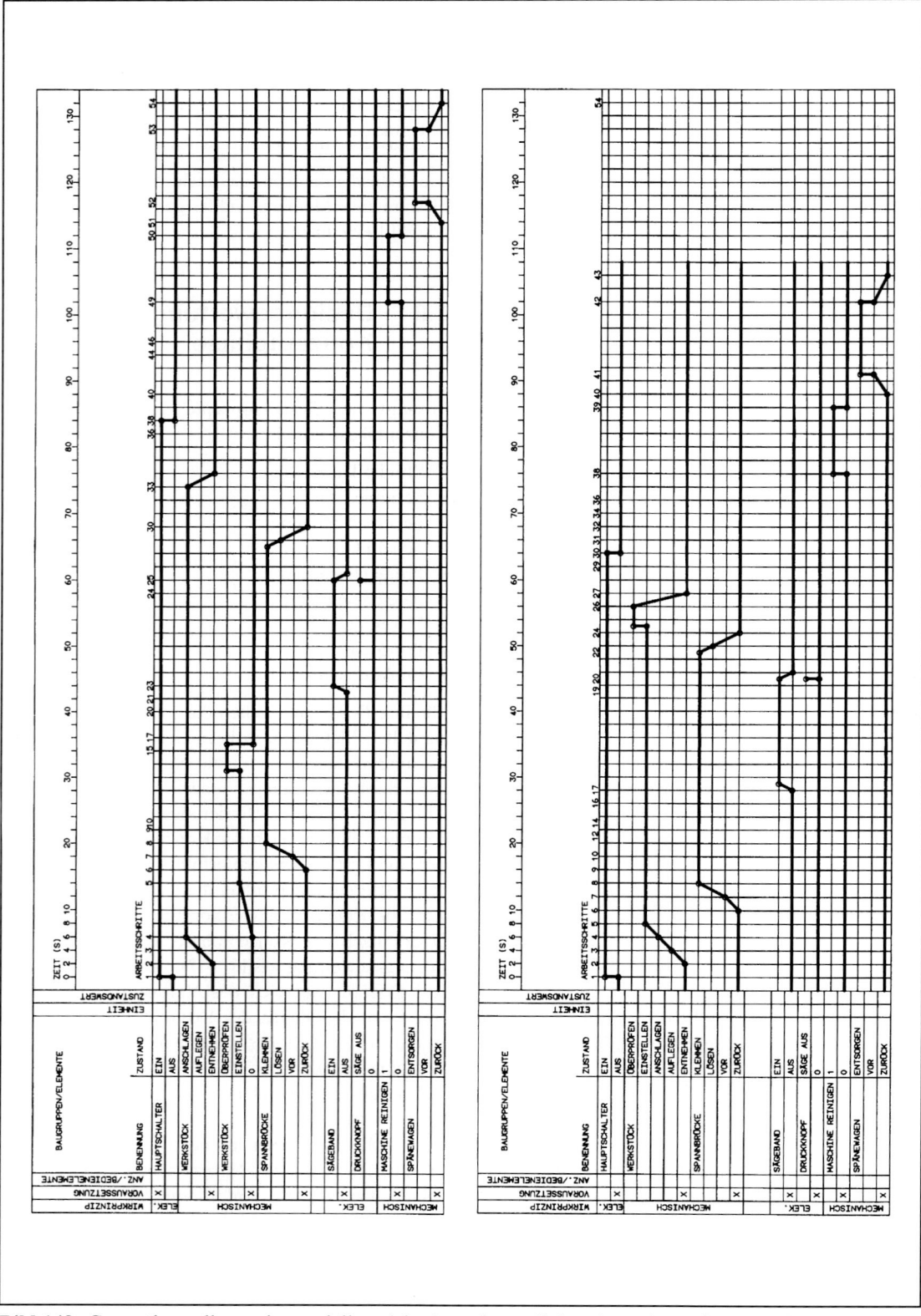

Bild 148 Gegenüberstellung der seriellen (oben) und parallelen (unten) Bedienung einer Bandsägemaschine (Bild 106 ff.)

6.8 Designbewertung nach der Konzeptphase

(s. Dissertation Traub [3]).

Die Bilder 148 – 150 zeigen weitere Bewertungsansätze nach der Lernzeit und nach der Fehlergenauigkeit [5].

In Ergänzung zu den Anwendungsfällen der Sinnfälligkeit in Abschnitt 6.4.4 enthält der zugrunde liegende Fachartikel [122] eine empirische Formel zur Ermittlung eines Sinnfälligkeitsgrades zwischen 0 und 1.

Die Dissertation von Schmid [7] enthält in ihrem Abschnitt 8 einen neuen Ansatz zur allgemeinen Bewertung von Anzeigern (Bild 151).

Die wirtschaftliche Bewertung betrifft insbesondere die Herstellungskosten. Die folgende Tabelle 13 zeigt eine Stichprobe über den Anteil des Tragwerkes an den Herstellungskosten.

Tabelle 13 Beispiele für den Tragwerksanteil an den Herstellungskosten

Werkzeugmaschinen	5 ÷ 20%
Elektrowerkzeug	10 ÷ 15%
Getriebe	20 ÷ 30%
Reisebus	>50%
Vertikalkom.-gerät	80 ÷ 85%

Tabelle 12 Standartisierte Anforderungen für die Bewertung von Stellteilen und Anzeigen

Kriterien für Bedienelemente: Stellteile, Anzeigen

1. Stellteile
1.1 Kriterien für einzelne Stellteile

Wahrnehmbarkeit und Erkennbarkeit

Nr.	Kriterium		Wertebereich
1	Sichtbarkeit durch	Anordnung im Sichtbereich	Sichtbereich 1,…5
2		Kontrast	nicht erkennbar, erkennbar
3	Erkennbarkeit der	Betätigungsart (vis. und hapt.)	nicht erkennbar, erkennbar
4		Greifart (vs. und hapt.)	nicht erkennbar, erkennbar
5	Erkennbarkeit der zugehörigen Wirkung		nicht erkennbar, erkennbar

Betätigung und Benutzung

Nr.	Kriterium		Wertebereich
6	Anordnung im Greifbereich		Greifbereiche 1,…5
7	Kopplungsgrad		niedrig, ausreichend
8	zul. Betätigungskraft, -moment im Greifraum		zu groß, geeignet
9	Zulässiger Betätigungsweg im Greifraum		zu groß, geeignet
10		Wiederholte Bewegungen	zu viele, geeignet
11	Rückkoppelung		nicht erkennbar, erkennbar
12	Kompatibiltät, Sinnfälligkeit Stellteil-Prozess		Sinnf.-grad 0, …!

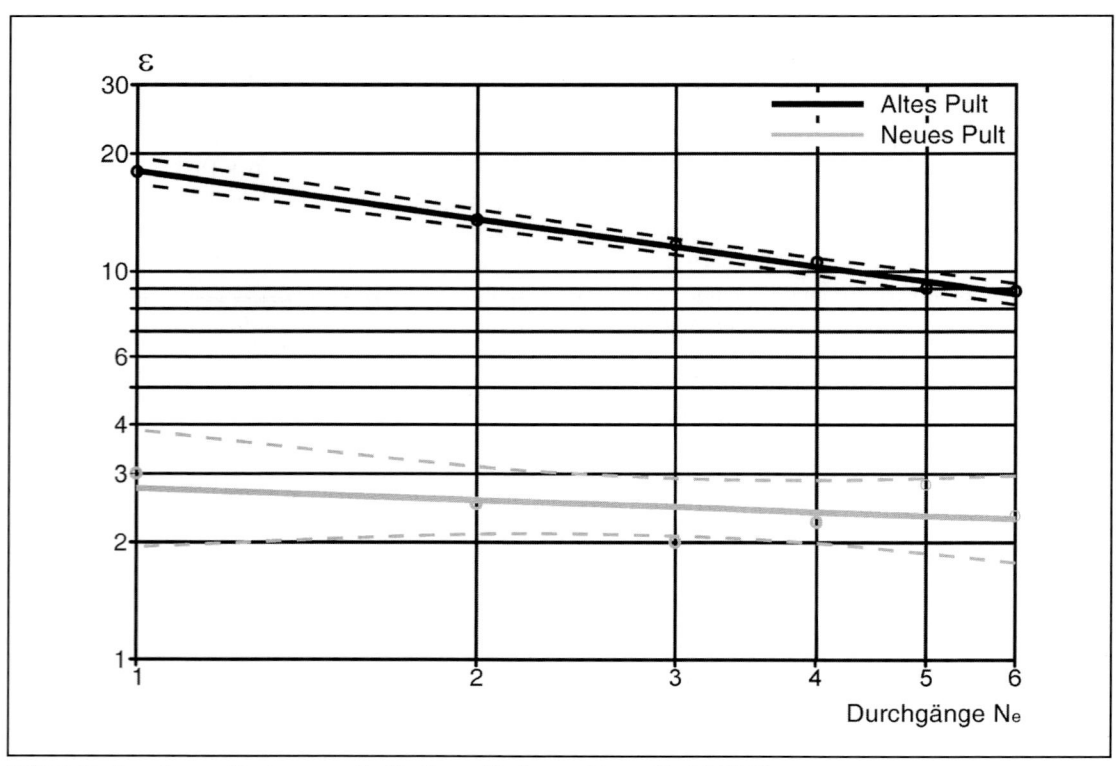

Bild 149 Lernkurve für das neue Stellteil von Drehmaschinen (Farbbild 3)

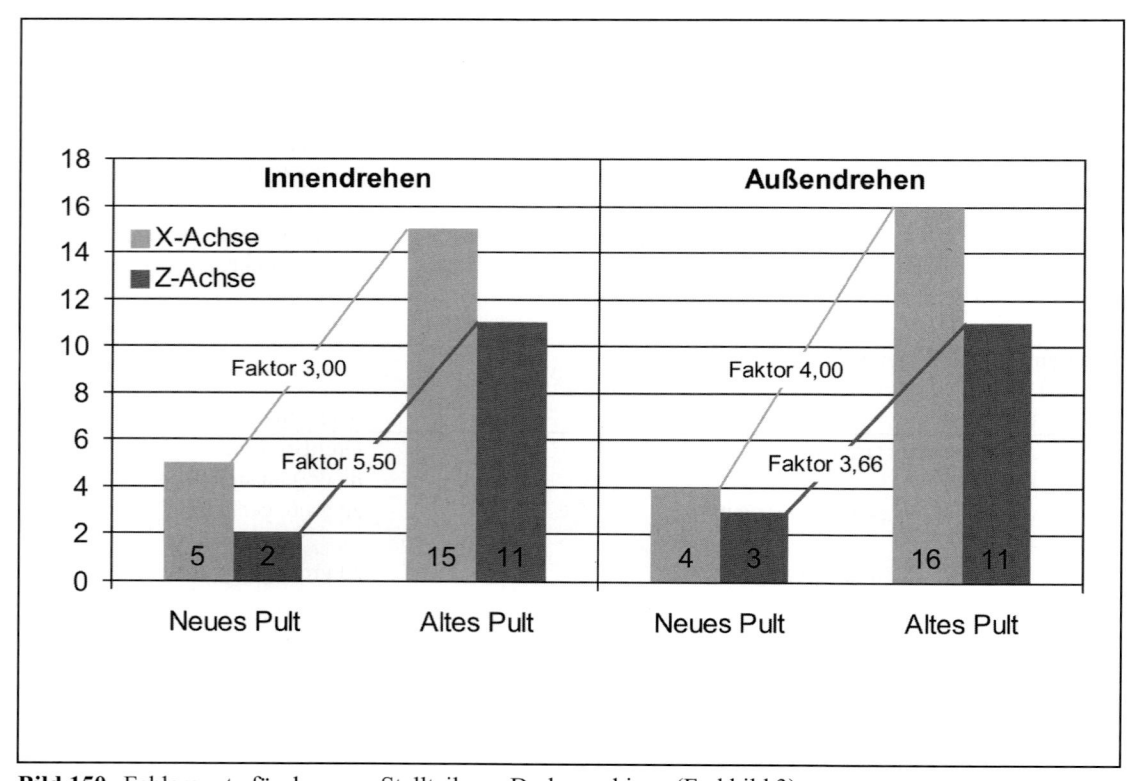

Bild 150 Fehlerquote für das neue Stellteil von Drehmaschinen (Farbbild 3)

1.2 Zusätzliche Kriterien bei Anzahl von Stellelemente >1

Wahrnehmbarkeit und Erkennbarkeit

Nr.	Kriterium	Wertebereich
1	Zugehörigkeit zu einer Gruppe	nicht erkennbar, erkennbar
2	Zusammengehörigkeit in einem Betätigungsvorgang	nicht erkennbar, erkennbar

Betätigung und Benutzung

Nr.	Kriterium		Wertebereich
3	Wechselzeit, Übergangszeit		0s,…1s
4	Anordnung zueinander	Räumliche Nähe	entfernt, nah
5		Ausrichtung	Sinnf.-grad 0,…!
6	Komplexität der Betätigung		hoch, niedrig

2 Anzeigen

2.1 Kriterien für einzelne Anzeige

Wahrnehmbarkeit und Erkennbarkeit

Nr.	Kriterium			Wertebereich
1		Sichtbarkeit (opt.) Total:	durch Anordnung im Sichtbereich	Sichtbereiche 1,…5
2			durch Kontrastierung	nicht erkennbar, erkennbar
3	Alternativ:	Partiell:	Helligkeit	zu gering, ausreichend
4			Kontrast	Nicht erkennbar, erkennbar
5			Leseabstand	zu groß, geeignet
6		Hörbarkeit (ak.)	durch Lautstärke	zu gering, ausreichend
7			durch Kontrast	zu gering, ausreichend
8	Erkennbarkeit der angezeigten Größe, Codierung			nicht erkennbar, erkennbar
9	Ablesbarkeit (Hörbarkeit)		Geschwindigkeit	Zu groß, geeignet
10			Genaugkeit	Niedrig, hoch
11			Tendenz	Nicht erkennbar, erkennbar
12	Kompatibilität, Sinnfälligkeit Anzeige-Prozess			Sinnf.-grad 0,…!

2.2 Zusätzliche Kriterien bei Anzahl von Anzeigen >1

Wahrnehmbarkeit und Erkennbarkeit

Nr.	Kriterium		Wertebereich
1	Zugehörigkeit zu einer Gruppe		Nicht erkennbar, erkennbar
2	Zusammengehörigkeit in einer Beobachtungsfolge		Nicht erkennbar, erkennbar
3	Wechselzeit, Übergangszeit		0s,… 1s
4	Anordnung zueinander	Räumliche Nähe	Entfernt, nah
5		Ausrichtung	Sinnf.-grad 0,…!
6	Komplexität der Erkennung		Hoch, niedrig

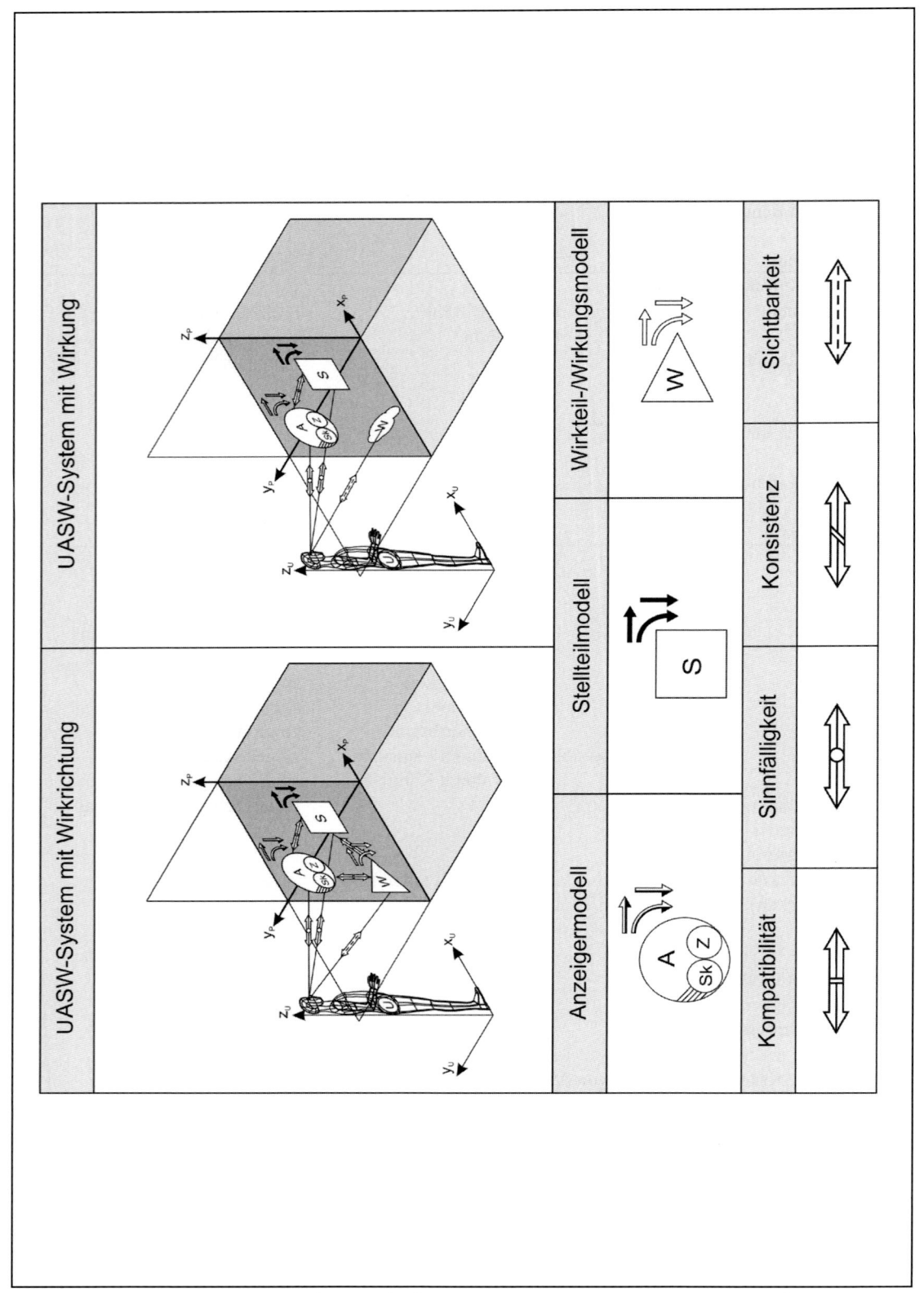

Bild 151 Neues User-Anzeiger-Stellteil-Wirkteil-System (UASW) zur Bewertung von Interfaces

3 Zusätzliche Kriterien bei Kombination von Stellteilen

Nr.	Kriterium	Wertebereich
	Anordnung in Bezug zu Stellteil	
1	Räumliche Nähe	Entfernt, nah
2	Ausrichtung	Schlecht, gut
3	Kompatibilität, Sinnfälligkeit Stellteil-Anzeige	Sinnf.-grad 0,…!

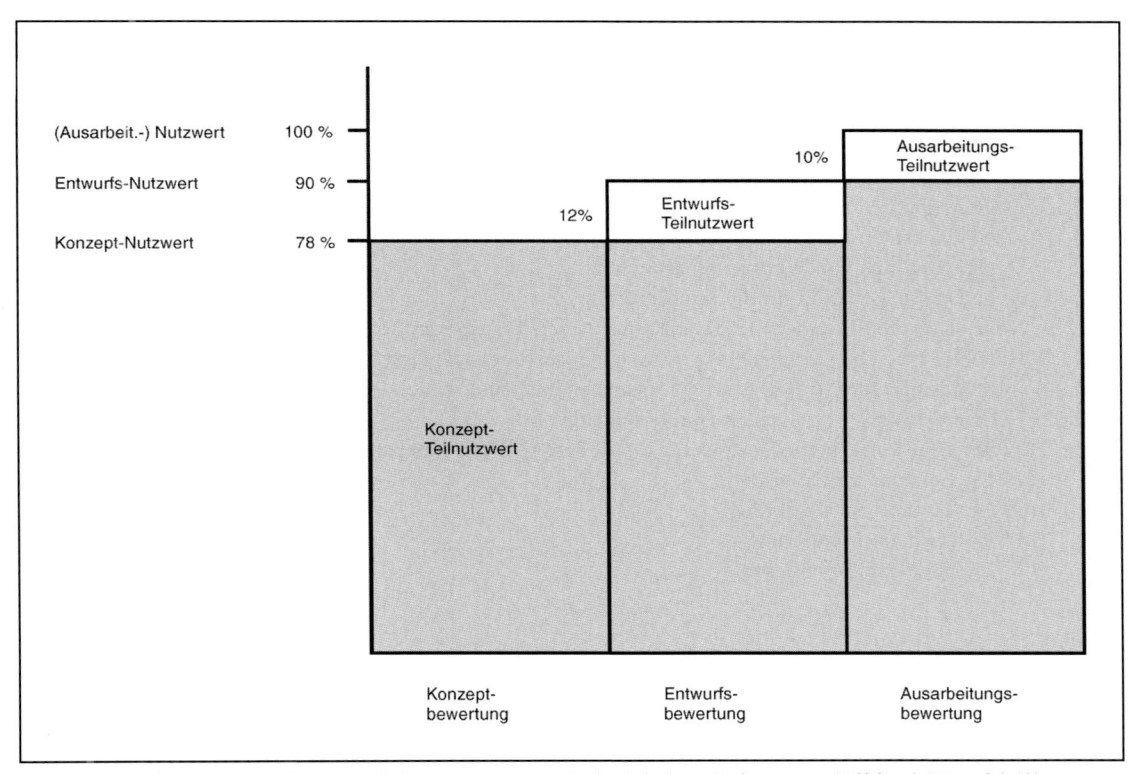

Bild 147 Bedeutung des Konzept-Teilnutzwertes am Beispiel eines Feintasters (Bilder 266 und 269)

Farbbilder:

Bild 1: Basisschema, Zusammenfassung der Kapitel 1-3
Bild 2: Neuer Feinhobel
Bild 3: Neues Stellteil für Werkzeugmaschinen
Bild 4: Variable Sitzposition für den Fahrer eines Schwerlasttransporters
Bild 5: Vergleich des Getriebeschaltens in alten und modernen Lastkraftwagen
Bild 6: Designideen für ein Vertikal-Umlaufregal für Büros
Bild 7: Herstellertypisches Design der Gehäuse eines Getriebeprogramms
Bild 8: Designideen für eine Werkzeugmaschine
Bild 9: Designideen für einen Mikroarrayer
Bild 10: Neues Design eines Panel-Cutters
Bild 11: Design eines Manipulators für die minimalinvasive Chirurgie
Bild 12: Beispiele für das Interior-Design von Fahrzeugen und technischen Produkten
Bild 13: Designvarianten eines Hydraulikwicklerprogramms
Bild 14: Griffprogramm für eine Schlagbohrmaschine
Bild 15: Designvarianten für ein Programm an Münzfernsprechern
Bild 16: Designvarianten für ein Programm an Backöfen
Bild 17: Designvarianten von Werkzeugmaschinen
Bild 18: Neue Docking-Station für die Interfaces im OP
Bild 19: Neues Konzept für einen OP mittels eines neuen Transportsystems
Bild 20: Herstellertypische Designs eines Werkzeugmaschinenprogramms
Bild 21: Systemdesign für die Holzbearbeitungsmaschinen einer neuen Schreinerei
Bild 22: Exterior-Designs von 4 neuen Binnenschiffen
Bilder 23 – 26: Unterschiedliche Designs für die Lebenswelt von unterschiedlichen Kundentypen
    Bild 23: Leistungsorientierung
    Bild 24: Traditionsorientierung
    Bild 25: Ästhetikorientierung
    Bild 26: Neuheitenorientierung

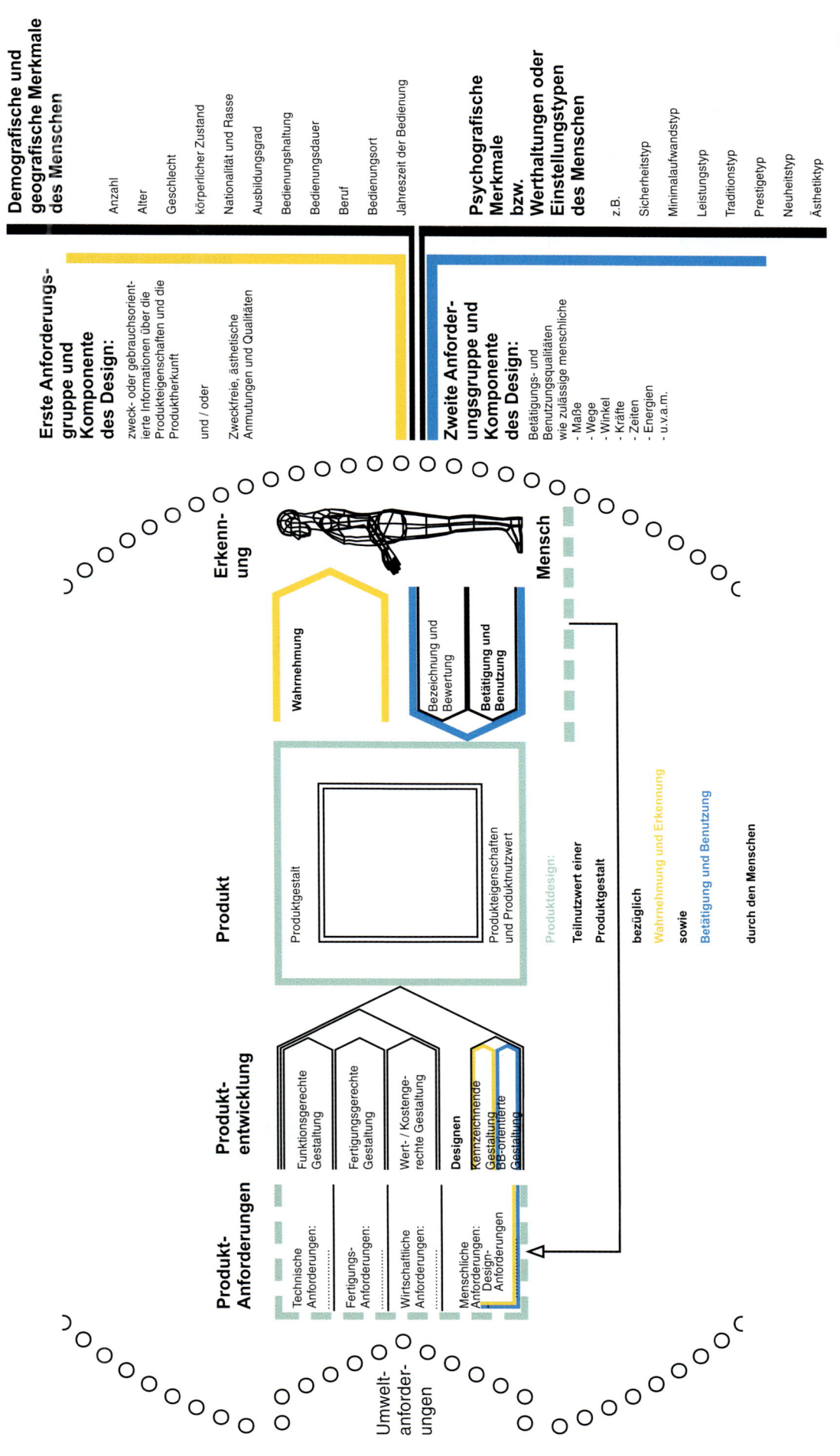

Farbbild 1

Demografische und geografische Merkmale des Menschen

Anzahl
Alter
Geschlecht
körperlicher Zustand
Nationalität und Rasse
Ausbildungsgrad
Bedienungshaltung
Bedienungsdauer
Beruf
Bedienungsort
Jahreszeit der Bedienung

Psychografische Merkmale bzw. Werthaltungen oder Einstellungstypen des Menschen

z.B.
Sicherheitstyp
Minimalaufwandstyp
Leistungstyp
Traditionstyp
Prestigetyp
Neuheitstyp
Ästhetiktyp

Erste Anforderungsgruppe und Komponente des Design:

zweck- oder gebrauchsorientierte Informationen über die Produkteigenschaften und die Produktherkunft

und / oder

Zweckfreie, ästhetische Anmutungen und Qualitäten

Zweite Anforderungsgruppe und Komponente des Design:

Betätigungs- und Benutzungsqualitäten wie zulässige menschliche
- Maße
- Wege
- Winkel
- Kräfte
- Zeiten
- Energien
- u.v.a.m.

Erkennung

Mensch

Wahrnehmung

Bezeichnung und Bewertung

Betätigung und Benutzung

Produkt

Produktgestalt

Produkteigenschaften und Produktnutzwert

Produktdesign:
Teilnutzwert einer
Produktgestalt

bezüglich
Wahrnehmung und Erkennung
sowie
Betätigung und Benutzung

durch den Menschen

Produktentwicklung

Funktionsgerechte Gestaltung
Fertigungsgerechte Gestaltung
Wert- / Kostengerechte Gestaltung
Designen
Kennzeichnende Gestaltung
BB-orientierte Gestaltung

Produkt-Anforderungen

Technische Anforderungen:
Fertigungs-Anforderungen:
Wirtschaftliche Anforderungen:
Menschliche Anforderungen: Design-Anforderungen

Umweltanforderungen

Funktionsgestalten

Farbbild 2

Handhabungsvarianten

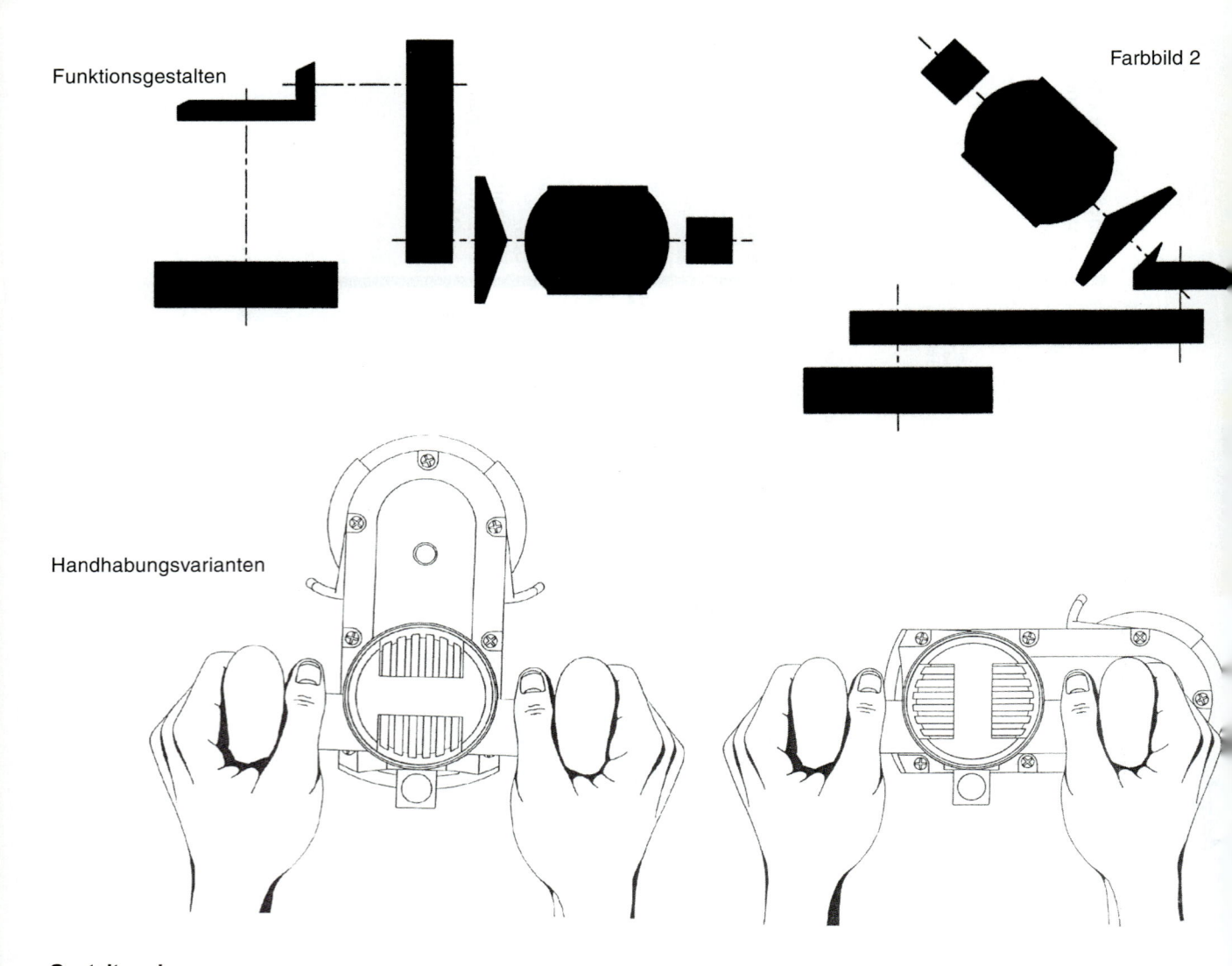

**Gestalt und
Teilgestalten**

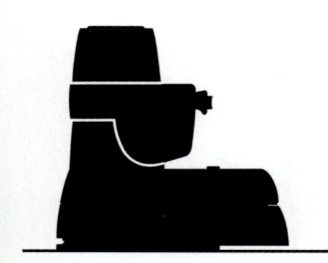

Aufbau

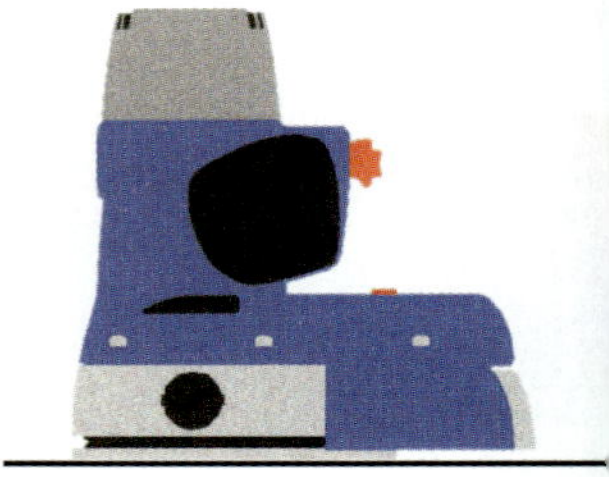

Farbe

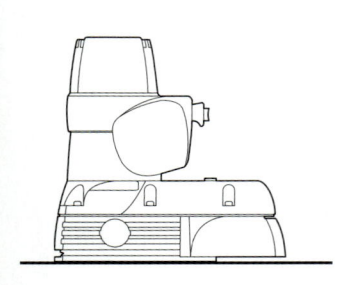

Form

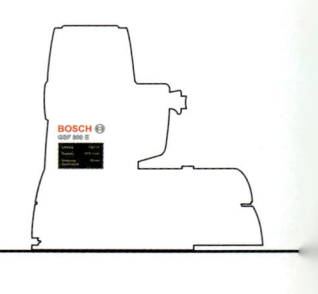

Grafik

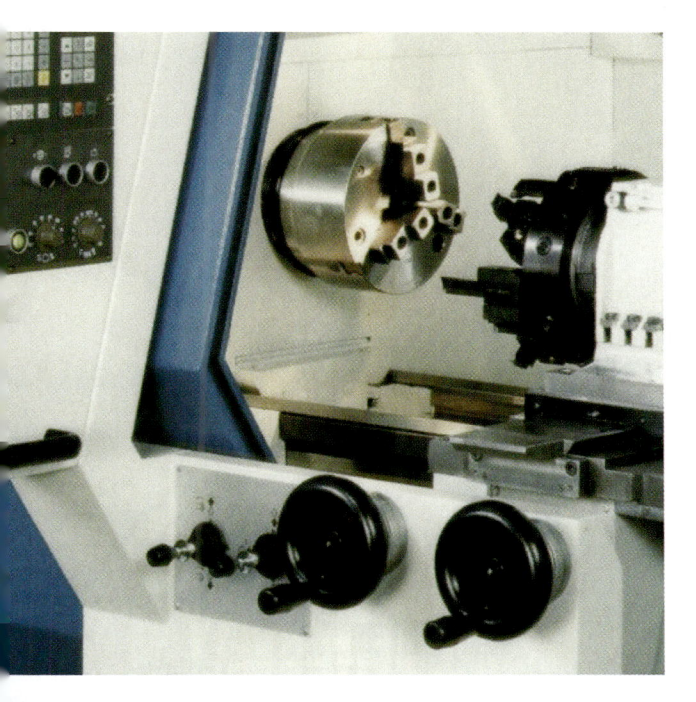

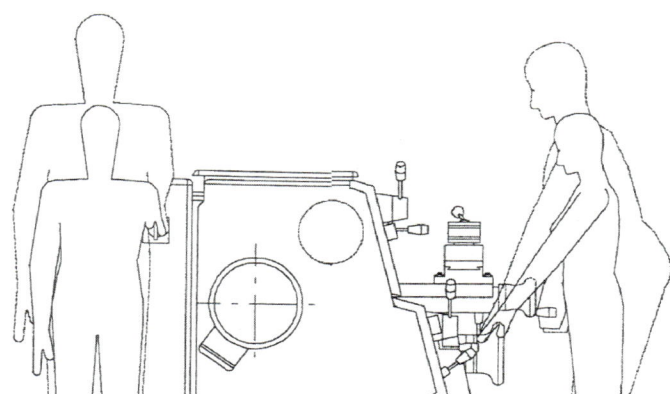

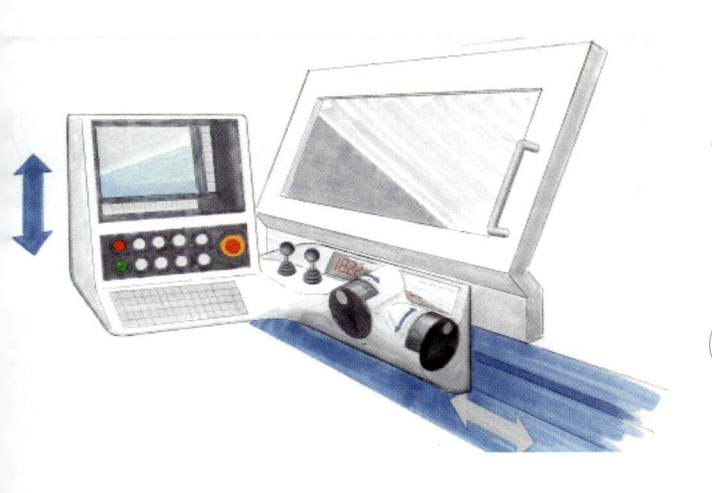

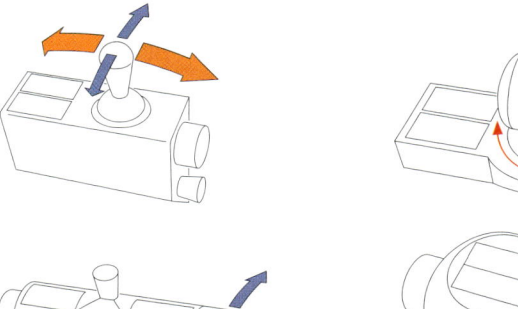

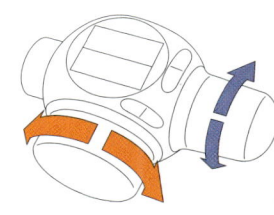

Farbbild 3

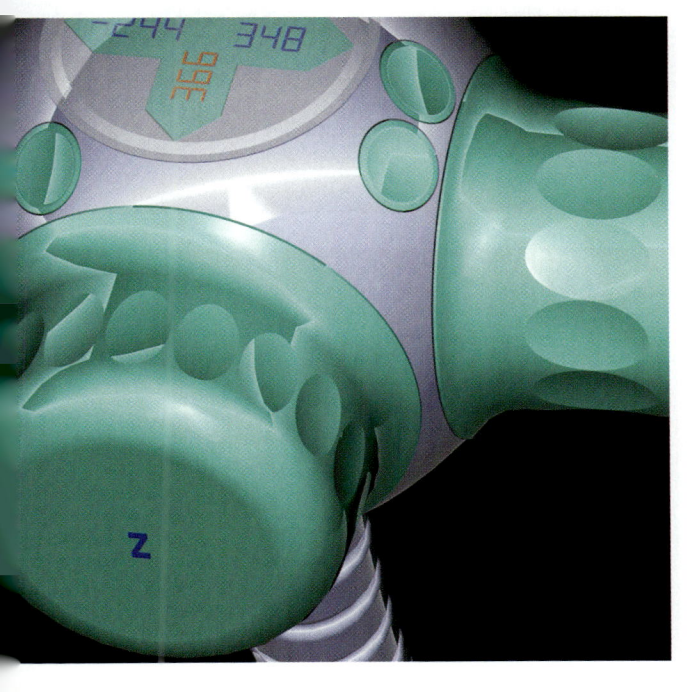

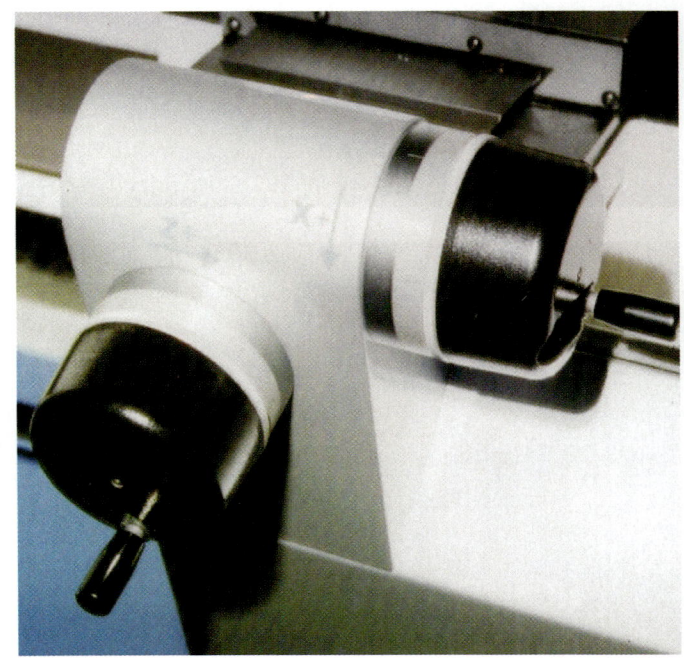

Farbbild 4

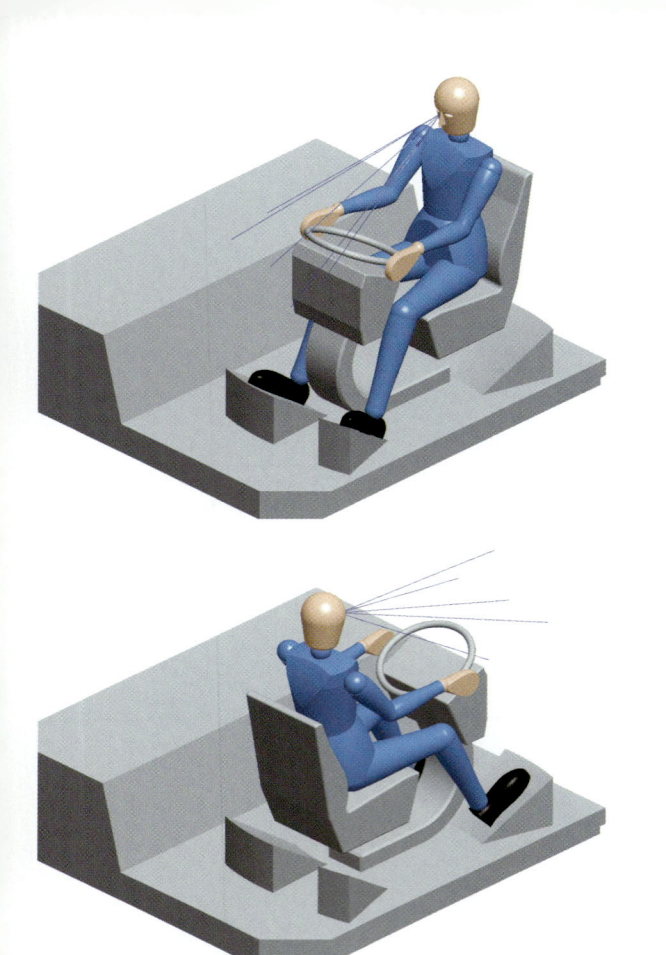

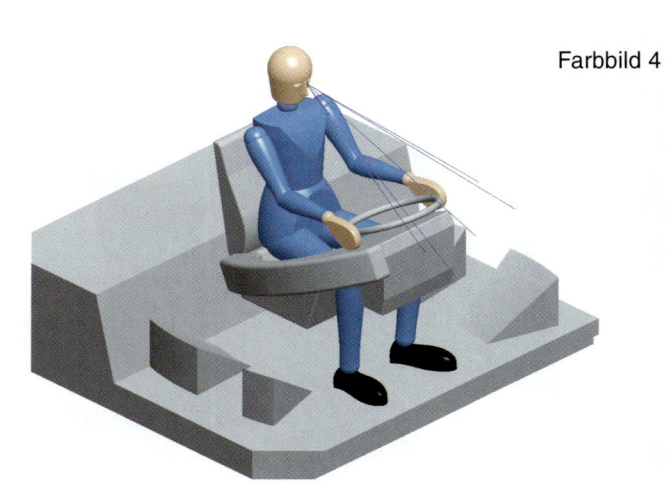

Farbbild 5

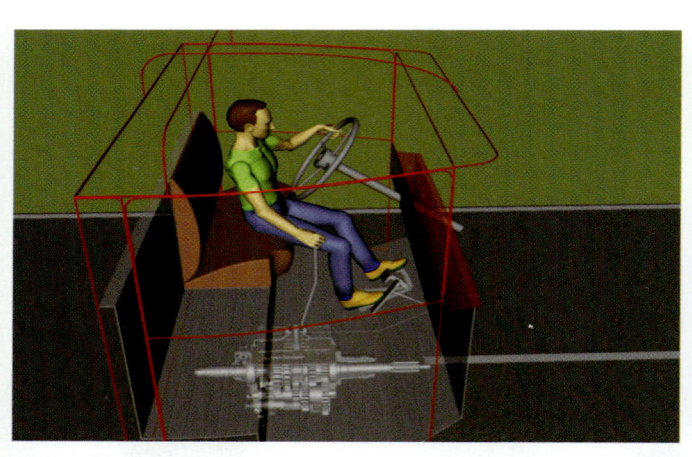

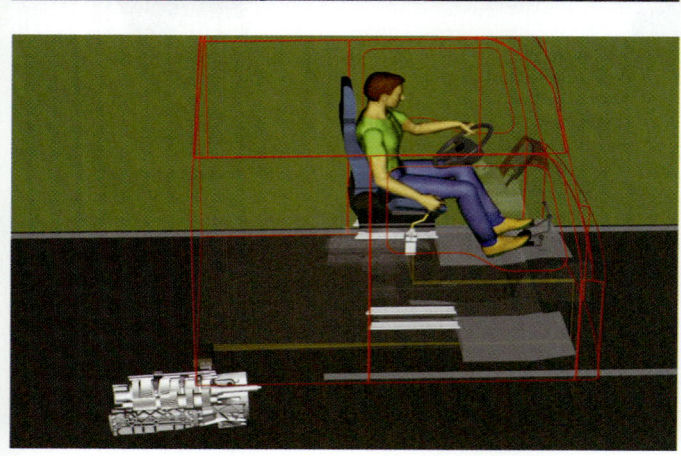

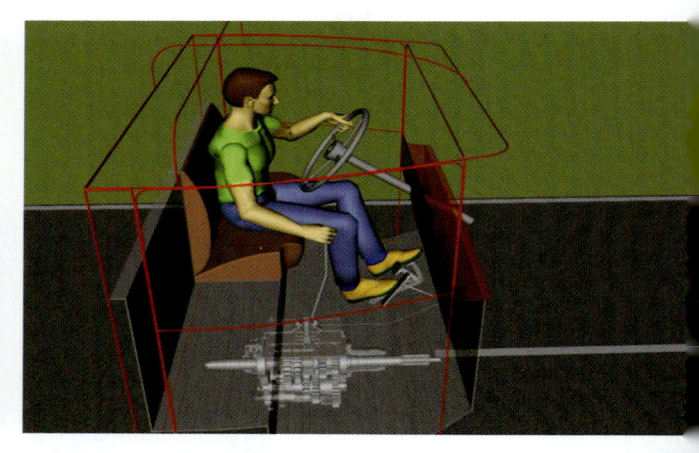

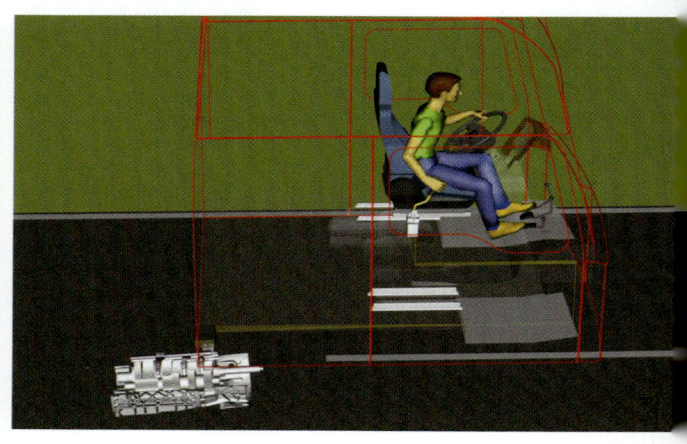

Farbbild 6

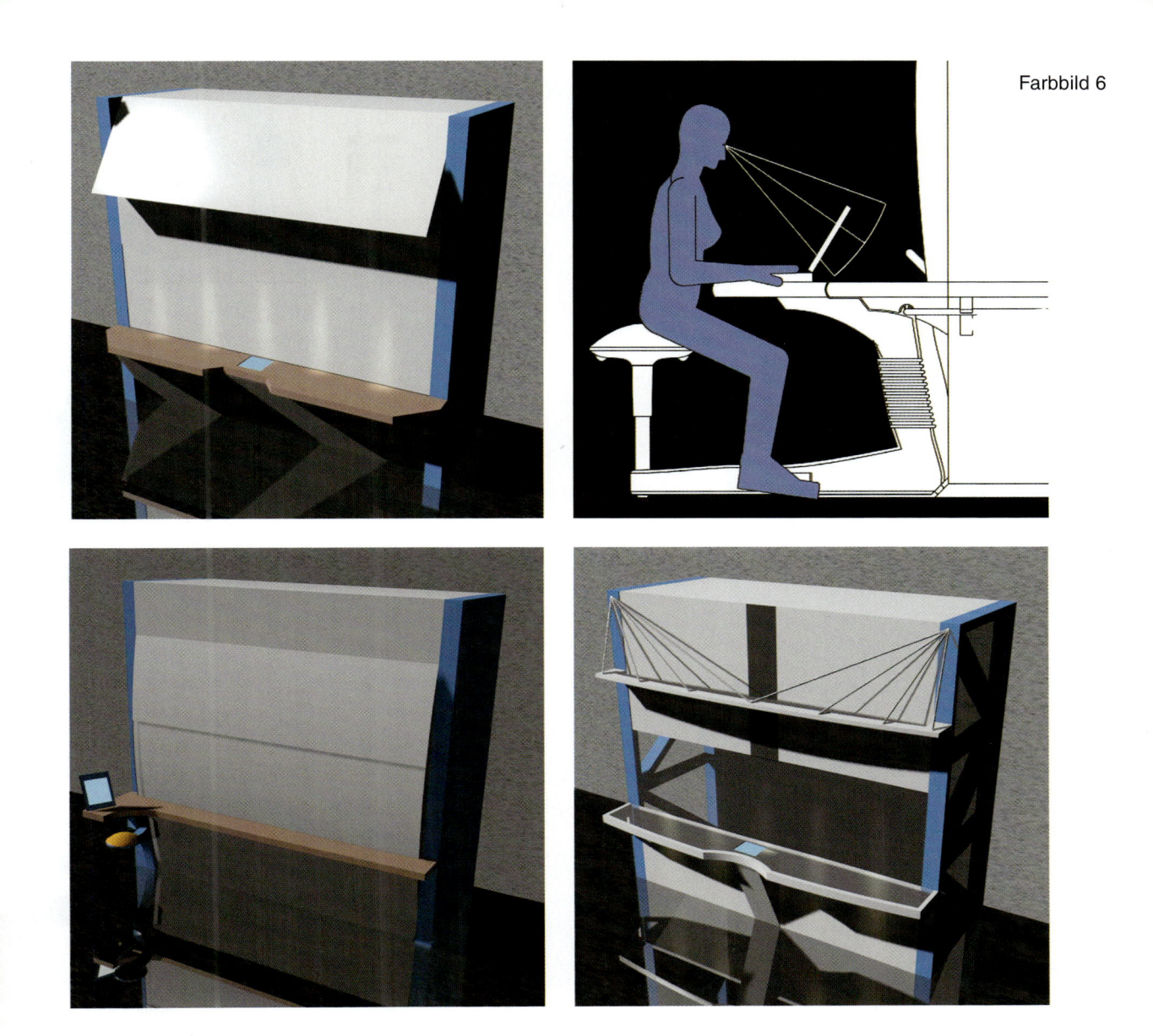

Farbbild 7

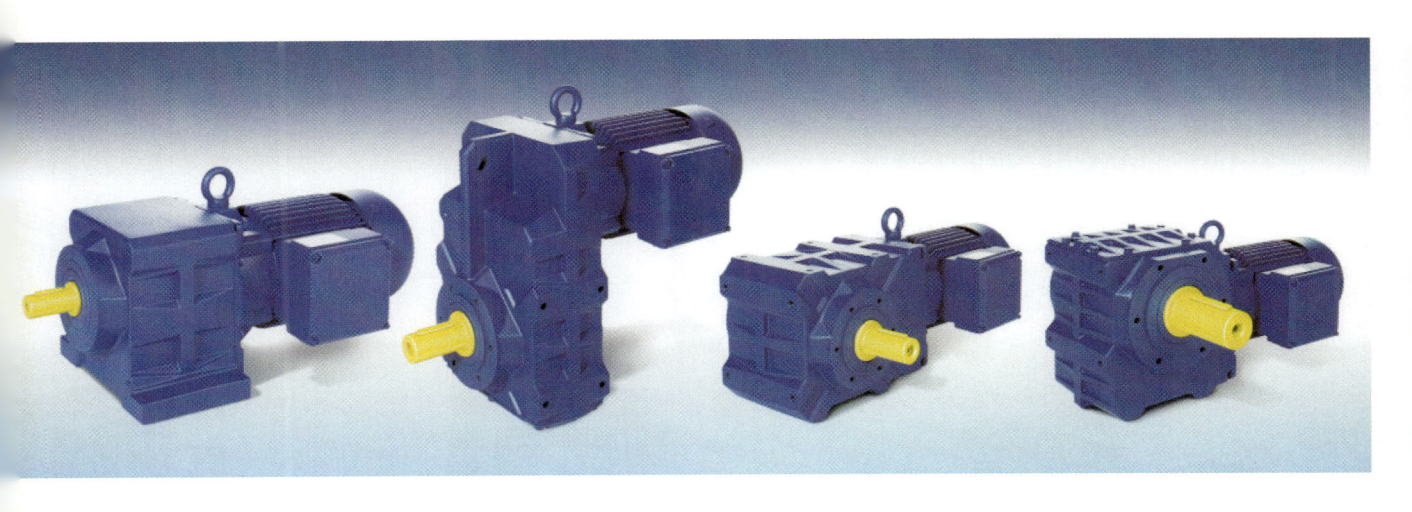

Farbbild 8

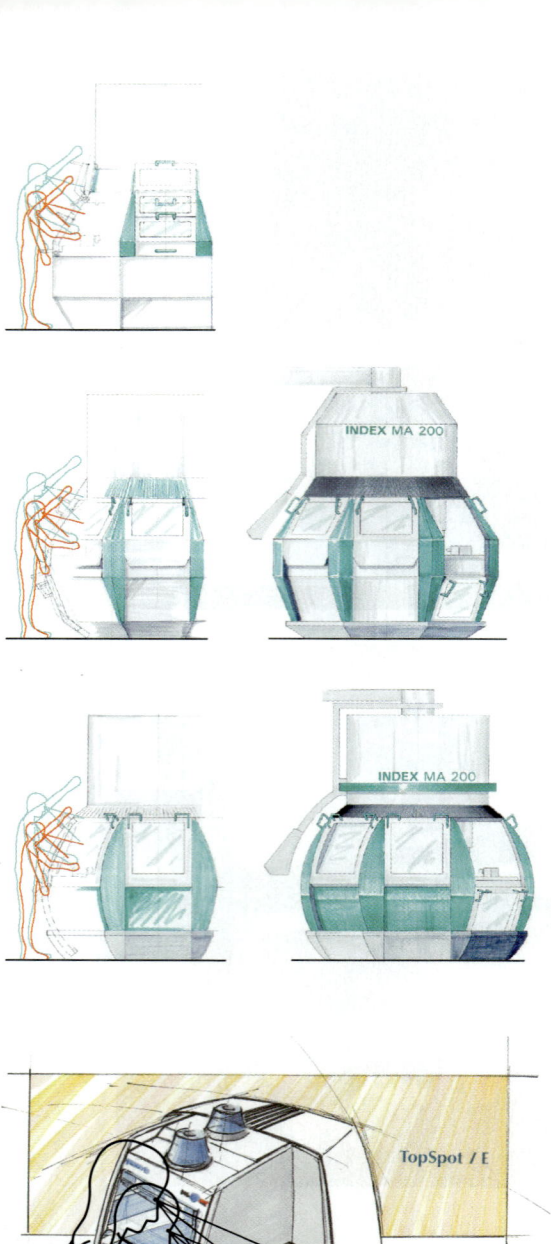

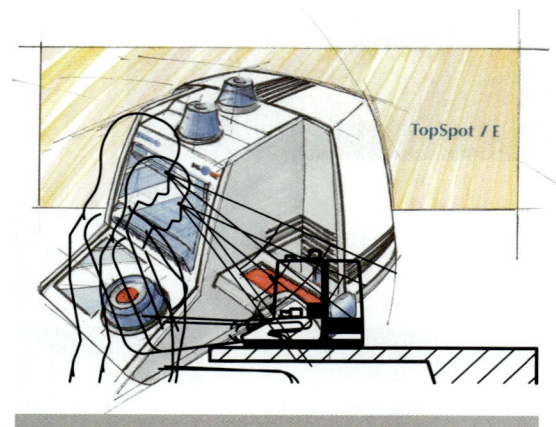

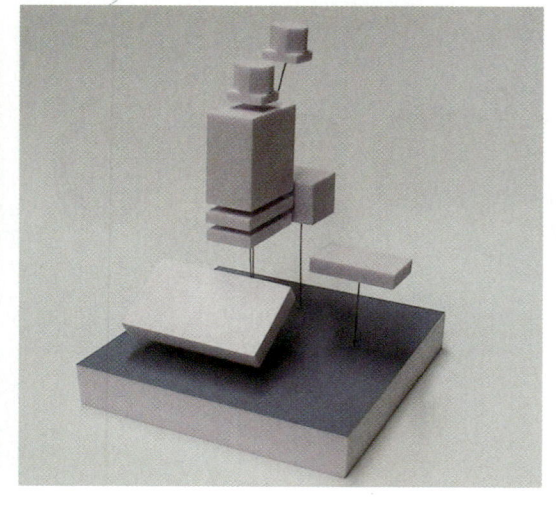

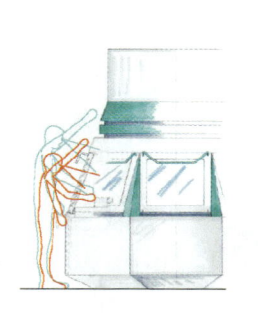

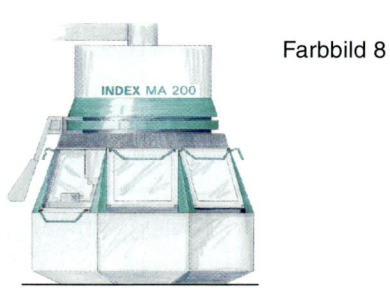

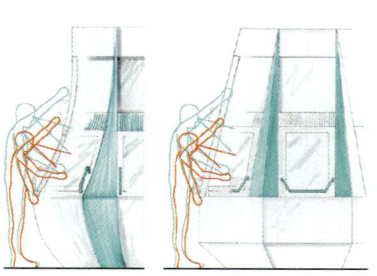

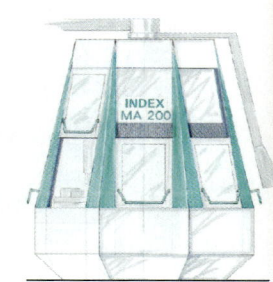

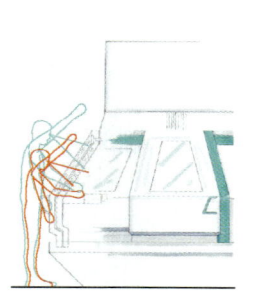

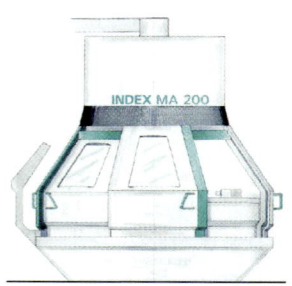

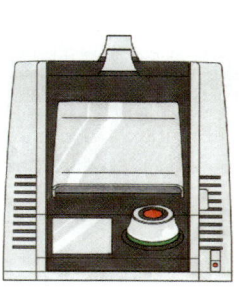

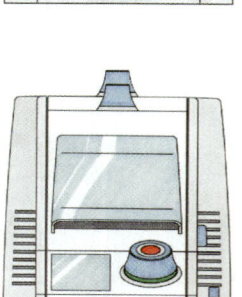

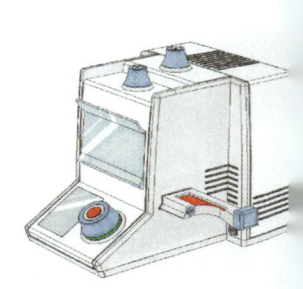

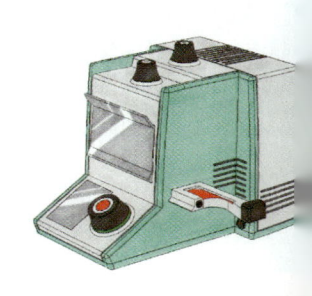

Farbbild 9

Farbbild 10

Farbbild 11

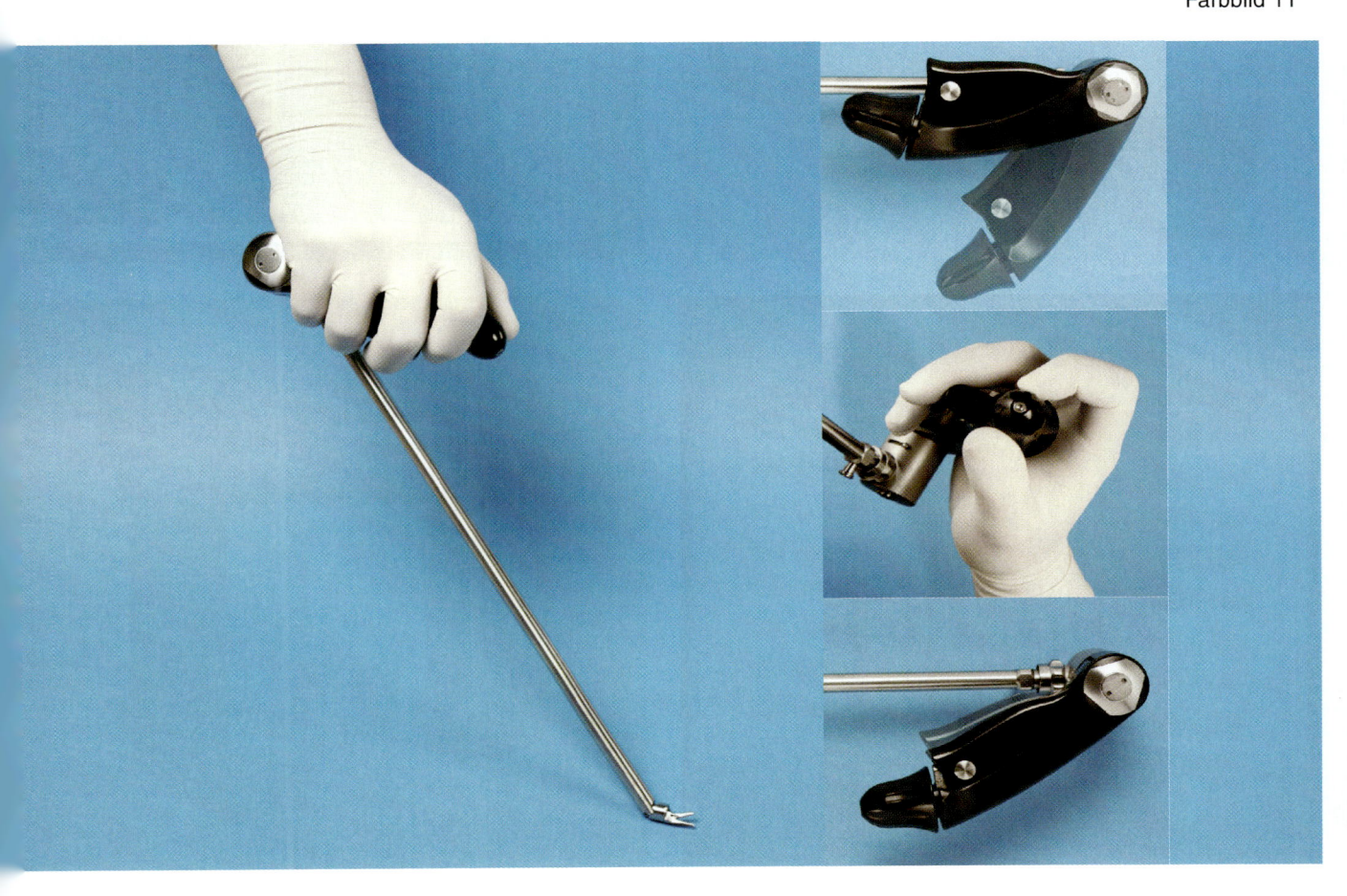

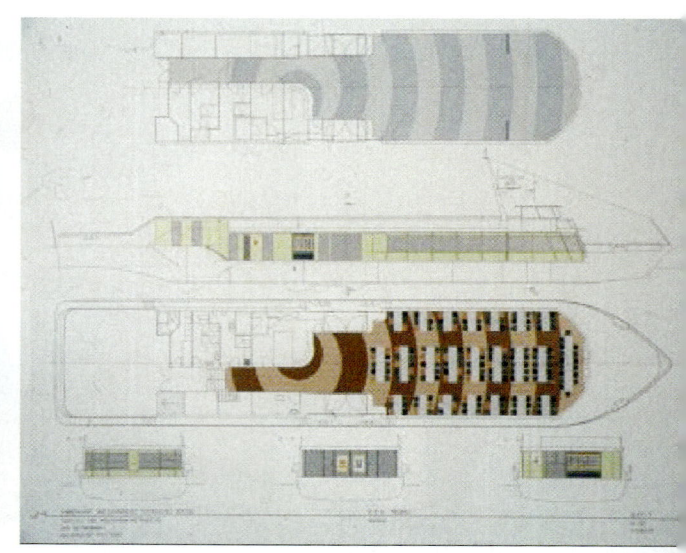

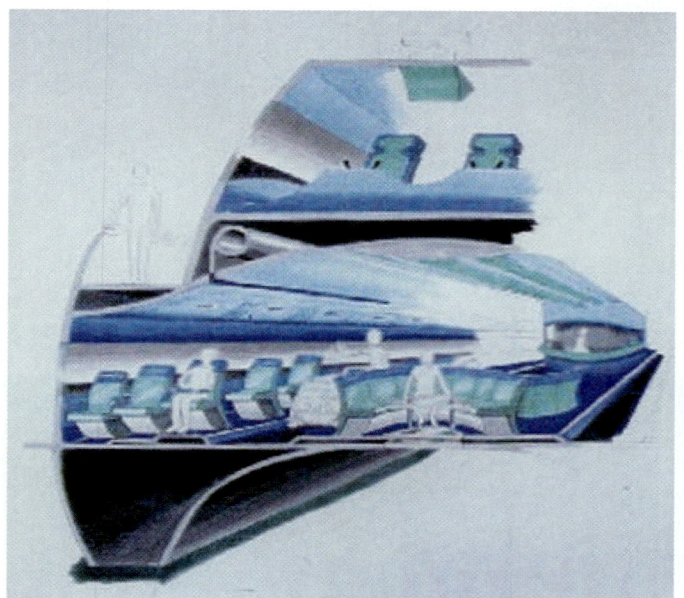

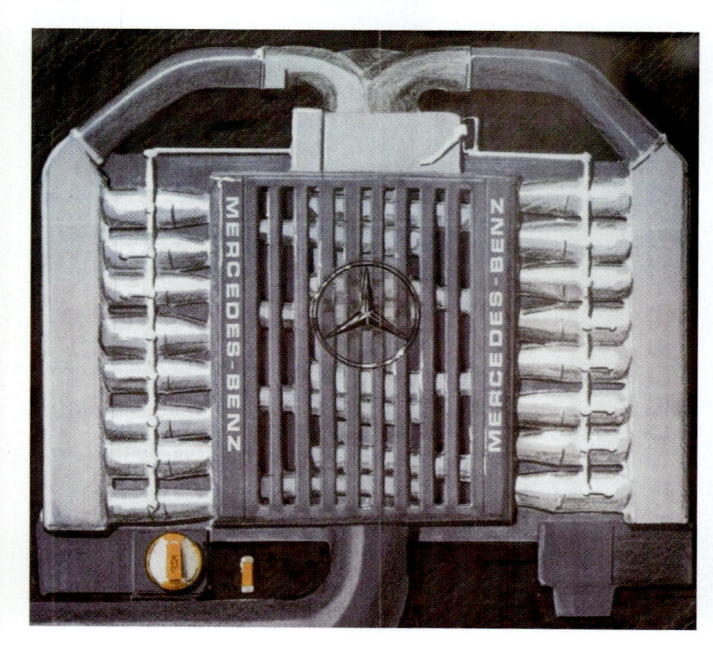

Farbbild 12

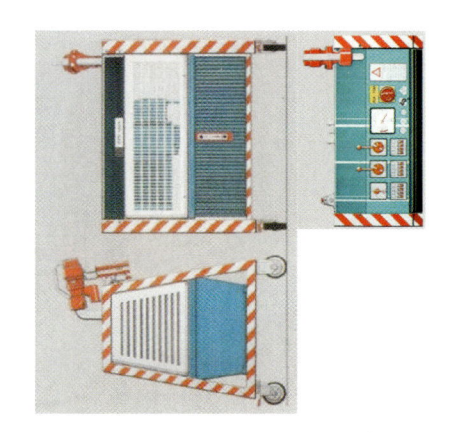

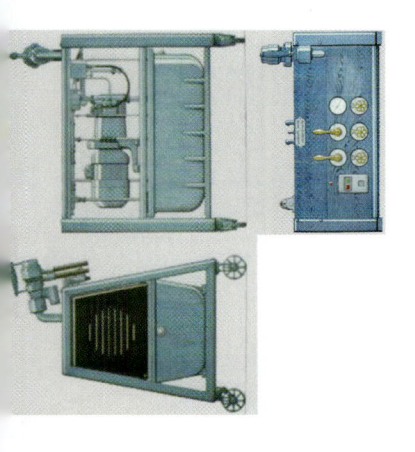

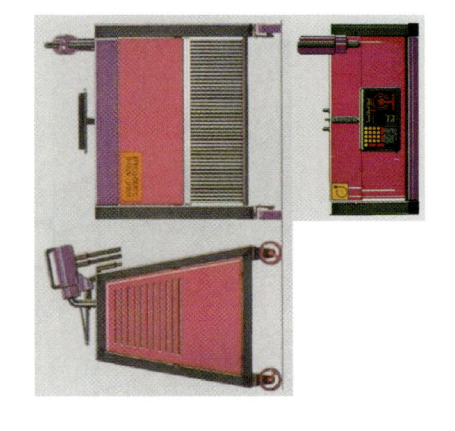

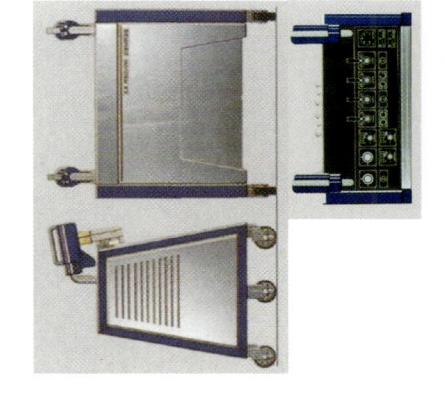

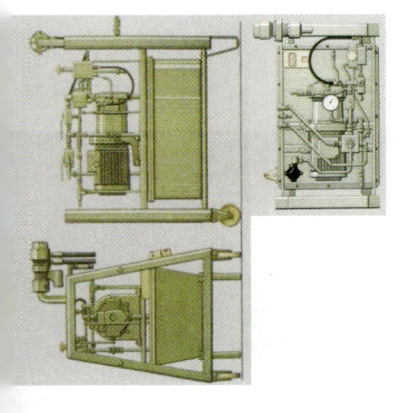

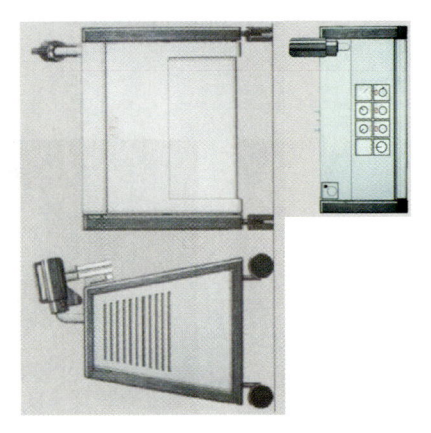

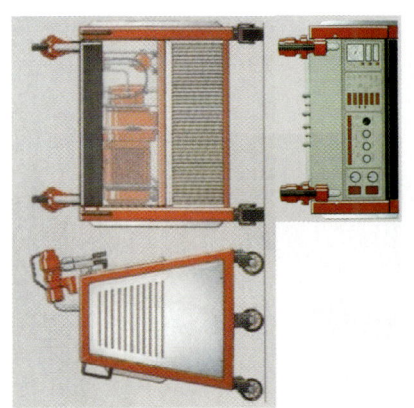

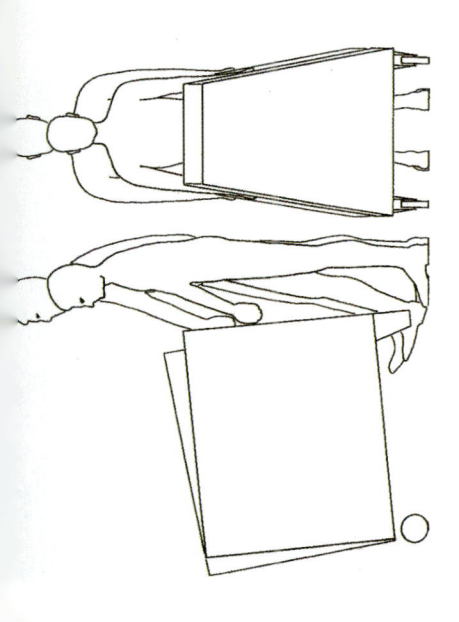

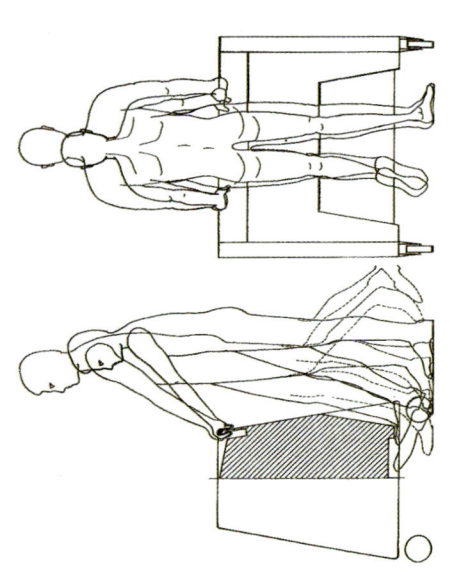

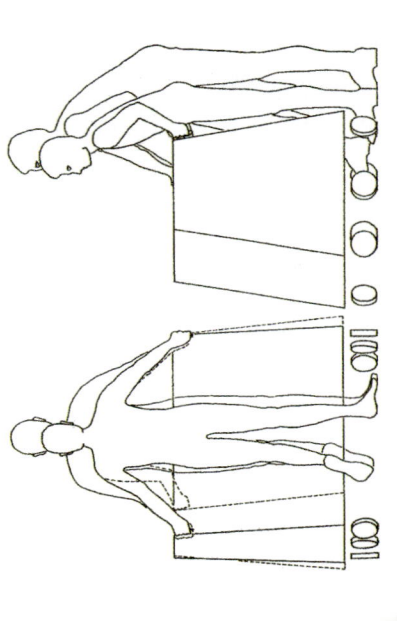

Farbbild 13

Farbbild 15

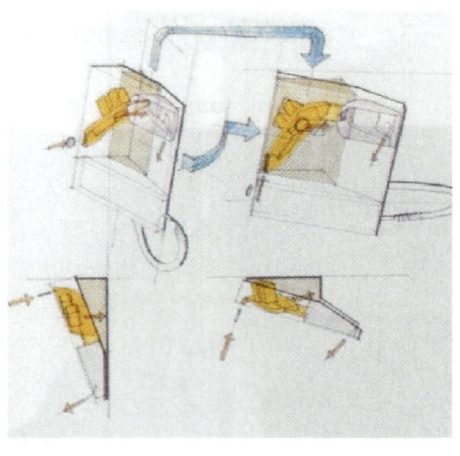

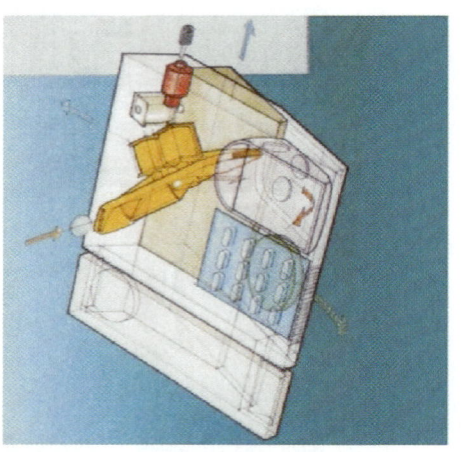

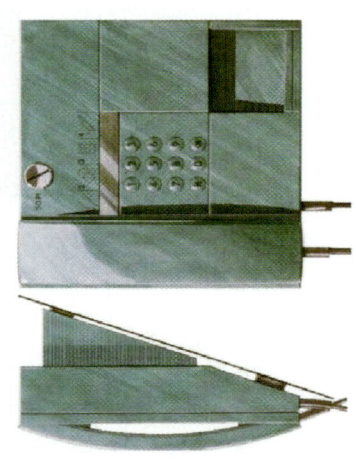

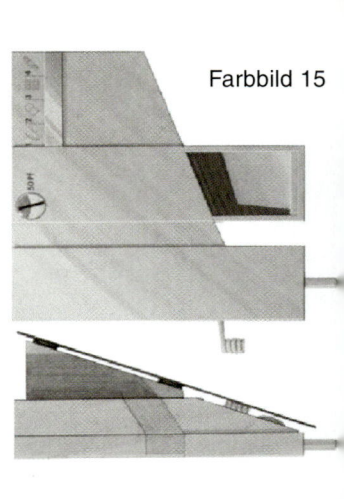

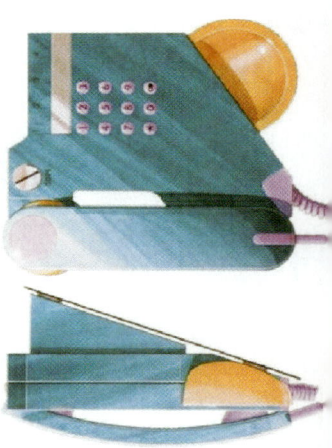

Farbbild 14

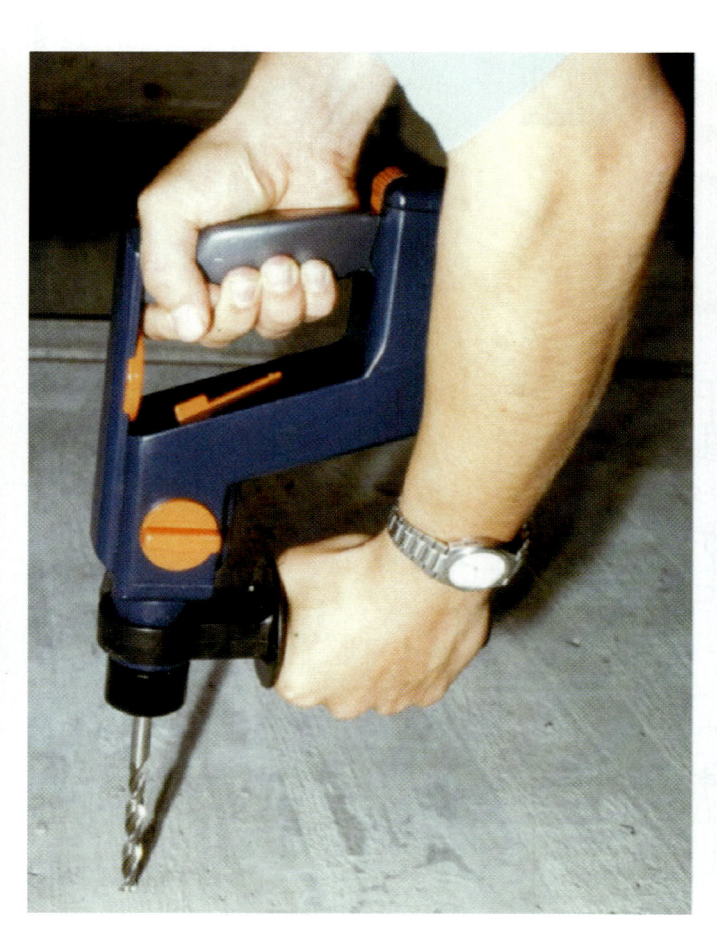

Farbbild 16

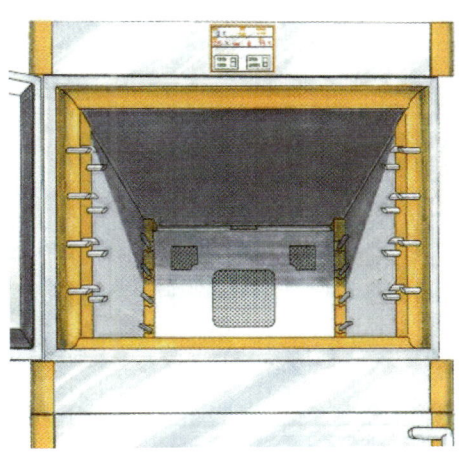

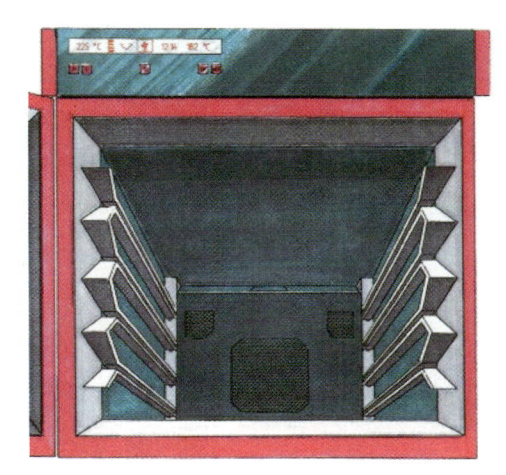

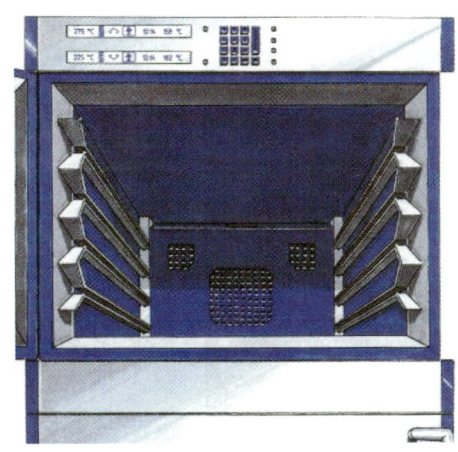

Farbbild 17

Farbbild 9

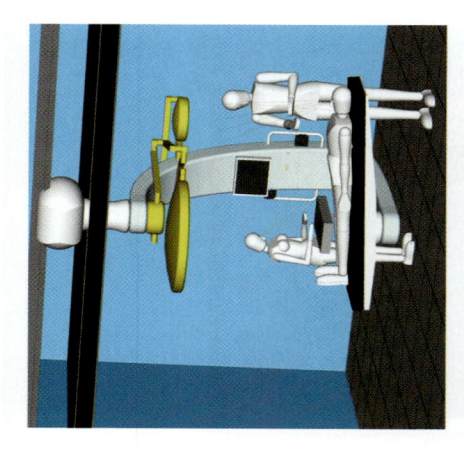

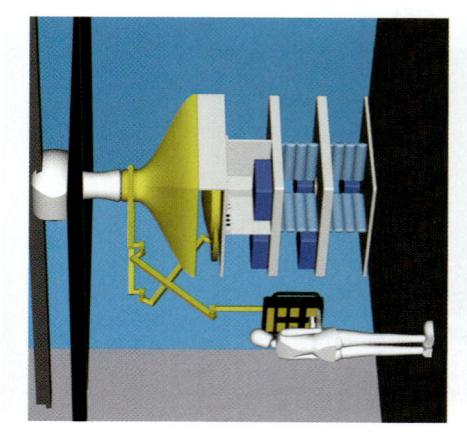

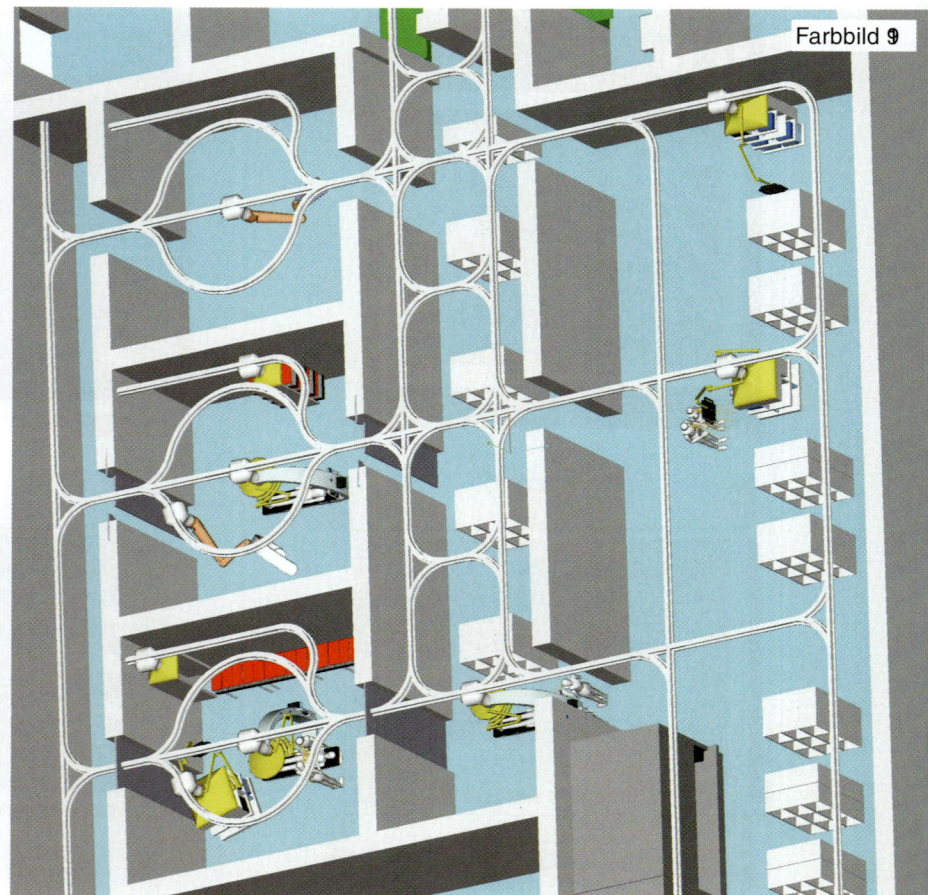

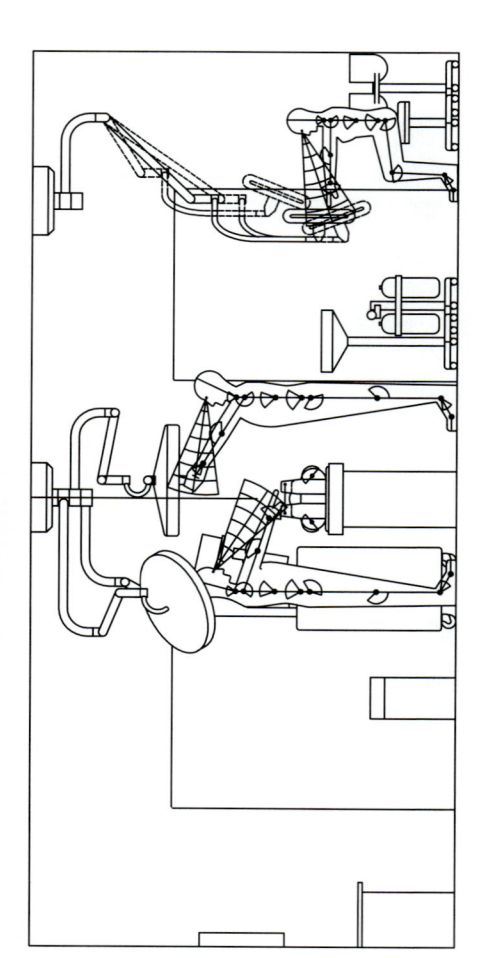

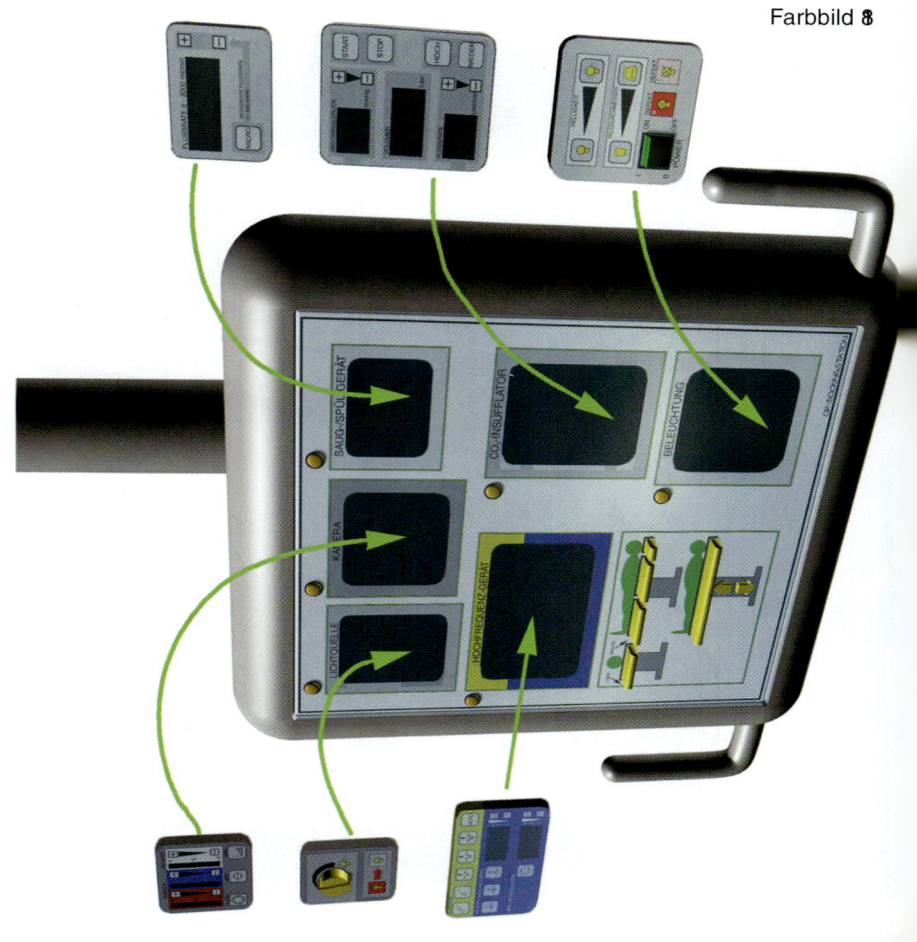

Farbbild 8

Farbbild 20

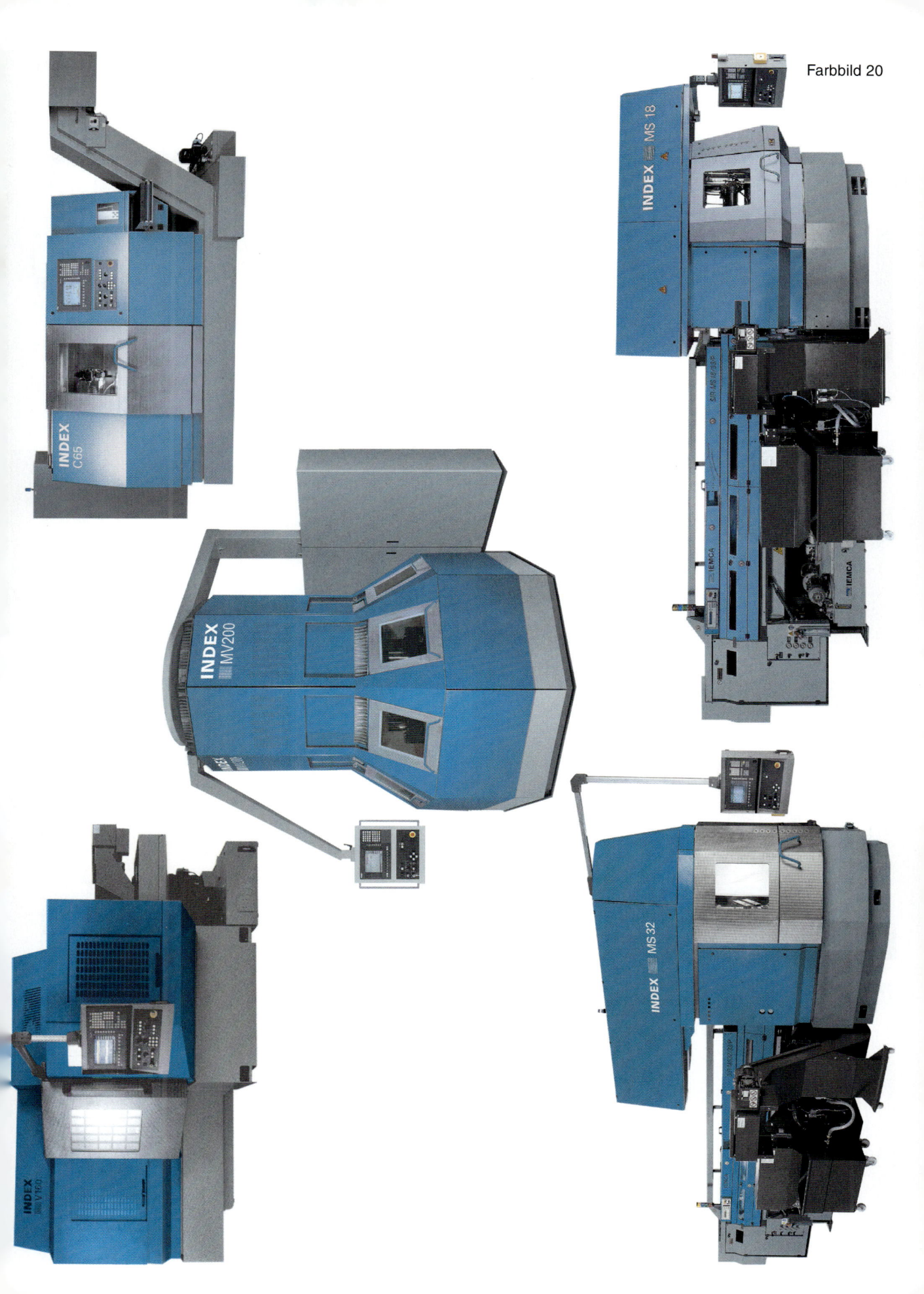

Farbbild 21

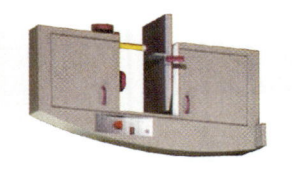

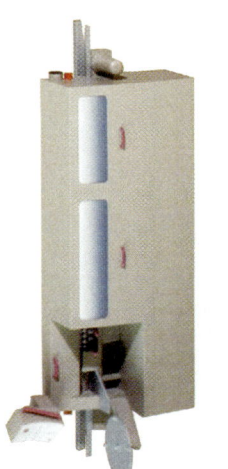

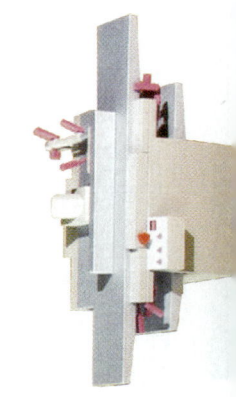

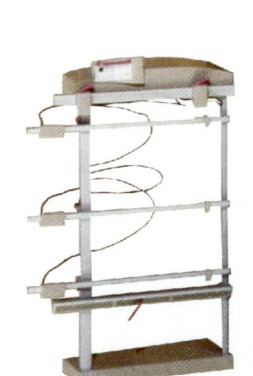

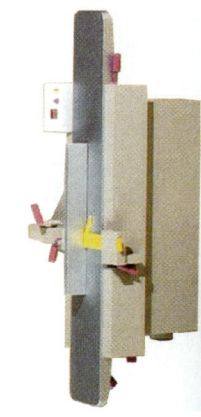

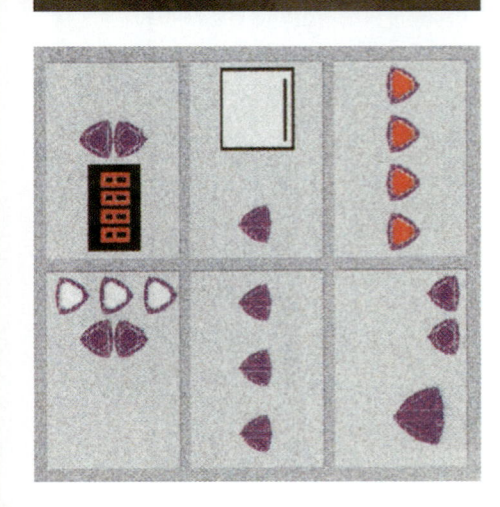

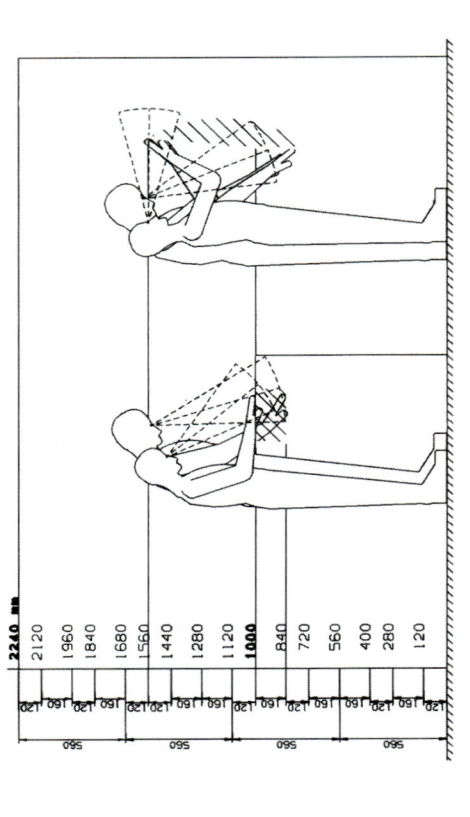

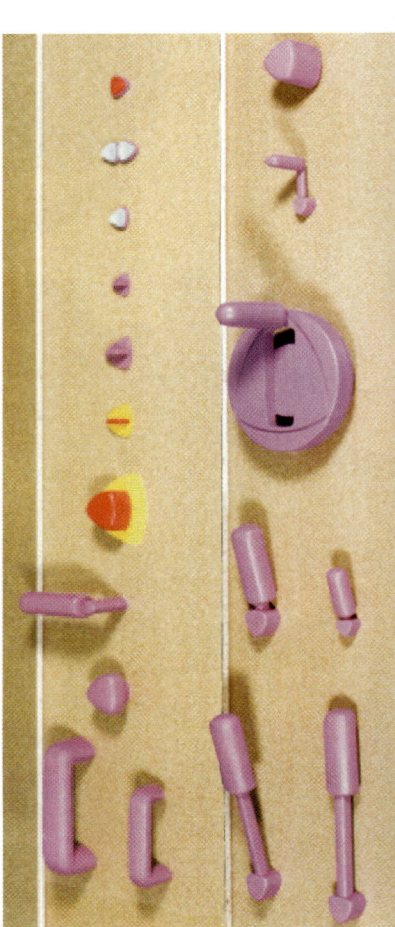

Farbbild 22

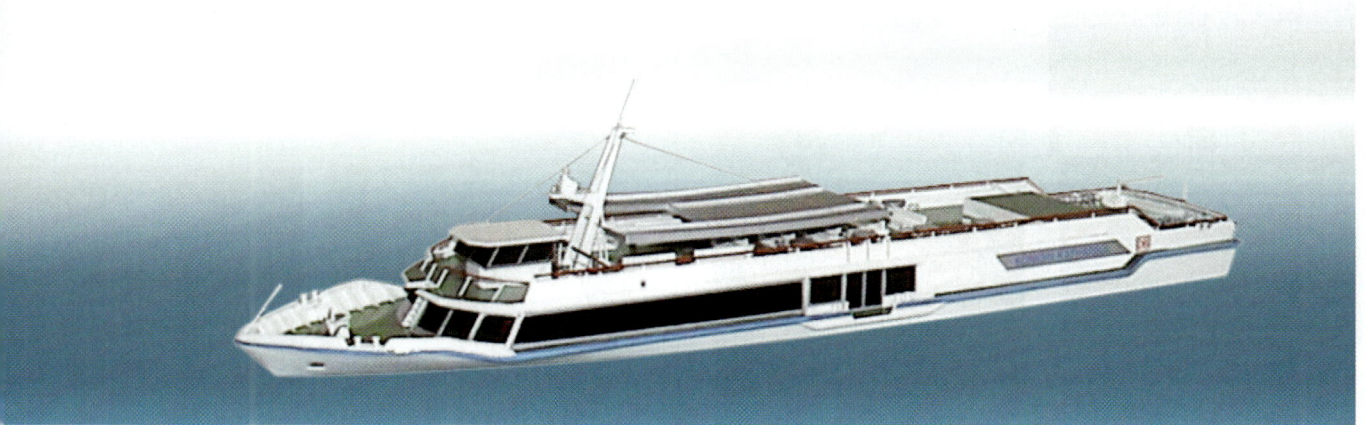

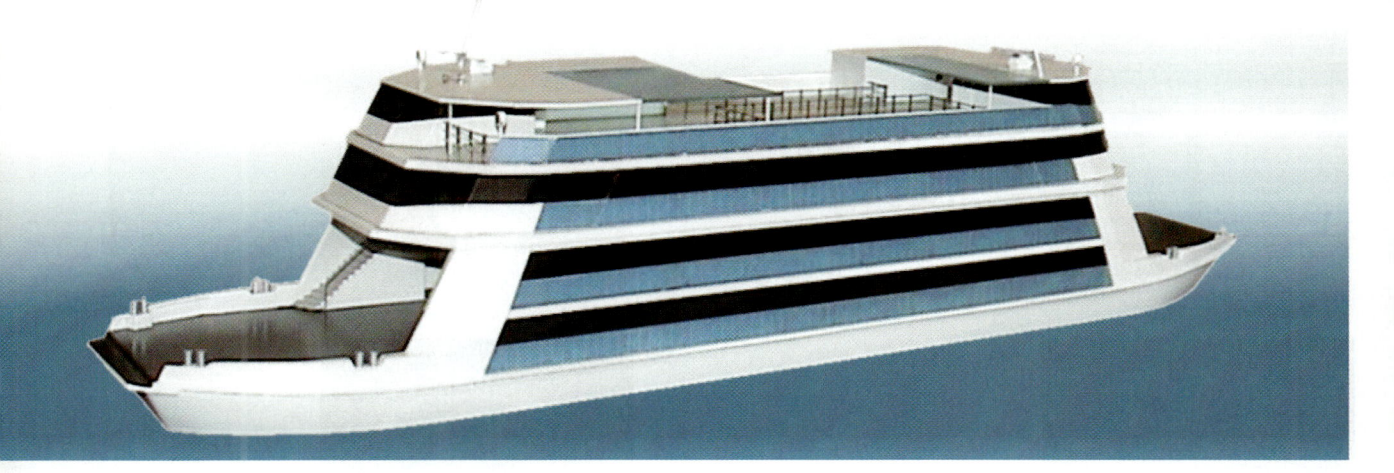

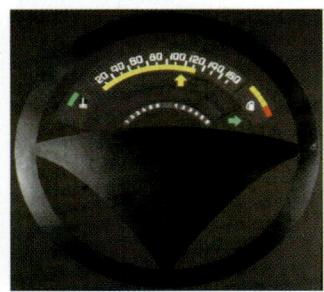

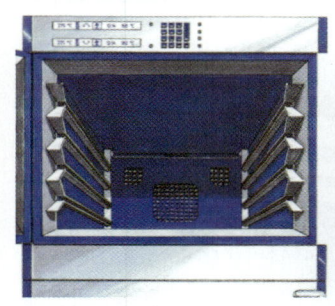

Farbbild 23

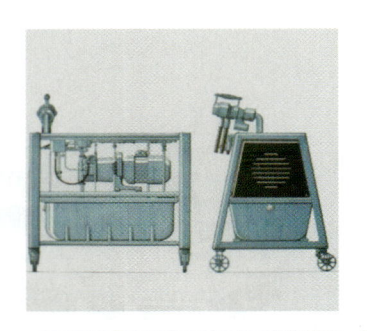

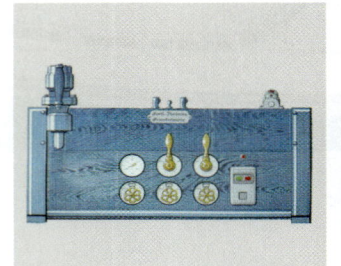

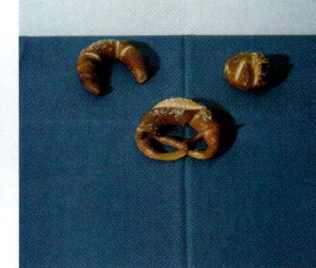

Farbbild 24

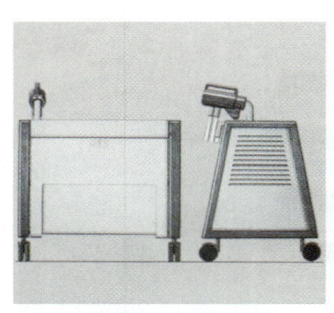

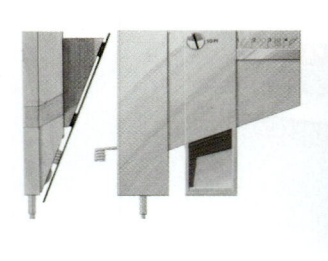

Farbbild 25

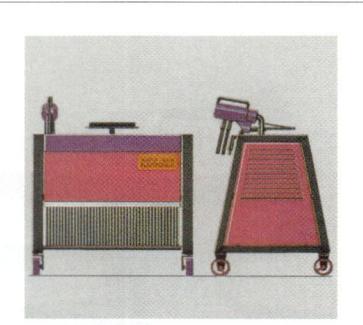

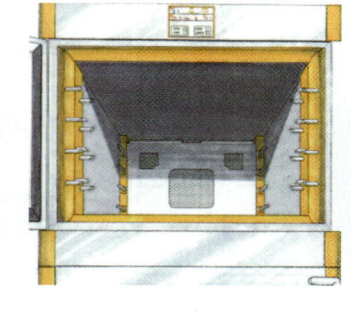

Farbbild 26

7 Formgebung in der Entwurfsphase

7.1 Voraussetzungen: Invariable Form-Elemente einschließlich ökologischer Aspekte

7.1.1 Abgrenzung von Gestaltkonzeption und Entwurf

Wie in Kapitel 2.6 definiert, wird unter der Formgebung die Festlegung der Flächen, Radien, Kanten, Fugen, Linien u.a. eines Aufbauelementes verstanden. Allgemeine Voraussetzungen der Formgebung ist der in Kapitel 6 behandelte Gestaltaufbau. Dieser wird in diesem Kapitel um seine Formgebung weiter konkretisiert.

$$Kon_{A.Fo}$$

Die Formgebung bezieht sich in Übereinstimmung mit den bisherigen Darlegungen immer auf die Funktionsbaugruppen, die Interfaceelemente und die Tragwerkselemente einer Produktgestalt.

Die Bedeutung des Tragwerks für die Formgebung zeigt das Beispiel Elektrooptischer Feintaster (Bild 155): die Formgebung entsteht entweder aus einer Minimalumhüllung der Funktionselemente (Bild 155 rechts oben) oder über ein Vollgehäuse („Kiste" / Bild 155 rechts unten).

Im ersten Fall ist die Formkomplexität der Gestalt identisch mit derjenigen des Aufbaus. Im zweiten Fall erfolgt eine wesentliche Gestaltreduktion.

Invariable Formen für das Design sind auf dieser Grundlage

- Funktionsformen, wie z.B. Spoiler,
- Fertigungsformen, wie z.B. Ausformschrägen,
- wirtschaftlich orientierte Formen, z.B. von Zulieferteilen.

Eine spezielle Gruppe meist wirtschaftlich bedingter Formen sind die Stapelformen (Bilder 172 und 173).

Alle diese invariablen Formen bestimmen den Freiheitsgrad der designorientierten Formgebung.

Dabei erfüllen Funktionsformen, wie z.B. die K-Form von Kraftfahrzeugaufbauten (nach Prof. W. Kamm (1893-1966), TH Stuttgart, benannt) gleichzeitig ökologische Anforderungen, wie z.B. einen niedrigen Kraftstoffverbrauch und Abgasausstoß durch einen niederen Cw-Wert (Bild 177).

Ein schwieriges terminologisches Problem ist die Bezeichnung oder Notation von Formen.

Denn hierzu bestehen nicht nur Systeme aus der Geometrie, sondern auch viele Bezeichnungen aus Handwerk (Fallung, Schattenfuge, Schliff, Falten u.a.), Botanik (Florale Form, theriomorphe Form, anthropomorphe Form) u.a.

Die designorientierte Formgebung wird im folgenden gegliedert in

- die anthropomorphe Formgebung,
- die kennzeichnende Formgebung,
- die formale Qualität und Ordnung der Formgebung.

Das übliche Hilfsmittel zur Erfassung und Darstellung einer Formgebung ist der Formlinienplan (Bild 161), häufig ergänzt durch das sogenannte Straken (Bild 162).

Wenn man davon ausgeht, dass das Konzipieren einer Gestalt üblicherweise ohne Maßstab oder im kleineren Maßstab als Skizze, Strichbild, Scribble o.a. erfolgt, dann ist das Entwerfen durch den Entwurf von Formen in Originalgröße oder aber durch maßstabsgerechte Formgebung gekennzeichnet.

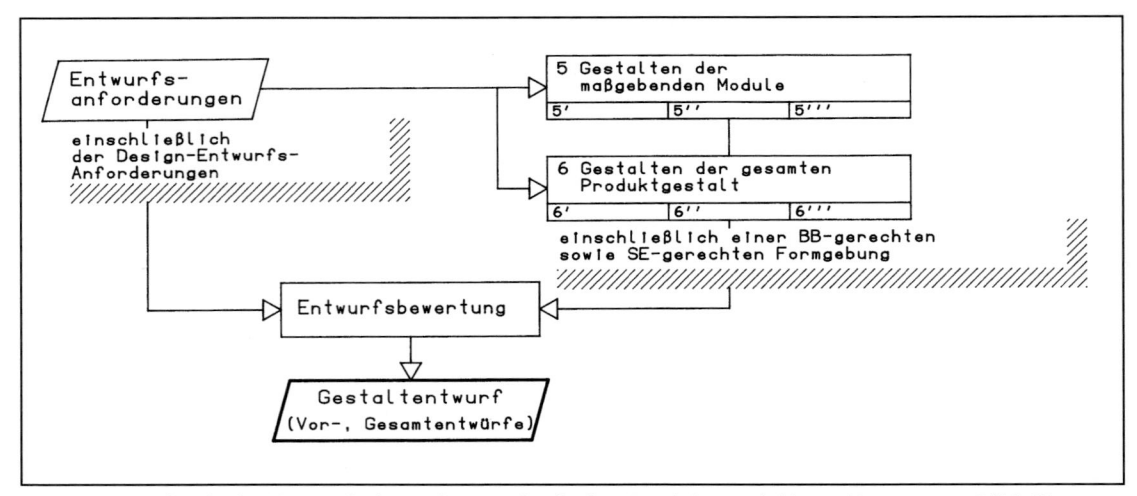

Bild 152 Design in der Entwurfsphase einer methodischen Produktentwicklung (Auszug aus Bild 42)

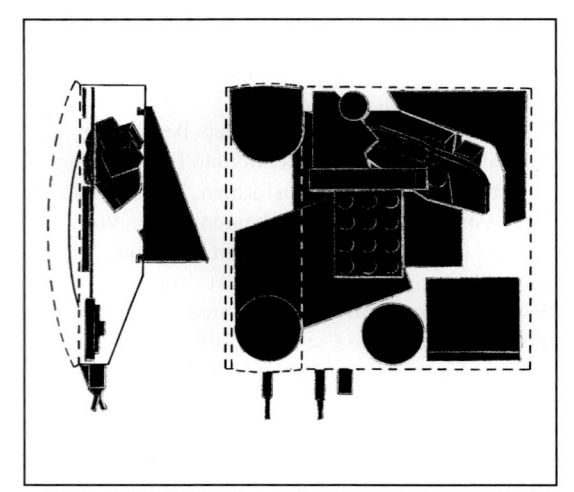

Bild 153 Invariable Gestaltelemente eines Münzfernsprechers (Farbbild 15)

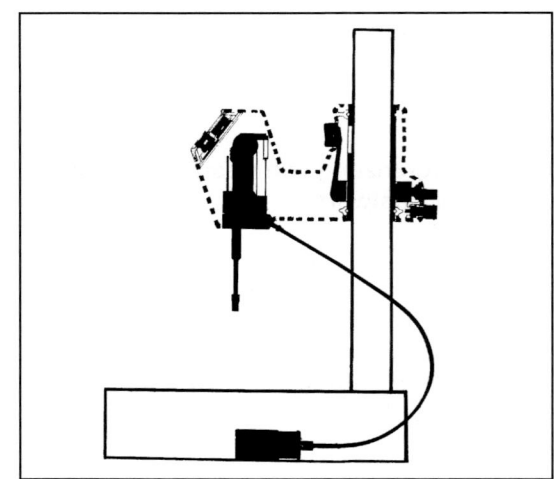

Bild 154 Invariable Gestaltelemente eines Feintasters (Bild 269/270)

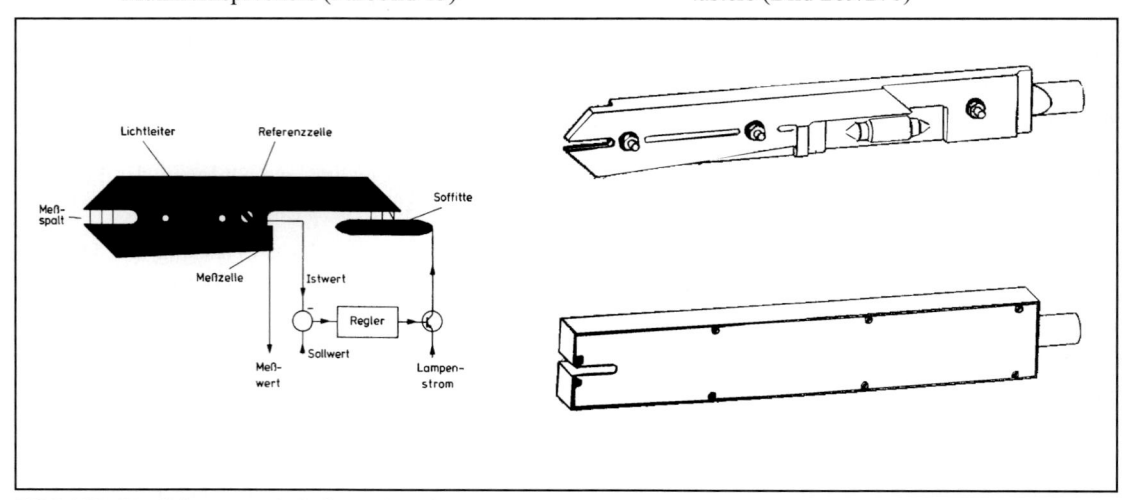

Bild 155 Funktionsgestalt (schwarz) und Tragwerksgestalten (weiß) einer elektrooptischen Messsonde

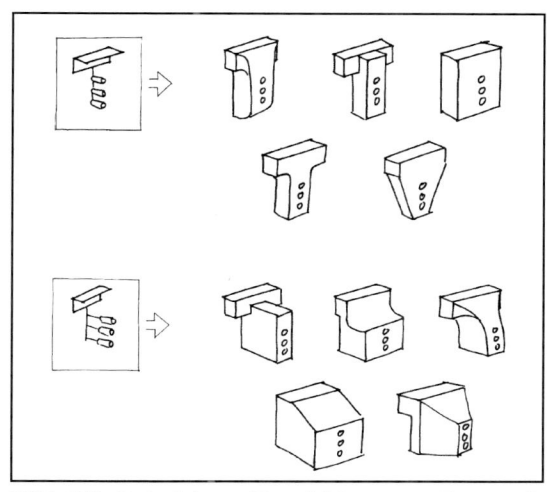

7.1 Voraussetzungen: Invariable Form-Elemente einschließlich ökologischer Aspekte

Bild 156 Beispiel zur Entwicklung von Formvarianten

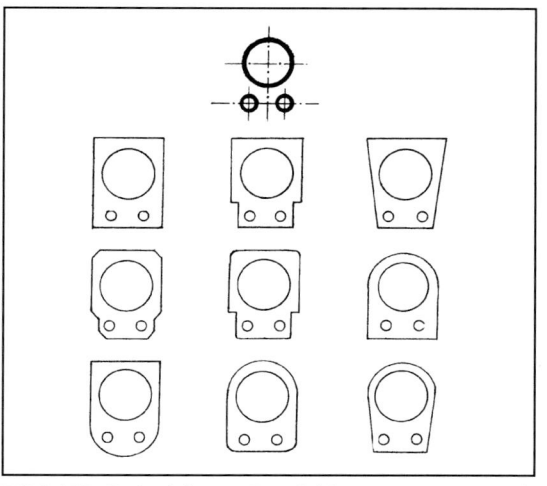

Bild 157 Beispiel zur Entwicklung von Formvarianten

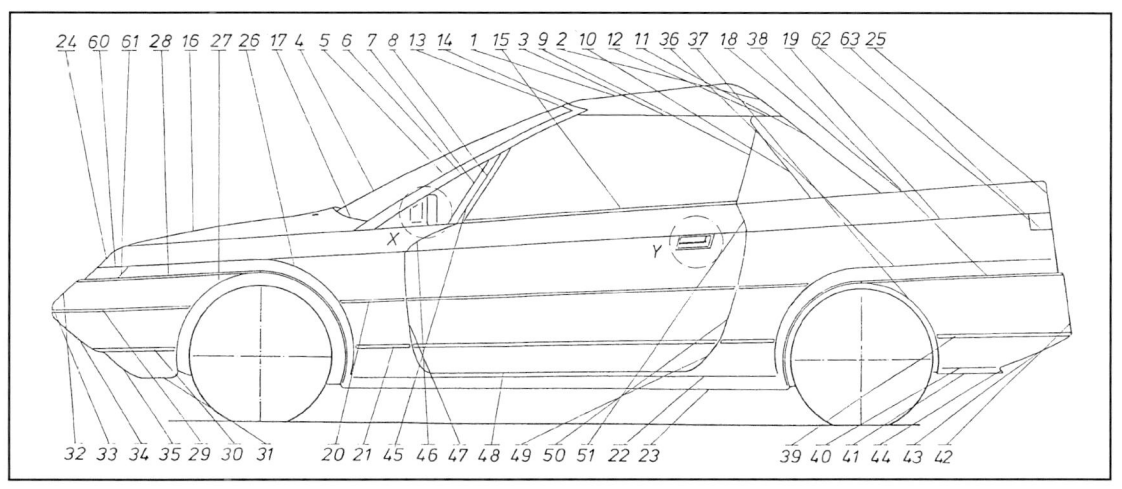

Bild 158 Beispiel für benennbare Formen von Karosserien

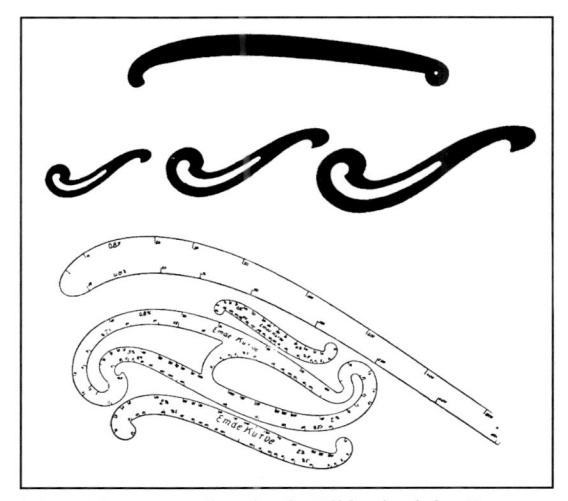

Bild 159 Kurvenlineale als Hilfsmittel der Formgebung

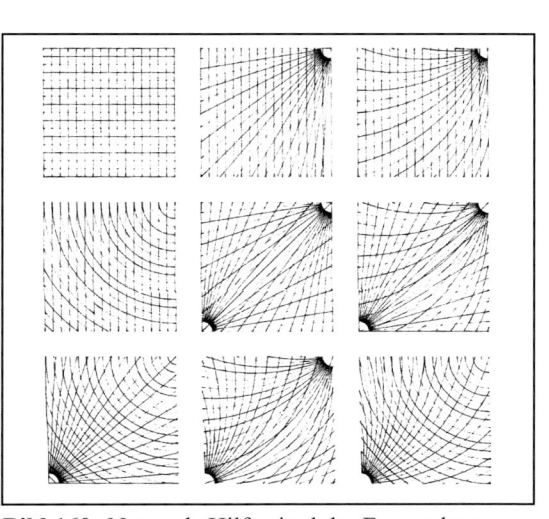

Bild 160 Netze als Hilfsmittel der Formgebung

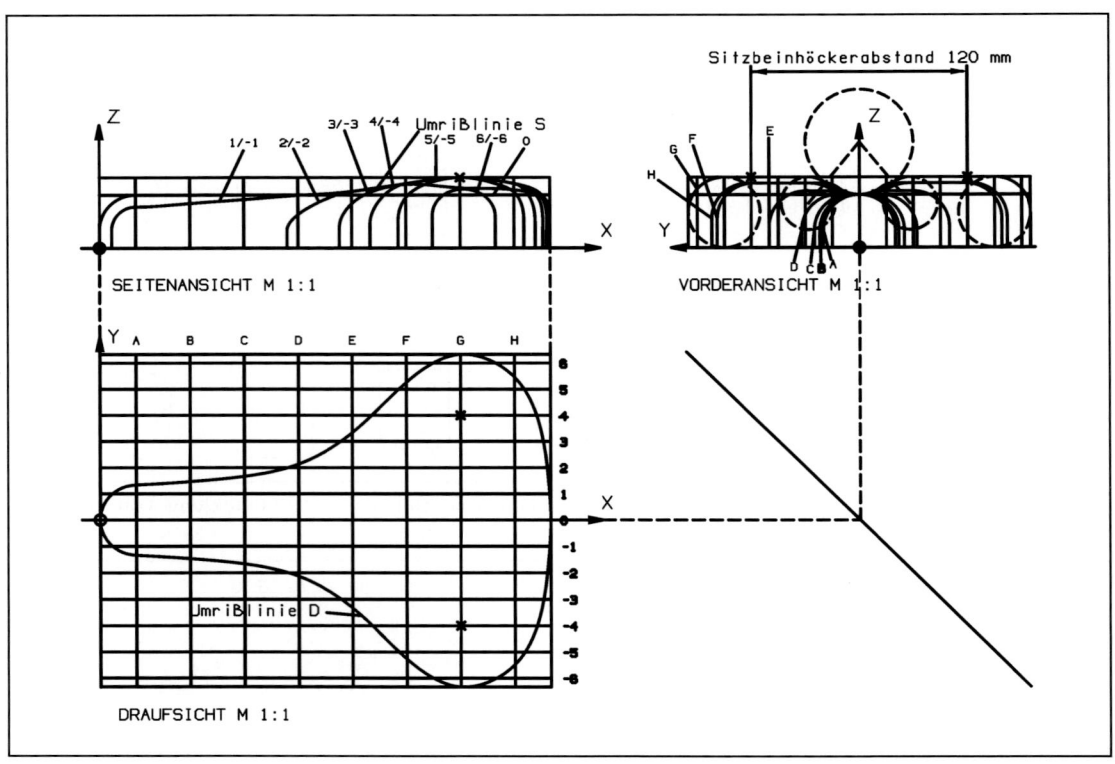

Bild 161 Formlinienplan am Beispiel eines Fahrradsattels

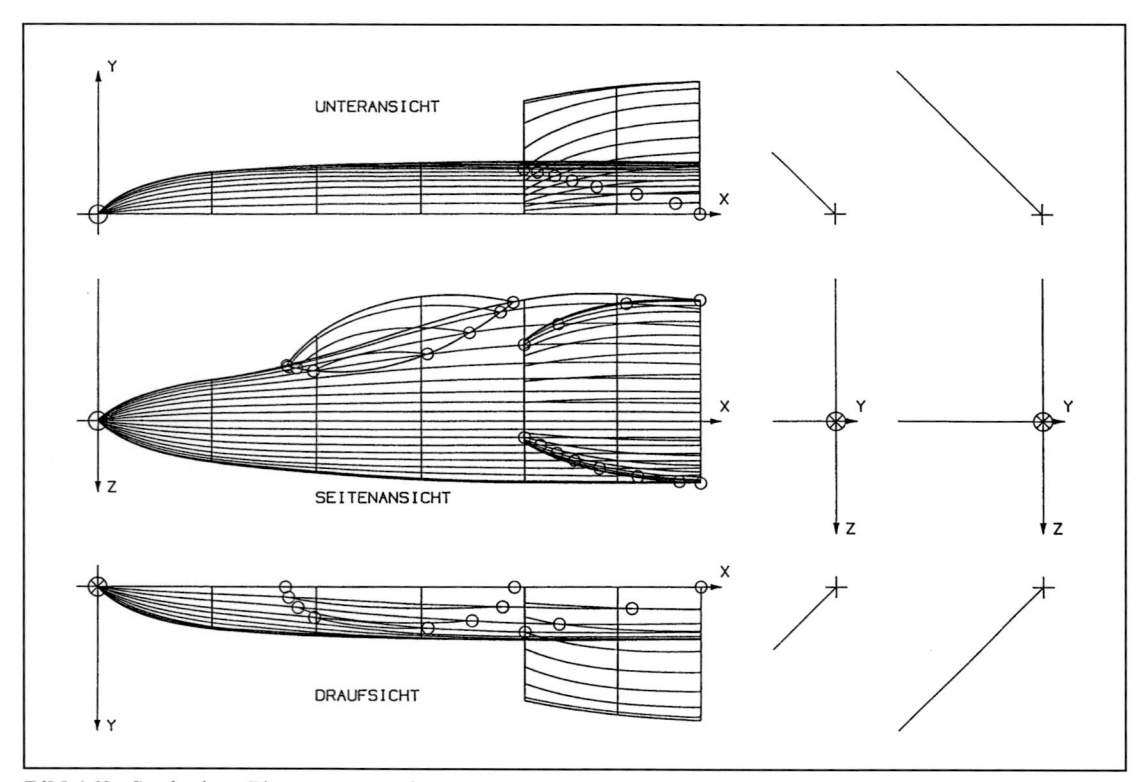

Bild 162 Strak eines Flugzeugsrumpfes

Die Entwurfsphase (Bild 152) ergibt in dem klassischen Verständnis der Produktentwicklung die Konstruktion eines Produktes im engeren Sinne mit dem Ergebnis der Berechnungs- und Fertigungsunterlagen und einem schutzfähigen Entwurf.

7.1.2 Benennung und Systeme von Formen einschließlich Hilfsmittel der Formgebung

Die Benennung von Formen im Maschinenbau stützt sich üblicherweise auf Grundlagen und Erfahrungen aus der Geometrie, aus Handwerk, aus Biologie, aus der Kunst u.a.

Beispiel für die geometrische Beschreibung von Produktformen ist deren Analyse als Zylinder, Quader, Kugel u.a., sowie den daraus abgeleiteten Teilformen, wie Kugelsegment, oder Formvarianten, wie kreisförmiger Stab. In der modernen Darstellenden Geometrie bestehen Formensysteme, wie z.B. dasjenige von Brauner [144], das von den Pyramiden und Prismen bis zu den Quadriken reicht. Geometrische Grundlagen der Formgebung sind auch die moderne Topologie und geometrische Operationen, wie die Verzerrung, Drehung, Stülpung, Deformation u.a. (Bilder 156 - 157). Darauf hingewiesen werden soll, dass die sog. Platonischen Körper mit ihrer Artenzahl 1 immer den Idealfall einer reinen Formgebung repräsentieren (Bild 34).

Beispiele für die handwerkliche Benennung von Formen sind Bombierung, Balligkeit, Facettierung, Schliff, Gehrung, Korbbogen u. a. Beispiele für die architektonische Benennung von Formen sind Buckelung, Diamantquader, Klostergewölbe, Spitzbogen u.a.

Beispiele für die Benennung von Formen nach Gegenständen der Biologie sind

- Anthropomorph d.h. menschenförmig,
- Theriomorph d.h. tierförmig,
- Floral d.h. pflanzenförmig,
- Kristallin d.h. kristallförmig
  u.a.

Beispiele für die Formbenennung nach bestimmten Kunstrichtungen sind

- Kubismus i.U. zu Rondismus,
- Hard-Edge i.U. zu Soft-Line,
- Barock i.U. zu Funktional
  u.a.

Auf der Grundlage der Geometrie wird die Rechnergenerierung von Formen gegliedert in

- Rotationsflächen,
- Regelflächen,
- Profilflächen,
- Freiformflächen (auch fälschlicherweise „Designflächen" genannt)

Natürlich bestehen in Maschinenkonstruktion und Industriedesign seit langem Ansätze zu speziellen Formenlehren. Genannt sei hier die „Morphologie" von E. Fuchs [145] mit der Unterscheidung von Zweckformen, Reißformen, Trugformen u.a.

Moderne Ansätze zu dieser Thematik sind die Arbeiten von Wolf [146], Tijalve (Bild 156) [147] und Hückler (Bild 157) [148]. Den weiteren Ausführungen wird insbesondere auch die Unterscheidung von Hückler in invariante und variante Formen zugrunde gelegt.

Praktische Hilfsmittel zur Formgebung sind Kurvenschablonen (Bild 159) sowie Gitter, Netz, Raster u.a. (Bild 160). Im Karosseriedesign wird damit der sog. Formlinienplan aufgebaut. Zu den handwerklichen Hilfsmitteln zählen insbesondere die Techniken des Modellbaus. Nach einem Terminologie-Vorschlag des Verbandes Deutscher Industrie-Designer [149] kann dieser ein Proportionsmodell, ein Designmodell, ein Funktionsmodell, ein Ergonomiemodell bis hin zu einem Prototyp betreffen.

Verfahren zur Festlegung von Übergangsformen sowie zum Bestimmen von Formen sind das Straken und die Formaustragung.

7.1.3 Funktionsformen

Die Formgebung unterliegt dem gleichen Bildungsgesetz wie alle Elemente einer Konstruktion, nämlich, sie erfüllen Anforderungen. Nach dem konstruktionswissenschaftlichen Verständnis dieser Darlegung handelt es sich hierbei um die vier Anforderungsgruppen

- technisch- physikalische oder
- funktionelle Anforderungen,
- fertigungstechnische Anforderungen,
- wirtschaftliche Anforderungen,
- menschliche Anforderungen
  bzw. Designanforderungen im engeren Sinn.

Wie schon für den Gestaltaufbau eines Produktes dargelegt, sind auch die Produktformen als Träger von Teilnutzwerten der oben genannten Anforderungen im Normalfall mehrwertig oder polyvalent. In der Entwurfsabfolge bestimmen die drei erstgenannten Formen den Freiheitsgrad des Technischen

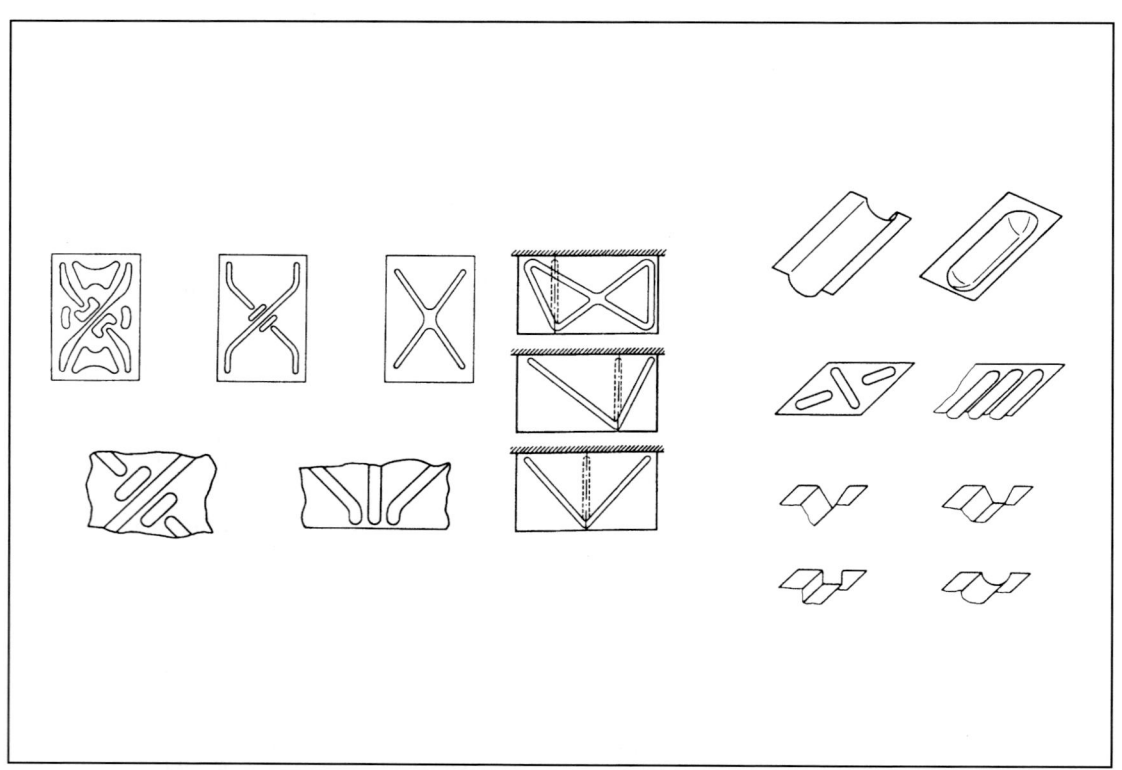

Bild 163 Sicken als Beispiele funktionaler Formen

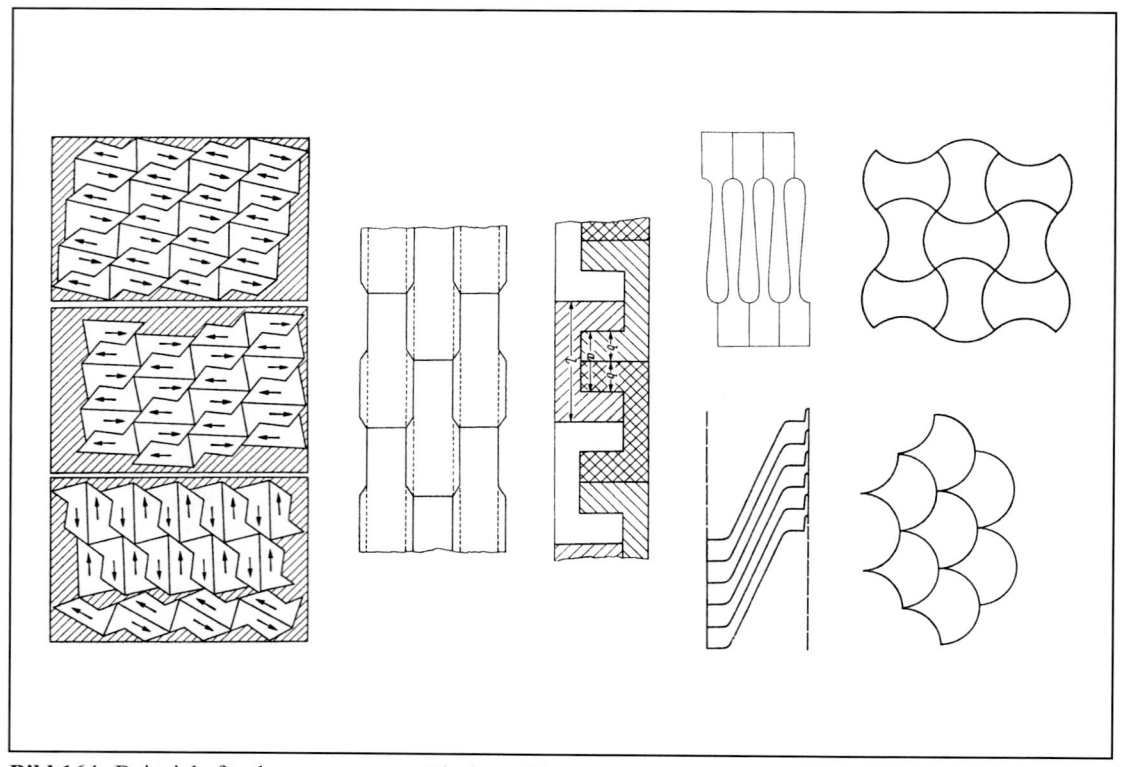

Bild 164 Beispiele für den sogenannten Flächenschluss

7.1 Voraussetzungen: Invariable Form-Elemente einschließlich ökologischer Aspekte

Design. Dieses wird damit auch auf der Ebene der Formgebung als ein Kompromiss oder als eine gewichtungsabhängige Optimierung verstanden.

Unter den Funktionsformen oder Wirkungsflächen werden alle Formen einer Produktgestalt verstanden, die technisch-physikalische Anforderungen erfüllen, wie

- Gleitflächen,
- Lagerflächen,
- Passflächen,
- Führungsflächen,
- Zahnflanken,
- Strömungsformen,
- Abreißkanten,
- Festigkeits- und steifigkeitsorientierte Berechnungsformen

u.a.

Aus Platzgründen soll hier nur auf die letztgenannten Formen eingegangen werden. Ein erster Aspekt ist die Versteifung einer Fläche mittels Sicken (Bild 163). Ein zweiter Aspekt ist die Erzielung gleicher Festigkeit z.B. gegen Biegung bei Trägern, was zu einer parabelförmigen und ellipsenförmigen Trägerform führt.

Wie allgemein bekannt ist, sind Festigkeit und Steifigkeit eines Bauteils über die jeweiligen Kennwerte, wie z.B. den Elastizitätsmodul vom Material abhängig. Für den Einsatz neuer Materialen, wie Polymerbeton, Kohlefasern, Keramik oder auch Holz und Stein, stellt sich neben der Frage nach dem Gewicht des betreffenden Bauteils. Als Hilfsmittel hierzu sowie in Erweiterung von Abschnitt 6.5. soll auf die Bemessung von Tragwerken mittels Gewichtskennwerten hingewiesen werden [150].

Beispiel
Zugstab:
Gegeben: F, 1, $\in$
Beanspruchung:

$$\sigma = \frac{F}{A} \leq \sigma_{zul}$$

Querschnittsbemessung nach der Steifigkeit

Für die zugelassene Dehnung gilt nach dem Hooke'schen Gesetz

$$\sigma = \in \cdot E$$

$$\in = \frac{\sigma}{E}$$

$$\in = \frac{F}{E \cdot A}$$

daraus erfolgt für den erforderlichen Querschnitt

$$A = \frac{F}{E \cdot \in}$$

Für das Eigengewicht G_E gilt

$$G_E = A \cdot l \cdot \gamma = \frac{F \cdot l \cdot \gamma}{\in \cdot E}$$

Dabei ist γ/E die Gewichtskennzahl für die Steifigkeit. G_E wird klein, wenn γ klein („leichter Werkstoff") und E hoch ist. Beispiel: Ersatz von Stahl durch Aluminium.

Tabelle 14 Beispiele für Gewichtskennzahlen γ/E unterschiedlicher Werkstoffe

	Grauguss	Stahl	Aluminium	Tannenholz	Duroplast	CFK
$\gamma \left(10^{-5} N/mm^3\right)$	7,25	7,55	2,65	0,5	1,6	
$E \left(N/mm^2\right)$	100000	210000	68000	7000	3000	
$\frac{\gamma}{E} \left(10^{-10} \ 1/mm\right)$	7,25	3,6	3,9	7,14	0,53	0,28 – 1,04

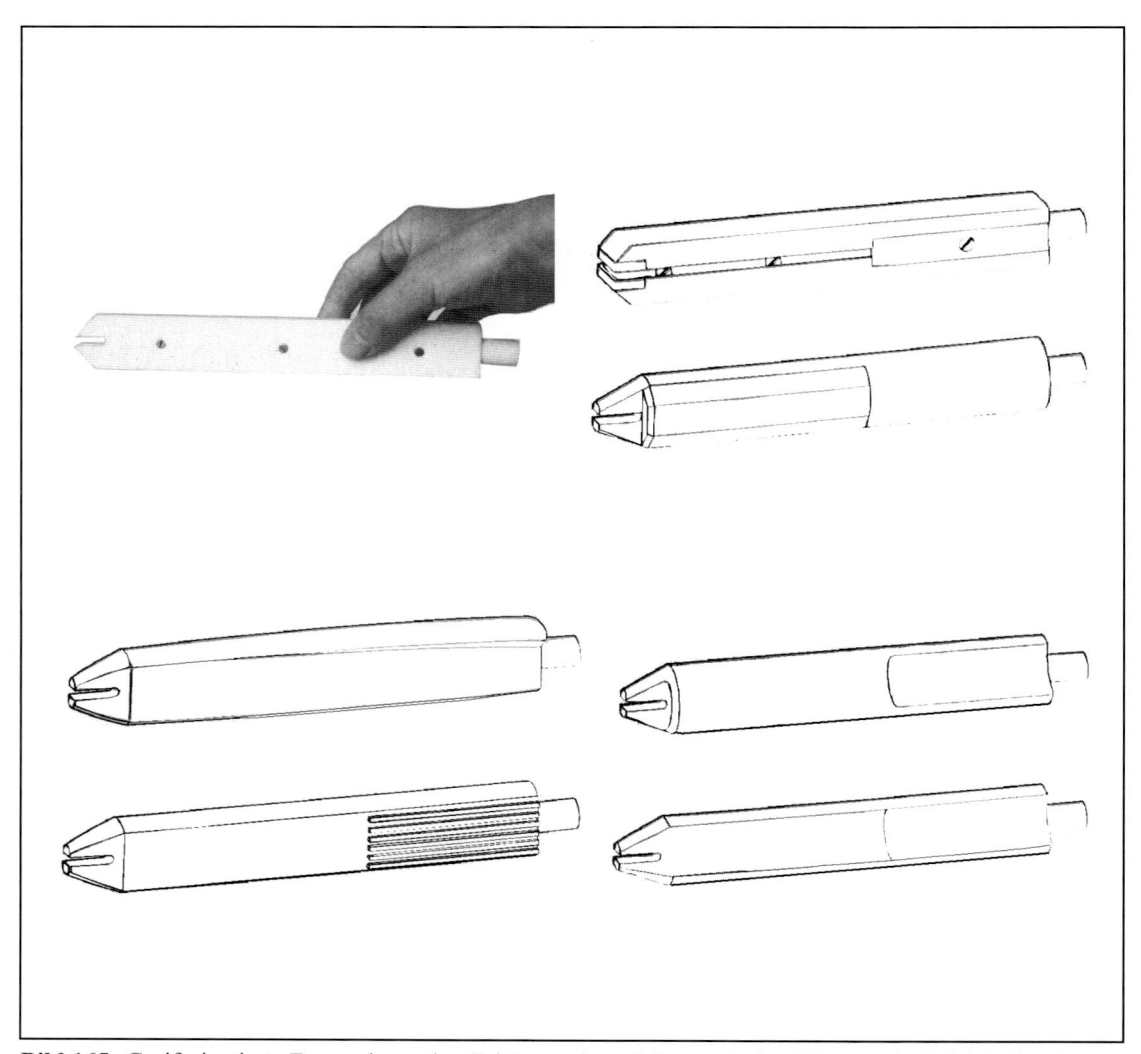

Bild 165 Greiforientierte Formgebung des Gehäuses einer elektrooptischen Messsonde (Bild 154/155)

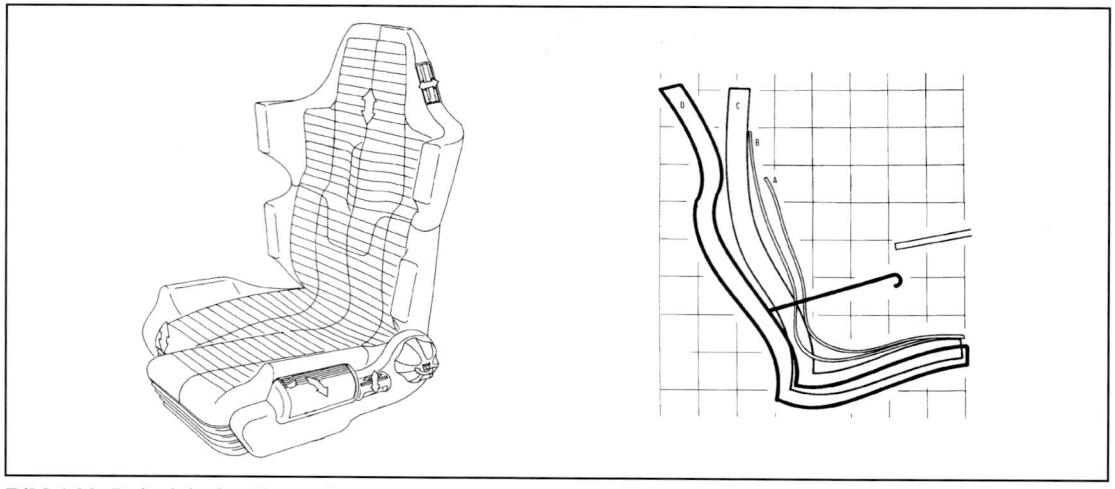

Bild 166 Beispiele für Sitze mit antropomorpher Formgebung

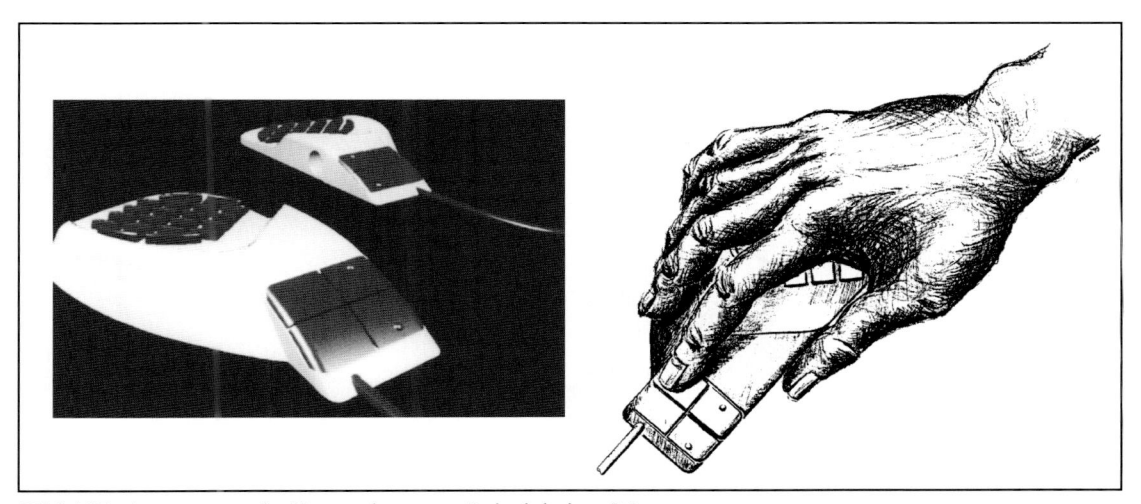

7.1 Voraussetzungen: Invariable Elemente einschließlich ökologischer Aspekte 211

Bild 167 Antropomorphe Formgebung am Beispiel einer Maus

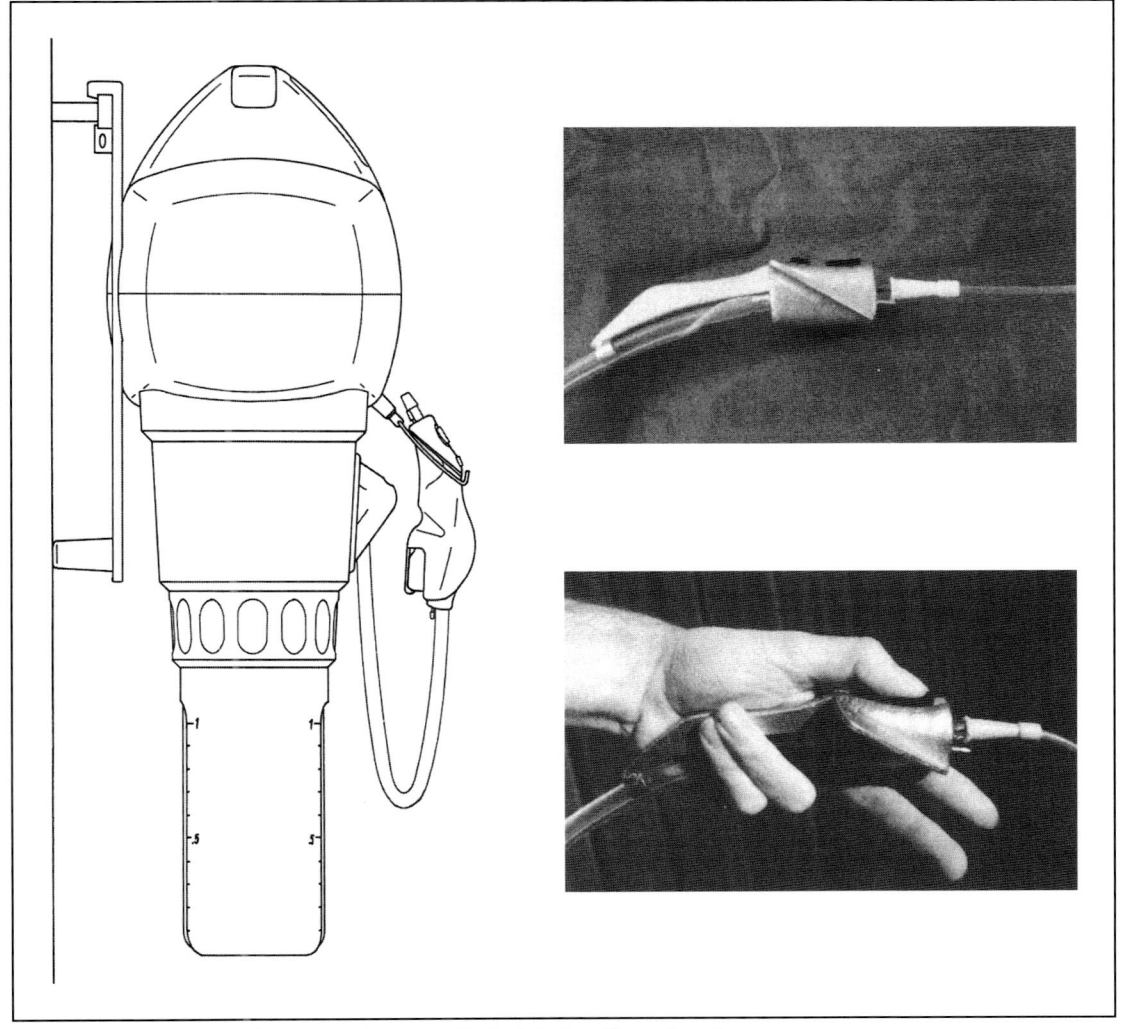

Bild 168 Antropomorphe Formgebung am Beispiel eines Bronchusabsaugsystems

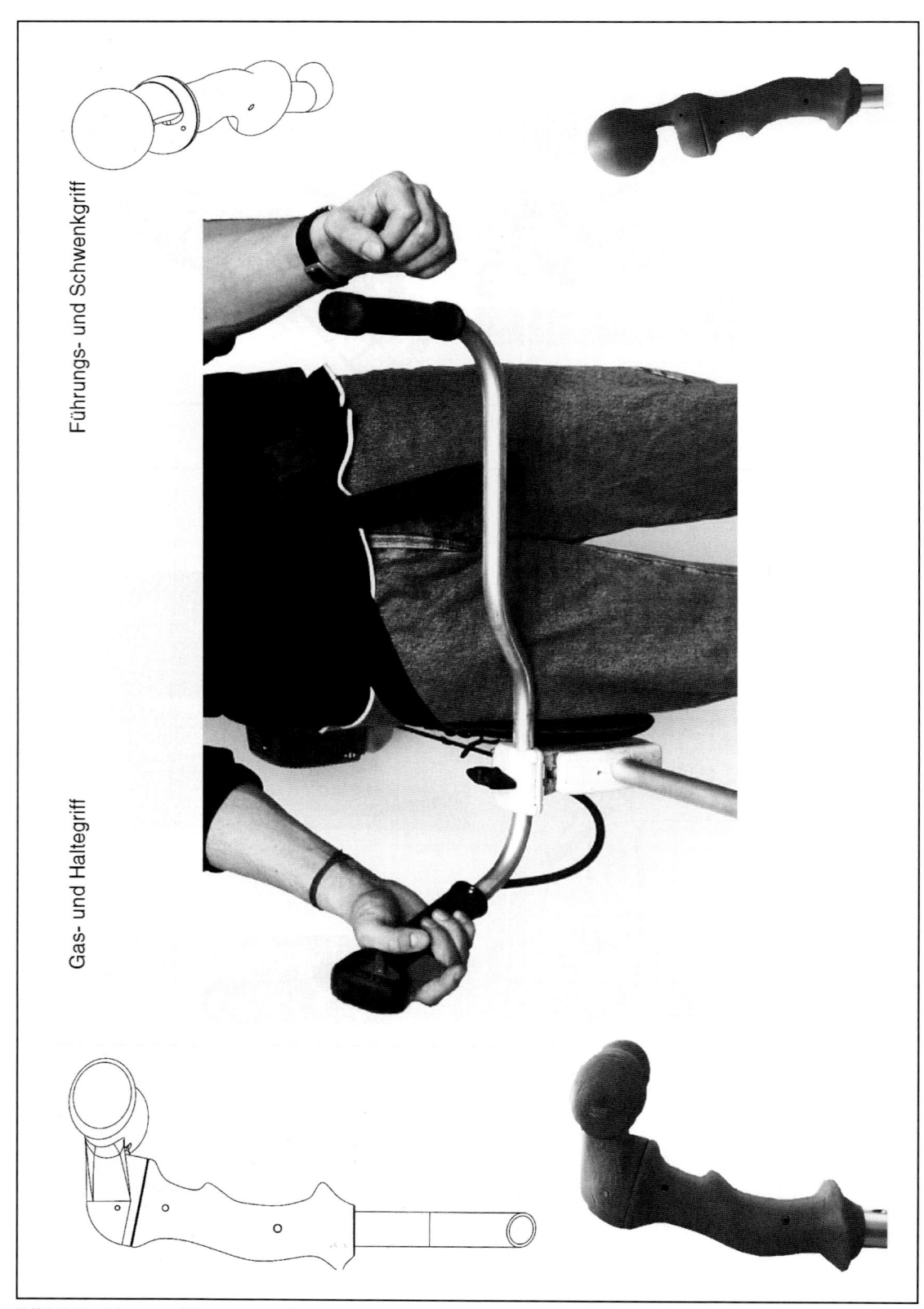

Bild 169 Ideen und Prototypen für ergonomische Griffe einer Motorsense

7.1.4 Fertigungsformen

Zu den Fertigungsformen gehören insbesondere diejenigen, die durch das Fertigungsverfahren bestimmt sind, wie z.B. durch eine spanabhebende Bearbeitung.

Bei allen gegossenen Maschinenbauelementen sind die Aushebe- oder Ausformschrägen solche invarianten Formen. Zu dieser Gruppe zählen auch als weniger bekannte Formen solche, die nach dem sog. Flächenschluss [151] entstehen (Bild 164).

In Verbindung mit Fertigung und Montage steht heute die Anforderung nach Wiederverwendung und Recycling [152], was konkret eine Formgebung fordert, die auch wieder trennbar und demontierbar ist.

Eine fertigungsorientierte Gestaltungsregel ist, schleifende Schnitte, auch Stöße, Fugen, Kanten, zu vermeiden. Diese sind immer sehr schwierig, häufig gar nicht, herzustellen.

7.1.5 Wirtschaftlich bedingte Formen einschließlich Zulieferteile

Einflussgrößen auf die Kosten eines Bauteils oder einer Baugruppe sind insbesondere die Stückzahl und das Fertigungsverfahren. Letzteres bestimmt damit, wie im vorausgehenden Abschnitt dargelegt, wieder die Formgebung mit.

Einfluss auf die Formgebung einer Produktgestalt hat zudem die Verwendung von Zuliefer- oder Kaufteilen, wie z.B. Bedienelemente (Bilder 114 und 116), oder Tragwerke und Gehäuseteile.

Bei Bauteilen ohne ergonomische Anforderungen, wie z.B. bei Abdeckungen oder Tragwerken, reicht es für die Formgebung häufig aus, diese aus den invarianten Formen ohne weitere Formarten zu verwirklichen. Nach diesem Verfahren kann durchaus eine reine und formal befriedigende Form entstehen (s. a. Formähnlichkeit 7.4.2).

7.2 Betätigungs- und benutzungsorientierte Formgebung

7.2.1 Antropomorphe Gegenformen und Koppelflächen

In den Körperformen des Menschen existieren keinerlei geometrische Körper und Flächen. Die einzelnen Körperformen des Menschen sind das Positiv zu den Formen von Bedienungselementen, Sitzen u. a. Deren Formen sind somit das Negativ oder die Gegenform zu den betreffenden antropomorphen Formen. Dieser Zusammenhang gilt zwischen

- Finger und Fingerkuhle,
- Hand und Manual,
- Fuß und Pedal,
- Schenkel, Gesäß und Rücken zu Sitz- und Lehnenflächen (Bild 166),
- Kopfform und Helmform,
- Nase und Brillenform

u.a.

In der ergonomischen Fachliteratur finden sich bis heute sehr wenige Angaben über antropomorphe Formen. Im Einzelfall wird man bei der Formgebung von Griffen und Sitzen nicht ohne Modell auskommen.

Hierzu empfiehlt sich folgendes Verfahren:

1. Ein erster Ansatz zu einer betätigungsgerechten Formgebung ist die Berücksichtigung unterschiedlicher Betätigungen oder des Betätigungsablaufes.
   Beispiele sind:
   - Formgebung eines Stempelgriffs aus der Wiegebewegung;
   - Formgebung eines Schraubzwingengriffs aus der schnellen Zustelldrehung und der eigentlichen Momenteneinleitung u. a.

2. Ein zweiter fachlicher Ansatz über die betreffenden Körpermaße ist die Maßgruppe in DIN 33 402 von der Kleinfingerbreite (3.1.) bis zur Handbreite ohne Daumen (3.19).

3. Ein dritter fachlicher Ansatz zur Bestimmung antropomorpher Kopplungsflächen ist der sog. Kopplungsgrad [153] als der Quotient aus berührter Fläche zur Gesamtfläche. Als Entscheidungskriterium neben der Kraftübertragung geht in den Kopplungsgrad insbesondere die Beweglichkeit ein. Diese beiden Kriterien laufen nicht gleichgerichtet, sondern entgegengesetzt. Die Forderung nach hoher Beweglichkeit bei kleiner Kraftübertragung führt zu elementar geometrischen Griff-Formen, wie z.B. einem Kugelgriff. Demgegenüber ergibt die Forderung nach hoher Kraftübertragung bei niederer Beweglichkeit antropomorphe Griff-Formen mit einem hohen Kopplungsgrad (Bilder 167 - 169). Nach den Untersuchungen der Ergonomie sollen gute Gebrauchs-Griffe dazwischen liegen mit einem Kopplungsgrad um 50%. Dieser wird verwirklicht durch die bekannten Griffe in Spindelform,

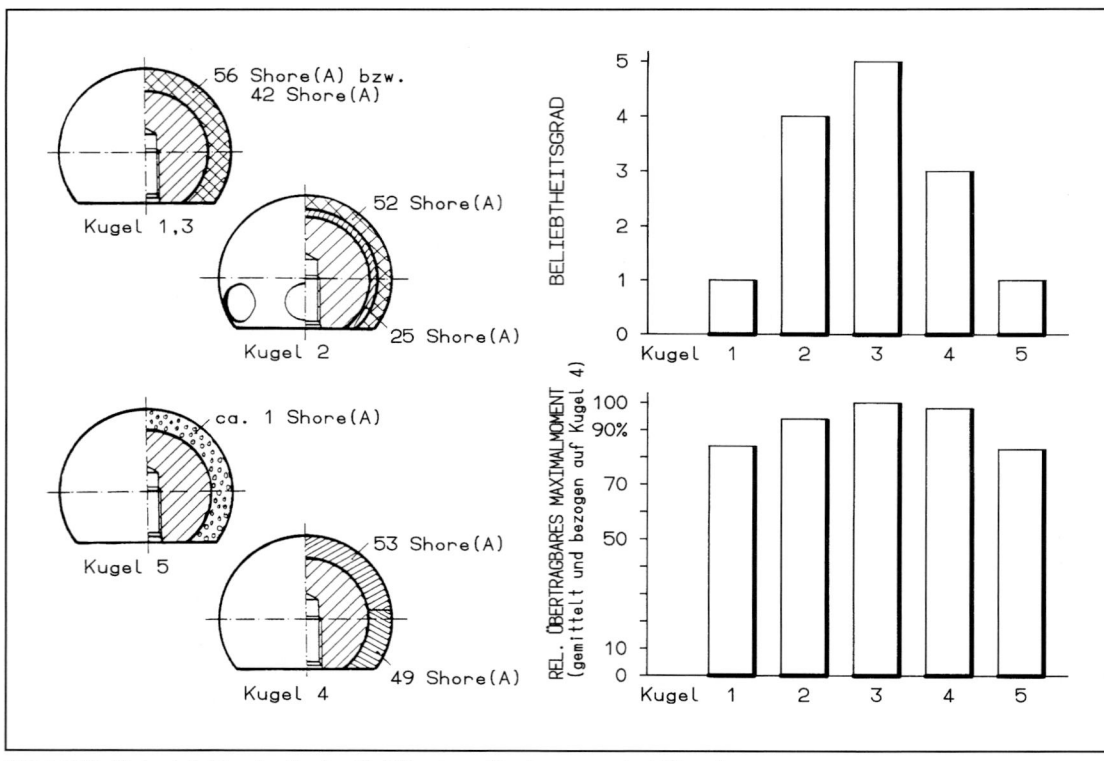

Bild 170 Beispiel für elastische Griffe eines Drehmomentschlüssels

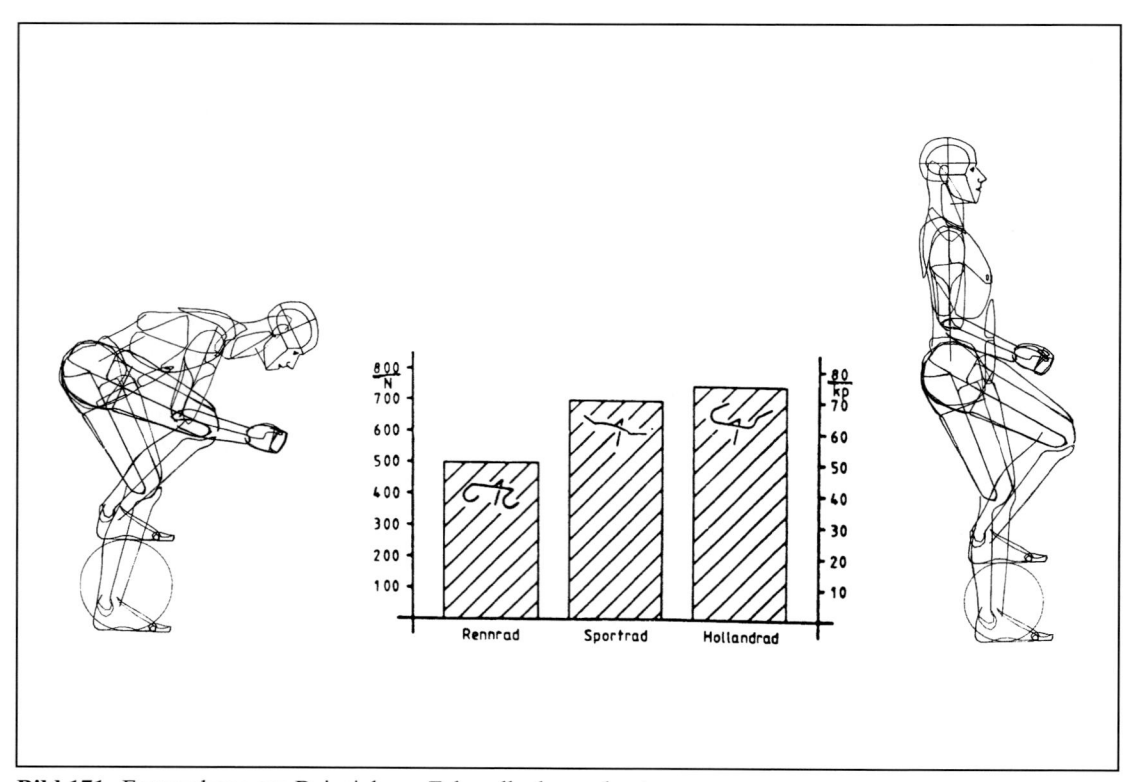

Bild 171 Formgebung am Beispiel von Fahrradlenkervorbauten

Ballenform, Ellipsenform u. a.
Bei Türklinken wird dieser Kopplungsgrad verwirklicht durch die sog. Daumenbremse, die Zeigefingerkuhle, die Ballenstütze und das Greifvolumen [154].

4. Für die Formgebung kann ein vierter Ansatz die Flächenpressung sein. Nach Hering [153] lassen sich hier drei Bereiche unterscheiden:
Im Schmerzbereich mit Pressungen von 0,5 N/mm^2 und mehr wird die Arbeit verweigert. Im „unangenehmen" Bereich mit Pressungen zwischen 0,3 N/mm^2 und 0,5 N/mm^2 arbeitet die Versuchsperson ungern. Sie sucht dabei die Druckstelle auf möglichst unempfindliche Teile des Handinnern zu verlegen. Dieser Bereich ist dem Arbeiter nicht zumutbar. Im eigentlichen Arbeitsbereich sollten die Pressungen auf die Innenseite der Finger unter 0,3 N/mm^2 liegen. Bei kantigen Griffen ist zu beachten, dass die Flächenpressung in eine Linien- und Punktpressung übergehen kann.
Deshalb müssen zur Erzielung antropomorpher Formen immer einfach- oder mehrfach gewölbte Flächen eingesetzt werden.

Die Erhöhung des Kopplungsgrades und damit der Kraftübertragung bei Griffen erfolgt heute vielfach mittels elastischer Materialien. Verbunden ist damit die Dämpfung von Schwingungen und Vibrationen. Beispiele sind die Griffpartien von Lenkrädern, Rasierapparaten, Schlagbohrmaschinen oder Drehmomentschlüsseln (Bild 170).

Für Sitzformen gelten die in dem Abschnitt 3 behandelten Sitzarten, Hauptmaße und Punkte wie z.B. der Sitzreferentpunkt (SRP). Für die Sitzfläche gelten die ergonomisch empfohlenen Ausformungen (Bild 166).
Die Lehnenfläche wird aufgebaut aus der unteren Einsattelung (Lordose) bis zum sog. Åckerblôm-Knick in Höhe des 10. Brustwirbels und der danach folgenden Ausbuckelung (Kyphose).
Ansätze für neue Sitzformen kann die Berücksichtigung spezieller Körperformen sein.

Die doppelte Abschrägung oder Pfeilung von Maschinenfronten ist gleichfalls als betätigungs- und benutzungsorientierte Formgebung zu verstehen, nämlich als Berücksichtigung eines Fuß- und Beinfreiraumes unterhalb der Gürtellinie und darüber als Berücksichtigung der Kopf- und Körperneigung der Bedienungsperson (Farbbild 21).

Das Customization-Design, d.h. die individuelle Formgebung, geht über die Norm hinaus und erfordert die Ermittlung individueller (Gegen-) Formen z.B. durch direktes Abformen oder durch Körper-Scannen.

7.2.2 Formgebung nach extremen Betätigungskräften

Bei vielen Bedienungselementen, wie z.B. Schalthebeln, ist neben der Betätigungskraft, die sich im Normalfall nach der schwächsten Bedienperson richten muss, bei der Dimensionierung und festigkeitsorientierten Formgebung eine extreme Betätigungskraft, nicht zuletzt aus Panik oder Vandalismus zu berücksichtigen. Diese bei der festigkeitsorientierten Formgebung zu berücksichtigenden Extremkräfte liegen erfahrungsgemäß um das bis zu 100-fache höher als die normale Betätigungskraft (Tabelle 15).

Tabelle 15 Gegenüberstellung von normalen und extremen Betätigungsgrößen des Menschen

Beispiele	Normale Betätigungskraft		Extremkräfte/ Vandalimus
Ziehen und Reißen	500 N	1 : 5	2450 N Fliegengewicht
		1 : 9	4400 N Superschwergewicht
		1 : 6	2000 N
		1 : 70	700 N
		1 : 100	100 N
		1 : 5 - 1 : 100	

Praktische Konsequenzen sind, dass z.B. bei der Dimensionierung von Schalthebeln in landwirtschaftlichen oder militärischen Fahrzeugen die extreme Fußkraft als Biegekraft zu berücksichtigen ist oder bei Fahrradlenkervorbauten eine Torsions- und Biegekraft in der Größe der Gewichtskraft eines erwachsenen Mannes (Bild 171).

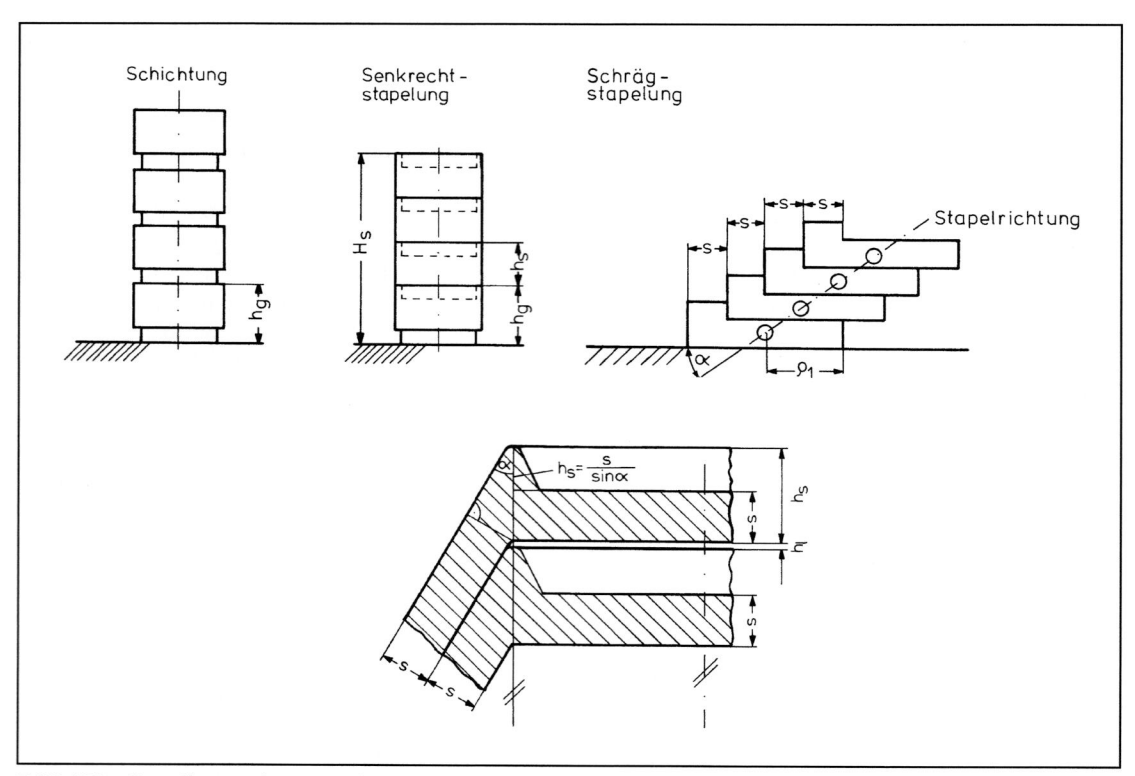

Bild 172 Grundlagen einer stapelgerechten Formgebung

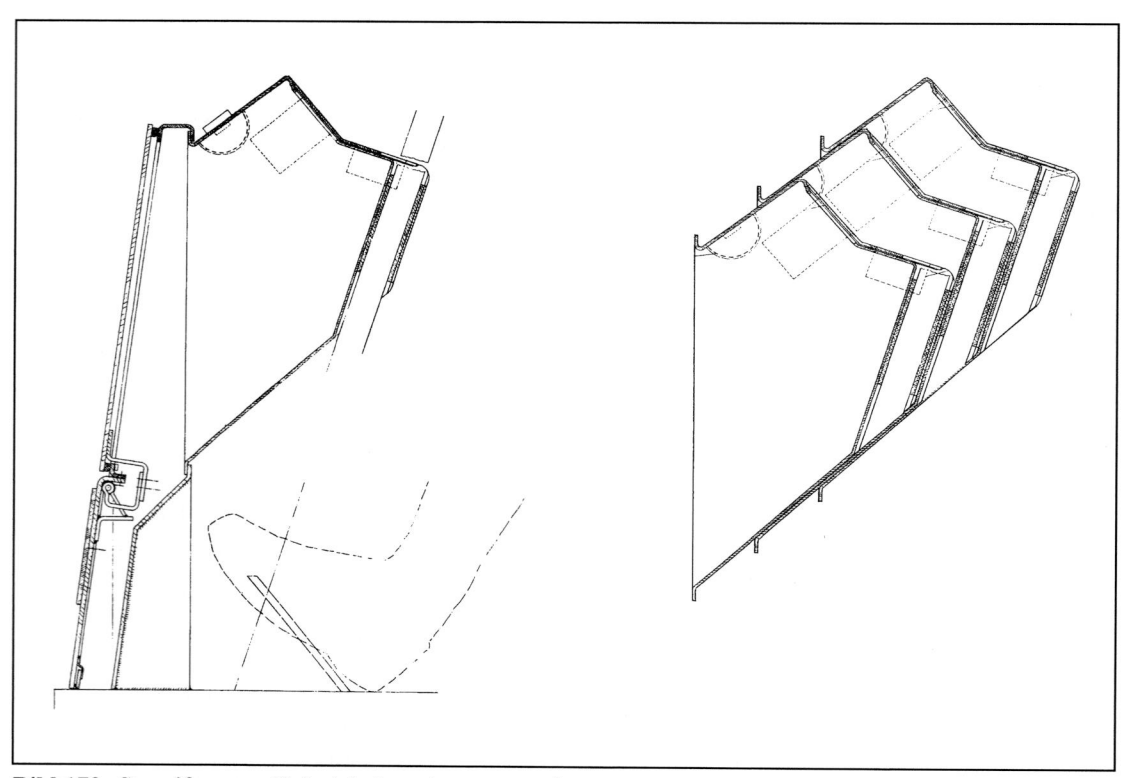

Bild 173 Stapelform am Beispiel eines Armaturengehäuses

7.2.3 Reinigungs- und stapelgerechte Formen

Zu dem erweiterten Rahmen einer betätigungs- und benutzungsgerechten Formgebung zählt die Reinigung und die Stapelbarkeit. Die Berücksichtigung von Reinigung und Hygiene führt zu minimalumhüllenden Formen [155].

Die Formeffektivität hat einen Kennwert in dem sog. „isoperimetrischen Quotienten", der für Flächen das Verhältnis von Umfang zu Inhalt wiedergibt. Sinngemäß gilt dieses Verhältnis auch für Körper. Die minimale Umdrehungsfläche zwischen zwei Kreisringen ist kein Zylinder, wie es die Flächenausbildung der Fischreuse zeigt. Zur Darstellung und Erzeugung von Minimalflächen eignen sich Seifenhautexperimente, bei denen sich zwischen den in Seifenlösung getauchten kantenkonformen Drahtgebilden solche Flächengebilde einstellen. Zwischen gegebenen Formelementen lassen sich so im Modell die minimalen Übergangsflächen ermitteln, die – in Wirklichkeit mit einer gleichmäßigen Wandstärke „belegt" – die geringst gewichtige Lösung eines Gussteils ergeben. Dieser Formenverlauf ist typisch für frühere Gussgehäuse im Maschinenbau, wenn auch oft nur in angenäherter Weise (nach A. Hückler [156]).

Stapeln ist im Unterschied zum Schichten das formschlüssige Verbinden von gleichen Produktgestalten oder Gestaltelementen, insbesondere um Lager- und Transportraum zu sparen. Es wird im Unterschied zu der Füge- und Stecktechnik erzielt durch den Formschluss der Stapelelemente mittels ihres Eigengewichtes.

Die Stapelbarkeit beruht auf der gleichen oder ähnlichen Außenkontur und Innenkontur der Teile. Zur Erzielung eines günstigen Stapelmaßes muss die Außenkontur und die Innenkontur entlang der Stapelrichtung zur Deckung gebracht werden können. Beispiele: Becher, Töpfe, Karosserieteile, Paletten, Masseln u. a.

Für die Stapelhöhe H_S gilt (Bild 172):

$$H_S = h_g + (n-1) \cdot (h_s + h_L)$$

mit
h_g Höhe des ersten Stapelelementes
h_S Stapelungshöhe ab dem 2. Stapelelement
h_L Toleranzhöhe („Luft"!)
n Anzahl der Stapelelemente.

Ideal wäre, wenn die Stapelungshöhe h_S den Betrag der Wandstärke s erreichen würde. Dies ist aber wegen der Abbildungsbedingung von Außen- und Innenkontur nicht möglich, sondern für den Grenzwert von h_S gilt in Abhängigkeit von der Wandstärke s und der Formschräge α

$$h_S = \frac{s}{\sin \alpha}$$

Damit gilt für die kleinste Stapelhöhe $H_{S min}$

$$H_{S min} = h_g + (n-1) \cdot \left(\frac{s}{\sin \alpha} + h_L \right)$$

Für $\alpha = 0°$ ergibt sich die Hochschichtung mit $H_S = n \cdot h_g$.

Für $\alpha = 90°$ ergibt sich die Flachschichtung mit $H_S = n \cdot s$.

Für den Schrägstapel gilt die allgemeine Standbedingung: der Abstand ρ_1 des Schwerpunktes von der Kippkante muss größer Null sein. Damit gilt für die Grenzzahl n an Stapelelementen nach einem wichtigen Hinweis von Hückler:

$$\rho_1 - (n-1) \cdot \frac{s}{2} \geq 0$$
$$n \leq \frac{2\rho_1}{s} + 1$$

Eine Erhöhung der Stapelelemente des Schrägstapels über die Grenzzahl hinaus ist möglich durch Umkehr der Stapelrichtung. Der Schrägstapel wird damit zum Zickzack-Stapel.

7.3 Kennzeichnende Formgebung

Die folgenden Ausführungen stützen sich auf den in Abschnitt 2.3 und 2.4 beschriebenen Wahrnehmungs- und Erkennungsvorgang einer Produktgestalt durch den Menschen. Die Behandlung der Formgebung eines Produktes als visuelle Kennzeichnung ist immer eine Vertiefung der in der Gestaltkonzeption getroffenen Entscheidungen. In diesem Werk sind dies die Aussagen in Abschnitt 6.3 zur Sichtbarkeit und Erkennbarkeit von Funktionselementen, in 6.4 zur Kennzeichnung von Bedienungselementen und in 6.5/6.6 zu Konzeption und Kennzeichnung einer Produktgestalt mittels der Tragwerke und Gehäuse.

Aus diesen Grundlagen und Voraussetzungen ergibt sich die Matrix für die folgenden Ausführungen.

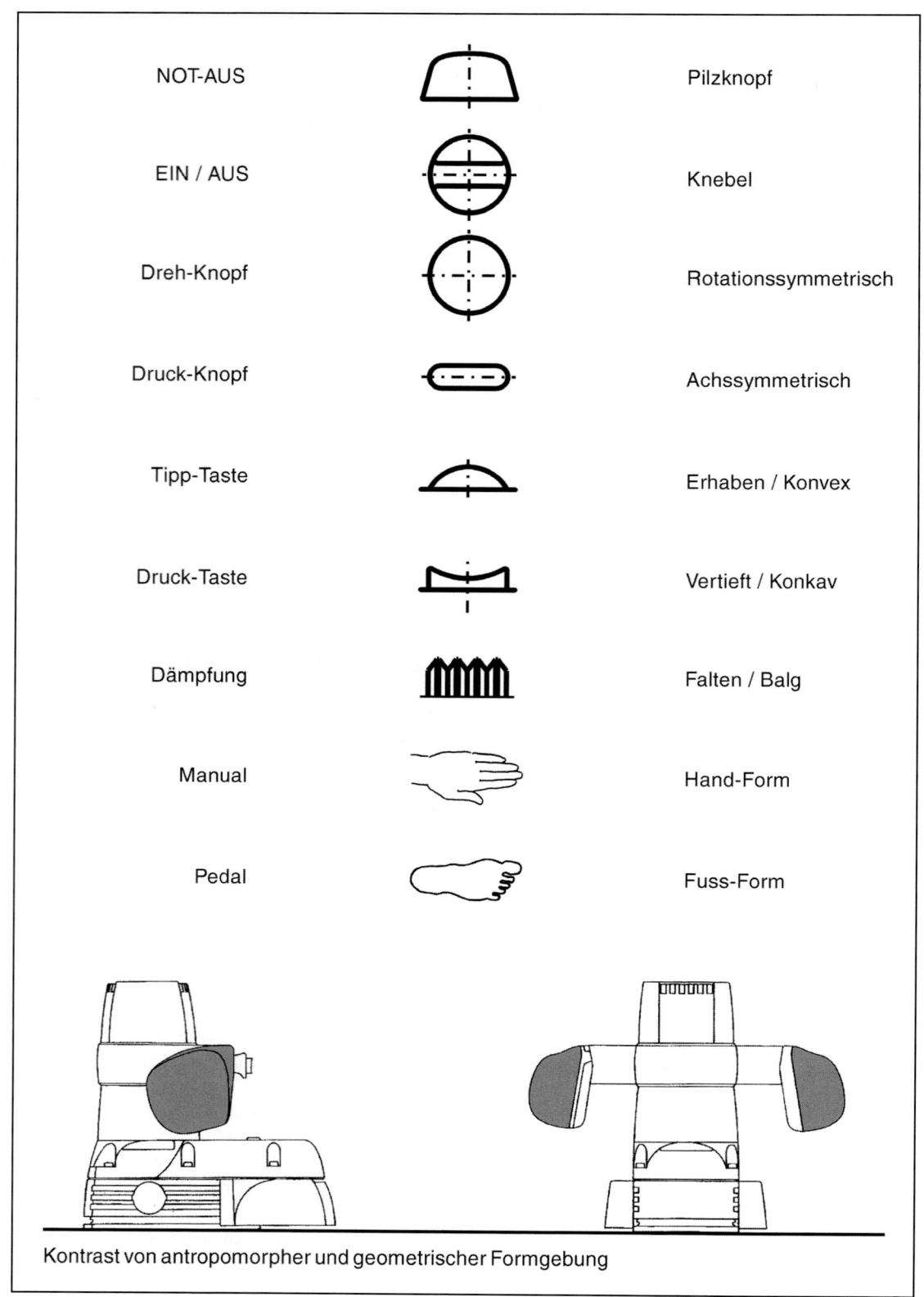

NOT-AUS	⌓	Pilzknopf
EIN / AUS	⊖	Knebel
Dreh-Knopf	○	Rotationssymmetrisch
Druck-Knopf	⊂⋅⋅⊃	Achssymmetrisch
Tipp-Taste	⌒	Erhaben / Konvex
Druck-Taste	⌣	Vertieft / Konkav
Dämpfung	⋀⋀⋀⋀	Falten / Balg
Manual	✋	Hand-Form
Pedal	🦶	Fuss-Form

Kontrast von antropomorpher und geometrischer Formgebung

Bild 174 Beispiele für betätigungs- und benutzungskennzeichnende Formen

7.3.1 Bedienungskennzeichnende Formen

Bedienungskennzeichnende Formen von Stellteilen können sämtliche Anforderungen und Wirkgrößen betreffen (Bild 174):

- die Stellgröße z.B. Kennzeichnung eines Not-Aus-Schalters durch den Pilzknopf,
- die Stellung z.B. Kennzeichnung von Ein-Aus durch den Knebel,
- die Betätigungsart z.B. Unterscheidung eines Druck-Knopfes von einem Dreh-Knopf durch unterschiedliche Querschnitt-Symmetrie,
- die Betätigungsqualität, z.B. die Unterscheidung einer Tipp-Taste mit nach außen gewölbter Form von einer Druck-Taste mit nach innen gewölbter Form, oder die Dämpfung eines Betätigungs-Elementes durch Falten [157],
- das Betätigungsorgan z.B. Kennzeichnung eines Lautsprechers als Ohrmuschel, oder durch die in 7.2.1 behandelten antropomorphen Formen u.a.

Eine Bewertung der Erkennbarkeit der Stellung von Stellteilen enthält auch DIN 33 401. Beispiele für extreme Kennzeichnung von Bedienelementen sind aus dem Militärwesen bekannt.

Die Betonung bedienungskennzeichnender Formen kann einmal durch den Formenkontrast der Elemente untereinander erfolgen (Bild 174) sowie durch den Kontrast oder das Exponieren zum Untergrund, nämlich der Instrumententafel (s. Abschnitt 6.4.5).

7.3.2 Zweck-, prinzip-, leistungs-, fertigungs-, preis- und zeitkennzeichnende Formen

Beispiel für zweckkennzeichnende Formen ist die Kennzeichnung einer Schnellzuglokomotive durch stromlinienförmige und gewölbte Flächen im Unterschied zur Kennzeichnung einer Güterzuglokomotive durch plane und facettierte Formen (Bild 176). Ein weiteres Beispiel ist die Kennzeichnung von Schiffen durch ihre Bugform, z.B. die Unterscheidung von Schlachtschiff- oder Kreuzer-Bug gegenüber einem Clipper-Bug. In der Prinzip- und Leistungskennzeichnung wird neben den Stromlinienformen und Bombierungen vielfach mit Schrägen, Strahlenbüscheln, Dreiecks- und Trapezformen operiert (Bild 175):

- Schrägen als Kennzeichnungsform einer Fließrichtung,
- Pfeilung oder Keilform als Kennzeichnungsform für Fahrtrichtung und Schnelligkeit,
- Trapezformen als Kennzeichen der Biegebelastung,
- Trichter- oder Trompetenformen als Kennzeichnung einer Bewegung von Innen nach Außen und umgekehrt.

Stromlinienformen und Bombierungen sind die üblichen Kennzeichnungsformen für Schnelligkeit und Stabilität.

Die Bedeutung der Wölbungen im Design entstand einmal aus der Analogie zu den Naturformen, wie auch aus dem Wissen und der Erfahrung aus der Vorspannung von gewölbten Flächen.

Trapezformen mit der Verbreitung zum Boden hin werden eingesetzt um Standsicherheit zu kennzeichnen. Umgekehrt wird Leichtigkeit ausgedrückt.

Rippen sind die besonderen Kennzeichnungsformen für Wärmeabstrahlung und Kühlung (Bild 175). Im modernen Sinn auch Kühl-Nadeln.

Sicken einschließlich Perlsicken, Wülsten, Wellungen sind Kennzeichnungsformen für Festigkeit und Steifigkeit.

Die unterschiedlichen Profilformen von Tragwerkselementen (Bild 176) bieten viele Möglichkeiten, bei gleicher Festigkeit die Kennzeichnung zu verändern. Zur Kennzeichnung von Leichtbau zählen insbesondere die meist runden Durchbrüche im Steg von Trägern.

Zur Betonung der Zweck- und Leistungskennzeichnung eines Produktes wird häufig die Repetition oder der Rapport der jeweiligen Kennzeichnungsformen eingesetzt. Beispiel: „Maul"-Form einer Messsonde.

Beispiele für fertigungskennzeichnende Formen sind reguläre Flächen als Kennzeichen der Serienfertigung im Unterschied zu unregelmäßigen Flächen als Kennzeichen einer Einzelfertigung. Zum Serienlook gehören des weiteren insbesondere integrierte und unsichtbare Verbindungselemente, wie Schrauben, Scharniere, Schlösser u. a. Demgegenüber wirken sichtbare Verbindungselemente als Kennzeichen von einzelgefertigten Produkten oder von sog. Unikaten.

Zur Preis- und Kostenkennzeichnung wirken plane Flächen üblicherweise als „billige" Formen, während gewölbte oder bombierte Flächen „wertvoll" wirken.

In der Verbindung von Fertigungs- und Kostenkennzeichnung sind Passfugen das Kennzeichen einer aufwendigen und feintoleranten Fertigung und demgegenüber die Schattenfugen das Kennzeichen

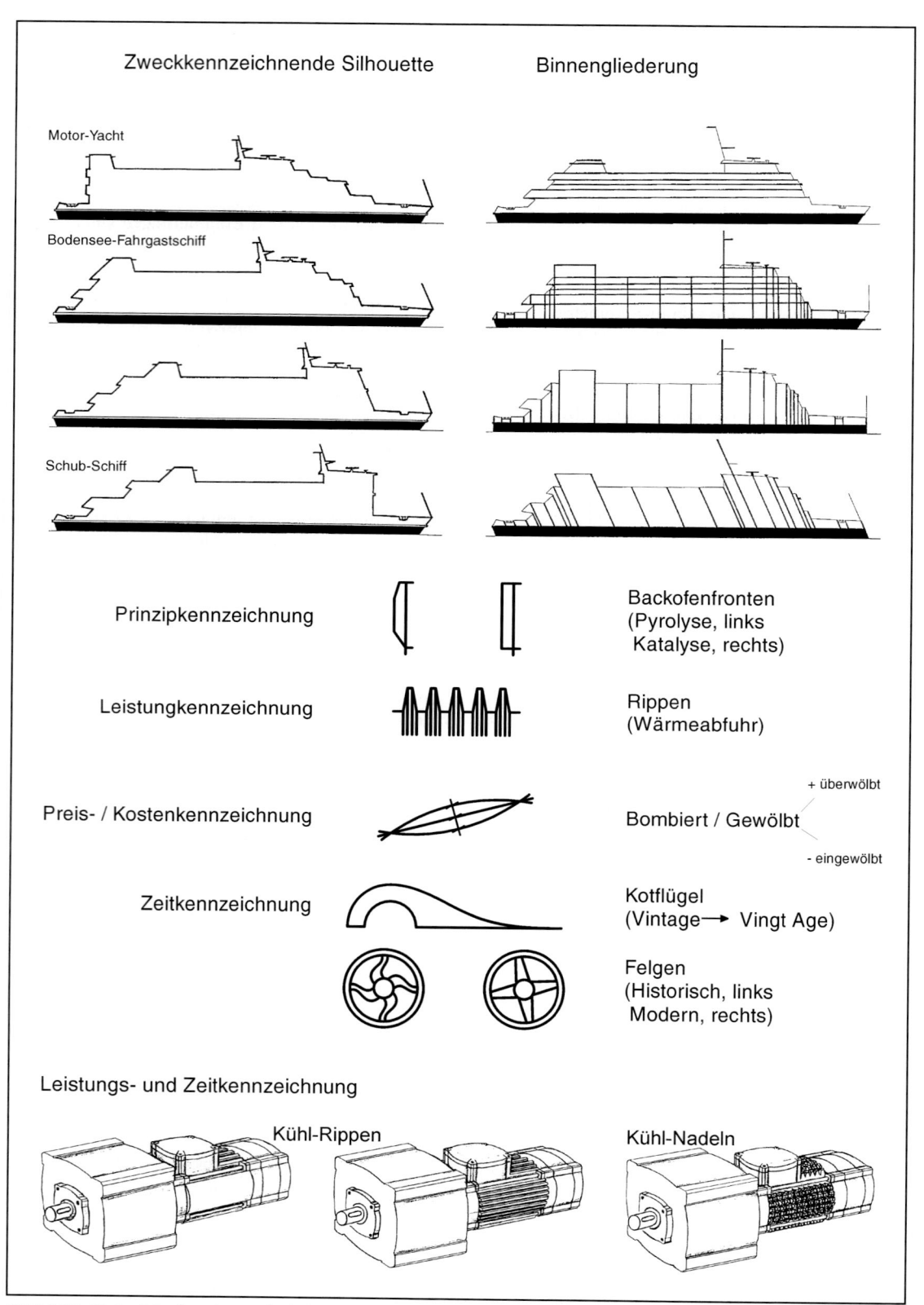

Bild 175 Beispiele für eigenschaftskennzeichnende Formen

7.3 Kennzeichnende Formgebung

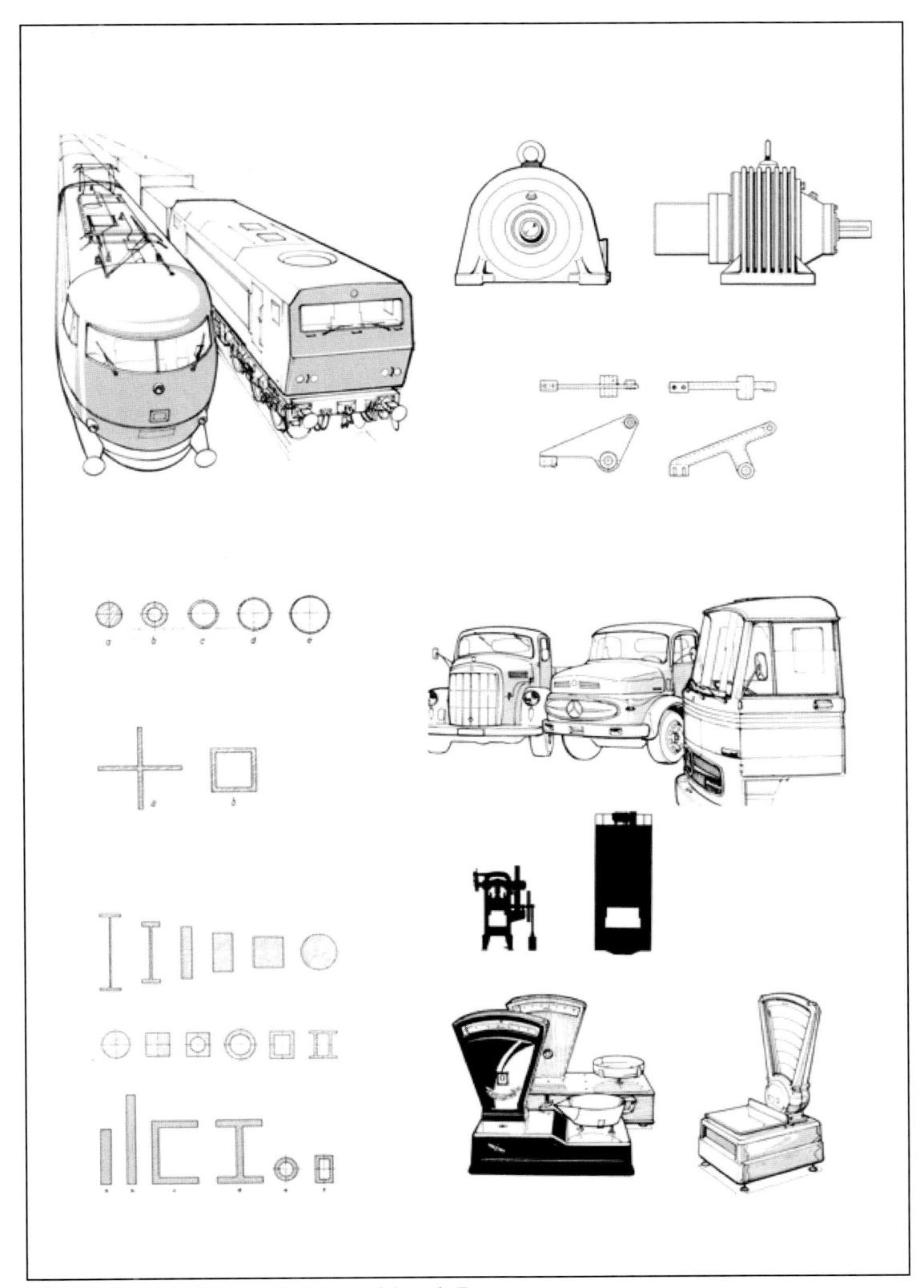

Bild 176 Beispiele für eigenschaftskennzeichnende Formen

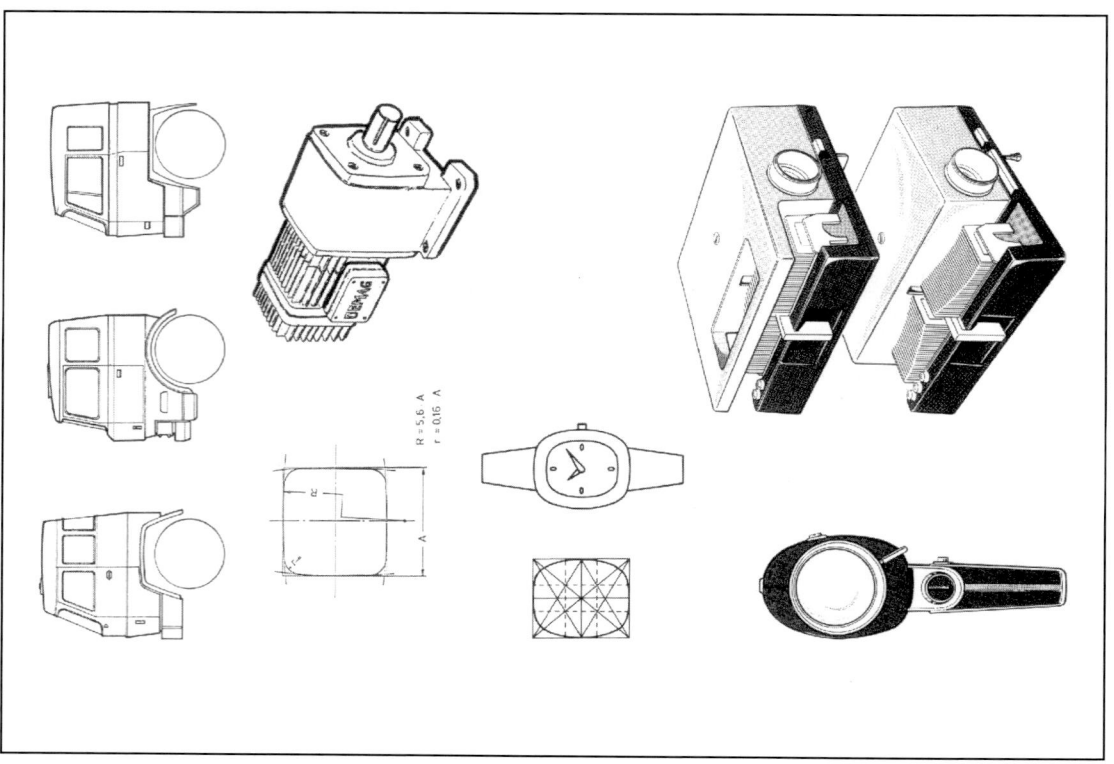

Bild 178 Beispiele für herkunftskennzeichnende Formen

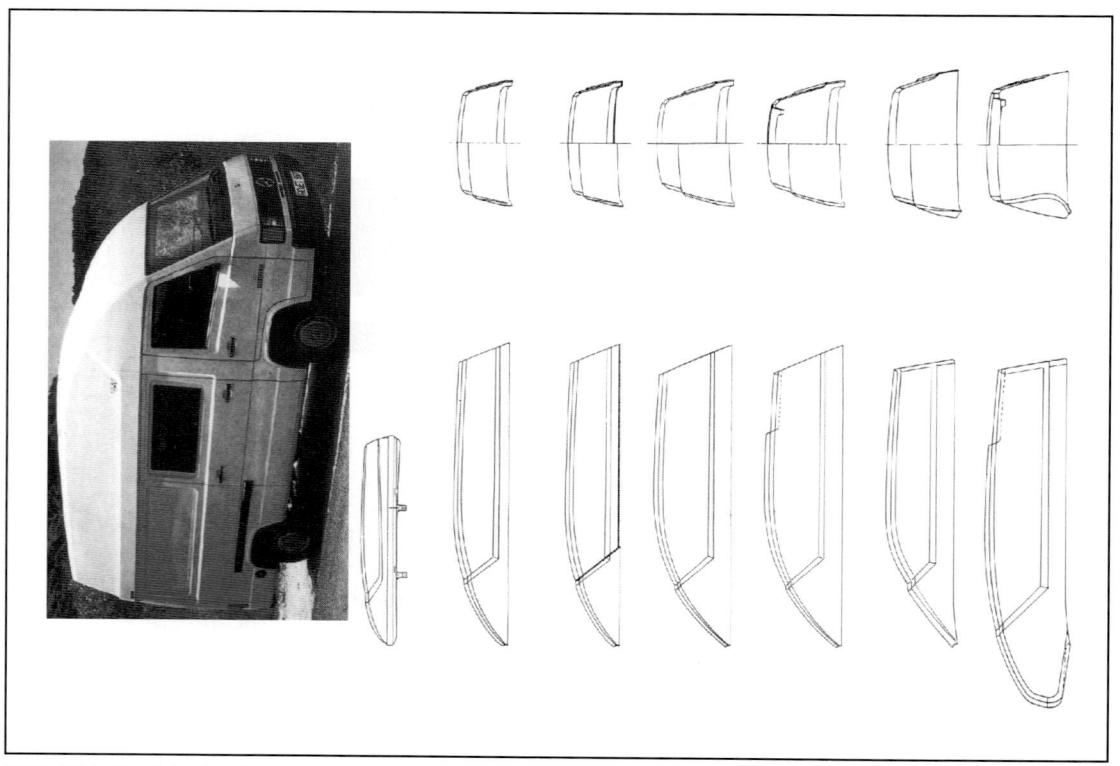

Bild 177 Hochdächer in ähnlicher Formgebung als Beispiele der Herstellerkennzeichnung

einer rationellen und grobtoleranten Fertigung. In vielen Produktbereichen haben Formen einen zeitkennzeichnenden Charakter.

Ein prägnantes Beispiel aus dem Karosseriedesign sind die sog. Vintage-Formen von Kotflügeln (von franz. Vingt age = zwanziger Jahre) (Bild 175).

Die Zeitkennzeichnung durch Formen betrifft in den seltensten Fällen ein Jahres-Timing, sondern üblicherweise die Prädikatisierung von „älter" und „jünger" oder „modern" und „gestrig". Diesbezügliche Beispiele sind:

- die eckige Silhouette alter Straßenbahnen gegenüber der gewölbten und gerundeten Silhouette neuer Straßenbahnen;
- alte Schwung- oder Riemenräder mit gebogenen oder geschweiften Speichen gegenüber neuen Rädern mit geraden Speichen;
- die runde Anzeigeform („Uhren") der älteren Analoganzeige gegenüber der rechteckigen Anzeigeform der neueren Digitalanzeige.
- exklusive Formen sind z.B. gedrehte oder gewundene Flächen, wie sie im Schiffbau auftreten.

Ein Problem der Zeitkennzeichnung eines Produktes ist auch dessen bewusste Veralterung oder Obsoleszenz.

7.3.3 Herkunftskennzeichnende Formgebung

Eine geradezu kriminelle Herkunftskennzeichnung von Produkten mittels ihrer Formgebung ist die sog. Markenpiraterie, nicht zuletzt bei Uhren.

Die Herkunftskennzeichnung („Provenienz") eines Produktes betrifft insbesondere dessen Hersteller durch einen „Firmenstil" (Bild 177). Darüber hinaus kann dies auch die Marke eines Herstellers oder eines Händlers sein und zuletzt kann diese Kennzeichnung auch den Verwender eines Produktes betreffen (Bild 178).

Im Rahmen der bisherigen Darlegungen sind herkunftskennzeichnende Formen der Porsche-Kurvensatz oder die sog. Rollce-Royce-Verzahnung. Weitere Beispiele herstellerkennzeichnender Formen sind (Bild 178):

- die unterschiedlichen Silhouetten von Fahrerkabinen von Nutzfahrzeugen,
- die DEMAG-Radien,
- die KRUPS-Trennfuge,
- die Goldene Ellipse der Schweizer Fa. Patek Philipe, Genf, seit 1739!
u. a.

Händlerkennzeichnende Formen betreffen Marken wie

- PRIVILEG,
- REVUE,
- BULLKRAFT

u. a. z.B. bei Filmkameras.

Zum Teil werden solche Formen, wie z.B. der Bugatti-Kühler, nach langer Zeit wieder aktiviert.

In einer neueren Untersuchung [6] wurden im Automobilbau auch herstellertypische Proportionen nachgewiesen.

Wichtig ist, dass die meisten der behandelten Erkennungsinhalte durch die Formgebung mehrdeutig auftreten und auch gelöst werden müssen. Zu diesen mitrealen Mehrdeutigkeiten gehören auch die Anmutungen, z.B. dass eine Wölbung nicht nur eine Leistungs- oder Bedienungskennzeichnung ist, sondern gleichzeitig „spannungsvoll" oder „fließend" erscheint.

Eine Ähnlichkeit mit Körperformen von Menschen oder Tieren liegt meist auch vor, wenn eine Produktgestalt die Anmutung als „sexy", „bullig" u.a. erhalten soll.

Zur unterschiedlichen Form-Anmutung können auch die sog. Optischen Täuschungen beitragen [158, 159].

7.4 Formale Ordnung und Qualität der Formgebung

7.4.1 Ähnlichkeit von Aufbau und Form

Die Alternativen der Formgebung am Beispiel einer Winkelgestalt zeigt Bild 92.

Aus diesen Alternativen entsteht entweder eine gestaltbetonende oder -erhaltende Formgebung oder eine gestaltauflösende Formgebung bzw. eine formdominante Gestalt.

Der erste Fall der Form-Ähnlichkeit der Aufbauelemente oder Baugruppen einer Produktgestalt soll am Beispiel eines Feintasters erklärt werden.

Aus ergonomischen und formalen Gründen wurden Messkopf und Messplatte gegenüber dem Ausgangsgerät stärker aufeinander abgestimmt (Bild 182).

Die Beurteilung des Ähnlichkeitsgrades der optimierten Gestalt erfolgte nach zwei Quotienten:

Ähnlichkeitsgrad $Ä_F$

$$Ä_F = \frac{gleiche\ Formelemente}{alle\ Formelemente}$$

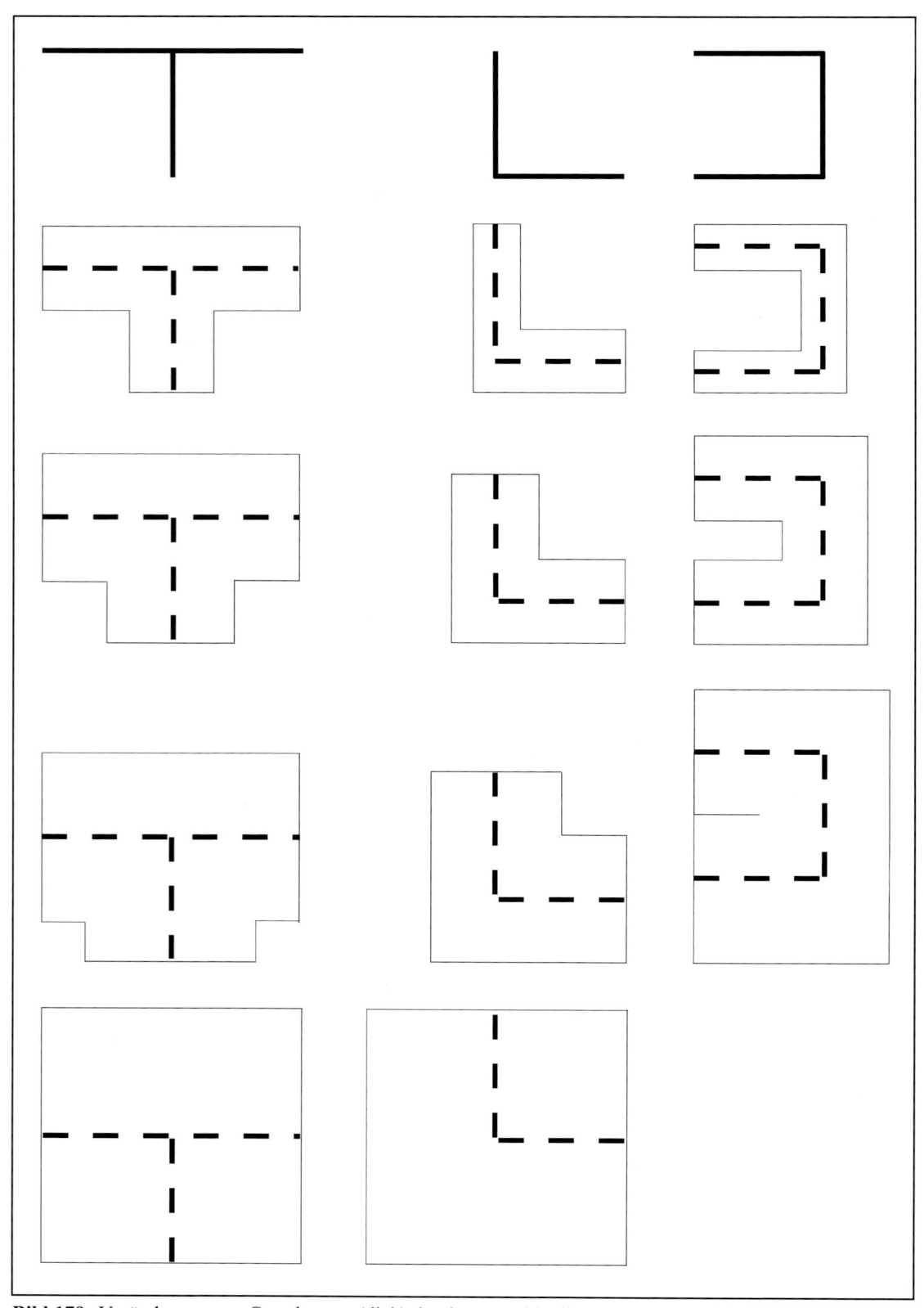

Bild 179 Veränderung von Gestalttypen (dick) durch unterschiedliche Formgebung (dünn)

Ähnlichkeitsgrad $Ä_{GH}$

$$Ä_{GH} = \frac{Gestalthöhe\ der\ gleichen\ Form}{Gestalthöhe\ aller\ Formen}$$

mit Gestalthöhe GH = Artenzahl mal Anzahl der Formen.

Danach ergab sich folgende Positionierung der Lösung auf einer Ähnlichkeitsskala

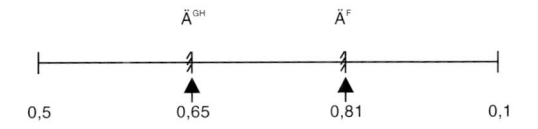

```
                Ä^GH        Ä^F
├────────┼──────┼───────────┼──────────┤
0,5      ▲             ▲            0,1
        0,65          0,81
```

In einem anschließenden Befragungsteil nach dem „Stil" der Gestaltung wurde der Ähnlichkeitsgrad $Ä_{GH}$ mit 65,5 % ziemlich genau bestätigt, während $Ä_F$ zu hoch lag.

Neben der gestaltbetonenden und gestalterhaltenden Formgebung soll alternativ auf das Phänomen hingewiesen werden, dass durch die Formgebung ein neuer Gestalttyp entstehen kann.

Im Übergang vom Aufbau zur Form einer Gestalt erhält diese Volumen, bzw. wird durch Voluina, wie z.B. geometrische Grundkörper gebildet. Diese Volumina sind neben den geometrischen Grundkörpern auch durch deren Größe, d.h. Hauptmaße und Hauptproportionen gekennzeichnet. Über diese können die einzelnen Aufbauelemente „Zusammenwachsen" und eine neue Einheit bilden (Bild 179). Der Extremfall ist dabei die Blockgestalt oder der Monolith mit einer reduzierten Gestaltkomplexität. Konstruktiv erfolgt diese Komplexitätsreduktion in vielen Fällen durch das Tragwerk bzw. ein Gehäuse oder eine Karosserie.

Mit der Metamorphose zwischen dem formlosen Aufbautyp und der formbetonten Blockgestalt verbindet sich die Frage einer typischen Gestalt und deren Proportionen. Eine Frage, die in der Mathematik schon lange am Beispiel der „guten" Ellipse diskutiert wurde.

7.4.2 Formale Qualitäten der Formelemente

Hierunter werden im folgenden insbesondere drei Aspekte verstanden:

- die Reinheit der Formgebung,
- die Stetigkeit der Formen,
- die Übergangsformen und Details.

Eine reine Formgebung einer Gestalt ist gekennzeichnet durch eine niedere Artenzahl und Anzahl an Formelementen; im Extremfall durch die Artenzahl 1, die z.B. durch einen Würfel oder eine Kugel repräsentiert wird. Praktische Maßnahmen zur Erzielung einer reinen Formgebung ist die Beschränkung auf nur einen Radius oder nur eine Fugenbreite. Umgekehrt ist eine aufgegliederte und mannigfaltige Formgebung gekennzeichnet durch eine hohe Artenzahl und Anzahl an Formelementen, wie z.B. Trennfugen, unterschiedliche Radien, Facetten, sowie durch die Betonung von untergeordneten Details. Im Extremfall wird eine Gestalt durch eine aufgegliederte und ungeordnete Formgebung „aufgelöst" und unbezeichenbar. Eine chaotische Formgebung ist dann gegeben, wenn Artenzahl und Anzahl der Formelemente gleich hoch und groß sind.

Die folgenden Definitionen der Stetigkeit von Formen orientieren sich an dem Werk von W. Ostwald über „Die Harmonie der Formen" [92]. Danach ist die Stetigkeit eine formale Qualität der „harmonischen" Formen oder „Krummen" dargestellt durch

- die Stetigkeit des Verlaufs,
- die Stetigkeit der Richtung,
- die Stetigkeit der Krümmung.

Die Stetigkeit des Verlaufs bedeutet, dass eine Linie oder Fläche keinen Sprung oder Knick besitzt. Die Stetigkeit der Richtung ist dann gegeben, wenn jeder Punkt nur eine Tangente oder „Richtlinie" besitzt und die längs eines Formelementes aufeinander folgenden Richtlinien nur durch verschwindend kleine Winkel voneinander abweichen.

Die Krümmung einer Linie wird als reziproker Wert des Krümmungsradius definiert. Mit einer stetigen Krümmung ist jede „Krumme" ausgestattet, die für jeden Punkt nur einen Krümmungsmittelpunkt hat. Nach diesen Stetigkeitsbedingungen leitet Ostwald eine Rangfolge oder Wertigkeit der Linien mit abnehmender Stetigkeit her:

- Gerade,
- Kreis,
- Stetige Linie,
- Linie mit Stoß,
- Linie mit Knick,
- Linie mit Sprung.

Wie schon in Abschnitt 7.1.2 dargestellt erfolgt das praktische Zeichnen einer stetigen Linie oder einer „harmonischen Kurve" durch vorgegebene Punkte (technische Fixpunkte, Package, Hardpoints) mittels einer Straklatte oder eines Strakprogramms. Bei allseitig gewölbten Formen empfiehlt es sich, die Formgebung in zwei Stufen anzugehen. Zuerst wird

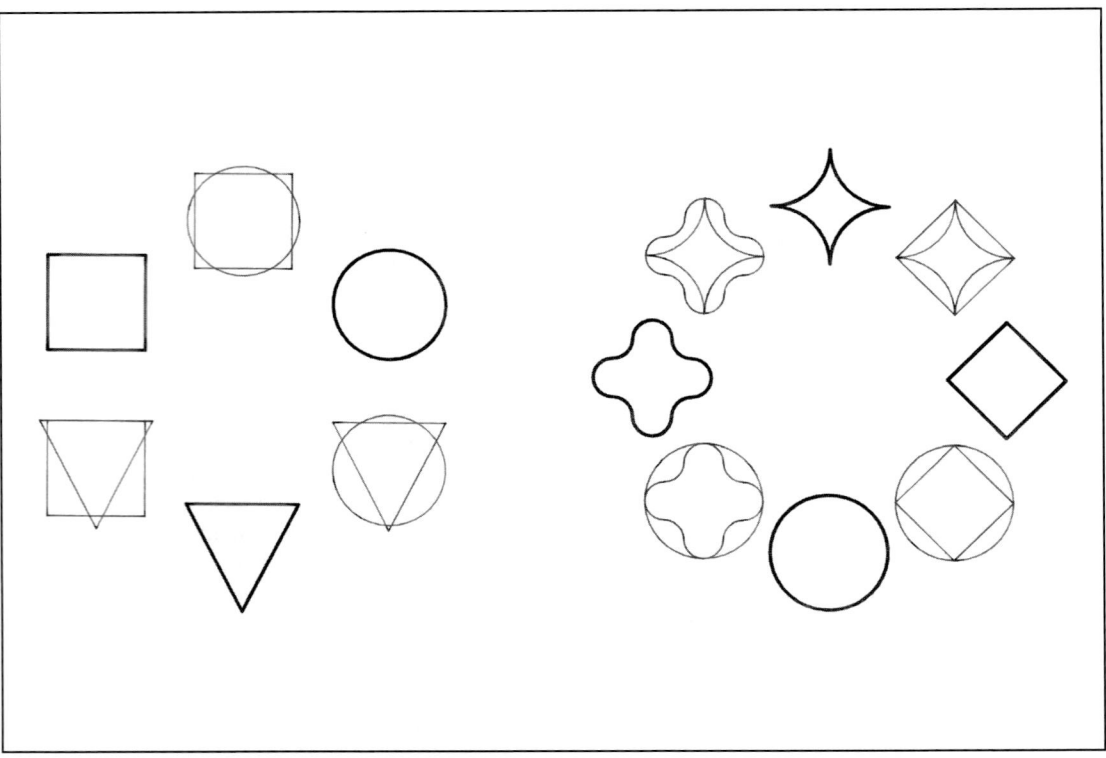

Bild 180 Zwei Formenkreise mit kontrastierenden Formen

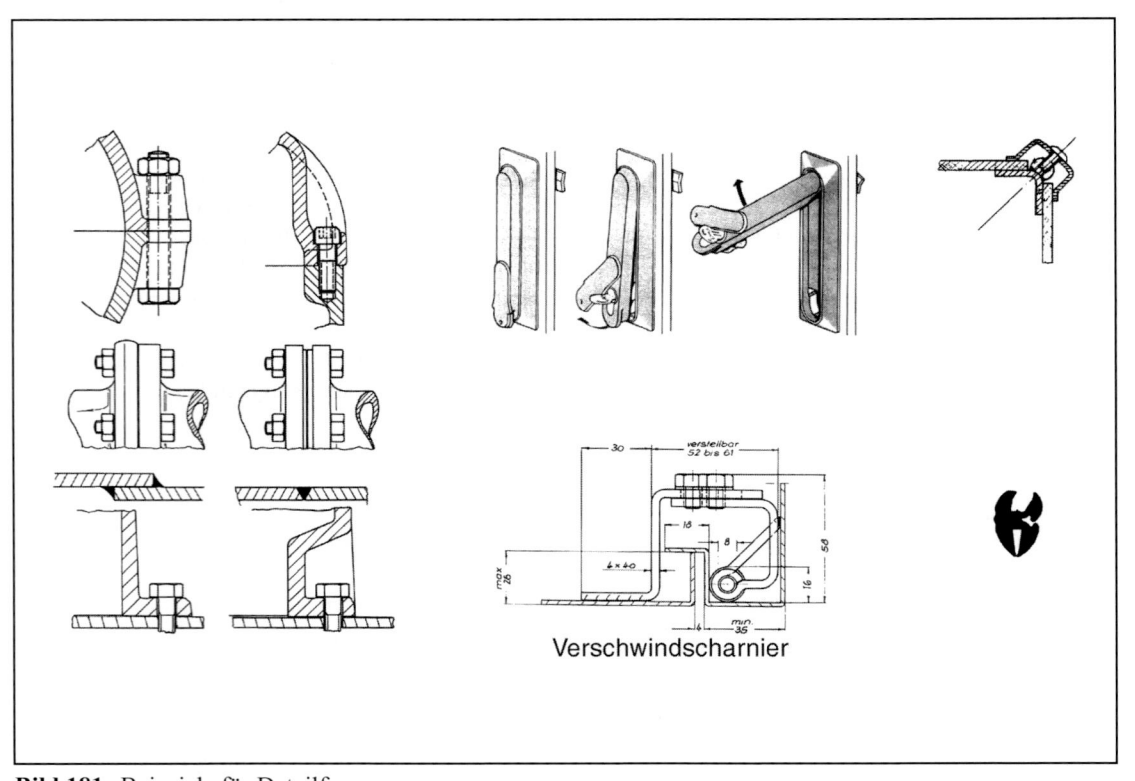

Bild 181 Beispiele für Detailformen

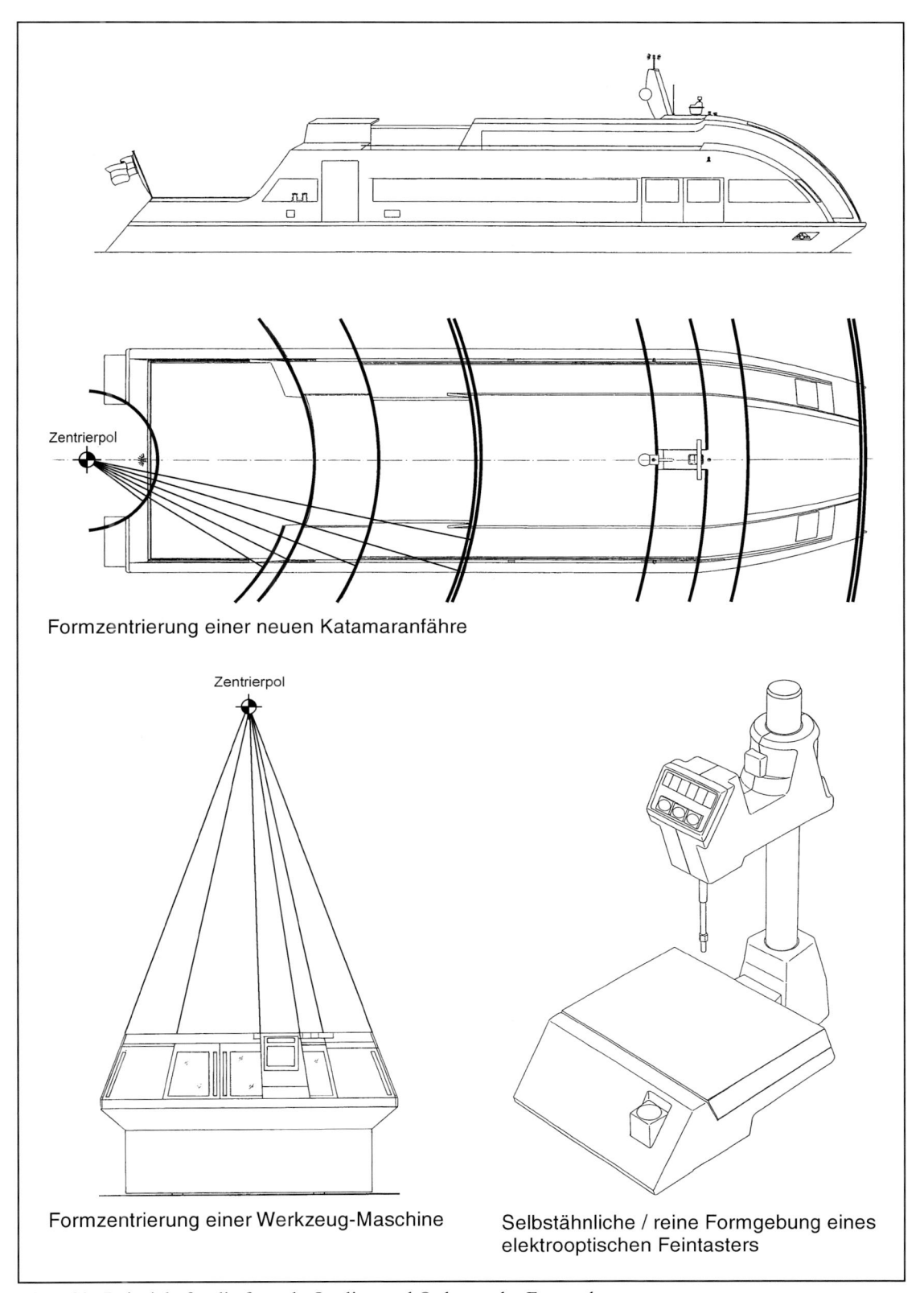

7.4 Formale Ordnung und Qualität der Formgebung 227

Zentrierpol

Formzentrierung einer neuen Katamaranfähre

Zentrierpol

Formzentrierung einer Werkzeug-Maschine

Selbstähnliche / reine Formgebung eines elektrooptischen Feintasters

Bild 182 Beispiele für die formale Qualität und Ordnung der Formgebung

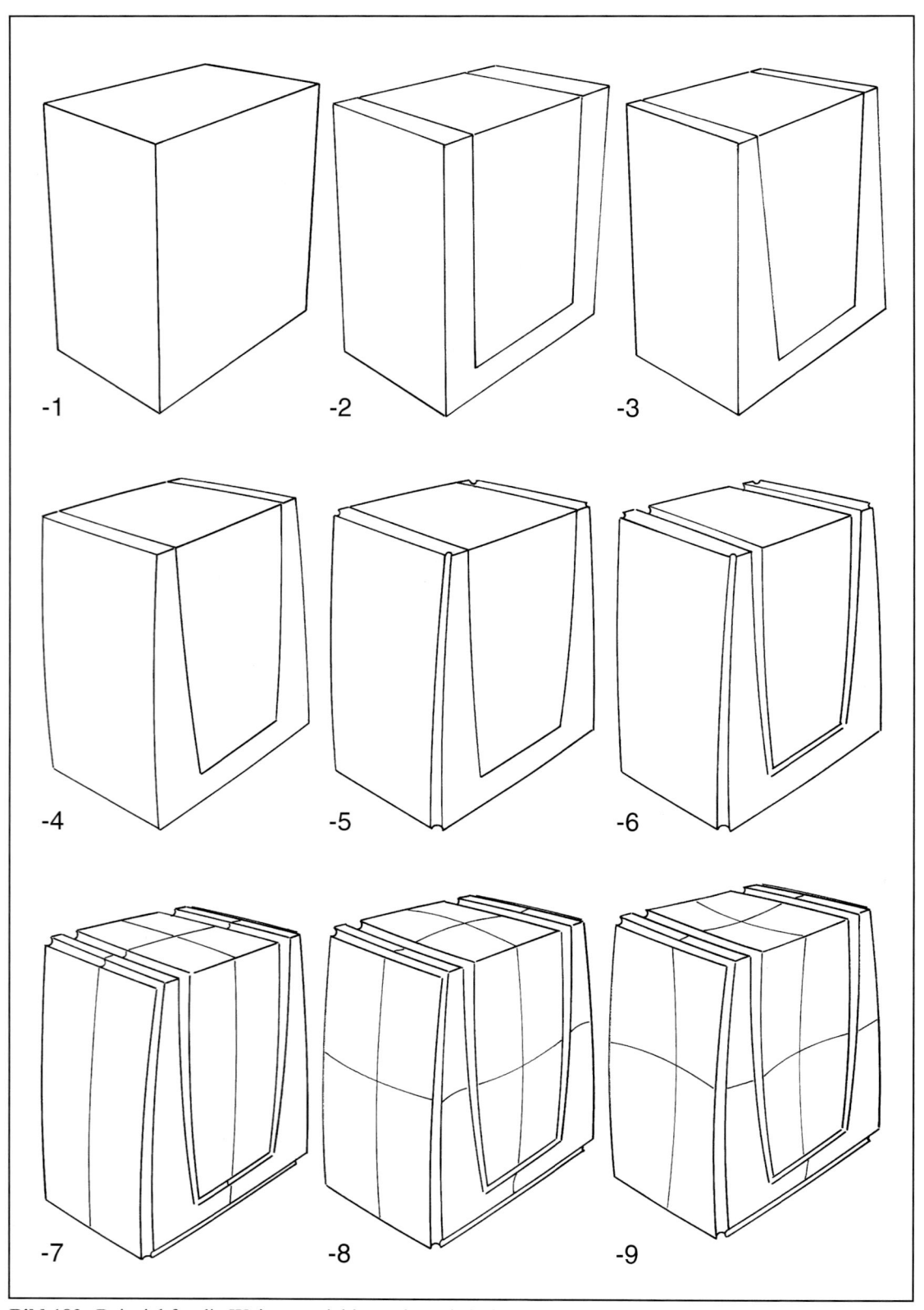

Bild 183 Beispiel für die Weiterentwicklung einer einfachen zu einer „höheren" Formgebung

ein geometrisch definierbarer oder ebenflächig begrenzter Grundkörper gewählt und erst in einem zweiten Schritt werden die Flächen gewölbt oder gestrakt.

Formal befriedigende Übergangsformen und Details sind (Bild 181):

- eingesetzte Schrauben (Innensechskantschrauben),
- eingelassene Schlösser,
- verdeckte Scharniere (sog. Verschwindscharniere),
- bündige Stöße,
- überschliffene Schweißnähte,
- Pass-Fugen,
- integrierte Fußflansche,
- unsichtbare Verbindungselemente,
- rahmenlose Verglasung
  u.a.

7.4.3 Formale Ordnungsprinzipien der Formgebung

Der Übergang vom Aufbau zur Form einer Produktgestalt ist üblicherweise eine Komplexitätserhöhung. Verbunden ist damit die Frage nach der Veränderung des Ordnungsgrades und des Ästhetischen Maßes.

Unter der Formordnung werden im folgenden insbesondere zwei Prinzipien behandelt

- die Formen-Zentrierung,
- die Formen-Proportionierung.

Weitere Ordnungsprinzipien sind

- die Formen-Symmetrie,
- die Bündigkeit von Linien und Flächen

Die Formen-Zentrierung bedeutet nichts anderes, als dass der Formgebung eine Schar oder ein Büschel von Strahlen, Kreisbögen u. a. zugrunde gelegt wird, die sich in einem oder mehreren Zentren oder Polen treffen (Bild 182). Hieraus lässt sich ein Zentrierungs- oder Ordnungsgrad bilden, der kleiner gleich Eins ist.

Für die Formen- und Detail-Proportionierung gelten gleichfalls die in den Abschnitten 2.6 und 6.7 behandelten Proportionen.

Bezüglich der Formordnung liegt der Unterschied zwischen „eckigen" /definierten Formen und „runden" / undefinierten Formen darin, dass nur bei den ersteren die angegebenen Ordnungsprinzipien erkennbar sind.

7.4.4 Höhere Formgebung

Eine „höhere" Formgebung ergibt sich meist daraus, dass die Formkomplexität über Trennfugen, Sicken und Kanten, antropomorphe Formen und bedeutungsvolle Formen („tot"... „lebendig") über eine Produktentwicklung oder über die jeweiligen Produktgenerationen zunimmt (Beispiel VW Golf I-V) bzw. sich vervielfacht (Bild 183: Beispiel Quader).

Entscheidend in der formalen Gestaltung ist, dass aufgelöste Ordnungen durch andere substituiert werden und dass dadurch das Ästhetische Maß mindestens konstant bleibt oder noch vergrößert werden kann.

Eine solche Substitution bzw. wesentliche Erhöhung des Ordnungsgrades kann durch Wölbungen, durch sog. Schwellende Kanten und durch die damit verbundene Form-Zentrierung erfolgen (Bild 183):

- Bild 183-1:
  Quaderförmige Mono-Gestalt
- Bild. 183-2:
  Gestalt -1 in zwei Teilgestalten geteilt
- Bild 183-3:
  Gestalt-2 angeschrägt und damit zweifach zentriert
- Bild 183-4:
  Gestalt -3 konvex gewölbt
- Bild 183-5:
  Gestalt -4 mit konkaven und zentrierten Eckausrundungen
- Bild 183-6:
  Gestalt -5 mit konkaven und gegenläufig zentrierten Eck- und Fugenausrundungen
- Bild 183-7:
  Gestalt -6 mit konkaven, gegenläufig zentrierten und umlaufenden Eck- und Fugenausrundungen
- Bild 183-8:
  Gestalt -7 mit dominant konvexen und konkaven Flächen
- Bild 183-9:
  Gestalt -8 mit dominant konkav und konvex wechselnden Flächen.

Definition 7.1 *Analog zu dem Ordnungsgrad lässt sich über das Produkt aus Artenzahl mal Anzahl ein ordnungsbezogener Zentriergrad definieren:*

$$Zentriergrad = \frac{Zentrierte\ Formelemente}{Alle\ Formelemente}$$

Mit dieser formalen Gestaltung ist eine positive Veränderung der Form-Anmutungen z.B. durch den Richtungswechsel der Wölbungen und Zentrierungen verbunden.

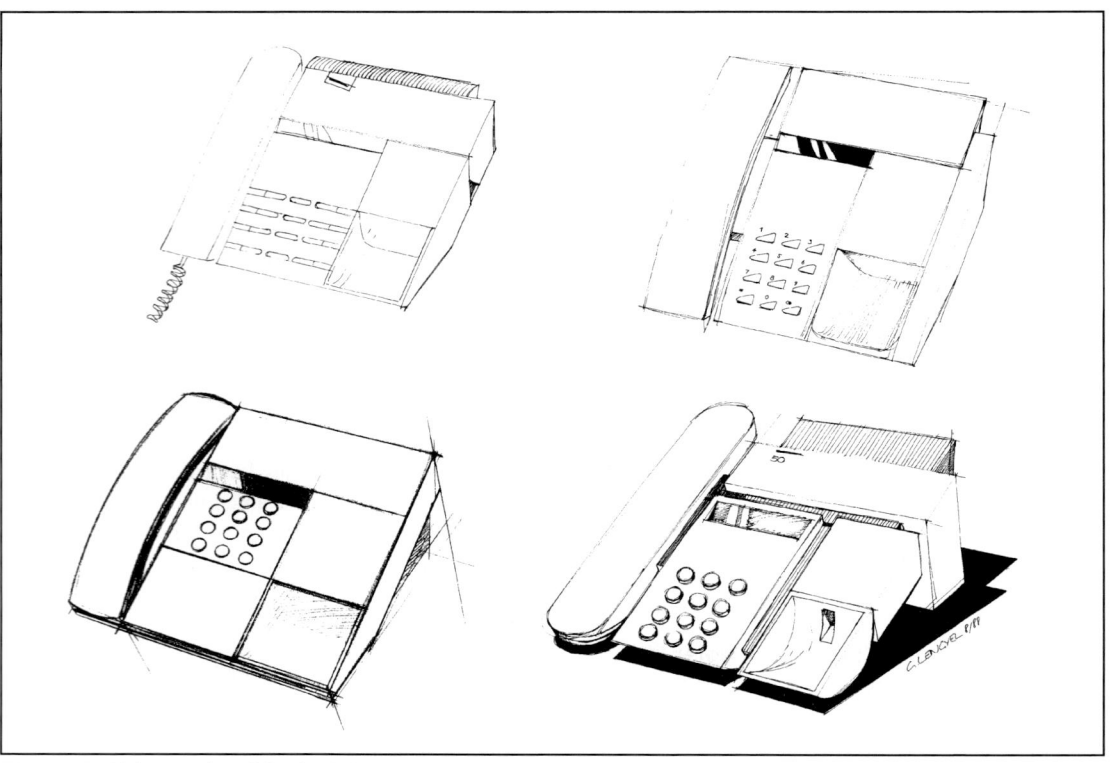

Bild 184 Skizzen als Hilfsmittel der Formgebung

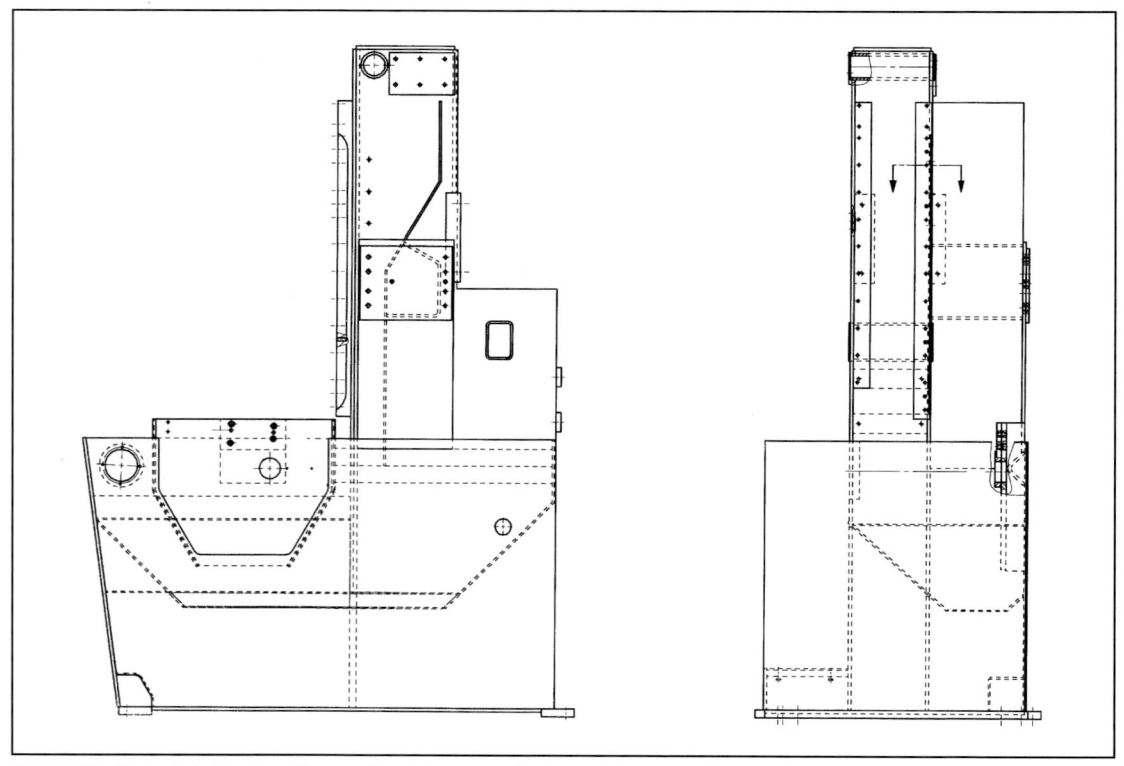

Bild 185 Beispiel für eine Entwurfszeichnung mit abgeschlossener Formgebung

Die Teilung der Form einer Gestalt kann zu deren „Multiplikation" d.h. Zweiteilung, Dreiteilung, führen. Beispiel (Bild 183) Großer Quader aus C-Gestalt plus kleiner Quader. Auch solche Gestaltungsoperationen führen zu einer höheren Komplexität der Formgebung.

Aus diesen Ansätzen zu einer höheren Formgebung wurden die Proportionen oder Maßordnungen ausgeklammert. Bei den hier betrachteten formkomplexen Gestalten lassen sich darüber nur mithilfe von Rastern/Gittern bzw. Abwicklungen und einer sog. Proportionen-Matrix Aussagen machen.

Musterbeispiel für diese „höhere" Formgebung ist heute insbesondere das Karosseriedesign von High-Tech-Pkw´s.

7.5 Ablauf der Formgebung

7.5.1 Formvarianten

Durch die Gestaltkonzeption ist die Größe und die Formenkomplexität durch das Tragwerk oder durch die Bedienungselemente meist vorgeprägt. Die Formfindung erfolgt üblicherweise in vielen Skizzen (Bild 184) und Modellen. Die Entwurfszeichnung mit der abgeschlossenen Formgebung wird heute in vielen Fällen als Fertigungszeichnung geplottet (Bild 185).

Auf das systematische Entwickeln von Formvarianten oder -alternativen wurde schon von vielen Autoren hingewiesen (Bilder 156 und 157). Diese repräsentieren einmal die Kreativität des Designers, andererseits aber auch die Nutzwert-Fragilität der Gestaltung.

7.5.2 Formlinienplan

Die übliche Darstellung einer 3D-Formgebung ist der Formlinienplan, auf der Grundlage von Skizzen der Hauptschnitte (Bild 161). Im Formlinienplan werden „die Hauptumrisslinien und die Wölbungen erfasst. Die Darstellung erfolgt mittels Formlinien, den Hunderterlinien im 100 mm-Raster. Die Bildung der Formlinien erfolgt durch Verteilverfahren und Straken, geführt von Formleitlinien oder Mantellinien." [6, S.43]

Unter Formleitlinien oder Mantellinien werden Linien verstanden, die über mehrere Außenteile einer Gestalt, wie z.B. die Gürtellinie oder die Silhouette-Linie, gehen.

Aus dem Ureol-Modell oder Clay-Plastilin-Modell werden die (X-, Y-, Z-) Rasterkoordinaten vermessen und eine sogenannte Punktewolke erzeugt. Daraus wurden dann durch geeignete Interpolationsverfahren (Glättungs- oder Strak-Verfahren) die 3D-Freiformflächen generiert und als 3D-Datensatz abgelegt.

Verfahren zur Bestimmung der wahren Größe von gewölbten Flächen sind die Abwicklung und die Austragung. Heutzutage natürlich mit Rechnereinsatz z.B. im Schiffbau.

Die Auseinandersetzung mit der richtigen Formgebung einer Produktgestalt provoziert vielfach auch schon deren Farbgebung.

7.6 Designbewertung nach der Entwurfsphase

7.6.1 Standardbewertung einschließlich wirtschaftlicher Bewertung

Bewertungsunterlage ist die Gesamtzeichnung einer Produktgestalt, die nach den Regeln des Technischen Zeichnens, deren Aufbau und deren Form maßstäblich wiedergibt und dokumentiert. Bei Produkten mit gekrümmten Flächen ist auf dieser Grundlage meist ein Modell unerlässlich. Für die Form-Bewertung gilt das hinlänglich beschriebene Standardverfahren:

- Ermittlung des Erfüllungsgrades der Entwurfs-Anforderungen.
- Bildung des Entwurfs-Nutzwertes aus der Summe der Produkte von Erfüllungsgrad und Gewichtungsfaktor der Entwurfs-Anforderungen.
- Überprüfung, dass der Entwurfs-Nutzwert den Konzept-Nutzwert erhöht und nicht erniedrigt (Bild 147)!

Für die Entwurfsbewertung gilt nach der Konzeptbewertung (Abschnitt 6.8):

- der Aufwand für die Optimierung wird immer größer,
- der Nutzwertzuwachs wird immer kleiner!

Dieser Aufwand betrifft nicht zuletzt den Modellbau oder das Modellieren. Wenn man davon ausgeht, dass im Automobilbau 2 % der Entwicklungskosten in die Designarbeit investiert werden, dann betrifft die Hälfte dieser Kosten den Modellbau.

Für die Unterscheidung von Design und Styling ist bei der Entwurfsbewertung wichtig, dass die Formgebung nicht als reine oder alleinige Kennzeichnung gesehen wird, sondern dass die entspre-

Krupp - Planetengetriebe Typ GLU

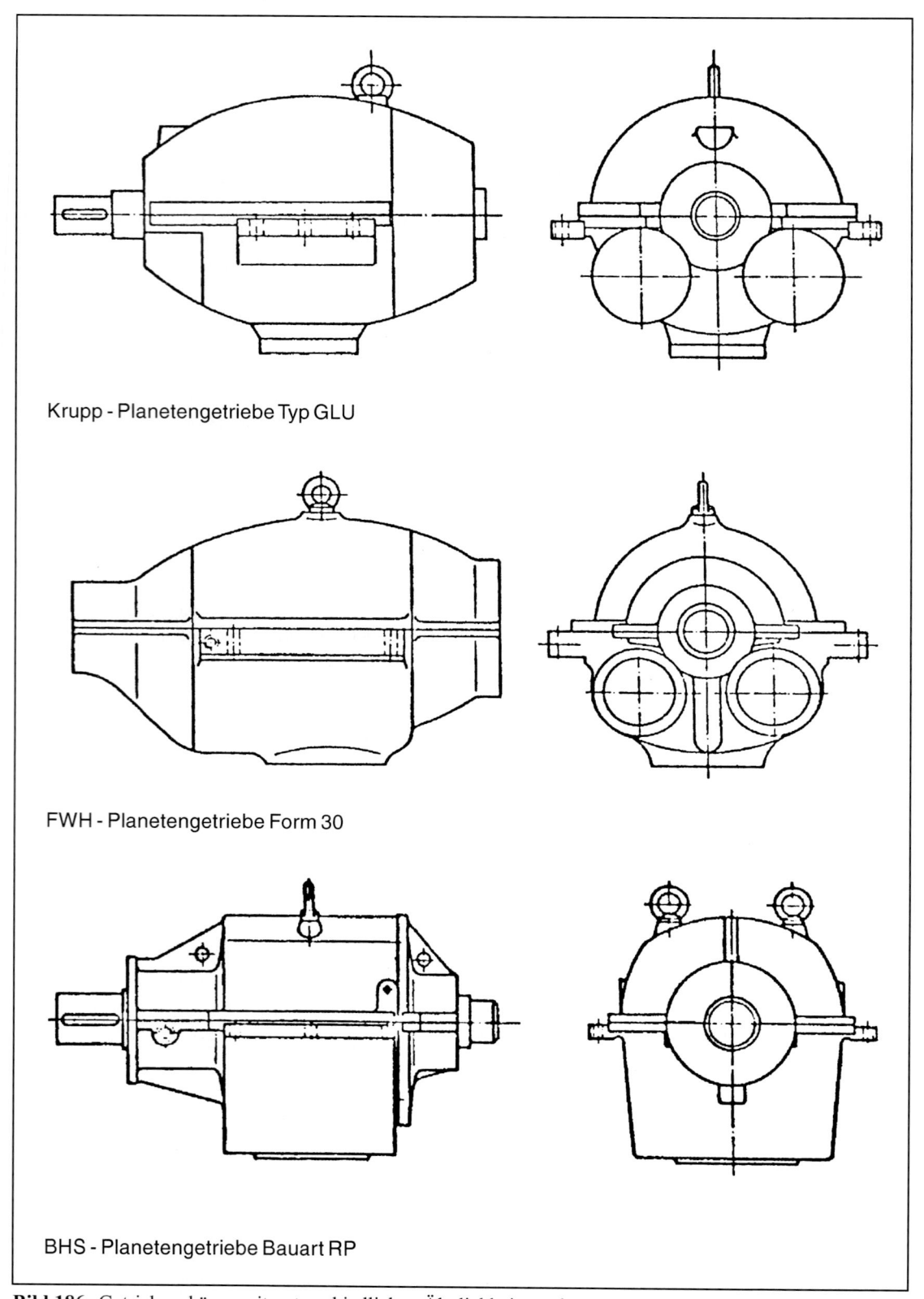

FWH - Planetengetriebe Form 30

BHS - Planetengetriebe Bauart RP

Bild 186 Getriebegehäuse mit unterschiedlichen Ähnlichkeitsgraden von verschiedenen Herstellern

chenden Erkennungsinhalte eines Produktes auch real vorhanden sind und nutzensteigernd wirken.

Auf der Grundlage der in Abschnitt 7.5 beschriebenen Unterlagen und Dokumente kann eine erste Ermittlung der Herstellerkosten erfolgen.

7.6.2 Bewertung nach Kriterien des gewerblichen Rechtsschutzes

Für die Formgebung eines Produktes sind das Gebrauchsmuster und das Geschmacksmuster die vom Gesetzgeber vorgesehenen gewerblichen Schutzrechte. Hierfür gelten seit dem 1. Juli 1988 nachfolgende Bedingungen [160] (Tabelle 16).

Tabelle 16   Umfang des Rechtsschutzes von Designlösungen

	Gebrauchs-Muster	Geschmacksmuster
Gegenstand d. Rechtsschutzes	Erfindungen (nur Neuerungen an Gegenständen)	Muster und Modelle In gewerblicher Verwendung
Voraussetzungen	Neuheit Erfindungshöhe Anwendbarkeit auf einem gewerblichen Gebiet	Neuheit und Eigentümlichkeit der Gestaltung
Erteilung der Schutz-Rechte durch:	Deutsches Patentamt	Deutsches Patentamt
Schutzdauer	3 Jahre (Verlängerung bis höchstens 8 Jahre)	5 Jahre (Verlängerung bis höchstens 20 Jahre)

Mit dem neuen Geschmacksmusterrecht soll insbesondere ein verbesserter Schutz vor Fälschern oder Markenpiraten erfolgen (Bild 186). Auch der neue Geschmacksmusterschutz setzt voraus, dass der Urheber sein Muster oder Modell hinterlegt. Erfolgte dies bisher dezentral bei den Amtsgerichten, so ist nunmehr eine zentrale Hinterlegung beim Deutschen Patentamt, Geschäftsstelle Berlin, vorgesehen. Grundsätzlich soll nicht das Muster oder Modell selbst, sondern dessen Fotografie hinterlegt werden. Die zentrale Hinterlegung soll gerade mittleren und kleinen Unternehmen zu einer ebenso schnellen wie kostengünstigen Musterrecherche verhelfen. Aus diesem Grund wird das vom Deutschen Patentamt geführte Musterregister in Klassen eingeteilt. Aber diese Klassifizierung hat keinen Einfluss auf den Schutzumfang des Geschmacksmusters, sondern lediglich auf den Ordnungsfaktor. Das neue Geschmacksmustergesetz sieht vor, dass das Patentamt sowohl die Eintragung des Musters in das Musterregister als auch eine Abbildung des Musters sowie die Schutzdauer in einem Geschmacksmusterblatt veröffentlicht. So kann der Designer auf bestehende Schutzrechte besser Rücksicht nehmen. Das gegen das Geschmacksmusterblatt des Öfteren vorgetragene Argument, die Veröffentlichung sei ein ständiger Quell neuer Verletzungen, verfängt nicht. Der Musterpirat wird in der Regel nicht die Abbildung im Geschmacksmusterblatt, sondern das im Markt eingeführte und bewährte Produkt kopieren.

Das Gesetz regelt einige für den Designer wichtige Fristen. Vorgesehen ist zunächst eine so genannte Neuheitsschonfrist. Ein Muster oder Modell gilt auch dann noch als neu und eigentümlich, wenn es innerhalb von sechs Monaten nach seiner ersten Veröffentlichung zum Geschmacksmuster angemeldet wird. Wer eine ungeschützte Musterkollektion anlässlich einer Messe vorführt, verliert den Geschmacksmusterschutz dieser Kollektion nicht, wenn er nur innerhalb der folgenden sechs Monate diesen beantragt.

Das bewusste Negieren von Schutzrechten findet in der sogenannten Markenpiraterie statt. Diese wird durch die Aktion Plagiarius jährlich angeprangert.

Eine neue Schutzfähigkeit im Rahmen der EU ist das Gemeinschaftsgeschmacksmuster für 3D-Marken (entspricht Produktgestalten) durch das Harmonisierungsamt für den Binnenmarkt / Marken, Muster und Modelle (HABM) mit Sitz in Alicante, Spanien.

7.6.3 Neuheit und Imitation auf der Ähnlichkeitsskala

Mit den in Abschnitt 2.6.4 dargelegten Fragestellungen und Ansätzen der Ähnlichkeitsbestimmung lassen sich Neuheit und Imitation auf der Grundlage der Formgebung auf der Ähnlichkeitsskala lokalisieren (Bild 187).

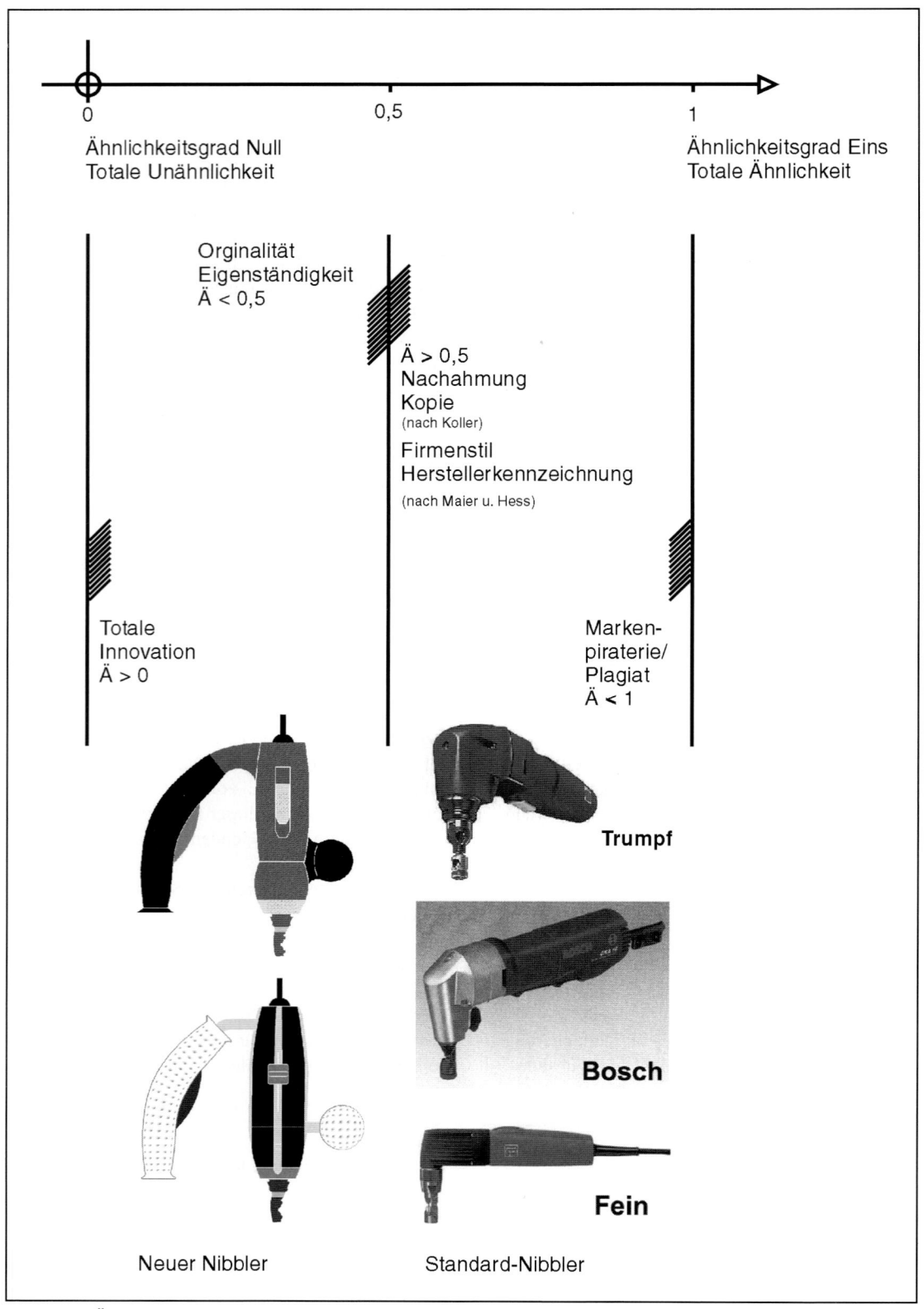

Bild 187 Ähnlichkeitsskala mit unterschiedlichen, designorientierten Wertebereichen und dem Beispiel Nibbler

Für zwei und mehr Produktgestalten gilt:

Definition 7.2 *Die totale Unähnlichkeit repräsentiert den Fall der totalen Innovationen.*

Definition 7.3 *Die totale Ähnlichkeit repräsentiert den Fall des totalen Plagiats oder der Markenpiraterie.*

- Nach den Untersuchungen von Maier [2], Hess [4] und Koller [161] ist die Grenze zwischen Neuheit und Imitation bei einem Ähnlichkeitsgrad von 50% anzusetzen.

Das Beispiel Neuer Nibbler zeigt, wie durch einen neuen Gestaltaufbau und dessen Formgebung diese Grenze von den Standard-Nibblern in Richtung Neuheit und Originalität überschritten werden kann.

8 Oberflächendesign in der Ausarbeitungsphase

8.1 Voraussetzungen: Invariable Oberflächen-Elemente einschließlich ökologischer Aspekte

Invariable Oberflächen und Farben sind solche nach technisch-physikalischen, fertigungstechnischen und wirtschaftlichen Anforderungen. Niedere Reibung, höherer Oberflächenschutz oder industrielle Fertigung sind Beispiele diesbezüglicher Anforderungen. Hierzu zählen auch ökologische Aspekte, wie z.B. der Einsatz von wasserlöslichem Lack [162] oder das Vermeiden von Polierschlamm.

Oberfläche ist in Technik und Konstruktion zugegebenermaßen ein missverständlicher Begriff, insbesondere, wenn man an den in Abschnitt 6.4 behandelten Sachverhalt der „Bedienungsoberfläche" denkt.

Als Gegenstand und Aufgabenbereich des Designs in der Ausarbeitungsphase einer methodischen Produktentwicklung wird im folgenden die Oberfläche oder Textur einer Form verstanden und behandelt (Bild 188). Die Texturvarianten von Oberflächen technischer Produktgestalten werden einerseits von den glatten Flächen mit Spiegelhochglanz begrenzt und reichen andererseits bis zu den Formenreliefs wie z.B. Rändel und Kordel von Bedienelementen oder der „geschindelten" Oberfläche eines Getriebegehäuses. Dazwischen liegen die vielfältigen Texturen wie

- gehämmert,
- geflammt,
- damasziert,
- gerieft,
- gebürstet,
- gemasert,
- geschabt,
- gerippt,
- gekräuselt,
- geperlt,
- gerändelt,
- geadert,
- genoppt,
- gewellt

u.a.

Diese und viele andere Texturen finden sich in den Oberflächen von Blech, Glas, Folien u. a. Materialien. Eine praktische Frage nach der richtigen Oberflächentextur ist z.B., ob der Drehtisch einer Bandsäge (Bild 106) gedreht oder gefräst werden soll.

Fertigungstechnisch gesehen sind die Oberflächentexturen immer das Ergebnis von bestimmten Urform-, Umform- oder Trenn-, Füge- und Beschichtungsverfahren. Im traditionell-handwerklichen Sinne sind Texturen wie

- Gerstenkorn,
- Streifen,
- Basket,
- Schotten,
- Geflecht,
- Borke,
- Diamantspitzen,
- Chevron

u.a.

das Ergebnis des Punzens. Eine moderne funktionale Oberflächentextur ist die sog. Haifischhaut, die als Folie mit dreieckigen Rillen, den sog. Riblets zur Verringerung des Strömungswiderstandes von Schiffen und Flugzeugen eingesetzt wird. Moderne und aktuelle Unterlagen für die Oberflächentexturen sind

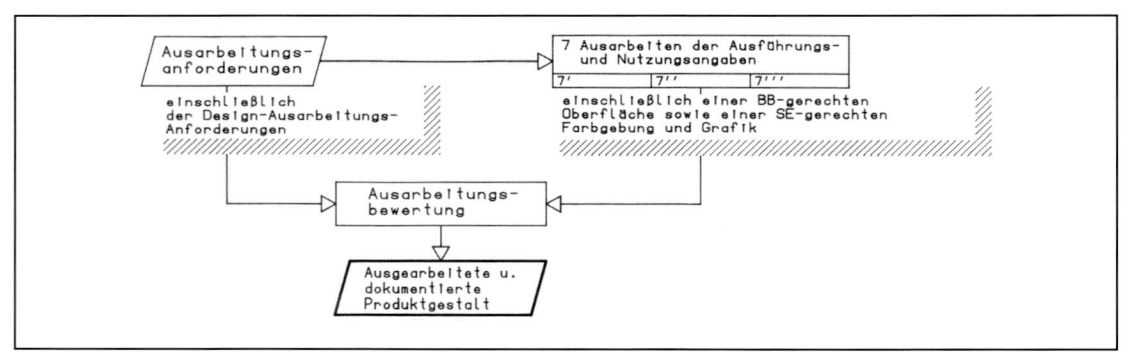

Bild 188 Design in der Ausarbeitungsphase einer methodischen Produktentwicklung. (Auszug aus Bild 42)

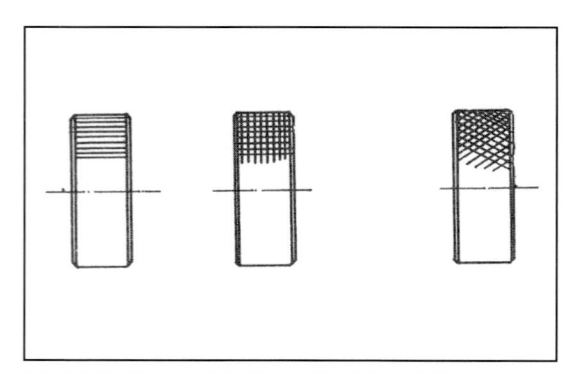

Bild 189 Unterschiedliche Rändel und Kordel

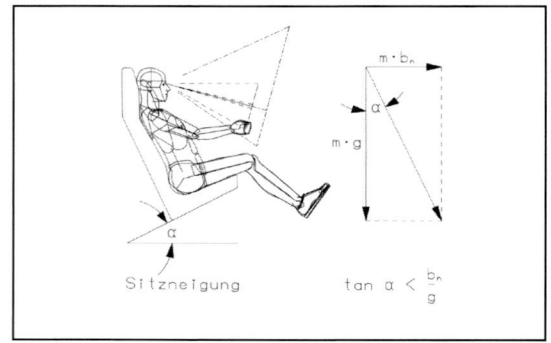

Bild 190 Rutschsicherheit als benutzerorientiertes Merkmal von Oberflächen

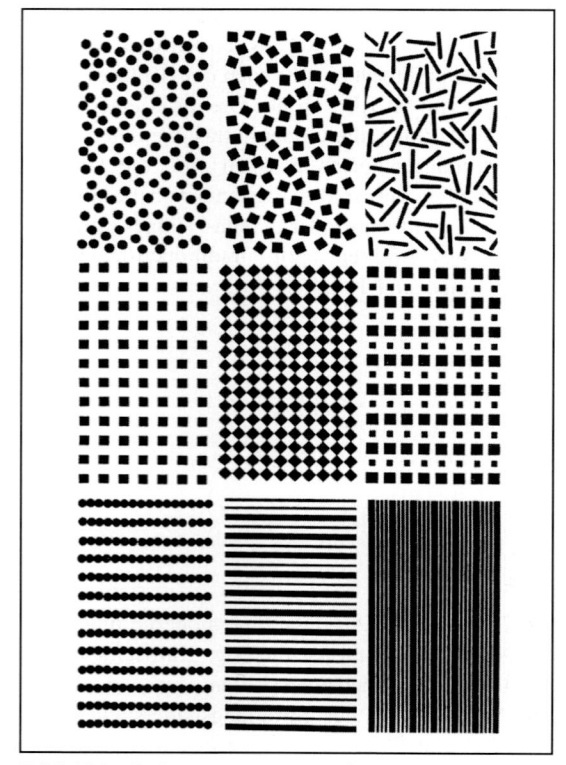

Bild 191 Ordnungen von Oberflächen

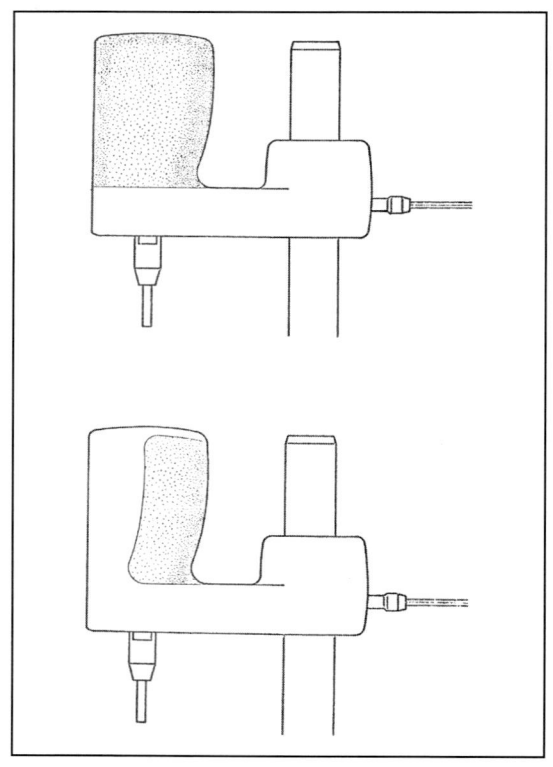

Bild 192 Oberflächenvarianten eines Messkopfes

8.1 Voraussetzungen: Invariable Oberflächen-Elemente einschließlich ökologischer Aspekte

- DIN 4763,
- DIN 4666,
- DIN 140,
- V SM 58070,
- DIN ISO 1302,
- DIN 4764,
- V SM 10 320, Blatt 2, Blatt 4,
- V SM 58 300.

Auf der Grundlage dieser Normblätter werden im folgenden alle Prüf-, Mess-, Kontakt- u. a. Oberflächen als invariable Oberflächen verstanden. Demgegenüber werden die Sichtflächen, Blickflächen, Griffflächen u. a. als variabel verstanden und damit als Gegenstand des Design behandelt. Fertigungstechnisch bedingte Oberflächentexturen sind insbesondere die geschruppten, geschlichteten, feingeschlichteten sowie die polierten Oberflächen.

Als „topografische" Systematik, insbesondere unter dem Aspekt der geordneten und der ungeordneten Oberfläche, wird DIN 4761 verwendet.

Ergänzend hierzu werden bei Lacken folgende „Strukturtypen" unterschieden:

- Narbenstruktur, gekennzeichnet durch Vertiefungen die vom Hammerschlag bis zum Kräusel oder zur Apfelsinenhaut [163] reichen,
- Perlstruktur, gekennzeichnet durch Erhöhungen.

Beide Strukturarten werden weiter nach je drei Gradationen unterschieden (Tabelle 18)

Tabelle 18 Texturen von Lacken

	grob	mittel	fein
hoch			
flach			
sehr flach			„Soft-Look"

Tabelle 17 Definitionen von Glanzstufen

Firma Kurz Fürth	Firma Schoch Stuttgart		DIN 53778 Kunststoffdispersionsfarben Glanzgrad
	Spielgelhochglanz (hochglanzpoliert)	$Rt < 0{,}1\,\mu$ m Glanzgrad 100%	
	Hochglanz (Super finishpoliert)	$Rt = 0{,}1\text{-}0{,}3\,\mu$ m	HG Hochglänzend
Glanz (Spezial)	Glanz (Finishpoliert)	$Rt = 0{,}3\text{-}0{,}5\,\mu$ m	G Glänzend
Seidenglanz Seidenmatt	Mattglanz Seidenmatt	Glanzgrad 40%	SG Seidenglänzend Halbglänzend SM Seidenmatt
Matt	Matt		M Matt
	Todmatt Stumpfmatt	Glanzgrad 0%	

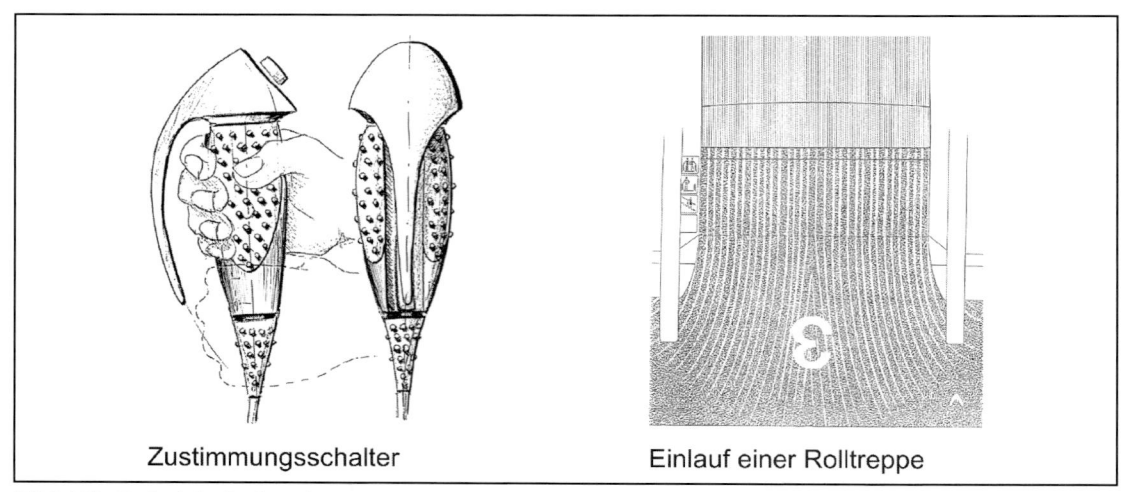

Zustimmungsschalter   Einlauf einer Rolltreppe

Bild 193 Beispiele für betätigungs- und benutzungskennzeichnende Oberflächen

Lkw-Reifen

Landwirtschaftsreifen

Bild 194 Beispiele für zweck- und leistungskennzeichnende Oberflächen

Bild 195 Beispiele für Oberflächenvarianten eines Getriebegehäuses

Glanz ist eine Eigenschaft von spiegelnden Oberflächen, die aus der Designgeschichte häufig mit dem Leitbild des Luxus zusammenhängt oder die auch in Verbindung mit Exportgütern mit kulturellen Leitbildern zusammen gesehen werden muss [164]. In DIN 55945 ist Glanz folgendermaßen definiert:

„Glanz ist ein Sinneseindruck, bewirkt durch die mehr oder weniger gerichtete Reflexion von Lichtstrahlen an einer Oberfläche. Anmerkung: Beispiele für Glanzstufen sind hochglänzend, glänzend, seiden glänzend, halbmatt, matt und stumpfmatt." (siehe auch DIN 53 230 und Tabelle 17). Unter bestimmten Bedingungen kann zur Beurteilung des Glanzes der Reflektormeterwert nach DIN 57 530 herangezogen werden.

„Brillanz ist ein Ausdruck für die besonderen Reflexionseigenschaften einer hochglänzenden, schleierfreien Oberfläche."

Wenn man matte Oberflächen über ihre Farbe und konstante Helligkeit aufgrund diffuser Reflexion definiert, dann sind glänzende Oberflächen durch Farben und eine variable Helligkeit mit gerichteter Reflexion gekennzeichnet. Bei glitzernden Oberflächen kommt neben dem räumlichen Nebeneinander der Helligkeitsunterschiede das zeitliche Nebeneinander unterschiedlicher Helligkeiten als weiterer Parameter hinzu.

Hilfsmittel zur Darstellung unterschiedlicher Oberflächentexturen können Rasterfolien sein. Weitere Hilfsmittel zur Darstellung von Oberflächentexturdesigns sind das Durchdrücken oder auch das Lichtpausen von Stoffen. Zur Darstellung von Holz oder Glanzblech können auf einer Zeichnung auch Holz oder Blechfolien aufgeklebt werden.

8.2 Betätigungs- und benutzungsorientiertes Oberflächendesign

Betätigungs- und benutzungsorientierte Anforderungen zur Auswahl bestimmter Oberflächentexturen sind:
- Greifsympathie und Hautfreundlichkeit erzeugen z.B. durch Nextel, Eloxal, Titan,
- Verletzungen vermeiden z.B. durch keine scharfkantigen Oberflächenreliefs,
- Standsicherheit bzw. Rutschsicherheit (Bild 190) gewährleisten z.B. durch Rautenbleche,
- Kraftübertragung und Kopplungsgrad an Griffen gewährleisten.

Zur Lösung des letztgenannten Kriteriums ist wichtig, dass nach neueren Untersuchungen der Ergonomie [165] profilierte Oberflächen z.B. Rändel und Kordel (Bild 189) nur dort ihre Berechtigung haben, wo eine Drainage- oder Ventilationswirkung wichtig ist. Wo demgegenüber die Kraftübertragung und der Kopplungsgrad wichtiger ist, haben glatte Materialien und Oberflächen höhere Werte! Weitere betätigungs- und benutzungsorientierte Anforderungen an Oberflächen ist die Scheuerbeständigkeit (DIN 53 778), die Reibechtheit von Stoffen (DIN 54 021) u.a.

8.3 Kennzeichnendes Oberflächendesign

Bei den visuellen Eigenschaften von Oberflächen ist die Begrenzung ihrer Sichtbarkeit auf Blendfreiheit als Störung durch zu hohe Leuchtdichten und/oder zu große Leuchtdichteunterschiede im Gesichtsfeld definiert. Sie wird weiter unterschieden in die Direktblendung durch Leuchten und in die Reflexblendung durch Spiegelung hoher Leuchtdichten auf glänzenden Oberflächen. Danach sind Oberflächen im Gesichtsfeld als entspiegelt oder matt auszuführen. Angaben zum Reflexionsgrad von Tastaturen [166]:

- „Arbeitsmedizinische Forderungen" nach Th. Peters:
  „Matte Tastaturen"
- „Psychische Beanspruchung" nach G. Radl:
  „Die Tastatur soll eine nicht glänzende Oberfläche haben. Reflexionen der Deckenbeleuchtung auf den Tasten stellen einen vermeidbaren optischen Belastungsfaktor dar. Im sichtbaren Bereich der Tastatur auf Helligkeitskontraste von optimal 1:3 maximal 1:10 achten."
- „Anpassung von Bildschirmarbeitsplätzen" nach A. Cakir u.a.:
  „Die Reflexion auf der Tastaturoberfläche sollte möglichst diffus (matte Tasten) erfolgen. Der Reflexionsgrad der Tastatur sollte zwischen 0,4 und 0,6 liegen."
- „Arbeiten mit dem Bildschirm" nach H. Krueger u.a.:
  „Die Oberfläche der Tastatur darf nicht glänzen. Der Reflexionsfaktor soll unter 70 % liegen. Ihre Farbe soll neutral sein."

Danach gibt die Fa. Mannesmann-Kienzle für ihre Tastaturen einen Glanzgrad von 40 % und einen Reflexionsgrad von ca. 45 % an. Nach den Sicherheitsregeln für Bildschirm-Arbeitsplätze im Bürobereich

[167] gilt für die Blendfreiheit und den Glanz von Bildschirmen, Bildschirmgehäusen und Tastaturen (s. Abschnitt 4.1.9):

„Der Bildschirm muss so ausgeführt sein, dass Spiegelungen und Reflexionen weitgehend vermieden werden und sich nicht mehr störend bemerkbar machen. Reflexionsminderungen können am besten mit herstellerseitig getroffenen Antireflexmaßnahmen erzielt werden. Für normale Anwendungsbereiche sind Filter mit vergüteten Oberflächen empfehlenswert. Durch Grauglasfilter und aufgeraute Bildschirmoberflächen werden gleichfalls ausreichende Reflexionsminderungen erzielt. Mikromesh-Filter sind insbesondere sinnvoll bei hohen Beleuchtungsstärken im Raum und wenn bei der Aufstellung des Bildschirmgerätes auf die Anordnung der Leuchten keine Rücksicht genommen werden kann. Nachträgliche Maßnahmen zur Reflexminderung wie z.B. die Aufbringung von mattierten Folien oder Scheiben, Polarisationsfiltern oder Mattierungs-Sprays sind nur dann zulässig, wenn die Anforderungen an Leuchtdichten, Kontrast und Konturschärfe eingehalten werden. Sprays bewirken wegen eines im Allgemeinen nicht gleichmäßigen Auftrags unterschiedliche Leuchtdichte- und Kontrastverhältnissse auf dem Bildschirm und sind mechanisch nicht ausreichend stabil. Nicht zu tiefe Störlichtblenden können insbesondere bei geneigten Bildschirmen günstig sein, jedoch sind Teilschatten auf dem Bildschirm zu vermeiden. Hycon- und Lamellenfilter sind nur für Geräte zur gelegentlichen Information geeignet, weil sie den Blickwinkel zu sehr begrenzen und somit ganz bestimmte Körperhaltungen erzwingen." Im Übrigen siehe auch DIN 66 234 Entwurf Teil 2 „Bildschirmarbeitsplätze; Wahrnehmbarkeit von Zeichen auf Bildschirmen" und die Abschnitte 4.1.2, 4.1.3 und 4.1.4. „Der Glanzgrad des Bildschirmgehäuses darf höchstens halbmatt bis seidenmatt sein. Die farbliche Gestaltung muss einem Reflexionswert zwischen 15 und 75 % entsprechen. Empfohlen werden mittlere Werte zwischen 20 und 50 %. Bei der Bestimmung des Glanzgrades durch Reflektometermessung nach DIN 67 530 entspricht ein Glanzgrad von halbmatt bis seidenmatt bei unter 60° einfallendem Licht einem Reflexionsgrad von weniger als 45 %. Die Bestimmung des Glanzgrades kann auch mit Hilfe von Glanzgradtafeln erfolgen, die den europäischen technischen Lieferbedingungen für Möbel und Innenausbau entsprechen. für die Bestimmung der Reflexion der Farben gilt DIN 5036 Teil 3. Die Bestimmung kann auch als Reflexionswert mittels der Reflexionswertetafel aus dem „Handbuch für Beleuchtung" erfolgen. Diese Tafel gibt Reflexionsgrade unter bestimmten Beleuchtungsverhältnissen wieder und ist beim Verlag W. Girardet in Essen zu beziehen. Der Glanzgrad der Tastatur und des Tastaturgehäuses darf höchstens halbmatt bis seidenmatt sein. Die farbliche Gestaltung muss einem Reflexionswert zwischen 15 und 75 entsprechen. Empfohlen werden mittlere Werte zwischen 20 und 50 %."

Da durch Blendung immer wieder Unfälle entstehen, hat der Bundesgerichtshof in einem Urteil (Az: VI ZR 137/73) die Verwaltungsregel aufgestellt, dass geblendete Autofahrer nicht „blind" weiterfahren dürfen.

Beispiele von kennzeichnenden Oberflächen sind (Bilder 193 – 195):

- Zweckkennzeichnung von Lebensmittelmaschinen z.B. durch Pfauenaugenmuster.
- Bedienungskennzeichnung durch Rautenbleche, Rändel, Kordel u. a. Ein interessanter Aspekt ist die Duplizierung von Bedienelementen durch spiegelnde Flächen.
- Prinzip- und Leistungskennzeichnung durch Riffelblech oder durch Hochglanz (Gold!). Hierzu zählt auch der Einsatz von Edelstahl zur Hygienegewährleitung von Nahrungsmittelwaschmaschinen.
- Fertigungskennzeichnung: Kennzeichnung einer maschinellen Fertigung durch gleichmäßige und geordnete Oberflächen. Negativ wirkt unter diesem Aspekt die sog. Orangenhaut von Lacken [163]. Die positive Kennzeichnung mittels unregelmäßiger und ungeordneter Oberfläche betrifft die handwerkliche Fertigung wie z.B. das Schaben. Beispiel für eine typische Materialkennzeichnung ist die Maserung für Holz.
- Preis- und Kostenkennzeichnung: War in der Vergangenheit meist der Glanz das Kennzeichen des Wertvollen so hat sich diese Wirkung heute vielfach zugunsten der matten Oberflächen umgekehrt (Beispiel: Uhren). Beispiel für die differenzierte Betrachtung der Wertkennzeichnung von Oberflächen sind matte Glanzoberflächen, die in einem Fall, das negative Kennzeichen des Glanzverlustes in der Spülmaschine sind und im anderen Fall das positive Kennzeichen einer Wertsteigerung durch Mattierung oder Satinierung. Bei Schweißkonstruktionen wirken üblicherweise rohe Schweißnähte („Raupen") billig und überschliffene wertvoll.
- Zeitkennzeichnung. Beispiele für eine nostalgisch wirkende Oberfläche ist Rost oder das sog. Antiquisieren mittels Kupferoxyd. Eine modisch wirkende Kombination ist in Verbindung mit

dem sog. Materialmix der Oberflächenmix. Eine modern und futuristisch wirkende Oberfläche kann eine Mineralglasschicht sein.

Beispiele für herkunfts- und herstellerkennzeichnende Oberflächen sind im Uhrendesign, z.B. die sogenannten Genfer Streifen, oder bei Werkzeugmaschinen die herstellerkennzeichnenden Strukturbleche z.B. INDEX. Ein herstellerkennzeichnendes Lochmuster aus einem Band und einer Raute weisen derzeit die DSM Computer auf. Zu den verwenderkennzeichnenden Oberflächendesigns zählt nicht zuletzt auch das High-Tech-Design [54].

8.4 Formale Qualität und Ordnung des Oberflächendesigns

Oberflächentexturen entstehen entweder aus regelmäßigen Elementen oder aus unregelmäßigen Elementen (Bild 191). Schon hierdurch differenzieren sie sich formal in reine und in mannigfaltige bis chaotische Texturen. Nach ihrem Anmutungscharakter wirken die letzteren häufig „lebendiger" während die ersteren häufig als „stur", „langweilig" u. a. bezeichnet werden.

Neben den Elementen ist der zweite Gestaltungsparameter von Texturen die Anordnung der Elemente, der ebenfalls wieder regelmäßig oder unregelmäßig, als Rapport, Symmetrie u. a. sein kann. Hierdurch potenzieren sich die oben genannten Wirkungen und formalen Qualitäten. In der Fachliteratur [168, 169] wird als wichtige formale Qualität

- die Richtungsneutralität z.B. von chaotischen Texturen
- und die Richtungsbetonung z.B. von Streifentexturen

beschrieben. Die Vereinigung von Form und Textur einer Gestalt führt zur Frage nach der Texturbegrenzung oder -fläche. Eine „integrierte" oder „koordinierte" Textur betont durch ihre Begrenzung und ihre Richtung die vorgegebene Form z.B. eines Griffteils [170, 171]. Demgegenüber wirken alternative Texturen form-auflösend bis form-verfremdend (Bild 192). Im Sinne einer formal befriedigenden und geordneten Lösung muss die anfangs gestellte Frage nach der Textur eines Rundtisches mit einer vollkreisförmigen oder zentralsymmetrischen Rillenschar beantwortet werden.

8.5 Bewertung des Oberflächendesigns

Die Bewertung von Oberflächendesigns erfolgt üblicherweise nach der Vermeidung unerwünschter Oberflächen, z.B. Orangenhauteffekt bei Autolacken, sowie nach dem gleichmäßigen Lichtreflex, auch bei unterschiedlichen Beleuchtungsarten.

Die wirtschaftliche Bewertung erfolgt über die jeweiligen Herstellungskosten, zu denen Oberflächendesigns mit extremen Herstellungskosten, z.B. das Beledern von Kameragehäusen, bekannt sind.

Steuerbords

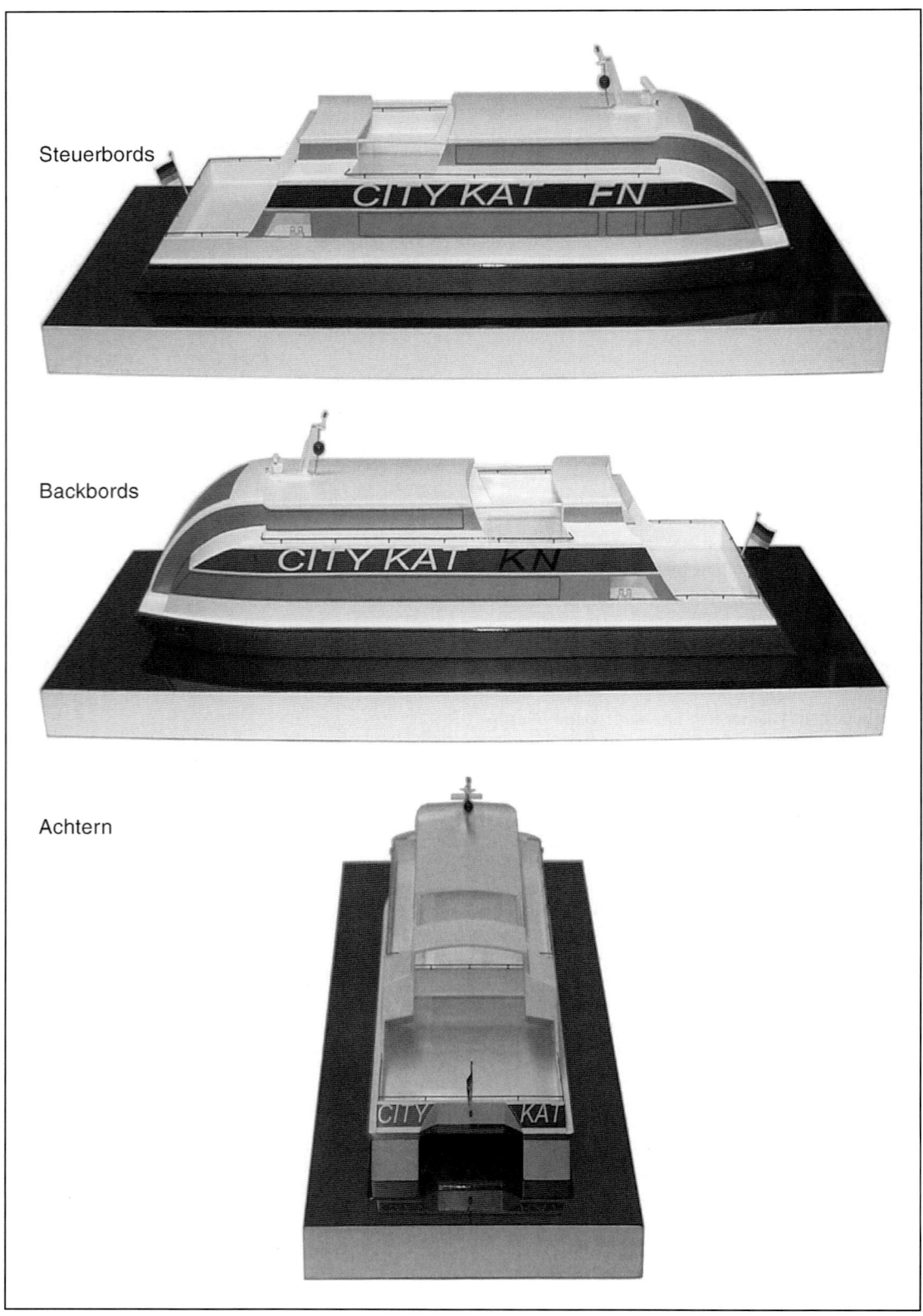

Backbords

Achtern

Bild 196 Name und Beschriftung einer neuen Katamaranfähre (Farbbild 22)

9 Produktgrafik in der Ausarbeitungsphase

Unter „Produktgrafik" wird im folgenden die Kennzeichnung von Informationen und Inhalten mittels grafischer Zeichen auf einer Produktgestalt verstanden [172, 173, 174]. Die grafischen Zeichen umfassen dabei

- die Bildzeichen oder Piktogramme und
- die Schriftzeichen oder alpha-numerischen Zeichen (Bild 196).

Die Bildzeichen sind zeichentheoretisch Ikone und Indices, d.h. abbildende und hinweisende Zeichen und entwicklungsgeschichtlich die konkretere und ältere Zeichenart. Die Schriftzeichen sind zeichentheoretisch Symbole, d.h. repräsentierende Zeichen und entwicklungsgeschichtlich die abstraktere und jüngere Zeichenart. In einer demographischen Unterscheidung der Produktbenutzer sind die Schriftzeichen die Zeichenart für Alphabeten in der jeweiligen Landessprache und -schrift. Demgegenüber sind die Bildzeichen die Zeichenart für die Analphabeten bzw. für einen internationalen Benutzerkreis. Die Entscheidung für eine oder beide dieser grafischen Zeichenarten setzt aber grundsätzlich die Klärung des notwendigen Kennzeichnungsumfang eines Produktes voraus.

9.1 Voraussetzungen: Inhaltlicher Kennzeichnungsumfang und fertigungstechnische Grundlagen

In direkter Anlehnung an die allgemeinen Kategorien der Erkennbarkeit (s. Abschnitt 2.4) sind dies folgende Inhalte und Informationen (Tabelle 19).

Tabelle 19 Erkennungsinhalte aus der Produktgrafik einer Produktgestalt

Allgemeine Kategorien der Sichtbarkeit und Erkennbarkeit einer Produktgestalt		Erkennungsinhalte aus der Produktgrafik
Sichtbarkeit		vollständig oder teilweise
Produkteigenschaften	Zweck	Produktname Typenbezeichnung
	Bedienung	Beschriftung von Anzeigen und Stellteilen einschl. Bedienungsanleitung
	Prinzip und Leistung	Typenschild
	Material und Fertigung	Fertigungsnummer, Zulieferteile, Materialname
	Preis und Kosten	Preisschild
	Zeit	Baujahr
Produktherkunft	Hersteller	Firmenzeichen, Logo, Name oder Signatur des Designers
	Händler oder Marke	Markenzeichen, Händlerlogo
	Verwender	Signatur des Besitzers, Firmenzeichen, u.a.
Anmutungen		Produktnamen

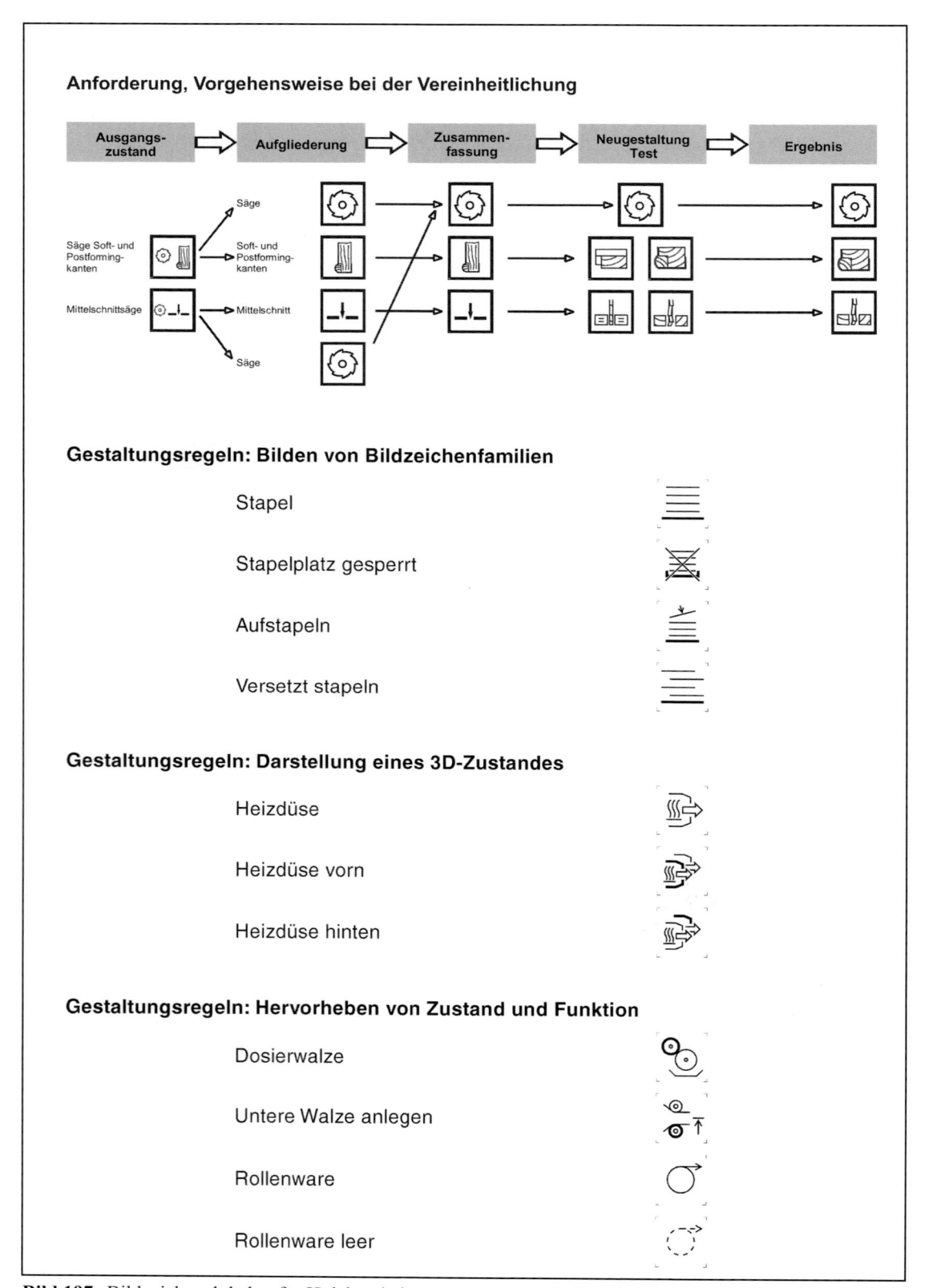

Anforderung, Vorgehensweise bei der Vereinheitlichung

Ausgangs-zustand ⇒ Aufgliederung ⇒ Zusammen-fassung ⇒ Neugestaltung Test ⇒ Ergebnis

Gestaltungsregeln: Bilden von Bildzeichenfamilien

    Stapel

    Stapelplatz gesperrt

    Aufstapeln

    Versetzt stapeln

Gestaltungsregeln: Darstellung eines 3D-Zustandes

    Heizdüse

    Heizdüse vorn

    Heizdüse hinten

Gestaltungsregeln: Hervorheben von Zustand und Funktion

    Dosierwalze

    Untere Walze anlegen

    Rollenware

    Rollenware leer

Bild 197 Bildzeichenalphabet für Holzbearbeitungsmaschinen (Farbbild 21)

9.1.1 Produktname

Ziel jedes designbewussten Unternehmens wird es sein, für seine Produkte Namen zu kreieren,

- die deren Qualitäten und deren Herkunft eindeutig und positiv ausdrücken,
- die als Warenzeichen schutzfähig sind,
- die die Eigenstellungsqualität der Produkte kennzeichnen.

Die Wurzel der Namensgebung von Produkten liegen im religiösen Bereich. Beispiel der Name „Santa Maria" des Schiffes von C. Columbus. Diese Tradition wird in der Schiffstaufe bis heute gepflegt.

Weitere historische Quellen für Produktnamen finden sich bei Waffen. Beispiel: die Kanonen Kaiser Maximilians I.

Ein wichtiger historischer Bezug für Produktnamen in der Maschinentechnik waren die Lokomotiven. Dabei wurden alle denkbaren Prinzipien der Namensgebung angewandt:

- die Glorifizierung, z.B. „Star",
- die Mythologisierung, z.B. „Giant",
- die Nobilisierung, z.B. „König George V",
- die Heroisierung, z.B. „Cerberus",
- die Potenzierung, z.B. „Super",
- die Lokalisierung, z.B. „Britannia",
- die Sanktionierung z.B. „Saint"
  u. a.

Im modernen Sinne lassen sich nach DIN 2330 drei Arten von Namen unterscheiden:

- die genaue und eindeutige Bezeichnung der Konstruktion,
- die analoge oder assoziative Benennung der Konstruktion,
- ein Kurzzeichen für die Konstruktion.

Hinzu kommen noch die Phantasienamen.

Der Nachteil der genauen und eindeutigen Bezeichnung der Konstruktion ist vor allem die Länge des entstehenden Wortes.

Beispiel Hochleistungstrapezgewindeschleifmaschine

Konstruktionsnamen sind deshalb meist analoge Benennungen oder Kurzzeichen. Bei der Namensfindung stellt sich das gleiche Problem wie bei der formalen und konstruktiven Gestaltung, nämlich ob die namentliche Konstruktionskennzeichnung eine international verständliche Kennzeichnung der Art, Eigenschaften oder Herkunft der Konstruktion ist oder eine freie Benennung (Phantasienamen!). Konstruktionsnamen, die mit der Zielsetzung des Technischen Designs abgestimmt sind, sind eigenschaften- und herstellerkennzeichnende Benennungen oder Kurzzeichen. Beispiele für eine hersteller- und zweckkennzeichnende Kurzbezeichnung waren in der Feinwerktechnik die Konstruktionsnamen der Firma WIGO, Schwenningen:

WIGO-MAT,
WIGO-PLUS,
WIGO-REX,
WIGO-BELLA,
WIGO-FEE,
WIGO-TAIFUN.

Beispiele für eine hersteller- und zweckkennzeichnende Kurzbezeichnung sind im Maschinenbau die Konstruktionsnamen der Firma Flender, Bocholt:

REDUREX (Stirnradgetriebe),
RONTOX (Aufsteckgetriebe),
MOTOX (Getriebemotor),
CAVEX (Schneckengetriebe),
EUPEX (Kupplung),
RUPEX (Kupplung),
ZAPEX (Kupplung),
PLANOX (Kupplung),

Analoge Beispiele sind die Namen

- Jetliner,
- Cityliner,
- Skyliner,
- Metroliner,
- Trendliner

für das Omnibusprogramm der Fa. Neoplan, Stuttgar, oder die Namen

- Octoman,
- Polyman,
- Rotoman,
- Lithoman I -V

für das Rollendruckmaschinenprogramm der Fa. MAN Roland, Offenbach.

Beispiele für leistungskennzeichnende Kurzbezeichnungen aus Buchstaben und Ziffern finden sich insbesondere im Automobilbau. Beispiel: 1926 LP, 350 SLC.

Musterbeispiele für eine international verständliche Zweckkennzeichnung sind die Namen der Olivetti-Erzeugnisse als Teil des gesamten Stile-Olivetti. Beispiele:

- Mechanische Klein-, Flach- und Reiseschreibmaschinen LETTERA, STUDIO u.a.,
- Elektrische Büroschreibmaschinen EDITOR, Elektronische Rechner DIVISUMMA, LOGOS u.a.,

Bild 198 Unterschiedliche Schriftarten

Bild 199 Schriftfamilie am Beispiel der Helvetica

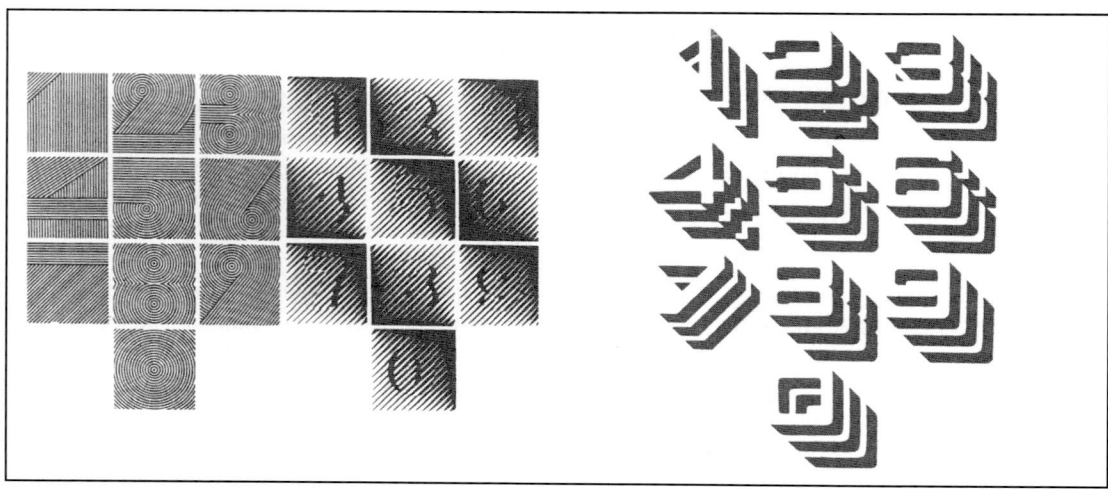

Bild 200 Neue Schriften

Messmaschine INSPECTOR,
- Bohrmaschine AUCTOR,
- Bearbeitungszentrum HORIZON mit horizontaler Arbeitslage des Werkzeugs.

Für das Finden von kennzeichnenden Produktnamen eignen sich insbesondere Silben, die die betreffende Eigenschaft oder Qualität verbal abbilden und die dann lexikografisch variiert werden. Beispiel: Namensvorschläge für ein Bearbeitungszentrum:

- XLO-TUR, XLO-TUROMAT,
- XLO-TURO, XLO-TURMA,
- XLO-TUREX, XLO-TURA,
- XLO-TURIK, XLO-TURAT,
- XLO-TURAX, XLO-TURATIK,
- XLO-TUROX, XLO-TUROMATIK,
- XLO-RONDO, XLO-RONTURA,
- XLO-RONDEX, XLO-RONTURAT,
- XLO-RONTUR, XLO-RONTURATIK.

Die Produktnamen sind gleichfalls eine Verwenderkennzeichnung, i.S. der Platzierung von Produkten oder Produktprogrammen bei unterschiedlichen Verwendersegmenten. Beispiel: Elektrowerkzeug-Programm (Tabelle 20).

Tabelle 20 Bsp. für die Kennzeichnung unterschiedlicher Produkt- u. Designvarianten durch unterschiedliche Produktnamen

Elektrowerkzeug	Einfachausführung	Leistungsausführung
Handkreissäge	Max	Expert 4345-S-Automatik
Zweigang-Schlagbohr-Maschine	Paul	Sb E 420/2 S-Automatik
Stichsäge	Walter	Expert E 452
Sander	Alfred	Expert Sr 282

Ein besonderes Designphänomen ist, dass ein Produktname zwingend (persuasiv) zu einer Produktfarbe führt. Beispiel: Ein Fahrgastschiff, das GRAF ZEPPELIN heißt, müsste silbern lackiert werden.

9.1.2 Beschriftung von Anzeigen und Stellteilen einschließlich Bedienungsanleitung

Die diesbezüglichen inhaltlichen Vorgaben für die Produktgrafik sind durch Normen und Gesetze weitgehend bekannt. Bei Anzeigen sind dies z.B.

- DIN 8418,
- Eichordnung,
- DIN 43802 Skalen und Zeiger für elektrische Messinstrumente.

Die inhaltlichen Angaben in Gebrauchs- und Betriebsanleitungen sind vorgegeben in DIN 8418. In vielen Bereichen bestehen zudem eigene Sicherheitskennzeichnungen, wie z.B. DIN 23330 Sicherheitskennzeichnung im Bergbau oder DIN 43455 Bildzeichen für die Betätigung von Hochspannungsschaltgeräten unter 52 kV.

9.1.3 Weitere grafische Kennzeichnungen

Über die Angaben in Typenschilder bestehen eine Vielzahl an Normen:

- DIN 30641 Schildermaße,
- DIN 40007 Schilder für die Elektrotechnik,
- DIN 42961 Leistungsschilder für Elektrische Maschinen,
- DIN 825 Lieferbedingungen für Schilder,
- DIN 4000 Sachmerkmalleiste für Schilder,
- DIN 70025 Kennzeichnung der Kfz-Motoren.

Für die Hersteller- und Markenkennzeichnung sowie die Verwenderkennzeichnung bestehen vielfach unternehmensinterne Festlegungen in Normen oder Design-Manuals.

9.1.4 Fertigungstechnische Grundlagen

Eine praktische Konsequenz aus dem dargelegten Kennzeichnungsumfang sind die Vielzahl an Trägern der grafischen Kennzeichnung, im Normalfall die Schilder, die Bestandteil jeder Produktgestalt sind. Es sind Unternehmen bekannt, in denen mehr als 150000 Schilder vorhanden sind und als Ersatzteile verwaltet werden müssen! Die üblichen Herstellungsverfahren für Schilder finden sich in DIN 30644/45.

Es ist im Einzelfall zu überprüfen inwieweit die Herstellungsverfahren die grafische Gestaltung von Zeichen beeinflussen. Beispiel: Signet der Deutschen Bundesbahn.

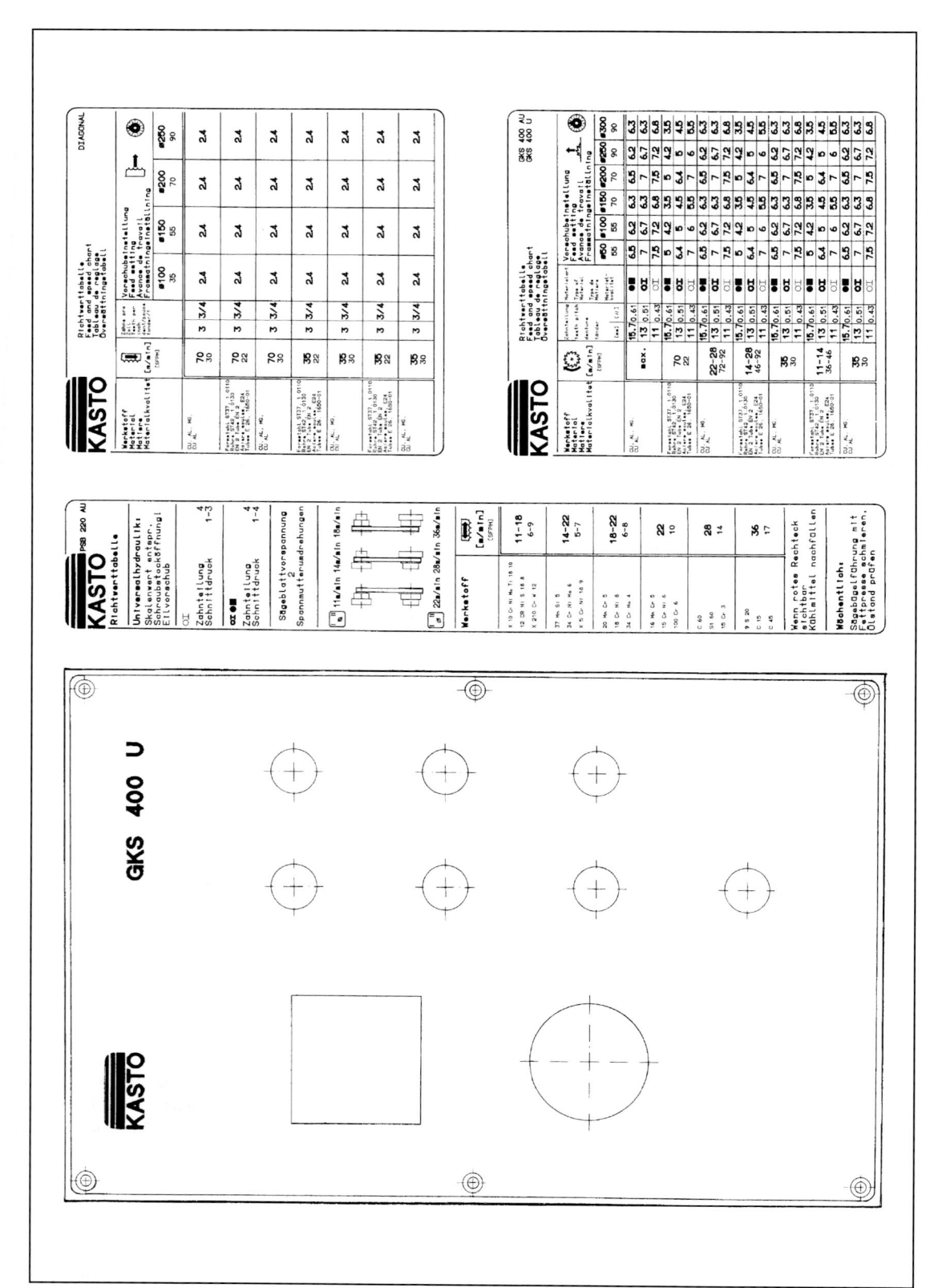

Bild 201 Herstellerkennzeichnende Produktgrafik (Bild 261)

Zu den Bearbeitungsverfahren auf diesem Gebiet für innovationsorientierte Produkte gehören heute nicht zuletzt die Laserbeschriftung.

9.2 Grafische Kennzeichnungsarten

9.2.1 Bildzeichen

„Ein Bildzeichen steht stellvertretend für einen Gegenstand und stellt diesen sprachungebunden verständlich dar" (DIN 30600). Unter „Gegenstand" in dem oben genannten Sinne sind nicht nur materielle Dinge, sondern auch Sachverhalte, Handlungen und Zustände zu verstehen (n. DIN 2330). Nach Larisch-Dey [175] sind die wichtigsten Kriterien für Bildzeichen:

- schnelle Erkennbarkeit,
- schnelle Erfassbarkeit,
- leichte Wiedererkennbarkeit,
- Unabhängigkeit von Sprache,
- Anbringung auf gleich großen Flächen.

Mit der dargelegten Zielsetzung existieren heute eine Vielzahl an Bildzeichen und Bildzeichensystemen (s. DIN 30600). Deshalb stellt sich heute bei der Entscheidung für Bildzeichen in vielen Fällen die Frage, ob es überhaupt notwendig ist, neue Piktogramme zu entwickeln oder ob vorhandene Zeichen den Bedarf nicht abdecken. Wichtige Quellen für Bildzeichen sind:

- DIN 30600 Bildzeichen, Allgem. Grundlagen,
- DIN 30602 Bildzeichenanwendung,
- DIN 30603 Bildzeichen, Pfeile, Übersicht,
- DIN 24900 Bildzeichen für d. Maschinenbau,
- DIN 4819 Sicherheitszeichen,
- DIN 11042 Instandhaltungsbücher,
- DIN 43802 Skalen und Zeiger, Blatt 6 Sinnbilder,
- DIN 55003 Sinnbilder für textlose Bedienschilder an Werkzeugmaschinen.

Hinzu kommen handelsübliche Bildzeichen, wie z.B. die ERCO-Piktogramme. Einen Ablaufplan zur Berücksichtigung dieser Situationen wie auch zur Entwicklung neuer Bildzeichen zeigt Bild 197. In letzterem Fall ist die inhaltliche Definition bzw. die internationale Dekodierung des Bildzeichens von entscheidender Bedeutung. Ein Beispiel aus einem Test von Bildzeichen für Werkzeugmaschinen in China soll das belegen [47]. Die dabei für die Schmierart verwendeten Bildzeichen waren eine besondere Fehlerquelle. Denn zum einen sind die Unterschiede der Schmierart relativ gering. Sofern sie nicht näher erläutert werden, auch wenn ihre Unterschiede bedeutend sind; zum anderen wird die Argumentation vorgebracht, dass die Gefäße selbst für gleiche Zwecke so unterschiedlich sein können, dass die Gefäßform als Informationsträger nicht ausreicht. Beispielsweise ist in China die Tube als Behälter für Schmierstoff ungebräuchlich und nahezu unbekannt. Vielmehr wird mit der Tube der Begriff „Zahnpaste, Zähneputzen" assoziiert.

Bildzeichen sind über die primäre Kennzeichnungsfunktion hinaus Gestaltelemente zur Verwender-Kennzeichnung unterschiedlicher Produktvarianten. Zu innovativen Produkten gehören heute über elektronische Displays die situationsabhängigen Anzeigen.

9.2.2 Beschriftungen

Die folgenden Ausführungen konzentrieren sich auf die Grafik und Typografie von Worten, d.h. von Produkt- und Firmennamen. Die Grafik und Typografie von Sätzen und Texten ist damit ausgeschlossen. Die historische Entwicklung der Schrift führte zu einer Vielzahl an Schriftarten oder Schriftfamilien. In einer ersten Untergliederung (Bilder 198 - 200) sind die „runden" Antiqua-Schriften von den „gebrochenen" Fraktur-Schriften zu unterscheiden. Die Antiqua-Schriften lassen sich wieder in die Serifen betonten und in die serifenlosen Schriftarten oder die sog. Groteskschriften unterteilen (s. DIN 16518 Klassifikation der Schriften). Zu den letzteren gehört auch die in DIN 30640 für die Beschriftung technischer Erzeugnisse empfohlene Neuzeit-Grotesk-Schrift. Zu dieser Schriftfamilie gehört auch die Normschrift nach DIN 16.

Neben den Normen sind insbesondere die Kataloge handelsüblicher Reibebuchstaben (Letraset, Mecanorma u. a.) Lösungskataloge für die Produktgrafik. Insbesondere neue Schriften zeigen darin vielfach eine Tendenz zur Unlesbarkeit (Bild 200). Eines der wichtigsten Auswahlkriterien für eine Schrift ist ihre Lesbarkeit in Abhängigkeit von der Schrifthöhe. Dieser Zusammenhang findet sich auch in den 3 typografischen Größengruppen:

- Konsulationsgröße (2,25 -3,375 mm),
- Lesegröße (3,375 -4,5 mm),
- Schaugröße (ab 5,2 mm).

Für die Abhängigkeit der Schrifthöhe von der Leseentfernung gibt DIN 30640 für Schrifthöhen kleiner 8 mm eine Tabelle (8.1, S. 5) an und für Schrifthöhen über 8 mm die Formel

Bild 202 Satzarten von zwei- und dreizeiligen Namen

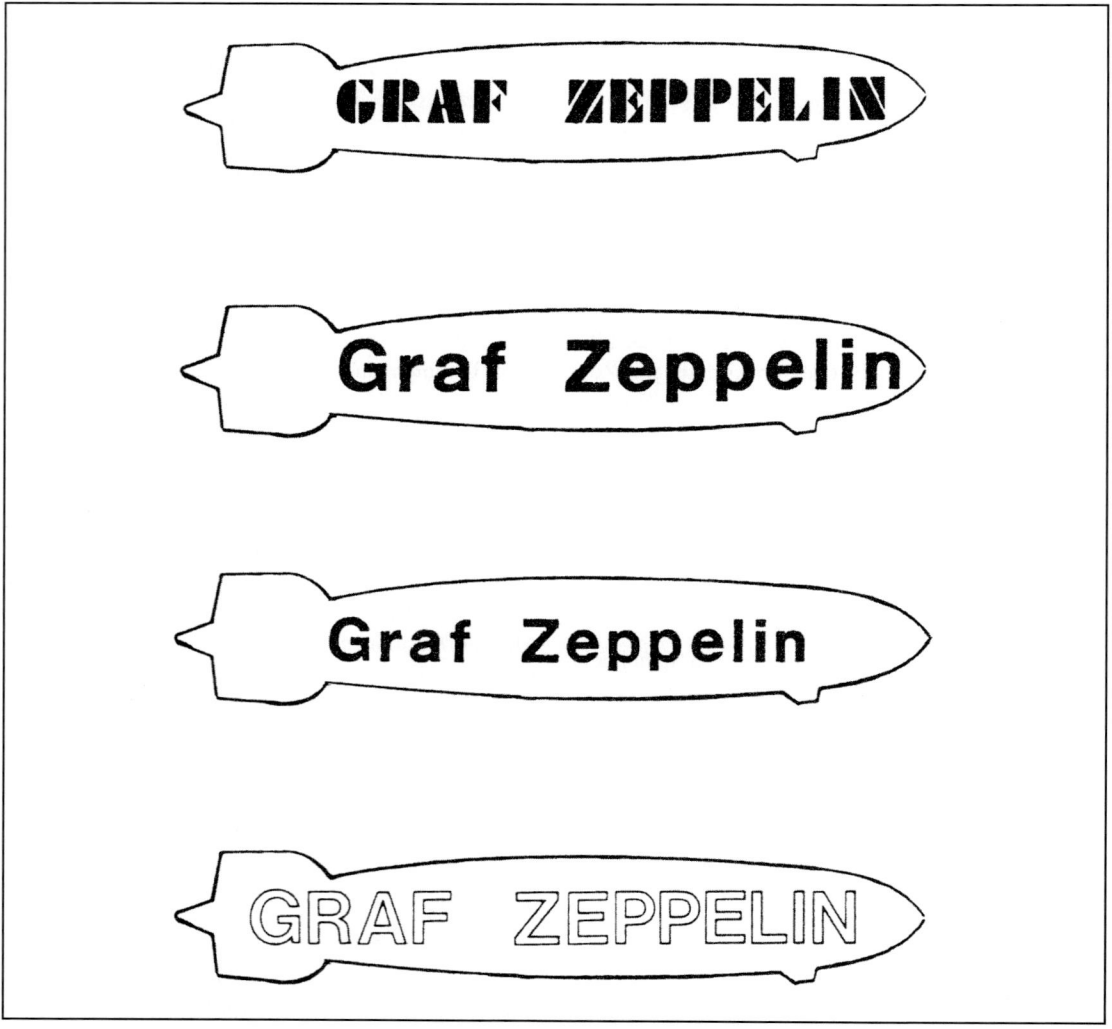

Bild 203 Skizzen über die Zuordnung von Schrift und Schild (s. Farbbild 22)

$$Schrifthöhe\ h\ (mm) = \frac{Leseabstand(m)}{0{,}3}$$

Bei Bildschirmarbeitsplätzen 11341 gilt heute

$$Schrifthöhe\ h\ (mm) = \frac{Leseabstand(mm)}{190}$$

Ein Beispiel dafür, dass die Lesbarkeit nicht das einzige Auswahlkriterium für eine Schrift ist, sind die vielen Varianten der internationalen Autokennzeichen.

Neben den unterschiedlichen Schrifthöhen enthalten alle gängigen Schriftfamilien

- unterschiedliche Schriftstärken oder Schriftschnitte (mager, halbfett, fett),
- unterschiedliche Buchstaben (voll oder Outline),
- Normale Leseschrift und Spiegelschrift,
- sowie in der neueren Entwicklung Grotesk- und Antiquaausführung in einer Schriftfamilie.

Beispiel: Helvetica (Bild 199), ROTIS von 0. Aicher, CORPORATE von K. Weidemann.

Diese Mannigfaltigkeit der Schriften verweist darauf, dass eine Schrift über ihre Lesbarkeit hinaus als wichtiger Informations- und Bedeutungsträger eingesetzt werden kann, um z.B. die Zeitkennzeichnung eines Produktes oder allgemeine Anmutungen, wie z.B. dynamisch, auszudrücken. Bezüglich aller weiteren typografischen Gestaltungsaspekte, wie Buchstaben-, Wort- und Zeilenabstände, Buchstabenform, Wortbild u. a. muss auf die Fachliteratur verwiesen werden [176 – 180]. Es soll aber nicht unerwähnt bleiben, dass für deren Anwendung die Grafik von Richtwerttabellen und Bedientafeln ein wichtiger Anwendungsfall ist (Bild 201).

9.2.3 Weitere grafische Zeichen

Insbesondere bei den Zifferblättern von Uhren werden heute alle Arten von grafischen Zeichen bis hin zu Kunstwerken und Hieroglyphen eingesetzt:

- die Symbol-Uhren von Omega mit dem Zifferblatt-„Motiv" Yin und Yan, dem Ankh-Kreuz und der Sonne,
- die Omega Art-Collection mit künstlerischen Motiven von M. Bill, R.P. Lohse und P. Talman,
- die Zifferblätter der SWATCH mit sehr Zeit bedingten Elementen (deutsche Wiedervereinigung!),
- Zifferblätter aus Münzen u. a.

Dieses Thema führt direkt zu kundenorientierten Varianten der Produktgrafik (s. 13.4.8).

Weitere grafische Zeichen an Produkten sind insbesondere die Herstellerzeichen oder Logos. Deren Design wird nicht als Gegenstand dieses Fachbuches angesehen. Obgleich die dargelegten grafischen Gestaltungsprinzipien, wie z.B. die Mehrfachkennzeichnung, auch für Logos gilt. Über diesen Designbereich existiert eine eigene und umfangreiche Fachliteratur. In der Designpraxis sind die Firmenzeichen meist in den Designmanuals vorgegeben.

Häufig entstehen Firmenzeichen aus der Abstraktion einer Wort- oder Buchstabenmarke zu einem Symbol. Oder – anders ausgedrückt – aus der Superisation der Einzelzeichen „Buchstaben" zu dem Gesamtzeichen „Logo".

Firmenzeichen sind wie alle Gestalten, neben ihrer primären Informationsfunktion Träger von Bedeutungen und Anmutungen, die insbesondere bei der Modernisierung zu berücksichtigen sind. Beispiel: Siemens-Firmenzeichen.

Ein sehr problematischer Tatbestand ist es, wenn in einem Unternehmen ein Zeichen und Schild besteht, das nicht zu dem neuen Produktdesign passt.

9.3 Formale Qualität und Ordnungen der Produktgrafik

Diese formalen Aspekte werden schwerpunktmäßig an Schriften behandelt.

9.3.1 Bezüglich der Zeichengestalt

Die formale Qualität der Zeichengestalt selbst ist insbesondere deren Reinheit, die durch Buchstaben und Alphabete aus wenigen Elementen realisiert wird. Beispiele:

- die Bauhausschrift,
- die Futura Black von Renner
  u. a.

Das Gegenteil von reinen Schriften sind komplexe Schriften aus vielen Buchstabenelementen. Beispiele:

- Frakturschriften,
- das Morandini-Alphabet (s. 13.4.8)
  u. a.

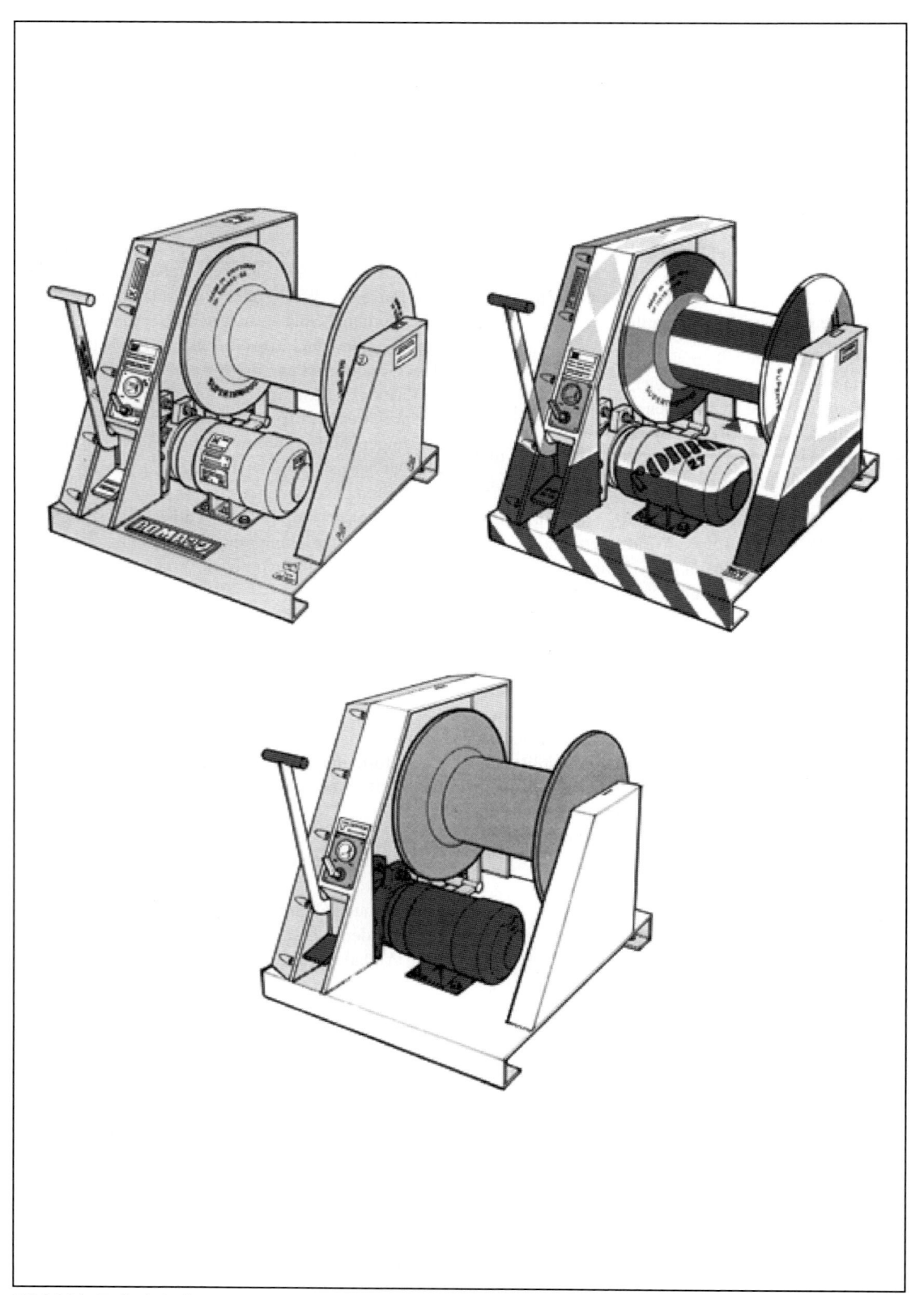

Bild 204 Beispiele für Varianten einer Seilwindengestalt in Farbgebung und Grafik

9.3.2 Bezüglich der Zeichenrelationen

Die formale Qualität von Worten oder Buchstabenmarken betrifft insbesondere deren Schreibart

- in Groß-Klein-Schrift,
- in Klein-Schrift,
- in Groß-Schrift (Versalien).

Die formale Reinheit eines Wortes oder einer Buchstabenmarke wird insbesondere durch die Groß- oder Versalschrift realisiert, weil dadurch die Ober- und Unterlängen wegfallen. Ein gewisser Formalismus war und ist auch die reine Kleinschrift.

In beiden Schreibarten wird die formale Qualität zulasten der Lesbarkeit übergewichtet. Die optimale Lesbarkeit wird weiterhin durch die gemischte Groß-Kleinschreibung verwirklicht.

Eine Mischung von Versalschrift und Groß-Klein-Schrift ist die sog. Versalschrift mit Kapitälchen, d.h. die ersten Buchstaben sind höher als die restlichen.

Eine weitere formale Qualität einer Schrift ist ihre Horizontalorientierung oder ihre Vertikalorientierung. Allgemein gelten breit laufende Schriften mit einer deutlichen Horizontalorientierung „schöner" als enge Schriften mit einer Vertikalorientierung.

Geordnete Anordnungsvarianten von zwei und mehr Worten sind (Bild 202):

- der Mittelachssatz,
- der links angeschlagene Satz,
- der rechts angeschlagene Satz,
- der Blocksatz.

Das Gegenteil dieser grafischen Ordnungsprinzipien verwirklicht der freie Zeilenfall oder Flattersatz, gesteigert durch eine Mischung von Schriftfamilien, wie man es heute in vielen Beispielen moderner Grafik und Typografie findet.

9.3.3 Bezüglich Zeichen und Zeichenträger

Die Frage nach der formalen Qualität von Schrift und Schild erübrigt sich bei freigestellten Schriften, wie z.B. bei einem Schriftnamen aus selbständigen Buchstaben. Bei einem notwendigen Schild ist die formale Koordination dann gegeben, wenn z.B. Name und Schild die gleiche Symmetrie-Achse aufweisen.

Demgegenüber liegt bei einem kombinierten Zeichen der Fall der Ordnungsauflösung vor, wenn ein Zeichen die formale Ordnung des anderen auflöst, z.B. wenn ein zentralsymmetrisches Feld mit einem linksbündigen Blocksatz kombiniert wird.

Bei asymmetrischen Worten und Wortmarken kann mittels des Schildes eine Ordnungserhöhung angestrebt werden. Eine weitere Möglichkeit ist, das Schild zu einer Mehrfachkennzeichnung heranzuziehen. Beispiel: Graf Zeppelin (Bild 203).

9.3.4 Bezüglich Zeichen und Produktgestalt

Die formale Qualität eines Zeichens auf einer Produktgestalt ist gegeben (Bild 94):

- durch die Ordnungserhaltung oder Ordnungserhöhung der Gestalt durch das grafische Zeichen,
- und dessen Unterordnung oder Integration in die anderen Gestaltkomponenten.

Die funktionale Grenze bildet wieder die lesbare Schrifthöhe. Das Gegenteil bildet die „Monumentalisierung" der Grafik als eigenes Gestaltelement und dessen „Deplazierung", d.h. Ordnungsreduzierung oder -auflösung der Gestalt (Bild 204).

9.4 Bewertung der Produktgrafik

Für die Bewertung der Produktgrafik bestehen zwei Möglichkeiten:

- Die Bewertung der Lesbarkeit von Schriften und der Erkennbarkeit von Bildzeichen. Ein einfaches Maß dafür kann die Leseentfernung sein.
- Die Ermittlung der Steigerung des Erkennungsgrades z.B. von Namen durch die Grafik.

10 Farbdesign in der Ausarbeitungsphase

10.1 Voraussetzungen: Grundlagen und Hilfsmittel

Die Alltagskultur und Arbeitsumwelt des modernen Menschen und der pluralistischen Gesellschaft aus der Vielzahl an Gestaltvarianten technischer Produkte sind ohne Farben unvorstellbar. Unfarbige und auch unbunte Rohkonstruktionen oder Rohkarosserien missfallen normalerweise nicht nur, weil sie bedeutungslos sind, sondern sie sind trotz aller Versuche zum Gegenbeweis letztlich unverkäuflich.

Dieser Tatbestand ist das Ergebnis der jahrtausendelangen Erfindung und Entwicklung von Farben bis zur heutigen viel tausendfachen Farbpalette. So enthält z.B. der ICI-Colour-Atlas 27 500 Farbtöne. Die unendlichen Möglichkeiten der Farbgebung führen häufig zu einem zweiten Fall des Missfallens, nämlich zu unkenntlichen und meistdeutigen Produktgestalten durch eine zu hohe Artenzahl und Anzahl an Oberflächen und Farbtönen sowie einer selbständigen und ordnungsauflösenden Farbgliederung („Formel I"-Farbdesign). Diese Erfahrungstatsache, daß Produkte spontan durch ihre Farbgebung nur in einem bestimmten Bereich gefallen, der zwischen den Missfallensgrenzen der Bedeutungslosigkeit und der Vieldeutigkeit liegt, erfordert ein differenziertes Verständnis von „Farbe" und „Farbdesign".

Unter „Farbe" wird im folgenden eine Eigenschaft der Materialoberfläche der Funktionselemente und -baugruppen einschließlich der Schriften einer Produktgestalt verstanden. Im Normalfall des Maschinenbaus tritt „Farbe" als eine Eigenschaft der Lacke auf.

Eine Erweiterung hierzu bilden die Lichtfarben von Selbstleuchtern sowie die Farben der Werkstücke z.B. fleischfarben. „Farbe" ist eine Eigenschaft der genannten Materialien die nach DIN 6164 über drei Bestimmungsgrößen definiert wird [181](Bild 205):

- die Bunttonzahl T,
- die Sättigungsstufe S,
- die Dunkelstufe D.

Eine Buntfarbe ist somit definiert durch T:S:D. In Abwandlung davon ist eine Unbuntfarbe definiert durch N:S:D.

Weitere Parameter aus den vorangegangenen Abschnitten sind die Textur und die Form von Farbflächen. Die Angabe des Farbtons betrifft die Art der Buntheit einer Farbe, z.B. Zitronengelb, nach einer der bekannten Farbkarten (RAL), Farbtonkreise (DIN 6164) oder Farbkörper (z.B. Hicketier). Die Angabe der Sättigung betrifft den Grad der Buntheit einer Farbe z.B. als „reine" Vollfarbe mit dem höchsten Buntheitsgrad oder als getrübte, gedeckte oder gedunkelte Farbe, wie z.B. die Brauntöne, bis hin zu den unbunten oder buntfreien Farben, nämlich der Grauskala zwischen Schwarz und Weiß. Die Helligkeit betrifft die Dunkelstufe einer Farbe zwischen Extrem-Weiß über die sog. Abschattung, Vergrauung oder Verschwärzlichung bis hin zu Extrem-Schwarz.

Die Angabe der Textur betrifft den Glanz und das Muster einer Oberfläche wie z.B. glänzend, seidenmatt, matt, stumpf, Kennzeichnungen nach DIN 140 oder Farben, wie Hammerschlaglacke, Eisenglimmerfarben u. a. Diese 4 Angaben enthalten z.B. die DIN-Blätter 1843 ff. über den Anstrich von Werkzeugmaschinen. Zitat: „Bezeichnung der Farbe: Grau DIN 1843. Die Farbe ist durch das Farbzeichen 18 : 1 : 4,5 (Farbton T: Sättigung S: Helligkeit H/D, n. Verf.) nach DIN 6164 gekennzeichnet. Der Anstrich soll halbmatt sein. „Effektlacke" sind zu vermeiden."

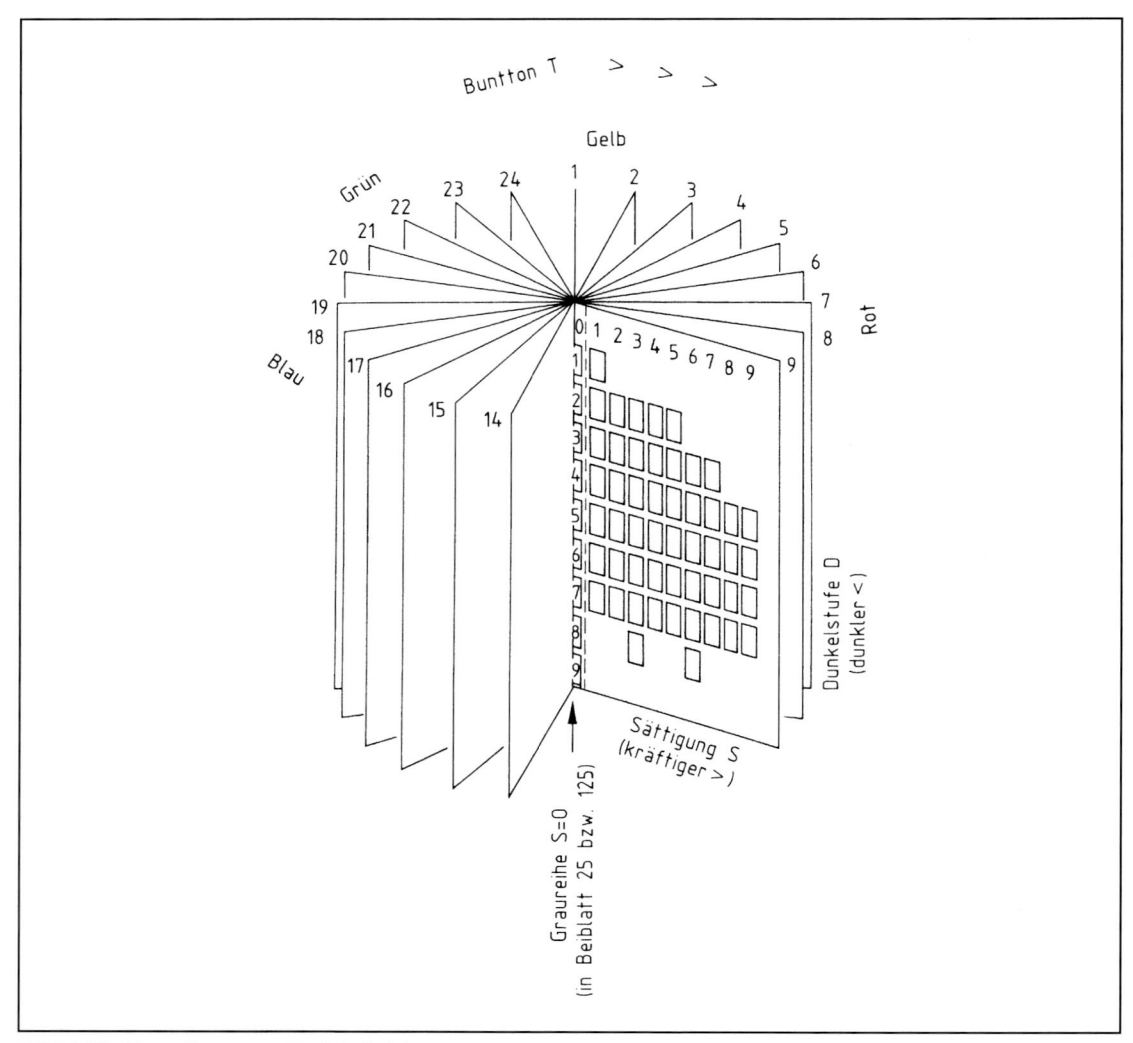

Bild 205 Grundlagen zur Farbdefinition

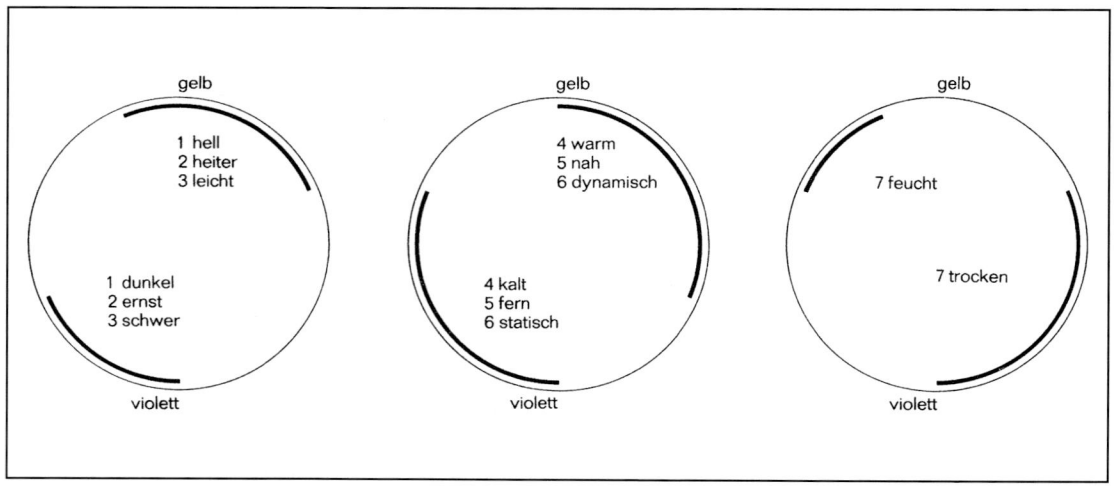

Bild 206 Farbanmutungen lokalisiert im Farbkreis

Die Angabe der Form einer Farbfläche betrifft die Art und Anzahl der geometrischen Figuren, wie z.B. Quadrat, Rechteck, Kreis u.a. sowie der Größe, als Farbfleck, Farbpunkt, Farbstreifen oder Farbmuster. In einer einschlägigen Untersuchung werden die Varianten des Tones, der Sättigung, der Helligkeit und der Textur der bekannten technischen Farben und Oberflächen mit knapp 2000 angegeben. Ihre Zweierkombination führt dann zu über 1 Million Varianten und ihre Dreierkombination zu über 400 Millionen Varianten. Die Farbgebung technischer Produkte ist deshalb nicht als „freie Malerei" zu behandeln und zu betreiben, sondern nur unter einschränkenden Bedingungen sinnvoll.

Hilfsmittel zur Darstellung der Farben und damit Lösungskataloge für das Farbdesign sind [182]:

- die Farbkreise, auch „Farbenräder" genannt, z.B. von Itten oder von Hölzel (Bild 206),
- die Farbtontafeln,
- die Farbkörper oder „Farbsterne" z.B. nach DIN 6164 oder das Natural Color System (NCS),
- die Farbkarten oder Farbfächer z.B. RAL 840 HR u. RAL-K7.

Im erweiterten Sinne des Technischen Designs sind die Metallfarben, wie z.B. die Goldfarben nach DIN 8238 und die Oberflächentechniken, wie z.B. das farbige Chromatieren, entsprechende Beispiele.

Die Korrosionsschäden wurden allein in der BRD auf jährlich 20 Milliarden DM geschätzt. Die Schätzung der Energiekosten für das Herstellen und Verarbeiten von Lack ergibt den gleichen Betrag. Schadstoffarme sowie rohstoff- und energiesparende Lackiertechnik heißt die Zielrichtung der Forschung und Entwicklung durch den Lack- und Farbeningenieur. Auch wenn der Lack normalerweise nur einen Kostenanteil von 1 % an einem technischen Produkt hat, so liegt sein Nutzwertanteil mindestens doppelt so hoch. Diese Aussage bezieht sich auf einen Anteil der Farbe von 50 % an einem Nutzwertanteil des Design von 5 %. Der Anteil der Farbe erhöht sich beim „reinen" Sehen eines Produktes im Schaufenster als Anzeigenbild oder im Fernsehen mit mindestens 50 %. Die Farbe ist deshalb ein billiges, Vorurteil bildendes, Gebrauchswert steigerndes Gestaltelement. Der Grund dafür liegt nicht zuletzt in der „Informationsfunktion" der Farbe oder der Farbdesigns.

Die Farbgebung ist Bestandteil der unterschiedlichen Designversionen aller technischen Produkte. Den einzelnen Designversionen lassen sich bestimmte Leitfarben oder Kennfarbenkombinationen zuordnen:

- dem Nostalgiedesign, z.B. Hammerschlaglack oder die Kombination Beige/Burgunderrot,
- oder dem 08-15-Design z.B. die RAL-Farben Resedagrün oder Taubenblau, u.s.w.

Über die visuelle Wirkung der Farben liegt eine umfangreiche „Internationale Bibliographie" vor. Darin wird aber neben der Farben-Optik nur die künstlerische oder die ästhetische Wirkung der Farben behandelt, nämlich die sog. Farb-Empfindungen, die Farben-„Psychologie" oder die „Farb-Anmutungen" [183 – 185]. Deshalb muss festgestellt werden, dass bis heute ein allgemein anerkanntes System der Informationen oder Erkennungsinhalte aus Farben für das gebrauchsorientierte Verhalten des Menschen fehlt. Ansätze für eine solche Farben-„Semantik" bieten die neue Informationsergonomie und Informationsästhetik. Dieser Forschungs- und Entwicklungsrichtung entspricht auch das Modell des Technischen Designs an der Universität Stuttgart. Es umfasst die folgenden Kategorien der Sichtbarkeit und Erkennbarkeit einer Produktgestalt einschließlich ihrer Farbgebung.

10.2 Erkennungsinhalte von Farben und kundentypische Bedeutungsprofile

Zu dem industriellen Fortschritt des 18. und 19. Jahrhunderts gehörte auch die Erfindung und Herstellung neuer Farben: 1704 Berliner-Blau, 1724 Kobalt-Blau, 1750 Zink-Weiß, 1797 Chrom, 1817 Cadmium, 1818 Schweinfurter-Grün, 1826 Ultramarin, 1858 Teerfarben.

Zur Geschichte der Farben gehört aber nicht nur ihre Technologie sondern auch ihre „Semantik", d.h. die damit verbundenen Erkennungsinhalte und Bedeutungsprofile. Zu einem Customization-Design gehört in diesem Zusammenhang häufig auch die persönliche Lieblingsfarbe. Der bisherige Katalog der allgemeinen Kategorien der Sichtbarkeit und Erkennbarkeit (s. Abschnitt 2.4) soll im folgenden in Bezug auf die Farben kurz historisch begründet und aktuell interpretiert werden (Tabelle 21).

Tabelle 21   Beispiele für unterschiedliche Inhalte und Bedeutungen von Farben

	Historische Beispiele	**Aktuelle Beispiele**
Sichtbarkeit		
Vollständig oder teilweise	Leuchtkraft, Intensität, Perspektive von Farben, Tarnfarben in der Natur- (Mimikry) und Militärwesen	z.B. Tarn-/Sicherheits- und Schockfarben
Produkteigenschaften		
Zweck	„Kolorit der Gegenstände (Goethe)" „Charakteristisches Kolorit"	z.B. Ackerschlepper-Farben
Bedienung	Kennfarben in der Schifffahrt: Steuerbord „Grün", Backbord „Rot"	z.B. Not-Aus-Schalter mittels Signalrot
Prinzip und Leistung	Erkennung von Temperaturen	z.B. Violett für elektronisches Messprinzip
Material und Fertigung	Legierungsfarben	z.B. Gelb für dünnflüssiges Schmieröl (DIN 51502)
Preis und Kosten	Farben von Fachwerken, Fischlack u.a.	z.B. Schwarz-Silber oder IRIODEN-Perlglanzpigmentlack
Zeit	Farben des Kirchenjahrs, Tageszeitfarben	z.B. Modefarbe Orange oder Metall-Flake-Finish
Produktherkunft		
Hersteller	Heraldik, Nationalfarben	z.B. DEMAG-Blau
Händler oder Marke		z.B. ROTBAND-Tanks
Verwender	„Kolorit des Ortes"(Goethe), Farben sozialer Gruppen (Kardinäle)	z.B. POLIZEI-Grün
Anmutungen	„Ästhetik" der Farbe	z.B. warm oder kalt z.B. tot oder lebendig
Formale Qualität	Harmonien und Kontraste der Farben	z.B. rein/vielfältig z.B. geordnet/ungeordnet

Mit dem dargelegten Erkennungsumfang ist Farbgebung wesentlich mehr als nur das Übermitteln formaler Qualitäten oder künstlerischer und ästhetischer Anmutungen. Denn die ersten 10 Kategorien beinhalten die gebrauchs- oder kauforientierten Erkennungsinhalte von Farben. Hierauf werden sich die Ausführungen im folgenden Abschnitt konzentrieren. Zuvor seien aber noch die Farb-Anmutungen kurz erläutert (Bild 206).

Farb-Anmutungen sind alle Bedeutungen und Assoziationen die in den einzelnen Kulturen der Welt die Farben erhalten haben. Im erweiterten Sinne zählen zu den Farbanmutungen auch die Synästhesien wie z.B. die Wechselwirkungen zwischen Farben und Düften (Indigo = frischer Duft!). Das Problem für das praktische Farbdesign ist, dass die Farbanmutungen fast nie eindeutig sind, sondern meistens ambivalent. Im praktischen Farbdesign wird man deshalb immer mit den Kennzeichnungsfarben beginnen und erst nach ihrer Entscheidung die Anmutung abprüfen.

Die Farbanmutungen werden im industriellen Bereich voll bei der Wahl von Farbnamen eingesetzt (z.B. Indian Summer!). Das neue und erweiterte Verständnis will der Fachausdruck „Farb-Design" ausdrücken. „Farbdesign" ist damit eine Pauschalbezeichnung für das Bedeutungsprofil einer Produktgestalt, das nicht nur formale Qualitäten ausdrückt und Anmutungen übermittelt, sondern auch über die Eigenschaften und die Herkunft eines Produktes informiert.

10.2 Erkennungsinhalte von Farben und kundentypische Bedeutungsprofile

Die Art und Anzahl der Erkennungsinhalte ist abhängig vom Einstellungstyp der Käufer, Kunden und Benutzer eines Produktes. Es gibt deshalb nur ein einziges gutes Farbdesign bei einzeln gefertigten Produkten für einen einzigen Kunden oder Auftraggeber. Demgegenüber wird es bei Serienprodukten immer für die unterschiedlichen Einstellungstypen der Kunden alternative gute Farbdesigns geben, die sogar wechselseitig missfallen. Beispiel: eine anmutungsbetonte „Koloristik" für Sensitivitätstypen im Unterschied zu einem schockierenden „Farb-Styling" für Neuheitstypen.

Das Gefallen bzw. Missfallen unterschiedlicher Farbdesigns ist deshalb als hohe bzw. niedere Bewertung des Erkennungsumfanges oder der „Bedeutung" einer Farbgestalt durch die jeweilige Zielgruppe zu verstehen und auch dementsprechend zu planen und zu kontrollieren.

Voraussetzung ist die Ermittlung der Einstellungstypen der Käufer, Kunden und Benutzer des neuen Produktes. Dies kann mit den Methoden des Marketing erfolgen oder aber über einen Gefallenstest.

Diese Typologie gilt nicht für Farbenblinde! Sondern für den farbennormalsichtigen Beobachter (nach DIN 5033). Auf dieser Grundlage sind die einstellungstypischen Bedeutungsprofile für das Farbdesign zu formulieren. Die Unterschiede soll die folgende Gegenüberstellung beispielhaft erläutern (Tabelle 22).

Tabelle 22 Zwei einstellungstypische Bedeutungsprofile für das Farbdesign

Bedeutungsprofil einer Produktgestalt bzw. ihrer Farbgebung für einen minimalaufwands- und traditionsorientierten Kunden	Bedeutungsprofil einer Produktgestalt bzw. ihrer Farbgebung für einen leistungs- und neuheitsorientierten Kunden
unauffällig	hohe Wahrnehmungssicherheit
einfache u. bewährte Bedienung	neue u. professionelle Bedienung
bewährte Zwecksetzung	neue Zwecksetzung
einfaches u. bewährtes Wirkungsprinzip	neues Wirkungsprinzip
normale Leistung	hohe Leistung u. Qualität
Serienprodukt	exklusive Kleinserie
niederer Preis	gehobene Preisklasse
niedere Betriebskosten	höhere Betriebskosten
traditionell	futuristisch
altbekannter Hersteller	neuer Hersteller
altbekannte Marke	neue Marke

Wenn man von dem Richtwert der 10 – 20 Prädikatepaare ausgeht, den die allgemeine Semantik für Bedeutungsprofile angibt, so wird dieser Erkennungsumfang im Technischen Design normalerweise durch die Eigenschaften- und Herkunftkennzeichnung ausgefüllt. Die Anmutungen erhalten damit bei allen Einstellungstypen, außer bei den Sensitivitätstypen, mitrealen Charakter und sind nur auf negative Bewertungen zu kontrollieren. Beispiel: Erscheint ein violettfarbenes Gerät als „katholisch" oder als „prächtig"? Die Farbgebung technischer Produkte muss im Lösungsablauf zudem die invariablen Oberflächen und Farben einer Produktgestalt berücksichtigen, die sich aus physikalischen, fertigungstechnischen und wirtschaftlichen Anforderungen ergeben. Hierzu zählt bei vielen technischen Produkten auch die Werkstück-Farbe, wie z.B. die Farbe von Fleisch bei einer Waage oder die Farbe von Stoff bei einer Textilmaschine. Der Quotient der variablen zu den invariablen Farben kann als Freiheitsgrad der Farbgebung verstanden werden. Er kann groß oder klein sein. Im Rahmen dieses Freiheitsgrades ist für die Lösung unterschiedlicher kundenorientierter Bedeutungsprofile mittels Farben folgender Elemente- und Prinzipienkatalog des Farbdesign zu berücksichtigen. Dieser ist ge-

Verwendung bei	Gasart	DIN-Generation "alte" Version: gültig bis 30.06.2006		farbneutrale-Generation gültig seit dem 13.06.1998; zeitlich unbegrenzt verwendbar		EN-Generation gültig seit dem 13.06.1998; Pflicht ab dem 01.07.2006	
Drehknopf (Meßröhrenmischer, Gasdosierung, Regelventile)	O₂	bl	●	sw	O₂	ws	O₂
	N₂O	gr	●	sw	N₂O	bl	N₂O
	Air	ge	●	sw	AIR	sw/ws	AIR
	VAC	ws	○	sw	VAC	ge	VAC
Umschaltventil (Gasarten)	N₂O	gr	N₂O	sw	N₂O	bl	N₂O
	Air	ge	AIR	sw	AIR	sw/ws	AIR
O₂ + (Flush)	O₂+	bl	O₂+	sw	O₂+	ws	O₂+
ZV-Schläuche	O₂	bl		sw	O₂	ws	O₂
	N₂O	gr		sw	N₂O	bl	N₂O
	Air	ge		sw	AIR	sw/ws	AIR
	Air/O₂	bl/ge		sw	AIR-O₂	sw/ws	AIR-O₂
	VAC	ws		sw	VAC	ge	VAC

Stand September 1998

Bild 209 Beispiel für die Veränderung betätigungs- und benutzungskennzeichnender Farben in der Medizintechnik

gliedert nach den vorgenannten Erkennungsinhalten und ordnet die Farben von „Zweck kennzeichnende Farben" bis hin zu den „Herkunft kennzeichnenden Farben".

Zuvor seien aber noch zwei einfache Vorsichtsmaßregeln angesprochen:
Gleiche Farbtöne bei unterschiedlichen Materialien und Fertigungsverfahren vermeiden, z.B. Kunststoff-Rot und Lack-Rot.

Vor den Farbtönen zuerst die Helligkeitswerte einer Farbgestalt festlegen, z.B. helle und dunkle Partien.

10.3 Entwicklung eines Farbdesigns

Entscheidend für ein Farbdesign ist es, erstens die durch Farben zu kennzeichnende Erkennungsinhalte zu bestimmen (s. Abschnitt 10.2). Zweitens sollten die invariablen Farben und Oberflächen ermittelt werden.

Drittens sind zu den oben genannten Inhalten die Kennzeichnungsfarben mehr- oder vieldeutig festzulegen, d.h. eine Farbe für mehrere oder viele Inhalte [186 – 188].

Ein diesbezügliches Beispiel ist ein goldgelb lackiertes Getriebegehäuse mit den Anforderungen einer hohen Wertigkeit und gleichzeitig der Tarnung von Leckageöl.

Viertens ist die Artenzahl an Farben zu begrenzen, um negativ wirkende Buntheit zu vermeiden. Alle Farben eines Farbdesigns sollten – nach Bullinger – auf dem halben Farbkreis und – nach Seitz – auf einem Drittel des Farbkreises liegen.

Das Ergebnis muss – fünftens – in einem Rendering und in einem Modell dargestellt werden. Computerdarstellungen sind überaus problematisch!

10.4 Kataloge an Kennzeichnungsfarben und Kennzeichnungsprinzipien

10.4.1 Sichtbarkeit und Tarnung mit Farben

Ein spezielles Problem der Sichtbarkeit ist der Helligkeitsgrad von Bedienungselementen und Bedienungsbereichen.
Die Firma Mannesmann-Kienzle fordert für ihre Tastaturen einen Reflexionsgrad zwischen 15 % und 70 %. Bullinger empfiehlt für Arbeitsmittel 30 bis 40 %. Der Arbeitsmediziner Koelsch hält 25 bis 30 % für angemessen. Im folgenden soll ein Reflexionswert von etwa 30 % als ideal angesehen werden, da er von allen drei Empfehlungen umfasst wird. Diese Beschränkung erleichtert die Farbtonwahl allerdings nicht wesentlich: Prinzipiell können alle Farbtöne in entsprechenden Hell- bzw. Dunkelstufen auf einen Reflexionsgrad von 30 % gebracht

Tabelle 23 Sichtbarkeit steigernde Farben und -prinzipien

Sicherheitskennzeichnende Farben	Tarnfarben und -prinzipen
Sicherheitsfarben nach DIN 4818/19,	s. DK 677.846.8 und DK 623.773 z.B. Battleshipgrey oder das Prinzip der Gegenschattierung,
Warnstreifen nach DIN 30710,	Ähnlichkeitsprinzip zum Hintergrund z.B. mittels Erdfarben Unsichtbarmachen von Schmutz; Hautfarben bei biomedizinischen Geräten
Sichtbarkeit bei Nacht, sog. Nachtdesign,	Zivile Tarnung: Safari-Look; schwarze Installationsrohre vor schwarzer Decke
Leuchtfarben nach DIN 67512,	Heizkörper Sauberbetrieb RAL 1013
Reflexstoffe nach DIN 67520, Kontrastprinzip zum Hintergrund.	Heizkörper Schmutzbetr. RAL 7022 Rohrleitungen Sauberbetrieb RAL 1013
Sichtbarkeit von Werkstücken.	Rohrleitungen Schmutzbetr. RAL 7001
Leuchtfarben, Anwendung DIN 67512 auf Hinweisschildern und Markierungen	Rohrleitungen alternativ DIN 2403 u. DIN 2404
Sicherheitskennzeichnung DIN 4678 für ortsbewegliche Druckgasbehälter	
Sicherheitskennzeichnung DIN 4844 T1, T2 Sicherheitsfarben	
Sicherheitskennzeichnung DIN 30710 von Fahrzeugen und Geräten	

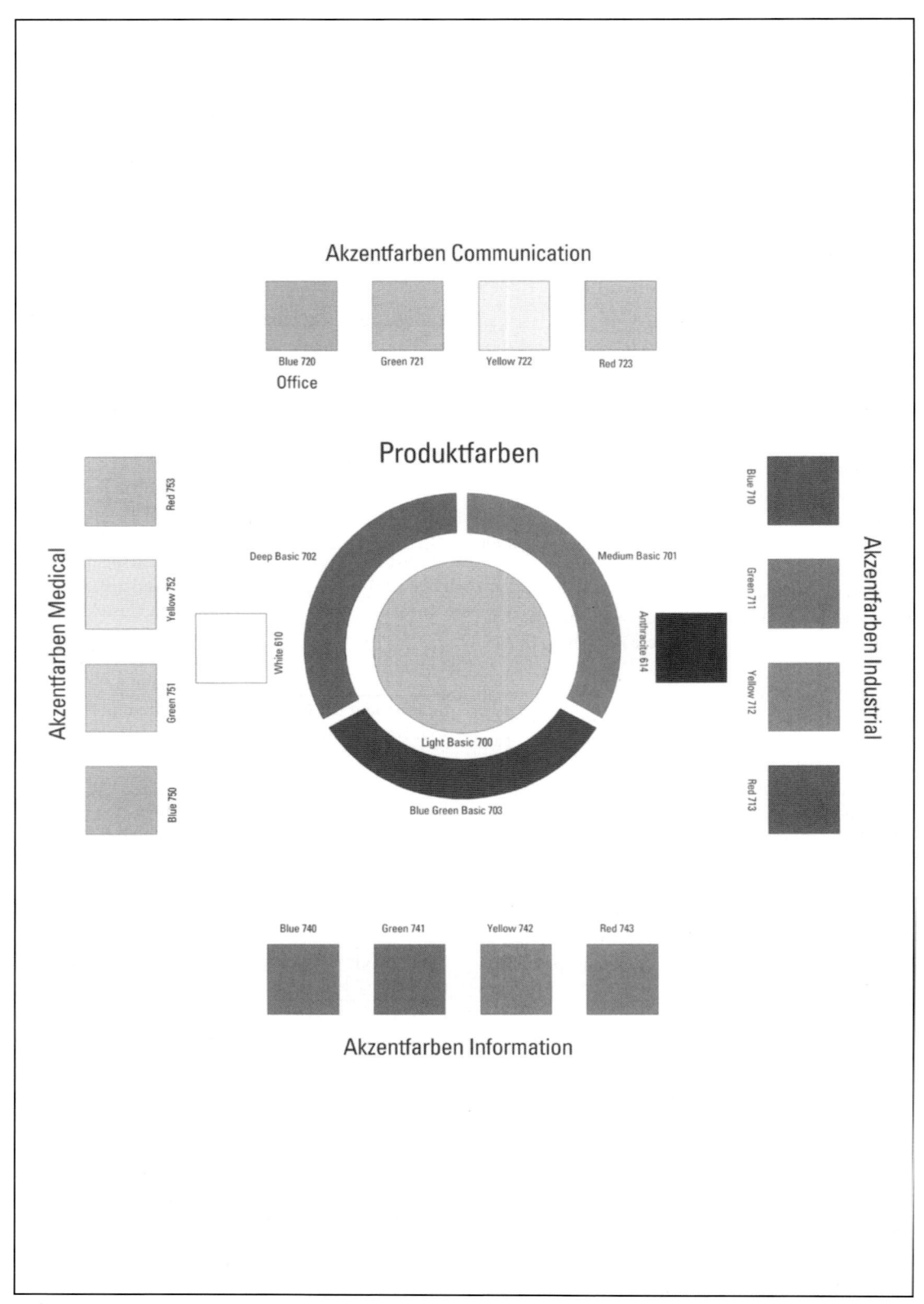

Bild 210 Beispiel für ein zweck- und herstellerkennzeichnendes Farbsystem

werden. Bei reinen Vollfarben (auf einem Farbkreis zum Beispiel) tritt der gewünschte Reflexionsgrad allerdings nur bei Orange und Blaugrün auf.

Das Problem, den Farbtönen der Angebotspaletten verschiedener Hersteller die jeweiligen Reflexionsgrade zuzuordnen, lässt sich mit Hilfe des Farbsystems nach DIN 6164 lösen. Dieses Farbsystem basiert auf 24 Bunttönen und deren Varianten, die nach ihrer Bunttonzahl (T), Sättigungsstufe (S) und Dunkelstufe (D) geordnet sind. Dies macht sowohl eine visuelle Beschreibbarkeit als auch eine exakte Definition der Farben möglich. Die Maßzahl Dunkelstufe (D) interessiert hier besonders, da sie dem „Hellbezugswert" (nach DIN 6164) bzw. Reflexionswert entspricht. Das Maß D reicht von 0 entsprechend einem Reflexionsgrad von 100 % - ideales Weiß bis 10 (Reflexionsgrad 0 % - ideales Schwarz) und kennzeichnet die Helligkeiten der dazwischen liegenden Grautöne, mit denen die entsprechenden Bunttöne verglichen werden. Der anzustrebende Reflexionsgrad von 30 % entspricht somit etwa D = 3. Es können also mit Hilfe von Farbmustern schnell Farben der interessierenden Töne in geeigneten Dunkelstufen ermittelt werden. Nach der RAL-Farbenkarte D3 erfüllen diese Bedingung z.B.

- RAL 1027 Gelb,
- RAL 3016 Korallenrot,
- RAL 4005 Blaulila,
- RAL 6018 Gelbgrün,
- RAL 7036 Grau.

Für die Sichtbarkeit von Zeichen auf Bildschirmen sind heute folgende Kontraste vorgegeben [167]:

„4.1.2 Bei der Darstellung heller Zeichen auf dunklerem Untergrund muss der Kontrast zwischen 3:1 und 15:1 liegen. Bei der Darstellung dunkler Zeichen auf hellem Untergrund muss die Leuchtdichte des Zeichenuntergrundes mindestens das Dreifache der Zeichenleuchtdichte betragen. Der Kontrast soll einstellbar und veränderbar sein.

Die Einstellung des Kontrastes kann über die Änderung der Zeichenleuchtdichte oder über die Änderung der Untergrundleuchtdichte erfolgen. Unter Kontrast ist der Quotient L 1 : L 2 der Zeichenleuchtdichte (L 1) und der Leuchtdichte des Zeichenhintergrundes (L 2) zu verstehen. Bei der Darstellung heller Zeichen auf dunklerem Untergrund ist ein Kontrast zwischen 6:1 und 10:1 anzustreben. Empfehlenswert ist bei der Darstellung dunkler Zeichen auf hellem Untergrund eine Leuchtdichte des Zeichenuntergrundes, die größer als das Fünffache der Zeichenleuchtdichte ist. Hierbei soll jedoch die Leuchtdichte des Untergrundes das Dreifache der Umgebungsleuchtdichte möglichst nicht überschreiten.

4.1.3 Bei der Darstellung heller Zeichen auf dunklerem Untergrund soll die Leuchtdichte des Zeichenuntergrundes nach Möglichkeit nicht geringer als 10 cd/m^2 sein, um das Ausmaß der Hell- und Dunkel-Adaptationsvorgänge einzuschränken. Diese Leuchtdichte des Zeichenuntergrundes sollte bei normaler Beleuchtung und unter Arbeitsbedingungen am Arbeitsplatz gegeben sein.

10.4.2 Zweckkennzeichnende Farben

In der Untersuchung: „Farbe als Psychodiagnostikum im D-F-F (Drei Figuren Test)", berichtet J.J. Wittenberg (Niederlande) über die Vorzugsfarben technischer Geräte. Bei einer Auswertung von insgesamt 960 Personen im Alter zwischen 18 und 55 Jahren, ergaben sich folgende Werte (Beispiel: Elektrotechnik):

- Weiß in verschiedenen Nuancen,
- Grau in verschiedenen Nuancen,
- Blaugrün in verschiedenen Nuancen,
- Blau dunkel und hell,
- Orangebraun,

vorherrschend sind die blauen Farben.

Tabelle 24 Beispiele von Zweckkennzeichnenden Farben

Sog. Kennfarben z.B. nach DIN 5381	Farbvorgabe
Typ 1 Allgemeine Maschinen in den meisten Industriebranchen: Unterteil	RAL 6011
Typ 1 Allgemeine Maschinen in den meisten Industriebranchen: Oberteil	RAL 6021
Typ 2 Maschinentypen bei Papier-, Holzverarbeitung- u. Folienherstellung: Unterteil	RAL 7023
Typ 2 Maschinentypen bei Papier-, Holzverarbeitung- u. Folienherstellung: Oberteil	RAL 7032
Typ 3 Maschinentypen in der Konfektion, Textilindustrie: Unterteil	RAL 1011
Typ 3 Maschinentypen in der Konfektion, Textilindustrie: Oberteil	RAL 1014
Sanitätsfahrzeuge beige	RAL 1001
Molkereimasch. sandgelb	RAL 1002
Farben für Rohrleitungen zur Kennzeichnung nach Durchgangsstoffen	DIN 2403
Kennzeichnung für Heizrohrleitungen	DIN 2404
Farben zur Kennzeichnung von Armaturen	DIN 3400
Farben für Schilder, Behälter, Leitungen, Maschinen usw.	DIN 5381
Hebezeuge, Gefahrenkennzeichnung	DIN 15026
Kranbahnschiene	RAL 2000
Kran	RAL 5009
Laufkatze	RAL 2000
Gefahrenkennzeichnungen am Kran	RAL 1004 / 9005
Kranhaken	RAL 1004 / 9005
s.a. sog. Lastkraftwagen-Farbtöne u. sog. Baumaschinen-Farbtöne	

10.4.3 Bedienungskennzeichnende Farben

Beispiele für bedienungskennzeichnende Farben sind die Sicherheitsfarben, die Farbkodierung für Druckknöpfe nach DIN 57 113 (VDE o113a), die Farbkennzeichnung von Hahn- und Ventilgriffen nach DIN 12920 u.a.

Tabelle 25 Beispiele von Bedienungskennzeichnenden Farben

Beispiele	Farbkennzeichnung
Handräder, Hebel etc. der Maschinen	RAL 1004 /7022
Not-Schalteinrichtungen der Maschinen	RAL 3000
Halt Unmittelbare Gefahr Not-Schaltereinrichtungen Verbote, Brandbekämpfung	RAL 3000
Vorsicht	RAL 1004
Gefahrlosigkeit Freier Weg Erste Hilfe	RAL 6001
Sicherheitstechnische Gebote betr. Anordnungen	RAL 5010
Schutzgitter	RAL 1004

Bedienungs-Kennzeichnung nach ExVO u. VDE 0750 „Grundsätze für die Arbeitssicherheit in Operationseinrichtungen":

- Rot: Das Gerät darf innerhalb explosionsgefährdeter Bereiche nicht verwendet werden.
- Grün: Das ganze Gerät ist operationssicher und darf in explosionsgefährdeten Bereichen unbedenklich verwendet werden.

Elektrische Ausrüstung von Be- und Verarbeitungsmaschinen DIN 57 113 / VDE 0113.

Eine überaus problematische Veränderung der bedienungskennzeichnenden Farben in der Medizintechnik zeigt Bild 209.

10.4 Kataloge an Kennzeichnungsfarben und Kennzeichnungsprinzipien

Tabelle 26 Farbe für Druckknöpfe

Farbe	Befehl	Angestrebter Betriebszustand
Rot	Halt	Stillsetzen eines oder mehrerer Motoren, Stillsetzen von Einheiten de Maschinen, Magnetische Spannvorrichtungen außer Betrieb setzen, Halt des Zyklus (wenn der Bedienungsmann den Druckknopf während eines Zyklus betätigt, hält die Maschine, nachdem der laufende Zyklus beendet ist).
	Not-Aus	Halt bei Gefahr, Abschalten bei gefährlicher Überhitzung.
Grün oder schwarz	Start, Ein, Tippen	Steuerstromkreise an Spannung (funktionsbereit) Anlauf eines oder mehrerer Motoren für Hilfsfunktionen Start von Einheiten der Maschine Magnetische Spannvorrichtungen in Betrieb setzen Tippbetrieb (oder Tippen beim Einrichten)
Gelb	Start eines Rücklaufs	Rücklauf von Maschineneinheiten zum Ausgangspunkt des Zyklus, falls dieser noch nicht abgeschlossen war.
	Start einer Bewegung	Das Betätigen des gelben Druckknopfes kann andere vorher gewählte Funktionen außer Kraft setzen.
Weiß oder Hellblau	Jede Funktion für die keine der oben genannten Farben gilt	Steuern von Hilfsfunktionen, die nicht direkt mit dem Arbeitszyklus zusammenhängen.

10.4.4 Prinzip- und leistungskennzeichnende Farben

Tabelle 27 Beispiel von prinzipkennzeichnenden Farben

Leistungskennz. Oberflächen und Farben	Merkmale
Bei Elektromotoren RAL 7022	
Viskosität von Schmierölen. Farbe gelb (DIN 51502)	dünnflüssig
Viskosität von Schmierölen. Farbe rot (DIN 51502)	dickflüssig
unten dunkle Farben	Standsicherheit
oben helle Farben	Standsicherheit
Gold u. goldfarbene Schichten z.B. Titannitrid (TiN) (s. Raumfahrt)	Hochleistung
Silber (Chrom!).	Hochleistung
Rot und Blau bei Sanitärarmaturen	Temperatur
Plotter-Röhrchenspitzen nach DIN 6775 z.B. in violett	Linienbreite von 0,13 mm

10.4.5 Material- und fertigungskennzeichnende Farben

Tabelle 28   Beispiele von Material- und fertigungskennzeichnenden Farben

Beispiele für Materialfarben	Beispiele für festgelegte Materialfarben
Himmelblau, Porzellanweiß, Grasgrün, Olivgrün, Lindgrün, Mausgrau, Aprikosenfarbe, Fleischfarbe, Laubgrün, Tabakbraun, Feuerrot, Butterfarbe, Weinrot, Enzianblau, Burgund-Erton, Maisgelb, Nudelgelb, Dottergelb, Bronze, Gold nach DIN 8232, weiß-Gold, gelb-Gold, rot-Gold, Stahlblau, Ziegelrot, Kohlschwarz, Betongrau, Weißaluminium RAL 9006, Graualuminium RAL 9007, Kalkweiß, Zitronengelb, Elfenbeinton /-farben, Strohgelb, Lachsrot /-rosa, Flieder, Pfauenblau Farbkennzeichnung von Modellen nach DIN 1511 z.B. Blau für Stahlguss	„Typische" Glasfarben: weiß, grün, schwarz hellblau/dunkelblau, gelb, (feuilles mortes), lichtgrün, braun, antik-grün, u.a. Eigenfärbung von Harteloxalschichten. Hüttenaluminium, Reinaluminium, helle Bronzetöne z.T. leicht goldfarben. Aluminium-Magnesiumlegierung: hellere bis dunklere Bronzetöne. Aluminium-Magnesium-Si-Legierung und alle Si-haltigen Gußlegierungen: neutrale bis fast grauschwarze Färbung. Aluminium-Zink-Magnesium, leicht olivstichige Graufärbung und bei höherem Kupfergehalt und höheren Schichtdicke fast schwarze Färbung.

10.4.6 Kostenkennzeichnende Farben

Tabelle 29   Beispiele von kostenkennzeichnenden Farben

„Billige" Farben	Wertkennzeichnende Farben
RAL-Farben, wie z.B. RAL 6011 Resedagrün oder RAL 5014 Taubenblau	Metallic-Lacke (früher sog. Fisch-Lack). Heute auch Glimmer-Lacke.

10.4.7 Zeitkennzeichnende Farben

Tabelle 30   Beispiele von zeitkennzeichnenden Farben

Nostalgische Oberflächen und Farben	Modefarben	Aktuelle Farbtrends
Braun mit beigen Streifen Beige/Burgun-Derrot, Messing Antiquisierte Oberflächen Altfärbung u. Patina Antik-Grünglas	z.B. 70er Jahre: orangerot	
	z.B. seit ca. '75: Schwarz (Black Beauties!)	z.B. 2004: Verlaufsfarben
	z.B. 1985: rot heute abnehmende Tendenz	
	z.B. Herbst '90: Kupfer, Schwarz Weiß, Orchidee Lavendel, Erbse Stroh, Goldgelb Kürbis, Rubin Kristall	

Strategien zur Farb-Innovation:

1. Weiterentwicklung / Modifizierung eines vorgegebenen Tones,
   z.B. Polizei-Grün: von Tannengrün zu Moosgrün,
   z.B. Feuerwehr-Rot: von RAL 3000 zu RAL 3024,
   z.B. Grün von RAL 6011 Resedagrün zu Türkis.
2. Variation der Farbverteilung,
3. Zwischenfarben als innovative Farbtöne,
   z.B. Orange, Petrol, Violett.

Im Automobildesign:

- Interferenz-Lacke / Changierende Farben,
- Perlmutteffekte u. a.

Innnovative Farbeffekte z.B. an Schaltknäufen von Luxusautos werden seit einiger Zeit wieder durch die alte Methode des Bunthärtens erzeugt.

10.4.8 Herstellerkennzeichnende Farben

Tabelle 31 Beispiele von herstellerkennzeichnenden Farben

Firma	Produkt	Kenn-Farbe
DEMAG		Azurblau RAL 5009,
BARMAG		Blau-Silber
BESSEY		Schwarz-rot, s.a. sog. Patrioten-Look.
SIEMENS (SN 30901)	Geräte, Gehäuse, Schränke, Pulte, Schalttafeln	RAL 7032 Kieselgrau
		RAL 7021 Umbragrau Kombinationsfarbe zu RAL 7032
	Freiluft-Schaltanlagen	RAL 7033 Zementgrau
Daimler-Chrysler	Mercedes Lastkraftwagen	DB 7186 Perlgrau
Liebherr		gelb

10.4.9 Marken- und händlerkennzeichnende Farben

Tabelle 32 Beispiele von marken- und händlerkennzeichnenden Farben

Marke	Kennfarben
Rotband	Tanks mit rotem Farbband
Neckermann „Bullcraft"	gelb / schwarz

10.4.10 Verwenderkennzeichnende Farben

Tabelle 33 Beispiele von verwenderkennzeichnenden Farben

Beispiele	Farbkennzeichnung
MERCEDES-Grau bei Werkzeugmaschinen	RAL 7001
TOUROPA-Kobaltblau	RAL 5013
GRENZSCHUTZ-Schwarzgrün	RAL 6012
POLIZEIGRÜN	RAL 3004
BUNDESPOST-Honiggelb	RAL 1005
s.a. sog. Bäckerblau s.a. sog Patrioten-Look	
DEUTSCHE LUFTHANSA	neuer Farbcode weiß, grau, silber aus den Traditionsfarben blau und gelb

In diese Rubrik gehören auch die in bestimmten Exportländern bevorzugten Farben und diejenige, die zu vermeiden sind [47].

10.5 Formale Qualität und Ordnung des Farbdesigns

Formale Qualitäten und Ordnungsrelationen des Farbdesigns treten im einfachsten Fall bei 2 Farbtönen auf einer Produktgestalt auf und im allereinfachsten Fall bei 2 Helligkeitswerten oder Sättigungsstufen eines einzigen Farbtones. Diese Wechselwirkungen betreffen jedoch darüber hinaus alle Teilgestalten, nämlich Schrift, Oberfläche, Form und Gestaltaufbau sowie Produktfarbe und Umwelt.

10.5.1 Farb-Farb-Relation

In Bezug auf einen einzigen Farbton sind Farb-Farb-Relationen

- die Monochromie
- u. die Homologie.

Die Monochromie wird verstanden als die Kombination eines Farbtones in zwei Helligkeits- und/oder Sättigungsstufen.

Diese Farbkombination wird auch als Ton-in-Ton bezeichnet. In handelsüblicher Ausführung handelt es sich dabei um die sog. Mischfarben; z.B. ein Vollton und ein 1:1 mit Weiß aufgehellter Mischton.

Eine homologe Farbreihe aus mindestens zwei Farbabstufungen entsteht dadurch, dass ein Grundton in Helligkeit und Sättigung so verändert wird, dass deren Werte auf einer Geraden liegen (Bild 207).

- Farbe 1 = Grundton,
- Farbe 2 = im Farbton gleich,
  Sättigung eine Stufe höher,
  Helligkeit eine Stufe höher,
- Farbe 3 = im Farbton gleich,
  Sättigung 2 Stufen höher,
  Helligkeit 2 Stufen höher.

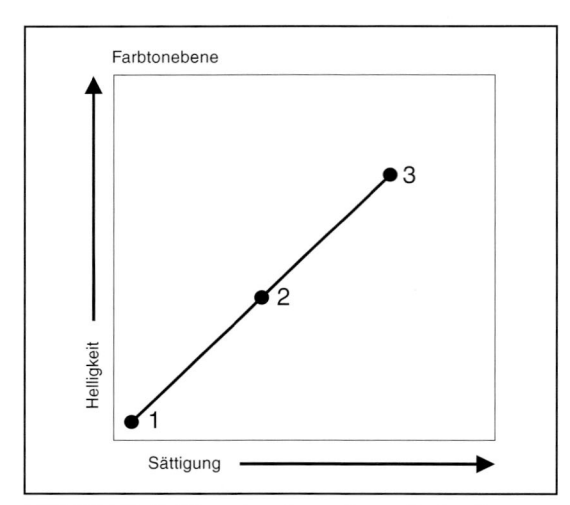

Bild 207 Definition einer homologen Farbreihe

Die Idee einer homologen Farbreihe wurde beispielsweise von der Deutschen Bundesbahn bei den Hausfarben Rot (RAL 3018) und Türkis (RAL 3004) verwirklicht [172]:

„Unsere Untersuchungen haben ergeben, dass wahrscheinlich von den beiden Hausfarben Rot und Türkis jeweils eine „Aufhellung" nötig ist, um in allen Unternehmensbereichen die Hausfarben zeigen zu können. Der jeweilige aufgehellte Farbton der einen Reihe müsste dabei mit dem Farbton gleicher Stufe der anderen Reihe abgestimmt sein. Da einzelne Farbtöne für sich betrachtet wenig erinnerbar sind und ihr Umfeld und die Beleuchtung mit Licht und Schatten ständig wechselt, sollen die Farben so gewählt werden, dass die jeweils hellere im Schatten so aussieht wie die dunklere im Licht bzw. die dunklere im Licht so aussieht wie die hellere im Schatten."

Monochrome Farbkombinationen erscheinen gedämpft und kultiviert, häufig aber auch ängstlich. Eine weitere Variante der Monochromie und Homologie ist darstellbar als Horizontal- oder Vertikalschnitt durch den Farbkörper. Die „angeschnittenen" Farbtöne können dann entweder nach einer Helligkeitsprogression oder nach einer Sättigungsprogression ausgewählt werden. Diese Progression ist bis zum Hell-Dunkel-Kontrast steigerungsfähig.

Bei jeder „echten" Zweifarbigkeit eines Produktes aus zwei unterschiedlichen Farbtönen stellt sich die Frage nach den Farbkontrasten.

1. Buntkontrast
   Definiert als die Kombination von 2 Vollfarben (Bunt zu bunt!). Im Normalfall wird dies durch sog. analoge oder Nachbarfarben realisiert. Hierdurch erfolgt insbesondere eine Verstärkung der Farbanmutung z.B. als warm oder als kalt. Eine besondere Form des Buntkontrastes ist die Hebung oder Potenzierung einer Grundfarbe durch eine Zusatzfarbe. Die Erweiterung des Buntkontrastes ist die Farbdynamisierung nach Seitz [189]. „Die Dynamisierung in Reihen geschieht durch nachbarliche Anordnung ähnlicher Farben. Die Farbänderung verläuft dabei kontinuierlich. Zudem liegt jede echte Farbdynamik „einseitig" auf dem Farbkreis". Der Buntkontrast kann des weiteren um Unbuntfarben (Metallfarben!) oder auch um Komplementärfarben (Komplementärakzent durch farbige Schrift) erweitert werden. Der geordnete Fall ist die sog. triadische Farbkombination. Sie ergibt ein Farbdesign mit einer sehr lebendigen und aktiven Darlegung, insbesondere wenn ein dominanter Farbton vorhanden ist."

2. Unbuntkontrast
   Definiert als eine Buntfarbe mit Unbuntfarben oder umgekehrt. Dabei kann entweder der Buntton oder die Unbuntfarbe (grau, weiß oder schwarz) dominieren. Diese Farbkomposition gilt allgemein als „sophisticated".

3. Quantitätskontrast
   (wenig zu viel!)

4. Intensitätskontrast
   Farben unterschiedlicher Buntheit haben bei gleicher Quantität unterschiedliche Intensität und bei gleicher Intensität unterschiedliche Quantität. Es war Goethe, der sich dies bewusst gemacht

hat und in einfachen Zahlenverhältnissen festzuhalten suchte. Danach verhalten sich Gelb : Orange : Rot : Grün : Blau: Violett wie 9:8:6:4:3. Das heißt nach Goethe hat zum Beispiel Gelb eine dreimal so große Intensität der Farbwirkung wie Violett. Um nun eine gelbe mit einer violetten Farbfläche ins Gleichgewicht zu bringen, muss wiederum die violette Fläche dreimal so groß sein wie die gelbe. Die für den Ausgleich der Farbwirkung geltenden Verhältnisse ergeben sich demnach aus der Umkehrung der vorherigen Zahlenfolge. Also:
Gelb : Orange : Rot : Grün : Blau : Violett wie 3:4:6:8:9.
So wären im einzelnen ausgeglichene und also harmonische Verhältnisse:

- Gelb : Violett = 3:9 = 1:3,
- Orange : Blau = 4:8 = 1:2,
- Rot : Grün = 6:6 = 1:1,
- oder Gelb : Rot: Blau = 3:6:8 usw.

Den Ausgleich verschiedenfarbiger Flächen durch unterschiedliche Ausdehnung dieser Flächen hat der Maler und Pädagoge Johannes Itten in seinem Buch „Die Kunst der Farbe" ins Gedächtnis zurückgerufen und unter dem Begriff „Quantitätskontrast" beschrieben (s. Punkt 3).

5. Helligkeitskontrast
   (Hell zu dunkel)
   Maximalkontraste mit Gefahr der Blendung, Medialkontraste mit angenehmer Wirkung, Minimalkontraste mit Gefahr der Ermüdung.
   Anwendungsbeispiel 1: Grauskala z.B. Hellgrau zu Graphitgrau,
   Anwendungsbeispiel 2: Metalloberflächen,
   Anwendungsbeispiel 3: sog. Mischfarben z.B. 1:1 aufgehellt.

6. Komplementärkontrast (Gegenfarben)
   Definiert durch die Farbtonunähnlichkeit z.B. Rot zu Grün.
   Stärkster Komplementärkontrast bei hochgesättigten Farben.
   Eine Abwandlung des „echten" Komplementärkontrastes sind der gebrochene und der differenzierte Komplementärkontrast.

7. Kalt-Warm-Kontrast
   (Anmutungskontrast)
   Anwendungsbeispiel: Kennzeichnung von unterschiedlichen Temperaturen z.B. Blau zu Rot oder Gelb zu Violett.

8. Nah-Fern-Kontrast
   Anwendungsbeispiel: Betonung von Elementen im Sichtfeld.
   Extremfall: gelbrote Leuchtfarbe z.B. Not-Aus-Schalter.

9. Simultankontrast
   Definiert als gegenseitige Beeinflussung und Veränderung von Farben. Anwendung bei der Erzeugung von Anmutungen des „Schwebenden" oder „Labilen".

10. Flimmerkontrast
    Definiert als Wirkung von Farben gleicher oder ähnlicher Dunkelstufe. Anwendung bei Farbmustern der „Op-Art".

11. Sukzessivkontrast
    Definiert als Nachbild oder Gegenfarbe. Normalerweise gilt es diesen Kontrast zu vermeiden.
    Eine Maßnahme zur Vermeidung zu großer Buntheit eines Produktes ist die Begrenzung der Farbpalette:

- auf den halben Farbkreis (nach Bullinger [190]),
- auf den drittels Farbkreis (nach Seitz a.a.O) (s. Bild 216).

10.5.2 Farbe und Schrift

Die normale Kombination von schwarzer Schrift auf weißem Grund verwirklicht weiterhin die ideale Lesbarkeit. Untersuchungen von Paterson & Tinker ergaben folgende Rangfolge der Lesbarkeit (Tabelle 34). Gemessen wurde die Anzahl der Wörter, die in einer bestimmten Zeit gelesen werden konnte. Ein Vergleichstest wurde in schwarz auf weiß Ausführung jeweils gegenübergestellt.

Für die farbige Kennzeichnung von Zeichen auf Bildschirmen gelten heute folgende Bedingungen [167]:

„4.1.7 Die Farbarten von Zeichen und Bildschirmuntergrund müssen aufeinander abgestimmt sein. Bei mehrfarbiger Darstellung ist die Wahrscheinlichkeit der Verwechselung umso geringer, je weniger Farben verwendet werden und je weiter die Farborte voneinander entfernt sind. Für die mehrfarbige Codierung werden maximal sechs Farben (Purpur, Blau, Cyan, Grün, Gelb, Rot) sowie Schwarz und Weiß empfohlen. Für die einfarbige Darstellung von Zeichen werden die Farben Unbunt (Weiß, Grau, Schwarz), Gelb, Orange oder Grün empfohlen. Rote und blaue Farbarten im Grenzbereich des sichtbaren Spektrums sollen nicht verwendet werden."

10.5.3 Farbe und Oberfläche

Farben werden durch den Reflexionsgrad unterschiedlicher Oberflächen verändert: bei glatten Oberflächen wirken die Farben heller und bei rauen Oberflächen wirken die Farben dunkler. Der Extremfall der Relation Farbe zu Oberfläche ist die Einfarbigkeit in einem Oberflächenkontrast. Dies wirkt bei Schriften überaus „sophisticated", liegt aber meist unterhalb der Lesbarkeitsgrenze.

10.5.4 Farbe und Form

Die Farbe-Form-Relation einer Produktgestalt betrifft maßgeblich zwei Teilaspekte

- die Entsprechung von Form und Farbe,
- das Form-Verhältnis von Formgebung und Farbflächen, insbesondere von Musterungen.

Zu dem ersten Aspekt gilt grundsätzlich, dass helle Farben bis hin zu weiß formbetonend wirken. Des weiteren soll auf die in Abschnitt 7.4 dargestellten Formenkreise verwiesen werden, denen von ihren Autoren jeweils bestimmte Farben zugeordnet werden (Bild 180). Die Anwendbarkeit dieser Entsprechungen erscheint aber bei ihrer Simplizität im Maschinenbau überaus fragwürdig. Bezüglich aller Arten von Farbflächen und Muster bestand im Industriedesign praktisch bis zur Gegenwart eine historisch begründete Barriere, denn die „Gute Form" war immer eine „Form ohne Ornament". Ornamente waren als traditionelle Muster oder als bedeutungslose Dekore nach dem Titel von A. Loos „Ornament und Verbrechen" verfemt und negiert worden. Sowohl von Seiten der Postmoderne als auch neuer wissenschaftlicher Erkenntnisse und des Rechnereinsatzes stellt sich heute die Frage nach den Mustern wieder neu. Psychologisch begründen sich die Muster auch aus dem sog. Horror vacui, d.h. aus der Angst vor der Leere. Neue Quellen und Lösungskataloge für Muster finden sich einmal in der Designfachliteratur sowie in der Topologie [191; 192]. Danach können Muster

- in geordnete Muster ,
- und in ungeordnete oder freie Muster

unterteilt werden.
Geordnete Muster sind:

- Punktraster ,
- Linienraster ,
- Karomuster,
- Konzentrische Flächenmuster ,
- Moirée
u. a.

Ungeordnete oder freie Muster sind

- African,
- Japanesque,
- Botanical,
- Organic,
- Pop-Muster,
- Sprenkel-Muster
u. a.

Tabelle 34 Rangfolge der Lesbarkeit von farbigen Schriften

Druckfarbe und Farbe des Papiers	Rang
Schwarz auf weiß	1
Grün auf weiß	2
Blau auf weiß	3
Schwarz auf gelb	4
Rot auf gelb	5
Rot auf weiß	6
Grün auf rot	7
Orange auf schwarz	8
Orange auf weiß	9
Rot auf grün	10
Schwarz auf purpur	11

Zu der letztgenannten Gruppe, die heute sehr „in" ist gehören auch marmorierte Kunststoffe, Farbverläufe, Holzmaserungen u. a. bis hin zur freien künstlerischen Bemalung von Produktgestalten. Im innovativen Bereich gehören hierzu heute auch die Bilder der fraktalen Geometrie und die sog. Wang Tiles. Gegenüber der reinen Dekoration von Maschinen, Fahrzeugen und Geräten ist zu überlegen, ob es nicht sinnvoll sein könnte bestimmte Teile ihres „Innenlebens" auf der Außenseite für Betätigung und Benutzung erkennbar zu machen.

Zur Potenzierung der Eigenständigkeit eines Produktes kann auch der Name eines Dekors herangezogen werden.

Beispiel Krups Toaster mit den Dekoren RUSTIC, FUTURA, CLASSIC und FANTASY.

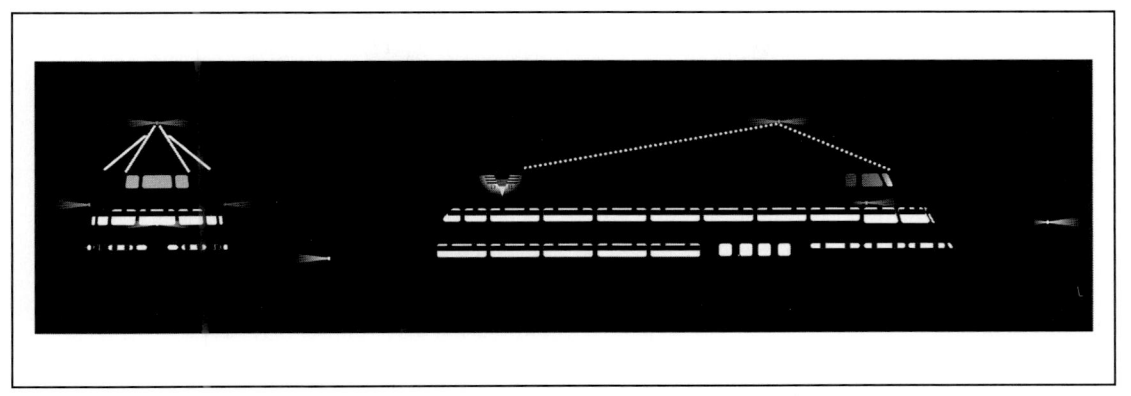

Bild 208 Nachtdesign eines Fahrgastschiffes (Farbbild 22)

10.5.5 Farbe und Gestaltaufbau

Bei der Abstimmung der Farbgebung mit dem Gestaltaufbau folgt die „koordinierte" oder „integrierte" Farbgebung der Ordnung und Formgebung des Gestaltaufbaus (Bild 211). Im praktischen Sinne erfolgt die Farbtrennung bei Zweifarbigkeit entsprechend der Trennung von Tragwerk und Verkleidung. Eine farbbetonte oder farbdominante Gestaltung ergibt sich, wenn die Farbgebung die Form und den Gestaltaufbau überdeckt, „verschwimmen" lässt oder „total" verzeichnet. Beispiel: Mi-Parti, Tarnmuster (Dazzle-Design Bild 211 unten) eine undefinierbare Gestalt ergibt sich im Extremfall aus changierenden Farben.

10.5.6 Produktfarbe und Umwelt

Ein erster Aspekt der Relation Produktfarbe - Umwelt ist die Beleuchtung der Produktgestalt. Unterschiedliche Lichtarten verändern die Produktfarben z.B. nach warm oder nach kalt. Es sind deshalb die in der Lichttechnik und Ergonomie bekannten Erfahrungswerte über die Farbwiedergabeeigenschaften von verschiedenen Lichtarten zu beachten. Ein bekannter deutscher Hersteller von Weißware testet alle seine Geräte vor der Präsentation mit 3 Lichtarten: warmem Licht, kaltem Licht und sog. Kaufhauslicht.

Ein zweiter Aspekt ist die Berücksichtigung der in der Ergonomie empfohlenen Reflexionswerte für die verschiedenen Raumteile:

- Decke 70 -80 %
- Wände 50 -70 %
- Boden 20 -30 %
- Arbeitsmitte 30 -40 %

Die Relation Produktfarbe - Umgebungsfarbe lässt sich auf drei Fälle oder Alternativen des Systemdesigns präzisieren:

Fall 1: das Produkt dominiert und die Umgebung wird durch Farbkontrast in Ton, Helligkeit und Sättigung „neutralisiert".
Beispiel: Foulard in Blau-Orange-Kontrastfarbgebung in weiß gekacheltem Technikum mit hellgrauem Boden.

Fall 2: Produkt und Umgebung werden im Sinne eines Ensembles durch eine Farbenähnlichkeit insbesondere des Tones gleichwertig behandelt.
Beispiel: Beigefarbener Rechner in einem pastellbeige gehaltenen Büro.

Fall 3: Die Umgebung dominiert und das Produkt wird durch Farbkontrast in Ton, Helligkeit und Sättigung untergeordnet oder neutralisiert.Beispiel: Schwarz-silberne Ladenwaage in bunter Metzgerei.

Alle genannten Farbordnungen und Form-Farbe-Wechselwirkungen können nicht berechnet werden, sondern erfordern zu ihrer Entscheidung die Sensibilität der ausführenden Fachkraft und eine möglichst originalgetreue 3-D-Darstellung.

Bild 211 Beispiele für ein gestaltbetonendes und ein gestaltauflösendes Farbdesign

10.6 Bewertung des Farbdesigns

Zur Bewertung von Farbdesigns eignet sich besonders die Ermittlung des Erkennungsgrades. Dies kann erfolgen:

- auf der Basis von Pauschalbezeichnungen,
- auf der Basis eines differenzierten Bedeutungsprofil.

Zu beiden Methoden liegen Beispiele vor, die zeigen, dass der Einsatz der richtigen Farbe eine deutliche Steigerung des Erkennungsgrades erbringt.

11 Designbewertung nach der Ausarbeitungsphase

11.1 Bewertung nach der Ausarbeitungsphase als Endbewertung

Formgebung, Farbgebung und Grafik werden normalerweise in alternativen Varianten bearbeitet und gelöst, die damit die Notwendigkeit zur Bewertung begründen.

Für die Bewertung nach der Ausarbeitungsphase gilt das in den Abschnitten 6.8 und 7.6 behandelte Standardbewertungsverfahren. Das Ergebnis ist der durch die Oberfläche, die Grafik und die Farbe einer Gestalt verwirklichte Ausarbeitungsteilnutzwert. Dieser erhöht den Nutzwert des Entwurfs bzw. der Formgebung zum Ausarbeitungsnutzwert einer Gestalt (Bild 147). Da mit dieser Bewertung die letzte Entwicklungsstufe einer Gestalt abgeschlossen ist, ist der Ausarbeitungsnutzwert identisch mit dem Nutzwert der Lösung. Es kann damit die Wertsteigerung oder die Bildung eines Mehrwerts wie in Abschnitt 3.4 dargelegt und kontrolliert werden.

Ergänzend dazu soll hier noch auf zwei Teilaspekte der Lösungsentwicklung und ihrer Bewertung eingegangen werden.

11.2 Abhängigkeit des Design-Wertzuwachses vom Umfang der kennzeichnenden Gestaltelemente

Die bisherigen Darlegungen zielten unter Einsatz aller Teilgestalten und Gestaltelemente auf besonders kundentypische Lösungen. Ziel war die „starke" Lösung mit einer prägnanten Evidenz ihrer Kundenzuordnung. Verallgemeinert ist damit die Frage nach einer Quantifizierung des Typischen verbunden. Da diesbezügliche Untersuchungen für technische Produkte bis heute nicht bekannt sind, sei hier eine Analogiebetrachtung angestellt. Beispiele für die anerkannte Quantifizierung des „Typischen" von Gestalten (Tabelle 35):

Tabelle 35 Beispiele für typische Merkmale von Gestalten

Beispiele	Eigenschaft/Merkmal
Wein	4 Eigenschaften
Gamsbärte	5 Eigenschaften
Kleintiere	7 Eigenschaften
Sachmerkmale nach DIN 4000	9 Merkmale
Kriminalistische Identifikation des Menschen	10-13 Merkmale
Städtevergleich	15 Eigenschaften
Großtiere z.B. Milchkühe	6 Eigenschaftsgruppen, 22 Einzeleigenschaften
"Topographie" von Kolibris	46 Merkmale

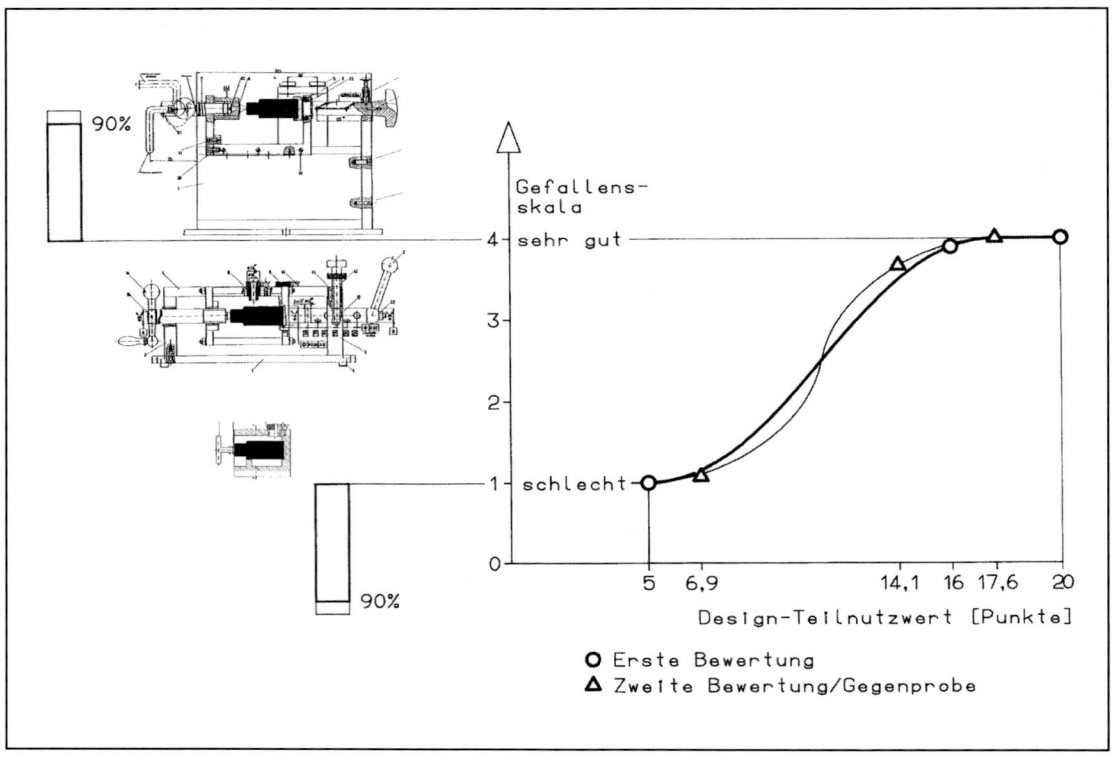

Bild 212 Wertfunktionen aus der Bewertung von drei Bohrvorrichtungen

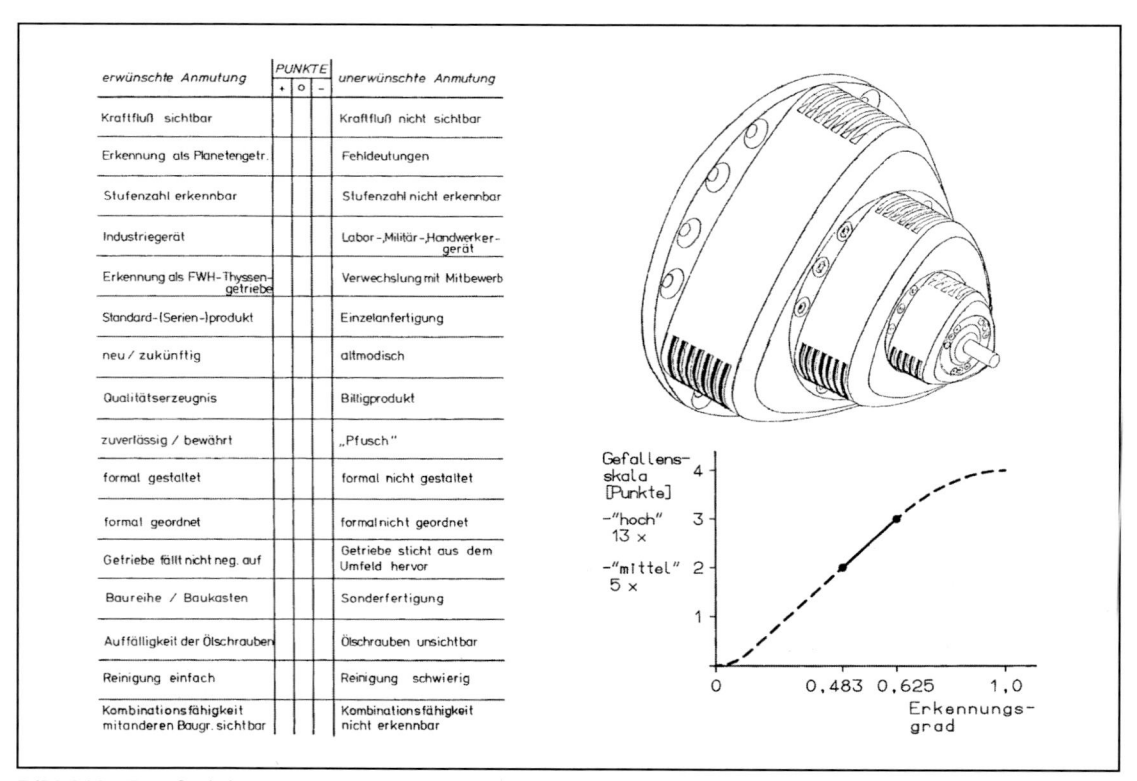

Bild 213 Wertfunktion aus der Bewertung eines neuen Getriebegehäuses

11.3 Abhängigkeit der Bewertung von der Lösungsdarstellung

Am Ende der Ausarbeitungsphase sollte die Gestalt eines Produktes in allen ihren Elementen und Merkmalen gelöst sein. Ihre Darstellung kann eine farbige Präsentationszeichnung oder ein Modell oder ein Prototyp sein. Die Bewertung, d.h. die Feststellung des Erfüllungsgrades von Anforderungen, ist maßgeblich abhängig von dieser Darstellungsform. Diesen Tatbestand soll das Beispiel „Designbewertung neuer Münzfernsprecher" belegen. Der Bewertung unterzogen wurden 2 Modelle (Modell 1 eines externen Designers, Modell 2 eines internen Designers) und ein Prototyp des neuen Münzers.

Als Bewertungsmethode wurde angewandt:

- der Gefallenstest bei den Modellen,
- die Bewertung nach einer Liste mit 181 Anforderungen bei den Modellen und beim Prototyp.

Testpersonen waren:

- beim Modelltest eine Gruppe von 8 herstellerinternen und externen Personen,
- beim reinen Gefallenstest der Modelle eine Gruppe von 50 Maschinenbaustudenten,
- beim Prototyptest eine Gruppe von 8 herstellerinternen und externen Teilnehmern.

Bewertungsergebnis:

1. Gefallenstest der Modelle
   Beiden Testgruppen gefiel Modell 1 mehrheitlich besser als Modell 2. Die Gründe dafür wurden im Rahmen dieser Bewertung nicht analysiert.
2. Bewertung der Modelle und des Prototyps

Von der Modellbewertung zur Prototypbewertung erhöhte sich sowohl die Anzahl der bewertbaren Anforderungen von 68 bzw. 37,6 % auf 117 bzw. 64,6 % als auch der daraus folgende Nutzwert von 29 % bzw. 28 % auf 53 % des maximalen Nutzwertes von 724 Punkten. Aus der Modellbewertung ergab sich somit gleichfalls für Modell 1 der erste Platz vor Modell 2. Das Ergebnis der Modellbewertung bestätigt somit den Gefallenstest.

Parallel zu dieser Designbewertung erfolgte unternehmensintern eine Kostenanalyse, die die gleiche Rangfolge ergab.

Der Nutzwert wurde allerdings ohne Gewichtung der Anforderungen ermittelt. Darauf hingewiesen werden soll, dass die Modellbewertung nur Aussagen über rund ein Drittel der Anforderungen ermöglicht und die Prototypbewertung über etwas mehr als die Hälfte der Anforderungen. Das heißt eine vollständige Bewertung ist erst beim fertig entwickelten und funktionsfähigen Gerät möglich. Nicht beantwortbar waren insbesondere die Langzeitanforderungen und Zerstörungsprüfungen. Es wäre sicher auch interessant der Frage nachzugehen, welche und wie viele Anforderungen aufgrund der den Modellen vorausgehenden Zeichnungen bewertbar sind. Nach einer Abschätzung sind dies ungefähr 12 %.

Der Wertzuwachs vom Modell zum Prototyp spiegelt sich auch in dem mittleren Erfüllungsgrad der Anforderungen wieder, der bei den Modellen bei 3,08 bzw. 2,95 Punkten liegt und beim Prototyp bei 3,27 Punkten. Wenn man davon ausgeht, dass eine gute Lösung durch einen Erfüllungsgrad von 80 % gekennzeichnet ist, dann weist der Prototyp eine gute Designlösung auf.

11.4 Wertfunktionen des Designs

„Wertfunktionen" sind nach Zangenmeister (s. Abschnitt 1.5). „Kurven zur Übersetzung des Erfüllungsgrades multidimensionaler Anforderungen (x-Wert) in die gemeinsame Einheit „Punkte" (y-Wert)." Er schlägt hierzu eine bestimmte Kurvenschar vor (s. Bild 9).

Die Anwendung von Wertfunktionen ist bei der Designbewertung außer in ersten Ansätzen bisher nicht bekannt.

Es ist in Zukunft zu prüfen, welchen Designanforderungen solche Kurven als Wertfunktion zugeordnet werden können.

Dies entspricht einer deduktiven Ableitung von Design- Wertfunktionen aus durchgeführten Einzelbewertungen.

Beispiel Design-Bewertung von 3 Varianten einer Bohrvorrichtung (Bild 212).

Der Gefallenstest wurde in Abschnitt 1.3 behandelt und bildet die Ordinate des vorliegenden Bewertungsdiagramms.

Die differenzierte Designbewertung erfolgte nach folgenden Parametern und Anforderungen:

- Benutzergruppe von großen Männern bis kleinen Frauen,
- Bearbeitungsablauf in 10 Teilfunktionen,
- Sichtbarkeits- und Erkennbarkeits-Anforderungen z.B. Sichtkontrolle,
- Betätigung- und Benutzungs-Anforderungen z.B.

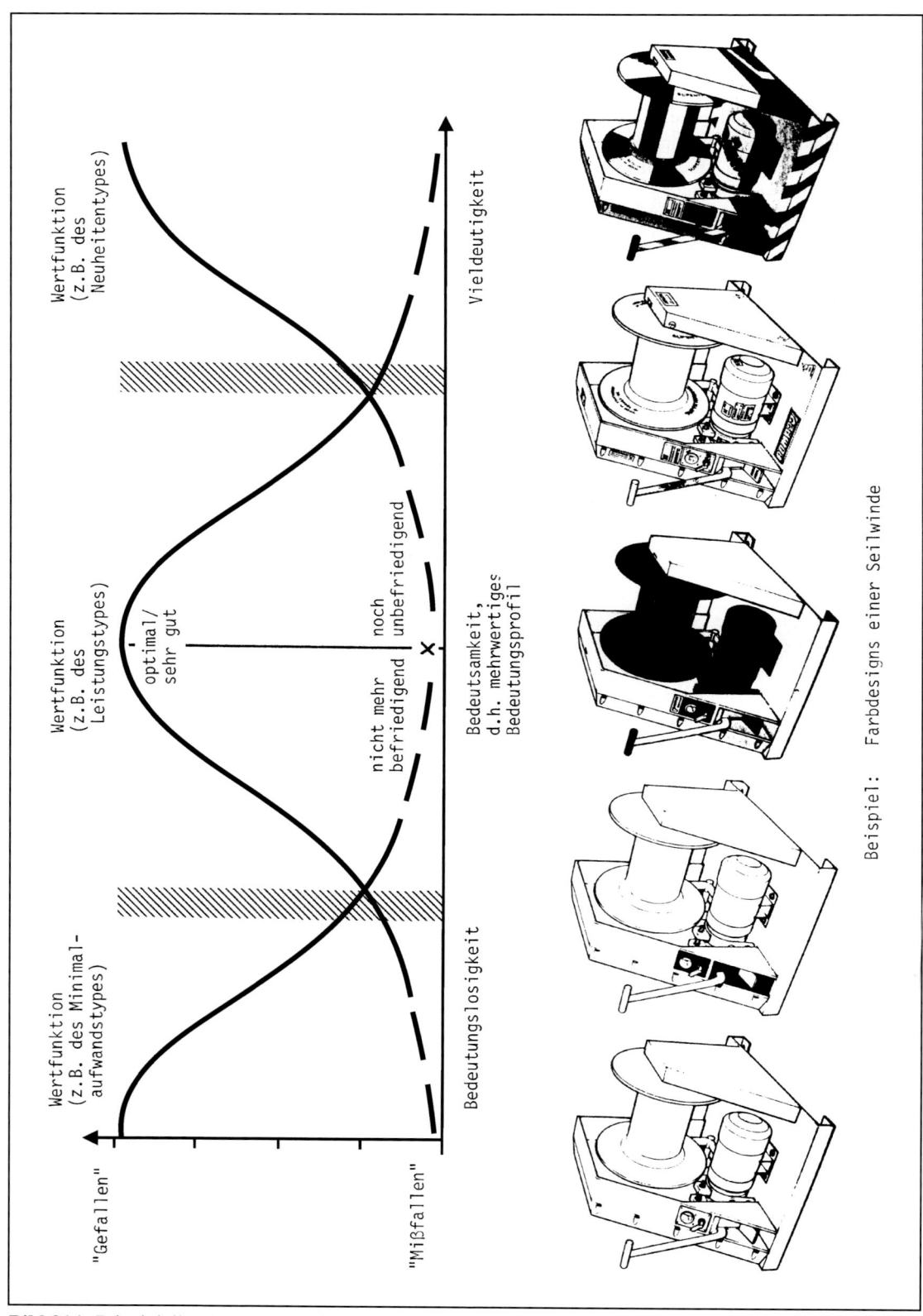

Bild 214 Prinzipieller Anwendungsfall für Wertkurvenscharen im Design

11.4 Wertfunktionen des Designs

Greifraum, Handkraft beim Spannen bis hin zur Reinigung.

Das Bewertungsergebnis als Teilnutzwert ist auf der Abzisse in Bild 212 eingetragen. Die Vorrichtungen I und II haben den gleich hohen Teilnutzwert, während Vorrichtung III nur ein Drittel bzw. ein Viertel dieses Teilnutzwertes aufweist. Damit bestätigt sich die Richtigkeit des Gefallenstestes, allerdings in unterschiedlicher Prägnanz. Das Ergebnis der 1. Bewertung ist deutlicher als das der 2. Bewertung. Aus der Verbindung der Bewertungspunkte zeichnet sich eine ausgeprägte S-Kurve als Wertfunktion ab. Bild 213 zeigt ein analoges Ergebnis aus dem Gefallenstest und der Erkennungsbewertung mittels Bedeutungsprofil einer neuen Getriebegestalt.

Die Einführung von Wertkurven-Scharen in die Konstruktionsbewertung erfolgte durch Lowka wie in Abschnitt 1.5 dargelegt. Es wird in Zukunft zu prüfen sein, inwieweit damit unterschiedliche Einstellungen und Werthaltungen von Kunden abgebildet und erfasst werden können (Bild 214).

12 Interior-Design von Einzelprodukten

12.1 Erweiterte Gestaltdefinition

Die folgenden Ausführungen stellen eine Erweiterung von Kapitel 2.6.3.1 dar.

Das Interior-Design von Einzelprodukten des Maschinenbaus beginnt im einfachsten Fall bei der inneren Farbgebung von Getriebegehäusen.

Weitere Beispiele sind (Farbbild 12) das Interior-Design eines Backofens, das Arbeitsraum-Design von Werkzeugmaschinen und das Motorraum-Design von PKW's. Seine höchste Komplexität erreicht das Interior-Design bei allen Arten von Fahrzeugen, wie z.B. Schiffen (Farbbild 22) und Flugzeugen, die aus mehreren Innenräumen mit den entsprechenden Einbauten bestehen.

Definition 12.1 *Das Interior-Design eines Produktes betrifft dessen Innengestalt.*

Die Innengestalt eines Produktes wird verstanden als Vereinigung einer oder aller Innenraumgestalten als Gehäuse, Tube, Zelle, Volumen u.a. mit den Einbauten wie Funktionsbaugruppen, Module, Möbel u.a. (Bild 37).

Definition 12.2 *Bei gegebenem Interior-Design heißt das Design der Außengestalt nicht zuletzt im Fahrzeugdesign Exterior-Design.*

Definition 12.3 *Die Unähnlichkeit von Exterior- und Interior-Design wird als hybrides Design bezeichnet.*

12.2 Aufgabentypen

Grundsätzlich gelten auch für das Interior-Design alle Prinzipen, die in Kapitel 6 für das Exterior-Design eines Einzelproduktes behandelt wurden.

Als Voraussetzung des Interior-Designs begründen sich alle seine Gestalt-Elemente und Ordnungen primär aus funktionalen, fertigungstechnischen und wirtschaftlichen Anforderungen.

In Erweiterung hierzu gibt es

- ein betätigungs- und benutzungsorientiertes Interior-Design, das sich an den Nutzern des Innenraums und diesbezüglichen ergonomischen Kriterien orientiert [193].
- Zudem ein kennzeichnendes Interior-Design, das die in der Innengestalt gültigen Erkennungsinhalte behandelt, z.B. die Erkennung und Unterscheidung der Stellteile im Motorraum.

Bei einem Exterior- und Interior-Design wird häufig auch danach unterschieden, welche dieser Teilaufgaben zuerst bearbeitet wird. Hierzu folgen die zwei Fälle des Interior-Designs:

- von außen nach innen

$$G_{exterior} \rightarrow G_{interior}$$

Beispiel: Interior-Design eines Getriebes.

- von innen nach außen

$$G_{interior} \rightarrow G_{exterior}$$

als Normalfall der im folgenden genannten Beispiele.

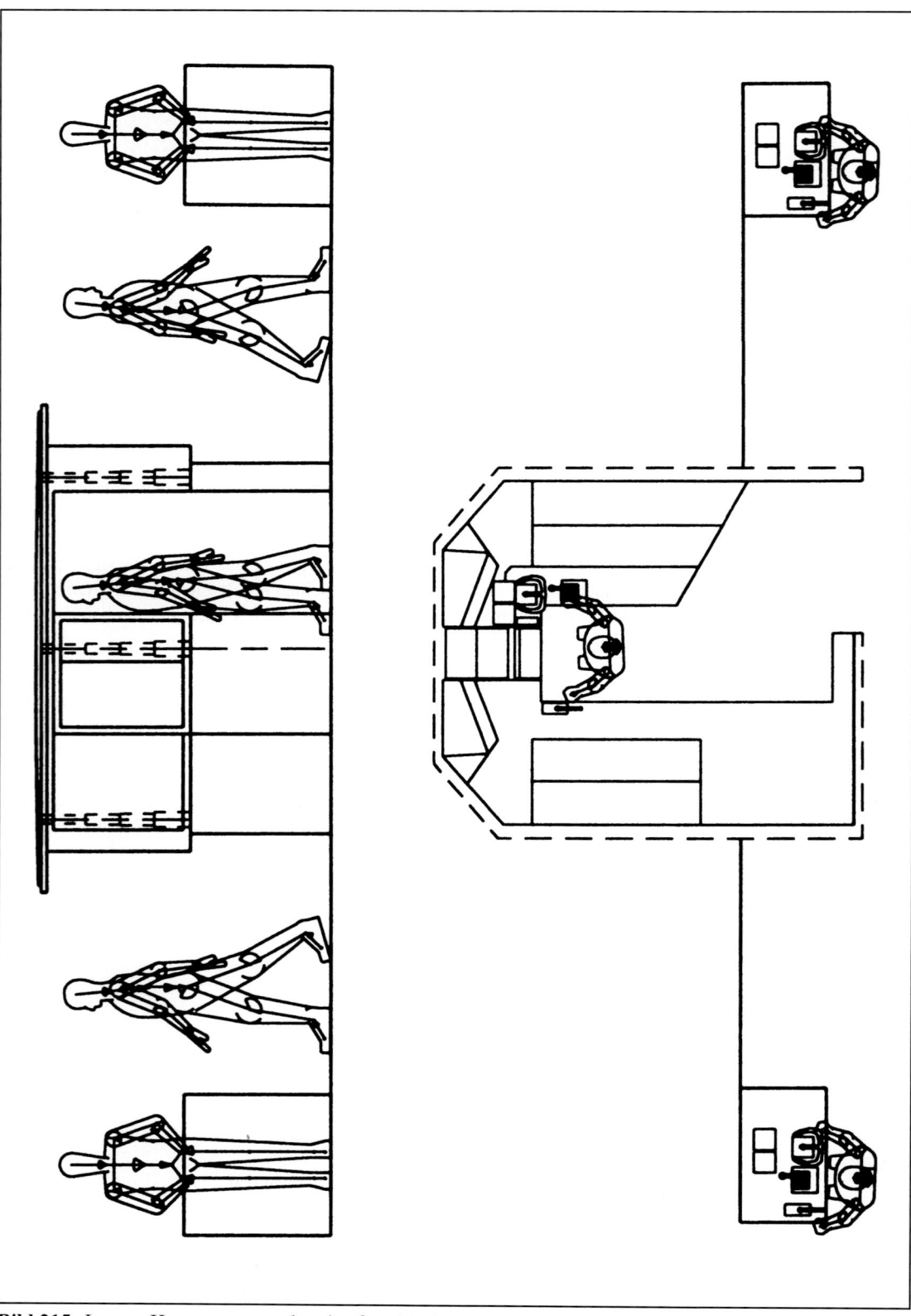

Bild 215 Innerer Hauptsteuerstand und äußere Nock-Steuerstände eines Binnenschiffes (Farbbild 22)

12.3 Ähnlichkeitbeziehungen des Interior-Designs

Eine wesentliche Erweiterung bringt das Interior-Design bei der formalen Gestaltung nach dem Kriterium der Ähnlichkeiten.

In Erweiterung zu den in Kapitel 2.6.4.2 behandelten Ähnlichkeitsbeziehungen des Exterior-Designs treten beim Interior-Design in einer systematischen Betrachtung weitere hinzu.

Matrix und Tabelle 36 der Ähnlichkeitsarten einer Außen- und Innengestalt (Fall 1.2):

	$G_{Umgebung}$	$G_{Exterior}(1)$	$G_{Innenraum}(1)$	$G_{Einbauten}(1.1)$	$G_{Einbauten}(1.2)$	$G_{Interior}(1)$	G_1
$G_{Umgebung}$	1						
$G_{Exterior}(1)$	3	2					
$G_{Innenraum}(1)$	12	13	10				
$G_{Einbauten}(1.1)$	14	15	7	11			
$G_{Einbauten}(1.2)$	14	15	7	16	11		
$G_{Interior}(1)$	8					6	
G_1	5						4

Tabelle 36   Ähnlichkeitsarten einer Außen- und Innengestalt

Ähnlichkeitsnummer	Ähnlichkeitsart	Anzahl
Ä-Nr.1	(Selbst-) Ähnlichkeit: Umgebungsgestalt	1
Ä-Nr.2	(Selbst-) Ähnlichkeit: Außengestalt	1
Ä-Nr.3	Ähnlichkeit: Umgebungsgestalt und Außengestalt	1
Ä-Nr.4	(Selbst-) Ähnlichkeit: Gestalt	1
Ä-Nr.5	Ähnlichkeit: Umgebungsgestalt und Außengestalt	1
Ä-Nr.6	(Selbst-) Ähnlichkeit: Innengestalt	1
Ä-Nr.7	Ähnlichkeit: Einbaugestalt und Innenraumgestalt	2
Ä-Nr.8	Ähnlichkeit: Umgebungsgestalt und Innengestalt	1
Ä-Nr.9	Ähnlichkeit: Außengestalt und Innengestalt	1
Ä-Nr.10	(Selbst-) Ähnlichkeit: Innenraumgestalt	1
Ä-Nr.11	(Selbst-) Ähnlichkeit: Einbautengestalt -	2
Ä-Nr.12	Ähnlichkeit: Umgebungsgestalt und Innenraumgestalt	1
Ä-Nr.13	Ähnlichkeit: Innenraumgestalt und Außengestalt	1
Ä-Nr.14	Ähnlichkeit: Umgebung und Einbautengestalt	2
Ä-Nr.15	Ähnlichkeit: Einbautengestalt und Außengestalt	2
Ä-Nr.16	Ähnlichkeit: zwei verschiedene Einbauten	1

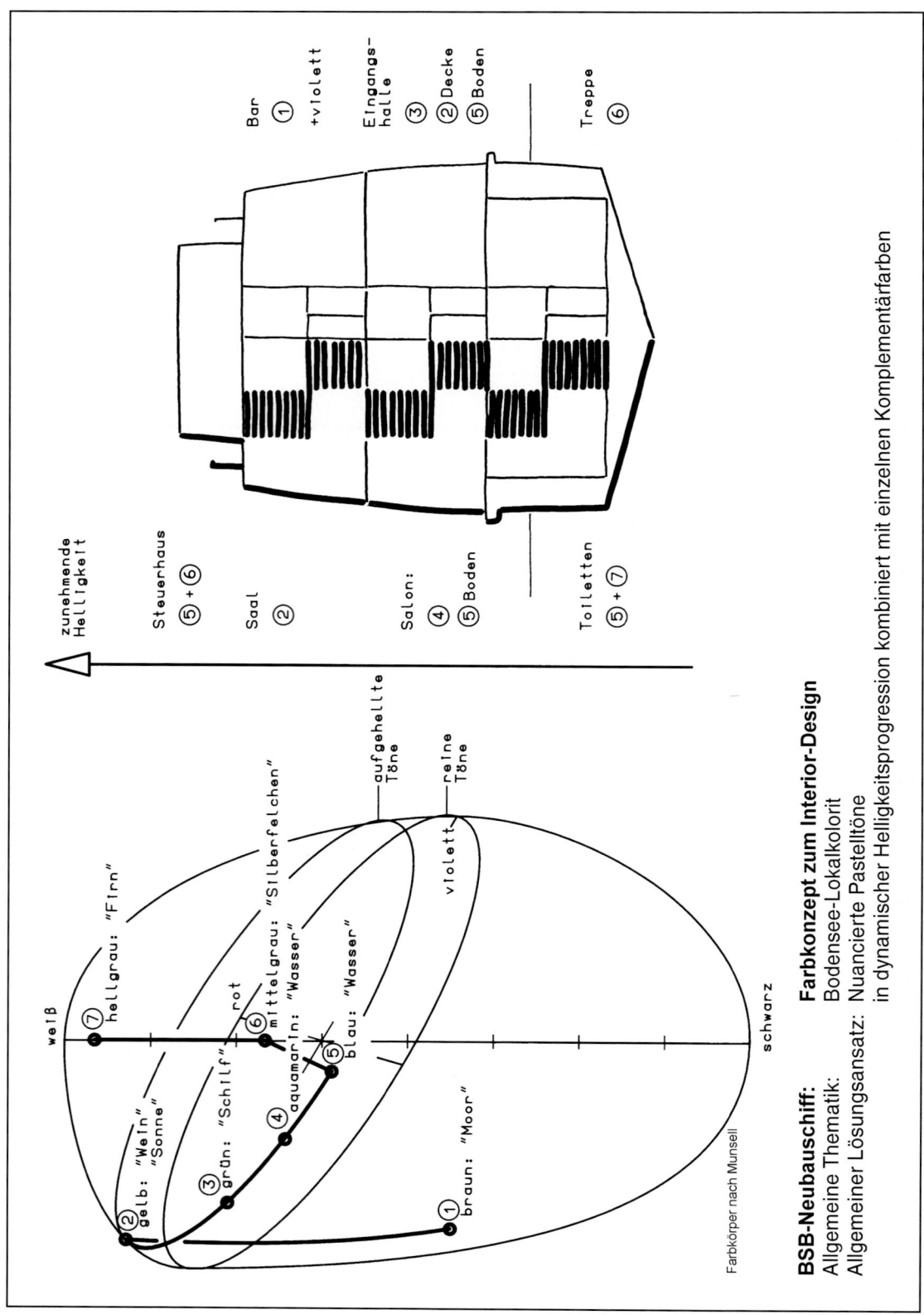

Bild 216 Farbplan für das Interior-Design eines Binnenschiffes (Farbbild 22 oben)

12.3 Ähnlichkeitbeziehungen des Interior-Designs

Mit den in Kapitel 2.6.4.2 behandelten 15 Typen an Gleichteilevektoren ergeben sich damit (16*15=) 240 Ähnlichkeitsvarianten.

Allerdings ist dabei die Frage des gleichen Aufbaus in der Außengestalt- und Innengestalt ungeklärt.

Das Interior-Design ist damit gegenüber dem in den Abschnitten 6 - 11 behandelten Exterior-Design um eine Vielzahl variantenreicher und komplexer.

Entscheidend für die Ähnlichkeit - oder eine stilvolle Gestaltung- sind die Gleichteile in Aufbau, Form, Farbe und Grafik zwischen zwei und mehr Gestalten einschließlich ihrer Ordnungen.

Im einfachsten Fall lassen sich Gleichteile bei der Grafik und beim Farbdesign erzielen, indem die Festlegungen eines Corporate-Designs auf der inneren und äußeren Produktgestalt angewandt werden, z.B. eine einheitliche Schriftfamilie und gleiche herstellerkennzeichnende Farben.

Eine Steigerung der Ähnlichkeit bringen Gleichteile im Aufbau und Form der beiden Teilgestalten.

Beispiele für gleiche Interfaces sind bei Schiffen der innere Hauptsteuerstand und die äußeren Nock-Steuerstände (Bild 215), allerdings mit einer ordnungserniedrigenden Konsequenz.

Beispiele in der Formgebung sind die Repetition des Formcharakters Innen und Außen oder die Formspiegelung des Bodenmotivs in der Decke im Interior-Design eines Schiffs (Farbbild 22 Mitte).

Der Stil oder die Konsequenz eines Interior-Designs ist aber mit den behandelten Ähnlichkeiten nicht erschöpfend erfasst. Sondern erweitert sich um die Ähnlichkeit von Anmutungen oder Bedeutungen (s. 14.6.2 / semantische Ähnlichkeit s.a. [71]).

Die im deutschen Kulturraum wohl am häufigsten auftretende Anmutung im Interior-Design ist Gemütlichkeit [194].

Bild 216 zeigt den Farbplan für das Interior-Design eines Binnenschiffes, das auf das Lokalkolorit „Bodensee" abgestimmt ist.

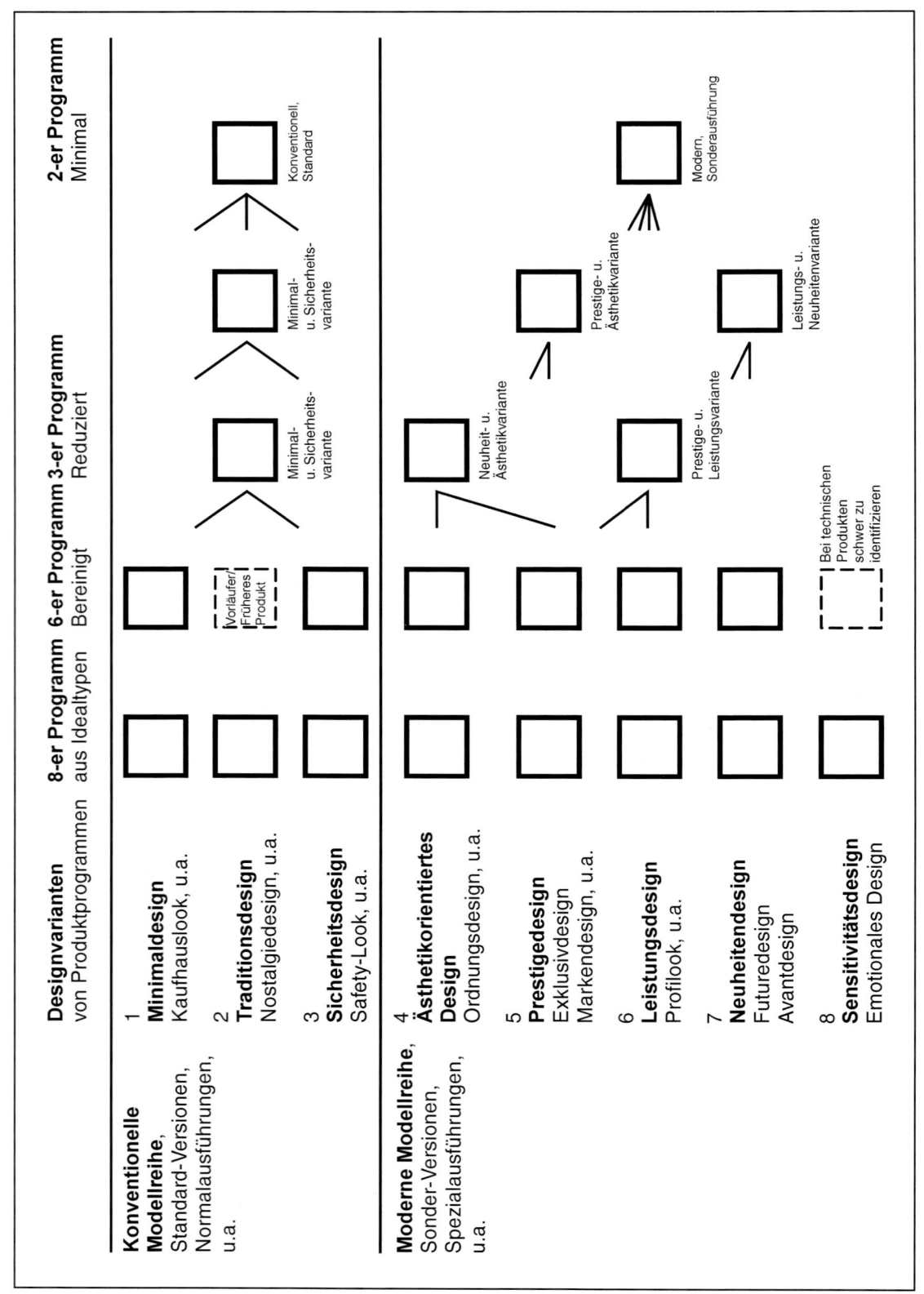

Bild 217 Beispiel für die Reduzierung der Variantenbreite eines Produktprogramms

13 Design von Produktprogrammen

13.1 Voraussetzungen

Nach Definition 1.2 wird unter einem Produktprogramm eine Menge an Produktvarianten gleicher Zwecksetzung aber in unterschiedlichen Designs einschließlichen unterschiedlicher Größe verstanden.

Definition 13.1 *Unter einem Programmdesign werden mindestens zwei unterschiedliche Designvarianten eines Produktes gleicher Zwecksetzung aber unterschiedlicher Zielgruppe verstanden.*

„Varianten" sind nach DIN 199 [195], „Gegenstände ähnlicher Form und / oder Funktion mit in der Regel hohem Anteil identischer Gruppen oder Teile."

In Kapitel 5.3 wurden die diesbezüglichen Anforderungen behandelt.

Danach gelten für die einzelnen Varianten eines Produktprogramms grundsätzlich die Ausführungen in Kapitel 6 - 11 für das Exterior-Design von Einzelprodukten und in Kapitel 12 für das Interior-Design von Einzelprodukten.

Die Ausführungen dieses Kapitels konzentrieren sich auf differenzierende Anforderungen und Lösung bzw. die entsprechenden Gleichteile und Ungleichteile in Produktprogrammen.

Aktuelle Beispiele finden sich in allen Bereichen der technischen Umwelt von Fahrzeugen, Maschinen und Geräten bis hin zu Gebrauchsgegenständen, Bekleidung und Schmuck.

Der historische Ansatz ist der so genannte Austauschbau im Militärwesen. Die französische Militärpistole M 1777 mit einem Truppenmodell und einem Offiziersmodell gilt allgemein als eines der ersten Beispiele eines Programms aus zwei Varianten.

13.2 Programmbreite

Unter der „Programmbreite" [196] wird der Umfang oder die Variantenzahl eines Produktprogramms verstanden.

Produktprogramme beginnen nach Definition 1.2 und Kapitel 5.1 mit mindestens 2 Produktvarianten.

Im modernen Sinne werden Produktprogramme vielfach an Marken orientiert. Beispiele sind im Werkzeugmaschinenbau das Programm aus den beiden Marken INDEX und TRAUB (Farbbild 17) und im Automobilbau das VW-Programm aus den drei Marken VW Golf, Audi A3 und Seat León.

Nach der Kundenbeschreibung in Kapitel 2.2 können Produktprogramme designorientiert systematisiert werden in

- demografisch und geografisch orientierte Produktprogramme,
  Beispiele: Seilwindenprogramm (Bild 95),
- psychografisch orientierte Produktprogramme,
  Beispiele: Telefonprogramme (Farbbild 15), Hydraulikwicklerprogramme (Farbbild 13), Backofenprogramm (Farbbild 16).

Dabei ist zu beachten, dass die demografischen Merkmale die Kopfspalte und die psychographischen Merkmale die Kopfzeile einer Programm-Matrix darstellen.

In Ergänzung zu Kapitel 5.1 zeigt Bild 217 die Reduzierung der an den 8 Einstellungstypen von Koppelmann und Breuer orientierten 8 idealtypischen Design hypothetisch auf ein 6er, 3er und 2er Programm. Detaillierte Untersuchungen und Aussagen zu dieser Thematik fehlen bis heute fast gänzlich [89].

BAUKÄSTEN

- **Universelle Baukästen** — z.B. Lego

- **Ausstattungs-Baukästen**
  - Grundbausteine / Gleichteile
    - A. Sichtbar = Herstellerkennzeichnung
    - B. Unsichtbar
  - Ausstattungsbausteine / Variantenteile
    - A. Sichtbar, Typisierung: partiell
    - B. Sichtbar, Typisierung: total

- **Kombinationen**

- **halb- / teilähnliche, gemischte Baureihen** — Mensch als Konstante

Relevant im Technischen Design

BAUREIHEN

- **total ähnliche, reine Baureihen**

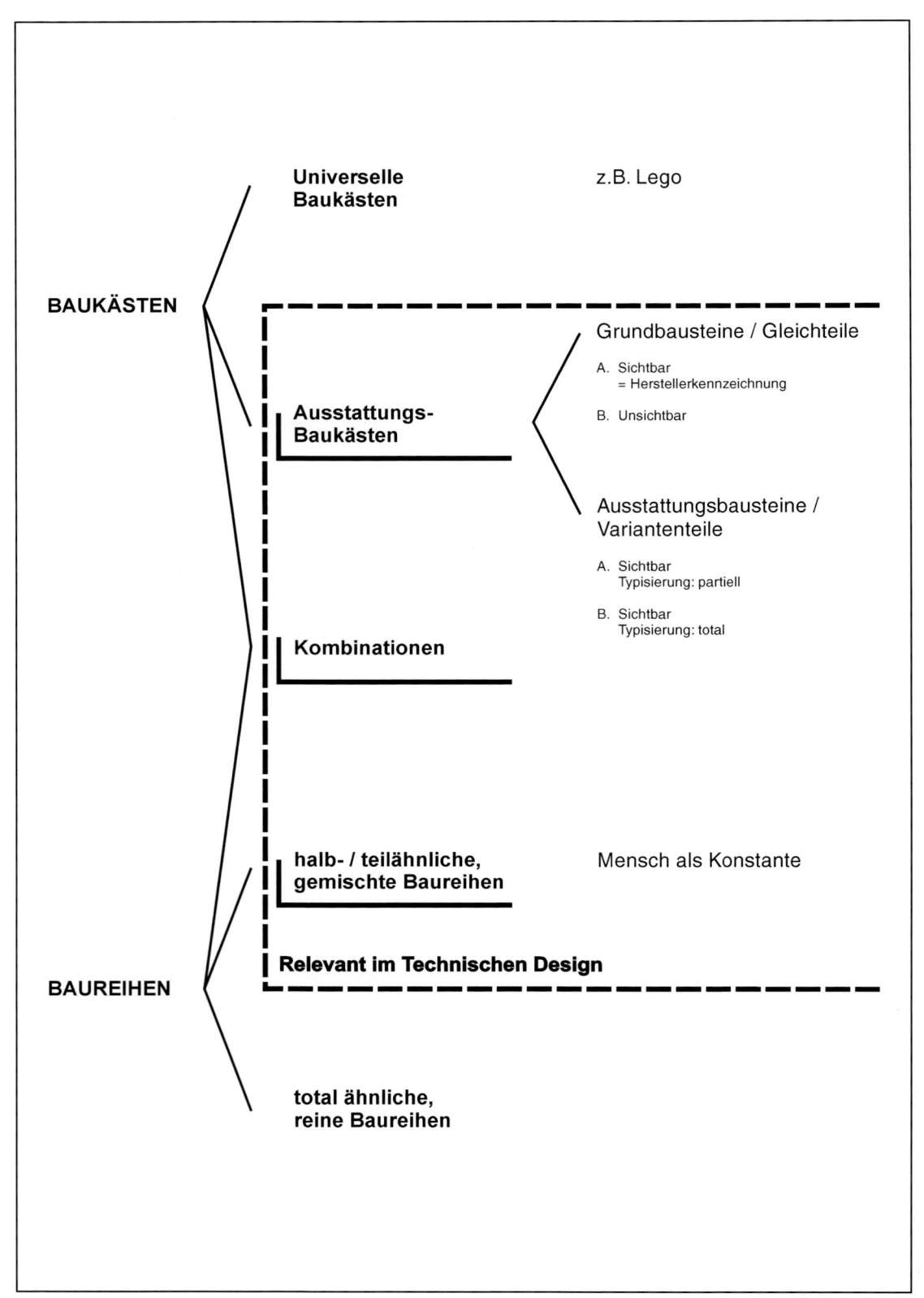

Bild 218 Lösungsprinzipien für Produktprogramme

13.3 Lösungstiefe und allgemeine Lösungsprinzipien für Produktprogramme

13.3.1 Allgemein

Nach den in Kapitel 2.6 behandelten Gliederungen einer Produktgestalt betrifft die Frage nach der Lösungstiefe eines Produktprogramms die diesem als Gleichteile und Ungleichteile zugrunde liegende Teilgestalten Aufbau, Form, Farbe und Grafik sowie die darauf gründende Ähnlichkeiten. Auf der Grundlage der in Bild 42/43 dargestellten Gleichteilevektoren gilt für die Lösungstiefe:

- geringe Lösungstiefe („Flach") mit einem Gleichteilevektor aus Grafik oder aus Grafik und Farbe;
- hohe Lösungstiefe („Tief") mit einem Gleichteilevektor aus Form, Farbe und Grafik oder aus Aufbau, Form, Farbe und Grafik.

Von vielen Konstruktionlehrern und Fachautoren, von O. Kienzle [197] über Beitz und Pahl [22] bis zu E. Gerhard [69] wurde die Lösung von Produktprogrammen durch Baureihen und Baukästen behandelt. Nicht zuletzt durch Kienzle und seine Schüler wurde schon früh darauf hingewiesen, dass mit diesen Lösungsprinzipien sowohl ästhetische als auch herstellerkennzeichnende Wirkungen verbunden sind.

K. Gerstner behandelt in seinem grundlegenden Buch „Programme entwerfen" [198] maßgeblich Kunstobjekte und Architekturobjekte.

Designorientiert werden im folgenden die teilähnlichen oder gemischten Baureihen und die Ausstattungsbaukästen als Lösungsprinzipien für Produktprogramme behandelt (Bild 218).

13.3.2 Baureihen

Nach Gerhard [69] ist eine „Baureihe" eine Größenbaureihe zwischen einer kleinsten Baugröße und einer größten Baugröße, die durch Verkleinerung oder Miniaturisierung bzw. durch Vergrößerung oder Monumentalisierung aus einem so genannten Mutterentwurf entstehen (Bild 219).

Die Größenstufung betrifft die Unterteilung des Größenbereichs in die einzelnen Größen.

Die umfangreichsten Baureihen sind die Bekleidungsgrößen (DIN G1 515 ff.).

Mathematisch werden Größenreihen entweder als arithmetische Reihe oder als geometrische Reihe behandelt:

- Geometrische Stufung, möglichst nach Normzahlen, wenn multiplikative Zusammenhänge die charakteristische Größe begleiten und sich der Stufensprung konstant prozentual beschreiben lässt.
- Arithmetische Stufung, wenn eine additive oder substraktive Verknüpfung zwischen den beschreibenden Größen vorliegt, wie z.B. bei Bausteinbildung (Rastermaße) oder antropometrischen Maßen (natürliches Wachstum).

Technische Baureihen sind nach Kienzle [19] entweder ähnliche oder ganzgestufte Baureihen bzw. teilähnliche oder halbgestufte Baureihen (Bild 219). Die Größenänderung wird allgemein als Stufensprung (φ) bezeichnet.

Hierzu werden üblicherweise die Normungszahlen verwendet:

Tabelle 37 Normungszahlen für Baureihen

Reihe	Stufensprung			
R5	1,0	1,6	2,5	4,0
R10	1,0	1,25	1,6	2,0
R20	1,0	1,12	1,25	1,4
R40	1,0	1,06	1,12	1,18

Für die Erkennung von Größenunterschieden geben Kienzle [19] und Rodenacker [20] folgende Erfahrungswerte an

$R40 / \varphi_{min}$	= 1,06	Höchstens vom Fachmann erkennbar
$R20 / \varphi$	= 1,2	Erkennbar mit großer Übung
$R10 / \varphi$	= 1,25	Erkennungsprägnanz auch für Nichtfachmann
$R5 / \varphi$	= 1,6	Deutlich unterscheidbar

Diese Erkennungsdifferenzen sind nicht nur auf Längenmaße anwendbar, sondern auch auf Mengen und auch Preise!

Das Beispiel der teilähnlichen Baureihe (Bild 219 unten) zeigt mit dem konstanten Element interessanterweise den Übergang von den Baureihen zu den Baukästen.

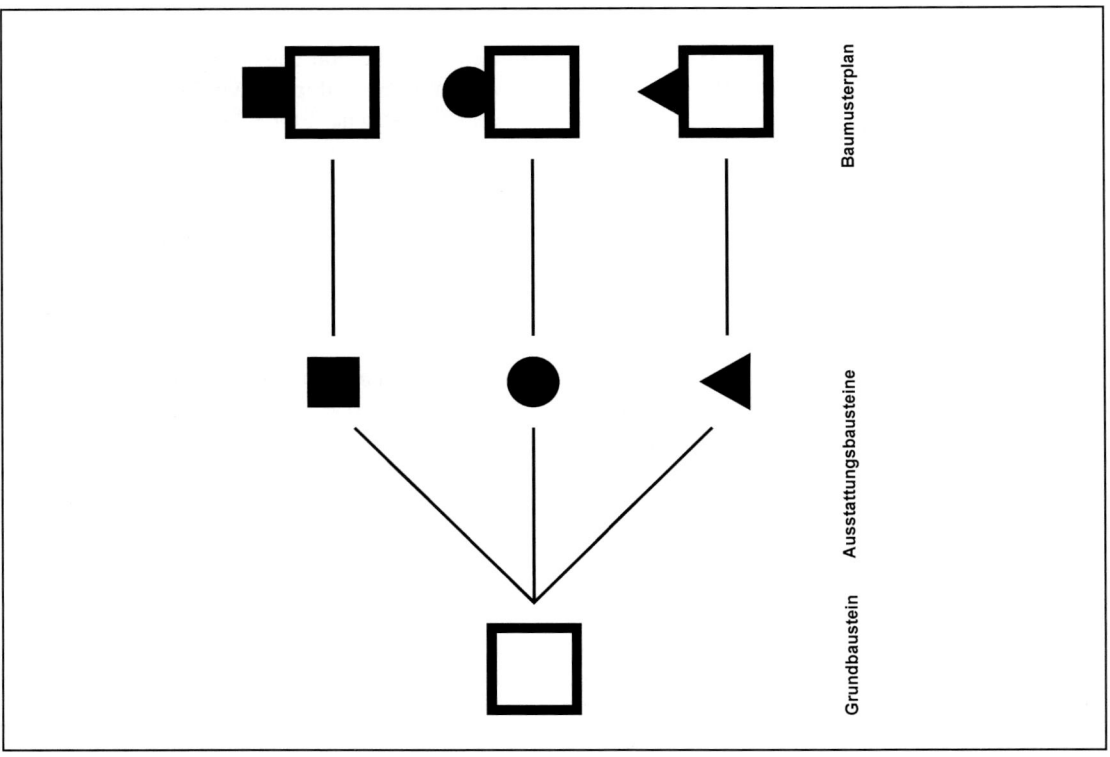

Bild 220 Ausstattungsbaukasten für Produktprogramme

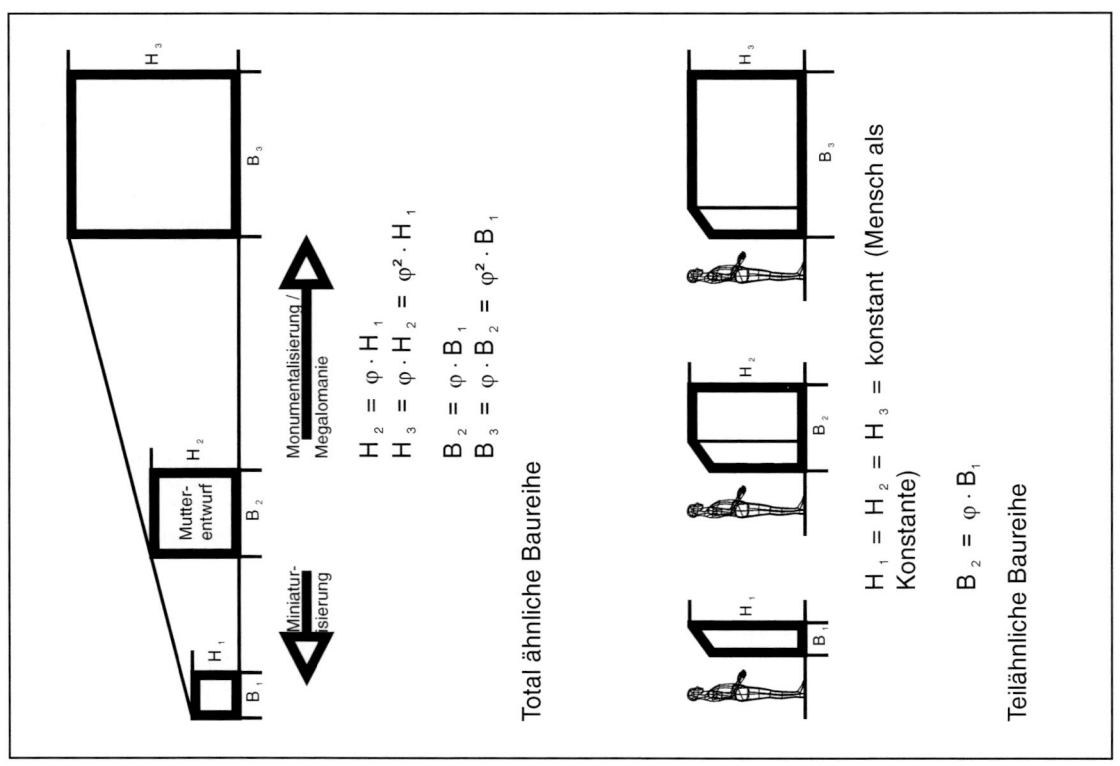

Bild 219 Baureihen für Produktprogramme

13.3.3 Baukästen

Das wichtigste Standardwerk über Baukästen ist weiterhin das Buch von K.-H. Borowski [199] von 1961. Es behandelt alle Baukastentypen von den Spielzeugbaukästen über die Baukastenmöbel bis hin zu allen technischen und fahrzeugtechnischen Baukästen, z.B. dem Ferrari-Baukasten von 2002. Ein Fahrzeug-Baukasten mit einem Gleichteileanteil von 50% wird regelmäßig von der Geschäftsleitung eines deutschen Sportwagenherstellers öffentlich vertreten.

Designorientierte Baukästen sind solche mit Bausteinen verschiedener Rangordnung:

- Ausrüstungs- oder Ausstattungsbaukästen,
- Zubehör- oder Accessoire-Baukästen,
- Anschluss-Baukästen,
- „Pakete"

u.a.

Der hier behandelte Ausstattungsbaukasten besteht üblicherweise aus (Bild 220)

- einem invariablen Grundbaustein und
- variablen Ausstattungsbausteinen.

Der Grundbaustein kann sichtbar oder unsichtbar sein. Im erstgenannten Fall ist er der redundante und stilbildende Anteil der Produktvarianten und dient insbesondere der Herkunftskennzeichnung.

Die Ausstattungsbausteine sind der innovative Gestaltanteil und dienen insbesondere der kundenorientierten Eigenschaftenkennzeichnung der Produktvarianten z.B. von einer Einfachausführung bis hinzu einer Profiausführung. „Starke" Designvarianten entstehen, wenn die Ungleichteile im Kontrast zu den Gleichteilen konzipiert werden.

Baukästen erfüllen durch einen hohen Gleichteileanteil gleichzeitig fertigungstechnische und wirtschaftliche Kriterien.

13.3.4 Ähnlichkeiten bei Produktprogrammen

Ausgehend von Kapitel 2.6.3 müssen zwei Produktprogramme unterschieden werden (Bilder 38 und 39).

- aus zwei und mehr Produkten mit Außengestalt
- aus zwei und mehr Produkten mit Außen- und Innengestalt

Nach dem differenzierten Ansatz zur Ähnlichkeitsbestimmung (Kapitel 2.6.4.2) folgende Ähnlichkeitsbeziehungen:

13.3.4.1 Produktprogramme aus Außengestalten

Matrix und Tabelle der Ähnlichkeitsarten eines Produktprogramms aus 2 Produkt-Außengestalten-Varianten (Fall 2.1) und einer Umgebungsgestalt.

Dabei gilt die gleiche Umgebungsgestalt von zwei und mehr Programmvarianten nur für Ausstellungs- und Präsentationsräume bei einem Hersteller.

	$G_{Umgebung}$	$G_{Exterior}(1)=G_1$	$G_{Exterior}(2)=G_2$
$G_{Umgebung}$	1		
$G_{Exterior}(1)=G_1$	3	2	
$G_{Exterior}(2)=G_2$	3	18	2

Tabelle 38 Ähnlichkeitsarten eines Produktprogramms aus 2 Produkt-Außengestalten-Varianten

Ähnlichkeits-nummer	Ähnlichkeitsart	Anzahl
Ä.-Nr. 1	(Selbst-) Ähnlichkeit: Umgebungsgestalt	1
Ä.-Nr. 2	Selbst-) Ähnlichkeit: Außengestaltgestalt	2
Ä.-Nr. 3	Ähnlichkeit: Umgebungsgestalt und Außengestalt	2
Ä.-Nr.18 (zusätzlich)	Ähnlichkeit in PP/ PS der Außengestalten	1

Es gibt moderne Ansätze dafür, für einzelne Produkt- und Designvarianten einzelne passende Ausstellungs- und Präsentationsräume zu schaffen.

Allgemeine Bestimmung der Anzahl der Ähnlichkeiten:

	1 Umgebungs-Gestalt	n Umgebungs-Gestalt
Anzahl der Ähnlichkeiten der n Produktvarianten	(nx2)+1	nx3
Anzahl der zusätzlichen Ähnlichkeiten	1	1
Allgemeine Anzahl der Ähnlichkeiten	(nx2)+2	(nx3)+1
Allgemeine Anzahl der Ähnlichkeitsvarianten	((nx2)+2)x15	((nx3)+1)x15

Beispiele 1) $n = 2$

Anzahl der Ähnlichkeiten der 2 Produktvarianten	5	6
Anzahl der zusätzlichen Ähnlichkeiten	1	1
Allgemeine Anzahl der Ähnlichkeiten	6	7
Allgemeine Anzahl der Ähnlichkeitsvarianten	90	105

Beispiele 2) $n = 5$

Anzahl der Ähnlichkeiten der 5 Produktvarianten	11	15
Anzahl der zusätzlichen Ähnlichkeiten	1	1
Allgemeine Anzahl der Ähnlichkeiten	6	16
Allgemeine Anzahl der Ähnlichkeitsvarianten	90	240

Beispiele 3) $n = 10$

Anzahl der Ähnlichkeiten der 10 Produktvarianten	21	30
Anzahl der zusätzlichen Ähnlichkeiten	1	1
Allgemeine Anzahl der Ähnlichkeiten	22	31
Allgemeine Anzahl der Ähnlichkeitsvarianten	330	465

13.3.4.2 Produktprogramme aus Außen- und Innengestalten

Matrix und Tabelle der Ähnlichkeitsarten eines Produktprogramms aus 2 Außengestalt-Varianten und 2 Innengestalt-Varianten (Fall 2.2).

Wichtig erscheint der Hinweis, dass der Gleichteilevektor bei Produktprogrammen Aufbau, Form, Farbe und Grafik enthält.

Die einzelnen Designs eines Produktprogramms sind durch ihre hohe Ähnlichkeit starke Lösungen oder erscheinen besonders stilvoll.

Dieser Tatbestand ist bei der in Kapitel 14.3 behandelten Systemähnlichkeit nicht gegeben.

Es ergibt sich danach ein Sachverhalt der Variantenbildung in großen Zahlen, der nur mittels Computer und Design-Manuals beherrschbar ist. Andererseits aber auch eine unendliche gestalterische Freiheit enthält!

13.3 Lösungstiefe und allgemeine Lösungsprinzipien für Produktprogramme

	$G_{Umgebung}$	$G_{Exterior}(1)$	$G_{Innenraum}(1)$	$G_{Einbauten}(1.1)$	$G_{Einbauten}(1.2)$	$G_{Interior}(1)$	G_1	$G_{Exterior}(2)$	$G_{Innenraum}(2)$	$G_{Einbauten}(2.1)$	$G_{Einbauten}(2.2)$	$G_{Interior}(2)$	G_2
$G_{Umgebung}$	1												
$G_{Exterior}(1)$	3	2											
$G_{Innenraum}(1)$	12	13	10										
$G_{Einbauten}(1.1)$	14	15	7	11									
$G_{Einbauten}(1.2)$	14	15	7	16	11								
$G_{Interior}(1)$	8	9				6							
G_1	5						4						
$G_{Exterior}(2)$	3	18						2					
$G_{Innenraum}(2)$	12		20					13	10				
$G_{Einbauten}(2.1)$	14			21	21			15	7	11			
$G_{Einbauten}(2.2)$	14			21	21			15	7	16	11		
$G_{Interior}(2)$	8					19		9				6	
G_2	5						17						4

Tabelle 39   Ähnlichkeitsarten eines Produktprogramms aus 2 Außengestalt-Varianten und 2 Innengestalt-Varianten

Ähnlichkeitsnummer	Ähnlichkeitsart	Anzahl
Ä-Nr. 1	(Selbst-) Ähnlichkeit: Umgebungsgestalt	1
Ä-Nr. 2	(Selbst-) Ähnlichkeit: Außengestaltgestalt	2
Ä-Nr. 3	Ähnlichkeit: Umgebungsgestalt und Außengestalt	2
Ä-Nr. 4	(Selbst-) Ähnlichkeit: Gestalt	2
Ä-Nr. 5	Ähnlichkeit: Umgebungsgestalt und Gestalt	2
Ä-Nr. 6	(Selbst-) Ähnlichkeit: Innengestalt	2
Ä-Nr. 7	Ähnlichkeit: Einbautengestalt und Innenraumgestalt	4
Ä-Nr. 8	Ähnlichkeit: Umgebungsgestalt und Innengestalt	3
Ä-Nr. 9	Ähnlichkeit: Außengestalt und Innengestalt	2
Ä-Nr. 10	(Selbst-) Ähnlichkeit: Innenraumgestalt	1
Ä-Nr. 11	(Selbst-) Ähnlichkeit: Einbautengestalt	4
Ä-Nr. 12	Ähnlichkeit: Umgebung und Innenraumgestalt	2
Ä-Nr. 13	Ähnlichkeit: Innenraumgestalt und Außengestalt	2
Ä-Nr. 14	Ähnlichkeit: Umgebung und Einbautengestalt	4
Ä-Nr. 15	Ähnlichkeit: Einbautengestalt und Außengestalt	4
Ä-Nr. 16	Ähnlichkeit: zwei verschiedener Einbauten	2
Ä-Nr. 17	Ähnlichkeit in PP/PS der Gestalten	1
Ä-Nr. 18	Ähnlichkeit in PP/PS der Außengestalten	1
Ä-Nr. 19	Ähnlichkeit in PP/PS der Innengestalten	1
Ä-Nr. 20	Ähnlichkeit in PP/PS der Innenraumgestalten	1
Ä-Nr. 21	Ähnlichkeit in PP/PS der Einbautengestalten	4

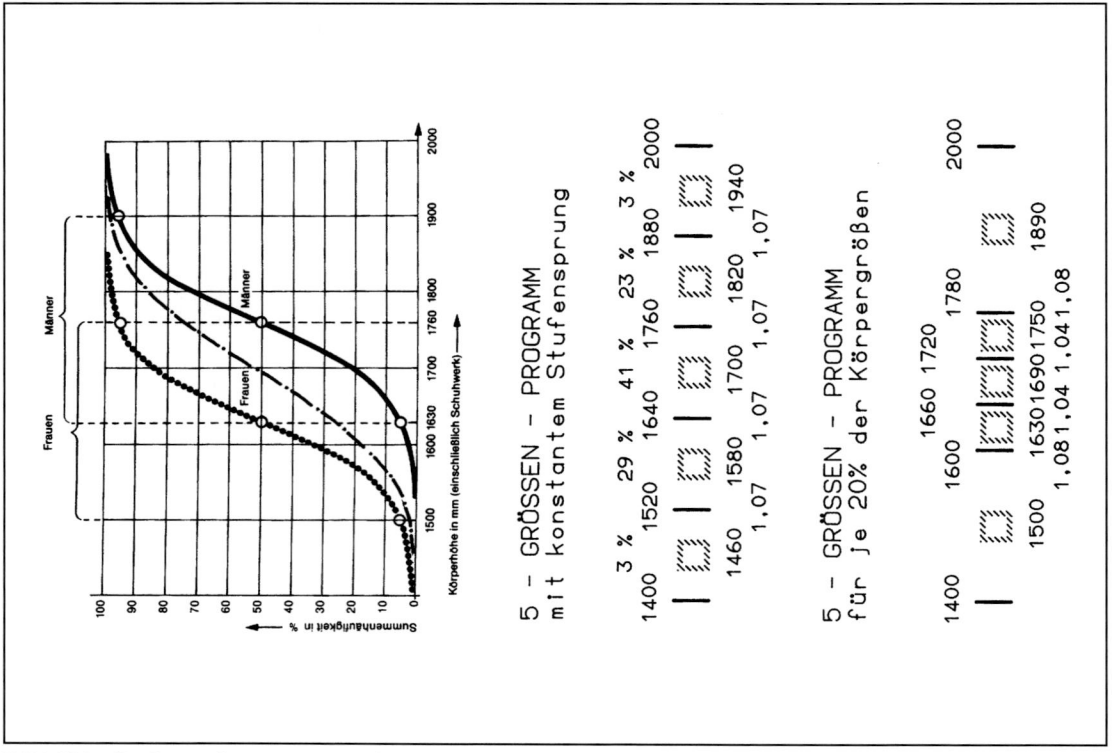

Bild 222 Größenstufung von Baureihen nach Körpergrößen (Teil 2)

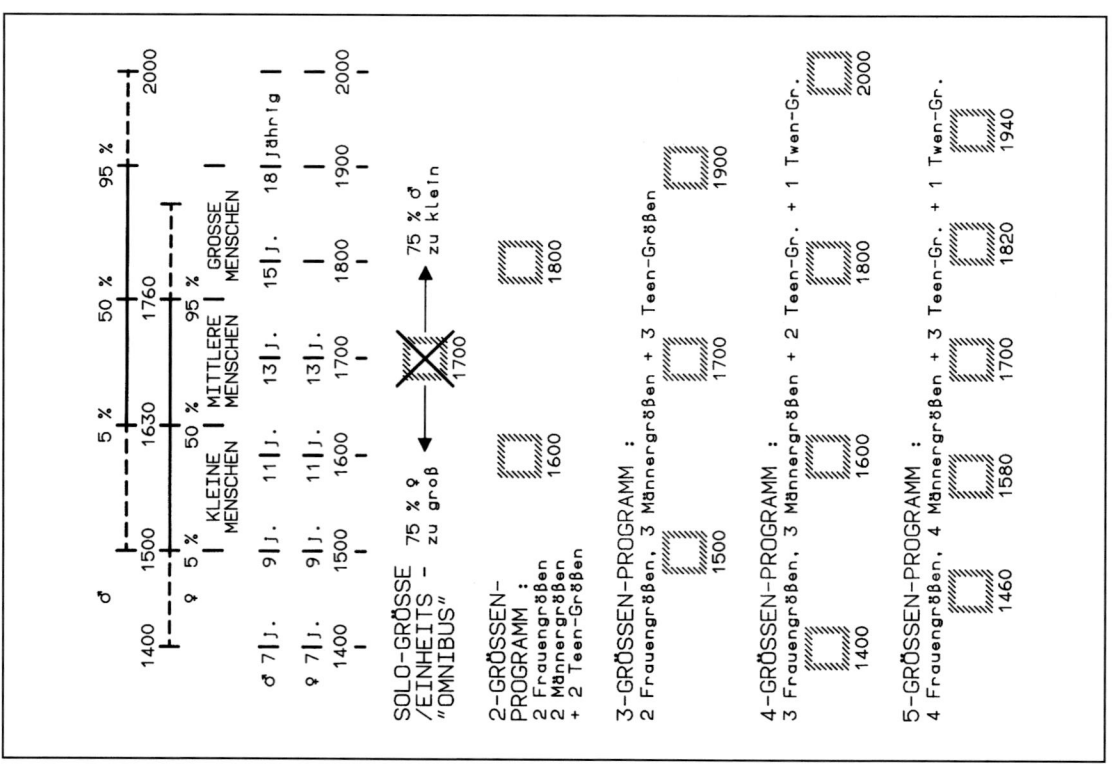

Bild 221 Größenstufung von Baureihen nach Körpergrößen (Teil 1)

Allgemeine Bestimmung der Anzahl der Ähnlichkeiten:

	1 Umgebungs-Gestalt	n Umgebungs-Gestalt
Anzahl der Ähnlichkeiten der n Produktvarianten	(nx15)+1	nx16
Anzahl der zusätzlichen Ähnlichkeiten	5	5
Allgemeine Anzahl der Ähnlichkeiten	(nx15)+6	(nx16)+5
Allgemeine Anzahl der Ähnlichkeitsvarianten	((nx15)+6)x15	((nx16)+5)*15

Beispiele 1) $n = 2$

Anzahl der Ähnlichkeiten der 2 Produktvarianten	31	32
Anzahl der zusätzlichen Ähnlichkeiten	5	5
Allgemeine Anzahl der Ähnlichkeiten	36	37
Allgemeine Anzahl der Ähnlichkeitsvarianten	540	555

Beispiele 2) $n = 5$

Anzahl der Ähnlichkeiten der 5 Produktvarianten	76	80
Anzahl der zusätzlichen Ähnlichkeiten	5	5
Allgemeine Anzahl der Ähnlichkeiten	81	85
Allgemeine Anzahl der Ähnlichkeitsvarianten	1215	1275

Beispiele 3) $n = 10$

Anzahl der Ähnlichkeiten der 10 Produktvarianten	151	160
Anzahl der zusätzlichen Ähnlichkeiten	5	5
Allgemeine Anzahl der Ähnlichkeiten	156	165
Allgemeine Anzahl der Ähnlichkeitsvarianten	2340	2475

13.4 Lösungselemente und Anwendungsbeispiele des Produktprogramm-Designs

13.4.1 Größenstufung von Baureihen nach Körpergrößen. Beispiel: Griffe für ein Elektrowerkzeug

Die Baureihenentwicklung nach physikalischen, thermischen u.a. Variablen ist seit langem Standard in der Maschinenkonstruktion [22, 69]. Demgegenüber ist die Größenstufung von Produktprogrammen und -reihen nach den Benutzern bis heute ein weitgehend ungeklärtes Thema. Obgleich es hierzu in Form von Erwachsenen-, Jugendlichen- und Kindervarianten von Produkten eine Vielzahl an Beispielen gibt, z.B. Werkzeuge oder Fahrräder.

Zur Klärung dieser Frage wird von den im Kapitel 13.3.2 behandelten Grundlagen über Baureihen ausgegangen.

Bezieht man diese allgemeinen Grundlagen der Baureihenkonzeption auf die Körpergrößenverteilung als Leitmaß der Benutzer so ergeben sich bei gleichem Stufensprung folgende Baureihen von 2 bis 5 Größen (Bilder 221 und 222).

Darauf hingewiesen werden soll, dass alle 4 Baureihen Größen enthalten, die sowohl für Frauen und Männer, sowie teilweise auch für Jugendliche gültig sind. Mit der Stufung des 5-Größen-Programms erreicht man die Unterscheidungsschwelle nach Kienzle und Rodenacker.

Diese Unterscheidungsschwelle wird unterschritten, wenn man ein 5-Größen-Programm nicht nach gleichem Stufensprung, sondern nach gleichem Benutzermengen, d.h. jeweils für 20 %, stuft (Bild 222). Ausgehend von der Körpergröße als Leitmaß muss die Stufung an den infrage kommenden Produktmaßen konkretisiert und überprüft werden.

Beispiel Griffumfang und Breite eines Griffprogramms (Farbbild 14).

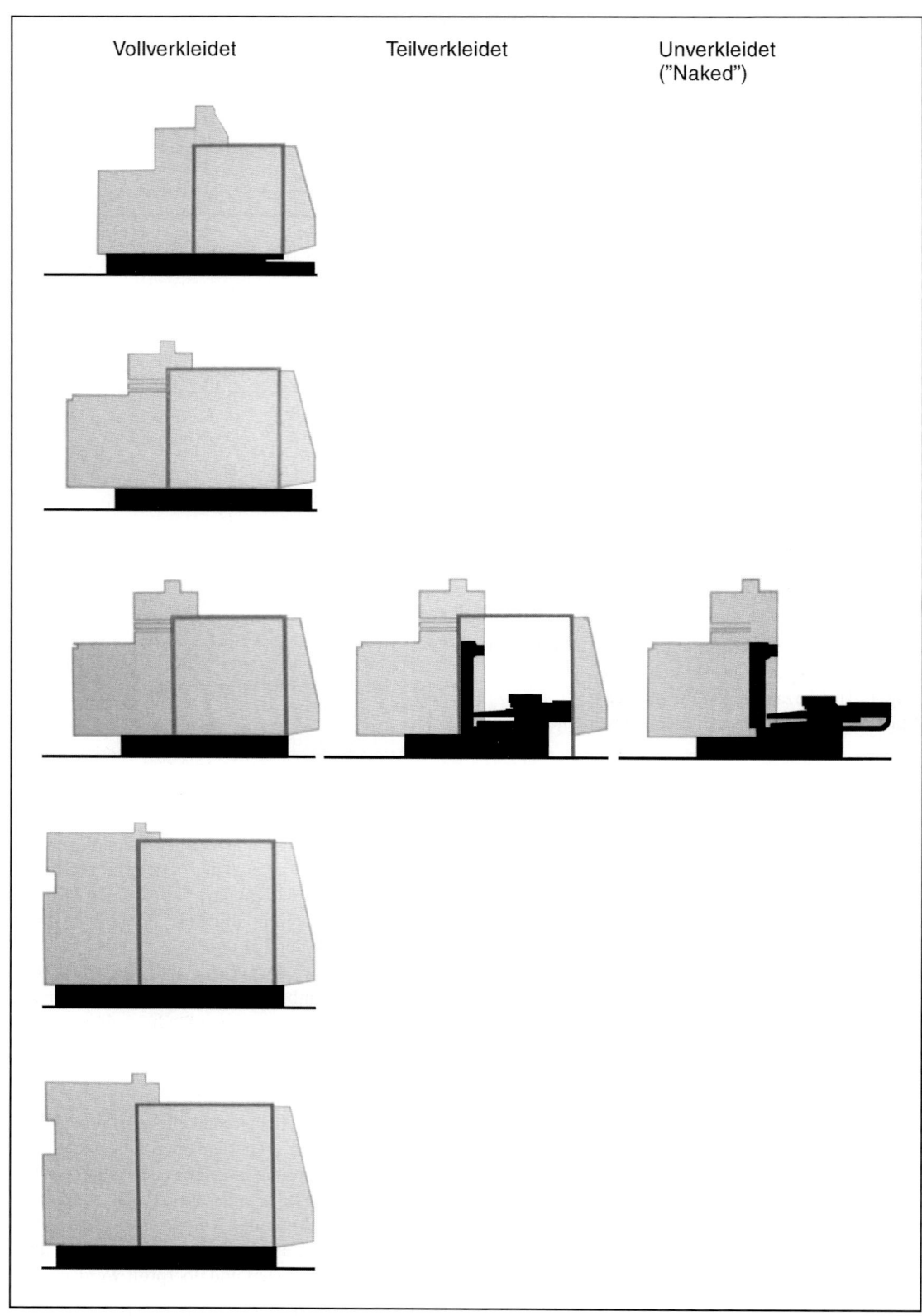

| Vollverkleidet | Teilverkleidet | Unverkleidet ("Naked") |

Bild 223 Tragwerks-Baureihe (vertikal) und -Baukasten (horizontal) für eine Werkzeugmaschine

13.4 Lösungselemente und Anwendungsbeispiele des Produktprogramm-Designs

Weitere Beispiele sind:

- die Größenstufung von Werkzeugen (Spaten!)
- die Größenstufung von Fahrrädern

u.a.

Darauf hingewiesen werden soll, dass Frauen nicht in allen Maßen kleiner sind als Männer, sondern dass es Körpermaße gibt, die bei Frauen größer sind.

13.4.2 Funktionsgestalt-Programme

Die Funktionsgestalt ist nach den bisherigen Darlegungen die primäre Teilgestalt eines Produktes.

In dieser beginnt bei vielen Produkten, nicht zuletzt auch im „Antriebsstrang" von Fahrzeugen (Schleppern!), die Variantenbildung des entsprechenden Programms [200]. Auf diesem Sachverhalt verweisen auch die Beispiele Seilwinde (Bilder 95 und 233) sowie Kugelmühle (Bild 96) mit den alternativen Handbetrieb und Motorantrieb.

Die Funktionsgestaltvarianten der Beispiele 2 bis 7 sind aus Tabelle 40 und den nachfolgenden Abbildungen ersichtlich.

Tabelle 41-1 zeigt das Programm der Funktions- und Tragwerksgestalten der Hydraulikentwickler (Farbbild 13).

13.4.3 Tragwerksgestalt-Programme

Das Tragwerk ist bei vielen Produkten Bestandteil eines Baureihen- und Baukastenprogramms (Bild 223).

Zur Erzeugung hersteller- und kundentypischer Produktvarianten sind die Tragwerksbaukästen ein wichtiges Lösungsprinzip in folgender Ausprägungen:

- Tragwerk (Rahmen, Chassis, Rohkarosserie) als Grundbaustein zur Gewährleistung der Herstellerkennzeichnung,
- nicht tragende Elemente (Verkleidungen, Wechselfassaden von Fernsehern u.a.) als Ergänzungs- und Ausstattungsbausteine zur Erzeugung kundentypischer Varianten.

Im einfachsten Fall wird ein Gehäuse mit unterschiedlichen Funktionselementen bestückt (Onebox-Prinzip bei FEIN-Elektrowerkzeugen). Die vollständige Anwendung des oben genannten Baukastens wird heute auch vielfach als Plattform-Strategie bezeichnet.

Das unverkleidete Produkt ist danach meist die Billigausführung und das voll verkleidete könnte eine Luxusausführung oder eine Sicherheitsausführung (Schwedenausführung!) sein.

Die Tragwerkgestalt ist in vielen Fällen das Lösungselement für die Forderung nach einer variablen Produktgestalt

- entweder mittels Kombinatorik,
- oder mittels Klappung, Drehung, Schwenkung, Stülpung, Faltung u.a. (Bild 224).

Die Tragwerksgestaltvarianten der Beispiele 2 bis 7 sind aus der Tabelle 40 und den nachfolgenden Abbildungen ersichtlich.

Bei allen Tragwerks-Baukästen ist der Tragwerks-Anteil an den Herstellungskosten zu beachten (siehe Kapitel 6.8).

13.4.4 Kundentypische Bedienungskonzepte und Interfacegestalt-Programme

Bedienungskonzeptvarianten und Interfacegestaltprogramme entstehen nach den bisherigen Ausführungen (Kapitel 6.1.2 und 6.4)

- auf der Ebene der Bedienungselemente,
- auf der Ebene der Signal- und Steuerbaugruppen,
- auf der Ebene der Schaltungen und Steuerungen,
- auf der Ebene des Funktionssystems und ihres Wirkungsprinzip.

In dieser Variationsbreite und Lösungstiefe sind die Bedienungselemente nach Art, Anzahl und Anordnung wichtige Gestaltelemente zur Entwicklung kundentypischer Varianten und Programme. Diese Kundenorientierung kann sowohl in der Betätigung und Benutzung als auch in der Sichtbarkeit und Erkennbarkeit erfolgen.

Die Interfacegestaltvarianten der Beispiele 2 bis 7 sind aus den Tabellen und aus den nachfolgenden Abbildungen ersichtlich.

Tabelle 41-2 zeigt das Interfaceprogramm der Hydraulikwickler (Farbbild 13).

13.4.4.1 Betätigungs- und benutzungsorientierte Varianten und Programme

Neben den bisher behandelten unterschiedlicher Antriebsarten können betätigungs- und benutzungsorientierte Varianten und Programme z.B. in der Schwergängigkeit oder Leichtgängigkeit einer Getriebeschaltung oder einer Lenkung liegen. Ein gu-

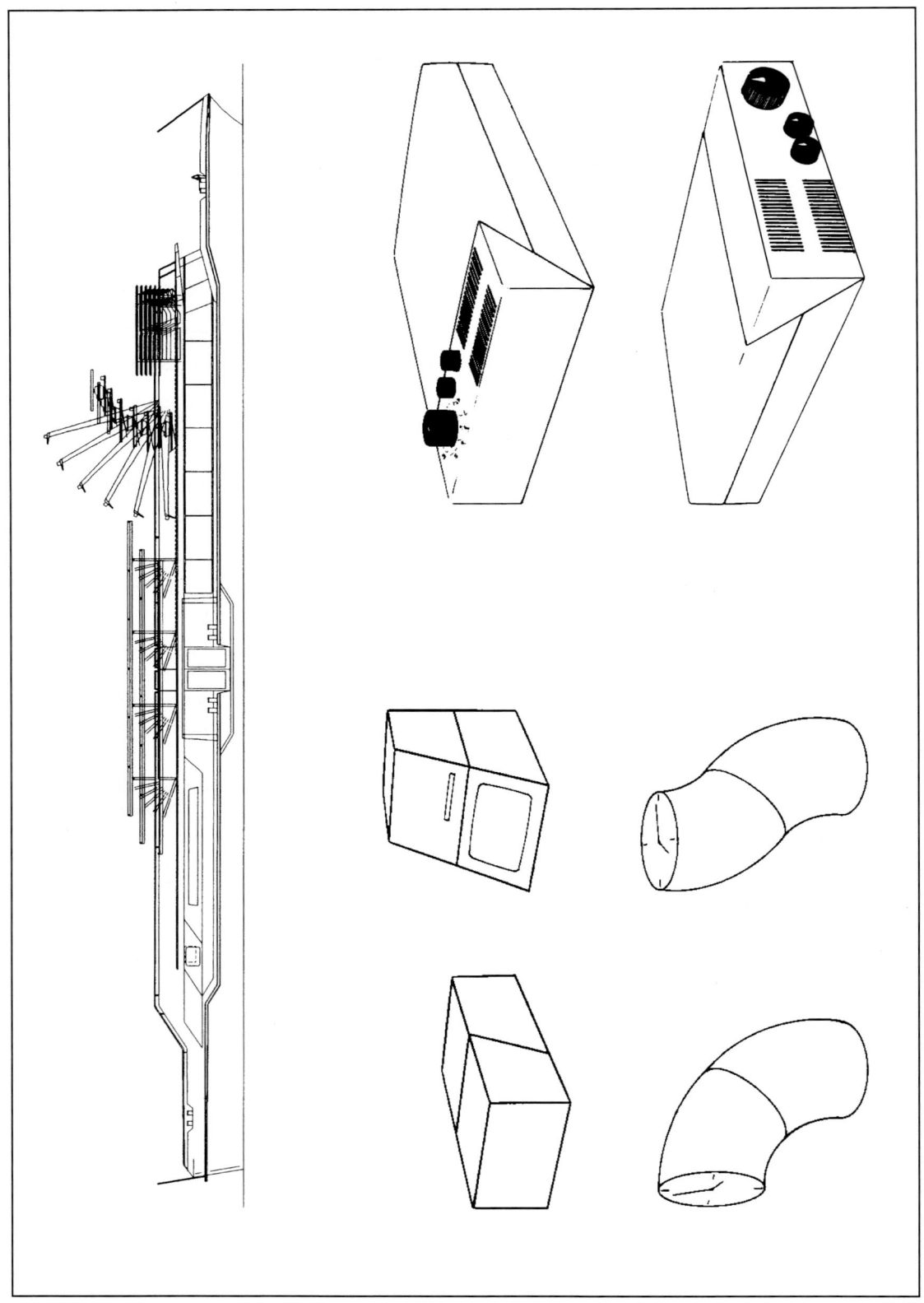

Bild 224 Variable Tragwerksgestalten

tes Beispiel dafür ist die ZF-Servotronic-Lenkung (Bild 225) deren Kennlinienverlauf dem Fahrzeugcharakter und dem Kundentyp angepasst werden kann. Die spezielle Auslegung der Lenkungscharakteristik bewirkt, dass im Parkbereich und im Lenken im Stand nur minimale Kräfte am Lenkrad aufzubringen sind, während sich mit zunehmender Geschwindigkeit fast das Gefühl einer mechanischen Lenkung einstellt. Mit dieser Charakteristik ist die Servotronic grundsätzlich die modernere Lösung gegenüber tradionellen, mechanischen Lenkungen.

Daneben kann das Kennlinienfeld steiler oder flacher ausgelegt werden, was den komfortablen Charakter („Schweden", Volvo) oder den sportlichen Charakter („Italien", Ferrari) der Lenkung erbringt.

Ein zweites betätigungskraftorientiertes Beispiel repräsentiert die Hydraulikwickler-Varianten (Farbbild 13 rechts)

- „Schubkarren"
- „Kinderwagen"
- „Karusell"

Dabei ist der „Schubkarren" von einem Mann nicht mehr zu betätigen, höchstens von 2 Männern.

Ein weiteres Beispiel unterschiedlicher Komfortstufen für unterschiedliche Kunden sind Sitz- und Polstervarianten z.B. in der Ausführung als „Economy-Class Seat" oder als „First-Class Seat".

13.4.4.2 Varianten und Programme nach der Art der Bedienungselemente

Die Art der Bedienungselemente ist in besonderer Weise kennzeichnend und erfüllt damit die Anforderungen aus unterschiedlichen Qualifikationen und Einstellungen von Kunden. Beispiele:

- die Knüppelschaltung als „typische", zweckkennzeichnende Getriebeschaltung,
- Einhand-Bedienung i.U. Zweihand-Bedienung, Handschaltung i.U. Fußschaltung, Schwenkhebel i.U. Drehknopf als Beispiele der Bedienungskennzeichnung,
- Doppelgriff i.U. Einzelgriff, als Beispiel der Leistungskennzeichnung,
- Hebel i.U. Handrad als Beispiel der Kostenkennzeichnung,
- Anologanzeige i.U. Digitalanzeige oder Instrument i.U. Head-up-display als Beispiel der Zeitkennzeichnung („traditionell" i.U. „modern"),
- Einzelinstrument i.U. Kombinationselement als Kennzeichen unterschiedlicher formaler Qualität.

Die Beispiele 2 bis 7 zeigen hierzu eine Vielzahl an Anwendungsbeispielen.

Neben der Art der Bedienungselemente kann auch ihre Größe eine wichtige Kennzeichnung sein. Hierzu gibt Schmidtke [121] an „Größenkodierung erfüllt dann ihren Zweck, wenn die Anzahl der Größenstufen nicht über drei hinausgeht, der Stufenunterschied = 20 % ist und für gleiche oder vergleichbare Funktionen die gleichen Größenstufen gewählt werden".

13.4.4.3 Varianten und Programme nach der Anzahl der Bedienungselemente

Es ist nicht bekannt, dass die Menge der jeweiligen Bedienungselemente bisher in Bezug auf eine kundenorientierte Varianten- und Programmbildung untersucht wurde.

Hierzu soll ein erstes Ergebnis vorgestellt werden.

Die Fragestellung dieser Überlegung wird auf die Anzahl (synonym: die Menge, die Mächtigkeit, die Komplexität) der Bedienungselemente konzentriert. Eine erste Klärung dieser Größe erfolgt in 4 Stichproben (Bild 71). Die beiden Beispiele Telefone und Autoradio sind praktische Beispiele. Die Beispiele Hydraulikwickler und PKW Fahrplatz sind Diplomarbeiten unter der Leitung des Verfassers.

Bei allen der analysierten Beispiele erfüllt die einfachste Variante die Mindestanforderungen der Bedienung wie sie z.B. durch die Straßen-Verkehrs-Ordnung (StVZO) und andere Vorschriften vorgegeben worden sind. Die Vergrößerung der Anzahl der Bedienungselemente reicht bis zu einem Faktor 4. Auf den Tatbestand, dass sich nicht nur Maße, sondern auch Mengen auf Normzahlreihen abbilden lassen, bzw. sinnvollerweise nach diesen konzipiert werden, wurden schon von anderen Forschern und Autoren aus der Maschinenkonstruktion hingewiesen (Kienzle und Rodenacker [19, 20]).

Bezogen auf das vorliegende Thema heißt die Fragestellung, ob sich die Menge der Bedienungselemente unterschiedlicher Konzeptionen auf eine Normzahlreihe abbilden lassen und ob sich für unterschiedliche Kundentypen dabei bestimmte Wertbereiche abzeichnen. Zur Klärung der ersten Fragestellung wurden bei den vier Stichproben die Menge der Bedienungselemente auf die niederste Menge bezogen und der jeweilige Quotient auf der Ordinate aufgetragen (Bild 226). Ein Vergleich mit den Werten der Normzahlreihe R 20 ergab in allen vier Fällen eine hohe Korrelation. Dieses Ergebnis bestätigt damit die oben genannte Vermutung.

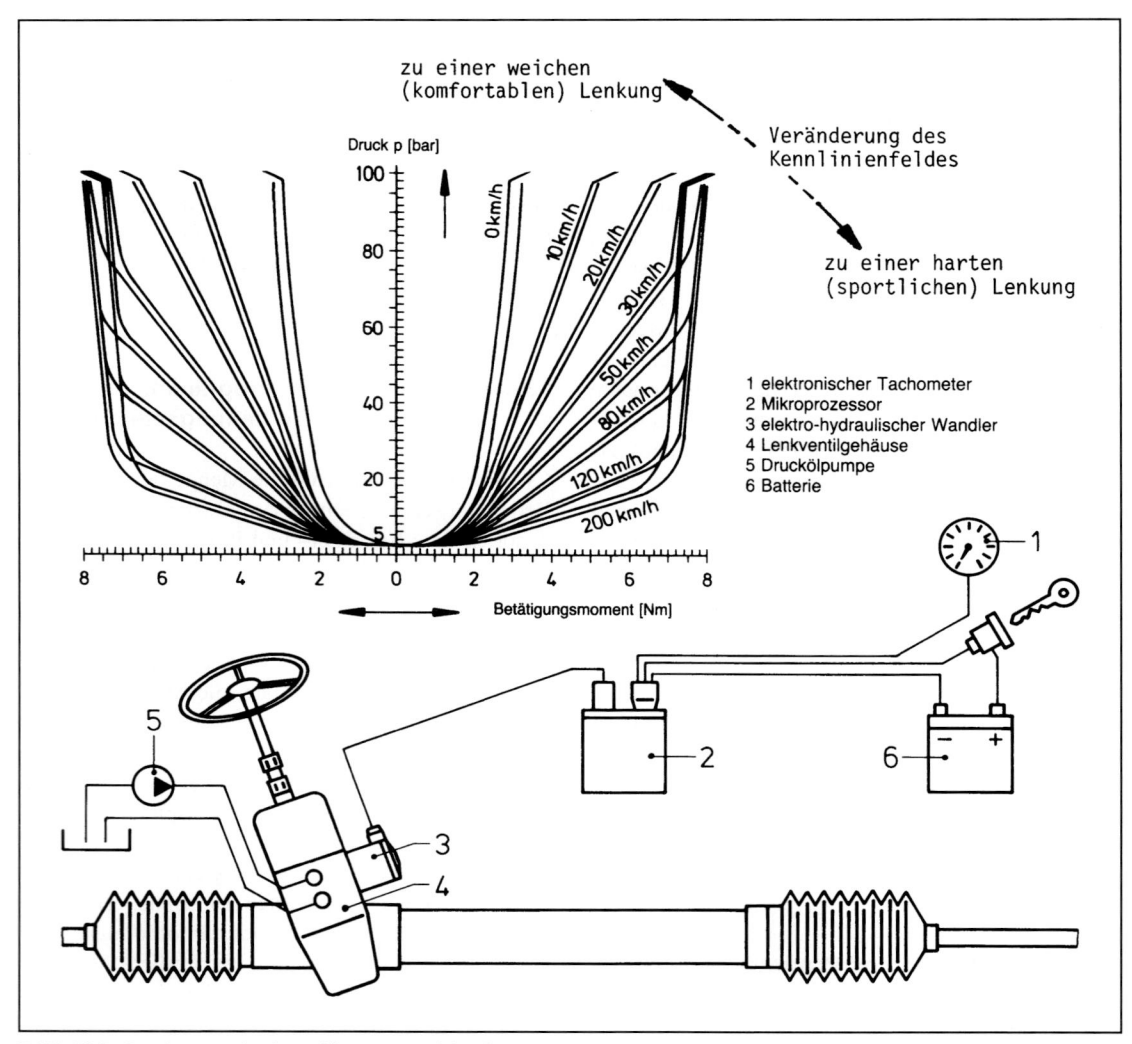

Bild 225 Lenkung mit einstellbaren Lenkkräften

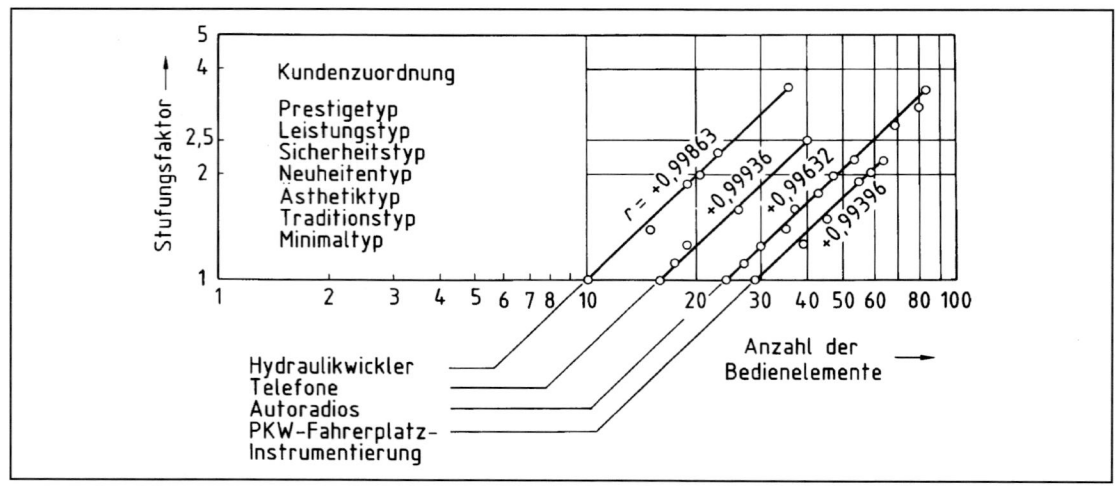

Bild 226 Zuordnung von Bedienelement-Menge und Kundentyp

Bezüglich der Kundenzuordnung zeichnen sich drei Gruppen ab:

- eine untere Gruppe aus Lösungen für den Minimalaufwandstyp, den Traditionstyp und den Ästhetiktyp,
- eine mittlere Gruppe aus Lösungen für den Sicherheitstyp und den Neuheitentyp,
- eine obere Gruppe aus Lösungen für den Leistungstyp und den Prestigetyp.

Die wirtschaftliche und fertigungstechnische Konsequenz aus diesen kundenorientierten Tatsachen heißt, diese als Ausstattungsbaukasten zu konzipieren. Dessen Grundbaustein wird aus der Menge der meist vorgeschriebenen Bedienungselemente gebildet. Die Menge der Ergänzungsbaustein sollte zur Erzielung einer klaren Unterschiedsprägnanz als Baureihe gestuft werden.

13.4.5 Formvarianten von Produktprogrammen

Formvarianten von Produktprogrammen entstehen auf der Basis einer oder mehrere Gestaltkonzeptionen.

- für unterschiedliche demografische und geografische Merkmale,
- sowie für unterschiedliche psychografische Merkmale

der Benutzer. Durch die Gestaltkonzeption ist die Größe und die Formenkomplexität durch die Funktionsgestalt, das Tragwerk oder durch die Bedienungselemente meist vorgeprägt. Beispiele für demografisch bedingte Formvarianten sind:

- Männerausführung i.U. Frauenausführung oder Erwachsenengerät i.U. Kindergerät mit einem deutlichen Unterschied in der Größe der Formen,
- Standardversion i.U. Billigversion, oder Business-Class i.U. Economy-Class mit einem deutlichen Unterschied in der wirtschaftlichen Wertigkeit der Formen,
- Juniordesign i.U. Seniordesign mit einem deutlichen Unterschied zwischen aufgegliederter und ungeordneter (bis chaotischer) Formgebung einerseits und zusammengefaßter und geordneter (bis minimierter) Formgebung andererseits.

Beispiele für einstellungstypische oder psychografisch bedingte Formvarianten sind Designs im engeren Sinne, von Minimaldesign bis Futuredesign. Allen diesen Varianten liegen üblicherweise Bedeutungsprofile zugrunde mit unterschiedlichen Kennzeichnungsinhalten und Gewichtungen, die auf der Grundlage der Gestaltkonzeption die unterschiedlichen Kennzeichnungsformen begründen. Beispiele solcher Kennzeichnungsformen zeigt der Katalog in Bild 227. Wichtig ist, dass bei Produktprogrammen die herkunftskennzeichnenden Formen als konstanter oder redundanter Anteil der Formgebung herausgearbeitet und betont werden.

Im Wettbewerb von Produktprogrammen ist es die Designaufgabe, intern die herstellerkennzeichnende Formähnlichkeit und, extern zu den Wettbewerbern, die Formenunähnlichkeit zu gewährleisten. Beide Teilaufgaben zusammen bestimmen den Schwerpunkt der Formgebung. Die Formvarianten der Beispiele 2 bis 7 sind aus der Tabelle 41 und den nachfolgenden Abbildungen ersichtlich.

13.4.6 Oberflächenvarianten von Programmen

Bild 228 zeigt drei Oberflächenvarianten eines Stellteilprogramms aus 2 Knebeln und einem Drehknopf

- glatt-glänzend
- glatt-matt
- geriffelt.

Die beiden ersten Varianten sind für eine hohe und trockene Betätigungskraft und die 3. Variante für eine Betätigung mit Drainagewirkung.

Beispiele für kennzeichnende Oberflächen für kundentypische Designvarianten zeigt der Katalog (Bild 229).

Ein bekannter Automobilhersteller will demnächst in seinem Individualisierungsprogramm „Designo" matte Lacke anbieten.

Weitere Oberflächenvarianten zeigen die folgenden Beispiele.

13.4.7 Farbvarianten von Produktprogrammen

Es wäre sinnlos zu jedem Kennzeichnungsinhalt einer Produktgestalt eine gesonderte Farbe zu wählen, denn diese würde Produkte mit einer unübersehbaren Farbenvielfalt ergeben. Zu der „Kunst" oder der „Ökonomie" des Farbdesigns gehört das Wissen, dass Farben mehrdeutig einsetzbar sind und viele Ordnungsbeziehungen ermöglichen. Diese Prinzipien entsprechen auch übergeordneten Kriterien, wie einer energie- oder Rohstoffschonenden Gestaltung. Ein Extremfall dieses Gestaltungsprinzip ist

Designvarianten von Produktprogrammen	Form-Elemente (Art / Features)	Form-Ordnung
Konventionelle Modellreihe, Standard-Versionen, Normalausführungen, u.a.		
1 **Minimaldesign** Kaufhauslook, u.a.	Einfache Formen, plane Flächen, billiger Formenbau, Schattenfugen	Symmetrische Form aus Kostengründen
2 **Traditionsdesign** Nostalgiedesign, u.a.	Handwerkliche Formen z.B. Rundspant i.U. Knickspant	
3 **Sicherheitsdesign** Safety-Look, u.a.	Eindeutige Bedienungskennzeichnung Verletzungssichere Formgebung	
Moderne Modellreihe, Sonder-Versionen, Spezialausführungen, u.a.		
4 **Ästhetikorientiertes Design** Ordnungsdesign, u.a.	Minimaler Formenaufwand optimaler Birkhoffscher Quotent	Ordnung/Formalisierung bis hin zu Blindelemente z.B. Orgelpfeifen, Lüftungsschlitze
5 **Prestigedesign** Exklusivdesign Markendesign, u.a.	Seltene Formen: S-Linie/RO 80, gekreuzte Linien z.B. Facettierung (Diamantschliff)	Hohe Ordnung bis hin zur Formalisierung
6 **Leistungsdesign** Profilook, u.a.	Zweckkennzeichnende Formen bedienkennzeichnende und leistungskennzeichnende Formen	Kontrast von geometrischen und antropomorphen Formen!
7 **Neuheitendesign** Futuredesign Avantdesign	Das ganz andere! - Formenmix - Sichtbare Demontagefugen	Ordnung nicht als Norm, sondern als Variable!
8 **Sensitivitätsdesign** Emotionales Design		

Bild 227 Beispiele für kennzeichnende Form-Elemente und -Ordnungen

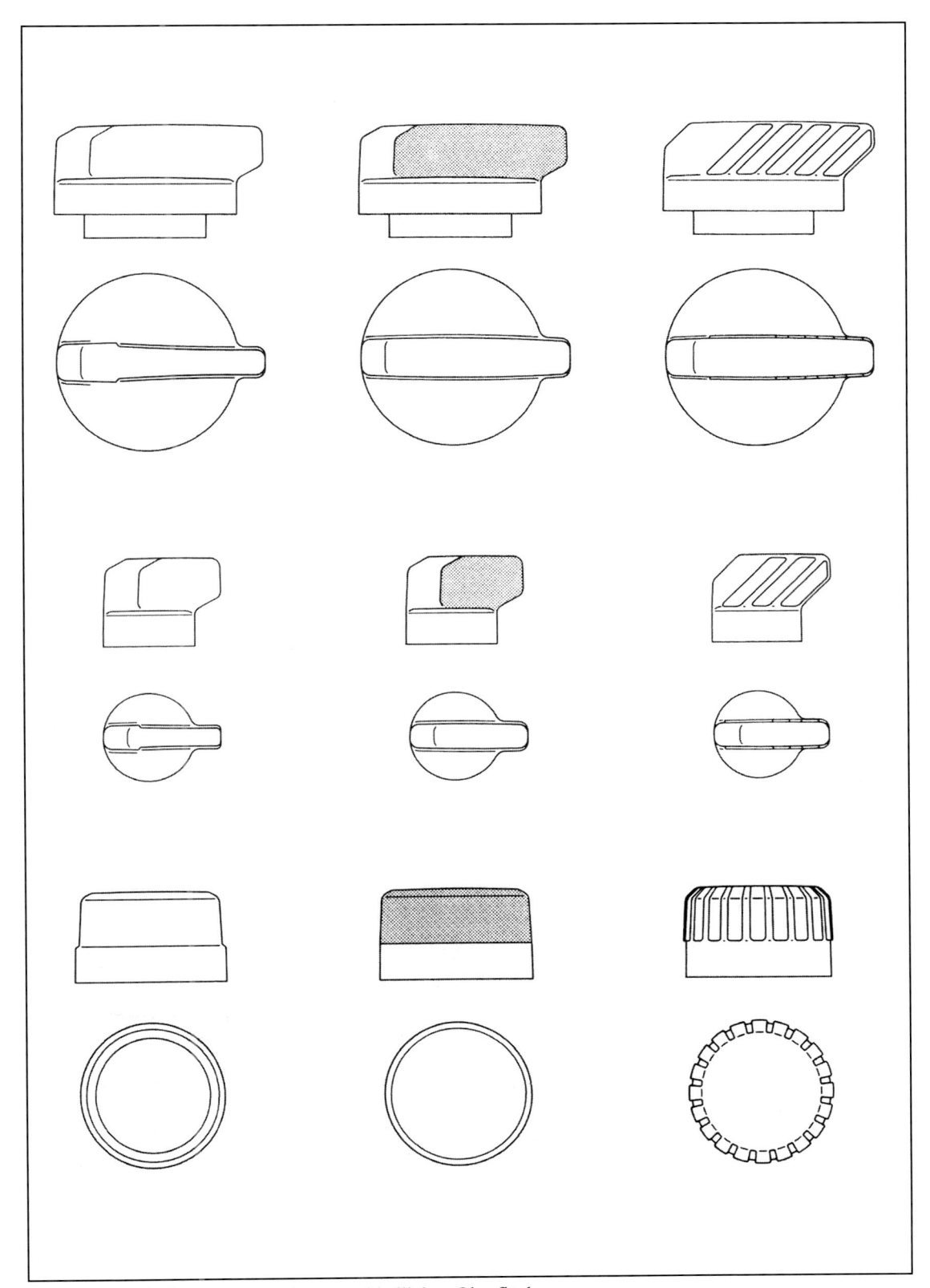

13.4 Lösungselemente und Anwendungsbeispiele des Produktprogramm-Designs

Bild 228 Stellteileprogramm mit unterschiedlichen Oberflächen

13 Design von Produktprogrammen

	Designvarianten von Produktprogrammen		Oberflächen und Texturen
Konventionelle Modellreihe, Standard-Versionen, Normalausführungen, u.a.	1	**Minimaldesign** Kaufhauslook, u.a.	☐ Unverputzte und unlackierte Rohgestalt, z.B. Billige Kunststoffartikel
	2	**Traditionsdesign** Nostalgiedesign, u.a.	☐ Handwerkliche Texturen, z.B. Geschabt, gehämmert, sandgestrahlt z.B. Geschmiedete Geschenke!
	3	**Sicherheitsdesign** Safety-Look, u.a.	☐ Rutschsicherheit, z.B. Matte Oberflächen Eindeutige Bedienungskennzeichnung
Moderne Modellreihe, Sonder-Versionen, Spezialausführungen, u.a.	4	**Ästhetikorientiertes Design** Ordnungsdesign, u.a.	☐ Geordnete und reine Texturen Monochrom Formbetonung
	5	**Prestigedesign** Exklusivdesign Markendesign, u.a.	☐ Das "Besondere" handwerklich, z.B. Gepunzt. Zentralsymmetrische Texturen, z.B. Funiere Kunststoff mit Elfenbeintextur, z.B. Rollei 35: Platin und Echsenleder
	6	**Leistungsdesign** Profilook, u.a.	☐ Kontrast glänzend/matt, z.B. Braun Mikron
	7	**Neuheitendesign** Futuredesign Avantdesign	☐ Das "Innovative" - stochastische Texturen - Hauttextur
	8	**Sensitivitätsdesign** Emotionales Design	☐ - Mineralglasoberfläche - Oberflächenmix

Bild 229 Beispiele für kennzeichnende Oberflächen

13.4 Lösungselemente und Anwendungsbeispiele des Produktprogramm-Designs

Designvarianten von Produktprogrammen		Farbdesign Pauschal-Bezeichnung	Kennzeichnende Farben	Kennzeichnende Materialien
Konventionelle Modellreihe, Standard-Versionen, Normalausführungen, u.a.	1 **Minimaldesign** Kaufhauslook, u.a.	Unikoloristik	RAL-Farben RAL 6011 (Reseda-Grün)	rohe, billige Kunststoffe
	2 **Traditionsdesign** Nostalgiedesign, u.a.	"Historienmalerei" Lokalkolorit	Braun-Beige-Rot	
	3 **Sicherheitsdesign** Safety-Look, u.a.	Saftykoloristik Patriotenlook	Sicherheitsfarben	
Moderne Modellreihe, Sonder-Versionen, Spezialausführungen, u.a.	4 **Ästhetikorientiertes Design** Ordnungsdesign, u.a.	"Grisaille" Monochromie	Unbuntfarben Bedienelemente in Auszeichnungsfarbe	
	5 **Prestigedesign** Exklusivdesign Markendesign, u.a.	Prestigecolor Colordramaturgie	Seltene Farben	z.B. Rutheniumbeschichteter und versilberter Rasierapparat
	6 **Leistungsdesign** Profilook, u.a.	High-Tech-Color	Prinzip- und Wertkennzeichnende Farben	
	7 **Neuheitendesign** Futuredesign Avantdesign	Farbstyling	Trendfarben Innovative Farben	
	8 **Sensitivitätsdesign** Emotionales Design			

Bild 230 Beispiele für kennzeichnende Farben

Designvarianten von Produktprogrammen		Schriften	
Konventionelle Modellreihe, Standard-Versionen, Normalausführungen, u.a.	1 **Minimaldesign** Kaufhauslook, u.a.	DIN 17 m	1234567890
	2 **Traditionsdesign** Nostalgiedesign, u.a.	Roman Numerals	I II III IV V VI VII VIII IX X
	3 **Sicherheitsdesign** Safety-Look, u.a.	Univers 57	1234567890
Moderne Modellreihe, Sonder-Versionen, Spezialausführungen, u.a.	4 **Ästhetikorientiertes Design** Ordnungsdesign, u.a.	Horatio Light	1234567890
	5 **Prestigedesign** Exklusivdesign Markendesign, u.a.	Microgramma Bold Extended	1234567890
	6 **Leistungsdesign** Profilook, u.a.	Landsell-Ziffern	1234567890
	7 **Neuheitendesign** Futuredesign Avantdesign	LCD	1234567890
	8 **Sensitivitätsdesign** Emotionales Design	Morandini-Alphabet	A B C D E F

Bild 231 Beispiele für kennzeichnende Schriften

13.4 Lösungselemente und Anwendungsbeispiele des Produktprogramm-Designs

die geordnete Einfarbigkeit, z.B. mittels einer Kennzeichnungsfarbe und einer unfarbigen Kontrastfarbe, oder einer Kennzeichnungsfarbe, einer komplementären Zusatzfarbe und einer unfarbigen Kontrastfarbe.

Beispiele für kennzeichnungs- oder Leitfarben für kundenorientierte Farbdesigns zeigt der Katalog Bild 230.

Hilfsmittel zur Darstellung einer Farbgebung ist die kolorierte Zeichnung oder das sogenannte Rendering, sowie Farbpapiere und Farbfolien. Ausschlaggebend für die Farbentscheidung wird aber immer ein in Originalfarbe lackiertes Modell sein.

Mit dieser Methode kann die gesamte Farbgebung eines technischen Produktes konzipiert werden, die in der Praxis dann fertigungstechnisch „nachgestellt" und nach einem Farbplan oder einer Anstrichliste ausgeführt werden.

Das Farbdesign erhöht den Erkennungsgrad einer kundenorientierten Design- und Produktvariante in den meisten Fällen ganz wesentlich.

Die Farbvarianten der Beispiele 2 bis 17 sind aus Tabelle 41 und den nachfolgenden Abbildungen ersichtlich.

Tabelle 42-3 zeigt das Farbprogramm der Hydraulikwickler (Farbbild 13).

13.4.8 Grafische Varianten von Produktprogrammen

Wie schon mehrfach erwähnt ist die Produktgrafik sowohl im Bereich der Bildzeichen wie bei den Schriften ein wichtiges Kennzeichnungselement für kundentypische Produktvarianten und Variantenprogramme vom Minimaldesign mit einer Normschrift bis zum Futuresdesign z.B. mit einer Schrift aus dem Morandini-Alphabet. Diese unterschiedlichen grafischen Versionen oder Handschriften werden heute auch als „Tribal typography" („Stammes-Typographie") bezeichnet.

Wie in Abschnitt 9.1.1 dargelegt, ist die Voraussetzung der Grafik der jeweilige Produktname. Beispiele zeigt die folgende Tabelle 40.

Beispiele kennzeichnender Schriften für kundenorientierte Produktvarianten zeigt der Katalog Bild 231.

Die grafischen Varianten der Beispiele 2 bis 13 sind aus den Tabellen und Abbildungen ersichtlich.

Tabelle 40   Beispiele von Produktnamen

Fahrzeugnamen	Namen von Seilwinden
JAPSDA	PIONIER
Rheingold	INDEPENDEND
TÜV GS	Bark
Birk 8-8 hoff	Contina
DO 5005 X	Mericana
City SL	Faber Germanica
Cw 0,2	
PS 1000	
SOLARA	
Pin-X 2000	

13.4.9 Interior-Design-Programme

Wie im Kapitel 12 behandelt, gelten für das Interior-Design von Produkten die gleichen Prinzipien wie für das Exterior-Design. Diese Aussage gilt gleichfalls für Interior-Design-Varianten und -Programme und die diesbezüglichen Ähnlichkeiten.

Beispiel 13 zeigt auf dem Bild 239 sowie in Tabelle 43 ein Backofenprogramm mit den vier Variantlinien Classic, Ergo, Power und Future.

13.4.10 Anwendungsbeispiele für Produktprogramme

Wie Tabelle 41 aufweist, beginnen sowohl die Gleichteile wie die Ungleichteile beim Aufbau der einzelnen Teilgestalten.

Des weiteren enthalten die Gleichteile und die Ungleichteile Form-, Farb- und Grafikelemente. Diese Beispiele sind damit ein Anwendungsfall der angegebenen Gleichteile- bzw. Ungleichteilevektoren.

Tabelle 41 Anwendungs-Beispiele von Produktprogrammen

13.4.10 Anwendungs-Beispiele von Produktprogrammen	Feintaster Bild 232		Werkzeug-Maschine Farbbild 8		Telefone Farbbild 15		Seilspindel Bild 233-235		Hydraulik-wickler Farbbild 13 Tabelle 42-1/2/3 Bild 236-238		Backöfen Farbbild 16 Tabelle 43 Bild 239	
Nr.	2		3		10		11		12		13	
Programm-Breite	3		2		4		4		7		5	
13.4.2 Funktionsgestalt-Programme	GT		GT	UT	GT		GT	UT	GT	UT	-	-
13.4.3 Tragwerkgestalt-Programme	GT	UT	GT	UT	GT	UT	GT	UT	GT	UT	GT	UT
13.4.4 Interfacegestalt-Programme	GT		GT	UT	GT	UT		UT	GT	UT	GT	UT
13.4.5 Formvarianten von Produktprogrammen	GT	UT	GT	UT	GT	UT	GT	UT	GT	UT	GT	UT
13.4.6 Oberflächenvarianten von Produktprogrammen	GT	UT	GT		-	-	-	-	-	-	-	-
13.4.7 Farbvarianten von Produktprogrammen	GT	UT	GT	UT		UT		UT	GT	UT		UT
13.4.8 Grafische Varianten von Produktprogrammen	GT	UT		UT	GT	UT		UT		UT		UT
Programm-Tiefe	7		7		6		6		6		5	
GT-Typ (Bild 31)	15		11		12		5		11		5	

13.4 Lösungselemente und Anwendungsbeispiele des Produktprogramm-Designs 311

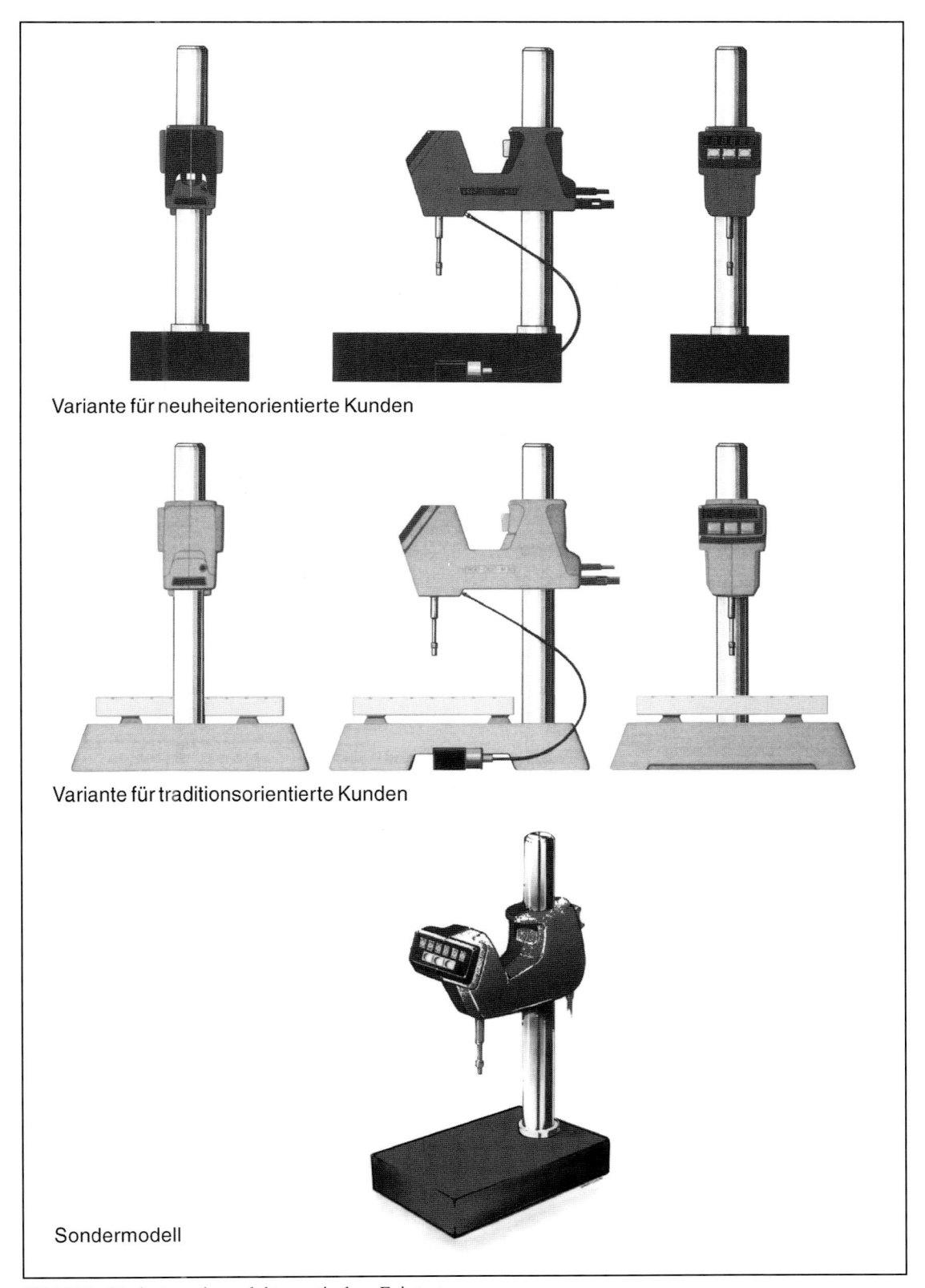

Variante für neuheitenorientierte Kunden

Variante für traditionsorientierte Kunden

Sondermodell

Bild 232 Varianten eines elektrooptischen Feintasters

Einfachstausführung

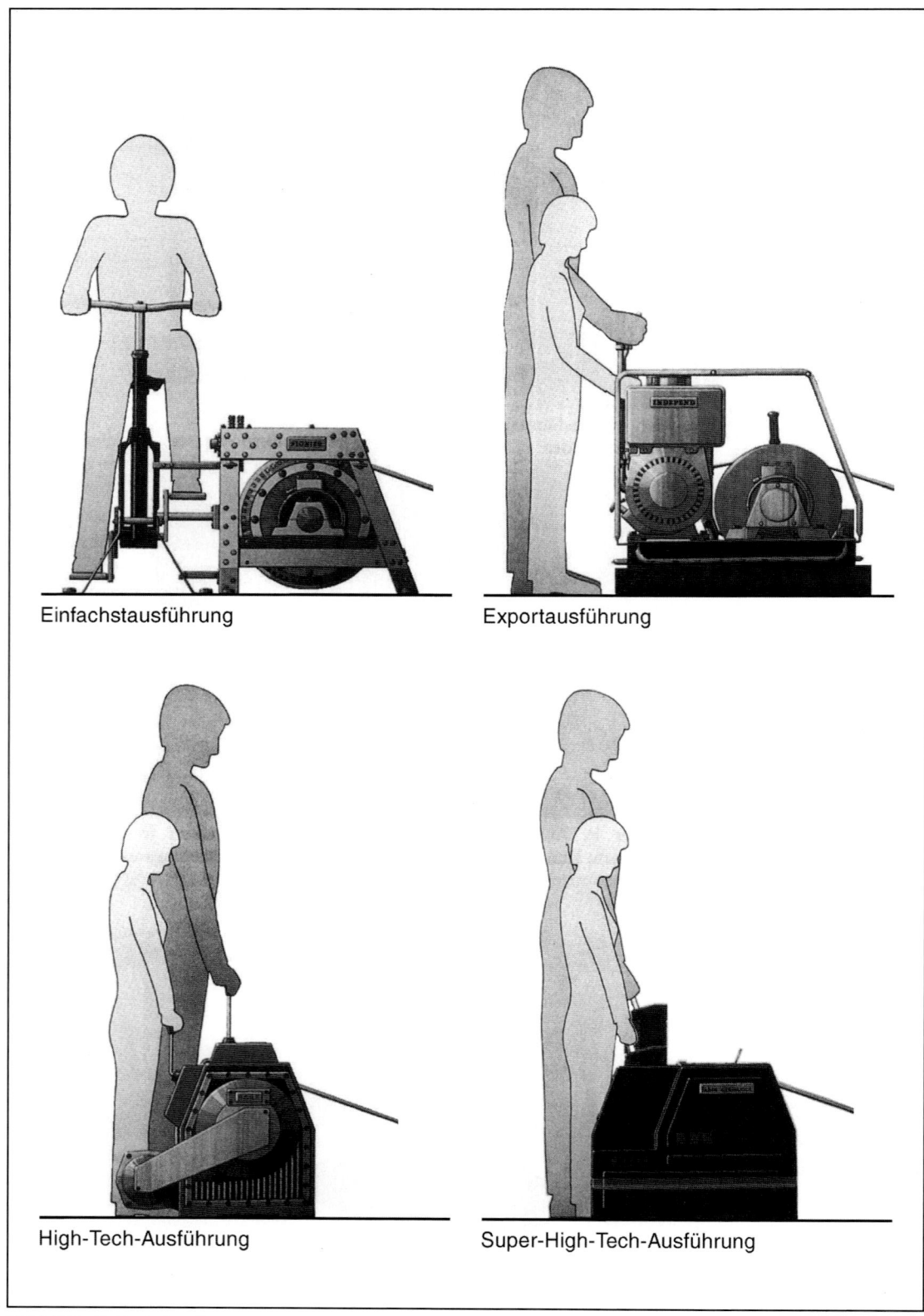

Exportausführung

High-Tech-Ausführung

Super-High-Tech-Ausführung

Bild 233 Seilwinden-Programm

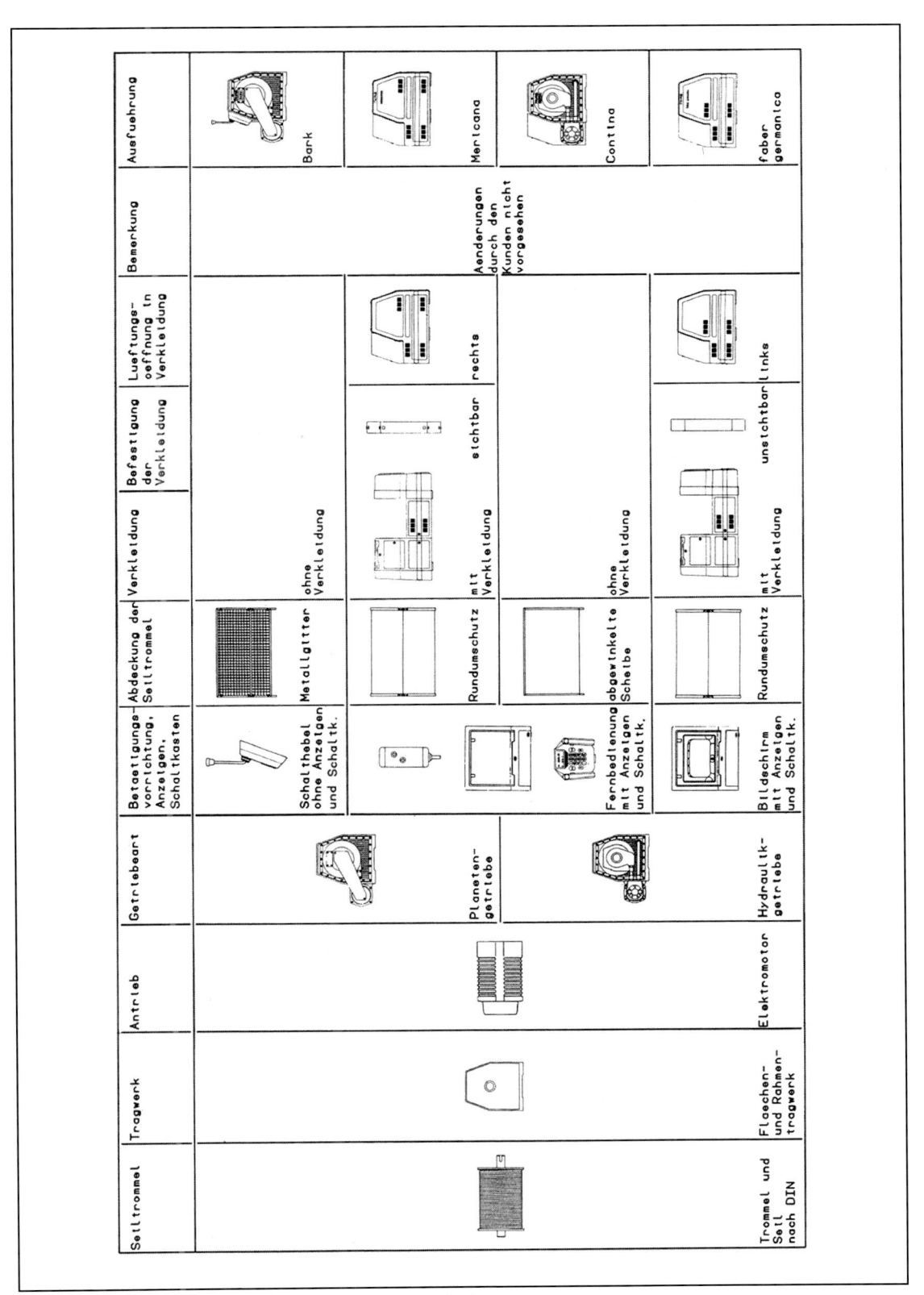

13.4 Lösungselemente und Anwendungsbeispiele des Produktprogramm-Designs

Seiltrommel	Tragwerk	Antrieb	Getriebeart	Betaetigungs-vorrichtung, Anzeigen, Schaltkasten	Abdeckung der Seiltrommel	Verkleidung	Befestigung der Verkleidung	Lueftungs-oeffnung in Verkleidung	Bemerkung	Ausfuehrung
Trommel und Seil nach DIN	Flaechen- und Rahmen- tragwerk	Elektromotor	Planeten- getriebe	Schalthebel ohne Anzeigen und Schaltk.	Metallgitter	ohne Verkleidung				Bark
				Fernbedienung mit Anzeigen und Schaltk.	Rundumschutz abgewinkelte Scheibe	mit Verkleidung	sichtbar	rechts	Aenderungen durch den Kunden nicht vorgesehen	Mexicana
			Hydraulik- getriebe			ohne Verkleidung				Contina
				Bildschirm mit Anzeigen und Schaltk.	Rundumschutz	mit Verkleidung	unsichtbar	links		faber germanica

Bild 234 Baukasten des Seilwindenprogramms (Teil 1)

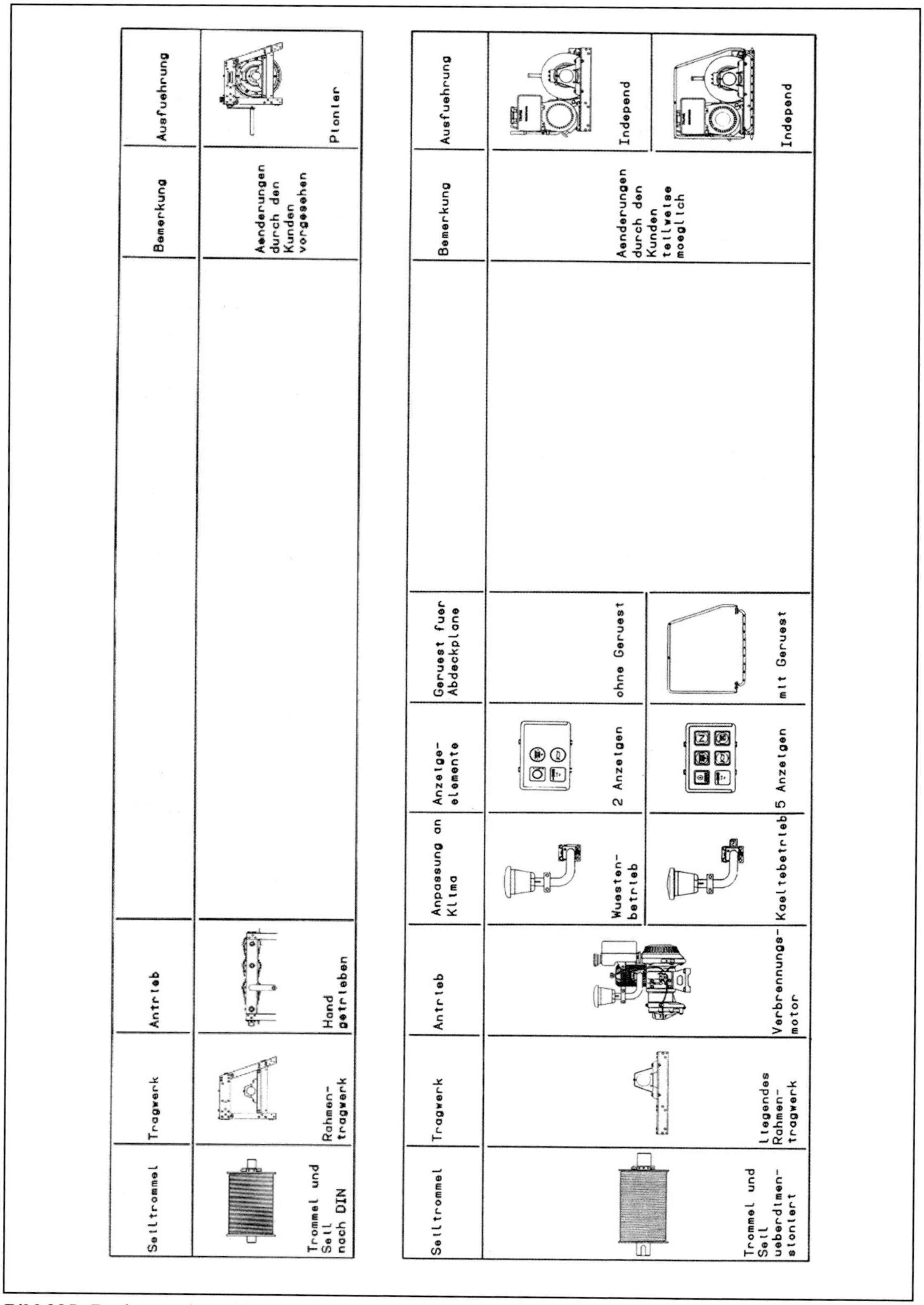

Bild 235 Baukasten des Seilwindenprogramms (Teil 2)

13.4 Lösungselemente und Anwendungsbeispiele des Produktprogramm-Designs

Tabelle 42-1 Funktionselemente des Hydraulikwickler-Programms (Farbbild 13)

		Minimaltyp	Ästhetiktyp	Traditionstyp	Neuheitentyp	Sicherheitstyp	Prestigetyp	Leistungstyp
	Tragwerk geschweißt	Grundbaustein						
1	Motor-Pumpen-Einheit	3 KW / neu		3KW / alt		5,5 KW / neu		5,5 KW / neu
2	Öltank Ausführung	Blech		Guß		Blech		Blech verrippt
3	Wickelkopf Anzahl	1	1	1	1	1	2	2
4	Rollen Anzahl	2	4	4	4	4	6	6
5	Hydraulikschlauch							
6	Seitenverkleidung Schallschutz		lang / Vollverkl. Vollschutz / Kunststoff	kurz	lang / Vollverkl. Vollschutz / Kunststoff	kurz	lang / Vollverkl. Vollschutz / Kunststoff	lang
7	Front-, Rück-verkleid.					Lochblech	Kunststoff	Sekuritglas
8	Flüssigkeitsschalldämpfer							1
9	Armaturentafel		Blech	Holz, Eiche	Blech	Blech	Blech, boisiert	Blech, geprägt
0	Schiebegriff	Handgriff	Integr. Leiste	Halterohr	Integr. Leiste	Integr. Leiste	Integr. Leiste	Integr. Leiste

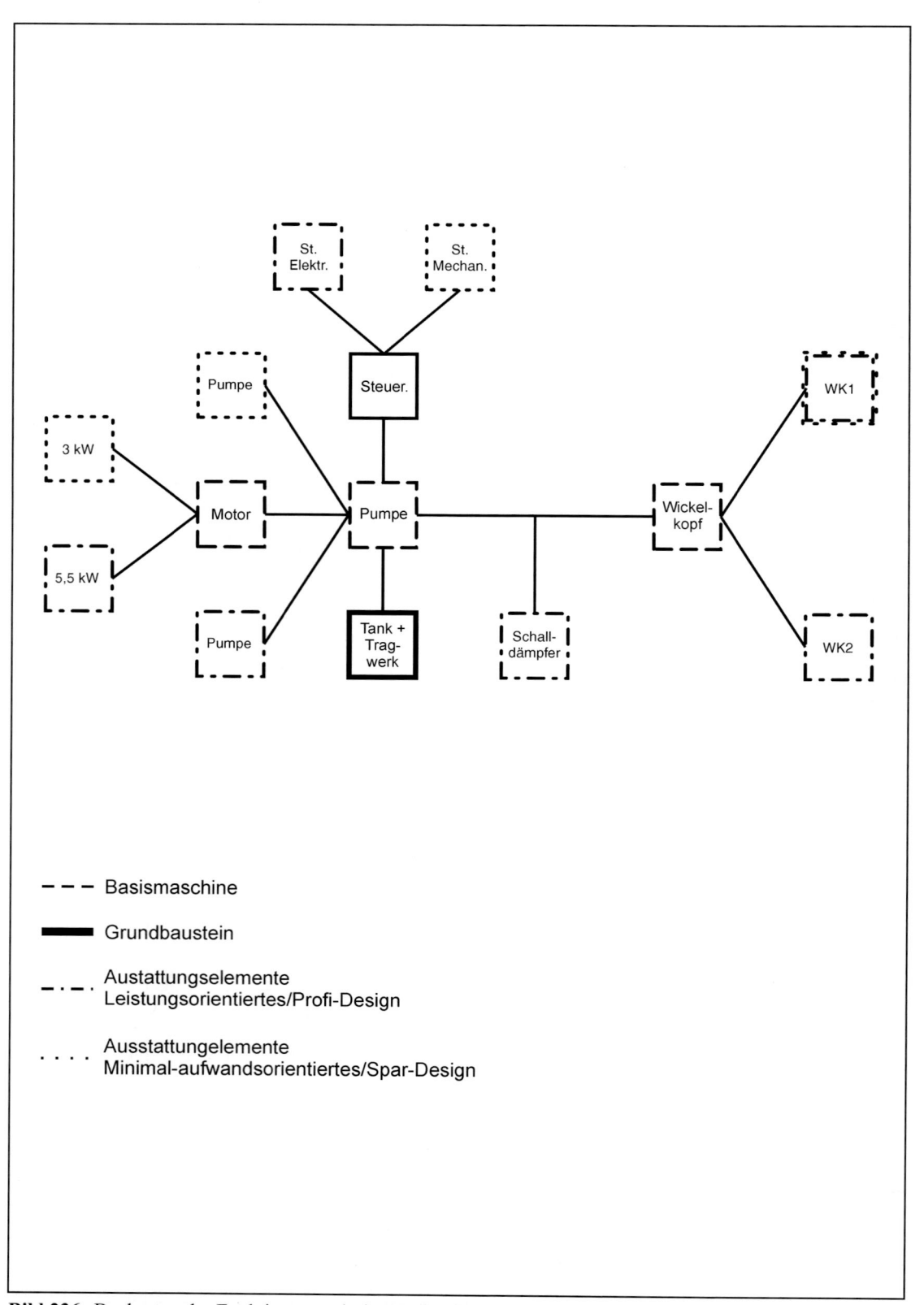

Bild 236 Baukasten der Funktionsgestalt des Hydraulikwicklerprogramms (Farbbild 13)

13.4 Lösungselemente und Anwendungsbeispiele des Produktprogramm-Designs

Tabelle 42-2 Varianten der Bedienelemente des Hydraulikwickler-Programms

Laufende Nummer	Visuell Perzeptile Bedienungs- und Anzeige-Elemente	Minimaltyp	Ästhetiktyp	Traditionstyp	Neuheitentyp	Sicherheitstyp	Prestigetyp	Leistungstyp
11	Ein/Aus-Schalter Elektromotor	0	0	0	0	0	0	0
12	Kontrollleuchte Elektromotor	-	0	0	-	-	0	0
13	Zylinderschloss-Sperre Elektromotor-Schalter	-	-	-	-	0	-	-
14	Not-Aus-Schalter	-	-	-	-	0	-	-
15	Hauptschalter Hydraulik (Wickeln Ein/Aus)	0	0	0	0	0	2	0
16	Kontrollleuchte Hydraulik-Hauptschalter	-	-	-	-	-	2	0
17	Wahlschaltung Wickeldrehsinn	0	0	0	0	0	2	0
18	Kontrollanzeige Wickeldrehsinn	-	-	-	0	-	2	0
19	Vorwahl Wickelzugkraft	0	0	0	0	0	0	0
20	Anzeige Wickelzugkraft	-	0	0	0	0	0	0
21	Vorwal Bahndicke	-	0	0	0	0	0	0
22	Anzeige Bahndicke	-	0	0	0	0	0	0
23	Vorwahl Kerndurchmesser	-	0	0	0	0	0	0
24	Anzeige Kerndurchmesser	-	0	0	0	0	0	0
25	Anzeige Öldruck	0	0	0	0	0	0	0
26	Warnleuchte Ölüberdruck	-	-	-	-	-	-	0
27	Anzeige Öltemperatur	-	-	-	-	0	0	0
28	Warnleuchte Ölüberhitzung	-	-	-	-	-	-	0
29	Kontrolle Ölstand (Anzeige, Auge, Messstab)	0	-	0	0	0	0	0
30	Warnleuchte Ölstand	-	-	-	-	-	-	0
31	Anzeige Rollendrehzahl	-	-	-	-	-	-	0
32	Anzeige Bahngeschwindigkeit	-	-	-	-	-	-	0
33	Anzeige aufgewickelte Bahnlänge	-	-	-	-	-	-	0
34	Anzeige abgewickelte Bahnlänge	-	-	-	-	-	-	0
35	Rückstellknopf aufgewickelte Bahnlänge	-	-	-	-	-	-	0
36	Rückstellknopf abgewickelte Bahnlänge	-	-	-	-	-	-	0
37	Anzeige Betriebstunden Rollendurchmesser	-	-	-	-	-	-	0
38	Anzeige Betriebsstunden Elektromotor	-	-	-	-	-	-	0
39	Gerätestecker 380 V	0	-	0	-	0	0	0
40	Drucktaste Kabelaufwicklung	-	0	-	0	-	-	-
41	Haltegriff Wickelkopf	-	0	0	0	0	2	2
42	Schiebegriff (Int. Leiste, Halterohr, Griffe)	0	0	0	0	0	0	2
43	Fußhebel Rollenarretierung	-	-	-	-	0	-	-
44	Wahlschalter Wickelkopf 1 oder 2	-	-	-	-	-	0	0
45	Entriegelungsknopf Wickelkopfarretierung	0	0	0	0	0	2	2
46	Öleinfüllstutzen	0	-	0	-	0	-	0
47	Schwenk- u. neigbares Bedienungspaneel	-	-	-	0	-	-	-
48	Befestigung der Verkleidungselemente	-	-	0	0	0	-	0
	Gesamtzahl der Elemente	10	15	18	18	21	26	36

Grundbaustein

Tragwerk

Ausstattungsbausteine

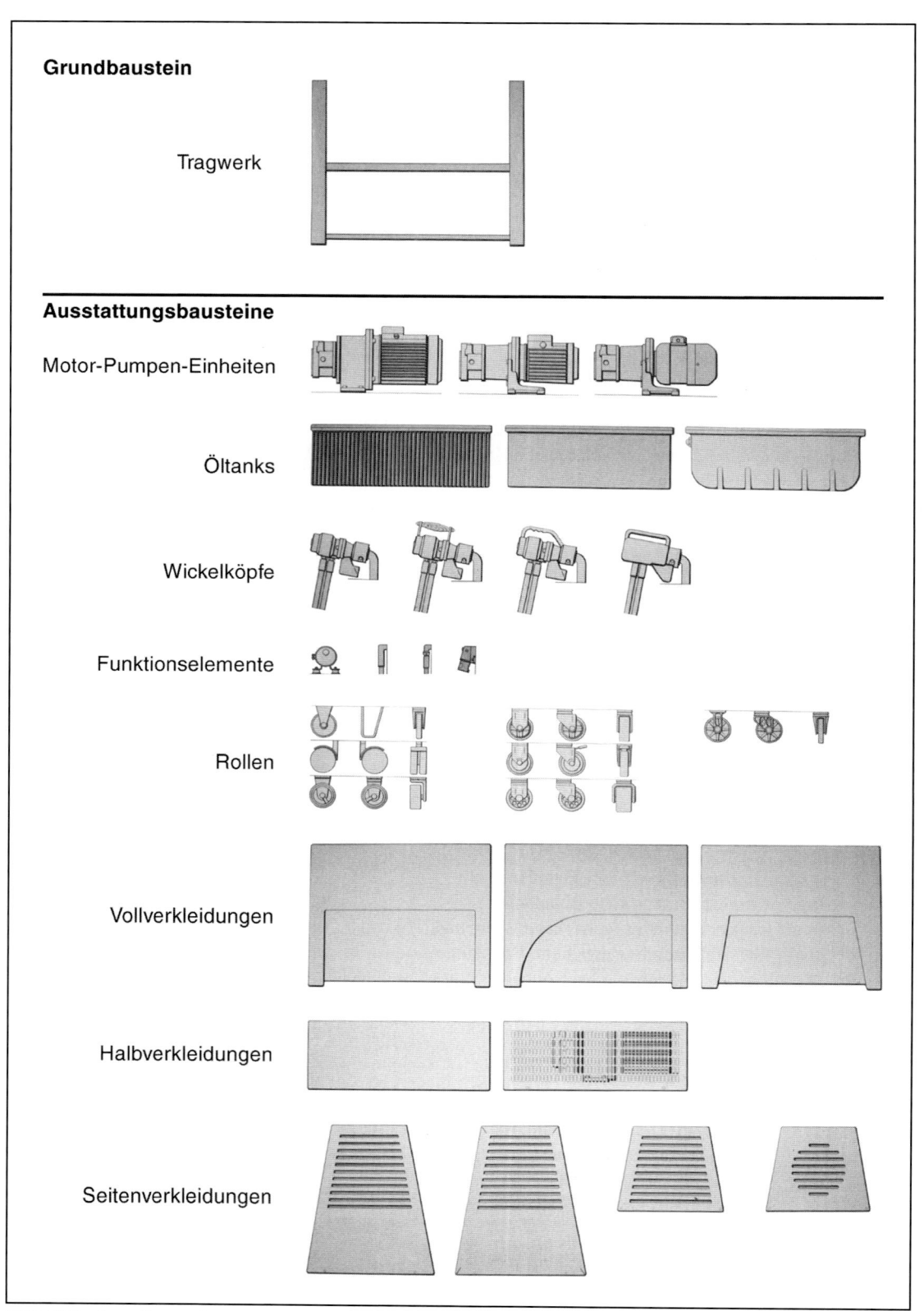

Motor-Pumpen-Einheiten

Öltanks

Wickelköpfe

Funktionselemente

Rollen

Vollverkleidungen

Halbverkleidungen

Seitenverkleidungen

Bild 237 Grundbaustein und Ausstattungsbausteine des Hydraulikwicklerprogramms

Tabelle 42-3 Farbvarianten des Hydraulikwickler-Programms

		Minimaltyp	Ästhetiktyp	Traditionstyp	Neuheitentyp	Sicherheitstyp	Prestigetyp	Leistungstyp
49	Tragwerk geschweißt	Zinkgrund RAL 6011 Resedagrün	Anthrazit metallise	Taubenblau RAL 5014	Titan anthrazit	Leuchtorange (gestreift)	Saphir Blue	Milano Red
50	Motor-Pumpen-Einheit	Zinkgrund RAL 6011 MP2	/	Taubenblau RAL 5014 MP3	/	Atlantiktürkis RAL 6375 MP1	/	Milano Red MP1
51	Öltank	Zinkgrund RAL 6011 Kunststoff OT2	/	Taubenblau RAL 5014 GG-Guß OT3	/	Atlantiktürkis RAL 6375 Kunststoff OT1	/	Silber eloxiert Alu-Guß OT1
52	Wickelkopf	Zinkgrund RAL 6011 WK1	Anthrazit metallise WK4	Taubenblau RAL 5014 WK2	Space Purple WK4	Leuchtorange WK3	Saphir Blue WK4	Milano Red WK3
53	Rollen	Elfenbein RAL 1014 2 R01	Anthrazit metallise 4 R02	Taubenblau RAL 5014 4 R07	D.M., S.P., T.A. 4 R03	Verzinkt Schwarz 4 R05	Bright Silver Coal Black 6 R04	Oxid Anthrazit Silber, Schwarz 6 R06
54	Hydraulikschlauch	Rußgrau	Perlsilber	Schwarzbraun RAL 8022	Teflongrau	Signalrot	Shade Silver	Schwarz
55	Seitenverkleidung		Satinweiß lang SV1	Schwarzbraun RAL 8022 kurz SV4	Deep Magenta lang SV1	Grauweiß RAL 9002 kurz SV3	Bright Silver lang SV1	Bright Silver lang SV2
56	Front-, Rück-verkleid.		Satinweiß Kunststoff VV1		Deep Magenta Kunststoff VV2	Grauweiß RAL 9002 Lochblech HV2	Bright Silver Gold Shade Kunststoff VV3	(Transparent) Sekuritglas
57	Flüssig-keitsschall-dämpfer							Milano Red FS1
58	Armaturentafel		Satinweiß Blech	Taubenblau RAL 5014 Holz, Eiche	Deep Magenta Blech	Atlantiktürkis RAL 6375 Blech	Mahagoni Troncais, silber Blech, boisiert	Silbergrau Blech, geprägt
59	Schiebegriff	Zinkgrund RAL 6011 Handgriff	Satinweiß Integr. Leiste	Taubenblau RAL 5014 Halterohr	Space Purple Integr. Leiste	Türkisgrün RAL 6016 Integr. Leiste	Bright Silver Integr. Leiste	Oxid Anthrazit Integr. Leiste

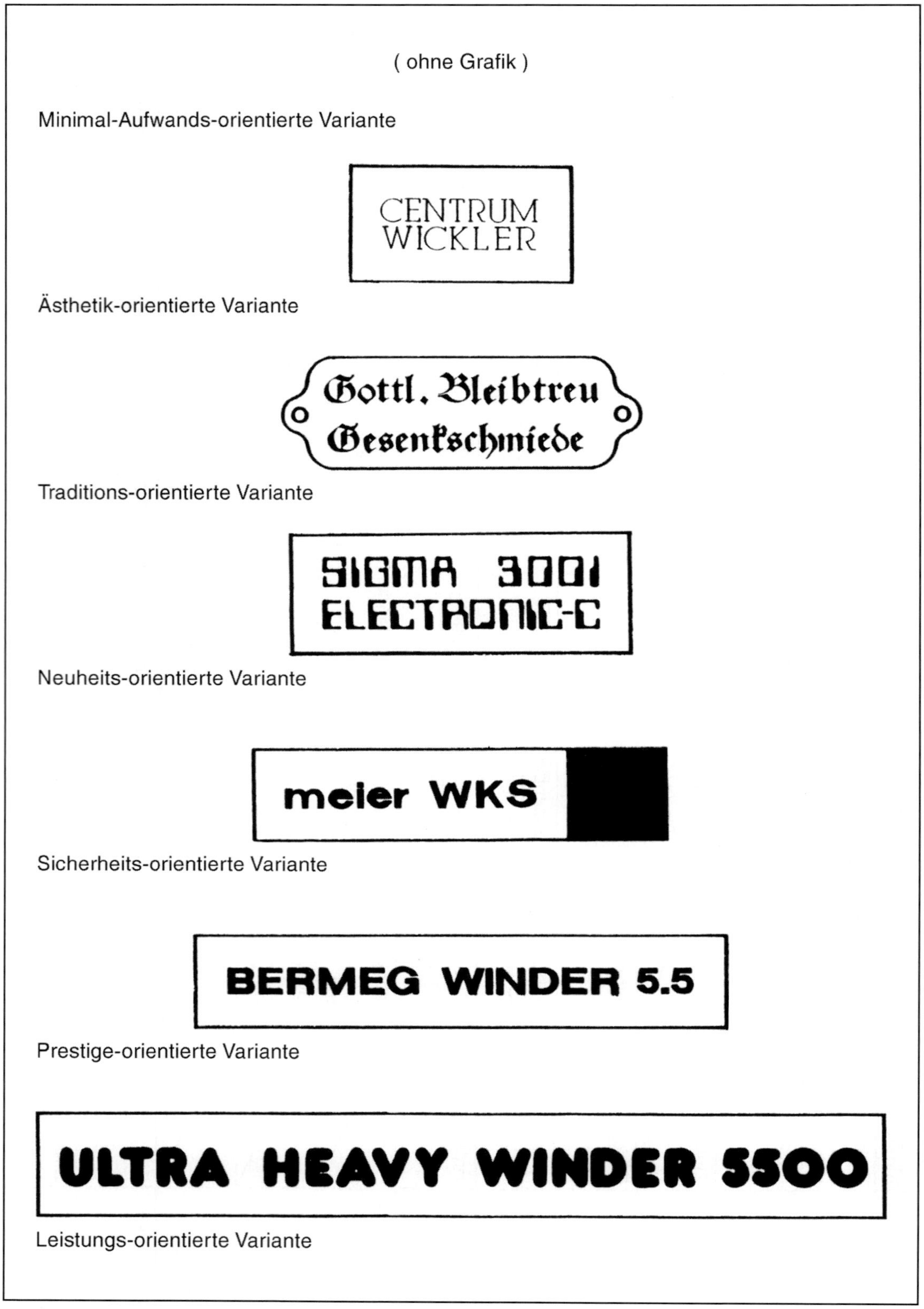

(ohne Grafik)

Minimal-Aufwands-orientierte Variante

CENTRUM WICKLER

Ästhetik-orientierte Variante

Gottl. Bleibtreu Gesenkschmiede

Traditions-orientierte Variante

SIGMA 3001 ELECTRONIC-C

Neuheits-orientierte Variante

meier WKS

Sicherheits-orientierte Variante

BERMEG WINDER 5.5

Prestige-orientierte Variante

ULTRA HEAVY WINDER 5500

Leistungs-orientierte Variante

Bild 238 Varianten des Produktnamens und der Grafik des Hydraulikwicklerprogramms

Tabelle 43 Backofen-Programm

Lfd Nr.	Bild Nr.	R1	R2	R3	R4	Classic	Ergo/Power	Future	M1	M2	M3	M4	M5	M6	B1	B2	B3	B4	1.Bedienmodul	2.Bedienmodul	T1	T2	T3	T4	T5	Stapelelement	Katalyse	Pyrolyse	Backofen-Varianten
1	149	1				2			1						1	1			CB3		1						X		Classic 60 EH
2	149	1				2			1						1	1			CB4		1						X		Classic 60 EH Automatik
3	150	1				2			1						1	1			CB3			1					X		Classic 60 EH/KT
4	150	1				2			1						1	1			CB5			1					X		Classic 60 EH/KT-K
5	151	1				2			1						1	1			CB5		1						X		Classic 60 EH-K
6	151	1				2			1						1	1			CB6		1						X		Classic 60 EH-K Automatik
7	152	1				2			1						1	1			CB1		1						X		Classic 60 EB
8	152	1				2			1						1	1			CB2		1						X		Classic 60 EB Automatik
9	153	2				4			2						2	2			CB2	CB2	2					4	X		Classic 60 DB Automatik
10	154	1					2			1					1	1			EB1				1				X		Ergo 60 EB-L
11	154	1					2			1					1	1			EB2				1				X		Ergo 60 EB-R
12	155						4			2					2	2			EB1	EB2			2			4		X	Ergo 60 DB
13	156		1		1		2					1					1	1	EB3					1			X		Ergo 70 EB-L
14	156		1		1		2					1					1	1	EB4					1			X		Ergo 70 EB-R
15	157		1	1			2					1					1	1	EB5					1				X	Ergo 70 EB-L Automatik
16	157		1	1			2					1					1	1	EB6					1				X	Ergo 60 EB-R Automatik
17	158	1					2				1				1	1			PB1				1				X		Junior 60 EB
18	159	1					2						1		1	1			PB2					1		4		X	Power 70 EB Automatik
19	159	2		1			4						2		2	2			PB3	PB4				2		4		X	Power 70 DB Automatik
20	160				1			2						1			1	1	FB2						1		X		Future 70 EB Automatik
21	160				1			4						2			2	2	FB2	FB3					2	4	X		Future 70 DB Automatik
22	161			1				2						1			1	1	FB1						1			X	Future 70 EB-TOUCH Automatik
23	161			2				4						2			2	2	FB1	FB3					2	4		X	Future 70 DB-TOUCH Automatik

60 ... 60 cm Breite (Standardbreite)
70 ... 70cm Breite
EH ... Einbauherd
EB ... Einbaubackofen
DB ... Doppelbackofen

Automatik ... mit Bratautomatik
/KT ... mit Klapptüre (horizontale Drehachse)
-K ... mit Kochplattensteuerung
-L ... für Linkshänder
-R ... für Rechtshänder
-Touch ... mit Touch-Screen

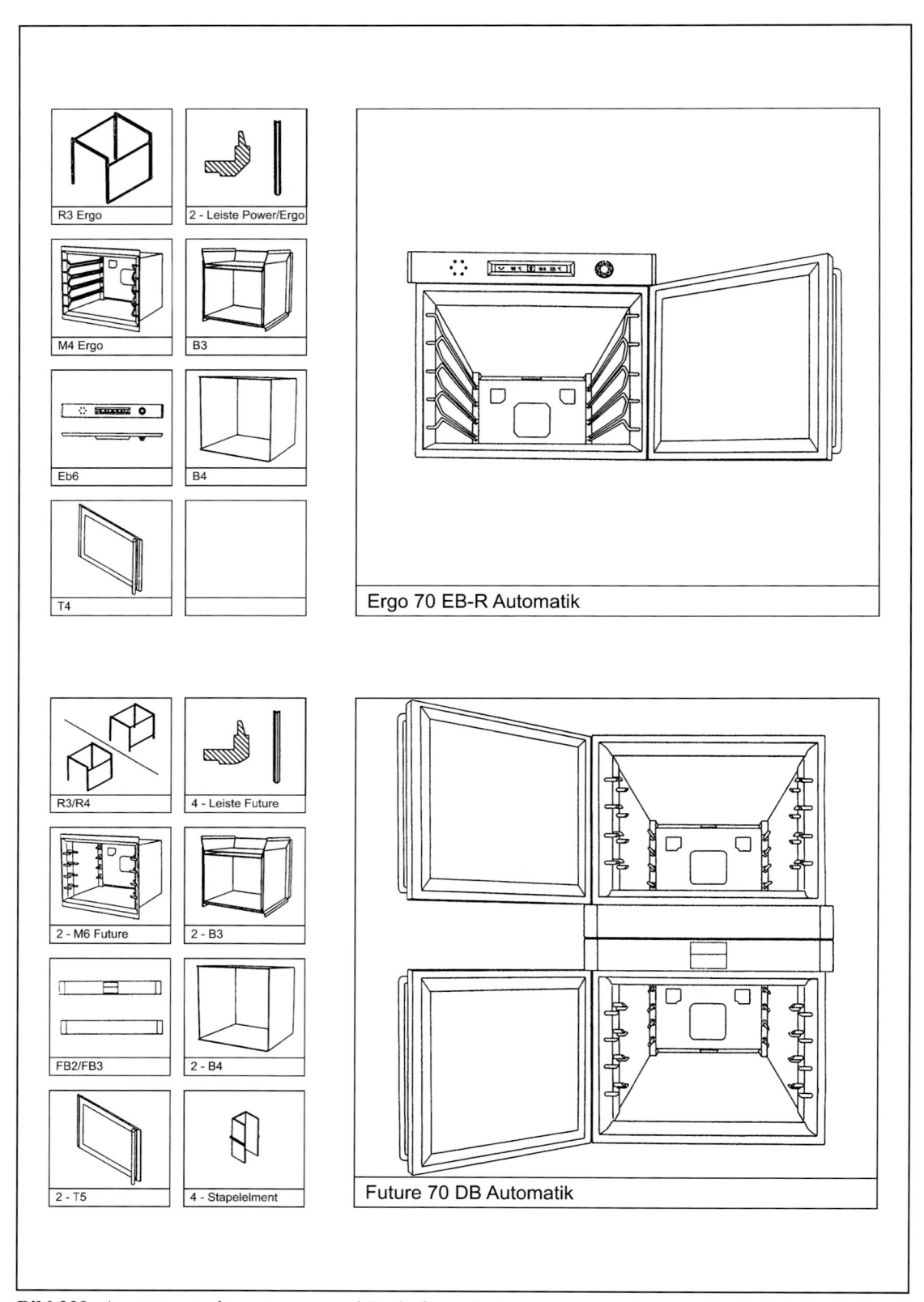

Bild 239 Ausstattungselemente von zwei Backofenvarianten

13.5 Bewertung von Programm-Designs

Die Fragestellungen zur Ähnlichkeitsthematik von Produktprogrammen enthält Kapitel 2.6.3.
Das Ergebnis der behandelten Beispiele bezüglich Programmbreite und -tiefe sowie Gleichteiletyp zeigt Tabelle 44.

Tabelle 44 Tiefe und Breite sowie Gleichteilevektoren der behandelten Produktprogrammbeispiele

Programmtiefe \ Programmbreite	2	3	4	5	6	7
2	Beispiel 8 (GT 1)					
3	Beispiel 4 (GT 5)				Beispiel 7 (GT 11)	
4		Beispiel 5 (GT 11)				Beispiel 6 (GT 11)
5				Beispiel 9 (GT 11) Beispiel 13 (GT 5)		
6			Beispiel 10 (GT 12) Beispiel 11 (GT 5)			Beispiel 12 (GT 11)
7	Beispiel 3 (GT 11)	Beispiel 2 (GT 15)				

▓ Extrembeispiele

☐ „Mittelfeld"

Bsp. 2 Feintaster
Bsp. 3 Werkzeugmaschine
(Bsp. 4 Pkw-Programm 1 RS 68)
(Bsp. 5 Pkw-Programm 2 Van)
(Bsp. 6 Pkw-Programm 3)
(Bsp. 7 Pkw-Programm 4)
(Bsp. 8 Fahrerplatz Instrumentierung)
(Bsp. 9 Fahrerplatz Zentralinstrument)
Bsp. 10 Telefone
Bsp. 11 Seilwinden
Bsp. 12 Hydraulikwickler
Bsp. 13 Backöfen

Die eingeklammerten Beispiele sind in diesem Fachbuch nicht abgebildet.

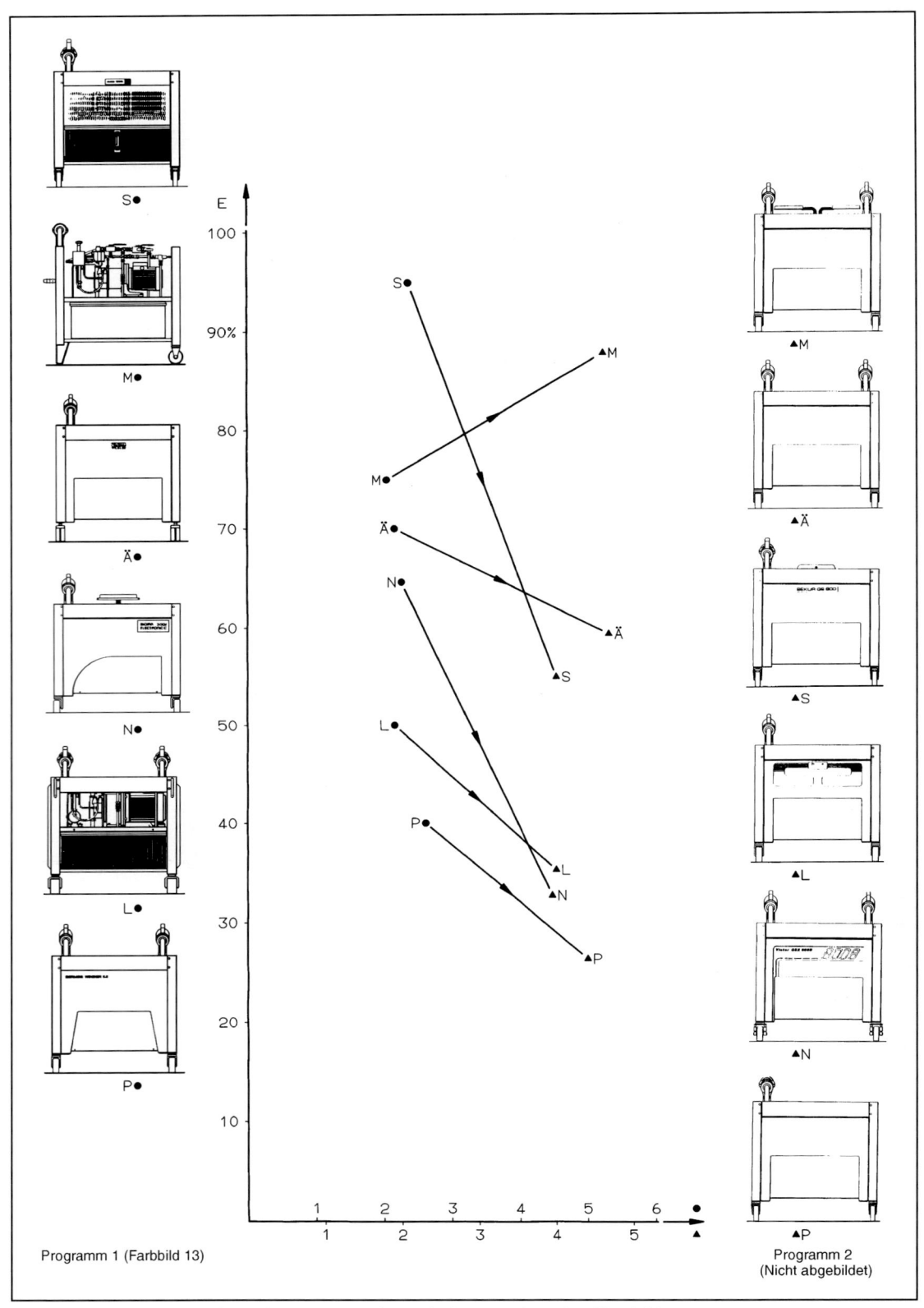

Bild 240 Veränderung des Erkennungsgrades zwischen zwei Hydraulikwickler-Programmen

13.5 Bewertung von Programm-Designs

Die Extrembeispiele sind

- Beispiel 8 mit 2 Varianten und einer GT-Teilgestalt (schmal und flach),
- Beispiel 3 mit 2 Varianten und sieben GT-Teilgestalten (schmal und tief),
- Beispiel 12 mit 7 Varianten und sechs GT-Teilgestalten (breit und tief).

Dazwischen liegt ein „Mittelfeld" mit den anderen Lösungen.

Interessant ist auch, dass in diesem Beispielfeld der GT-Typ 11 sechs Mal, d.h. mit einem Anteil von 50 % auftritt. Nach der Systematik der Gleichteilevektoren in Bild 43 wird dieser GT-Typ durch die 3 Teilgestalten Aufbau, Form und Farbe gebildet.

Die Frage nach den Merkmalen „starker" Produktvarianten mit einem hohen Erkennungsgrad wurde in Abschnitt 11.2 angesprochen.

Die kundentypischen Varianten der Hydraulikwickler (Beispiel 12) enthalten pro Variante bis zu 60 typische und kennzeichnende Gestaltmerkmale von unterschiedlichen Motor-Pump-Einheiten im Aufbau bis zu unterschiedlichen Namen, Schriften und Farben.

Die Menge der typischen Gestaltelemente liegt somit über denen der oben genannten Beispiele. Gegenüber diesem „Splitting" oder „Modell-Mix" von Designvarianten steht in der Praxis meist die Forderung nach größerer Ähnlichkeit und nach einem Baukasten mit einem höheren Gleichteileanteil. Die Begründung hierzu kann sowohl von der Kostenseite stammen, wie auch aus dem Wunsch nach einer deutlicheren Herstellerkennzeichnung eines Variantenprogramms. Die Hypothese in Bezug auf Design von Produktvarianten ist die, dass deren Unähnlichkeit in den A- und B-Elementen natürlich teuer ist, aber zu prägnant unterschiedlichen Lösungen führt.

Während deren Ähnlichkeit in B- und C-Elementen natürlich billiger ist, aber in der ausschließlichen Differenzierung in den C-Elementen zu weniger deutlichen Lösungen führt. Diese Hypothese wurde in einem Alternativprogramm an Hydraulikwicklern (Bild 240) entsprechend dieser Unterscheidung über den Erkennungsgrad und den Gleichteileanteil getestet und voll bestätigt.

Bezüglich der Menge der typischen Merkmale der einzelnen Varianten eines Pkw-Programms (Bild 241) und eines Verpackungsmaschinen-Programmes (Bild 242) kommt Maier [2] zu ähnlichen Ergebnissen.

Neben ihrer objektiven Ausprägung unterliegt die Ähnlichkeit immer auch einer subjektiven Bewertung, die über Befragung ermittelt werden kann. Beide Ähnlichkeitsgrade lassen sich in einem Bewertungsdiagramm vereinigen (Bild 243).

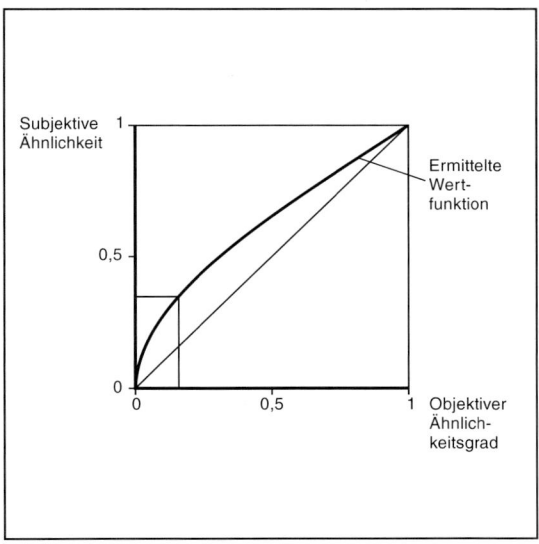

Bild 243 Wertfunktion der Ähnlichkeit

Aus zwei Dissertationen Maier [2] und Hess [4] kann über die zugeordnete Wertfunktion folgende Aussagen gemacht werden [31]:

- Die Ähnlichkeitsgrade der unterschiedlichen Produktprogramme und -systeme mit einer deutlichen Stilausprägung liegen bei 50 Prozent. Diese Marke wird auch von Koller [161] als „Plagiatsgrenze" für die in Bild 187 angegebene Wettbewerbssituation genannt.
- Die Aufbau-/Form Ähnlichkeit ist kleiner als die Aufbau-/Form-/Farbähnlichkeit, d.h. die Farbe erhöht die Ähnlichkeit, wenn es sich nicht um ein aufbau- und formauflösendes Farbdesign handelt.
- Die subjektive Ähnlichkeit liegt im unteren Bereich deutlich über der objektiven Ähnlichkeit.
- Die Wertfunktion eines Ähnlichkeitsdiagramms liegt über der Winkelhalbierenden und hat den Charakter einer steigenden Sättigungsfunktion.

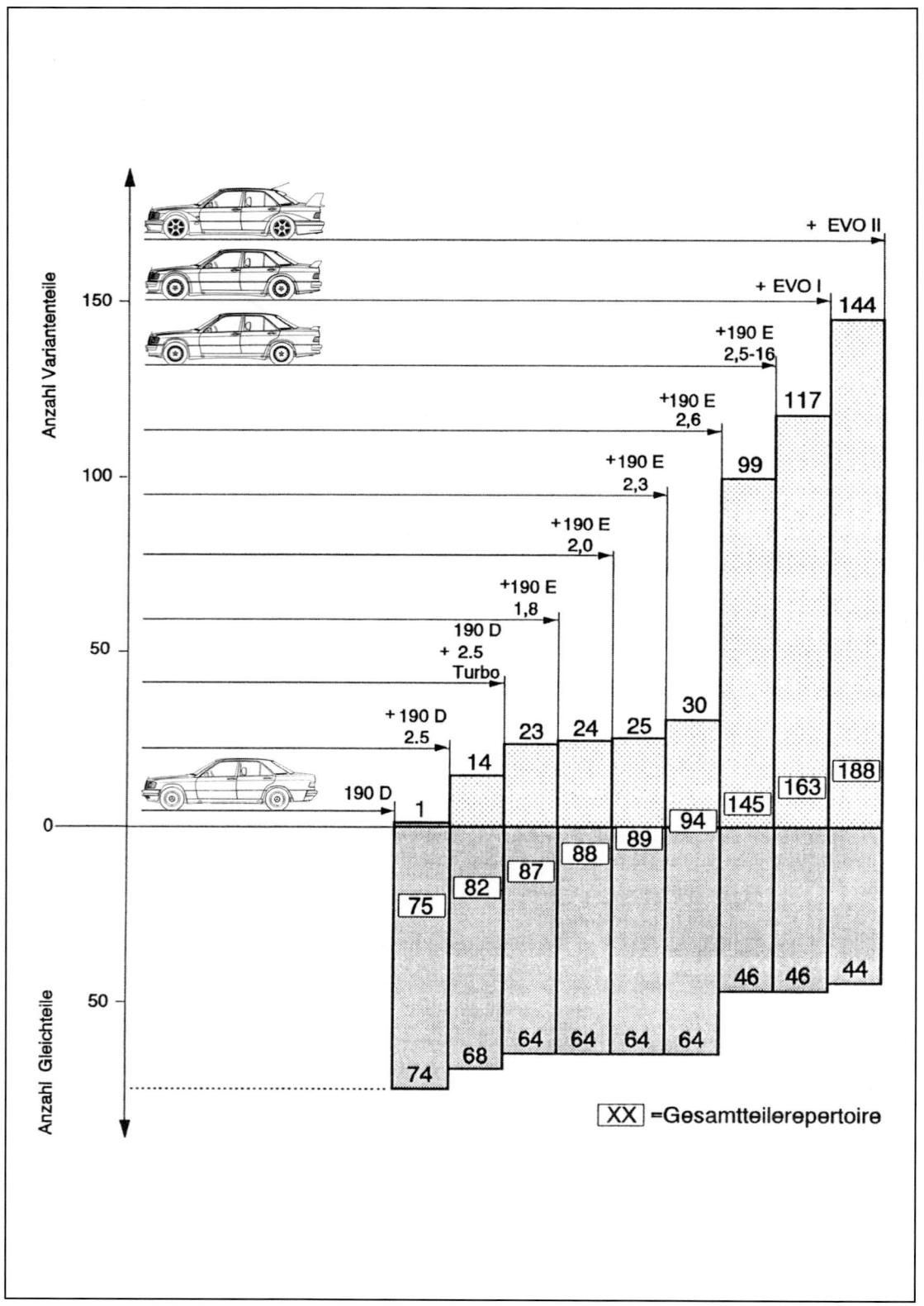

Bild 241 Variantenteile und Gleichteile im Exterior-Design eines Pkw-Programms

13.5 Bewertung

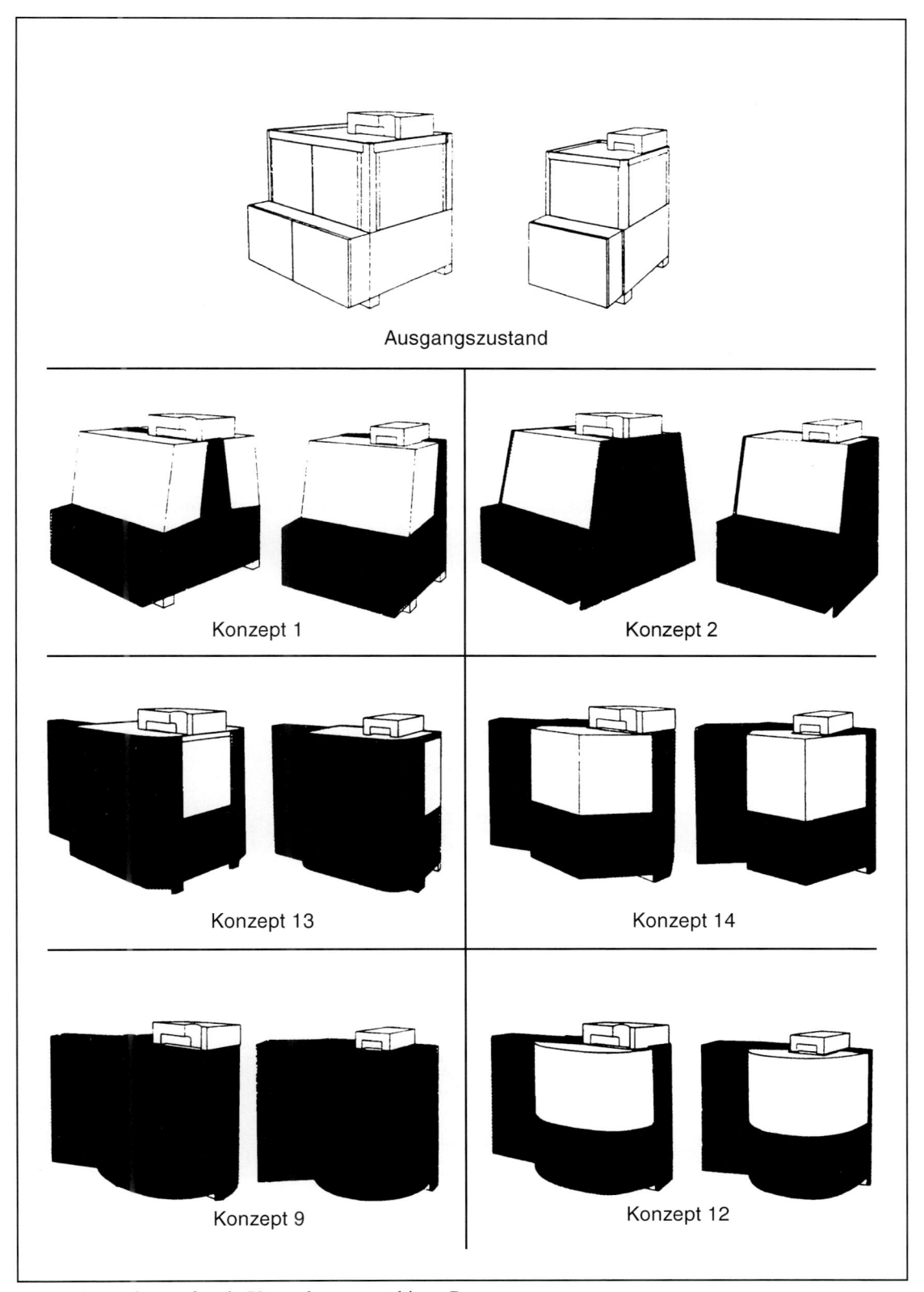

Ausgangszustand

Konzept 1

Konzept 2

Konzept 13

Konzept 14

Konzept 9

Konzept 12

Bild 242 Varianten für ein Verpackungsmaschinen-Programm

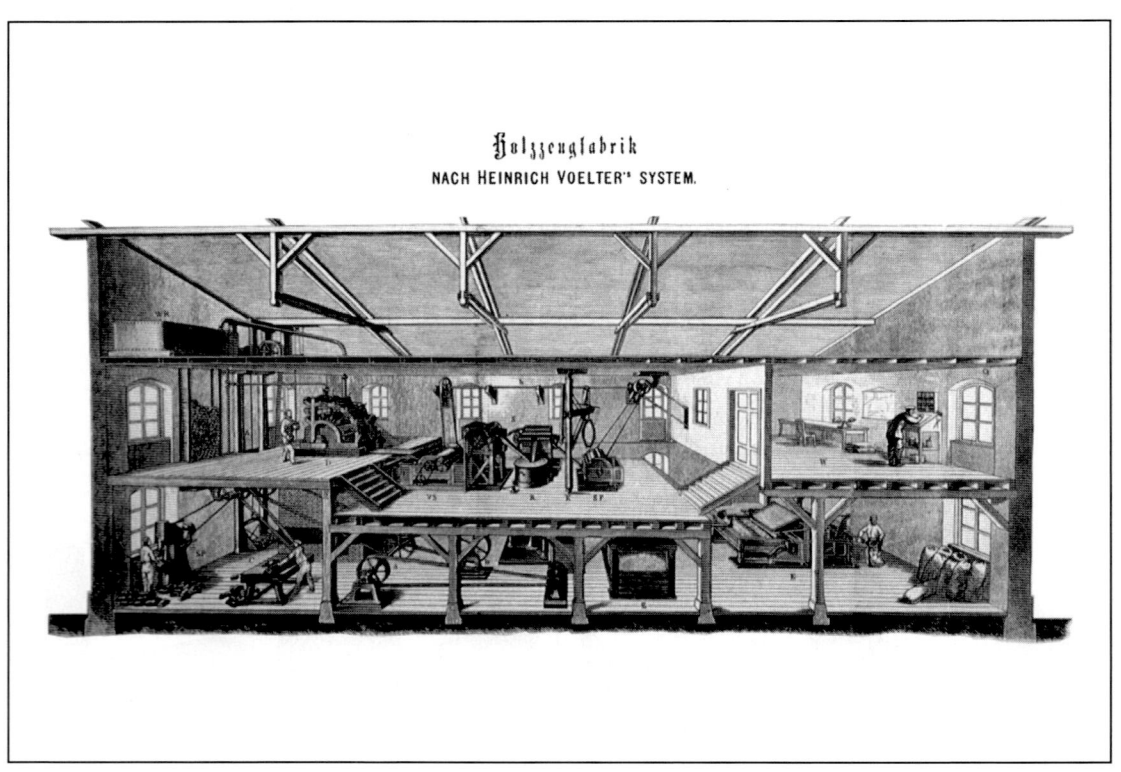

Bild 244 Historisches Beispiel für ein Systemdesign

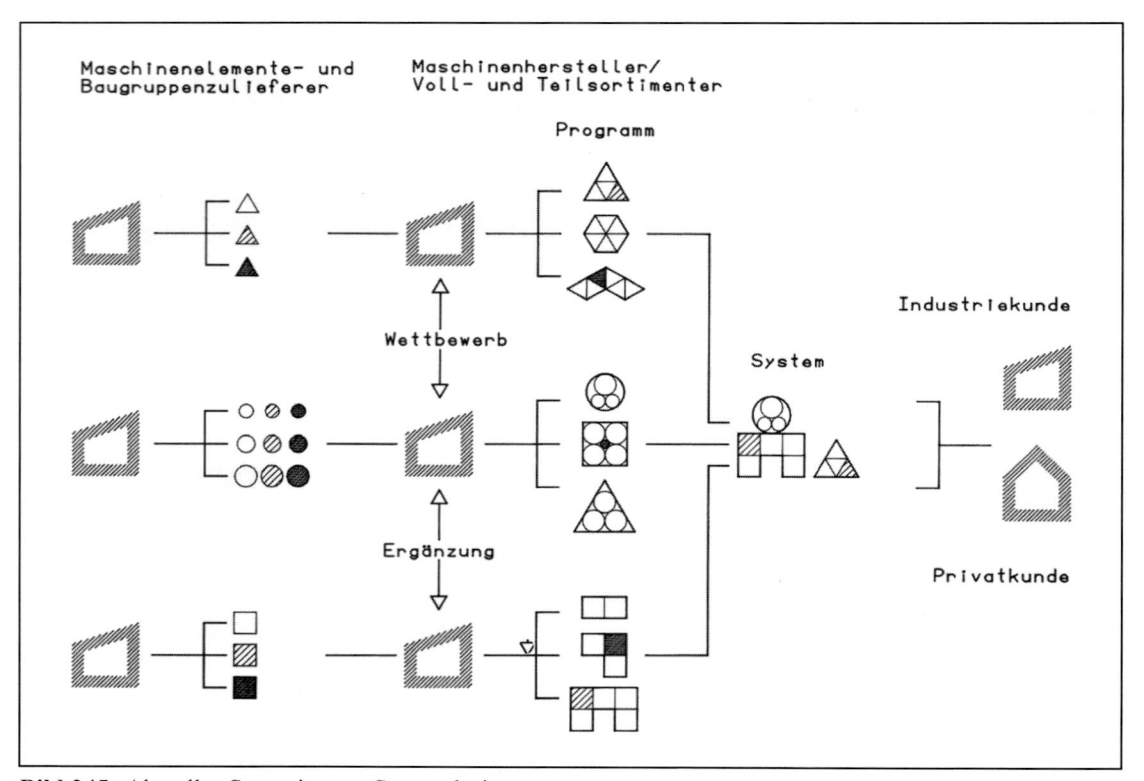

Bild 245 Aktuelles Szenario zum Systemdesign

14 Design von Produktsystemen

14.1 Voraussetzungen

Nach Definition 1.4 wird unter einem Produktsystem eine Menge an Produkten unterschiedlicher Zwecksetzung verstanden, die zur Erzielung einer Produktion oder Dienstleistung lokal vereinigt und/oder funktional verkettet sind.

Definition 14.1 *Unter einem Systemdesign (Synonym: Anlagen-Design) werden mindestens zwei Produkte unterschiedlicher Zwecksetzung in einem Kontext verstanden, deren Designs für die Anforderungen eines Kunden oder einer Zielgruppe gleich oder mindestens ähnlich sein sollen.*

In Kapitel 5.3 wurden die entsprechenden Anforderungen an Produktsysteme behandelt. Danach gelten für die einzelnen Komponenten eines Produktsystems grundsätzlich die Ausführungen in Kapitel 6 - 11 für das Exterior-Design von Einzelprodukten und in Kapitel 12 für das Interior-Design von Einzelprodukten.

Die Ausführungen dieses Kapitels konzentrieren sich auf Beispiele und Lösungsprinzipien, insbesondere Gleichteile von Produktsystemen.

14.2 Art und Umfang von Produktsystemen

Produktsysteme entstanden mit der Mechanisierung vieler Arbeitsvorgänge im Rahmen der Industrialisierung und durch die Fertigung der betreffenden Systeme durch einen Hersteller - modern ausgedrückt - durch ein Systemhaus (Bild 244).

Dies ist allerdings der Idealfall. Zu den historischen Ansätzen des Systemdesigns gehören auch die Turbinenhäuser.

Im Normalfall entstehen Produktsysteme aus Komponenten, die Programmvarianten (s. Kapitel 13) unterschiedlicher Hersteller sind (Bild 245). Im Worst-Case entsteht dadurch ein chaotisches Systemdesign. Diese Gefahr ist umso größer, je größer die Anzahl der Systemkomponenten ist.

Im Extremfall besteht ein Produktsystem aus einem einzigen Systemmodul, der aber mehrfach oder vielfach auftritt.

Im einfachsten Fall entstehen Produktsysteme aus 2 Systemkomponenten bzw. 2 Arten an Systemkomponenten.
Beispiele:

- eine Brikettierpresse für Holzspäne und ein Ofen,
- ein Zug aus einer Lok (Triebkopf) plus Personenwagen u.a.

Komplexe Produktsysteme sind:

- Büros,
- Küchen,
- Bäckereien,
- Fertigungsanlagen (Bilder 246 und 247) u.a.

Gemeinsames Merkmal aller Produktsysteme ist, dass die Umgebungsgestalt Bestandteil des Systemdesigns ist.

14.3 Lösungselemente und -prinzipien des Systemdesigns

Die designorientierten Fragestellungen zum Systemdesign wurden im Kapitel 2.6 thematisiert.

Im folgenden wird davon ausgegangen, dass die

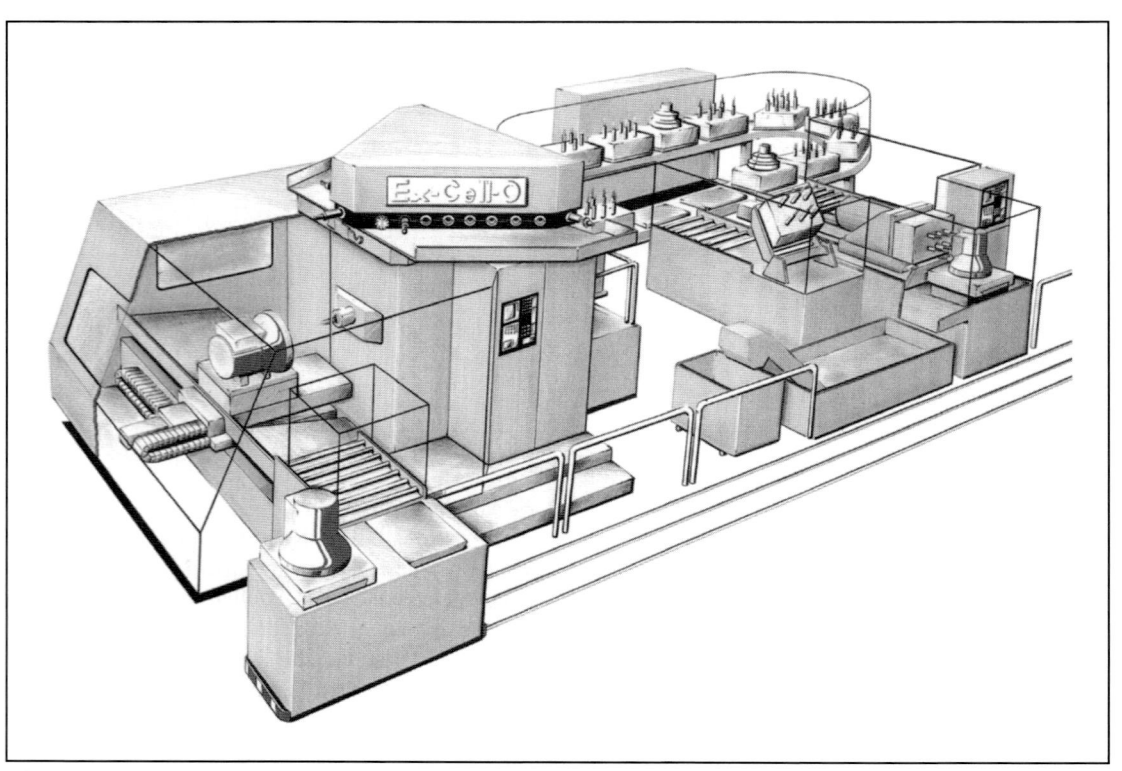

Bild 246 Systemdesign 1 aus dem Werkzeugmaschinenbau

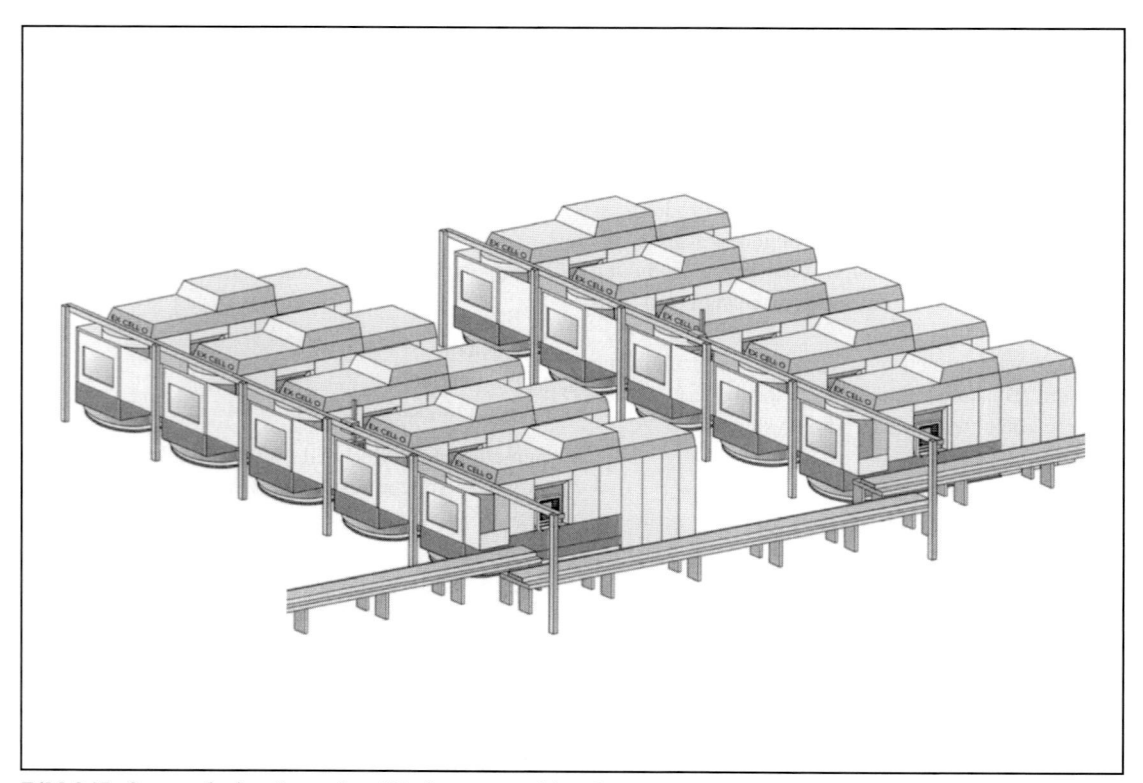

Bild 247 Systemdesign 2 aus dem Werkzeugmaschinenbau

14.3 Lösungselemente und -prinzipien des Systemdesigns

Lösungselemente und -prinzipien für das Systemdesign maßgeblich

- die Form,
- die Farbe,
- die Grafik,

der betreffenden Produktgestalt betreffen (Bild 248). Diese sind, wie schon früher erwähnt, in den so genannten Design-Manuals niedergelegt.

Deren Aufbau ist bezüglich Funktion- und Tragwerksgestalt aus der unterschiedlichen Zwecksetzung meist verschieden.

Ein Spezialthema des Systemdesigns sind die Interfaces. Bei einem schlechten Systemdesign werden diese verschieden sein. Demgegenüber werden sie bei einem guten Systemdesign gleich oder wenigstens ähnlich sein.

Beispiele für einheitliche Interfaces finden sich bei dem Textilmaschinenkonzern Rieter, Winterthur, das modulare Bediensystem des Druckmaschinenherstellers KOLBUS u.a.

Ein Beispiel für eine koordinierte ergonomische Maßkonzeption sind insbesondere Küchen.

Zur Erzielung eines einheitlichen „Stils" eines Produktsystems ist aus den vorgenannten Gründen diese Designaufgabe schwieriger als die gleiche Zielsetzung bei einem Produktprogramm.

In Erweiterung zu den in Kapitel 2.6 dargelegten Fällen der Ähnlichkeit gelten für das Systemdesign die gleichen Grundlagen wie für Produktprogramme (s. Kapitel 13.3.4).

Allgemeine Bestimmung der Anzahl der Ähnlichkeiten:

Anzahl der Ähnlichkeiten der n Produktvarianten	$n \times 16$
Anzahl der zusätzlichen Ähnlichkeiten	5
Allgemeine Anzahl der Ähnlichkeiten	$(n \times 16)+5$
Allgemeine Anzahl der Ähnlichkeitsvarianten	$((n \times 16)+5)*15$

Beispiele 1) $n = 2$

Anzahl der Ähnlichkeiten der 2 Produktvarianten	32
Anzahl der zusätzlichen Ähnlichkeiten	5
Anzahl der Ähnlichkeiten	37
Anzahl der Ähnlichkeitsvarianten	555

Beispiele 2) $n = 5$

Anzahl der Ähnlichkeiten der 5 Produktvarianten	80
Anzahl der zusätzlichen Ähnlichkeiten	5
Allgemeine Anzahl der Ähnlichkeiten	85
Allgemeine Anzahl der Ähnlichkeitsvarianten	1275

Beispiele 3) $n = 10$

Anzahl der Ähnlichkeiten der 10 Produktvarianten	160
Anzahl der zusätzlichen Ähnlichkeiten	5
Allgemeine Anzahl der Ähnlichkeiten	165
Allgemeine Anzahl der Ähnlichkeitsvarianten	2475

Der Einsatz von 15 Gleichteilevektortypen in die vorgegangene Variantenberechnung ist nur als Idealwert zu sehen. Durch den schon erwähnten unterschiedlichen Aufbau der Systemmoduln reduziert sich die Gleichteilevektortypen auf solche aus Form, Farbe und Grafik.

In der in Kapitel 2.6.4.2 enthaltenen Systematik (Bild 43) sind 7 Gleichteilvektortypen ohne Aufbau vorhanden.

Durch die dadurch bedingte niedere Ähnlichkeit

Beispiel: Holzbearbeitungsmaschinen

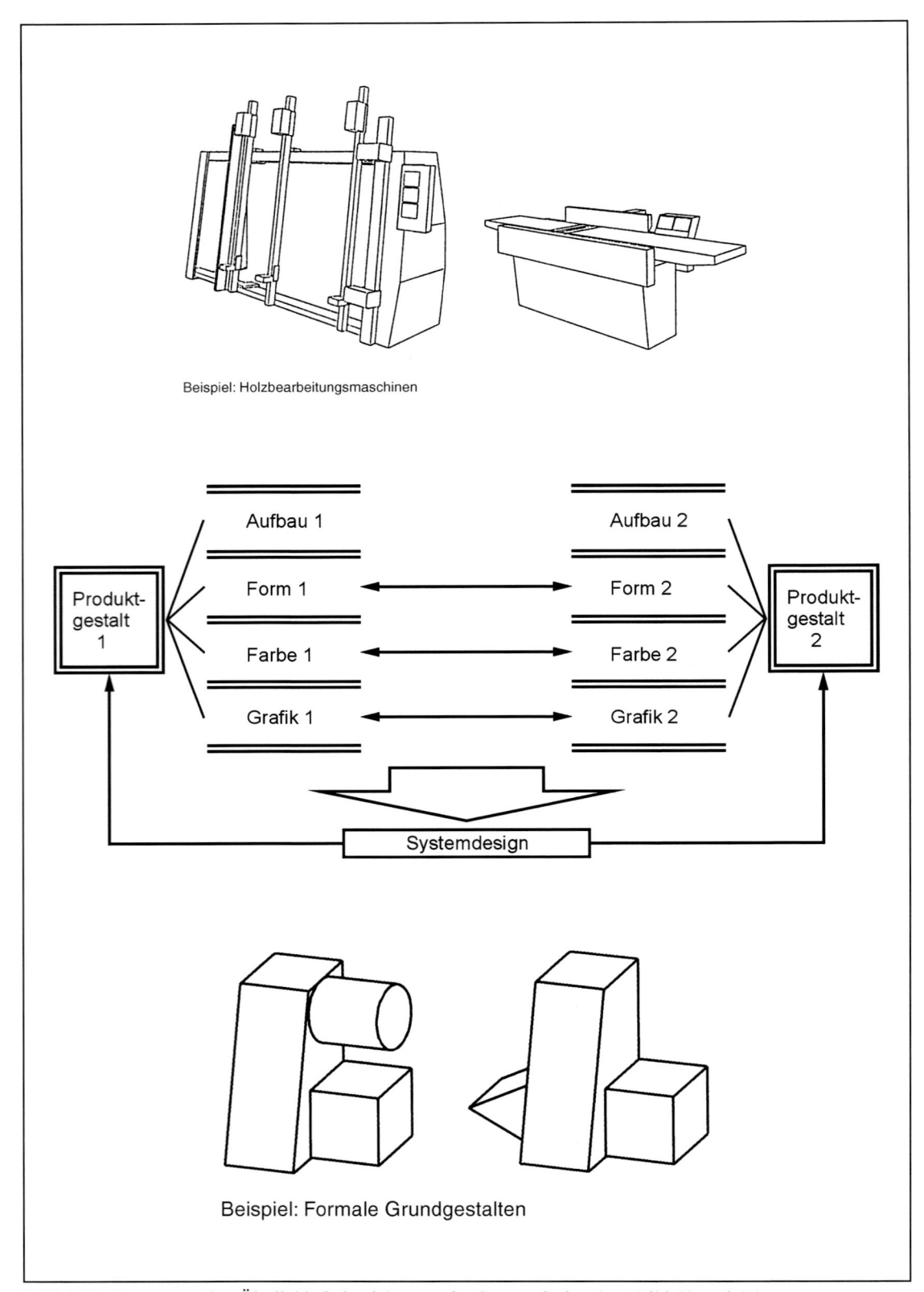

Beispiel: Formale Grundgestalten

Bild 248 Ansätze zu den Ähnlichkeitsbeziehungen im Systemdesign (s.a. Bild 40 und 41)

sind Systemdesigns auch meist schwächere oder weniger stilvolle Lösungen.
Die Relation Produktfarbe - Umgebungsfarbe wurde schon in Kapitel 10.5.6 behandelt.

14.4 Beispiele von Systemdesigns

14.4.1 Universalpresse und Presserei

siehe Bilder 249 und 250.

14.4.2 Neue Schreinerei

siehe Bilder 251 bis 258 und Tabelle 45.

14.4.3 Pommes-Frites-Automat mit Ausstattungssystem

siehe Bild 259.

14.4.4 Neues Operations-System einschließlich Docking-Station

siehe Farbbilder 18 und 19.

14.5 Bewertung von Systemdesigns

Entsprechend den bisherigen Darlegungen gilt für die Bewertung von Systemdesigns

- die subjektive Bewertung als spontanes Urteil eines Fachpublikums, z.B. von Schreinern über eine neue Schreinerei (Bild 258);
- die objektive Bewertung über das Standardbewertungsverfahren designorientiert z.B. bezüglich der Erhöhung der Sicherheit oder der Verkürzung der Bedienungszeiten z.B. an Holzbearbeitungsmaschinen (Bild 257).

Eine besondere Bedeutung bei Systemdesigns erhält die wirtschaftliche Bewertung der Gleichteile mit dem Ziel einer Senkung der Herstellungskosten (s. Kapitel 15.4).

Tabelle 45 Bedeutungsprofile für das Farbedesign von einem neuen Schreinerei-Systemdesign

Allgemeine Kategorien	Bedeutungen	Lösungselemente
Sichtbarkeit		
der Gesamtmaschine	....	Raumabhängig!
der Bedienungselemente	Betonung	Signalviolett auf Silber
von Holzstaub	Unsichtbar/unempfindlich	Monochromie zu Silber-Greige
Eigenschaftskennzeichnung		
Bedienungskennzeichnung	Richtung und Wirkung der Bedienung	Signalviolette Bedienelemente u. Bildzeichen
Zweckkennz.	Technisches Gerät	
Leistungskennz.	Hochleistung	Silber-Greige (Holzbeige)
Wertkennz.	Wertvoll	
Zeitkennz.	Modern/zukunftsorientiert	Signalviolett RAL 4008
Herkunftskennzeichnung		
Land	„deutsch" i.S.v. rational, funktionsorientiert, durchdacht, geordnet, sparsam	Nicht Schwarz-Rot-Gold (Patrioten-Look)
Hersteller		
Anmutungen	Ruhig (temperatur-)neutral handwerklich	
Formale Ordnung	Hochgeordnetes Farbdesign	Hell-Dunkel-Kontrast Buntkontrast Komplementärkontrast

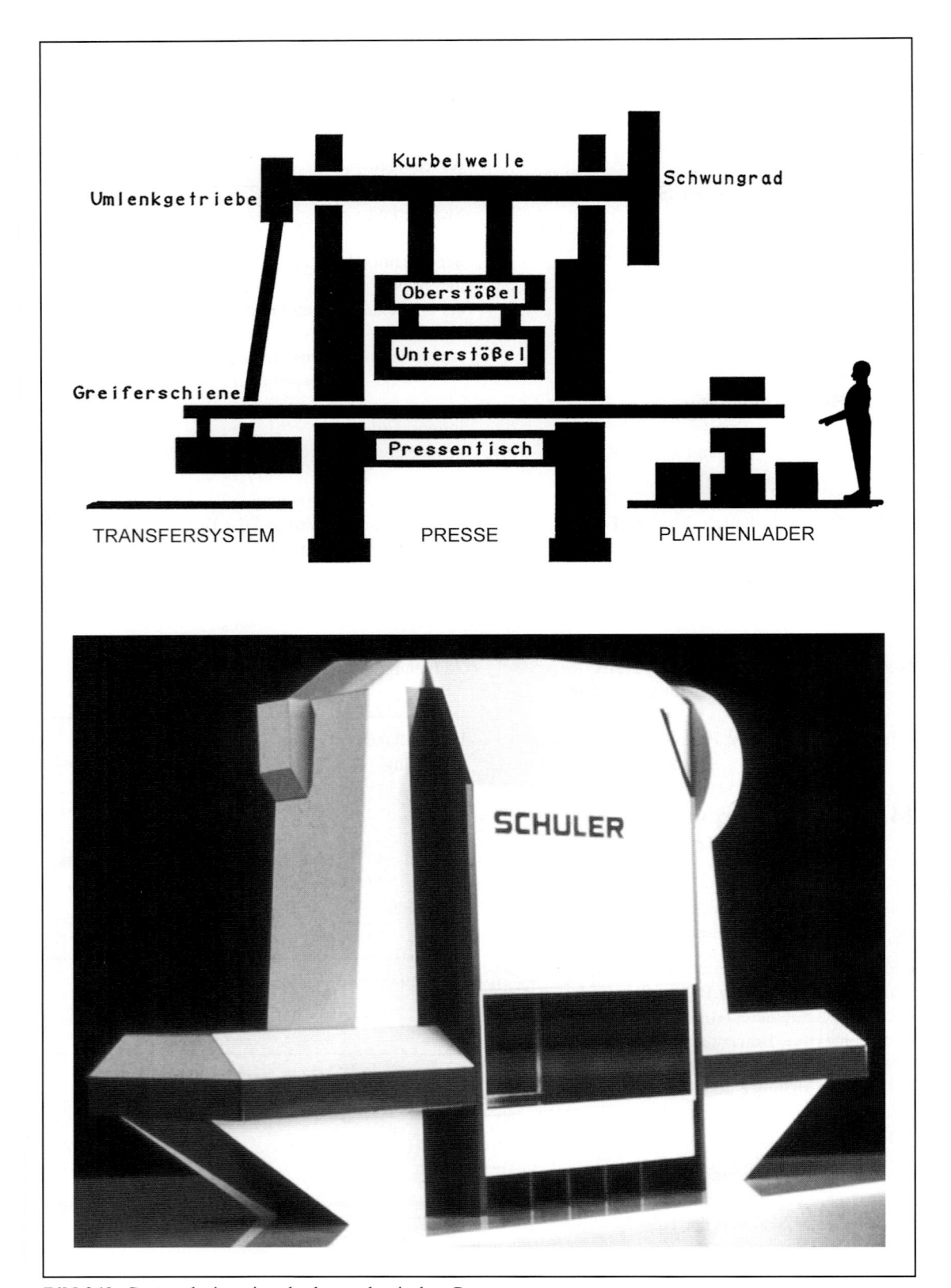

Bild 249 Systemdesign einer hydromechanischen Presse

14.4 Beispiele von Systemdesigns 335

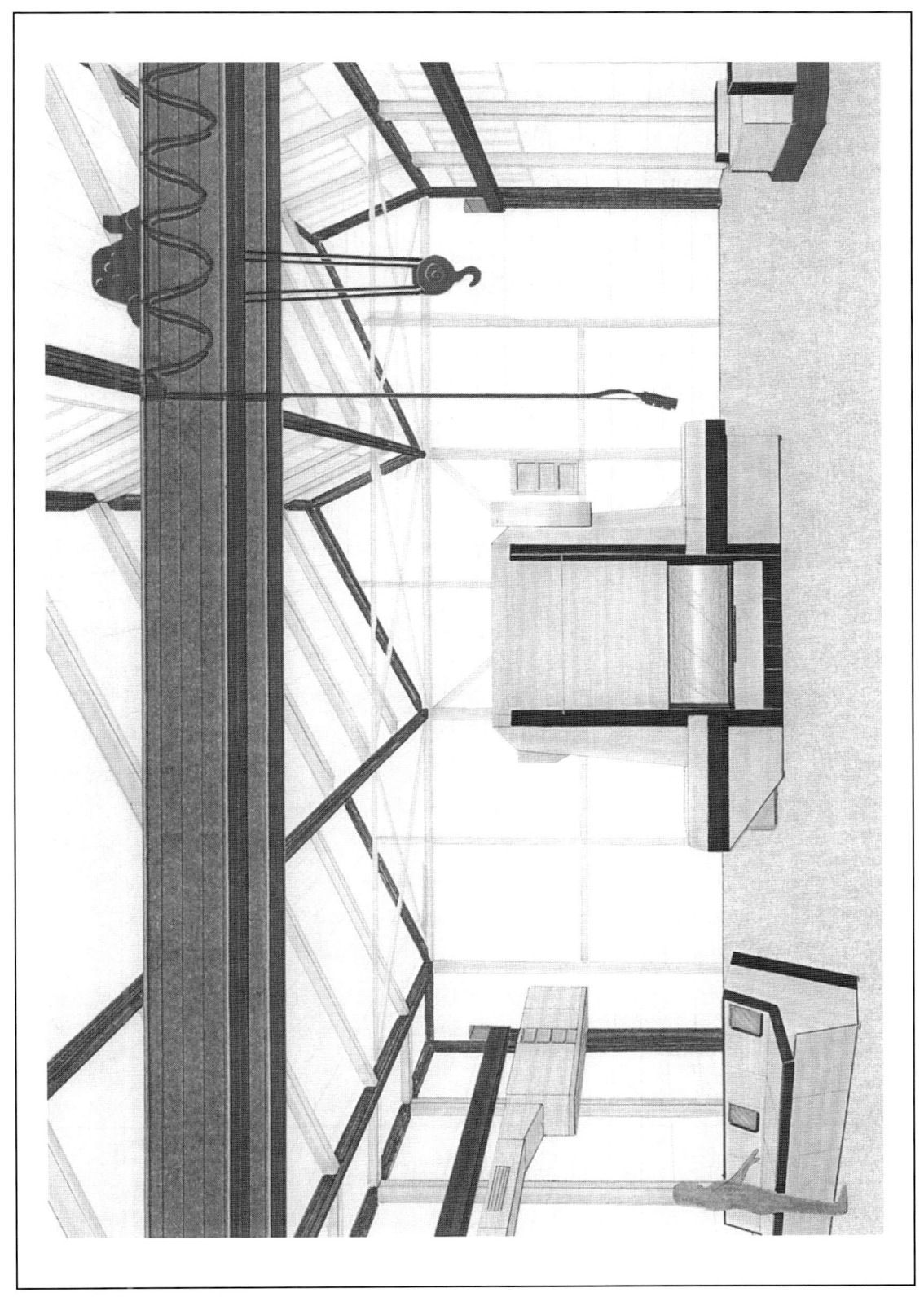

Bild 250 Studie zum Systemdesign einer Presserei

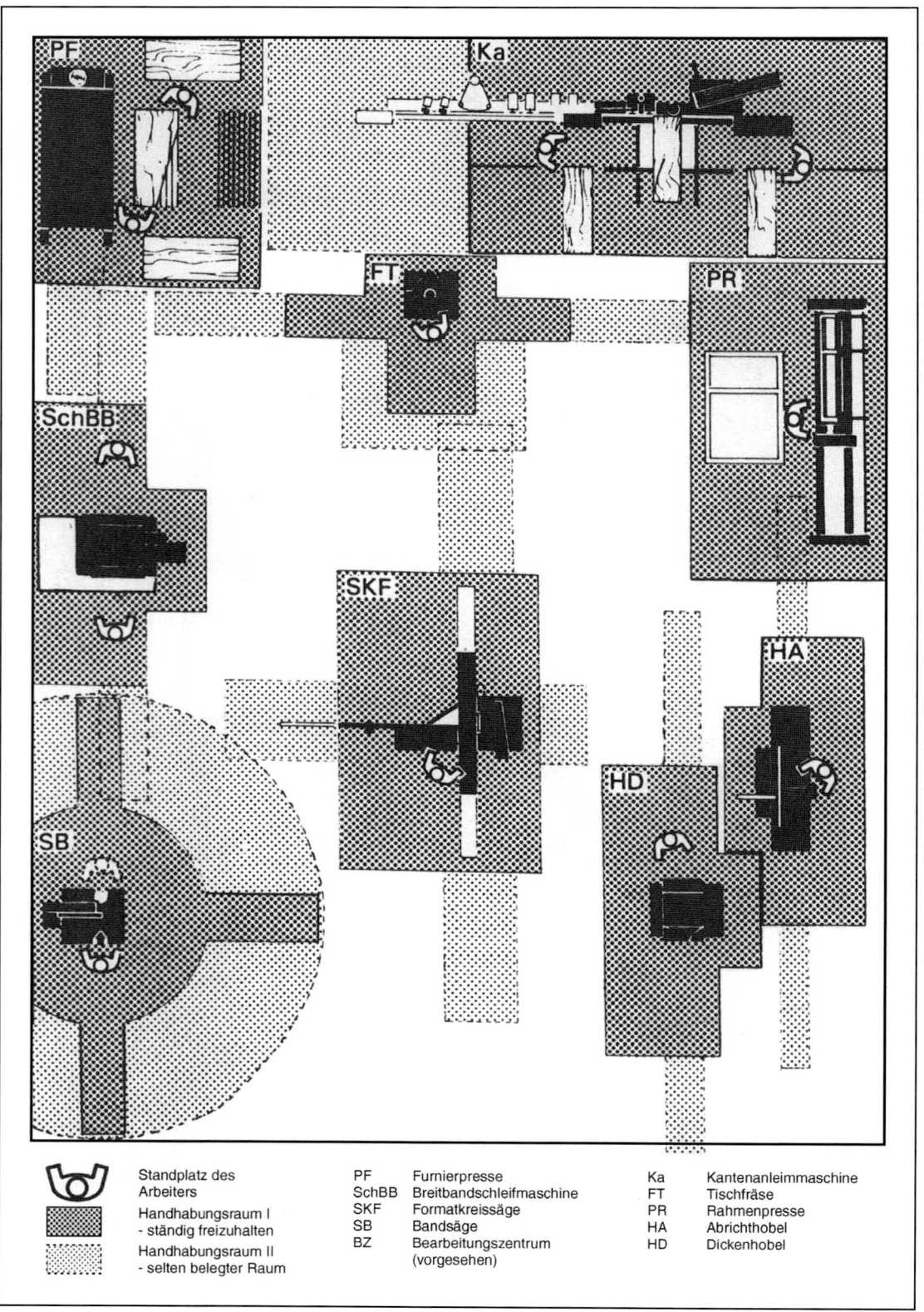

Bild 251 Layout einer Schreinerei

14.4 Beispiele von Systemdesigns

Bild 252 Aktueller Maschinenpark einer Schreinerei

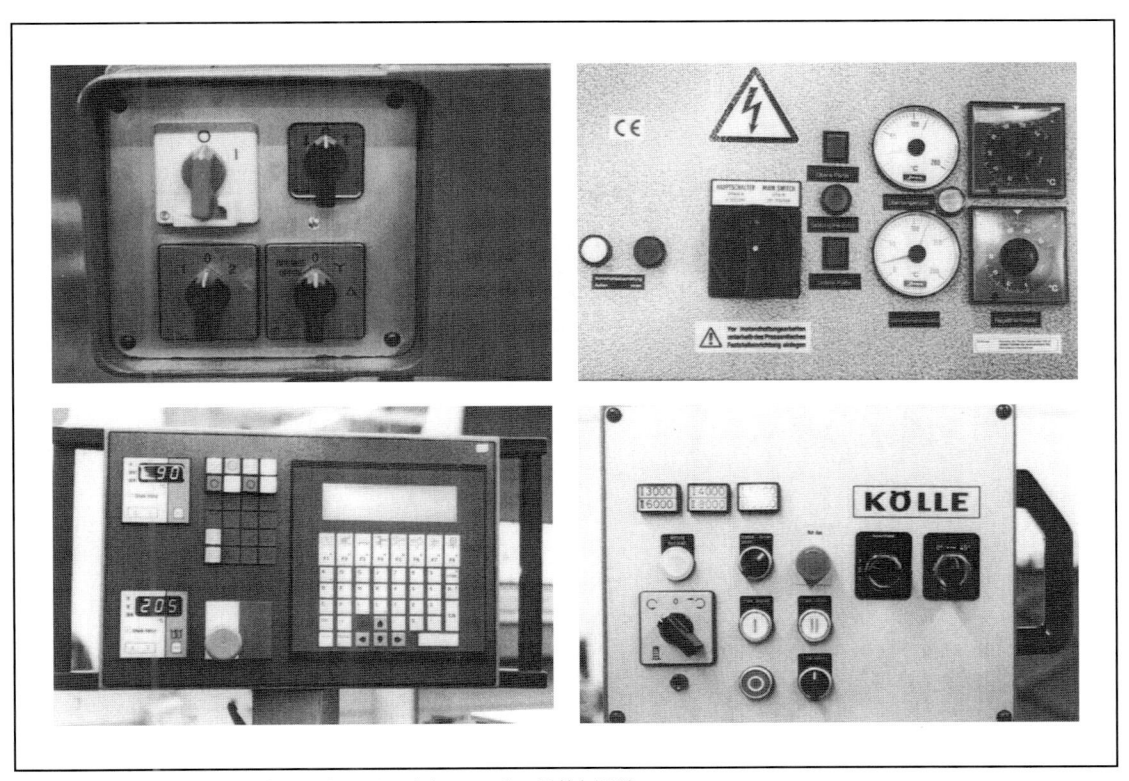

Bild 253 Aktuelle Interfaces des Maschinenparks (Bild 252)

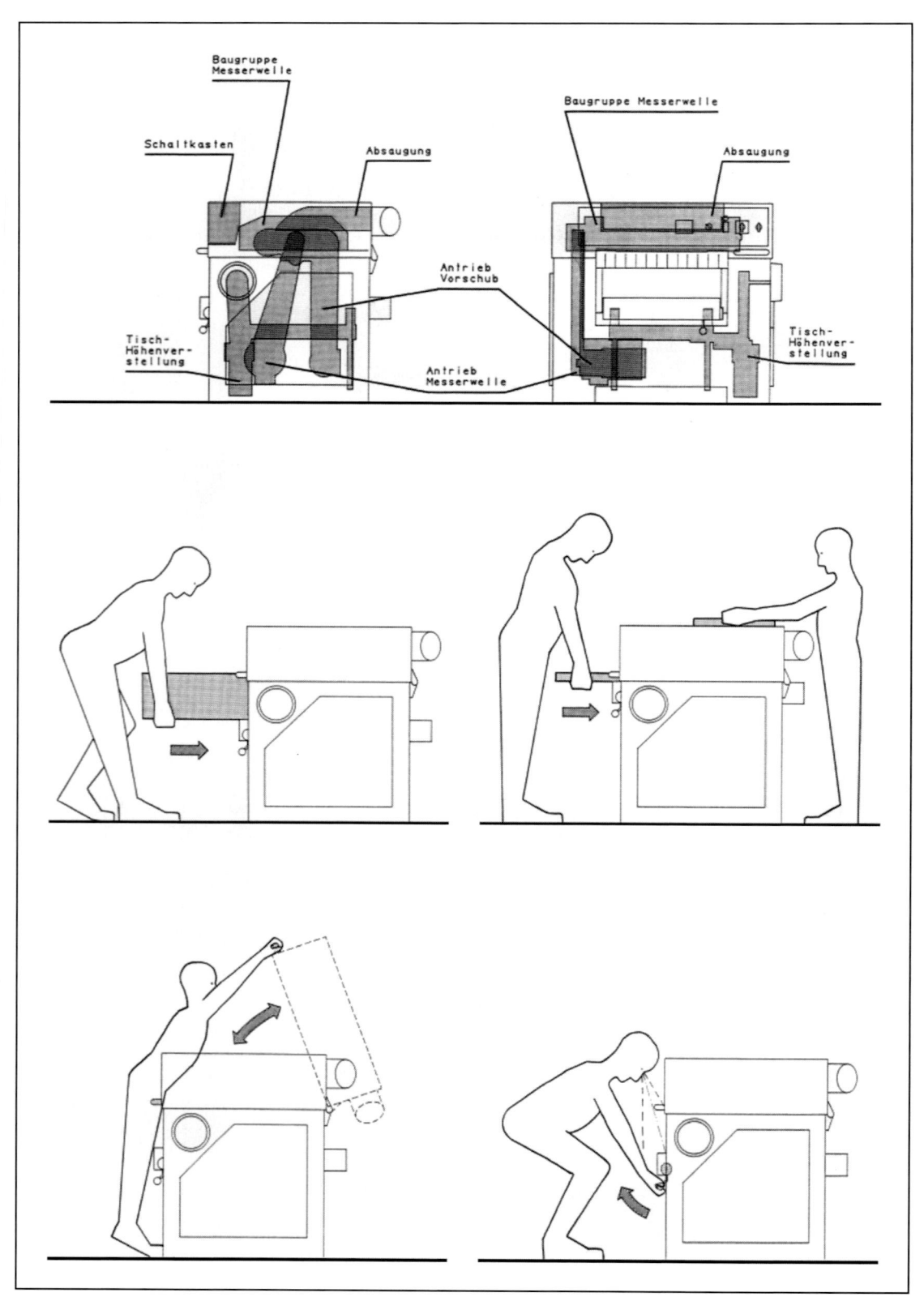

Bild 254 Betätigungs- und Benutzungsanalyse einer Dickenhobelmaschine

14.4 Beispiele von Systemdesigns

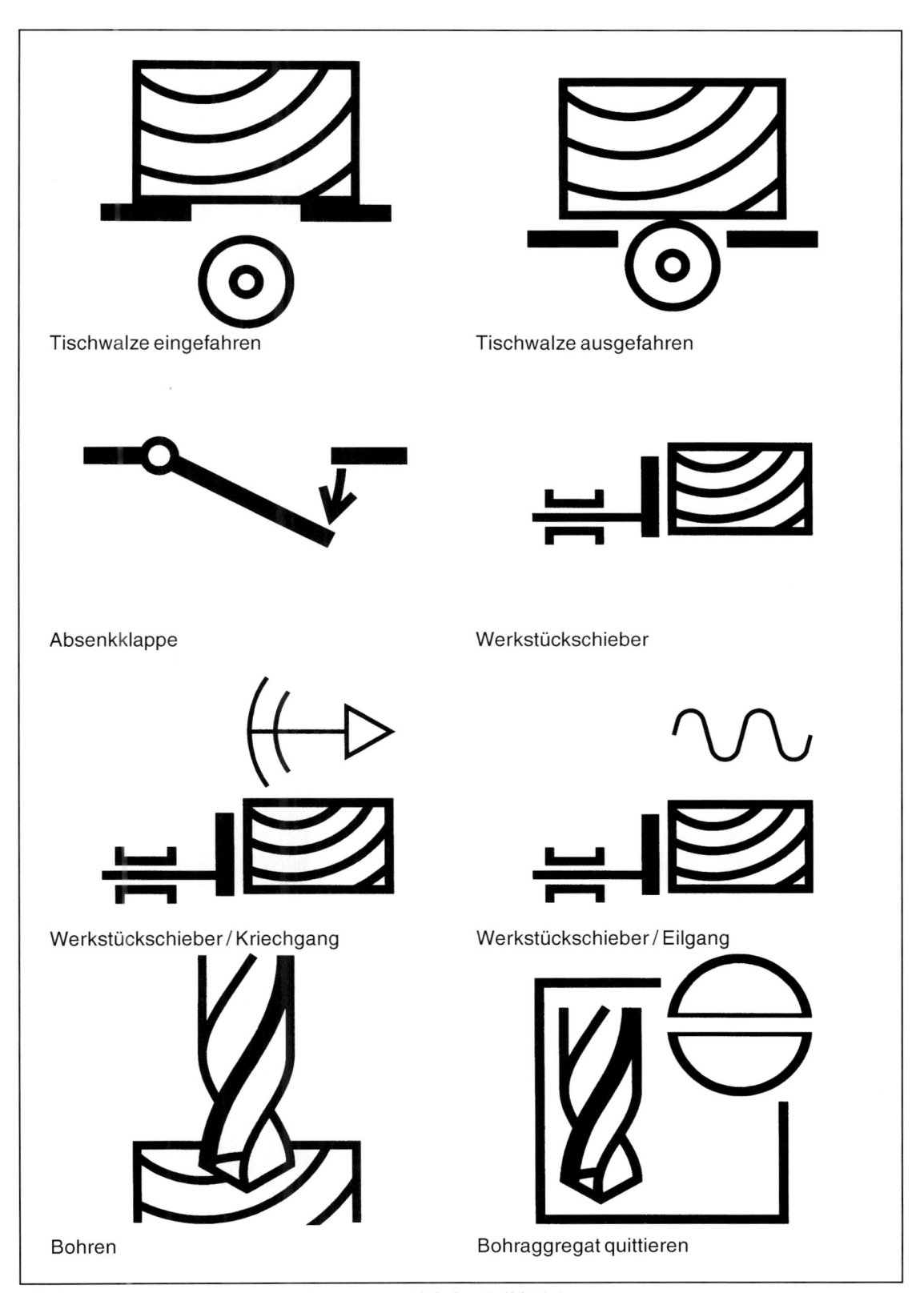

Tischwalze eingefahren

Tischwalze ausgefahren

Absenkklappe

Werkstückschieber

Werkstückschieber / Kriechgang

Werkstückschieber / Eilgang

Bohren

Bohraggregat quittieren

Bild 255 Auszug aus dem neuen Piktogramm-Alphabet (Bild 197)

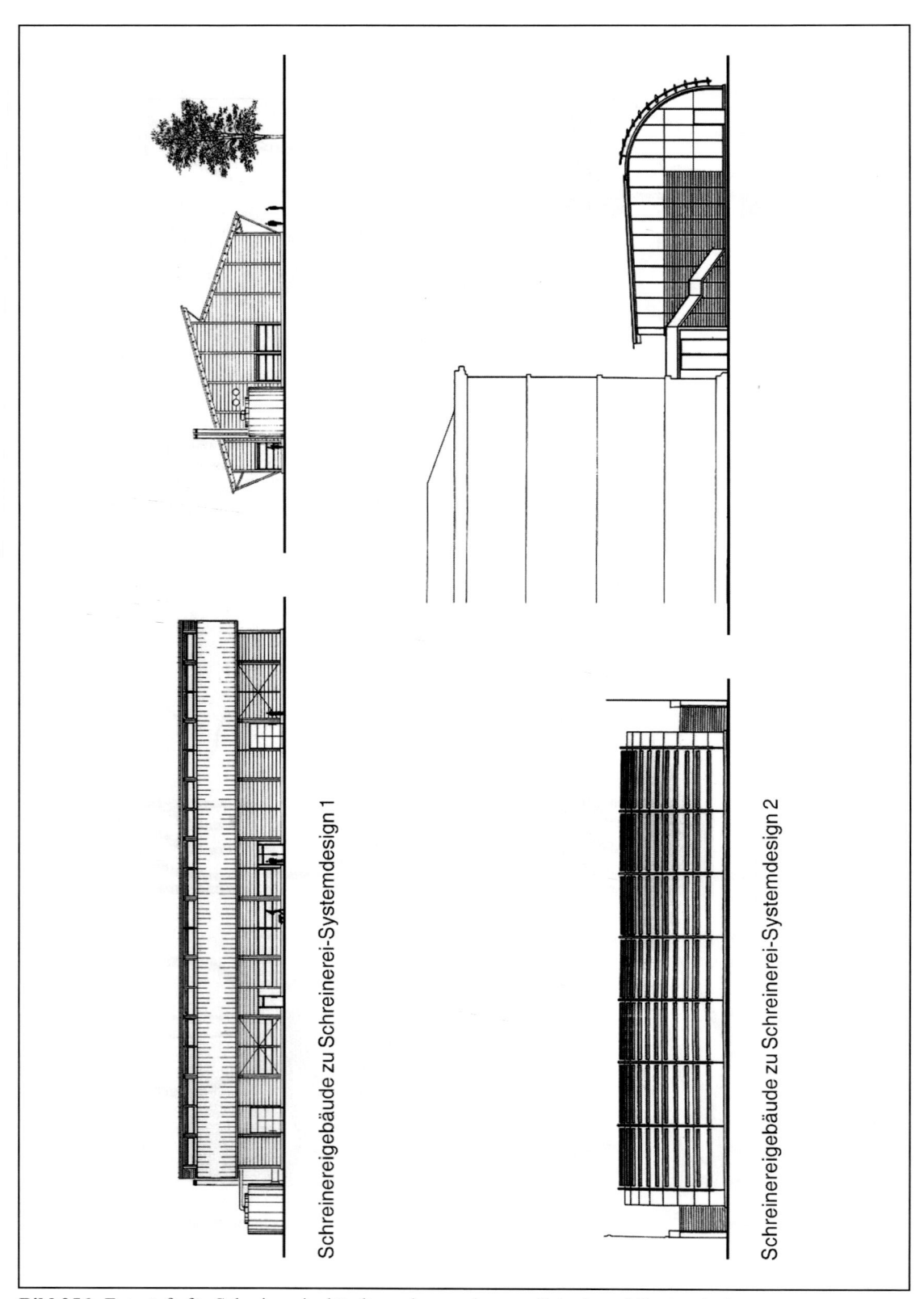

Bild 256 Entwürfe für Schreinereigebäude zu den zwei neuen Schreinerei-Systemdesigns

14.4 Beispiele von Systemdesigns

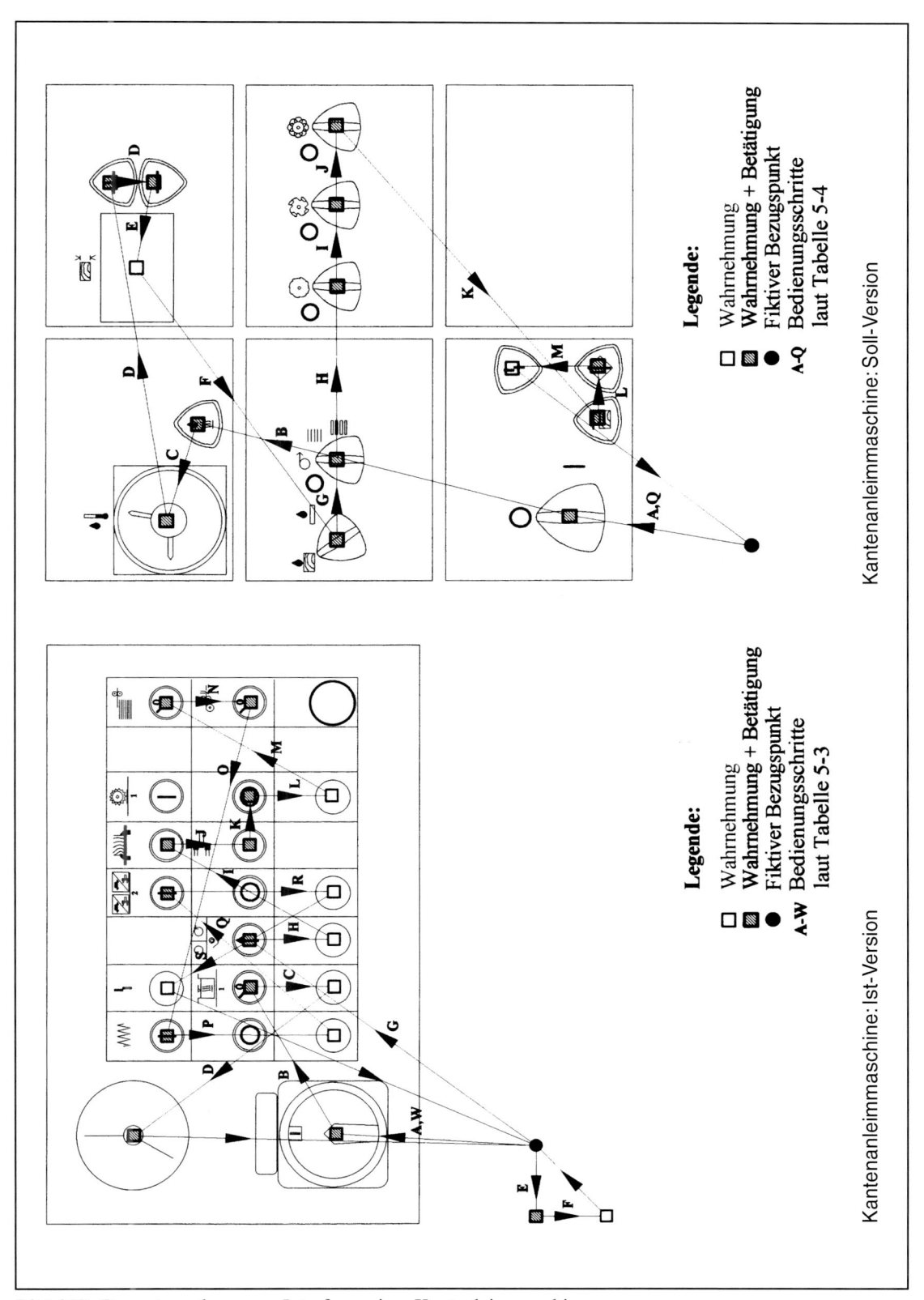

Bild 257 Bewertung des neuen Interfaces einer Kantenleimmaschine

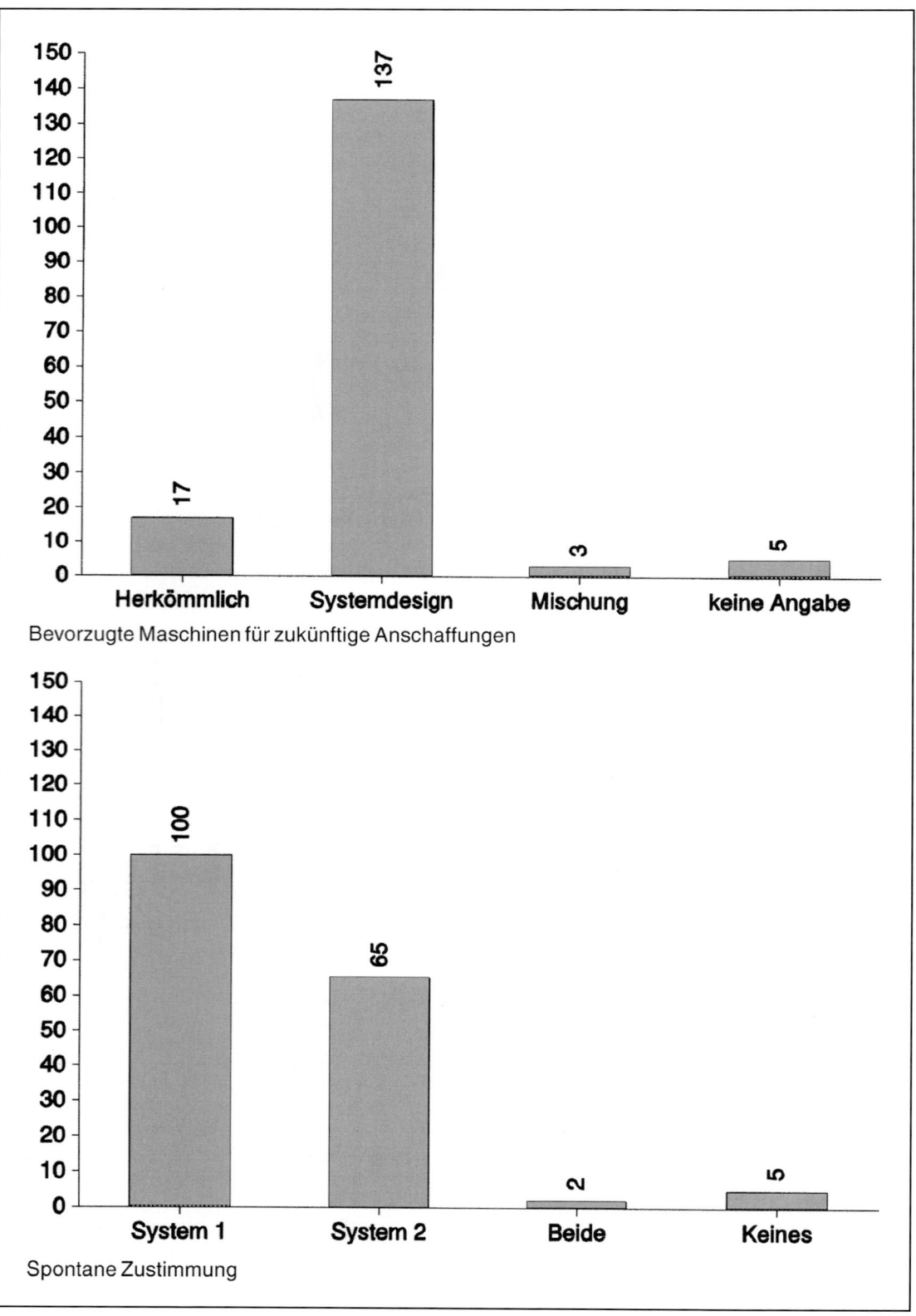

Bild 258 Bewertung der zwei neuen Schreinerei-Systemdesigns durch Fachleute

14.4 Beispiele von Systemdesigns

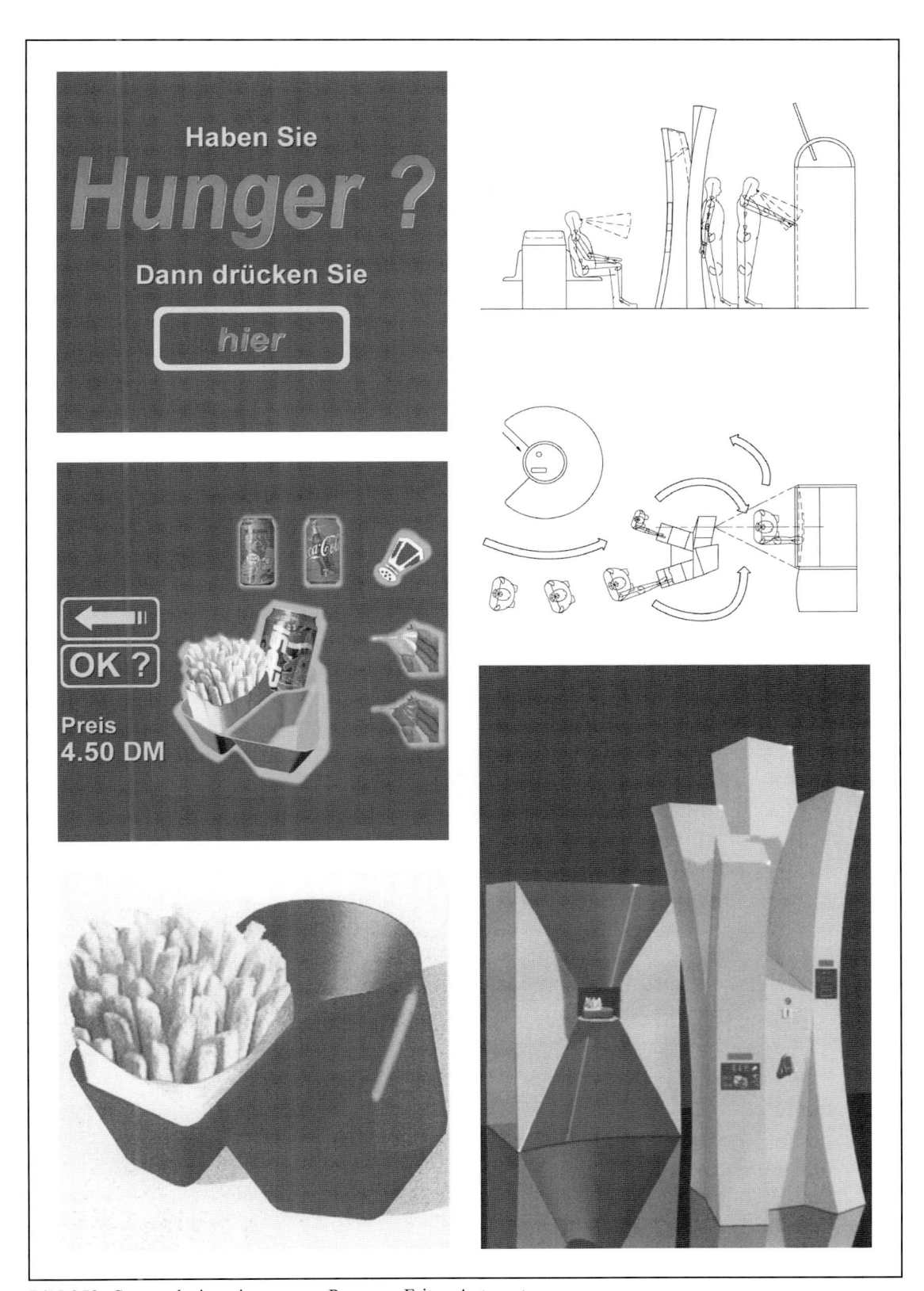

Bild 259 Systemdesign eines neuen Pommes-Frites-Automaten

Ausgangs-Maschine

Bild 260 Corporate Design eines Textilmaschinenprogramms und -systems
Bearbeitung 1969-1979

14.6 Erweiterung des Systemdesigns

14.6.1 Corporate Design

Eine Erweiterung des Systemdesigns kann, wie schon in den Beispielen (s. Kapitel 14.4) angedeutet bis zur Architektur reichen. Beispiele von Corporate Designs aus dem Maschinenbau zeigen die Bilder 260 - 264. Zum Umfang des Corporate Designs eines Unternehmens ist insbesondere auch der multimediale Bereich zu zählen, mit

- Geschäftspapieren,
- Anzeigen,
- Druckschriften,
- AV-Medien,
- Fotografie,
- Informationsgrafik,
- Publikationen,
- Messen, Ausstellungen,
- Verpackungen,
- Dienstfahrzeuge,
- Kleidung,
  u.a. (nach SIEMENS Corporate Design)

Die Regeln für das Verhalten und Auftreten eines Unternehmens können auch in einem so genannten Leitbild niedergelegt sein [201].

14.6.2 Erweiterte Ähnlichkeiten

Am Ende von Kapitel 2.6.4 und mit Verweis auf das Schrifttum [90] wurde darauf hingewiesen, dass es neben den behandelten, gestaltbezogenen Ähnlichkeiten (syntaktische Ähnlichkeit) auch eine „semantische Ähnlichkeit" bezüglich der Anmutungen, Bedeutungen und Informationen gibt.

Dieses Phänomen wird bei allen Ähnlichkeitsrelationen zwischen Außen- und Innengestalt eines Produktes aktuell.

Es enthält z.B. die Frage, ob in der Außen- und Innengestalt eines Produktes die gleichen Bedienungsinformationen oder die gleiche Herstellererkennung vorhanden ist. Diese Relation gilt auch für kundentyporientierte Anmutungen, wie z.B. „Sportlich". Eine gute Lösung ist diesbezüglich immer durch eine hohe (semantische) Ähnlichkeit ausgezeichnet. Die folgenden Ansätze gelten nicht zuletzt auch für Lifestyles und Lebenswelten aus den diesbezüglichen Produktsystemen.

Mit den Grundlagen aus Abschnitt 2.4 über Erkennung und Abschnitt 2.6.4 über Ähnlichkeit kann die (semantische) Ähnlichkeit definiert werden

Definition 14.2 *Der (semantische) Ähnlichkeitsgrad ist*

$$\ddot{A}_{sem}(G_{exterior}, G_{interior}) = \frac{Anzahl\ gleicher\ Erkennungsinhalte}{Anzahl\ aller\ Erkennungsinhalte}$$

mit den Grenzwerten

$$0 \leq \ddot{A}_{sem}(G_{exterior}, G_{interior}) \leq 1$$

Eine Anwendung für diese Ähnlichkeit ist das Beispiel 13 Backofenprogramm in Abschnitt 13.

Im Abschnitt 13.4.4 wurden Betätigungs- und Benutzungsvarianten bzw. unterschiedliche Komfortstufen behandelt und an dem Beispiel 12 Hydraulikwickler dargelegt.

In Fortführung dieser Ansätze bei einem Produkt mit einer Außen- und Innengestalt kann von einer „pragmatischen" Ähnlichkeit gesprochen werden. Mit den Grundlagen aus den Abschnitten 1-3 dieses Kompendiums, maßgeblich dem Erfüllungsgrad w_{BB} (Abschnitt 3.3), der Definition der Designqualität (Def. 3.2) und dem Teilnutzwert n_{BB} (Abschnitt 3.4) bietet sich folgende Definition an.

Definition 14.3 *Der (pragmatische) Ähnlichkeitsgrad ist*

$$\ddot{A}_{prag}(G_{exterior}, G_{interior}) = \frac{Anzahl\ gleicher\ BB-Teilnutzwerte}{Anzahl\ aller\ BB-Teilnutzwerte}$$

mit den Grenzwerten

$$0 \leq \ddot{A}_{prag}(G_{exterior}, G_{interior}) \leq 1$$

Sowohl die semantische wie die pragmatische Ähnlichkeit sind in der Designpraxis andeutungsweise bekannt, aber bis heute wissenschaftlich nicht erforscht.

Sie bieten sich als Themen zukünftiger Grundlagenforschung im Technischen Design an.

14.6.3 Exkurs: Luxus und Luxusprodukte

Zur postmodernen Kultur gehört neben den bisher behandelten Designvarianten in Maschinen- und Fahrzeugbau auch Luxus und Luxusprodukte [202]. Autos, Schiffe, Flugzeuge, Uhren, Aufzüge u.a. sind Beispiele dieser „Toys of Luxury" [203], denen auch junge Leute überraschenderweise ihren Zuschlag geben. (s. Gefallenstest, Bild 24). Diesbezüg-

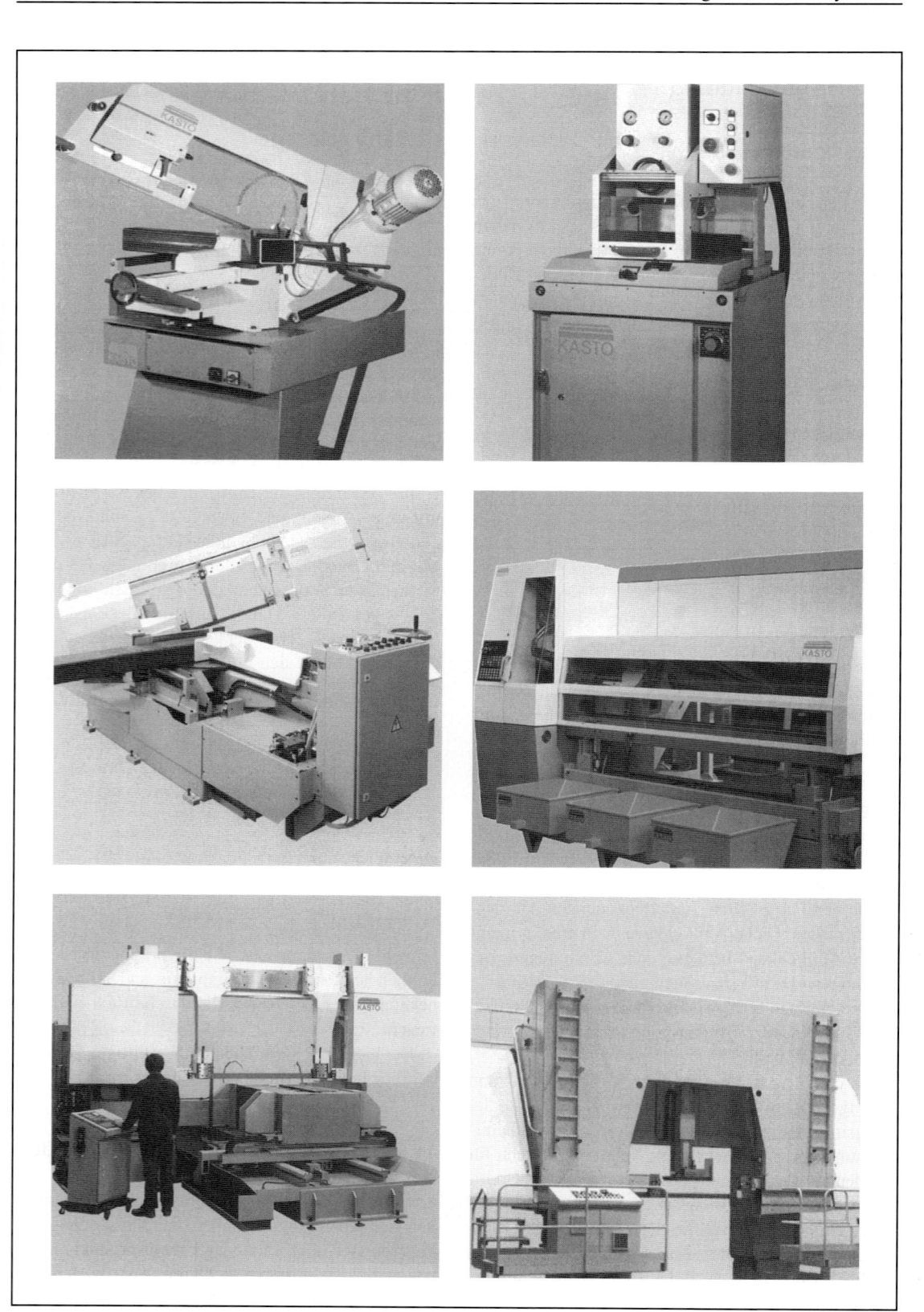

Bild 261 Corporate Design eines Werkzeugmaschinenprogramms
Bearbeitung 1986-1994

14.6 Erweiterung des Systemdesigns

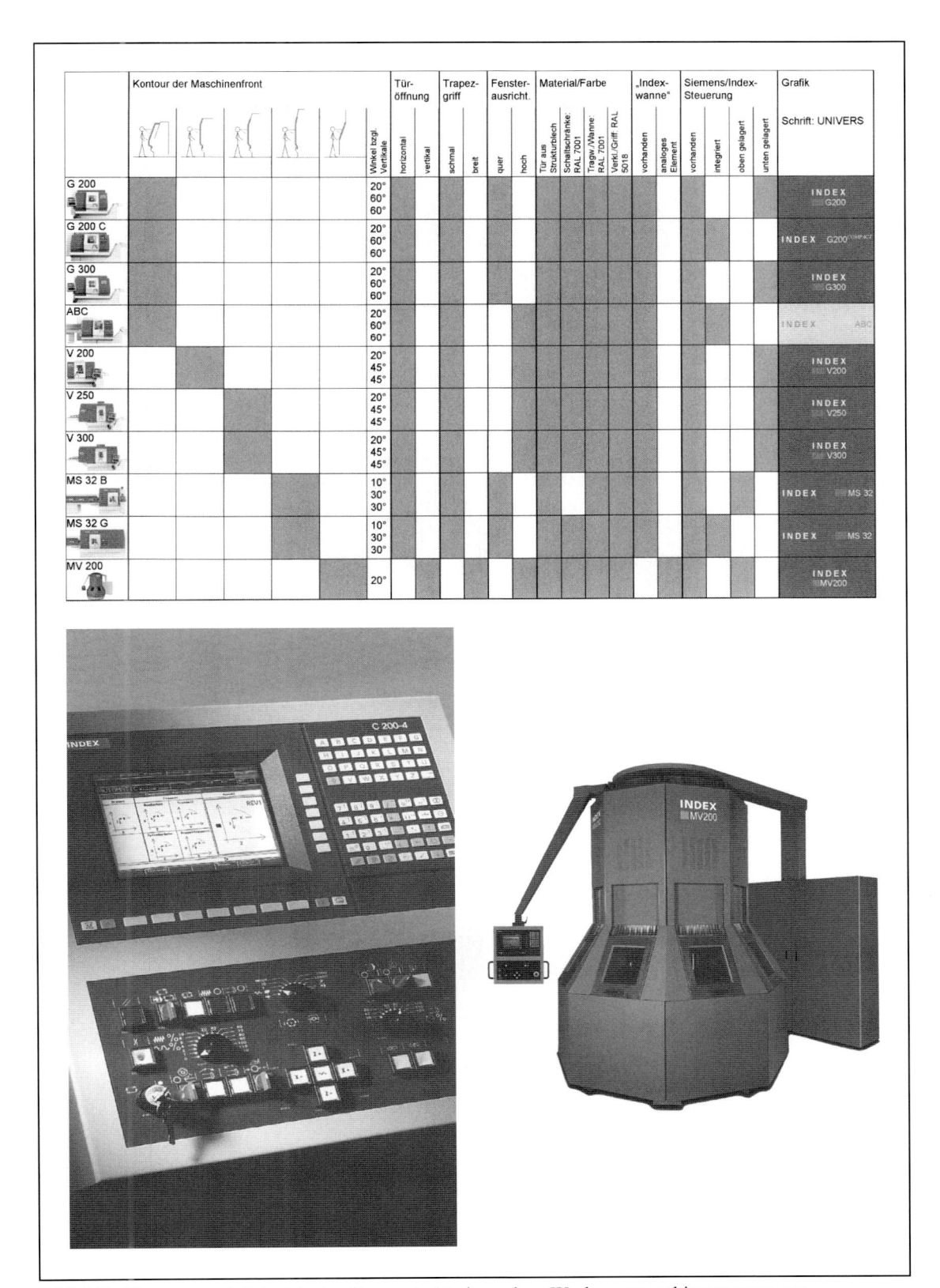

Bild 262 Elemente und Beispiele des Corporate Designs eines Werkzeugmaschinenprogramms
Bearbeitung ab 1990

Bild 263 Corporate Design eines Werkzeugmaschinenprogramms
Bearbeitung 1992/93

14.6 Erweiterung des Systemdesigns

liche Aufgabenstellungen werden verstärkt auch an den Designschulen diskutiert und bearbeitet ([204] Beispiel: Amphibienfahrzeug für die arabische Welt, S. 49).

Ein bekannter deutscher Sportwagenhersteller hat 2005 sogar die Vermarktung von diesbezüglichen Waren in seine Satzung aufgenommen.

Das Luxussegment geht natürlich weit über technische Produkte hinaus zu Hotels, Reisen, Parfüm, Wein, Zigarren u.a.

Der Begriff Luxus leitet sich von lat. lux, lucis, das Licht, ab und beinhaltet ursprünglich leuchtende und glänzende Oberflächen von Produkten.

Diesbezügliche Beispiele finden sich schon früh in den Kulturen von Ägypten, von Byzanz [205] u.a. mit ihrer Tradierung über den Historismus bis in die Gegenwart.

Im Sinne der in diesem Werk verwendeten Kundentypologie ist der Luxus eine besondere Ausprägung des Prestigedesigns für prestigeorientierte Kunden.

In der globalen Kultur der Gegenwart hat das Luxus-Design einen neuen Namen bekommen, Chaligi-Style, nach „Chaligi", d.h. vom arabischen Golf.

Modern ausgedrückt handelt es sich bei dieser Entwicklungslinie um Produkte aus dem Top-Segment oder dem Top-Luxus-Segment.

Viele dieser Produkte existierten und existieren nur in der Stückzahl 1, hatten oder haben also den höchsten Seltenheitswert.

Sie waren und sind also:

- Unikate,
- Solitäre,
- Einzelstücke,
- Technische Kunstwerk,
- Einzelanfertigungen,
- Maßanfertigungen,
- Sondermaschinen.

Solche Produkte benötigen eigentlich kein Design, sie sind schon allein durch Ihre Existenz spektakulär.

Wenn man – im modernen Sinn – davon ausgeht, dass ein Ding nur existiert, wenn es auch spektakulär ist, dann hatten oder haben diese Produkte eine exponierte Existenz. Insbesondere, wenn am Beispiel der Zeppeline ein hoher Bekanntheitsgrad dazukommt.

Man ist in Versuchung, zur Aura dieser Produkte einige Gedanken von Walter Benjamin über „Das Kunstwerk" invers zu formulieren:

„Was im Zeitalter der technischen Reproduzierbarkeit des Kunstwerkes verkümmert, das ist seine Aura."

Invers formuliert: Die Aura eines Produktes potenziert sich mit seiner Seltenheit.

Solche seltenen Produkte repräsentieren, analog zum Kunstwerk, ihre Originalität und Echtheit.

„Die Echtheit einer Sache ist der Inbegriff alles vom Ursprung her an ihr Tradierbaren, von ihrer materiellen Dauer bis zu ihrer geschichtlichen Zeugenschaft."

Bei technischen Produkten begründet sich dies über ihre Lebensdauer (Life-Cycle) und ihren Fortschritt.

Die Aura wird umso größer, je älter das Produkt bzw. je größer seine Tradition ist.

Wenn oben genannt wurde, dass solche spektakulären Produkte eigentlich kein Design benötigen, dann kann Design aber diese Aura noch steigern. Dieser Fall liegt vor bei sog. Luxusprodukten, wie z.B. den Maybach-Wagen einschließlich den Oldtimern.

Mit Luxusprodukten hat sich in jüngster Zeit W. Reitzle [53] beschäftigt, im Bezug auf die früheren Werke zu diesem Thema von Sombart, Veblen und Riesmann [11].

Nach Reitzle ist Luxus der „Schrittmacher einer Volkswirtschaft". Er ermöglicht die Innovationen und sichert die Arbeitsplätze.

„Luxus muss, um Bestand zu haben, immer glaubwürdig sein. Eine harmonische Verbindung von Ästhetik, Funktion und Design".

Ein Luxusprodukt bietet immer mehr als reine Funktionserfüllung, nämlich eine höhere Wertschöpfung. Es ist damit die Keimzelle und der Motor für Innovationen. Zu dieser Wertschöpfung gehört nicht zuletzt auch die „Erkennbarkeit der Herkunft".

Der letzte Stand in dieser neuen Luxusdiskussion ist, dass dieser, kunden- und zeitorientiert, in einen

- Luxus der Traditionalisten, d.h. den Verbrauch materieller Güter und in einen
- Luxus der Innovatoren, d.h. den Verbrauch immaterieller Güter, wie Raum und Zeit,

differenziert wird [206].

Eine logische Konsequenz aus dieser Tradition ist auch die Revitalisierung der Marke Maybach durch das Haus DaimlerChrysler [207, 208].

Bild 264 Beispiele zu Architektur, Innen- und Messearchitektur als Teil des Corporate Design

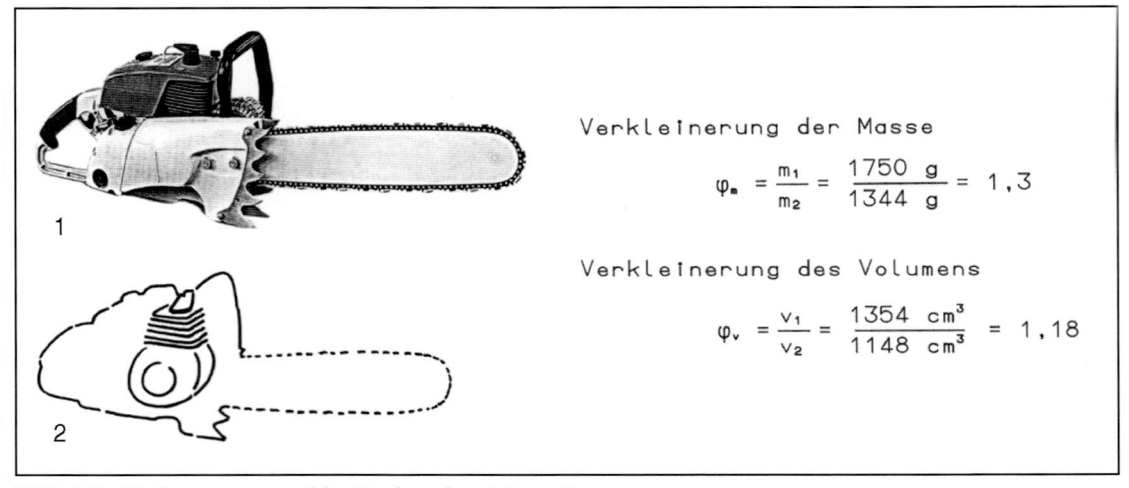

Bild 265 Verbesserungsgrad im Design einer Motorsäge

$$\varphi_m = \frac{m_1}{m_2} = \frac{1750 \text{ g}}{1344 \text{ g}} = 1{,}3$$

Verkleinerung der Masse

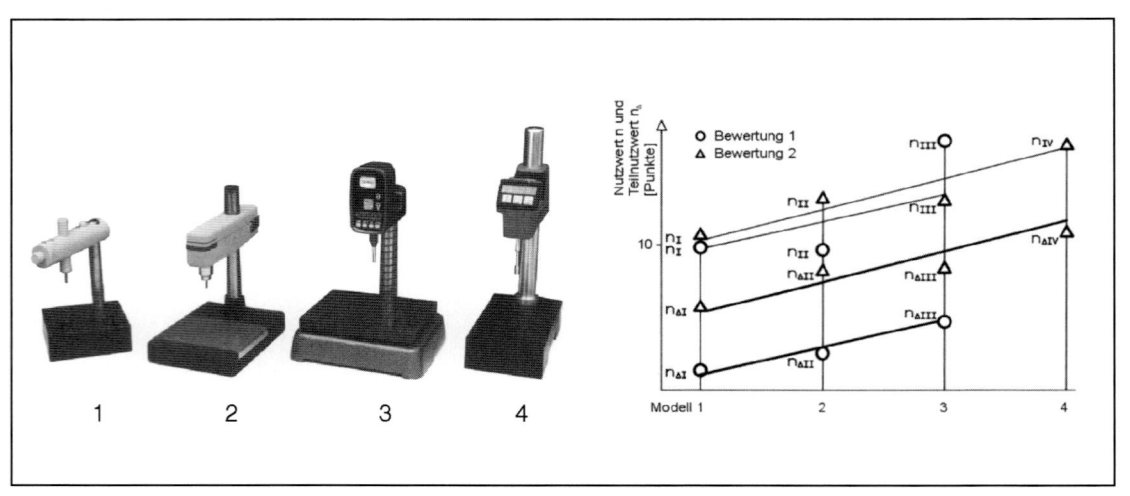

$$\varphi_v = \frac{v_1}{v_2} = \frac{1354 \text{ cm}^3}{1148 \text{ cm}^3} = 1{,}18$$

Verkleinerung des Volumens

Bild 266 Verbesserungsgrad im Design von vier Feintastern

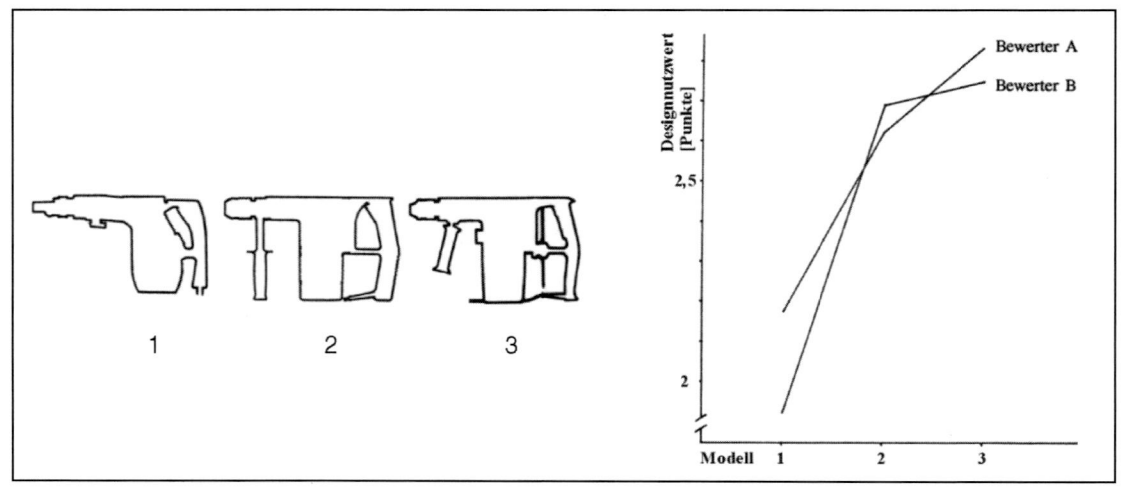

Bild 267 Verbesserungsgrad im Design von Elektrowerkzeugen

15 Ergebnisprüfung und Gebrauchswertoptimierung

Zur Überprüfung oder Kontrolle des Designs als Teilnutzwert bieten sich zwei Möglichkeiten an:

- die Feststellung eines Verbesserungsgrades oder einer Steigerung zwischen einem Vorläuferprodukt und seinem Nachfolger,
- der Vergleich des Gefallensurteils (siehe 1.3) mit dem Bewertungsergebnis (siehe 3.).

Wie schon dargelegt, kann hierzu das Bewertungsdiagramm als Darstellungsform gewählt werden. Beide Vergleichs- oder Kontrollmöglichkeiten erscheinen

- auf Einzelanforderungen,
- wie auf ganze Anforderungsgruppen oder Teilnutzwertkomponenten

grundsätzlich anwendbar.

15.1 Feststellung eines Verbesserungsgrades des Teilnutzwertes Design

Diese Kontroll- und Überprüfungsmöglichkeit gilt insbesondere zwischen einem Vorläuferprodukt und seinem Nachfolger. Damit eine Steigerung oder ein Verbesserungsgrad durch den Menschen erkennbar ist, muss der Teilnutzwert des Nachfolgers um eine sog. Empfindungsstärke höher sein als der des Vorläufers. Bezogen auf das Design kann dieser folgendermaßen formuliert werden:

$$n_{\Delta 2} = \varphi \cdot n_{\Delta 1}$$

Wie schon in Abschnitt 13.3.4 erwähnt, haben Kienzle und Rodenacker diese „Empfindungsstärke" mit den Normungszahlen in Zusammenhang gebracht und erste Werte angegeben.

Die Bewertungsbeispiele Bild 265 bis 267 weisen alle einen Verbesserungsgrad auf der zwischen 1,0 und 2,35 mit einem Mittelwert bei 1,4. Interessanterweise bleibt bei dem Bewertungsbeispiel Feintaster Bild 266 der Verbesserungsgrad mit 1,5 konstant mit und ohne Berücksichtigung der Festanforderungen. Bei einem vergleichbaren Beispiel aus dem Automobilbau, nämlich dem Motor des Fiat UNO bzw. Lancia Y10 zu dem Motor des Fiat 127 ergeben sich folgende Werte:

bezüglich der Bauteile 368/273 = 1,35
bezüglich des Gewichts 78 kg/69 kg = 1,13

15.2 Ermittlung eines Neuheitsgrades

Dieser Abschnitt ist die Fortsetzung der allgemeinen Definition in Abschnitt 1.2 und der Lokalisierung der Neuheit auf einer Ähnlichkeitsskala in Abschnitt 7.6.3. Die Fragestellung ist, ob mittels der Informationstheorie eine Neuheit bzw. ein Neuheitsgrad ermittelt werden kann. Diese Fragestellung stammt aus der diesbezüglichen Diskussion im gewerblichen Rechtsschutz (Oelschlegel 1964 [13]).

Die Informationstheorie wurde durch Shannon und Weaver 1949 begründet [209]. Sie wurde insbesondere in den 60er Jahren in Stuttgart verbreitet (Bense, Maser, Garnich u.a.). Auch an anderen Orten, wie z.B. der TU München versuchte man mittels der Informationstheorie den Informationsgehalt von Stellteilen zu bestimmen [210].

Der statistische Informationsgehalt nach Shannon-Weaver wird folgendermaßen gebildet:

Entwicklungsreihe elektrooptischer Feintaster		Gerät 1 $M_{r1}=23$		Gerät 2 $M_{r2}=25$		Gerät 3 $M_{r3}=46$		Gerät 4 $M_{r4}=76$	
Mächtigkeit der Repertoirs bzw. der Anforderungslisten $M_r = \sum M_{ri} = 170$									
	Häufigkeitsgruppe der Anforderungen	Informationsgehalt der Häufigkeitsgruppe	Anford.	Inform.-gehalt	Anford.	Inform.-gehalt	Anford.	Inform.-gehalt	Anford.	Inform.-gehalt
Standardaufgabe i.e.S	m=4	5,41	15	81,2	15	81,2	15	81,2	15	81,2
Standardaufgabe i.w.S	m=3	5,82	2	11,6	3	17,5	3	17,5	4	23,2
	m=2	6,41	4	25,6	4	25,6	25	160,3	25	160,3
Innovativer Aufgabenteil	m=1	7,41	2	14,8	3	22,2	3	22,2	22	163,0
Informationsgehalt der Anforderungslisten				133,3		146,5		281,1		427,7
Innovationsgrad				11,2 %		15,0 %		7,9 %		38,5%

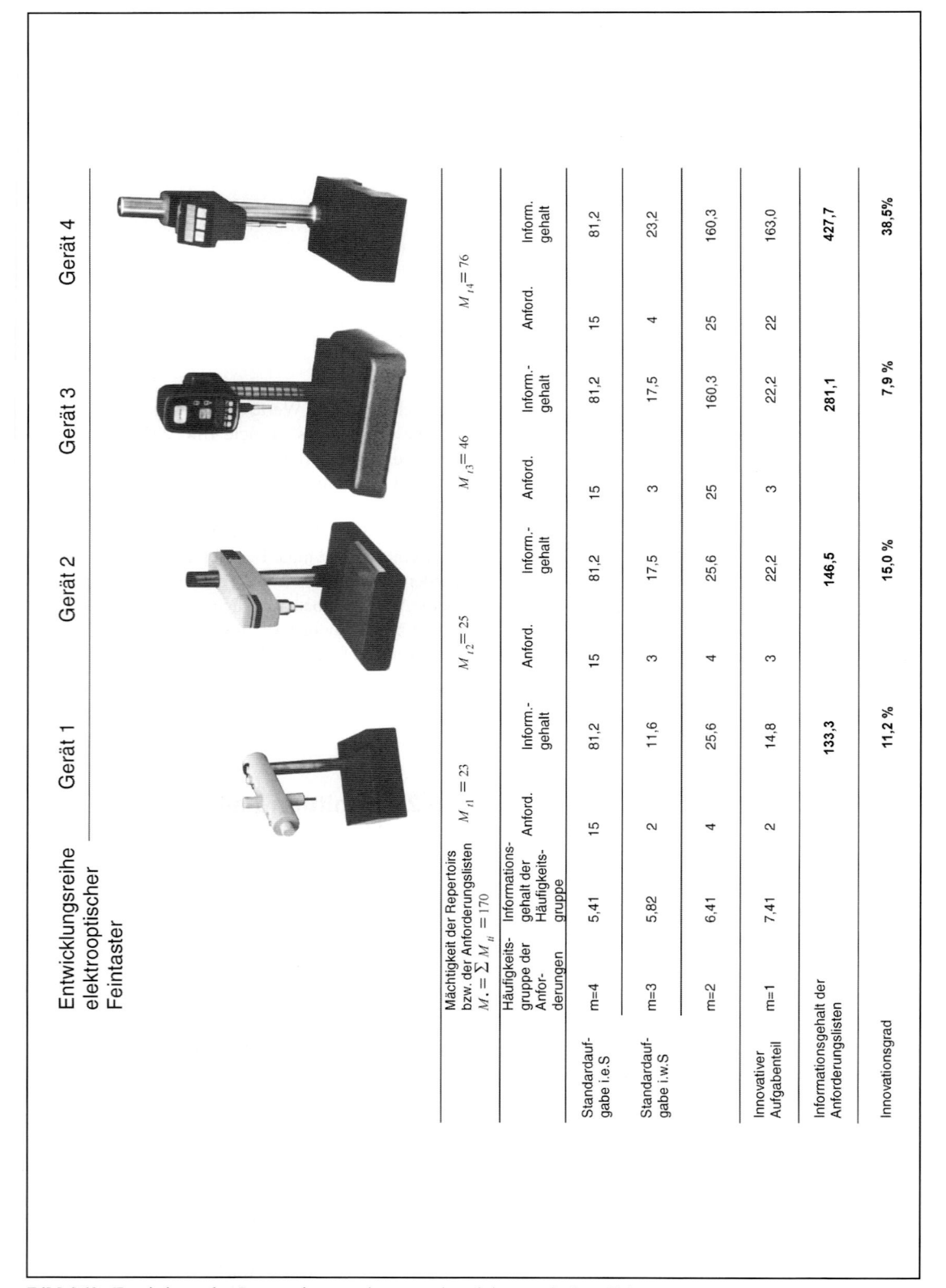

Bild 269 Ermittlung des Innovationsgrades von vier elektrooptischen Feintastern

15.2 Ermittlung eines Neuheitsgrades

$$I(A_i) = -ld\ p_i\ [bit]$$

I ... Informationsgehalt
A_i ... „Element"
p_i ... Wahrscheinlichkeit von A_i
m ... Häufigkeit des Auftretens eines Elementes
M ... Mächtigkeit des Element-Repertoirs
$p_i = m/M$ ... Wahrscheinlichkeit des Auftretens eines Elementes

$$I = -\sum_{i=1}^{n} ld\ p_i\ [bit]$$

I ... Informationsgehalt einer Elementfolge

Dieser „Informationsgehalt" ist eine Kenngröße für komplexe Elementmengen mit unterschiedlichen Häufigkeiten. Er wird umso größer, je seltener ein Element auftritt.

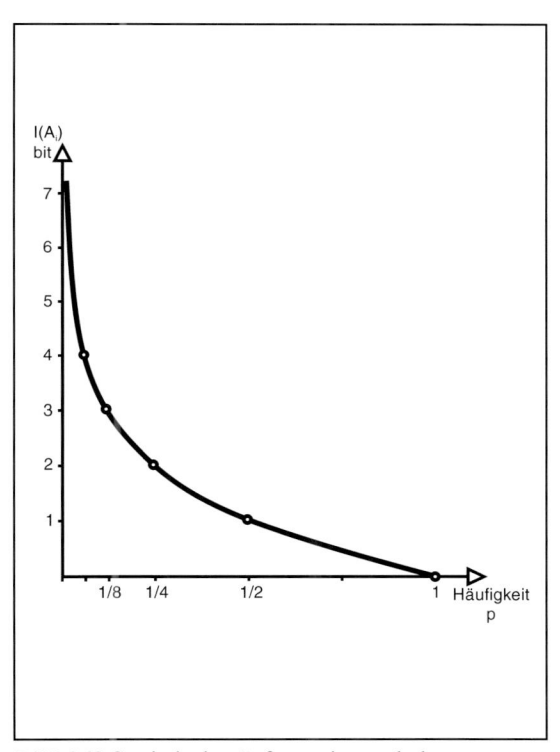

Bild 268 Statistischer Informationsgehalt

Von dem Verfasser sowie seinen Mitarbeitern und Studenten wurde vielfach versucht, mit diesem Ansatz die Gestalt bzw. Teilgestalten technischer Produkte, insbesondere auch Interfaces zu beschreiben (Bodack 1966, Maier 1987 u.a.). Auf diesem Ansatz basiert auch die Aussage von K. Langenbeck „Bedienfelder tendieren zur maximalen Entropie!".

Die folgenden Überlegungen gehen von der Annahme aus, dass ein neues Produkt das Ergebnis einer neuen Aufgabenstellung ist. Und dass diese damit auch schon einen Neuheitsgrad besitzen muss.

Anwendungsbeispiel für diese Untersuchung war eine Entwicklungsreihe von 4 elektrooptischen Ferntastern (Bild 269):

Gerät 1: Prototyp/Urmodell: FH Karlsruhe 1976 Prof. Onnen
Gerät 2: FHG Pforzheim 1978 K.H. Bauer, Profs. Gallitzendörfer und Seeger
Gerät 3: Uni Stgt. 1980 StA Scholz FWT, Prof. Jung /Dr. Lindenmüller Prof. Seeger TD
Gerät 4: Uni Stgt. 1981 StA Luik, Prof. Jung/Dr. Lindenmüller, Prof. Seeger TD

Die Geräte dienen zum Messen von Werkstückoberflächen, die mechanisch abgetastet werden. Der Messweg wird mittels eines Inkrementalmaßstabs elektrisch gewandelt und digital angezeigt. Für alle vier Geräte wurden nach einem einheitlichen Schema die Anforderungslisten unterschiedlicher Mächtigkeit erstellt (Zeile 2). Hieraus wurde über die Häufigkeit der einzelnen Anforderungen ein redundanter Anteil oder die Standardaufgabe und ein innovativer Anteil oder die spezielle Aufgabestellung ermittelt. Die Standardaufgabe i.e.S. bilden die 4fach auftretenden Anforderungen (Zeile 4). Hierzu wurden die 3fach und 2fach auftretenden Anforderungen dazu genommen (Zeile 5 und 6).

Der innovative Aufgabenteil wird durch die 1fach oder singulär auftretenden Anforderungen gebildet (Zeile 7).

Auf dieser Grundlage wurden die Informationsgehalte der Anforderungsgruppen und Anforderungsmengen gebildet (Zeile 3-7). Hieraus ergeben sich die Informationsgehalte der 4 Anforderungslisten (Zeile 8) mit folgenden Fakten:

- Der Informationsgehalt einer Anforderungsliste wächst mit der Zahl und mit dem Anteil singulärer Anforderungen.
- Ein Innovationsgrad kann über den Quotient Informationsgehalt des innovativen Aufgabenteils zum Informationsgehalt der gesamten Anforderungsliste gebildet werden.
- Die Weiterentwicklung von Gerät 2 zu Gerät 3 zeigt, dass sich trotz Verdoppelung der Anforderungen der Innovationsgrad beinahe halbiert.
- Interessant ist, dass Gerät 1 als Prototyp oder Pionier allen, d.h. ohne Gerät 2-4, einen Innovationsgrad von 1,0 oder 100% hat. Dieser verringert sich, wenn Folgegeräte dazukommen.

Mittels der Anforderungslisten erfolgte eine Nutzwertanalyse des Designs aller 4 Geräte mit dem Er-

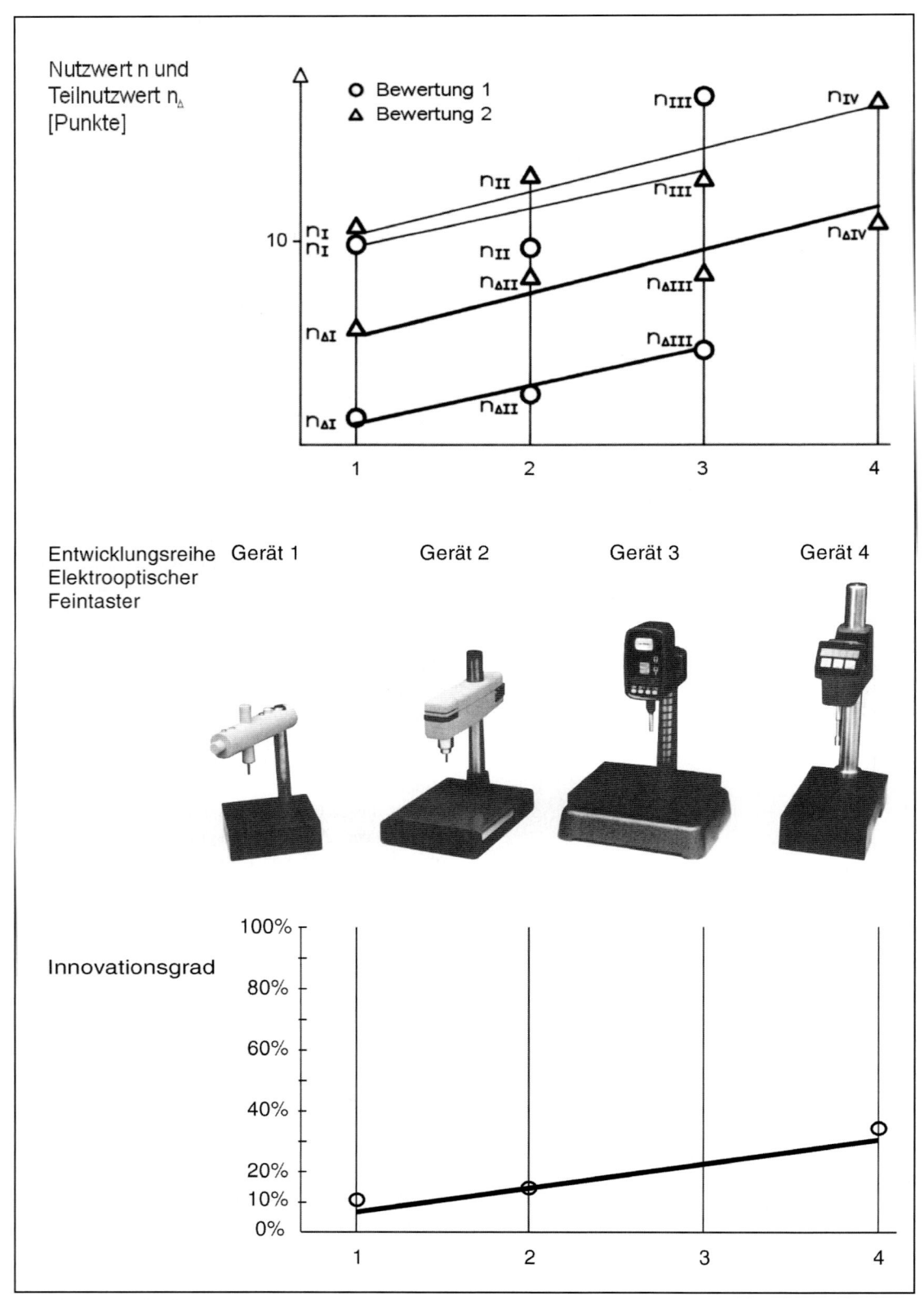

356   15 Ergebnisprüfung und Gebrauchswertoptimierung

Bild 270 Vergleich von Nutzwertverbesserung und Innovationsgrad von vier elektrooptischen Feintastern

gebnis steigender Tendenz (Bild 270 oben). Vergleicht man diesen Verlauf mit dem des Innovationsgrades (Bild 270 unten), dann ergibt sich eine sinnvolle Korrelation von Design-Nutzwert und Innovationsgrad. Denn ohne diesen Zusammenhang beinhalten Innovationen die Gefahr nur anders sein zu wollen.

Für eine vollständige Innovationsbewertung müsste die entsprechende Analyse auf allen Konkretisierungsstufen eines Produktes durchgeführt werden und sollte dann einen durchgängigen Innovationsgrad ergeben, der als Innovationsvektor dargestellt werden könnte.

Die Formel für den statistischen Informationsgehalt nach Shannon und Weaver erscheint zur Bestimmung eines Innovationsgrad geeignet. Allerdings ist die Aufbereitung des Datenmaterials sehr aufwendig. Nach Erstellung eines geeigneten Programms könnte der Rechnereinsatz hier sicher eine wesentliche Verbesserung erbringen.

15.3 Vergleich des Teilnutzwerts Design mit dem Gefallensurteil

Als weitere Überprüfungsmöglichkeit bietet sich der Vergleich oder die Korrelation des Gefallensurteils (s. Abschnitt 1.3) mit dem Bewertungsergebnis (s. Abschnitt 3.) an. Hierzu gilt die Hypothese:

- dem Gefallen ist ein hoher Teilnutzwert zugeordnet,
- und dem Missfallen ist ein niederer Teilnutzwert zugeordnet.

Das Gefallen wird als Funktion des Designs verstanden. Als grafisches Ergebnis dieser Überprüfung muss sich im Bewertungsdiagramm eine Wertfunktion ergeben, im einfachsten Fall eine Gerade, d.h. dieser Bewertungsvergleich kann eine Möglichkeit sein, die Rückschlüsse auf entsprechende Wertfunktionen zulässt.

Beispiel Designbewertung von Elektrowerkzeugen (Bilder 271 - 274).

Bewertet wurden 7 aktuelle Schlagbohrmaschinen der gleichen Leistungsklasse sowohl in einem Gefallenstest wie in einer differenzierten Designbewertung nach 275 Anforderungen.

Der Gefallenstest wurde mit 17 Personen durchgeführt, die die Körpergrößengruppe kleine Frau bis großer Mann repräsentierten.

Die differenzierte Designbewertung wurde von 2 Diplomingenieuren durchgeführt, wovon einer Mitarbeiter eines der Gerätehersteller war. Die Ergebnisse wurden durch Stichproben mit 5 weiteren Testpersonen abgesichert.

Nach dem Gefallenstest lag die Maschine 2 an der Spitze gefolgt von 6, 5 und 1. Der Platz 1 wurde durch die differenzierte Designbewertung klar bestätigt. Diese Maschine fiel in keinem Bewertungsbereich ab und lag bei 4 Bereichen an der Spitze des Vergleichs.

In einzelnen Bewertungsbereichen, so z.B. im Schalterhandgriff, setzt diese Maschine Maßstäbe. Die differenzierte Designbewertung bestätigte gleichfalls Rang 2 der Maschine 6. Bei den beiden anderen ergab sich eine Rangverschiebung

- bei 1 auf Rang 3,
- bei 5 auf Rang 6.

Diese Bewertung bestätigte damit das Selbstverständnis des Herstellers von Gerät 6 als „schneller Zweiter".

Diese und andere Untersuchungen erlauben aus der Übereinstimmung von Gefallensurteil und differenzierter Designbewertung die Folgerung, dass das gewählte Verfahren zur Definition von Designanforderungen und zur Ermittlung des entsprechenden Teilnutzwertes die spontane Urteilsbildung abbildet und erfasst. Dieses Ergebnis ist sicher für Praxis und Lehre des Designs wertvoll.

Ob allerdings die Umkehrung dieser Schlussfolgerung richtig ist, nämlich dass das Gefallensurteil eine objektive Bewertung darstellt, ist eine Frage, die heute insbesondere in Verbindung mit der Design-Jurierung gesehen und diskutiert wird.

15.4 Wirtschaftliche Aspekte des Designs und Ansätze zur Gebrauchswertoptimierung

Die Kosten wurden in diesem Kompendium schon in Kapitel 1.5, Bild 10 eingeführt. Nach Definition 1.12 wurde der Gebrauchswert W als Quotient aus Nutzwert N und Kosten K gebildet.

$$W = \frac{N}{K}$$

Grundsätzlich gehen die folgenden Überlegungen davon aus, dass durch ein kundenorientiertes Design, die in der Produktplanung festgelegten Stückzahlen für eine kostengünstige Produktion erzielt werden bzw. noch erhöht werden.

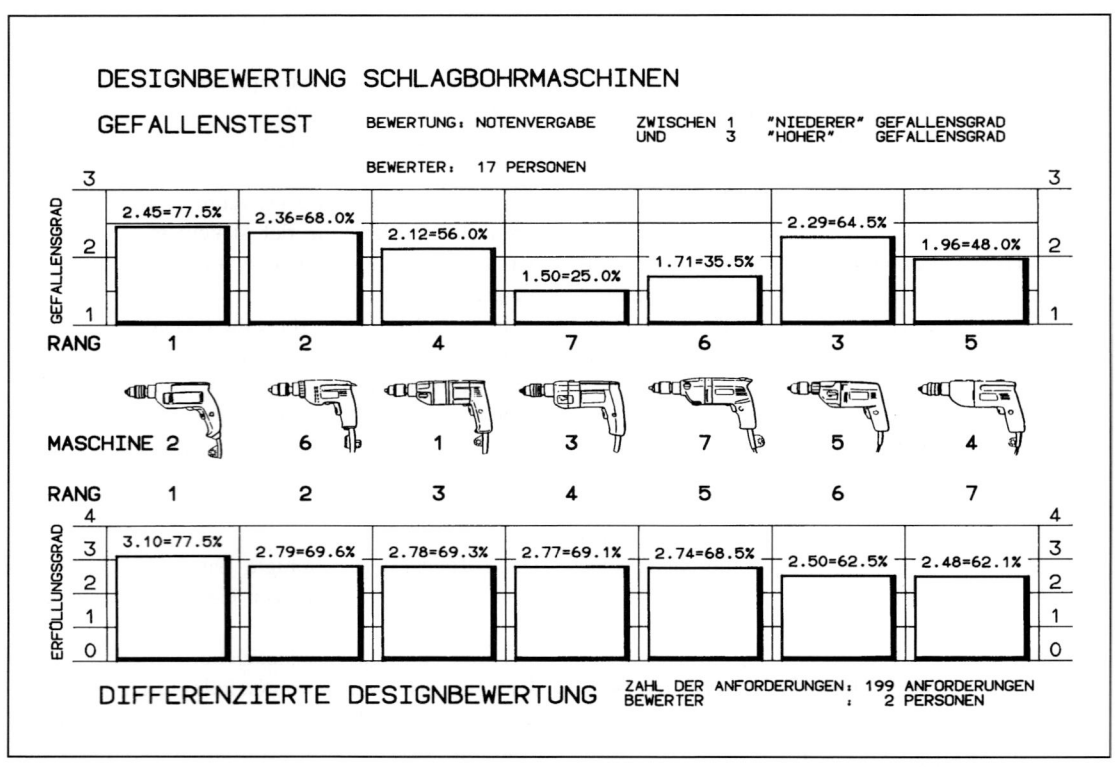

Bild 271 Gefallenstest und differenzierte Designbewertung von sieben Schlagbohrmaschinen

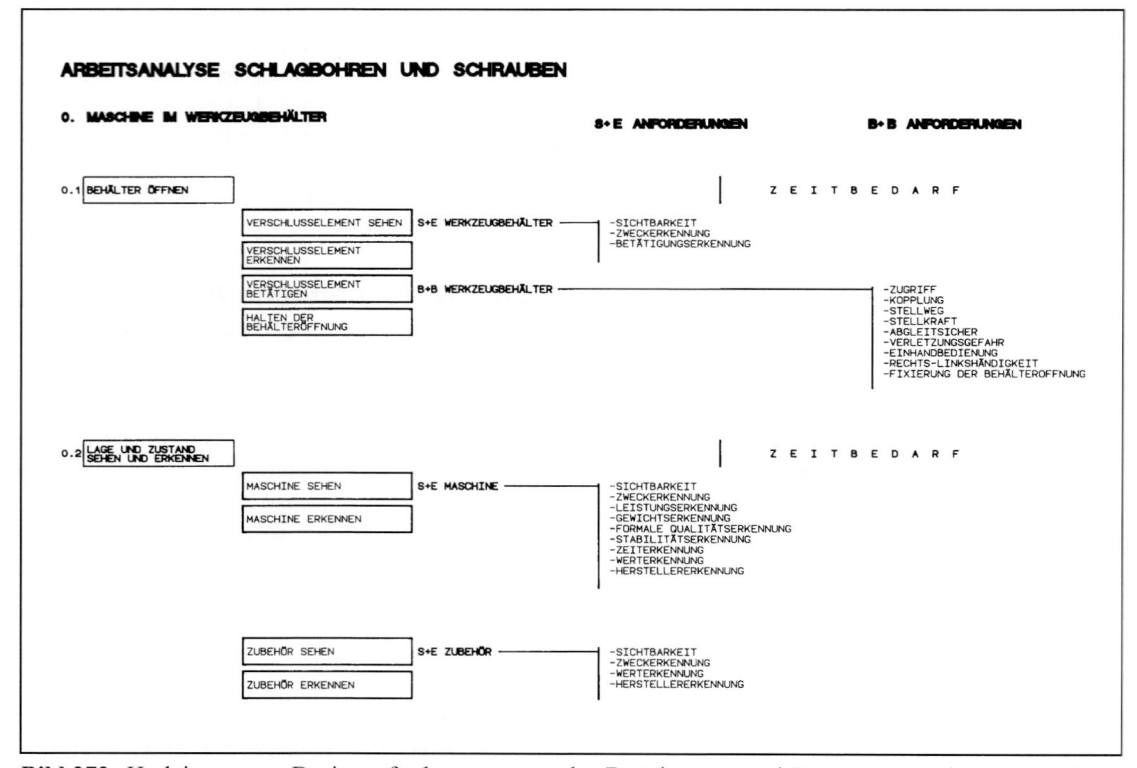

Bild 272 Herleitung von Designanforderungen aus der Betätigungs- und Benutzungsanalyse von Schlagbohrmaschinen

15.4 Wirtschaftliche Aspekte des Designs und Ansätze zur Gebrauchswertoptimierung

ANFORDERUNGSLISTE UND BEWERTUNGSSKALA SCHLAGBOHRMASCHINEN
BEWERTUNGSGRUPPE 1 : Schalterhandgriff I

NR.	ANFORDERUNGEN	GEWICHTUNG ART	FAKTOR	BEWERTUNGSSKALA	LIT.	BEMERKUNG
	S+E Handgriff					
1.01	Sichtbarkeit			nicht sichtbar .. ..sehr gut sichtbar		
1.02	Zweckerkennung : Handgriff			nicht erkennbar.. ..sehr gut erkennbar		
1.03	Betätigungserkennung: Umfassungsgriff			nicht erkennbar.. ..sehr gut erkennbar		
	Erweiterung					
1.04	Haptik			sehr unangenehm.. ..sehr angenehm		Oberfläche und Form
	Wärmeleitung					nicht berücksichtigt
	Schwingungserregung, u.a.					nicht berücksichtigt
	B+B Handgriff					
1.05	Zugriff			32 mm (95 % M)... ...> 60 mm	DIN 33402	Freiraum um den Handgriff
1.06	Zugriff bei abgelegter Maschine			nicht gewährleistet... ...sehr gut gewährleistet		Freiraum zwischen Handgriff und Ablagefläche
1.07	Kopplungsgrad			60 % ... ... 100 %		hoher Kraftschluß, niedere Beweglichkeit

Bild 273 Auszug aus der Anforderungsliste der Schlagbohrmaschinen

BEWERTUNGSERGEBNIS SCHLAGBOHRMASCHINEN
BEWERTUNGSGRUPPE : Schalterhandgriff   BEWERTER : ....

NR.	ANFORDER- UNGSGRUPPE	GEWICHT. ART	FAKTOR	MASCHINE 1	2	3	4	5	6	7	KRITIKPUNKTE
1.01–1.04	S+E HANDGRIFF			13	15	10	11	10	14	13	-Oberfläche des Griffes
1.05–1.12	B+B HANDGRIFF			20	27	17	19	19	24	23	-Rundungen am Griff zu spitz
	Σ HANDGRIFF			33	42	27	30	29	38	36	-Zugriff bei abgel. Maschine
1.13–1.17	S+E EIN-AUS			12	14	10	6	12	10	9	-Fkt'kennzeichnung undeutlich
1.18–1.26	B+B EIN-AUS			29	31	30	19	25	30	23	-Drehzahlregler tut weh
	Σ EIN-AUS			41	45	40	25	37	40	32	-Schaltpkt. nur schwach fühlbar
1.27–1.31	S+E DREH-ZAHLREGLER			10	17	11	11	10	8	-	-Anzeige der Stellung
1.32–1.39	B+B DREH-ZAHLREGLER			17	27	23	22	14	21	-	-Drehrad tut weh -Durchmesser zu klein
	Σ DREH-ZAHLREGLER			27	44	34	33	24	29	-	
1.40–1.43	S+E DAUER-EIN			10	7	5	7	11	2	5	-Zweckkennzeichnung fehlt
1.44–1.51	B+B DAUER-EIN			23	24	26	26	25	14	27	-Betätigungskz. fehlt -Druckknopf mit harten Kanten
	Σ DAUER-EIN			33	31	31	33	36	16	32	-R-L-Händigkeit

☐ bestes Ergebnis im Vergleich
⌐ ⌐ schlechtes Ergebnis im Vergleich

Bild 274 Auszug aus dem Bewertungskatalog der Schlagbohrmaschinen

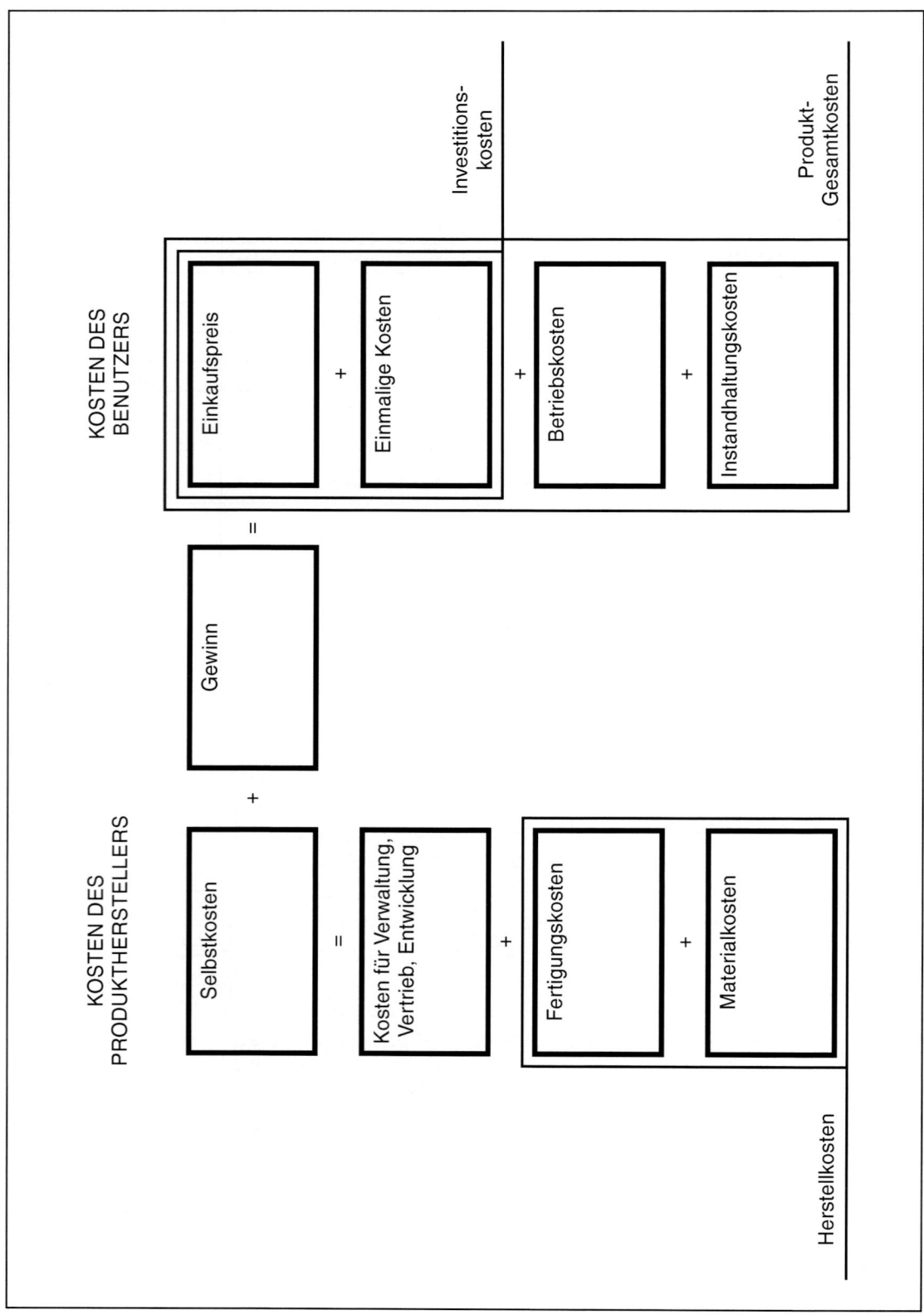

Bild 275 Kostenstruktur nach Ehrlenspiel (Fortsetzung zu Bild 10)

Der folgenden Kostenbetrachtung wird die Gliederung nach Ehrlenspiel [211] (Bild 275) zugrunde gelegt.

Darin beeinflusst das Design sowohl die Kosten des Produktherstellers wie die Kosten des Produktbenutzers.

15.4.1 Kosten des Produktherstellers

Das weit verbreitete Vorurteil, dass die Berücksichtigung von Designaspekten die Kosten eines Produktes grundsätzlich erhöht, beruht auf einem falschen Designverständnis. Bei einem technisch orientierten, funktionalen Designansatz werden keine festen Vorgaben gemacht, die zu einer Erhöhung der Herstellkosten aufgrund aufwendiger Fertigungsverfahren usw. führen. In einem integrierten Entwicklungsprozess wird vielmehr in paralleler Arbeit, sozusagen in einem Simultaneous Design, eine Lösung erarbeitet, die allen Anforderungen entspricht. Das Design berücksichtigt die erforderlichen Herstellverfahren und ist damit in Bezug auf die Herstellkosten zunächst neutral. Ein geringer Mehraufwand für die Entwicklung ist möglich, wenn Designaspekte optimal bearbeitet werden.

Eine frühere Erhebung bei einem Großunternehmen mit einer eigenen Designabteilung und bei einem Mittelunternehmen mit einem beratenden Designer ergab einen Anteil der Designkosten an den Entwicklungskosten im ersten Fall von 2 % und im zweiten Fall von 0,3 %.

Diese Anteile sind weiterhin gültig. Bei einem bekannten Maschinenbaukonzern wurden die Designkosten in jüngster Zeit mit 4 % der Entwicklungskosten angegeben. Wenn man – nach Ehrlenspiel – davon ausgeht, dass die Entwicklungskosten einen Anteil von weniger als 10% an den Selbstkosten haben, dann sind die oben- genannten Designkosten sehr gering.

Versteht man das Technische Design mitverantwortlich für die Bedienungselemente und für die Tragwerks- und Gehäuse-Elemente eines Produktes, dann kann diese Mitverantwortung teilweise über 50% dessen Herstellungskosten betreffen.

Für eine sinnvolle Beurteilung sollten jedoch die Produkt-Gesamtkosten anstatt einzelner Kosten für Herstellung oder Entwicklung betrachtet werden. Gut gestaltete Produkte bewirken in vielen Bereichen Kostensenkungen, z.B. durch die Verwendung von Gleich- und Zukaufteilen. Dies spart Fertigungskosten und ist gleichzeitig ein wichtiges Element des Corporate Design, das einen Zusammenhang mit den anderen Produkten des Herstellers bzw. der gleichen Marke schafft. Durch eine selbsterklärende Gestaltung des Produktes verringern sich zudem die Kosten für die technische Dokumentation erheblich. Hierzu gehören auch die so genannten Wechselkosten bei der Bedienung unterschiedlicher Maschinen oder Fahrzeuge durch die gleiche Bedienperson.

Eine interessante Aussage aus der Praxis ist, dass ein eindeutig herstellerkennzeichnend gestaltetes Produkt weniger Werbungskosten z.B. für Anzeigen erfordert und damit die Vertriebskosten senkt.

Ein spezielles Problem ist die Kostenermittlung für Produkt- und Designvarianten aus Baukästen. Ein bekannter Pkw-Hersteller gibt für einen erfolgreichen Fahrzeugtyp an, dass dieser aus 12 Baukästen mit 20000 Varianten entsteht. Aus solchen Beispielen entsteht heute vielerorts die Forderung nach kleineren und weniger Baukästen bzw. die Konstruktionsregel, „Varianten möglichst erst am Ende der Wertschöpfungskette entstehen zu lassen" [212].

Es gibt Beispiele im Bereich der „Weißen Ware", wo dies nur über Markenname, Farben und Schriften realisiert wurde. Was aber zu sehr schwach unterscheidbaren Designlösungen führt.

Grundsätzlich zielt dieses Fachbuch schon durch die möglichst genaue Kundendefinition in Abschnitt 2 auf eine Reduzierung der Varianten und der Baukästen und damit auch der Herstellkosten.

Von einem großen Automobilkonzern ist die Zielsetzung bekannt nach 80% Gleichteilen und 20% Alleinteile für die Designdifferenzierung. Ähnliche Werte sind von einem Hersteller von Spritzgussmaschinen bekannt:

- 84% Standard-Bauteile
- 16% Sonderbauteile für die Varianten

Ein Anteil von 80% der Funktionskosten für die Hauptfunktionen ergänzt diese Angabe.

Eine sinnvolle Darstellung der Kostenanteile von Produktvarianten und Baukästen ist die ABC-Analyse (Bild 276).

Grundsätzlich kann auf dieser Grundlage gesagt werden, dass die Gleichteile in dem oben genannten Umfang und Wertanteile immer A-Teile sein müssen. Hierzu zählen in vielen Fällen die Tragwerke, wie z.B. die Karosserie im Automobilbau (s.a. Tabelle 13). Die dargestellte ABC-Analyse des Münzfernsprechers (Farbbild 15) zeigt, dass die Gleichteile ca. 90% der Herstellkosten und die Variantenteile 10% ausmachen. In dieser Relation handelt es sich um einen kostenmäßig sehr günstigen Baukasten.

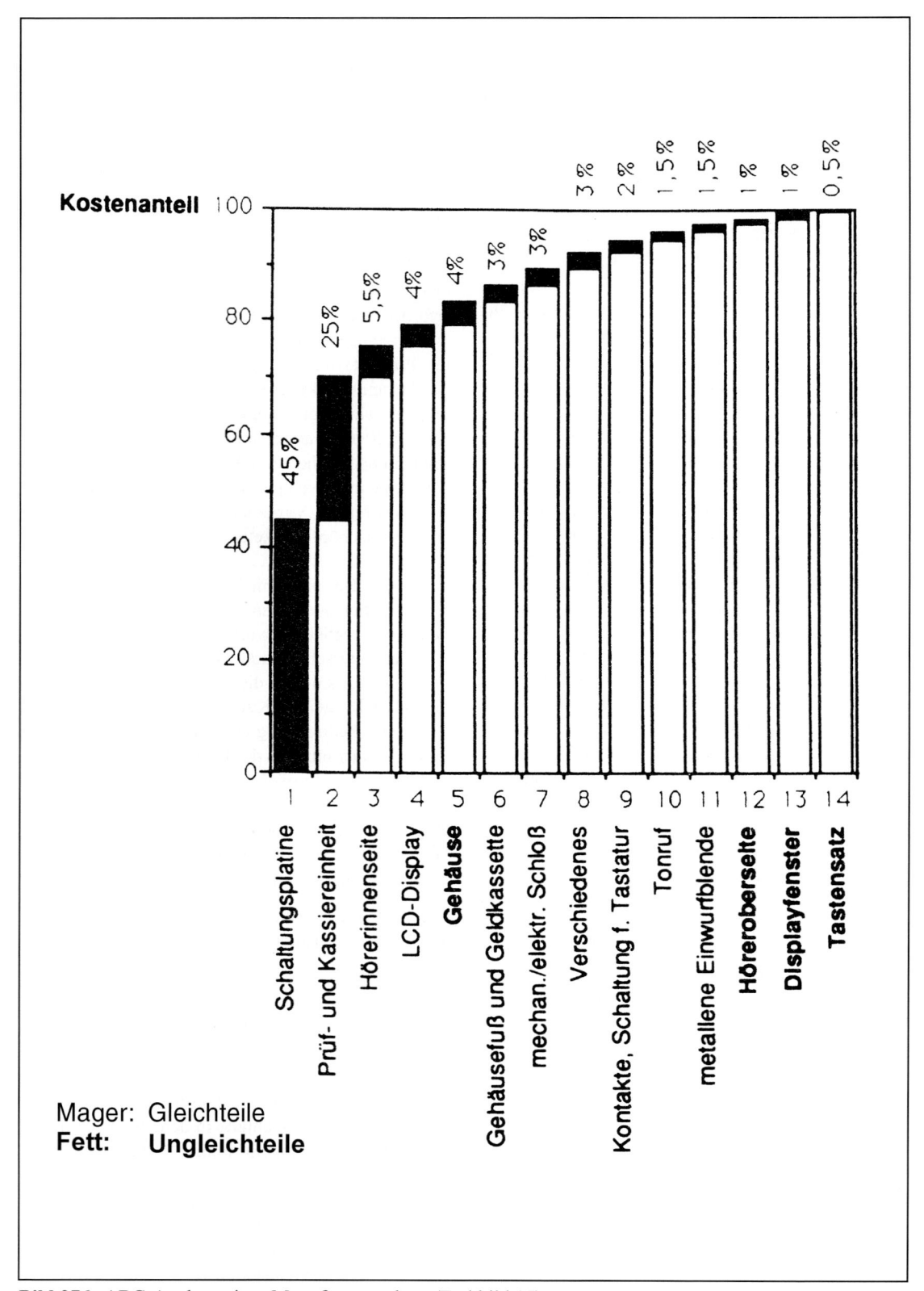

Bild 276 ABC-Analyse eines Münzfernsprechers (Farbbild 15)

Demgegenüber enthält das Hydraulikentwicklerprogramm (Farbbild 13) als Gleichteil nur den Rahmen (Bild 237). Wenn man davon ausgeht, dass dieser an den Herstellkosten einen Anteil von weniger als 10% hat, dann ist dieses Variantenprogramm kostenmäßig sehr aufwendig.

Der aktuelle Wissensstand zur Erfassung und Optimierung der Kosten von Produktprogrammen findet sich in einschlägigen Datenbanken, wie z.B. der Datenbank Maschinenbau, unter dem Stichwort „Vielfaltmanagement" und ist in größeren Unternehmungen und Konzernen wie z.B. Daimler-Chrysler, unter dieser Bezeichnung auch institutionalisiert [213].

Zu den neueren Verfahren der Kostenermittlung von Produktvarianten und -programmen gehört die Prozesskostenanalyse, weil durch die bisher angewandte Zuschlagskalkulation die „Renner" zu hoch und die „Exoten" zu niedrig kalkuliert wurden, wodurch die Variantenvielfalt gefördert wurde.

Die Prozesskostenanalyse oder Prozessorientierte Kalkulation ist – einfach ausgedrückt – die differenzierte Betrachtung der Kosten für Verwaltung, Vertrieb und Entwicklung (Bild 275) bezüglich der Variantenkosten für Logistik, Produktionsplanung und -steuerung, Qualitätssicherung u.a. [214].

15.4.2 Kosten des Produktbenutzers

Für den Anwender wirkt sich die Berücksichtigung von Designanforderungen vielfältig positiv auf die Kostenstruktur aus. Die einmaligen Kosten können insbesondere durch eine transportgerechte Gestaltung und durch eine schnell erlernbare Bedienung des Produkts reduziert werden. Den größten Einfluss hat das Design aber im Bereich der Betriebskosten und der Instandhaltungskosten, wo durch eine ergonomische Gestaltung die Effizenz des Produkteinsatzes erhöht wird.

So gesehen kann auch ein geringfügig erhöhter Fertigungsaufwand gerechtfertigt sein, wenn damit ein erhöhter Produktnutzen und eine Senkung der Produktgesamtkosten einher geht.

In einer erweiterten, volkswirtschaftlichen Betrachtung ergibt sich - durch sinkende Unfallzahlen und weniger Berufskrankheiten - eine weitere Kostenersparnis, die jedoch nur schwer erfasst werden kann, da sie sich nur indirekt über sinkende Versicherungsbeiträge und Fehlzeiten auswirkt.

Ein interessanter Ansatz ist die Ermittlung von „Grundanforderungen an Methoden der monetären Markenwertmessung" durch das DJN.

Design ist in dieser wirtschaftlichen Bewertung kein Kostenfaktor, sondern eine Nutzen- Investition zur Gebrauchswert-Optimierung.

Allerdings wird es noch lange dauern, bis das Design durch die Verkäufer und Käufer zum „Value-selling" gezählt wird.

15.5 Ansatz zum Service-Design

Die meisten Deutschen arbeiten als Dienstleister. Mit der Nennung eines Anteils von 63% weist eine diesbezügliche Pressemeldung über den Deutschen Arbeitsmarkt auf ein vielfach übersehenes Faktum hin, das aber heute verstärkt in das allgemeine Bewusstsein rückt.

„Porsche (Consulting GmbH) hat sich als Dienstleister längst einen Namen gemacht" oder „Deutsche Werkzeugmaschinenhersteller können auch mit Service Geld verdienen" sind Indizien auf die zukünftige Bedeutung des Service.

„Hewlett-Packard-Chefin verkündet das Ende der Produkt-Ära" ist sicher eine extreme Formulierung zu diesem Sachverhalt.

Über Umfang und Definition von ingenieurmäßigen Services und Dienstleistungen bestehen eine Reihe von Ansätzen und Listen [215, 216]. Nicht zuletzt auch im Hinblick auf das so genannte Service Engineering [217] als mögliches neues Ausbildungsziel. In diesem Rahmen tritt auch die Frage nach dem Service-Design [218, 219] auf.

Definition 15.1 *Einheitliche Auffassung der meisten Fachautoren ist, dass es sich bei allen Arten an Service und Dienstleistungen um ein entmaterialisiertes Produkt, im Extremfall um ein immaterielles Produkt, handelt. Die höchste Stufe der Immaterialität haben Services und Dienstleistungen mit dem Charakter einer Information.*

Im Sinne der bisherigen Darlegungen können Service und Dienstleistungen als kunden- und verhaltensorientierter Nutzen verstanden werden. In der Kundendefinition sind dabei ebenfalls die in Kapitel 2.2 behandelten demografischen und psychografischen Merkmale des Menschen relevant.

Im erstgenannten Merkmalsbereich insbesondere die Qualifikation, d.h. Ausbildung und Erfahrung, und im zweiten Merkmalsbereich Einstellungen, wie z.B. die Sicherheitsorientierung.

Als Ansatz scheint auch hierzu der in Kapitel 6.1.4.2 dargelegte Informationsbegriff mit 4 Komponenten anwendbar (Bild 277).

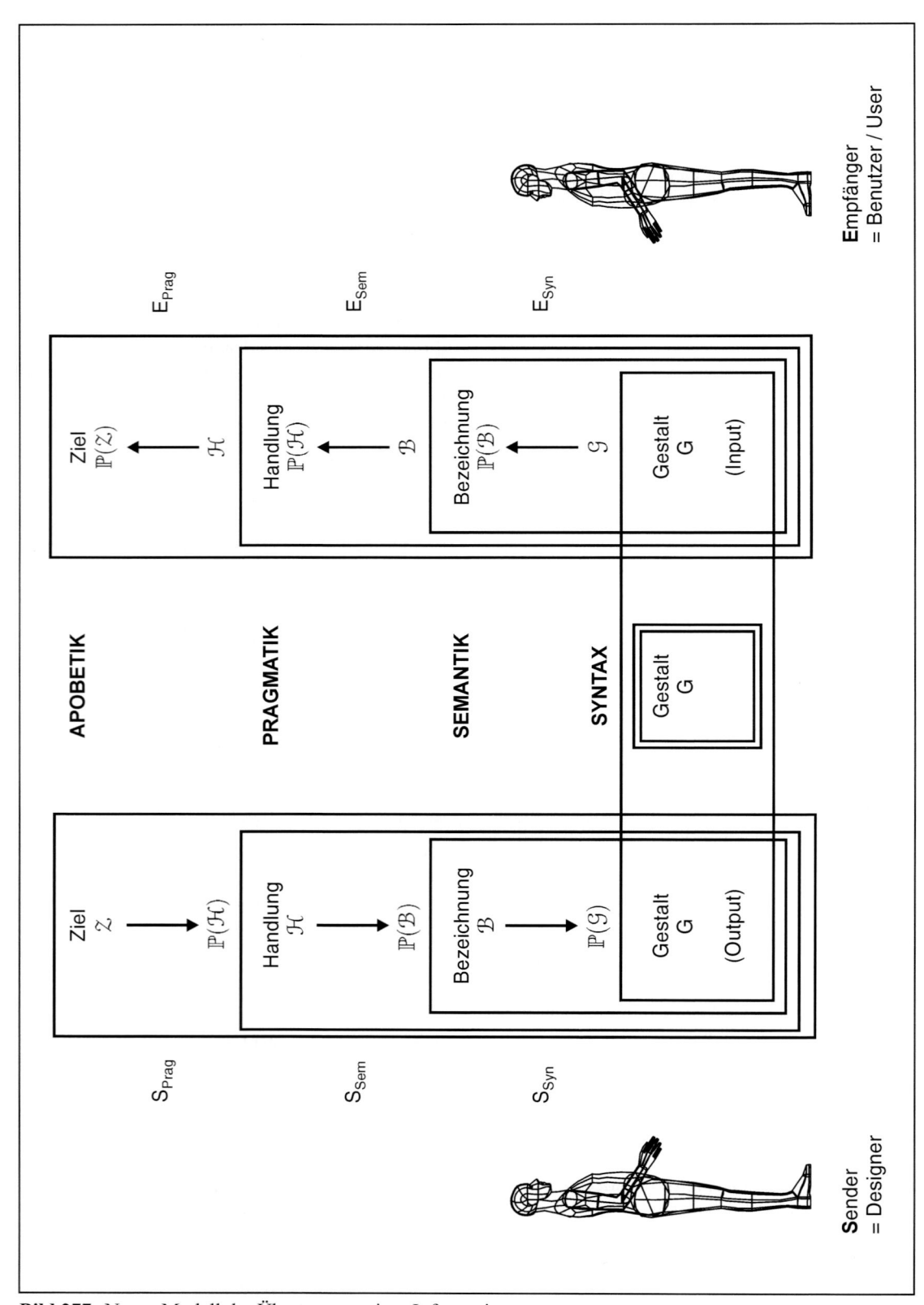

Bild 277 Neues Modell der Übertragung einer Information

Ein Service oder eine Dienstleistung ist danach als zweck- und handlungsorientiertes Wissen zu definieren, das aus einer Kodierung möglichst schnell und eindeutig bzw. fehlerfrei dekodiert und bezeichnet werden soll.

Für die Senderinformation gilt:

$$I_S = S_{Syn}(S_{Sem}(S_{Prag}(z))), z \in \mathcal{Z}$$

analog gilt für die Empfängerinformation:

$$I_E = E_{Prag}(E_{Sem}(E_{Syn}(G))), G \in \mathcal{G}$$

Zwischen diesen beiden Informationen gilt die Relation:

$$I_E \leq I_S$$

Eine eindeutige Information entsteht auf der Empfängerseite, wenn sich auf den einzelnen Ebenen des Dekodierungspfades jeweils nur eine einzige und richtige Bezeichnung b, Handlung h und Ziel z ergibt.

Das Service-Design ist meist eine Wissenskodierung z.B. in einer Bildgestalt, einer grafischen Gestalt oder einer Interfacegestalt, wie sie insbesondere in den Kapiteln 6.4 und 9.2.1 behandelt wurden. Die Überprüfung der Dekodierbarkeit kann nach dem in Kapitel 2.4 behandelten Erkennungstest sowie den in Kapitel 6 behandelten Methoden zur Ermittlung von Lernzeiten und Fehlerquoten erfolgen.

Für eine Designauffassung, die nicht nur an der Kunst, sondern an Gebrauch und Erkennung orientiert ist, ist das Service-Design kein ungelöstes Problem, sondern eine interessante Aufgabenerweiterung zu einem umfassenden Corporate Design (s. Kapitel 14.6.1). So lässt sich z.B. aus der in Kapitel 6 behandelten Bedienungskonzeption nahtlos eine Bedienungs- und Reparaturanleitung ableiten.

15.6 Multisensorisches Design

Die folgenden Ausführungen sind eine Weiterführung der Abschnitte 2.3 und 2.4 mit einer Erweiterung auf die ganze menschliche Sensorik d.h. auf 10 weitere menschliche Sinne.

Der Begriff „Multisensorisches Design" wurde durch Prof. Kroeber-Riel [1], [220] 1984 eingeführt.

Diese Qualität von industriell hergestellten Produkten ist uralt und in der Lebensmittelproduktion i.w.S. am höchsten entwickelt und auch wissenschaftlich fundiert [221].

Auch bei technischen Produkten wird schon sehr lange „auf diesem Klavier gespielt", wie z.B. der chinesischen Duftuhr, bei der die Zeit über unterschiedliche Düfte angezeigt wurde. Der Einsatz multisensorischer Effekte reicht bis in die Gegenwart z.B. bei Spielzeuglokomotiven mit Ton und Dampf.

Der Erfolg bestimmter Erfindungen, wie z.B. der geräuschlose Regulator in der Uhrentechnik, gründete sich auf sensorische, d.h. akustische Verbesserungen. In der modernen Produktentwicklung wird in diesem Zusammenhang von einem „Mehrwert für die Sinne" gesprochen. Eine Konsequenz daraus sind auch neue Berufsfelder, wie der Sensoriker, der Akustiker und Sound-Designer, der Haptiker u.a.

So bietet die Hochschule für Kunst und Design in Halle seit neuestem eine Vertiefung „multisensuelles Design" an [86].

Eine interessante Studie ist in diesem Zusammenhang das Fahrzeug „Senso" von Rinspeed und Bayer Material Science (2005).

Als Konsequenz aus diesen und anderen Aktivitäten wird das multisensorische Design in Zukunft auch zum Verantwortungsbereich der Entwicklungsleiter gehören.

Das multisensorische Design erhält seinen Sinn durch die simultane Übermittlung von Informationen bzw. die Mehrfachkodierung einer Information. Wenn ein wichtiger Ansatz des visuellen Designs die optische Signaltechnik und Telegrafie war und ist, dann ist die für das multisensorische Design die akustische Signaltechnik im Militär- und Verkehrswesen. Die Haptik erhält ihre Bedeutung insbesondere durch die Blindbetätigung von Interfaces.

Generell gilt auch für das multisensorische Design der für das visuelle Design zugrunde gelegte Informations- und Kommunikationsprozess aus Wahrnehmung, Erkennung und Handlung.

Bei der multisensorischen Wahrnehmung sind die entsprechenden Wahrnehmungsgrenzen zu beachten. Die darauf folgende Erkennung kann zu positiven oder negativen Anmutungen bzw. zu wahren oder falschen Erkennungsinhalten führen. Diese Informationen sind dann wieder handlungsbestimmend. Das heißt, auch in der Multisensorik existiert eine zweckfreie ästhetische Dimension vor oder parallel zu der gebrauchsorientierten Informationsübermittlung und Handlungsanweisung.

Das multisensorische Design wird als Behandlung beider Erkennungsbereiche verstanden, wobei sich die Zielsetzung aber immer über die ästhetische

---

[1] Gestorben 2005

Wundt´sche Kurve als Wertfunktion

Punktebewertung

x_1 Untere Wahrnehmungsgrenze

x_2 x_4 x_5 Positiver Wahrnehmungs- und Erkennungsbereich

x_6 Obere Wahrnehmungsgrenze

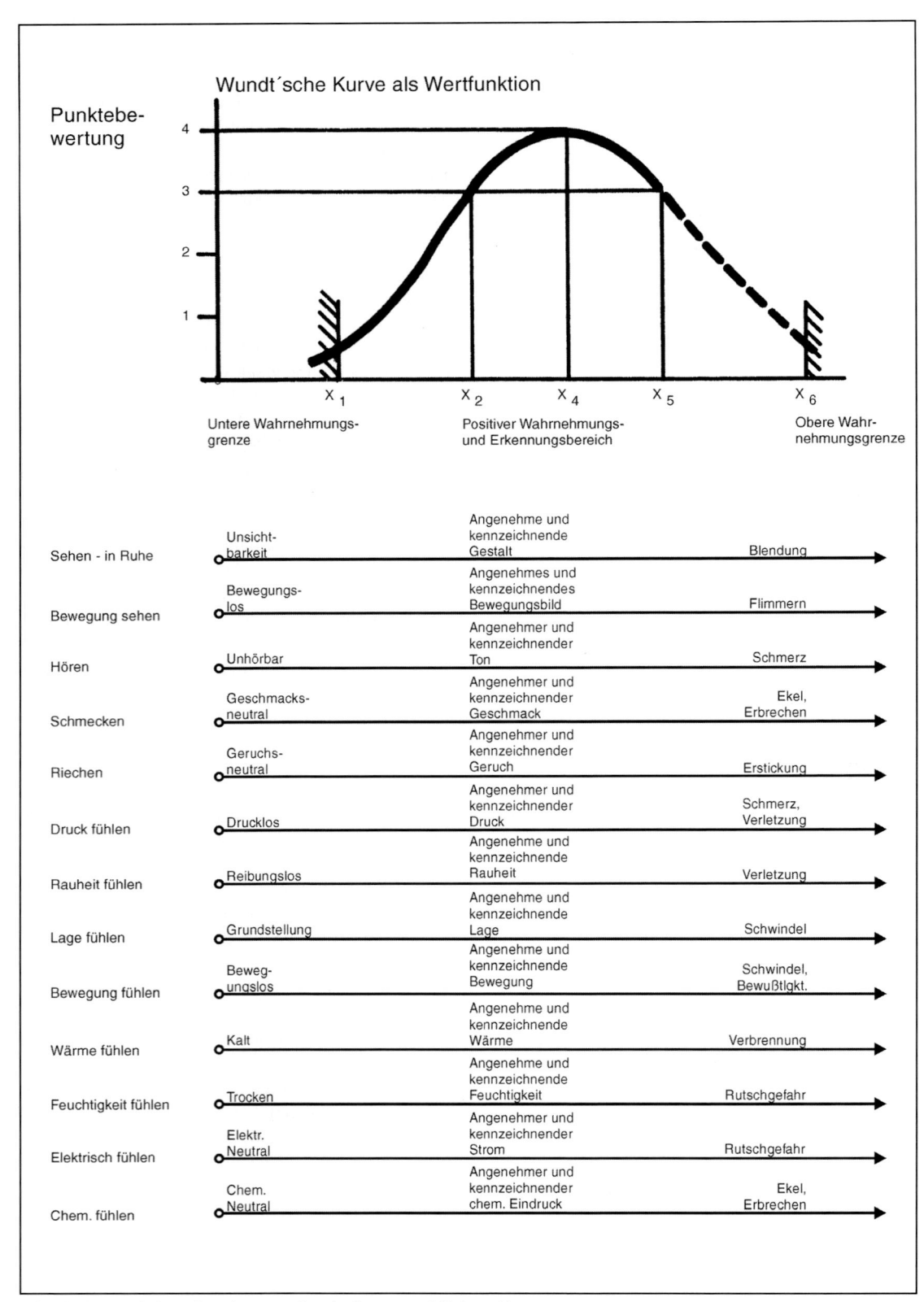

Sinn	Untere Grenze	Positiver Bereich	Obere Grenze
Sehen - in Ruhe	Unsichtbarkeit	Angenehme und kennzeichnende Gestalt	Blendung
Bewegung sehen	Bewegungslos	Angenehmes und kennzeichnendes Bewegungsbild	Flimmern
Hören	Unhörbar	Angenehmer und kennzeichnender Ton	Schmerz
Schmecken	Geschmacksneutral	Angenehmer und kennzeichnender Geschmack	Ekel, Erbrechen
Riechen	Geruchsneutral	Angenehmer und kennzeichnender Geruch	Erstickung
Druck fühlen	Drucklos	Angenehmer und kennzeichnender Druck	Schmerz, Verletzung
Rauheit fühlen	Reibungslos	Angenehme und kennzeichnende Rauheit	Verletzung
Lage fühlen	Grundstellung	Angenehme und kennzeichnende Lage	Schwindel
Bewegung fühlen	Bewegungslos	Angenehme und kennzeichnende Bewegung	Schwindel, Bewußtlgkt.
Wärme fühlen	Kalt	Angenehme und kennzeichnende Wärme	Verbrennung
Feuchtigkeit fühlen	Trocken	Angenehme und kennzeichnende Feuchtigkeit	Rutschgefahr
Elektrisch fühlen	Elektr. Neutral	Angenehmer und kennzeichnender Strom	Rutschgefahr
Chem. fühlen	Chem. Neutral	Angenehmer und kennzeichnender chem. Eindruck	Ekel, Erbrechen

Bild 278 Produktwahrnehmung durch die menschlichen Sinne

Dimension hinaus auf den Gebrauch des betreffenden Produktes richtet.

Beide Dimensionen besitzen teilweise eine lange Historie, wozu viele Einzelabhandlungen zählen. Allerdings existiert bis heute keine Gesamtdarstellung. Das Problem beginnt schon bei der Frage nach den menschlichen Sinnen und ihrer Benennung z.B. Tastsinn oder Haptik bzw. Optik oder visuelle Wahrnehmung. Verbunden ist damit die Frage, welcher Sinn zu einer Erkennung fähig ist. Trotz dieser fachlichen Problematik ist heute ein Trend zum multisensorischen Design in vielen Produktbereichen festzustellen, auch wenn dieses vielfach erst im Versuch experimentell und empirisch gelöst und optimiert wird.

Den weiteren Ausführungen wird das folgende Bewertungsdiagramm zugrunde gelegt.

Aus einer Literaturrecherche ergab sich ein erster Katalog aus mindestens 12 Wahrnehmungsarten zwischen Mensch und Produkt (Bild 278). Anwendungsbereiche einer Vielzahl dieser Wahrnehmungsarten sind die Zahnarzttechnik, die Küchentechnik, die Vergnügungstechnik u.a.

Diese Wahrnehmungen eines Produktes bewirken beim Menschen – im positiven Sinne Wohlsein, Lust, Gemütlichkeit, Sauberkeit u.a. und im negativen Sinne Unlust, Angst, Unwohlsein u.a.

Diese Wahrnehmungsarten treten einzeln auf oder als Synästhesien und als Wahrnehmungskombinationen. So entsteht der „Komforteindruck" eines Raumes über die Kombination von

- Temperaturwahrnehmung
- Wahrnehmung der Luftfeuchtigkeit,
- Wahrnehmung des Luftdruckes,
- Wahrnehmung der Luftbewegung,
- Wahrnehmung der Luftelektrizität
  u.a.

Diese Liste der Wahrnehmungsarten enthält implizit die Frage nach ihrer Vollständigkeit und die Frage nach dem Primat der sinnlichen Wahrnehmung. In diesem Werk wurde von dem Primat der visuellen Wahrnehmung ausgegangen. Alternativ dazu spricht Révész in Verbindung mit der menschlichen Hand [86] vom Primat des Tastsinns.

Der folgende konstruktionswissenschaftliche Ansatz zielt auf die Verbindung des objektiven Wahrnehmungs- oder Messbereichs mit dem subjektiven Bewertungsbereich der sinnlichen Produktgestaltung und Produktkennzeichnung mittels der Grundlagen für Wertfunktionen [222].

Ausgangspunkt eines Koordinatensystems ist die Darstellung des Wahrnehmungsbereichs als x-Achse mit einem Nullpunkt und einer Richtung zunehmender Wahrnehmungsstärke. Verbunden ist damit die Frage nach der Dimension der Wahrnehmung, z.B. der Druckstärke ausgedrückt in N/mm^2. Die zugeordnete y-Achse stellt das Gefallen und das Missfallen dar.

Die Begrenzung des Wahrnehmungsbereichs erfolgt

- durch eine untere Wahrnehmungsgrenze, den sog. Schwellwert der Wahrnehmung (Punkt x_1)
- und durch eine obere Wahrnehmungsgrenze (Punkt x_6 bestimmt durch Verletzungs- oder teilweise Lebensgefahr.

Im Bereich der unteren Wahrnehmungsgrenze finden die Experimente der „sensorischen Deprivation" in der Camera silens statt [223] und über der oberen Wahrnehmungsgrenze liegen z.B. die Folterungsmethoden.

Die sicherheitstechnische Anforderungsdefinition der sinnlichen Wahrnehmungsarten bedeutet, dass alle Produktlösungen im Sinne einer Ja-Nein-Forderung unterhalb der oberen Wahrnehmungsgrenze liegen.

Beispiel: Zulässige elektrische Stromstärke kleiner 3 A [224].

Die bewusste Ausschaltung einer bestimmten Produktwahrnehmung erfolgt üblicherweise durch die Definition der unteren Wahrnehmungsgrenze als Ja-Nein-Forderung.

Beispiel: Ein Produkt soll geruchsneutral sein.

Diese Anforderungsdefinition ist aber für die sinnliche Produktgestaltung und -kennzeichnung nicht hinreichend, weil dadurch Lösungen immer noch im positiven wie im negativen Bewertungsbereich liegen können. Denn aus der praktischen Erfahrung muss der Bewertungsbereich normalerweise in 4 Abschnitte untergliedert werden:

Abschnitt 1, gekennzeichnet durch eine niedere Wahrnehmungsstärke mit schwach positiver oder negativer Bewertung (Bereich x_1-x_2),

Abschnitt 2, gekennzeichnet durch eine höhere Wahrnehmungsstärke mit positiver Bewertung bis zu einem Hochpunkt (Bereich x_2-x_4),

Abschnitt 3, gekennzeichnet durch eine hohe Wahrnehmungsstärke mit abnehmender positiver Bewertung (Bereich x_4-x_5),

Abschnitt 4, gekennzeichnet durch höchste Wahrnehmungsstärke mit zunehmend negativer Bewertung (Bereich x_5-x_6).

Eine erste Darstellung dieses Bewertungsverlaufs über dem Wahrnehmungsbereich kann durch die Wundt'sche Kurve erfolgen [192]. Diese ist damit als Wertfunktion der sinnlichen Produktgestaltung und -kennzeichnung zu verstehen.

Auf dieser Grundlage kann die sinnliche Produktgestaltung definiert werden als die Festlegung der Anforderungsgrenzen der sinnlichen Wahrnehmung eines Produktes im positiven Bewertungsbereich ansteigende S-Linie mit den Grenzpunkten x_2 und x_4) und die Entwicklung von Lösungen, die in diesem Bereich liegen. Akustisches Gestaltungsbeispiel: Umstellung von 2-Takt-Dieselmotoren auf das „angenehmere" 4- Takt-Prinzip.

Die Anforderungen der sinnlichen Wahrnehmung sind in diesen Grenzen tolerierte Forderungen, deren Erfüllungsgrad einen positiven Anteil am Nutzwert eines Produktes ergibt.

Die objektive und numerische Definition des Bewertungsbereiches auf der Abszisse / X-Achse des Bewertungsdiagramms erfolgt durch die betreffenden Fachdisziplinen:

- die Akustik,
- die Schwingungslehre,
- die Geruchsmessung,
- die Arbeitswissenschaft
  u.a.

Erste zusammenfassende Darstellungen dieser „Mensch-Produkt-Relationen" sind die Dissertationen von Lenart [107] und der Lehrgang über „Komfort" von Bubb u.a. [225]. Neuere Einzeluntersuchungen sind z.B. die Dissertation von Zeilinger [226] über Haptik oder die Dissertationen über Getriebeakustik [227] am Institut für Maschinenelemente (IMA) der Universität Stuttgart. Über die Olfaktometrie, d.h. die Messung von Gerüchen liegen eine Reihe von Richtlinien [228] vor.

Diese und viele andere Einzeluntersuchungen sind der objektiven Ermittlung des Wahrnehmungsbereiches zwischen den Wahrnehmungsgrenzen verpflichtet. Sie vernachlässigen aber die subjektive Dimension mit den betreffenden verbalen Bezeichnungen und Bewertungen. Dies gilt auch für den Abschnitt 1.3 über Sinnesorgane in einem der renommiertesten Fachbücher über Ergonomie [229]. In der Einleitung dieses Abschnitts wird durch den renommierten Autor wohl auf die Informationsübermittlung durch die menschlichen Sinne hingewiesen, aber dieses Thema wird nicht weiter behandelt.

Der Grund liegt wohl darin, dass der objektive Wahrnehmungsbereich bzw. dessen Wertfunktion durch subjektive und verbale Prädikate oder Skalen überlagert ist, die sich einer rein physikalischen Messung entziehen, weil diese am Menschen mit seinen demographischen und psychografischen Merkmalen orientiert sind. Beispiele für sensorische Anmutungs-Skalen:

Wärmetechnische Skala: Eisig-kalt-kühl-behaglich-warm-heiß

Akustische Skala: Flüstern-Singen/Klingen-Dröhnen/Quitschen/Rattern-Übertönen/Schreien

Schwingungsskala nach Reiher und Meister [230]: Gerade spürbar – gut spürbar - stark spürbar /lästig – bedingt schädlich – außerordentlich unangenehm/unbedingt schädlich

Solche Anmutungsskalen können einen sehr hohen Umfang mit entsprechenden Assoziationen und Synästhesien aufweisen. Tabelle 46 Ergebnis eines Brain-Stormings an einer Designschule:

Tabelle 46 Feuchtigkeitsbezeichnungen aus einem Brain-Storming

Ermittelte Bezeichnungen

Triefend	Beleckt
Tropfnass	Saftig
Klatschnass	Frisch
Pitschnass	Taufrisch
Patschnass	Dämpfig
Sattnass	Waschküche
Nass	Sauna
Schwimmend	Dunstig
Durchnässt	Neblig
Durchtränkt	Beschlagen
Getränkt	Feuchtigkeitsfilm
Getunkt	Feucht wie eine Hundeschnauze
Getaucht	Frisch
Glitschig	Angehaucht
Glibberig	Trocken
Wässrig	Arid
Feucht	Getrocknet
Humid	Ausgetrocknet
Schwitzig	Ausgedörrt
Geschwitzt	Dürr
Regennass	Strohtrocken
Klamm	Knochentrocken
Angefeuchtet	u.a.

Auf diesen zweckfreien Wahrnehmungsbereichen und -skalen werden nun Wahrnehmungspunkte oder -bereiche für die positive und gebrauchsorientierte Erkennung oder Informationsübermittlung eingesetzt. Im Sinne des bisherigen Designverständnisses können dies auch im multisensorischen Design Erkennungsinhalte sowohl über die Eigenschaften oder Qualitäten, wie auch über die Herkunft eines

Produktes sein. Wobei Bedienungsinhalte (Imperative!) und die Herstellerkennzeichnung eines Produktes meist im Vordergrund stehen.

Beispiel der sensorischen Informationsübermittlung:

- Auspuffton eines Personenkraft-Wagens (z.B. Porsche)
- Mercedes-Duft-Spray
- Weckton
- Herstellertypische Getriebeschaltcharakteristik (z.B. Audi-Feeling)
- Hochwertiges Betätigungsgefühl,
- Hitzeschock oder Vibration (Rütteln) zur Gefahrenmeldung,
- Taktiles (Rauheit-)Fühlen von Feinbearbeitung und Präzision,
- Haptisches (Druck-)Fühlen der Betriebsstellung eines Schalters,
- Riechen der Neuheit oder des Alters eines Produktes oder der Sauberkeit eines Raumes oder einer Gefahr (Brandgeruch!),
- Hören eines Gefahrenzustandes z.B. Bruch oder des Entwicklungszustandes (Prototyp!) eines Produktes,
- Wärmefühlen z.B. eines Betriebszustandes u.a.

Insbesondere die herstellertypischen sensorischen Qualitäten von technischen Produkten geben die Erklärung dafür, dass deren konstruktiv-technische Lösung meist geheim ist und nicht publiziert wird.

In einzelnen Bereichen, die die öffentliche Sicherheit, wie z.B. im Verkehr, oder Untersuchungen mit öffentlichen Mitteln betreffen, finden sich Lösungshinweise zur multisensorischen Informationskodierung.

Beispiel Akustik

Die simultane akustische Signalkodierung parallel zu einem Tag- und einem Nachtzeichen findet sich in den Signalbüchern der Eisenbahn- und Straßenbahngesellschaften [231].

Interessant ist, dass dabei dann auch wieder ländertypische Kennzeichnungsvarianten z.B. zwischen der Schweiz und Deutschland auftreten.

In der Signaltechnik dürften, wie oben angedeutet, auch die Anfänge des Nachtdesigns, d.h. der Kennzeichnung eines Produktes mittels Licht7zeichen zu suchen sein. Moderne Beispiele: Autoradios, Schiffe.

Lösungshinweise für die Getriebeakustik enthalten die vorgenannten Dissertationen und auch das DIN-TB 123 „Antriebstechnik" z.B. zur Vermeidung des „Zähneknirschens" mittels der richtigen Passungen und Toleranzen. Eine wichtige Veranstaltung über die Akustik von PKW´s, Waschmaschinen und Körperpflegegeräten war 1991 das Symposium „Der Klang der Dinge" [232].

Aus dieser und anderen Publikationen lässt sich z.B. entnehmen

- dass 80% der PKW-Fahrer das Motorgeräusch hören wollen und das Blinkergeräusch nur 60%.
- dass japanische PKW-Fahrer hochfrequente Innengeräusche bevorzugen.

Eine neue Veröffentlichung legt die akustische Positionierung der BMW-Baureihen dar [233] und gibt an, dass hierzu 200 technische und konstruktive Parameter optimiert werden müssen (Bild 279).

Ein öffentlich gefördertes Akustiklabor besteht an der RWTH Aachen.

Beispiel Haptik

Über die vorgenannten Fachbücher und Dissertationen (Schmidtke, Bubb, Zeilinger) hinaus macht Révész grundlegende Ausführungen über das Tasten und die Wahrnehmung von Blinden. Letztere ist als ein schwieriger Lernvorgang zu verstehen, während die Blindbetätigung durch Sehende eine Wiedererkennung einer visuell bekannten Gestalt, z.B. eines Stellteils, darstellt.

Ein Touch-Lab besteht z.B. am MIT in Boston.

Beispiel Klima

Grundlagenforschung wird an den Instituten für Bauphysik [234] und für Heizungs- und Klimatechnik [235] z.B. an der Universität Stuttgart betrieben.

Die dabei erforschten Grundlagen und Methoden, wie z.B. der Dummy Wastl, finden ihre Anwendung heute auch im Fahrzeug- und Flugzeug-Design.

Beispiel Düfte

Der Duft von natürlichen Materialien, wie z.B. Leder, ist ein altbekanntes Qualitätsmerkmal, das bis heute im Möbel- und Fahrzeugdesign eingesetzt wird. Die Wahrnehmung und Erkennung der Hygiene im Sanitärbereich gründet sich wesentlich auf die olfaktorische Dimension.

Zu den neueren Entwicklungen der Olfaktorik gehört die Aromatherapie und die Parfümierung von Kunststoffen, von Wohnungen und Arbeitsplätzen [236]. Der Einsatz von Düften weist auf ein weiteres ungelöstes Problem des multisensorischen Design hin, nämlich deren positive und negative Akzeptanz durch unterschiedliche Kundentypen. In der Parfümerie hat man schon versucht, unterschiedliche Düfte mit den unterschiedlichen Sternbildern zusammenzubringen.

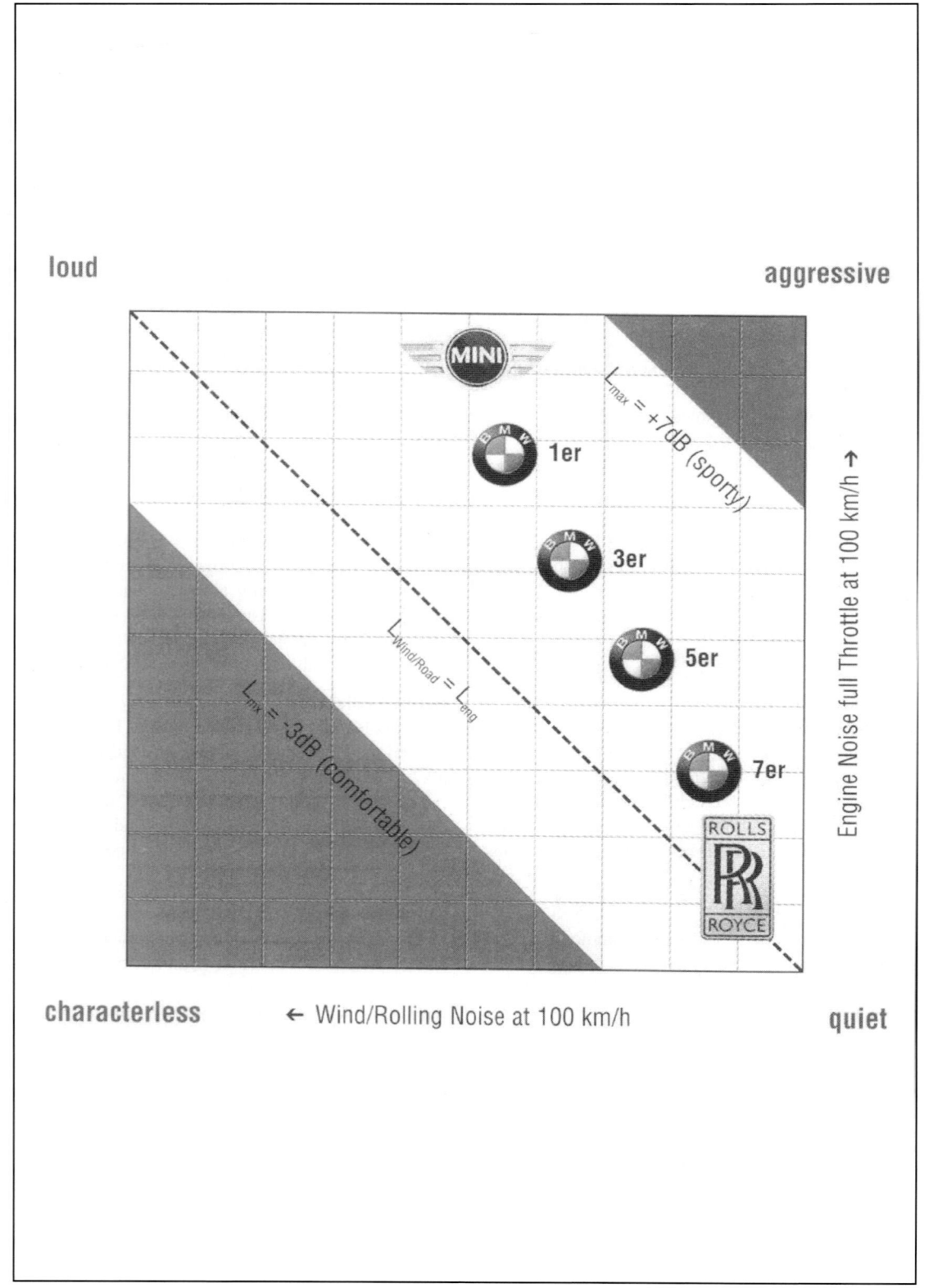

Bild 279 Sound-Design eines deutschen Pkw-Herstellers

15.6 Multisensorisches Design

Auf unterschiedliche Hörer-Typen hat schon Th. Adorno 1968 in seiner „Musiksoziologie" [237] hingewiesen:

1. Experte
2. Guter Zuhörer
3. Bildungshörer /-konsument
4. Emotionaler Kitsch-Hörer
5. Ressentiment Hörer
6. Jazzfan /-experte
7. Musik als Unterhaltung Entertainment
8. Typus des musikalisch Gleichgültigen / Unmusikalischer / Antimusikalischer

Solche Fragen stellen sich modern z.B. bei der sog. Fahrstuhlmusik oder der markentypischen Musik von Shops und Einkaufswelten [238].

Im analogen Sinn wird heute auch schon von Fühltypen („Elefantenhaut" und „Seidenhaut") oder von Bewegungstypen z.B. Schaltfaule und Schaltfreaks, gesprochen.

Nach der Kölner Einstellungstypologie [51] erfüllt das multisensorische Design die besonderen Ansprüche des sensitiven Typs (s. 2.2.3).

„Der sensitive Typ besitzt eine gesteigerte Fähigkeit zur Empfindung, zur Feinfühligkeit. Sein Erlebnisfeld, d.h. das Gesamte seiner Erlebnisinhalte, beruht auf Entdeckung und Bewertung durch die Sinne" [51, S.167].

Das multisensorische Design erfüllt mit seiner Mehrfachkodierung von Informationen sicher aber auch Ansprüche weiterer Kundentypen z.B. mit der Mehrfachkodierung von Betriebszuständen und Gefahren die Ansprüche von Sicherheitstypen oder mit der Mehrfachkodierung von Markenqualitäten die Ansprüche von Prestigetypen.

Insbesondere bei den letztgenannten Kundentypen sind in der Multisensorik eines Produktes negative Bewertungen oder Bewertungs-Kontroversen zu vermeiden. Beispiel: Ein visuell/optisch schönes Produkt sollte nicht stinken, vibrieren, quietschen u.a.!

Diese Aspekte können in Zukunft auch zu den multisensorischen Qualitäten spezieller Frauen- oder Kinderprodukte gelten.

Die Vielzahl der im multisensorischen Design wirksamen Dimensionen legt den Gedanken an räumliche Bewertungsdiagramme oder -vektoren nahe.

Interessant ist, dass das Deutsche Markengesetz von 1995 nicht nur den Schutz der traditionellen Wort- und Bildmarken erlaubt, sondern darüber hinaus auch schutzfähige Hörmarken, Geruchsmarken, Tastmarken, Bewegungsmarken und Geschmacksmarken kennt [239].

Dieser neue europäische Markenschutz eröffnet dem multisensorischen Design damit eine neue Dimension der kunden- und herstellertypischen Designs.

Auch wenn auf diesem interessanten Gebiet heute noch vieles rein empirisch und experimentell gelöst wird, so bilden die erzielten positiven Erfüllungsgrade nach der in Abschnitt 3 entwickelten Formel für den Design-Teilnutzwert eine weitere Wertsteigerung eines technischen Produktes.

Literaturverzeichnis

[1] SEEGER, H.: *Design technischer Produkte, Programme und Systeme.* Berlin, Heidelberg : Springer, 1992

[2] MAIER, T.: *Gleichteileanalyse und Ähnlichkeitsermittlung von Produktprogrammen.* Stuttgart, Universität, IMK-Bericht 328, Diss., 1993

[3] TRAUB, D.: *Checkliste und Bewertungskatalog für das Design von Einpersonensteuerständen auf Binnenschiffen.* Stuttgart, Universität, IMK- Bericht 445, Diss., 1997

[4] HESS, S.: *Ähnlichkeitsermittlung von Produktsystemen.* Stuttgart, Universität, IMK-Bericht 463. Diss., 1999

[5] VOGEL, J.: *Untersuchung über die Sinnfälligkeit von rotatorischer Stellteilbewegung und translatorischer Wirkung am Beispiel der manuellen Steuerung von Drehmaschinen.* Stuttgart, Universität, IMK-Bericht 484. Diss., 2001

[6] BALZER, R.: *Modellierung der Außengestalt von Personenkraftwagen zur Ermittlung eines Gestaltwertes.* Stuttgart, Universität. Diss., 2002

[7] SCHMID, M.: *Benutzergerechte Gestaltung mechanischer Anzeiger mit Drehrichtungsinkompatibilität zwischen Stellteil und Wirkteil.* Stuttgart, Universität, IMK-Bericht 499. Diss., 2003

[8] LINDEMANN, U.: *Methodische Entwicklung technischer Produkte.* Berlin; Heidelberg : Springer, 2005

[9] HABERMAS, J.: *Die neue Unübersichtlichkeit.* Frankfurt a.M. : Suhrkamp, 1985

[10] WELSCH, W.: *Unsere postmoderne Moderne.* Weinheim : VCH, Acta Humaniora, 1987

[11] MEIGHÖRNER, W.; SEEGER, H.: *Pioniere des industriellen Designs am Bodensee.* Friedrichshafen : Geßler, 2003

[12] REESE, J.: *Der Ingenieur und seine Designer.* Berlin, Heidelberg : Springer, 2005

[13] ÖHLSCHLEGEL, H. Die Beurteilung der Erfindungshöhe mit Hilfe der Informationstheorie. In: *Gewerblicher Rechtsschutz und Urheberrecht* 9 (1964), S.477-484

[14] KOLLER, R.: Erfinden technischer Produkte und Patentrecht aus der Sicht der Konstruktionswissenschaft. In: *Konstruktion* 48 (1996), S.189-194

[15] GEIGER, M.: *Die Bedeutung der Kunst : Zugänge zu einer materialen Wertästhetik.* München : Fink, 1976

[16] GERHARD, E.: *Entwickeln und Konstruieren mit System.* Grafenau : Expert-Verlag, 1979

[17] BREIING, A.: *Theorien und Methoden zur Unterstützung konstruktionstechnischer Entscheidungsprozesse.* Zürich, ETH, Habil., 1995

[18] VDI-Richtlinie 2223: *Methodisches Entwerfen technischer Produkte.* Düsseldorf : VDI, 2004

[19] KIENZLE, O.: *Normungszahlen.* Berlin Heidelberg : Springer, 1950

[20] RODENACKER, W.: *Methodisches Konstruieren.* Berlin Heidelberg : Springer, 1970

[21] SCHIEHLEN, W.: *Technische Dynamik : Eine Einführung in die analytische Mechanik und ihre technischen Anwendungen.* Stuttgart : Teubner, 1986

[22] PAHL, G. ; BEITZ, W.: *Konstruktionslehre.* Berlin : Springer, 1986

[23] REULEAUX, F.: *Theoretische Kinematik : Grundzüge einer Theorie des Maschinenwesens.* Braunschweig : Vieweg, 1875

[24] GOEBEL, H.: *Die Bauformen der Sondermaschinen*. Stuttgart, Universität. Diss., 1956

[25] WALDVOGEL, H.: *Analyse des systematischen Aufbaus von konstruktiven Funktionsgruppen und ihr mengentheoretisches Analogon*. Stuttgart, Universität. Diss., 1969

[26] MOLES, A.: Produkte : ihre funktionelle und strukturelle Komplexität. In: *Ulm* (1962)

[27] BONSIEPE, G.: Ein provisorischer Beitrag zur Produktanalyse. In: *Ulm* (1964)

[28] HANSEN, F.: *Konstruktionssytematik*. Berlin : Verlag Technik, 1966

[29] HANSEN, F.: *Konstruktionswissenschaft : Grundlagen und Methoden*. München : Hanser, 1974

[30] MASER, S.: Systemtheorie. In: *arch +* (1968)

[31] SEEGER, H.: *Formgestaltung, Stilistik, Design*. Stuttgart, 1970. Unveröffentlicht

[32] GERHARD, E.: *Einflußfaktoren auf den Entscheidungsprozeß beim wissenschaftlichen Konstruieren in der Feinwerktechnik*. Stuttgart, Universität. Habil., 1976

[33] FRICK, R.: *Erzeugnisqualität und Design. Zu Inhalt und Organisation polydisziplinärer Entwicklungsarbeit*. Berlin : Verlag Technik, 1996

[34] HERMANUTZ, P.: *Mengentheorie praxisnah*. Grafenau/Württ. : Lexika-Verlag, 1979

[35] KLAUSE, G.: *Technische Hilfsgeräte im Dienst des Menschen*. Grafenau : Expert-Verlag, 1981

[36] HERMANUTZ, P.: *Mengentheoretischer Ansatz für Konstruktion und Design*. Hamburg : ICED-Proceedings, 1985

[37] FRANKE, H.-J: Variantenmanagement in der Einzel- und Kleinserienfertigung. In : *VDI-Berichte* Nr. 953. Braunschweig : VDI, 1992

[38] KESSELRING, F.: Engpaß Konstruktion. In: *VDI-Information*. Düsseldorf : VDI, 1964

[39] MATOUSEK, R.: *Konstruktionslehre des allgemeinen Maschinenbaus*. Springer : Berlin Heidelberg, 1957

[40] RAIMANN, M.: Das System der Güteanforderungen an die Konstruktion. In: *Z. Industrieanzeiger 28/36* (1956)

[41] SCHÜRER, A.: *Der Einfluß produktbestimmender Faktoren auf die Gestaltung : Dargestellt an Beispielen aus der Elektro-Industrie*. Bielefeld : Selbstverlag, 1969

[42] KLÖCKER, I.: *Produktgestaltung : Aufgabe-Kriterien-Ausführung*. Springer : Berlin Heidelberg New York, 1981

[43] SEEGER, H.: *Entwicklungen im Technischen Design*. Mannheim : Landesmuseum für Technik und Arbeit, 1985

[44] OPPELT, W.; VOSSIUS, G.: *Der Mensch als Regler*. Berlin : VEB Verlag Technik, 1970

[45] KOTLER, S.: *Marketing Management*. Stuttgart : Poeschel, 1974

[46] O. V.: *Arbeitshilfen für die ergonomische Gestaltung*. Stuttgart : Robert Bosch GmbH (Lizenz: IWA, Esslingen), 1978

[47] SEEGER, H.: *Exportdesign*. Heidelberg : Decker u. Müller, 1989

[48] SCHNEIDER, D.: Ansatzpunkte für eine internationales Investitionsgüter-Marketing-Konzept. In: *Der Markt* 3 (1984)

[49] SCHNEIDER, D.: *Der Entscheidungsprozeß bei Investitionsgütern*. Hamburg : Spiegel, 1982

[50] KOPPELMANN, U.: *Beiträge zum Produktmarketing*. Köln : Fördergesellschaft Produktmarketing e.V., 1973

[51] BREUER, N.; KOPPELMANN, U. (Hrsg.): *Einstellungstypen für die Marktsegmentierung*. Köln : Fördergesellschaft Produktmarketing e.V., 1980

[52] BERTONI, F.: *Minimalistisches Design*. Basel Boston Berlin : Birkhäuser, 2004

[53] REITZLE, W. *Luxus schafft Wohlstand*. Reinbek : Rowohlt, 2001

[54] KRON, J.; SLESIN, S.: *High-Tech*. New York : Potter, 1980

[55] LIEBL, F.: *Design zwischen Trend und Planung: Über Kundenorientierung im Design*. München : Siemens AG, 2001. – Vortragsmanuskript.

[56] KOPPELMANN, U.: *Produktmarketing : Entscheidungsgrundlagen für Produktmanager*. Berlin Heidelberg : Springer, 2001

[57] ISSBERNER-HALDANE, R.: *Atlas der Chirologie*. Freiburg : Bauer, 1984

[58] FLORIAN, M.: *Highway-Helden in Not : Arbeits- und Berufsrisiken von Fernfahrern zwischen Mythos und Realität*. Münster, Universität. Diss., 1993

[59] LYOTARD, J.-F.: *Das postmoderne Wissen*. Wien : Passagen-Verlag, 1994

[60] LUCZAK, H.; VOLGERT, W.: *Handbuch Arbeitswissenschaft*. Stuttgart : Schäffer-Poeschel Verlag, 1997

[61] HOFSTÄTTER, P. (Hrsg.): *Psychologie*. Frankfurt : Fischer, 1957

[62] GEBEßLER, R.: *Einführung in die Semiotik unter besonderer Berücksichtigung von Beispielen an dem Bereich des Designs*. Vorlesungsunterlagen. Stuttgart, 1990 (unveröffentlicht).

[63] DEVLIN, K.: *Infos und Infone : die mathematische Struktur der Information.* Basel Boston Berlin : Birkhäuser, 1993

[64] SPIEGEL, B.: *Die obere Hälfte des Motorrads : Vom Gebrauch der Werkzeuge als künstliche Organe.* Stuttgart : Motorbuch Verlag, 2003

[65] DREBING, U.: *Zur Metrik der Merkmalsbeschreibung für produktdarstellende Modelle beim Konstruieren.* Braunschweig, TU. Diss., 1991

[66] WALSER, H.: *Der Goldene Schnitt.* Stuttgart Leipzig : Teubner, 1996

[67] INTERNATIONALES FORUM FÜR GESTALTUNG ULM (Hrsg.): *Das Einfache.* Gießen : Anabas, 1995

[68] BENSE, M.: *Aesthetica : Einführung in die neue Ästhetik.* Baden-Baden : Agis, 1962

[69] GERHARD, E.: *Baureihenentwicklung.* Grafenau/Württ. : Expert, 1984

[70] SEEGER, H.: *Die Gestalt technischer Produkte und ihre erweiterten Ähnlichkeitsbeziehungen.* 44. Internationales wiss. Kolloqium (Ilmenau 1999), Bd. 3, S.107-112

[71] FUNK, G.; MATTENKLOTT, G.; PAUEN, M.: *Ästhetik des Ähnlichen.* Frankfurt am Main : Fischer, 2001

[72] LINDINGER, H.; HUCHTHAUSEN, C.-H.: *Geschichte des Industrial Design.* Berlin : Internationales Design Zentrum (Designmaterialien III), 1978

[73] FRANKE, H.-J.: Gibt es eine Logik der Produktgestaltung? In: *VDI-Berichte Nr. 953.* Düseldorf : VDI, 1992

[74] VDI-Richtlinie 2221: *Methodik zum Entwickeln und Konstruieren technischer Systeme und Produkte.* Düsseldorf : VDI, 1985

[75] RITTEL, H.: *Der Planungsprozeß als interaktiver Vorgang von Varietätserzeugung und Varietätseinschränkung.* Stuttgart, Universität IGP. 1982

[76] BONSIEPE, G.: *Interface Design neu begreifen.* Mannheim : Bollmann, 1996

[77] STEFFEN, D.: *Design als Produktsprache : Der Offenbacher Ansatz in Theorie und Praxis.* Frankfurt : Verlag form theorie, 2000

[78] BÖHME, G.: *Anmutungen : Über das Atmosphärische.* Ostfildern : edition tertium arcaden, 1998

[79] TOO, L.: *Das große Buch Feng Shui.* Köln : Könemann, 2000

[80] OSAWA, M.: Proposal and Research on the „Engineering of Impression". In: *HQL Quarterly* 13. 3 (1999)

[81] HÜTTINGER, E.: *Max Bill.* Stuttgart : Edition Cantz, 1987

[82] GLAESER, L.: *The work of Frei Otto and his teams 1955 – 1976.* Stuttgart : Institut für leichte Flächentragwerke, 1978

[83] O.V.: Luft-Schlösser für den Mars : Chefdenker einer aufblasbaren Zukunft – Designprofessor Axel Thallemer. In: *Evolution II* 0 (2004)

[84] DUNAS, P.: *Luigi Colani und die organisch-dynamische Form seit dem Jugendstil.* München : Prestel, 1993

[85] TEUNE, J.: *Die Balance.* Geisenheim : Teunen Konzepte GmbH, 1996

[86] O.V.: Der Roboter, das Raubtier : Hochschule für Kunst und Design, Halle/Saale. In: *Die Zeit* 31 (22.07.2004), S.61

[87] MITTELSTRAß, J.: *Enzyklopädie Philosophie und Wissenschaftstheorie.* Mannheim : Metzler, 2004

[88] WALTHER, E.: Die Entwicklung der Ästhetik im Werk von Max Bense. In: *Semiosis* 18.3 (1993), S.75-110

[89] SEBULKE, J.: Durchdachte Produktlinien. In: *Konstruktion* 12 (1992), S.338-406

[90] FUNK, L. F.: *Hypertrophiertes Design und Konsumverhalten : Wirkungsanalyse des Phänomens nebst Ansätzen zu einer Neuorientierung.* (Beiträge zur Verhaltensforschung Heft 39). Berlin : Drucker&Humblot, 2000

[91] O.V. Buchstäblich Design. In: *Süddeutsche Zeitung, Design-Spezial* 41 (2001), S. 60-70

[92] OSTWALD, W.: *Harmonie der Formen.* Leipzig : Unesma, 1922

[93] OSTWALD, W.: *Die Welt der Formen.* Leipzig : Unesma, 1925

[94] WALSER, H.: *Symmetrie.* Stuttgart Leipzig : Teubner, 1998

[95] ADAM, P.; WYSS, A.: *Platonische und archimedische Körper, ihre Sternformen und polaren Gebilde.* Stuttgart : Verlag Freies Geistesleben, 1984

[96] GARNICH, R.: *Konstruktion, Design und Ästhetik.* Stuttgart, Universität. Diss., 1968

[97] GERSTNER, K.: *Die Formen der Farben.* Frankfurt : Atlenäium, 1986

[98] QUAISSER, E.: *Diskrete Geometrie.* Heidelberg Berlin Oxford : Spektrum, Akademischer Verlag, 1994

[99] BRUNI, D,.; KREBS, M.: *Norm/ABC-the things.* Berlin : Die Gestalten Verlag, 2002

[100] GARDNER, M.: *Mathematische Rätsel und Probleme.* Braunschweig : Vieweg, 1964

[101] SMITS, R.: *Alles mit der linken Hand*. Berlin : Rowohlt, 1994

[102] SCHMAUDE, M.: *Händigkeitsgerechte Gestaltung der Mensch-Maschine-Schnittstelle*. Stuttgart, Universität, Diss., 1995

[103] VDI/VDE-Richtlinie 3850 Blatt 1: *Entwurf Gestaltung von Bediensystemen für Maschinen*. Düsseldorf : VDI, 1998

[104] Norm DIN 33414 Teil 1: *Ergonomische Gestaltung von Warten*. Berlin Köln : Beuth, 1985

[105] VDI/VDE-Richtlinie 2259: *Feinwerkelemente Skalen, Symbole, Zeiger*. Düsseldorf : VDI, 1990

[106] ANDERSON, J.R.: *Kognitive Psychologie*. Heidelberg : Spektrum der Wissenschaft, 1988

[107] LENART, C.; COLOMAN: Erweiterte Mensch/Produkt-Kommunikation : Analyse und methodische Konstruktion der Benutzerebene feinwerktechnischer Produkte. In: *VDI* (1985) Nr. 123, Düsseldorf

[108] Norm DIN EN 60073: *Grund- und Sicherheitsregeln für die Mensch-Maschine-Schnittstelle, Kennzeichnung*. Berlin Köln : Beuth, 1997

[109] Norm DIN EN 60447: *Mensch-Maschine-Schnittstelle Bedienungsgrundsätze*. Berlin Köln : Beuth, 1994

[110] VDI (Veranst.): *Das Mensch-Maschine-System im Verkehr* (Tagung Berlin, 19.-20.03.1992). Düsseldorf, 1992

[111] Norm DIN EN 894-1: *Ergonomische Anforderungen an die Gestaltung von Anzeigen und Stellteilen*. Berlin Köln : Beuth, 1997

[112] Norm DIN 43790: *Grundregeln für die Gestaltung von Strichskalen und Zeigern*. Berlin Köln : Beuth, 1991

[113] ECKSTEIN, D.; KRÄMER, H.: *EG-Maschinenrichtlinie Gerätesicherheitsgesetz*. Maschinenbau Verlag, 1993

[114] VDI/VDE-Richtlinie 2422: *Entwicklungsmethodik für Geräte mit Steuerung durch Mikroelektronik*. Düsseldorf : VDI, 1994

[115] VDI/VDE-Richtlinie 2428 Blatt 1: *Gerätetechnik : Grundlagen*. Düsseldorf : VDI, 1989

[116] DORRER, C.: *Effizienzbestimmung von Fahrweisen und Fahrerassistenz zur Reduzierung des Kraftstoffverbrauchs unter Nutzung telematischer Informationen*. Stuttgart, Universität. Diss., 2003

[117] GITT, W. Information - die dritte Grundgröße neben Materie und Energie. In: *Siemens-Zeitschrift*, 63.4, (Juli/August 1989)

[118] VDMA-Leitfaden: Software-Ergonomie. Frankfurt 2004.

[119] NEUDÖRFER, A.: *Anzeiger und Bedienteile*. Düsseldorf : VDI, 1981

[120] SIEMENS AG (Hrsg.): Corporate Design. Heft 4.2 *Benutzeroberflächen*, München (o.J.)

[121] SCHMIDTKE, H.: *Lehrbuch der Ergonomie*. München Wien : Hauser, 1981

[122] SEEGER, H.; TRAUB, D.; SCHMID, M.; VOGEL, J.: Zur Sinnfälligkeit von Stellteilen technischer Produkte. In: *Wechselwirkung*. Jahrbuch des Forschungs- und Lehrgebiets Technisches Design der Universität Stuttgart 1997/98, S.62-63

[123] BEYRER, K.; MATHIS, B.-S.: *So weit das Auge reicht : Die Geschichte der Optischen Telegrafie*. Frankfurt a.M. : Museum für Post und Kommunikation, 1995.

[124] SCHLESINGER, G.: *Psychotechnik und Betriebswissenschaft*. Leipzig : Hirzel, 1920

[125] Petersen, O.: Über die Sinnfälligkeit von Blindflugmessgeräten. 1939

[126] EVERLING, E.: Sinnfälligkeit von Messgeräten. In: *Luftwissen* 8 (1941), S.26-27

[127] EVERLING, E.: Menschliches Verhalten, Technisches Gestalten.

[128] DIN 1410: Werkzeugmaschinen : Bewegungsrichtung uund Anordnng der Stellteile 1986

[129] DIN EN 60447: Mensch-Maschine-Schnittstelle (MMI), Bedienungsgrundsätze. 1994

[130] DIN 33413 Teil 1: Eignung von Anzeigeeinrichtungen. 1975

[131] DIN 33401: Stellteile. Begriffe, Eignung, Gestaltungshinweise, Sehen der Stellung. Neudörfer, Systematische Lösungssammlung der Bedienteile (s.Traub) 1977

[132] VDI/VDE-Richtlinie 2258: Feinwerkelemente Bedienelemente 1976

[133] ESTERMANN, S.: *Design eines neuen Einträger-Laufkrans*, Studienarbeit 1993

[134] KÖTTGEN, C.: *Konstruktion und Design der Laufkatze eines neuen Einträger-Laufkran*, Studienarbeit 1994

[135] HENSGER, S.: *Gestaltung einer neuen Fernbedienung für einen Einträger-Lufkran*, Studienarbeit 1996

[136] SCHLOTT, S.: Das Ende von Schema H. In: drive das ZF magazin (März 2004), S.15-17

[137] KLEIN, B.: *Leichtbau-Konstruktion : Berechnungsgrundlagen und Gestaltung*. Braunschweig : Vieweg, 1997

[138] HACKER, G.: *Untersuchung zur methodischen Gestaltung von Maschinengehäusen*. Braunschweig, TU. Diss., 1995

[139] KUBALCZYK, R.: *Gehäusegestaltung von Fahrzeuggetrieben im Abdichtbereich.* Stuttgart, Universität. Diss., 2000
[140] FLEMMING, M.; ZIEGMANN, G.; ROTH, S.: *Faserverbundbauweisen.* Berlin Heidelberg : Springer,
[141] SCHMIDT, F.J.; NAUMANN, M.: Zur Konstruktion von Verarbeitungsmaschinen - Gestellen. In: *Konstruktion* 48 (1995), S.128-136
[142] MALDONADO, T.: *Muster, Maßstäbe, Modelle : Das Entwurfswerkzeug der Designer. (Design Horizont 21.-24.08.1992)*
[143] MOLLERUP, P.: *Collapsibles : Ein Album platzsparender Objekte.* München : Stiebner Verlag, 2001
[144] BRAUNER, H.; KICKINGER, W.: *Baugeometrie : Geometrische Grundlagen, Pyramiden und Prismen, Kegel und Zylinder, Drehflächen, Regelflächen, Schiebflächen, Quadriken.* Wiesbaden Berlin : Bauverlag, 1977
[145] FUCHS, G.: *Technische Morphologie.* München, Universität. Vorlesungsmanuskript (unveröffentlicht), ca. 1970
[146] WOLF, J.: *Kreatives Konstruieren.* Essen : Girardet, 1976
[147] TJALVE, E.: *Systematische Formgebung für Industrieprodukte.* Düsseldorf : VDI, 1978
[148] HÜCKLER, A.: Formgestaltung von Geräten. In: KRAUSE, W. (Hrsg.): *Gerätekonstruktion*, Berlin : Verlag Technik, 1982
[149] o.V.: Modell- und Entwicklungsschritt – Terminologie. In: *VDID-Extra* 2. (1984), S. 21
[150] ERKER, A.: Werkstoffausnutzung durch fertigkeitsgerechtes Konstruieren. In: *VDI* 86 (1942) Nr.25/26, S.385-395
[151] KIENZLE, O.; HEESCH, H.: *Flächenschluß.* Hannover : Technische Hochschule, 1963
[152] o.V.: *Konstruieren recyclinggerechter technischer Produkte.* VDI-Richtlinie 2243, 1991
[153] MÜNZER, K.: *Griffgestaltung im Rahmen der Arbeitsgestaltung.* Darmstadt Köln : Verb. F. Arbeitsstudien REFA Beuth, 1962
[154] AICHER, O.: Der nicht mehr brauchbare Gebrauchsgegenstand. In: *Arch +* 98 (1989), S.72-78
[155] BACH, K.: Seifenblasen. In: *IL* 18. Stuttgart : Krämer, (1988)
[156] HÜCKLER, A.: Zielorientierung Minimalform. In: *Form u. Zweck* 5 (1973)
[157] BARTEN, S. (Hrsg.): *Starke Falten.* Zürich : Museum Bellerive, 1995

[158] ARTAMONOW, I.D.: *Optische Täuschungen.* Frankfurt : Deutsch-Taschenbücher, 1994 (Deutsch-Taschenbücher Bd. 8)
[159] JAKOBY, J.: *Ein Beitrag zum Wahrnehmungsgerechten Gestalten.* Siegen, Universität. Diss., 1992
[160] SCHICKEDANZ, W.: *Nationale und internationale Geschmacksmusteranmeldung.* Weinheim : VCH Verlagsgesellschaft, 1985
[161] KOLLER, R.: Messen von Plagiaten. In: *Konstruktion* 5 (2000), S.51-56
[162] BEREWINKEL, K.: *Recycling von Wasserlackoverspray durch Elektropherose.* Stuttgart, Universität. Diss., 1995
[163] SCHENE, H.: *Untersuchungen über den optischphysiologischen Eindruck der Oberflächenstruktur von Lackfilmen.* Stuttgart, Universität. Diss., 1989
[164] DIFFRIENT, N. : *Humanscale 1/2/3.* Cambridge : MIT-Press, 1974
[165] BULLINGER, H.-J.; Solf, J.J. : *Ergonomische Arbeitsmittelgestaltung I.* Bremerhaven : Wirtschaftsverl. NW, 1979
[166] o.V.: *Arbeitsplätze mit Bildschirmgeräten.* VDMA-Dokumentation, 1980
[167] o.V.: Sicherheitsregeln für Bildschirm-Arbeitsplätze im Bürobereich. Verwaltungs-Berufsgenossenschaft (ZH 1/618) (1980) S.136
[168] o.V.: *Grundlagen visueller Gestaltung.* Halle : Hochschule für industrielle Formgestaltung, 1984
[169] WEIßBRODT, W.: *Handbuch der Flächengestaltung.* Pforzheim : Eigenverlag, 1968
[170] BIGALKE, H.-G.; WIPPERMANN, H.: *Reguläre Parkettierungen.* Mannheim : Bi Wissenschaftsverlag, 1994
[171] TREBIN, H.-R.: Erst schön und heute praktisch. In: *Unikurier* 84/85 (2000) Nr.1, Stuttgart, S.55/56
[172] GRIESHABER, J.; KRÖPLIEN, M.: *Die Philosophie der neuen Grafik.* Stuttgart : Edition Cantz, 1989
[173] GRIESHABER, J.; KRÖPLIEN, M.: *Vom Bauhaus ins Land der Riesenwaschkraft : Nachdenken über Grafik-Design.* Stuttgart : Edition Cantz, 1992
[174] FRUTIGER, A.: *Der Mensch und seine Zeichen.* (Band 1: Zeichen erkennen, Zeichen gestalten, Band 2: Die Zeichen der Sprachführung 1979, Band 3: Zeichen, Symbole, Signete, Signale 1981). Echzell : H. Heiderhoff Verlag, 1978

[175] LARISCH-DEY: Die Entstehung graphischer Zeichen. In: *DIN-Mittlg.* 60 (1980) Nr.8., S.438-450

[176] GERSTNER, K.: *Kompendium für Alphabeten.* Teufen : Niggli, 1985

[177] KNOLL, W.; SCHMIDT, S.: *Schrift und Typografie.* Stuttgart : Universität Stuttgart, Institut für Zeichnen und Modellieren, 1990

[178] STANKOWSKI, A.: *Der Pfeil : Spiel, Gleichnis, Kommunikation.* Starnberg : Keller-Verlag, 1972

[179] WEIßBRODT, W.: *Monogramme und Zeichen.* Pforzheim : Eigenverlag, 1970

[180] ders.: *Zeichengestalten.* Pforzheim : Eigenverlag, 1988

[181] FISCHER, E.P.: *Die Wege der Farben.* Konstanz : Regenbogen Verlag, 1994

[182] SILVESTRINI, N.: *Idee Farbe.* Zürich : Baumann & Stromer, 1994

[183] GERSTNER, K.; Stierlin, H. (Hrsg.): *Der Geist der Farbe.* Stuttgart : Dt. Verlagsanstalt, 1981

[184] ders.: *Die Formen der Farben.* Frankfurt : Athenäum, 1986

[185] HELLER, E.: *Wie Farben wirken.* Reinbek : Rowohlt, 1989

[186] BÜRGI, B. (Hrsg.): *Rot Gelb Blau : Die Primärfarben in der Kunst des 20. Jahrhundert.* Stuttgart : Verlag G. Hatje, 1988

[187] GUNDELACH, H.: *Pfirsichblüt und Cyberblau.* Thüringen : Design Centrum, 1999

[188] o.V.: Unsere Lieblingsfarbe Blau steckt in der Krise. *Die Zeit* 47 (18.11.1999)

[189] SEITZ, F.: . In: *Thema Farbe.* Stuttgart : Kast und Ehinger, 1963-68

[190] BULLIGER, H.-J.: *Mensch und Arbeit.* Stuttgart, Universität. (Vorlesungsmanuskript), 1985

[191] GRÜNBAUM, B.; SHEPHARD, G.C.: *Tilings und Patterns.* New York : Freeman, 1987

[192] BERLYNE, D.E.: *Aestetics and Psychobiology.* New York : Appleton-Century-Crofts, 1971

[193] NEUFERT, E.: BAUENTWURFSLEHRE. 1.-33. Auflage. Braunschweig : Vieweg, 1936-1992

[194] SCHMIDT-LAUBER, B.: *Gemütlichkeit.* Frankfurt a.M. : Campus, 2003

[195] DIN 199 Teil 2: Begriffe im Zeichnungs- und Stücklistenwesen. Beuth-Verlag. Berlin 1977

[196] SCHEWE, H.-R.: *Strategien marktadäquater Programmpolitik.* (Beiträge zum Produktmarketing Bd. 9) Köln : Fördergesellschaft Produktmarketing e.V., 1981

[197] KIENZLE, O.: Normen und Konstruieren. In: *Konstruktion* 4 (1967), S.121-125

[198] GERSTNER, K.: *Programme entwerfen.* Teufen : Arthur Niggli, 1968

[199] BOROWSKI, K.-H.: *Das Baukastensystem in der Technik.* Berlin : Springer, 1961

[200] KUDLICZA, P.: Markenprofilierung mit Einheitstechnik. In: *VDI nachrichten* (10.11.00) Nr. 45, S.37

[201] o.V.: *Leitbild der Bodenseeschiffsbetriebe.* Konstanz : BSB (Hrsg.), 1991

[202] SCHLEIDER, T.: Wir und der wahre Luxus – Im Wechselbad der Gefühle. In: *Stuttgarter Zeitung* (24.12.2002), Extrabeilage, S.1

[203] ORIOL, A. L.: *Luxury Toys.* Berlin : Te Neues Buchverlag, 2004

[204] RAT FÜR FORMGEBUNG, GERMAN DESIGN COUNCIL (Hrsg.): Gestaltung erleben. In: *Design-report 2/04.* Frankfurt a. M. Stuttgart: BLUE C. Verlag, 2004

[205] Wamser, L. (Hrsg.): Die Welt von Byzanz – Europas östliches Erbe : Glanz, Krisen und Fortleben einer tausendjährigen Kultur. München : I.P. Verlagsgesellschaft International Publishing GmbH, 2004

[206] DIETZ, W.: Vom Nutzen des scheinbar Nutzlosen. In: *Stuttgarter Zeitung* (12.10.2002), S.45

[207] LEVANDOWSKI, J.: *Der Weg zur Legende.* (1. Bd. Bielefeld : Verlag Delius Klasing, 2003

[208] LEVANDOWSKI, J.: Der neue Maybach. (2. Bd.) Bielefeld : Verlag Delius Klasing, 2003

[209] SHANNON; WEAVER: *The mathematical Theory of communications.* Illinois, Urbana University, 1949

[210] HEINZL, J.: Entwicklungsmethodik für Geräte mit Steuerung durch Mikroelektronik. In: *VDI-Berichte* Nr.515. Düsseldorf : VDI-Verlag, 1984

[211] EHRLENSPIEL, K.: *Kostengünstig Konstruieren.* Berlin Heidelberg : Springer, 1995

[212] Franke, H.-J.; Firchau, N.L.: Variantenvielfalt in Produkten und Prozessen. VDI-Berichte 1645, 2001

[213] WOLTERECK, S.: Zuviel der Vielfalt. In: *Mercedes-Benz intern* 6 (1994), S. 14/15

[214] o.V.: Wertanalyse und Kostenrechnung. Krehl&Partner. Karlsruhe, St. Gallen 2002

[215] o.V.: Ingenieurmäßige Dienstleistungen. Düsseldorf : VDI, 2001(Projektunterlagen)

[216] ZIESING, D.: Technische Berechnungen als Dienstleistung für die Konstruktionspraxis. In: *Konstruktion* 1/2 (2000), S.18-20

[217] FÄHNRICH, K.-P.: *Service-Engineering.* Stuttgart : IAT, 1999

[218] ERLHOFF, M.; MAGER, B.; MANZINI, E.: *Dienstleistung braucht Design*. Berlin : Neuwied, 1997

[219] MAGER, B.: *Service - Ein Produkt*. Köln, 2001

[220] KROEBER-RIEL, W.: *Konsumentenverhalten*. München : Vahlen, 1984

[221] KIERMEIER, F.; HAEVECKER, U.: *Sensorische Beurteilung von Lebensmitteln*. München : J.F.Bergmann, 1992

[222] RÉVÉSZ, G.: *Die menschliche Hand*. Basel New York : S. Karger, 1944

[223] BURCHARD, E.: *Entwicklung eines Werteanalyse-Systems für Wohnbauten*. Stuttgart, Universität. Diss., 1975

[224] o.V.: Sichere Elektrizität. In: VDI-Nachrichten (März 1976) Nr.10/12

[225] BUBB, K.-P.: *Komfort und Ergonomie in Kraftfahrzeugen*. Essen, 1997 (Lehrgang)

[226] ZEILINGER, S.: *Aktive haptische Bedienelemente zur Interaktion mit Fahrerinformationssystemen*. München, Universität der Bundeswehr. Diss., 2004

[227] RYBORZ, J.: *Klapper- und Rasselgeräuschverhalten von Pkw- und Nkw-Getrieben*. Stuttgart, Universität. Diss., 2003

[228] Norm prEN 13725: *Luftbeschaffenheit - Bestimmung der Geruchsstoffkonzentration mit dynamischer Olfaktometrie*. 1999

[229] MÜLLER-LIMMROTH, W.: Sinnesorgane. In: SCHMIDTKE, H. *Lehrbuch der Ergonomie*. München Wien : Hauser, 1981

[230] Richtlinie VDI 2057: *Einwirkung mechanischer Schwingungen auf den Menschen*. (Blatt 1: Ganzkörper-Schwingungen; Blatt 2: Hand-Arm-Schwingungen) Berlin Köln : Beuth, 2002

[231] o.V.: *Signalbuch der dt. Eisenbahn*. Freiburg : Deutsche Eisenbahn Drucksachenverlag, 1959

[232] o.V.: *Der Klang der Dinge : Akustik - eine Aufgabe des Design*. (Symposium Design Zentrum München 28.-29.11.1991), 1999

[233] o.V.: Zweihundert Schräubchen und der BMW hat Charakter. In: *CADplus Business+Engineering* 3 (2004), S. 32-33 2004

[234] MAYER, E.: Physik der thermischen Behaglichkeit. In: *Physik in unserer Zeit* 20.4 (1989), S.97-103

[235] FANGER, P.O.: *Thermischer Komfort*. Florida : Robert E. Krieger, 1982

[236] HAAS, L.: Neue Welt der Düfte soll glücklich machen : Wohnparfüms und andere künstliche Gerüche erobern den Alltag. In : *Sonntag Aktuell* (15.01.1995) Nr. 3

[237] ADORNO, T.: *Einleitung in die Musiksoziologie*. Reinbek : Rowohlt, 1968

[238] ZELL, S.: Da ist Musik drin. Ingenieur- und Programmierleistung erlaubt moderne Shopkonzepte. In: *VDI Nachrichten* (30.01.04) Nr.5

[239] STUMPF, K.: Wie der Geruch von Tennisbällen zu einer Marke wird. In: *Stuttgarter Zeitung* (06.09.2004) Nr.206, S.8

Bildverzeichnis

Bild 11: aus [41]
Bild 12: aus [42]
Bild 20: Studienarbeit J. Strotmann 1997
Bild 22 oben: aus [46]
Bild 25: aus [57]
Bild 26: Homepage MAN
Bild 28/29: Metabo-Werke, Nürtingen
Bild 31: Studienarbeit R. Kühnle 1994
Bild 32: DIN 33401 Stellteile
Bild 34/81: ADAM, P.; WYSS, A.: *Platonische und Archimdesische Körper, ihre Sternformen und polaren Gebilde.* Stuttgart : Verlag Freies Geistesleben,, 1984
Bild 35: aus [6]
Bild 52 links unten: Studienarbeit D. Dudic 2003
Bild 52 rechts unten: COLANI, L: *Das Gesamtwerk.* Katalogbuch zur Ausstellung. Karlsruhe, 2004
Bild 57: Studienarbeit K. Jahne u. A. Schmidt 1983
Bild 63/64: Fa. Kölle, Esslingen
Bild 66/67: Studienarbeit W. Waiblinger 2001
Bild 68: HARTMANN, C.: *Einsatzkriterien für die Planung von praxisnahen wirtschaftlich begründbaren Automatisierungsstufen bei der Rohr- und Fräsbearbeitung.* Diss. VDI-Verlag, 1992
Bild 75: Studienarbeit E. Hager 1987
Bild 91-94: Gezeichnet von Prof. George Burden
Bild 96: Studienarbeit U. Mussbach 1974
Bild 97: Fa. Kärcher, Winnenden
Bild 101: Studienarbeit S. Wiesenauer 1997
Bild 102: Diplomarbeit U. Bastian 1993
Bild 103: Studienarbeit I. Dudic 2000
Bild 106/201/261: Fa. Kasto, Achern
Bild 111: HÜFNER, H.: *Ein Beitrag zur Überwachung und Diagnose beim Radialumformen am Beispiel der Radialumformmaschine RUMX.* Bericht 113. Diss. am Institut für Umformtechnik, Uni Stuttgart, 1991
Bild 112: links: Fa. Citizen, rechts: Grand Complication, Fa. Patek Philip, S.A. Genf
Bild 113: Studienarbeit M. Winker 2002
Bild 115: aus [119]
Bild 116: Fa. Ganter, Furtwangen
Bild 118 oben: DIN 73011 (1958 und 1983)
Bild 120 unten: Studienarbeit H. Böhme 1989
Bild 131 oben: Zeichnungen von Werner Bührer, Effretikon
Bild 131 unten: Zeppelin Luftschiffbau, Friedrichshafen
Bild 132: Robert Bosch GmbH, Verpackungstechnik, Waiblingen
Bild 136 unten: Prof. Ferdinand Porsche AG, Stuttgart
Bild 137: Studienarbeit E. Stoll 1987
Bild 138: Institut für Umformtechnik Universität Stuttgart
Bild 139: KIRKWOOD, J.: *Fahrzeugriesen.* Mannheim Lepzig : Meyer Lexikonverlag, 1996
Bild 141: Studienarbeit H. Spaethe 1991
146 links: Nikon
146 rechts: Siemens AG
Bild 149/150: aus [5]
Bild 151: aus [7]
Farbbild 2: Diplomarbeit S. Hensger 1996
Farbbild 3: Boehringer GmbH, Göppingen und TD / Studienarbeit M. Mößner 1995
Farbbild 4: TD für MAFI, Tauberbischofsheim
Farbbild 5: TD für ZF Friedrichshafen AG
Farbbild 6: TD für Fa. Kardex, Bellheim
Farbbild 7: TD für Bauer, Esslingen. Heute: Danfoss Bauer
Farbbild 8: TD für Fa. Index, Esslingen
Farbbild 9: Diplomarbeit I. Dudic 2002
Farbbild 9: TD für IMIT, Villingen-Schwenningen
Farbbild 21/Bild 197: für VDMA Fachgruppe Holzbearbeitungsmaschinen, Frankfurt

Farbbild 10: TD für Trumpf, Gruesch
Farbbild 11: TD für Tuebingen Scientific Surgical Products GmbH
Farbbild 13: Studienarbeit H. P. Jakisch 1980
Farbbild 14: Studienarbeit J. Winker 1995
Farbbild 15/Bild 184/185: Diplomarbeit G. Lengyel 1989
Farbbild 16: Diplomarbeit O. Laqua 1994/Studienarbeit M. Schmid 1995
Farbbild 17/Bild 262: Fa. Index, Esslingen
Farbbild 18: Diplomarbeit S. Wiesenauer 1999
Farbbild 19: Diplomarbeit U. Frittrang 2001
Farbbild 22: TD für Bodenseeschifffahrtsbetriebe, Internationale Projektgruppe 3. Fähre, Katamaranreederei
Bild 155/165: Prof. Dr. Ing. habil. E. Gerhard und Prof. H. Seeger: Lehrgangsunterlagen bei der Technischen Akademie Esslingen
Bild 156: aus [147]
Bild 158: Studienarbeit V. Scollo 1989
Bild 164: aus [151]
Bild 163/177: Fa. Maier Polymertechnik, Königsbronn
Bild 167: Diplomarbeit T. Mim 1993
Bild 168: Studienarbeit F. Wöllecke 1995
Bild 169: Diplomarbeit S. Keller 2000
Bild 170: Studienarbeit T. Afjei 1981
Bild 186: Prof. Dr. Ing. K. Langenbeck, Vorlesungsmanuskript Industriegebiete
Bild 196: Katamaranrederei, Konstanz
Bild 205: DIN 6164 Farbenkarte Beuth Vertrieb, Düsseldorf
Bild 210: Corporate Design Manual der Siemens AG, München
Bild 207: Deutsche Bundesbahn, Designcenter, München
Bild 209: Fa. Braun, Melsungen
Bild 211: Z. Form 148 (1994), S. 22-27
Bild 213: Studienarbeit H. Lauckner 1981
Bild 225: ZF Friedrichshafen AG, Werk Schwäbisch Gmünd
Bild 232: Studienarbeit K. Luik 1980
Bild 241/243/242: aus [2]
Bild 244/ 248: aus [4]
Bild 246/247: Fa. Ex-Cell-O, Eislingen
Bild 249/250: TD für Institut für Umformtechnik Universität Stuttgart
Bild 249/250: Institut für Umformtechnik, Uni Stuttgart und Schuler AG, Göppingen
Bild 251-255/257/258: VDMA Fachgemeinschaft Holzbearbeitungsmaschinen
Bild 256: Institut für Architektur im Bauwesen, Uni Stuttgart
Bild 260: Fa. F. Maier, Textilmaschinen, Königsbronn
Bild 263: Fa. Reinecker, Ulm
Bild 264: Fa. Index, Boehringer, Ex-Cell-O, Kasto
Bild 266/270: Studienarbeiten H. Scholz 1979 u. K. Luik 1980
Bild 269: Studienarbeit V. Kenner 1982
Bild 271-74: TD für AEG, Waiblingen
Bild 275: aus [211]
Bild 279: aus Zeitschrift CAD Plus 2004

Alle anderen Bilder stammen aus dem Archiv, sowie aus den Vorlesungsunterlagen des Forschungs- und Lehrgebietes Technisches Design (abgekürzt TD) an der Uni Stuttgart.

Index

08-15-Design 31, 259
3D-Marken 273

A

Abbildung 13, 16, 37, 42, 73, 77, 233
ABC-Analyse 361
Ablaufpläne 21
Abrüsten 45,107
Abschattung 257
Abstraktionsgrad 42
Accessoire-Baukasten 293
Åckerblôm-Knick 215
Ähnliche Baureihen 291
Ähnlichkeitsgrad 4, 53, 57, 61, 223, 225, 235, 325, 345
Ähnlichkeit
  -, Pragmatische 345
  -, Semantische 287, 345
Ähnlichkeitsarten 4, 57, 61, 71, 175, 179, 233, 285, 294, 295
Ähnlichkeitsskala 225, 233, 353
Ähnlichkeitstheorie 53
Ähnlichkeitsvarianten 61, 179, 287, 294, 297, 331
Ästhetik 15, 21, 53, 65, 85, 260, 349
Ästhetikorientiertes Design 4
Ästhetisches Maß 51
Äußere Maße 131
Affektloses Design 91
Airtecture 83
Akkumulation 113
Aktion Plagiarius 233
Aktionsasymmetrie 107
Aktionssymmetrie 107
Aktive Elemente 89
Akustik 33, 368, 369, 378
Akustiklabor 369
Akustische Informationsübermittlung 153
Allround-Design 71, 92

Alphabeten 29, 245
Alpha-numerische Zeichen 113, 245
Alterstauglich 29
Amateur 29
Analoganzeigen 83
Analoges Design 71, 83
Analphabeten 29, 245
Anforderungen 3, 9, 11, 13, 16, 21, 23, 25, 31, 33, 41, 65, 67, 69, 73, 75, 77, 79, 85, 89, 101, 133, 179, 207, 219, 241, 279, 289, 329, 355, 361, 368
  -, ökologische 11, 33, 113, 169, 203
Anforderungsmenge 11, 13, 65, 101, 355
Angst 42, 175, 272, 367
Anhalteweg 36
Anlagen-Design 329
Anmutungen 21, 41, 42, 83, 175, 223, 229, 245, 253, 260, 261, 271, 287, 333, 345, 365
Anmutungsgestaltung 83
Anmutungsqualität 37, 41
Anonymes Design 91
Anordnungserfindung 131
Antropomorphe Form 213, 229
Anpassungs- und Variantenkonstruktion 87
Anschluss-Baukasten 293
Anstrichliste 309
Antrieb 103, 125, 131, 149
Anti-Aging-Produkte 11
Antiquaschrift 251
Antiqisieren 242
Antriebsstrang 103, 107, 299
Antropometrische Haupt-Maße 25
Antropomorph 213, 215, 219, 229
Antropomorphe Gegenformen 213
Anwenderseite 5
Apfelsinenhaut 239
Apobetischer Aspekt 143
Arbeiten 16, 27, 83, 147, 207, 241, 363
Arbeitsanalysen 47

Architecture parlante 147
Arriere-garde 31
Arithmetische Stufung 291
Aromatherapie 369
Asphalt-Cowboy 35
Assoziatives Design 83
Attrappen 85
Audi-Feeling 369
Aufbau 4, 15, 47, 49, 51, 77, 79, 92, 93, 99, 113, 121, 125, 127, 129, 131, 133, 135, 137, 139, 141, 143, 145, 147, 149, 151, 153, 155, 157, 159, 161, 163, 165, 167, 175, 178, 179, 188, 203, 223, 225, 229, 231, 287, 291, 294, 309, 325, 331, 373
Aufbau-Ähnlichkeit 61
Aufbau-Element 49, 103, 113, 117, 121, 125, 157, 203, 223, 225
Aufbaukennwerte 51
Aufbaukonkretisierung 77
Aufbau-Ordnungen 103, 113, 125, 157, 179
Aufgabentypen 87, 89, 283
Aufrüsten 45, 107
Aufstandsbreite 157
Augenellipse 153
Augpunkt 153
Aura 349
Ausarbeitungsanforderungen 75, 101
Ausarbeitungsnutzwert 75, 277
Ausarbeitungsphase 73, 79, 87, 101, 237, 245, 257, 277, 279
Ausbildungsgrad 29, 41
Ausbuckelung 215
Ausformschrägen 203, 213
Ausholbewegung 45
Auslandskunden 25, 33
Ausmusterungs-Datum 41
Ausrüstungsbaukasten 293
Ausschlusskriterien 11, 13
Außengestalt 51, 53, 57, 61, 179, 283, 285, 287, 293, 294, 295
Ausstattungsbaukasten 293, 303
Austauschbau 289
Automatisierungsgrad 107
Avantgarde 31, 95, 97
Avantgarde-Design 31

B

Balligkeit 207
Basiskonzept 107
Bastler 35
Bauart 19
Bauform 15, 19
Baugruppe 47, 49, 107, 113, 117, 125, 131, 213, 223
Baukästen 79, 291, 293, 361

Baukastenkonstruktion 87
Baureihen 79, 291, 297, 369
Baureihenentwicklung 53, 297
Bauweise 19, 163, 169
Bedarf 9, 251
Bedeutungen 23, 53, 65, 83, 253, 260, 287, 333, 345
Bedeutungsfeld 89
Bediendauer 29
Bedienen 27, 47, 145, 149
Bedienfeld 89, 147, 355
Bedienpersonen 27, 69, 89, 137, 149, 153, 215, 361
Bedienung 81
Bedienungsanleitung 35, 143, 245, 249
Bedienungselement 51, 75, 79, 81, 107, 143, 215, 217, 231, 263, 299, 301, 303, 361
Bedienungsgestalt 43, 89
Bedienungskennzeichnungen 219, 223, 242, 266, 301
Bedienungs-Erkennung 37
Bedienungskennzeichnende Formen 219
Bedienungs-Kennzeichnung 169, 223, 242, 301
Bedienungsort 29
Bedienungs-Philosophien 133
Bedienungssicherheit 57, 147
Bedienungstechnik 81
Bedeutungsprofil 42, 259, 260, 261, 275, 281, 303, 333
Behinderungen 27
Belastung 43, 45, 47, 107, 157, 163
Belastungs- und Berechnungssymmetrie 107
Beinfreiraum 131, 153, 215
Benutzung 43
Benutzung und Betätigung 21, 65, 85, 92, 181, 183, 272, 279, 299
Benutzungs-Anforderungen 47, 67, 69, 125, 131, 157, 169
Berechnungsformeln 16, 47, 209
Bereichsanforderung 11
Berufsfahrer 29
Betätigung 43
Betätigungskräfte 33, 137, 157, 215
Betätigungs- und Benutzungs-Anforderungen 65, 81, 89, 127
Betriebskosten 261, 363
Bewegung fühlen 36
Bewegungsfreiheit 27
Bewegungsmarken 371
Bewegungsraum 137
Bewertungsdiagramm 9, 13, 279, 325, 353, 357, 367, 368, 371
Bewertungsfunktion 37
Bezeichnungen 23, 35, 37, 41, 42, 43, 65, 81, 83, 85, 97, 203, 368

Bezugsebene 117, 121, 175
Biglittles 131
Bildmarken 371
Bildzeichen 4, 5, 245, 249, 251, 255, 309, 333
Bildzeichensysteme 251
Billigausführung 299
Billigmarke 31
Billigversion 303
Biomorphe Arbeiten 83
Blendfreiheit 241, 242
Blendung 36, 242, 271
Blickflächen 239
Blind-Betätigung 365, 369
Blockgestalt 225
Blocksatz 255
Blockschaltbilder 21, 45
Bockkran 157
Bombierung 207, 219
Borde 153
Brand-Design 81
Brillanz 241
Brillenform 213
Brillenträger 27
Buckelung 207
Bündigkeit 229
Bugform 219
Buntheit 257, 263, 270, 271
Buntkontrast 270, 333
Bunttonzahl 257, 265

C
Camouflage 36
Chaligi-Style 349
Chaotische Gestalt 49, 51, 53
Chemisch fühlen 36
Classic 95, 272, 309
Clipper-Bug 219
Clusteranalyse 31
Cockpit 97, 151
Computer Aided Optimization 163
Corporate Design 35, 69, 81, 287, 345, 361, 365
Corporate Identità 35
Customization-Design 4, 25, 33, 215, 259
Cyber-Handschuh 147

D
Dämpfung von Schwingungen 215
Darstellungsgraph 113, 117, 121, 175, 179
Dauer 21, 27, 29, 43, 45, 66, 73, 79, 125, 127, 349
Daumenbremse 215
Dazzle-Design 273
Deformation 207
Dekodierungspfad 365
Demografische Merkmale 21, 25, 31, 33, 65, 89, 95, 127, 289, 303, 363
Designanforderungen 9, 11, 13, 25, 27, 29, 31, 36, 42, 47, 65, 66, 67, 69, 73, 79, 87, 89, 101, 207, 279, 357, 363
Designflächen 207
Design for all 4
Designideen 97, 186
Designkosten 361
Designlinien 95
Design-Manuals 249, 294, 331
Designmodell 207
Design-Jurierung 357
Designprozess 3, 77, 79, 85, 89, 95
Designqualität 3, 67, 79, 345
Designtheorie 15
Designteilnutzwert 89
Designvarianten 4, 5, 23, 71, 186, 249, 289, 293, 303, 325, 345, 361
Deutsches Design 35
Diagnose 137
Diamantquader 297
Dienstleistung 5, 43, 69, 329, 363, 365
Differenzierte Bewertung 13
Display 89, 153, 251
Disziplinärer Prozess 79
Doppelhelix 121
Doppelschleifenrahmen 163
Dorsale Haltung 149
Durchblutung 27, 29
Durchgangsmaße 27
Drainagewirkung 241, 303
Dreh-Cockpit 97
Dreh-Kompass 97
Dreifuß 121
Drive-by-wire 145
Druchstieg 153
Druck fühlen 36, 369
Druck- und Rauheitfühlen 65
Dunkelstufe 257, 263, 265, 271
Duplizierung von Bedienelementen 242
Dynamische Belastung 45

E
Ebener Darstellungsgraph 117, 121
Eckverbindungen 163
Economy-Class Seat 301
Effektlacke 257
Effektorische Funktionen 21
EG-Maschinenrichtlinie 143, 145, 147
Eigenschafts- und Herkunftskennzeichnung 247
Eigenständigkeit 5, 53, 272
Einbau-Datum 41
Einbauten 51, 57, 283, 285, 295
Einbruchsicherheit 157

Einheitstraum 35
Einfachausführung 293
Einfache Designaufgabe 87
Einfachkennzeichnung 91
Einmodular 51
Einsattelung 215
Einseitige dynamische Belastung 45
Einstellungstypen 13, 31, 33, 95, 261, 289
Einzelanfertigung 31, 33, 349
Einzelhandlung 43
Einzelprodukt 4, 5, 51, 53, 61, 71, 95, 101, 103, 153, 283, 289, 329
Elastische Materialien 215
Elefantenhaut 371
Eleganz 95
Elektrisch fühlen 36
Elektrische Handräder 143, 149
Elektrische Leitungen 131
Elektronik 103
Elektronische Displays 251
Elektro- und Verbrennungsmotoren 125
Elektroporation 103
Elementmorphose 17
Emotionales Design 42, 71
Emotionale Polarisierung 9
Empfängerinformation 365
Empfindungsstärke 13, 353
Endabnehmer 69
Engineering of impressions 42, 83
Entität 47
Entmaterialisiertes Produkt 363
Entscheidungsprozess 29, 31
Entwicklungs-Datum 73
Entwicklungsphase 73, 77, 87
Entwurfsanforderungen 75, 101
Entwurfsnutzwert 75
Entwurfsphase 79, 203, 207, 231
Erfahrungswissen 92, 137
Erfindungsdatum 41
Erfindungshöhe 5, 233
Erfüllungsgrad einer Anforderung 11, 13
Erfüllungsgrad der Designanforderungen 67
Ergonomiemodell 207
Ergonomische Normung 43
Ergonomisch-sensorische Anforderungen 65
Erkennung 21, 23, 36, 37, 41, 42, 43, 65, 81, 137, 145, 183, 260, 283, 291, 345, 365, 367, 368, 369
Erkennungsgestalt 37, 42, 47, 83
Erkennungsgrad 42, 255, 275, 309, 325
Erkennungsinhalte 9, 21, 37, 41, 43, 53, 65, 83, 85, 97, 169, 223, 233, 245, 259, 260, 263, 283, 365, 368
Erkennungsumfang 42, 260, 261
Erkennungsprozess 21, 23, 37

Erkennungssicherheit 42
Erlebniswelt 35
Erwachsenengerät 303
Erwachsenen-Varianten 297
Erweiterter Aufgabentyp 87
Erweiterte Gestaltdefinition 51, 57, 283
Erzeugnis 5, 125, 247, 251
Esoterische Bedeutung 83
Ethno-Design 33
Evidenz 277
Ewige Formen 85
Exoten 363
Experte 16, 29, 33, 41, 85, 371
Exponieren 169, 219
Export-Design 4, 25
Exterior-Design 71, 103, 186, 283, 285, 287, 289, 309, 329

F
Facettierung 207
Fachmann 29, 291
Fahrstuhlmusik 371
Fahrzeugbau 23, 345
Fahrzeugdesign 21, 51, 283, 369
Fangio-Haltung 29
Fallung 203
Falten 203, 219
Farbabstraktion 47
Farb-Ähnlichkeit 325,61
Farbdesign 71, 79, 257, 259, 260, 261, 263, 269, 270, 275, 287, 303, 309, 325, 333
Farbe 4, 47, 49, 51, 66, 77, 79, 83, 85, 92, 93, 121, 125, 237, 241, 242, 257, 259, 260, 261, 263, 265, 266, 267, 268, 269, 270, 271, 272, 273, 275, 277, 287, 291, 294, 303, 325, 331, 333, 361
Farbennormalsichtigkeit 27, 261
Farbenräder 259
Farben-Semantik 259
Farbfächer 259
Farbkarten 257, 259
Farbkennwerte 51
Farbkonkretisierung 79
Farbkreise 259, 263
Farbordnung 273
Farbplan 287, 309
Farbsterne 259
Farbstyling 261
Farbtontafeln 259
Farb- und Oberflächenkontraste 49
Fehlbedienung 81, 143
Feminines Design 4
Feng Shui 83
Fernbedienung 147, 149
Fertigungsanforderung 9, 23, 79, 85, 103, 169,

Index

207, 283
Fertigungs-Datum 41
Fertigungs-Erkennung 41
Fertigungsformen 203, 213
Fertigungs-Kennzeichnung 71, 81
Festanforderungen 11, 13, 67, 353
Festigkeit 157, 209, 219
Feuchtigkeit fühlen 36
Film 45
Fingerkuhle 213
Firmenstil 57, 81, 223
First-Class Seat 301
Flachschichtung 217
Flächenpressung 29, 36, 65, 215
Flächenschluss 213
Flansche 107, 229
Flattersatz 255
Flexibles Element 143
Fließrichtung 219
Flimmerkontrast 271
Florale Form 203
Fluchtweg 131
Flussdiagramm 45
Form 4, 36, 45, 47, 49, 51, 66, 73, 77, 79, 83, 87, 92, 93, 97, 113, 121, 125, 179, 188, 203, 207, 209, 213, 215, 217, 219, 223, 225, 229, 231, 243, 257, 259, 269, 270, 272, 273, 287, 289, 294, 291, 297, 303, 325, 331, 374
Formale Qualität 21, 37, 41, 42, 163, 174, 175, 179, 203, 225, 243, 253, 255, 260, 269
Formale TW-Konzeption 163
Form-Ähnlichkeit 61, 223, 213, 303
Formabstraktion 47
Formale Gestaltung 71, 85
Formal hypertrophes Design 71
Formalismus 71, 97, 175, 255
Formaustragung 207
Formcharakter 287
Formeffektivität 217
Formenkontrast 219
Formgebung 219, 223, 225, 229, 231, 233, 235, 272, 273, 277, 287, 303
Form follows function 73
Formkennwert 51
Formkonkretisierung 77
Form-Ordnungen 229
Formel 1-Farbdesign 257
Form-Element 217, 225
Formen-Proportionierung 229
Formen-Symmetrie 229
Formen-Zentrierung 229
Formkennwerte 51
Formleitlinien 231
Formlinienplan 203, 207, 231

Formschräge 203, 213, 217
Formspiegelung 287
Fortschritt 5, 259, 349
Fragilität 77, 85, 231
Fraktale Bäume 113
Frauenausführung 303
Freiformflächen 207, 231
Freie Lösung 121
Freier Zeilenfall 255
Freie Teilgestalt 87
Freistellen 169
Frontale Haltung 149
Fühltypen 371
Führungsgröße 107
Füllungsgrad 131
Fundamentalisten 31
Funkenerosion 103
Funktionale TW-Konzeption 157, 163
Funktionsdiagramm 133, 137
Funktionselement und –baugruppen 73, 131, 257
Funktionsformen 203, 207, 209
Funktionsgestalt 49, 79, 89, 91, 93, 103, 107, 113, 125, 127, 133, 153, 169, 175, 299, 303
Funktionsmodell 207
Funktionsmuster 179
Fußfreiraum 215
Future-Design 31, 303, 309
Futuristische Gestaltung 89
Fuzy-Logic 13

G

Ganzgestufte Baureihen 291
Ganzheit 23, 47, 49, 51
Gastarbeiter 27
Gebrauch 19, 23, 25, 47, 97, 365, 367
Gebrauchs-Datum 41
Gebrauchs-Griffe 213
Gebrauchsfähigkeit 23
Gebrauchsmuster 233
Gebrauchstauglichkeit 23
Gebrauchs-Verhalten 21
Gebrauchswert 3, 4, 5, 11, 13, 15, 19, 21, 23, 77, 97, 259, 357
-, optimaler 77
Gefahrenabstand 36
Gefallen 5, 9, 13, 261, 357, 367
Gefallensskala 9
Gefallensurteil 5, 9, 13, 41, 353, 57
Gegenschattierung 263
Gehäuse 107, 127, 169, 217, 225, 269, 283, 299
Gehrung 207
Gemütlichkeit 287, 367
Genfer Streifen 243
Geografische Merkmale 25, 29, 33, 303

Geometrische Grundkörper 51, 113, 225
Geometrische Stufung 291
Geruchsmarken 371
Geschmacksmarken 371
Geschmacksmuster 333
Gesinnung 31
Gestalt 5, 11, 19, 33, 36, 37, 41, 42, 47, 49, 51, 53, 57, 61, 65, 73, 75, 77, 79, 83, 85, 87, 89, 91, 92, 97, 107, 113, 117, 121, 131, 133, 147, 153, 163, 175, 203, 223, 225, 229, 231, 243, 253, 255, 273, 277, 279, 283, 285, 287, 295, 355, 369
Gestaltaufbau 49, 66, 71, 79, 87, 103, 113, 131, 169, 175, 203, 207, 235, 269, 273
Gestaltentwicklung 73
Gestaltentwurfsbestimmende Anforderungen 101
Gestaltfarbe 49
Gestaltform 49
Gestaltgrafik 49
Gestaltkonzeption 79, 87, 131, 203, 217, 231, 303
Gestaltmerkmale 16, 325
Gestaltkonzeptbestimmende Anforderungen 101
Gestaltordnungen 19, 47, 49, 51, 53, 66, 85, 87
Gestaltpartie 89
Gestaltausarbeitungsbestimmende Anforderungen 101
Gestalttyp 49, 121, 131, 153, 157, 225
Gestaltvektor 4, 51
Gestell 107
Gewerblicher Rechtsschutz 5, 53, 97, 233, 353
Gewichtskennzahl 209
Gewichts- und Betriebskräfte 107
Gewichtungshierarchie 15, 67, 147
Gewichtungsfaktor einer Anforderung 11, 13
Gewichtung bzgl. der Designanforderungen 67
Gitter 117, 207, 231
Gitterrohrrahmen 163
Glättungs-Verfahren 231
Glanz 239, 241, 242, 257
Gleichteile 61, 71, 169, 287, 289, 291, 293, 309, 329, 333, 361
Gleichteileanteil 53, 293, 325
Gleichteilesymmetrie 107
Gleichteilevektor 61, 179, 287, 291, 294, 323, 325, 331
Goldener Schnitt 175
Grafik 4, 47, 49, 51, 66, 77, 79, 85, 87, 92, 93, 113, 117, 121, 125, 251, 253, 255, 277, 287, 291, 294, 309, 331
Grafik-Ähnlichkeit 61
Grafikabstraktion 47
Grafikdesign 71, 79
Grafik-Element 36, 309
Grafikkennwerte 51
Grafikkonkretisierung 79

Grafische Daten 73
Grafikordnung 253
Grafische Ordnungsprinzipien 255
Grafische Proportionen 49
Grafische Symmetrien 49
Grafisches Zeichen 245, 253, 255
Graph 49, 113, 121, 175
Grauskala 257, 271
Greifarten 45
Greifgrenze 36, 97
Greifsympathie 241
Grenzentfernung 36
Griffflächen 239
Größenbaureihe 291
Großbuchstaben 113
Groteskausführung 253
Grundgeometrie 131
Grundton 270
Gruppierung nach Funktionen und Ablauf 153
Gürtellinie 215, 231
Gurt 163
Gute Gestalt 49, 51
Gute Industrieform 35

H
Haifischhaut 237
Handlingaspekte 127
Handlung 21, 43, 143, 251, 365
Handlungsablauf 43
Handlungsanweisung 81, 365
Halbgestufte Baureihen 291
Hallenkran 147
Haltearbeit 43
Haltung 27, 29, 33, 43, 149
Haltungsarbeit 27
Hammerschlag 239
Handgeführtes Werkzeug 127
Harmonische Formen 225
Haptik 365, 367, 368, 369
Haptische Wahrnehmung 36, 65
Hard-Edge 207
Haupt-Proportionen 49, 225
Hauptsteuerstand 147, 287
Haupt-Symmetrien 49
Hauptumrisslinien 231
Hautfreundlichkeit 241
Helligkeit 49, 183, 241, 257, 259, 265, 270, 273
Helligkeitskontrast 241, 271
Helmform 213
Herkunft eines Produktes 37, 41, 42, 260, 368
Herstellkosten 233
Hersteller 260, 261, 265, 273, 293, 329, 333, 357, 361
Herstellerdesign 35

Hersteller-Erkennung 41
Herstellerkennzeichnende Proportionen 175
Herstellerkennzeichnung 53, 57, 71, 81, 101, 175, 223, 243, 247, 249, 269, 287, 291, 299, 303, 325, 361, 369
Herstellungskosten 181, 243, 299, 333, 361
Hexapod-Maschine 95
Hierarchiestufe 15
Hieroglyphen 253
High-Culture 35
High-Tech-Design 31, 35, 243
High-Spirit 35
High-Tech-Produkte 35
Highway-Helden 35
Historismus 349
Höhere Formgebung 229, 231
Hören 27, 36, 369
Hörgrenze 36
Hörer-Typen 371
Hörmarken 371
Hobbybediener 29
Hochschichtung 217
Holographie 103
Homologie 269
Horizontalorientierung 255
H-Schaltungen 153
Hüftigkeit 27
Hunderterlinien 231
Human Factors 19
Hybrides Design 283
Hydraulische Leitungen 131
Hyperdesign 71, 91
Hypertrophes Design 71, 97

I
Idee 73, 83, 97, 137, 147, 270
Ideenfindungsmethode 97
Ideenpool 97
Ikon 143
Ikone 45, 245
Immaterielles Produkt 363
Imitation 71, 233, 235
Imperative Spracheingabe 153
Index 3, 13, 42, 45
Indices 245
Individualität 25
Individualisierung 33
Individuum 25, 31
Industrial Design 3
Industrial Design Engineering 3
Inhaltsklassen 21
Infantiles Design 4, 25
Information 21, 42, 43, 65, 103, 133, 137, 147, 149, 242, 245, 259, 363, 365, 371

Informationsästhetik 19, 65
Informations-ästhetische Anforderungsgruppe 65
Informationsbelastung 47
Informationsgehalt 42, 137, 353, 355
Informationstheorie 353
Informationsverarbeitung 21, 47, 73, 79
Informatorische Funktionen 21
Ingenieur 33
Innengestalt 51, 53, 57, 61, 283, 285, 287, 293, 295, 345
Innenraumgestalt 51, 57, 283, 285, 295
Innere Maße 131
Innovation 5, 57, 71, 169, 349, 357
Innovationsbewertung 5, 357
Innovationsdesign 31
Innovator 35, 95, 349
Instandhaltungskosten 363
Instrumentenbrett 89
Interaction-Design 71, 81
Interdisziplinäre Wertschöpfung 77
Interface-Design 21, 71, 89, 133, 143, 147
Interfacegestalt 49, 75, 85, 89, 92, 93, 153, 169, 175, 299, 365
Interface-Theorie 133
Interior-Design 35, 71, 186, 283, 285, 287, 289, 309, 329
Intuitives Design 71, 143
Innengestalt 51, 53, 57, 61, 283, 285, 287, 293, 294, 295, 345
Integraler Gestaltungsprozess 77
Intensitätskontrast 270
Interpolationsverfahren 231
Invariable Teilgestalt 85
Inverse Semiotizität 143
Isoperimetrischer Quotient 217

J
Jahreszeit 29
Jugendstil 83
Juniordesign 303

K
Kabel 131
Kanten 117, 121, 213, 229
Kalt-Warm-Kontrast 271
Kapazität und Kosten 9
Kardinalskala 11
Karosserie 107, 225, 361
Karussell 301
Kaufblockade 9
Kauf- und Gebrauchsentscheidung 9
Keilform 219
Kennfarbe 260, 266, 269
Kennlinienfeld 301

Kennwerte 4, 51, 209
Kennzeichnendes Design 71, 91
Kennzeichnungselement 85, 91, 309
Kennzeichnung 31, 33, 35, 41, 69, 83, 85, 91, 92, 217, 219, 223, 231, 242, 245, 247, 249, 251, 257, 266, 271, 301, 333, 369
Kennzeichnungsgestalt 81, 91, 92
Kennzeichnungsrate 92
Kennzeichnungstechnik 85
Kennziffern 49, 51
K-Form 203
Kinderarbeit 25
Kinder-Element 143
Kindergerät 303
Kindersicher 29
Kindervarianten 297
Kinderwagen 301
Kippkante 217
Kitsch 83, 371
Klammergriff-Haltung 29
Klostergewölbe 207
Knoten 15, 117, 121, 179
Knotengewicht 15
Kodierung 85, 137, 365
Körperhaltung 27, 242
Körpergröße 27, 297
Körpergrößengruppe 27, 66, 131, 153, 357
Körperformen 213, 215, 223
Körper-Scannen 215
Körperzustand 27
Kognitiver Akteur 43
Kohärenz 145, 147
Kollektiv 29, 31
Kolorierte Zeichnung 309
Koloristik 261
Komfort 4, 69, 71, 368
Komforteindruck 367
Komfortstufen 301, 345
Komfortwinkel 29
Kommunikationstheorie 43, 21
Kompatibel 145
Komplementärkontrast 271
Komplettierung 79
Komplexität 15, 16, 49, 51, 57, 103, 131, 133, 183, 231, 283, 301
Kompliziert 51, 77
Konkretes Design 71, 83, 85
Konkretisierungsgrad 16
Kordel 237, 241, 242
Konsensstreben 35
Konservative 31
Kostenorientiertes Konstruieren 75
Kompaktheit 131
Kompatibilität 145, 181, 183, 185

Komplexionen 77
Konstruktionsgerechtigkeiten 75
Konstruktionsmethodik 5, 11, 15, 21
Konstruktionswissenschaft 13, 15, 73, 85
Konstruktiver Entwicklungsprozess 73, 75, 77, 79, 83
Konstruktiver Freiheitsgrad 87, 149
Konsulationsgröße 251
Kontaktfeld 36
Kontaktgriff 45
Kontrast 36, 49, 53, 175, 181, 183, 219, 242, 260, 265, 270, 271, 293, 333
Kontrastieren der Bedienelemente 169
Kontrastprinzip 263
Konzeptanforderung 75, 101
Konzeptionsnutzwert 75
Konzeptphase 73, 79, 87, 101, 103, 127, 131, 179
Korbbogen 207
Kopie 53
Koppelflächen 213
Kopplungsarten 43
Kopplungsgrad 181, 213, 215, 241
Kosten 3, 9, 11, 13, 15, 23, 77, 213, 231, 245, 260, 357, 361, 363
Kosten des Produktbenutzers 361, 363
Kosten des Produktherstellers 361
Kosten- und Preis 41, 71, 81
Kosten- und Preis-Erkennung 41
Kosten- und Preiskennzeichnung 71, 81
Krähenfuß 121
Kräusel 239
Kraftausleitungsstelle 107
Kraft-Bewegungen 47, 145
Krafteinleitungsstelle 107, 157, 163
Kraftfluss 163
Kraftleitung 163
Kraftleitungsgestalt 163
Kraftstoß 45
Kraft-Weg-Diagramm 45
Kraftzweiteilung 163
Kreuzer-Bug 219
Kristallin 207
Krumme 225
Kubismus 207
Künstler 31
Künstlerische Gestaltung 83
Kulturati 31
Kundentypologie 31, 33, 349
Kundschaft 35, 95
Kunstgeschichte 53
Kurvenschablone 207
Kurzzeichen 247
Kyphose 215

L
Lage fühlen 36
Lager 107
Laie 29, 41, 85
Laserbeschriftung 251
Lasertechnik 103
Last 107
Lebendige Gestalt 53
Lebensgefahr 367
Lebenswelt 35, 186, 345
Lehnenfläche 213, 215
Leistungsdaten 103, 127
Leistungs-Design 4, 31
Leistungsgewicht 127
Leistungskennzeichnender Kontrast 175
Leistungstyporientiertes Design 42
Leitbilder 41, 66, 91, 241
Leitfarben 259, 309
Lenkstockschalter 143
Leonardo-Welt 85
Leonardo-Würfel 121
Lesbarkeit 251, 253, 255, 271, 272
Leseentfernung 251, 255
Lesegröße 251
Leserichtung 153
Leuchtdichte 36, 241, 242, 265
Leuchtfarben 263, 271
Lieblingsfarbe 259
Lichtfarben 257
Ligatur 117
Lifestyle 31, 35, 345
Linienförmiger Darstellungsgraph 121
Links angeschlagener Satz 255
Linkshänder 27
Linkshänder-Ausführungen 133
Lochblech 169
Lösungsdarstellung 279
Lösungsgestalt 73, 75, 77, 79, 85, 97
Lösungsidee 97
Lösungskatalog 89, 92, 143, 251, 259, 272
Lösungsraum 92, 93, 103, 107, 125, 133, 157, 169
Lösungsstrategie 79
Lösungstiefe 87, 291, 299
Logo 245, 247, 253
Lordose 215
Lowtech 107
Lust 42, 367
Lustskala 9
Luxus 241, 345, 349
Luxus-Design 31
Luxusprodukte 345, 349

M
Mäander 121

Männerausführung 303
Magnettechnik 103
Mantellinien 231
Manual 213
Manuelle Steuerung 107
Marken- und Händler-Erkennung 41
Marken- und Händler-Kennzeichnung 71, 81
Maschinenanlage 47
Maschinenelemente 47, 368
Maserung 242
Maskulines Design 25
Maßanfertigung 349
Maßkonzept 4
Maßschneiderei 33
Materialmix 243
Mattierung 242
Matrixmethode 13
Markenpiraterie 53, 71, 23, 233, 235
Marketing 23, 261
Maximale Entropie 355
Mechatronisches System 107, 125
Medizintechnik 23, 266
Megalomanie 175
Mehrfachkennzeichnung 91, 253, 255
Mehrmaschinenbedienung 25
Mehrpersonenbedienung 25
Mehrwert 3, 13, 67, 277, 365
Meinung 31
Meistdeutigkeit 91
Mengenlehre 43
Men-models 131
Mensch 3, 5, 19, 21, 23, 25, 27, 29, 31, 33, 35, 36, 37, 41, 45, 47, 65, 69, 81, 83, 85, 89, 97, 107, 133, 137, 145, 147, 151, 169, 175, 213, 215, 217, 223, 257, 259, 277, 353, 363, 367, 368
Menschlicher Antrieb 125
Menschlicher Erkennungsprozess 23
Mensch-Produkt-Beziehungen 19, 21, 23
Mensch-Produkt-Anforderungen 11, 25, 65
  -, Demografische
  -, Psychografische
Mensch-Produkt-Regelkreis 21
Mensch-Produkt-Teilnutzwert der Gestalt G 67
Messgröße 137
Messfühler 137
Meta-Morphose 117, 225
Metallfarben 259, 270
Methodisches Konstruieren 9, 15
Methodologie 15
Middletech 107
Mindestanforderungen 11, 13, 67, 69, 301
Miniaturisierung 175, 291
Minimalästhetik 31
Minimal-Design 4, 31, 87, 303, 309

Minimalinvasive Chirurgie 153, 186
Minimalster Aufgabenumfang 87
Minimalumhüllende Formen 217
Mi-Parti 273
Mischfarben 270, 271
Mitrealität 92
Mittelachssatz 255
Mittelbare Designanforderungen 67, 79
Modellbau 207, 231
Modellierung 15, 16, 21, 47
Modell-Mix 325
Modeorientierte 31
Module 49, 131, 283
Momentenfreie Lagerung 131
Monochromie 269, 270, 333
Monocoque-Bauweise 163
Monolith 225
Montieren 27
Monumentalisierung 175, 255, 291
Morphologie 207
MTM-Analyse 21
Multidimensionaler Teilnutzwert 69
Multidimensionalität 69
Multimediale Medien 45
Multiplikation 13, 231
Multisensorisches Design 4, 33, 37, 67, 71, 153, 365
Musterungen 272
Mutterentwurf 291

N
Nachahmung 53
Nachhaltiger Teilnutzwert 69
Nachfolgeprodukt 13, 57
Nachtdesign 4, 36, 81, 263, 273, 369
Nah-Fern-Kontrast 271
Narbenstruktur 239
Nationalität 27
Naturformen 219
Netz 117, 207
Neuentwicklung 87, 95
Neuheitsorientiertes Design 4
Neuheit 4, 5, 103, 233, 235, 353, 369
Neuheitsgrad 353, 355
Neutrales Design 71
Neutralisierung 91
Nock-Steuerstände 147, 287
Normale Leseschrift 253
Normungszahlen 291, 353
Nostalgie-Design 31, 259
Notation 113, 121, 203
Nutznießer des Designs 69
Nutzwert 3, 11, 13, 15, 19, 21, 23, 75, 77, 85, 179, 231, 277, 279, 357, 368

Nutzwert 75, 77, 85, 179, 277
-, maximaler 11, 13, 77, 279
Nutzwertanalyse 11, 67, 77, 179, 355
Nutzwert-Fragilität 231
Nutzwertzuwachs 231

O
Obere Wahrnehmungsgrenze 367
Oberfläche 47, 49, 77, 85, 92, 93, 237, 239, 241, 242, 243, 257, 259, 272, 277, 349
Oberflächendesign 71, 79, 237, 241, 243
Oberflächenmix 243
Objects nomades 23
Obsoleszenz 71, 223
Offiziersmodell 289
Ohrmuschel 219
Öko-Design 4, 33
Ökologische Anforderungen 11, 33, 113, 203
Ökologietyp 33
Olfaktorik 369
Omnibus-Design 4, 25
One-box-Prinzip 299
Ontologie 15
Optik 69, 367
Optimierer 33
Optimierungsprozess 77
Optische Täuschung 223
Ordnungsdesign 31
Ordnungsauflösender Fall 255
Ordnungserhaltender Fall 175
Ordnungserhöhender Fall 175
Ordnungserniedrigender Fall 175
Ordnungsgrad 4, 49, 51, 175, 229
Ordnungsmorphose 117
Ordnungsrelation 269
Originalgröße 203
Originalität 5, 53, 235, 349

P
Pakete 43, 293
Panel-Cutter 153, 186
Panikablauf 45
Panik-Belastung 157
Parallel 45, 95, 117, 279, 365, 369
Parameter des Designs 16, 69
Parfümierung von Kunststoffen 369
Parzialer Gestaltungsprozess 77
Passfugen 219
Passive Elemente 89
Patentzeichnung 179
Pedal 49, 213
Pendelsteuertafeln 147, 149
Perfektionierung 79
Perlsicken 219

Perlstruktur 239
Permutationen 77
Petri-Netze 21, 47
Pfauenaugenmuster 242
Pfeilung 215, 219
Phantasienamen 247
Phasenbeschließende Bewertung 75
Phasenbezogene Lösungen 75
Phasenrelevante Anforderungen 75
Phasenzuordnung 101
Photo 45
Physikalisch/technische Anforderungen 79, 103, 207, 209, 237
Pilzknopf 219
Plagiatsgrenze 325
Planungsdaten 9
Planungsphase 73, 79, 85, 95, 101
Platinen 131
Platinenbauweise 169
Platonische Körper 207
Plattform-Strategie 299
Platzbedarf 131, 149
Pluralismus 35
Pluralistische Gesellschaft 3, 257
Piktogramm 42, 245, 251
Pneumatische Leitungen 131
Pneus 83
Positionierungselemente 89
Postmoderne 35, 272
Potenzmenge 37, 42, 73, 81, 92
Prägnanz 13, 281
Pragmatische Ähnlichkeit 345
Pragmatischer Aspekt 143
Prestige-Design 4, 31, 349
Primäre Funktionselemente 169
Prinzip- und Leistungs-Erkennung 260
Prinzip- und Leistungs-Kennzeichnung 71, 81, 219, 242, 267
Privatfahrer 29
Produktanalyse 15
Produktdefinition 19
Produkt 3, 4, 5, 9, 11, 13, 15, 16, 19, 21, 23, 25, 27, 29, 31, 33, 35, 36, 37, 41, 42, 43, 45, 47, 49, 51, 53, 61, 66, 67, 69, 73, 75, 77, 79, 81, 83, 85, 89, 91, 92, 95, 97, 101, 103, 107, 113, 117, 125, 131, 133, 143, 145, 147, 157, 169, 175, 179, 186, 207, 217, 219, 223, 229, 231, 233, 245, 247, 249, 251, 253, 257, 259, 260, 261, 269, 270, 271, 273, 277, 279, 283, 289, 293, 297, 299, 303, 309, 329, 345, 349, 355, 357, 361, 363, 365, 367, 368, 369, 37
-, dokumentation 73
-, gestalt 3, 4, 11, 13, 23, 36, 37, 41, 42, 47, 51, 67, 69, 73, 79, 81, 83, 85, 87, 89, 91, 97, 103, 113, 125, 133, 157, 169, 175, 203, 209, 213, 217, 223, 229, 231, 233, 235, 237, 245, 249, 255, 257, 259, 260, 261, 269, 272, 273, 287, 291, 299, 303, 331, 367, 368
-, entwicklungsprozesse 67
-, grafik 245, 249, 251, 253, 255, 309
-, name 85, 245, 247, 249, 309
-, kennzeichnung 81, 87, 367
-, planung 33, 95, 357
-, programm 3, 4, 5, 9, 11, 25, 53, 61, 71, 79, 95, 101, 153, 249, 289, 291, 293, 294, 295, 297, 303, 309, 310, 323, 325, 331, 363
Produktprogramm
-, system 3, 5, 9, 47, 53, 57, 61, 71, 77, 79, 95, 101, 153, 329, 331, 345
-, varianten 4, 5, 9, 25, 95, 251, 289, 293, 294, 297, 299, 309, 325, 331, 361, 363
Produkt-Mensch-Relationen 21
Produkt-Qualität 5, 97
Produkt-Torso 97
Programmbreite 33, 35, 95, 289, 323
Programmdesign 71, 289
Progressive 31
Progressives Design 31
Profi 29, 33, 35, 41, 85
Profile 169
Profilflächen 207
Profi-Look 169
Propeller-Antrieb 113
Proportionslehren 19
Proportionsmodell 207
Prospektor 35
Prototyp 151, 179, 207, 279, 355, 369
Provenienz 223
Profiausführung 293
Provision 97
Prozess der Konkretisierung 73
Prozesskostenanalyse 363
Psychografische Merkmale 21, 25, 31, 33, 65, 89, 187, 303, 363, 368
Psychotechnik 145
Punktewolke 231
Punzens 237
Pupillenabstand 27, 65
Pylon-Gestalt 163

Q

Quadriken 207
Qualifikation 29
Qualitäten eines Produktes 37
Qualitatives Dimensionieren 163
Quantitätskontrast 270, 271
Quasi-Symmetrie 175

R

Radar 103
Räder 107
Rändel 237, 241, 242
Rahmen 107, 217, 299, 363
Rallystreifen 85
Rapport 107, 175, 179, 219, 243
Rasse 27
Raster 207
Rasterfolien 241
Rauheit 36
Rauheit fühlen 36, 369
Raumeindruck 57
Räumlicher Darstellungsgraph 117, 121
Rautenbleche 241, 242
Reagierer 35
Rechnereinsatz 16, 97, 101, 231, 272, 357
Rechts angeschlagener Satz 255
Rechtshänder 27
Redundanzprinzip 107, 175
Reflexionsgrad 241, 242, 263, 265, 272
Reflexstoffe 263
Regelflächen 207
Regelgröße 107, 137
Regelkreise 21, 23, 133, 147
Regieren 145
Regler 21, 107, 125, 147
Reguläre Flächen 219
Reibechtheit 241
Reichweite 27, 65
Reine Gestalt 53
Reinigung 217, 281
Reißformen 207
Rendering 263, 309
Renn-Design 31
Renner 253, 363
Rennfahrer 25, 29
Reparaturanleitung 365
Retro-Look 31, 85
Riblets 237
Richtungsbetonung 243
Richtungsneutralität 243
Richtungs-Sinnfälligkeit 143, 145, 147
Richtungswandler 137
Riechen 36, 369
Riffelblech 242
Rippen 219
Risikoscheuer 35
Roboter-Design 83
Rohkarosserie 77, 287, 299
Rohkonstruktion 77, 257
Rohre 131
Rondismus 207
Rollbewegung 151

Rollen 107
Rollenverständnis 33
Rotationsflächen 207
Rückstellkraft 147
Rutschsicherheit 241

S

Sättigungsgrad 49
Säulen 49
Safari-Look 263
Safety-Look 31
Satinierung 242
Sauberkeit 367, 369
Schaltfaule 371
Schaltfreaks 371
Schaltgasse 45, 153
Schaltgeschwindigkeit 45
Schalthäufigkeit 45
Schalthebelknaufe 35
Schalthinweis 137
Schaltkraft 45
Schaltkraftkomfort 45
Schaltkraft-Schaltweg-Diagramm 45
Schaltplan 179
Schaltweg 49
Schattenfuge 203, 219
Schaugröße 251
Schemazeichnung 179
Scheuerbeständigkeit 241
Schichtung 217, 237
Schilder 249, 266
Schlachtschiff-Bug 219
Schläuche 131
Schlankheitsgrad 107
Schliff 203, 207
Schmecken 36
Schmerzbereich 215
Schnitt- und Nahtstelle 75
Schönheit 4, 42
Schrägstapel 217
Schrecksekunde 36
Schriftfamilien 251, 253, 255, 287
Schrifthöhe 251, 253, 255
Schriftschnitte 253
Schriftstärke 253
Schriftzeichen 42, 121, 245
Schubkarren 301
Schutzfähigkeit 131, 233
Schutzfunktion 157
Schwedenausführung 299
Schwellwert der Wahrnehmung 367
Schwere dynamische Belastung 45
Schwerpunktlage 131
Schwierigkeitsgrad 87

Schwierige Designaufgabe 33, 87
Scribble 179, 203
Segmentierung 31
Sehen in Bewegung 36
Sehen in Ruhe 36
Sehgrenze 36, 97
Sehstrahl 153
Seidenhaut 371
Seiltrommel 103
Seilwinde 95, 103, 125, 299, 309, 323
Selbstähnlichkeit 53, 61, 179
Selbsterklärende Stellteile 147
Seltenheit 349
Semantik 9, 21, 41, 259, 261
Semantische Ähnlichkeit 287, 345
Semaphorisches Design 81
Semiotik 21, 42, 43
Semiotische Information 42, 43
Semiotizität 43, 143
Sender-Empfänger-Modell 21
Senderinformation 365
Senioren-Design 4
Sensitivitäts-Design 4
Sensorik 21, 365
Sensorische Deprivation 367
Seriell 43, 45, 131, 147
Serienlook 219
Servicedesign 71, 363, 365
Sicherheit 33, 333, 369
Sicherheitsausführung 299
Sicherheits-Design 4, 31
Sicherheitsfarben 263, 266
Sichtbarkeit 3, 21, 36, 81, 83, 181, 183, 241, 245, 260, 263, 265, 333
Sichtbarkeitsgestaltung 81
Sichtbarkeitsgrad 36, 65
Sichtbarkeits- und Erkennungs-Anforderungen 67, 69, 81, 89, 91, 279
Sichtbarkeit und Erkennbarkeit 3, 21, 36, 85, 92, 217, 259, 299
Sicherheits-Design 4, 31
Sichtfeld 36, 271
Sichtflächen 239
Sicken 209, 219, 229
Signallinie 133
Signalverarbeitendes Gerät 137
Silhouette-Linie 231
Simoultaneous Design 71
Simultankontrast 271
Sinnfälligkeit 71, 143, 145, 147, 149, 151, 153, 181, 183, 185
Situationsabhängige Anzeigen 251
Situationsabhängiges Element 143
Situationssemantik 43

Sitzformen 215
Sitzhöhe 29
Sitz- und Lehnenflächen 213
Skulptur 113
Soft-Line 207
Software-Ergonomie 143
Solartechnik 103
Solitäre 349
Sollwerte 9, 13
Somatotypen 27
Sondermaschinen 15, 349
Sound-Design 85
Spanischer Reiter 121
Sparer 31, 35
Spiegelhochglanz 237
Spiegelschrift 253
Spiegelung 133, 241, 242
Spielzeugbaukästen 293
Spitzbogen 207
Spitznamen 85
Sport 35, 95
Sport-Design 31
Stabgestalt 121, 131
Standardversion 303
Standsicherheit 66, 131, 157, 219, 241, 267
Stapelbarkeit 217
Stapelelement 217
Stapelformen 203
Stapelhöhe 66, 217
Statische Belastung 45
Statischer Aspekt 137
Statistischer Informationsgehalt 355
Status-Design 81
Steg 163, 219
Steifheit 107
Stellgröße 107, 147, 219
Stellkraft 47, 65, 67, 133, 137, 147
Stellteile 147, 149, 151, 153, 169, 179, 181, 185, 219, 245, 249, 283, 353
Stellrichtung 143, 145, 147
Sterne 113, 117
Stetigkeit der Formen 225
Steuerung 21, 75, 107, 133, 137, 143, 145, 147, 299
Stiftung Warentest 67
Stilausprägung 325
Stillos 51
Stilvoll 51, 53, 287, 294, 333
Störgröße 107
Stoff 21, 103, 153, 241, 261
Strahlenbüschel 219
Straken 207, 231
Straklatte 225
Strakprogramm 225

Strenge Lösung 121
Strichbild 113, 179, 203
Strichgraph 113, 121
Stromlinienformen 219
Strukturblech 169
Strukturtypen 239
Stülpung 207, 299
Stützen 11, 31, 49, 133, 217
Stufenhöhe 157
Stufensprung 291, 297
Styling 4, 42, 169, 231, 261
Stylish Design 71
Subgestalten 51, 57
Subjekt-Objekt-Schema 21
Sukzessivkontrast 271
Superposition 117, 147, 175
Synästhesien 260, 367, 368
Syntaktische Ähnlichkeit 345
Syntaktischer Aspekt 137
Systemchaos 57
Systemdesign 35, 186, 273, 329, 331, 333, 345
Systemhaus 329
Systemtheorie 15

T
Tableau 153
Tafel 153, 242
Taktile Wahrnehmung 36
Tarnmuster 273
Tarnung 4, 36, 263, 273
Tastmarken 371
Tastsinn 367
Technologietransfer 153
Teilähnliche Baureihen 291
Teilnutzwert 3, 9, 11, 13, 15, 21, 67, 69, 77, 79, 85, 89, 91, 92, 185, 281, 345, 353, 357
Teil-Proportionen 49
Teilsortimenter 35
Teil-Symmetrien 49
Teilzeit-Profis 35
Testmarkt 35
Texturvarianten 237
Theriomorphe Form 203
Timide 31
Toleranzhöhe 217
Ton 49, 270, 273, 365
Topologie 131, 207, 272
Torso 79
Totale Ähnlichkeit 53, 61, 235
Totale Unähnlichkeit 53, 61, 235
Tote Gestalt 53
Total neue Gestaltung 89
Touch-Lab 369
Touch-Screen 147

To-ulm-up 91
Traditions-Design 4, 31
Trag- oder Hebegewichte 47
Tragverhalten 163
Tragwerk 169, 175, 217, 273, 299, 361
Tragwerkslehre 163
Tragwerk- und Gehäuseelemente 49
Tragwerksgestalt 49, 75, 93, 157, 163, 169, 175, 299, 331
Transparentlook 169
Trapezform 219
Tribal typography 309
Trichterform 219
Trompetenform 219
Truck-Design 33
Trucker 33, 35
Trugformen 207
Truppenmodell 289
Türen 49, 157
Typenlehren 19
Typenschilder 249, 245
Typisch 45, 97, 217, 277, 325
Typografie 251, 255, 309
Typologieverfahren 31

U
Überalterung 25
Übergangsformen 207, 229
Überlagerung 169, 175
Überwachung 137
Überwachungsparameter 137
Ultraschall 103
Umfang der Designanforderungen 67
Umfassungsgriff 45
Umgebung 21, 36, 57, 66, 179, 273, 285, 293, 295
Umgebungsgestalt 51, 57, 61, 179, 285, 293, 295, 329
Umweltverträglichkeit 69
Unbuntkontrast 270
Unikate 349
Universum des Designs 3
Ungeordnet 42, 51, 225, 239, 242, 260, 272, 303
Ungleichteile 4, 61, 289, 291, 293, 309
Ungleichteilevektor 61, 309
Unlust 367
Unmittelbare Designanforderungen 65, 67
Unmittelbare Werterfahrung 9
Unregelmäßige Flächen 219
Unvollständige Gestalt 79
Unrein 42, 51
Unsichtbarkeit 36
Untere Wahrnehmungsgrenze 367
Unwohlsein 367
Usability 23

Index

V
Value-selling 363
Vandalismus-Belastung 157
variable Teilgestalt 85, 91
Variabilität eines Produktes 169
Varietätserzeugung 77, 374
Varietätsreduzierung 77
Ventilationswirkung 241
Verbesserungsidee 97
Verbesserungs-Konstruktion 87
Verbrauchsinformationen 137
Vergrauung 257
Vergreisung 25
Verhaltensweisen 81
Verhalten 21, 23, 43, 81, 345
Verhaltensdeterminanten 31
Verhaltensprozess 23
Verletzungsgefahr 36
Verkleidungen 75, 89, 107, 169, 273, 299
Versalschrift 255
Verschwärzlichung 257
Versöhnungstotalitarismus 35
Verteidiger 35
Vertikalorientierung 255
Vertriebskosten 361
Verwender 223, 245, 260
Verwender-Erkennung 41
Verwenderkennzeichnung 71, 81, 249
Verzerrung 207
Vielfachkennzeichnung 71, 91, 169
Vielfaltmanagement 363
Vintage-Formen 223
Viriles Design 4
Virtuelles Produkt 97
Vision 97
Visuelle Wahrnehmung 36, 42, 367
Vollautomat 107
Vollfarbe 257, 265, 270
Vollsortimenter 35
Vollzeit-Profis 35
Voltaik 103
Vorausschau 97
Vorgängerprodukt 57
Vormodell 179
Vorspannung 219
Vorstoßbewegung 45
Vorurteil 9, 31, 361

W
Wählgasse 45
Wärme fühlen 36
Wahrnehmung 9, 21, 23, 36, 37, 42, 43, 65, 73, 133, 137, 145, 151, 365, 367, 368, 369
Wahrnehmungsgestalt 36

Wahrnehmungssicherheit 36, 66, 261
Warnstreifen 263
Wandler 103, 125, 131
Wandstärke 217
Wechselkosten 361
Weiterentwicklung 3, 5, 15, 16, 57, 87, 95, 169, 268, 355
Wellen und Kupplungen 131
Wellungen 219
Welt(-Gestalt) 51
Werbungskosten 361
Wertanteile 85
Wertebereich 301
Wertefunktion 13
Werterlebnis 9
Wertgestaltung 75
Wertfunktion einer Anforderung 11
Werthaltungen 31, 33, 281
Wertminderung 13, 89, 91
Wertschöpfungsprozess 77
Wertsteigerung 3, 13, 73, 89, 92, 242, 371
Wettbewerbsausschreibung 101
Wettbewerbsprodukte 53
Wiegebewegung 213
Wirkelement 103, 131
Wirkrichtung 143, 145, 149
Wirkungsprinzip 31, 103, 107, 127, 163, 169, 261, 299
Wirtschaftliche Anforderungen 9, 23, 79, 85, 103, 169, 207, 237, 261, 283
Wissenschaftstheorie 15
Wölbungen 219, 223, 229, 231
Wohlsein 367
Work-Style 35
Worst-Case 13, 45, 329
Wortmarken 255
Wülste 219
Wundt´sche Kurve 367
Wunschanforderung 11, 13

Z
Zeichenhaftigkeit 43
Zeichentheorie 21
Zeiterkennung 41, 65
Zeitgemäße und modische Gestaltung 81
Zeitkennzeichnung 223, 242, 253, 301
Zeitkodierung 143
Zentralisierung der Anzeigen und Stellteile 153
Zentralwand 163
Zentriergrad 229
Zentrifugal 79, 107, 133
Zentripetal 133, 137
Zickzack-Stapel 217
Zielgruppe Ältere Menschen 25

Zielgruppe Auslandskunden 25
Zielgruppe Frauen 25
Zielgruppe Kinder 25
Zielgruppe Männer 25
Zielgruppendefinition 33
Zierleisten 79, 85
Zinnenmuster 121
Zivile Tarnung 263
Zivilisatorische Menschen 3, 35
Zubehörbaukasten 293
Zufassungsgriff 45
Zulässige Handkraft 133
Zulässige menschliche Leistung 125, 127
Zulässige Traglast 127
Zulieferteile 87, 203, 213, 245
Zustandsmatrix 147
Zustelldrehung 213
Zwangshaltung 27
Zweckformen 207
Zweckfrei 21, 42, 81, 83, 365, 368
Zweck-Erkennung 37
Zweckkennzeichnung 169, 242, 247
Zweckorientiert 21, 43, 81
Zwecksetzung 4, 5, 31, 95, 261, 289, 329, 331